GAME DESIGN AND DEVELOPMENT TECHNOLOGY SERIES

游戏设计与开发技术丛书

游戏引擎原理与实践

卷2：高级技术

程东哲 著

人民邮电出版社

北京

图书在版编目（CIP）数据

游戏引擎原理与实践. 卷2, 高级技术 / 程东哲著
. -- 北京 : 人民邮电出版社, 2021.6
（游戏设计与开发技术丛书）
ISBN 978-7-115-56040-7

Ⅰ. ①游… Ⅱ. ①程… Ⅲ. ①游戏程序－程序设计
Ⅳ. ①TP317.6

中国版本图书馆CIP数据核字(2021)第033280号

内 容 提 要

本书共 14 章，主要讲解游戏引擎中的动画、渲染、多线程等高级技术。书中的主要内容包括骨骼蒙皮模型与动画基础，动画播放和插槽，动画混合，变形动画混合，逆向动力学（IK）与角色，光照渲染的发展史，渲染器接口，材质，流程渲染架构，光照与材质，后期效果，阴影，多线程，动态缓冲区和性能分析器。

本书适合游戏开发人员阅读。

◆ 著　　　程东哲
责任编辑　谢晓芳
责任印制　王　郁　焦志炜
◆ 人民邮电出版社出版发行　　北京市丰台区成寿寺路 11 号
邮编　100164　　电子邮件　315@ptpress.com.cn
网址　https://www.ptpress.com.cn
北京七彩京通数码快印有限公司印刷
◆ 开本：787×1092　1/16
印张：33.5　　2021 年 6 月第 1 版
字数：825 千字　　2025 年 1 月北京第 8 次印刷

定价：139.90 元

读者服务热线：(010)81055410　印装质量热线：(010)81055316
反盗版热线：(010)81055315
广告经营许可证：京东市监广登字 20170147 号

前　言

写作本书的缘由

游戏引擎技术在国外的发展十分迅速，根本原因在于国外的从业者有很扎实的基础，每一代游戏引擎都是根据游戏迭代而来的。国内游戏行业起步相对较晚，再加上从业者有时急于求成，游戏引擎方面的人才积累远远不如国外，因此国内的自研游戏引擎企业寥寥无几。因为学习游戏引擎开发的门槛很高，所以很多人觉得游戏引擎开发遥不可及。

本书主要讲解游戏引擎的开发，通过详细的代码示例来剖析游戏引擎内部的技术。书中有些内容基于目前市面上比较成熟的解决方案，有些内容基于作者优化并改进的新的架构，这些架构对读者开发游戏引擎有很大帮助。如果读者想使用商业游戏引擎，那么本书也会有很多帮助。

通过本书，读者可以清晰地了解企业开发游戏引擎的基本思路。一个好的游戏引擎应该做什么、不应该做什么，本书都会详细介绍。企业以高效地开发游戏引擎为最终目标。以渲染为例，本书强调灵活并且开发效率高的渲染接口以及工具比渲染效果更重要，这一观念会改变很多游戏引擎开发爱好者的传统观念。

本书内容

本书中的很多概念来自 Unreal Engine，但本书不会基于 Unreal Engine 讲解。本书配套的代码只有不到 10%的地方用了 Unreal Engine，大部分内容是通过其他的架构来实现的。这套书分为卷 1 和卷 2。卷 1 介绍的是游戏引擎的基础架构，卷 2 着重讲解游戏引擎中的动画、渲染、多线程等高级技术。读者在深入阅读本书时，就会发现卷 1 中的基础知识给可见的高级效果提供了良好的保障。卷 2 旨在讲述游戏制作流程和可扩展性，对于游戏中的某个效果，例如高动态范围（High Dynamic Range，HDR）、屏幕空间环境遮挡（Screen Space Ambient Occlusion，SSAO）等，卷 2 并没有详细介绍，因为市面上已经有很多专门讲解这些内容的图书，而游戏引擎的重点是如何能够很好地集成这些效果。

本书配套的自研游戏引擎叫作 VSEngine，作者在实际工作中的一些技术思路和尝试都以它为基础。这个游戏引擎先后重构过多次。

本书提供了大量示例。其中，标题带*号的节都没有给出示例具体的实现方式，只介绍了详细做法。读者如果想真正掌握本书的知识，就应该自己去实现它们。同时，部分章的末尾有一些练习。有一些是作者准备实现但没有实现的；有一些练习很难，即使是经验丰富的游戏引擎开发者，也需要认真思考一番。

本书共 14 章。本书主要内容如下。

第 1 章介绍 VSEngine 游戏引擎中的骨骼蒙皮模型和动画的架构。

第 2 章介绍如何播放动画，并讲解如何使用插槽（socket）让物体跟随动画运动。

第 3 章介绍如何采用动画树（animation tree）实现各种动画效果。

第 4 章介绍采用变形动画树（morph animation tree）实现各种变形动画。

第 5 章首先讲解逆向动力学（Inverse Kinematics，IK），然后介绍角色换装、角色高矮胖瘦变换等机制。

第 6 章简单介绍前向渲染（forward shading）、延迟渲染（deferred shading）、延迟光照（deferred lighting）、基于块的延迟渲染和前向增强渲染。

第 7 章介绍渲染器接口，游戏引擎层通过一套接口可以兼容多种底层渲染应用程序接口（Application Programming Interface，API）。

第 8 章主要讲解材质与着色器（shader）的关系以及如何实现材质树（material tree）。

第 9 章介绍场景（scene）里面的模型如何通过特定的渲染方式呈现在指定的渲染目标（render target）上。

第 10 章介绍光照和材质在 VSEngine 游戏引擎中是如何集成的。

第 11 章介绍如何通过一种链式结构把后期效果集成到 VSEngine 游戏引擎的渲染流程中。

第 12 章介绍常用阴影方法在 VSEngine 游戏引擎中是如何集成的。

第 13 章介绍多线程更新、多线程渲染、纹理流式加载、着色器缓存、编辑器资源热更新等。

第 14 章首先介绍如何利用动态缓冲区（dynamic buffer），然后讨论如何解决游戏引擎开发中的性能瓶颈。

本书特色

不同游戏引擎的内部架构千差万别，而且游戏引擎涉及的知识点很多，很少有人能全面把握每一个知识点。由于游戏引擎属于实践性的工程，因此游戏引擎图书必须有足够令人信服的演示示例以及代码支持。本书旨在介绍一个商业游戏引擎应该具备什么，以及应该如何开发商业游戏引擎。

目前国内有游戏引擎研发能力的公司很少，本书揭开了游戏引擎神秘的面纱。读者只要详细阅读本书并了解每个知识点，就能够快速地提升游戏引擎开发能力。通过阅读本书，读者可以更好地理解游戏引擎机制，在使用相应的游戏引擎的时候更加得心应手，同时还将具备修改商业游戏引擎的能力。

读者对象

本书要求读者熟练掌握 C++、数据结构、基本 3D 知识、常用的设计模式，并具备多线程的基础知识。如果读者有一定的 3D 游戏开发经验，或者想要尝试 3D 游戏引擎开发，那么本书值得阅读。

本书会详细讲解大部分比较难的知识点。而对和游戏引擎开发相关性较低的一些基础知识，本书会列出相关的图书和资源，推荐读者去阅读。

通过阅读和学习本书，读者能够：

- 了解游戏引擎的基本原理和作用；
- 了解开发游戏引擎的基本流程；

- 了解开发游戏引擎的具体细节。

资源支持

要下载本书配套的资源，请在 GitHub 网站上搜索“79134054/VSEngine2”。

致谢

感谢我的妻子对我写作本书的支持。为了写作本书，我牺牲了很多陪伴家人的时间，没有他们的理解和支持，我不可能完成本书的写作。感谢人民邮电出版社的陈冀康编辑，本书是在他的一再推动和鼓励下完成的。

感谢叶劲峰、沙鹰、王杨军、王琛、付强等人对本书的大力推荐，能够得到他们的肯定，我感到万分荣幸。

感谢唐强、周秦、Houwb 在百忙之中抽出时间帮助我校验本书并修改本书配套代码，没有他们的努力，本书是无法顺利出版的。感谢王学强对本书第 6 章提供的技术支持。

感谢本书的所有读者。选择了本书，意味着您对我的支持和信任。由于水平有限，书中难免存在一些不足之处，还望您在阅读过程中不吝指出。您可以通过 79134054@qq.com 联系我。

服务与支持

本书由异步社区出品，社区（https://www.epubit.com/）为您提供后续服务。

提交勘误

作者和编辑尽最大努力来确保书中内容的准确性，但难免会存在疏漏。欢迎您将发现的问题反馈给我们，帮助我们提升图书的质量。

当您发现错误时，请登录异步社区，按书名搜索，进入本书页面，单击“提交勘误”，输入勘误信息，单击“提交”按钮即可，如下图所示。本书的作者和编辑会对您提交的勘误进行审核，确认并接受后，您将获赠异步社区的100积分。积分可用于在异步社区兑换优惠券、样书或奖品。

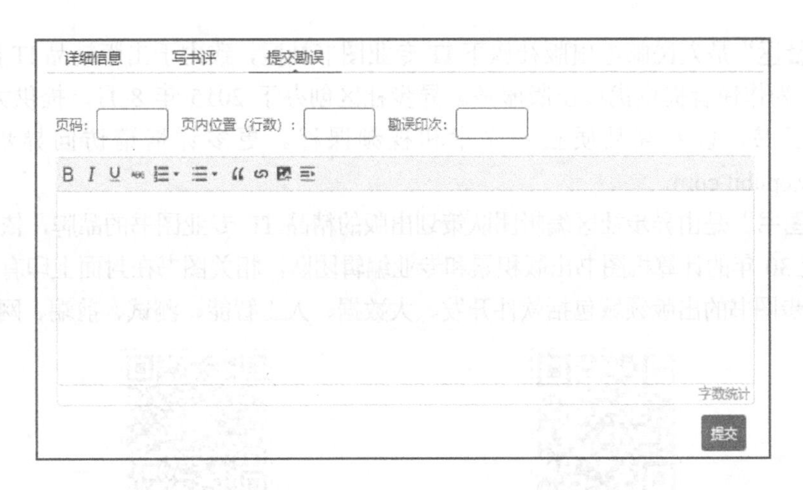

扫码关注本书

扫描下方二维码，您将会在异步社区微信服务号中看到本书信息及相关的服务提示。

与我们联系

我们的联系邮箱是 contact@epubit.com.cn。

如果您对本书有任何疑问或建议，请您发邮件给我们，并请在邮件标题中注明本书书名，以便我们更高效地做出反馈。

如果您有兴趣出版图书、录制教学视频，或者参与图书翻译、技术审校等工作，可以发邮件给我们；有意出版图书的作者也可以到异步社区投稿（直接访问 www.epubit.com/contribute 即可）。

如果您所在的学校、培训机构或企业想批量购买本书或异步社区出版的其他图书，也可以发邮件给我们。

如果您在网上发现有针对异步社区出品图书的各种形式的盗版行为，包括对图书全部或部分内容的非授权传播，请您将怀疑有侵权行为的链接通过邮件发送给我们。您的这一举动是对作者权益的保护，也是我们持续为您提供有价值的内容的动力之源。

关于异步社区和异步图书

“异步社区”是人民邮电出版社旗下 IT 专业图书社区，致力于出版精品 IT 图书和相关学习产品，为作译者提供优质出版服务。异步社区创办于 2015 年 8 月，提供大量精品 IT 图书和电子书，以及高品质技术文章和视频课程。更多详情请访问异步社区官网 https://www.epubit.com。

“异步图书”是由异步社区编辑团队策划出版的精品 IT 专业图书的品牌，依托于人民邮电出版社近 30 年的计算机图书出版积累和专业编辑团队，相关图书在封面上印有异步图书的 LOGO。异步图书的出版领域包括软件开发、大数据、人工智能、测试、前端、网络技术等。

异步社区

微信服务号

目　录

第 1 章

骨骼蒙皮模型与动画基础

动画系统是游戏引擎的重要组成部分之一，而且动画控制和游戏逻辑控制的关系十分紧密，游戏中的动画质量决定游戏细节和操作手感。对于动作类游戏来说，动作手感对游戏品质的影响往往超过渲染。

图 1.1　CS 游戏

20 世纪末《反恐精英》（Counter-Strike，CS）游戏曾风靡一时，如图 1.1 所示。喜欢玩第一人称射击（First Person Shooting，FPS）类游戏的读者对此绝对不会感到陌生。在这款游戏中，人物的行走分成两种：一种是普通模式的行走，走的时候会有声音；另一种是按住 Shift 键缓慢行走，走的时候没有声音。在这两种行走方式中，拿着不同武器的人物行走的速度也不一样。如今再看这款游戏，我们还是会被它惊艳的效果折服。对于这款游戏里任何情况下人物的行走方式，玩家都不会觉得怪异，因为人物移动和动画播放的速度相当匹配，会让玩家感觉是"一个正常的人在行走"，同时也给人一种很厚重的感觉。而在国内某些 FPS 类游戏中，人物移动的时候给人的感觉很"飘"，好像所有角色都在"滑步"一样。出现这种问题的根本原因是动画控制和游戏逻辑控制没有匹配，只有 3 个方面——动画师制作的动画、游戏引擎中动画的融合控制与游戏逻辑中对动画的驱动高度契合，人物移动才能达到视觉上的协调。

上面提到的这一点看似对 FPS 类游戏的核心玩法无关紧要，但没有一定技术积累的团队是很难做好的。好的游戏要注重各方面的细节，很多成功的小细节的累积会使游戏质量发生飞跃。

1.1　蒙皮模型与动画原理

在国内，随着自研游戏引擎的没落，商业游戏引擎的使用已经非常普遍，蒙皮模型和动画实现细节被封装到了商业游戏引擎的"黑盒"里。因此问题一旦出现，便让人无从下手。本节将会详细介绍蒙皮模型与动画原理的相关知识点，再配合相关代码，让读者一个更全面的认识。

1.1.1　骨骼

在游戏引擎中，骨骼可以表示成一个 4×4 矩阵，由缩放（scale）、旋转（rotation）和平移（translation）分量组成，这本质上和卷 1 中介绍的空间位置没什么区别，所以它具有空间节点的任何性质。但这种"节点"存在蒙皮的概念，它和我们生活中认识的骨骼类似，所以起名为"骨骼"。需要注意的是，我们在现实中所说的骨骼是一节一节的，有长度，大小可见，而游戏引擎中的骨骼是虚拟的，只是作用和真正的骨骼类似。

图 1.2 所示为左手及左手臂骨架，短线段代表每个骨骼节点的轴向，这个轴向表示的是模型在所在世界空间（world space，参见卷 1）下的轴向，轴向的原点就是骨骼所在的位置。

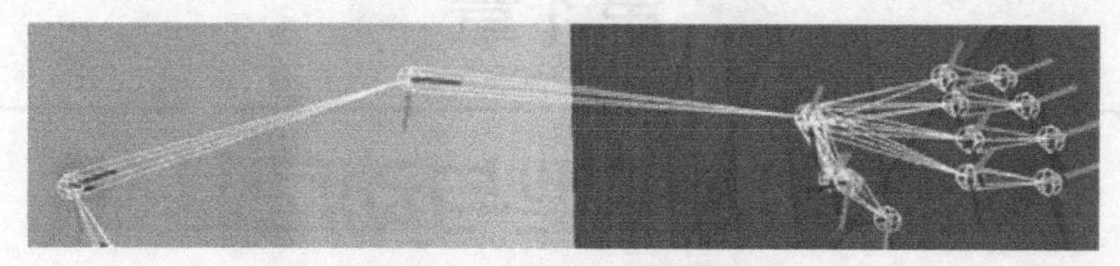

图 1.2 左手及左手臂骨架

骨骼的父子层级关系和卷 1 中介绍的空间位置关系是一样的，所以每根骨骼都有自己的本地空间（local space，参见卷 1）位置和世界空间位置。整个层级结构称为骨架，如图 1.3 所示。

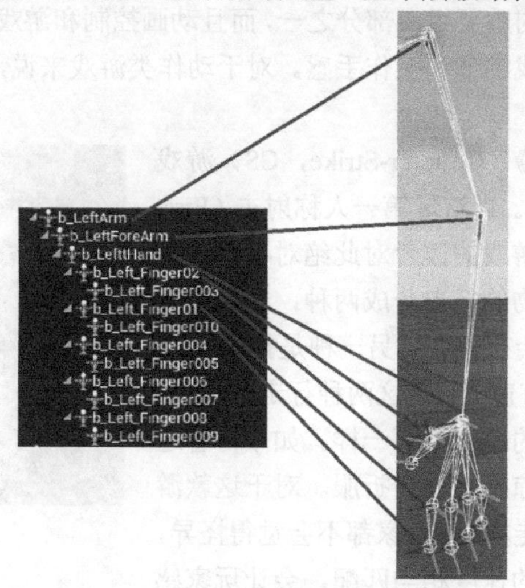

图 1.3 左手及左手臂的层级结构

一个骨架默认带有所有骨骼的空间位置，每根骨骼的空间位置存放的都是相对其父骨骼的信息，然后通过一层层的空间变换就可以变换到根骨（root bone）所在的空间。

1.1.2 蒙皮模型

蒙皮的原理类似于人体的皮肤附着在骨头上，皮肤随着骨骼运动。本质是模型顶点依附于骨骼所在空间，骨骼一旦运动，就会带动模型顶点运动。

模型师在做完模型后，会把模型交给动画师。这个时候模型是没有任何骨骼的，所有模型的顶点数据都在模型空间下。然后，动画师根据模型的形态创建骨架，分配骨骼节点。

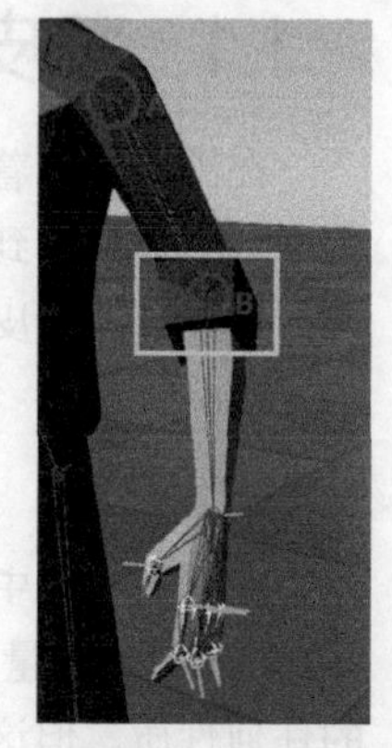

图 1.4 顶点受骨骼的控制

不过，这时的骨架和模型并没有绑定，还需要把模型顶点绑定到对应的骨骼上，这样骨骼运动时才会带着模型顶点运动，这个绑定过程称为蒙皮。在一般情况下，模型顶点绑定到对应的骨骼后是完全跟随这根骨骼运动的（如图 1.4 所示），不过有些靠近骨骼原点的模型顶点，除了受当前骨骼的影响外，还受到其父骨骼的影响，如人体关节处的皮肤。

图 1.4 所示矩形区域表示模型顶点，它受到两个骨骼节点 A 和 B 的影响。读者可以自己动动肘部关节，因为肘部的皮肤是受小臂关节和上臂影响的，所以在转动肘部的时候皮肤会被拉扯。

动画师在绑定模型顶点的时候，在关节处按照每根骨骼对模型顶点影响的大小为模型顶点分配权重。这个过程必须时刻绷紧神经，防止某个模型顶点被遗漏。

1.1.3 动作

现在游戏中所有的动画技术基本上是关键帧技术，通过关键帧技术把所有的关键帧插值按时间顺序来播放就形成了动画。动画数据是多个关键帧按时间排列的集合，每个关键帧除有对应的时间以外，还有对应的数据。对于 3D 骨骼动画来说，数据就是每根骨骼的缩放、旋转和平移分量。播放骨骼的动画实际就是计算当前时刻这根骨骼的空间位置。

举一个例子，在没有任何压缩的情况下，如果有一个包含 M 帧、N 根骨骼的动画，那么它包含的数据如图 1.5 所示。

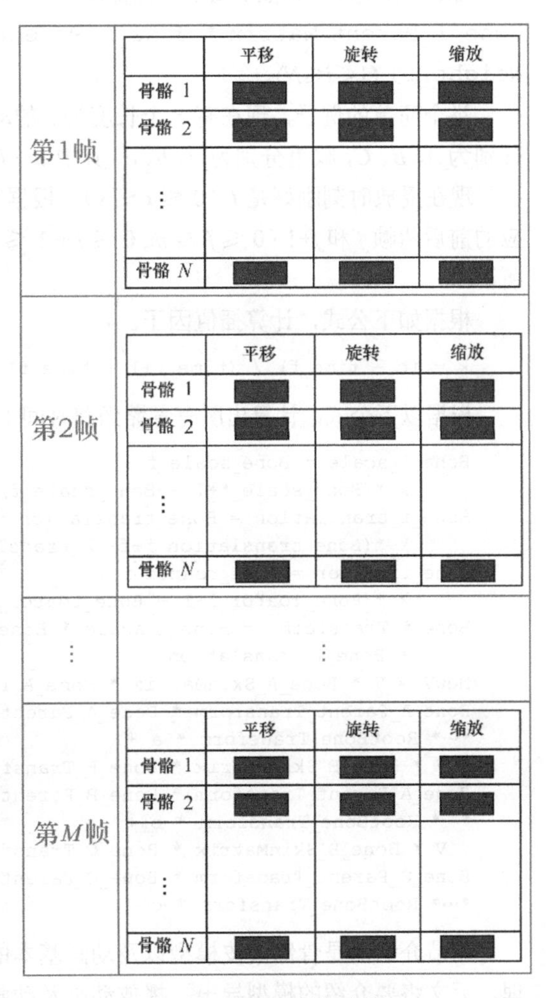

图 1.5 动画数据存放

那么这些数据位于哪个空间下呢？作者曾在面试中多次向面试者提到这个问题，但很多面试者无法准确回答。大部分的程序员在使用游戏引擎时，依靠一个函数、一个动画名就可以播放动画师导出的动画文件，至于数据究竟是什么样的，很少有人关心。

这些数据在其对应的父骨骼的空间下，而非模型空间下，和默认骨架下每根骨骼的空间位置数据所在空间是一样的。

结合上面提到的知识点，下面介绍一下模型顶点跟随骨骼运动的原理。一个模型顶点 V 受到 N 根骨骼的影响，权重分别为 Weight1～Weight$N$。顶点默认在模型空间下，先要把 V 变换到受其控制的骨骼空间下，这个变换的空间位置矩阵称为蒙皮矩阵。

一般情况下，模型空间和根骨所在的空间是同一个空间，并且美术师在进行 3ds Max 蒙皮的时候模型和骨架都是对应的。下式用于计算将顶点 V 变换到 `Bone_i` 所在的空间下的矩阵 `Bone_i_SkinMatrix`。

```
Bone_i_SkinMatrix = RootBoneInverseMatrix *…* Bone_i_Parent Parent
    InverseMatrix *Bone_i_Parent InverseMatrix * Bone_i_InverseMatrix
```

计算出 `V * Bone_i_SkinMatrix` 之后，V 就变换到了 `Bone_i` 空间下，再通过 `V * Bone_i_SkinMatrix * Bone_i_Matrix * Bone_i_Parent Matrix * Bone_i_ParentParentMatrix *…* RootBoneMatrix` 把这个过程还原回去。

这样顶点 V 又还原到对应的模型空间下。

这里要做一个规定：整个骨架只有一个根（root）节点，也就是一根根骨。这也是美术界约定俗成的。因此，任何骨骼的根节点必定只有一个，这为制作根骨动画提供了很好的保证。

注意：一般骨架和模型是对齐的，不过有时美术师添加其他控制器可能会导致骨架和模型未必对齐，上面的计算过程没有考虑骨架和模型之间的偏差，这样计算出的模型和骨架是分离的。如果只渲染模型，不渲染骨架，可能没什么问题。但如果要考虑一些挂点和物理碰撞，就不可行了。模型和骨架的偏移位置在 3ds Max 导出插件中也是可以获取的。

如果要加入动画，那么将动画里每根骨骼的空间位置直接替换为对应骨骼的空间位置即可。

那么，实际上，顶点 V 最后的位置为 `Sum (V * Bone_i_SkinMatrix * Bone_i_Matrix * Bone_i_Parent Matrix * Bone_i_Parent Parent Matrix *…* RootBone Matrix * Weight_i)` ($1 \leqslant i \leqslant N$)。

举个简单的例子，现在有一个长度为 s 的动画，共 m 帧，顶点 V 受到 3 根骨骼影响，骨骼分别为 A、B、C，权重分别为 a、b、c，其中 $a + b + c = 100\%$。

现在播放时刻刚好是 t（$0 \leqslant t \leqslant s$），根据时间 t 找到对应的前后两帧 f 和 f+1（$0 \leqslant f \leqslant m, 0 \leqslant f+1 \leqslant m$），如图 1.6 所示。

图 1.6 动画插值

根据如下公式，计算插值因子。

```
k = (t - time_f) / (time_f+1 - time_f)
```

根据以下公式，计算出所有骨骼当前时间下的空间位置。

```
Bone_i_scale = Bone_scale_f +
     k *(Bone_scale_f+1 - Bone_scale_f)
Bone_i_translation = Bone_translation_f +
     k *(Bone_translation_i+f- A_translation_f)
Bone_i_roator = Bone_roator_f +
     k *(Bone_roator_f+1 - Bone_roator_f)
Bone_i_Transform  = Bone_i_scale * Bone_i_roator
     + Bone_i_translation
NewV = V * Bone_A_SkinMatrix * Bone_A_Transform *
Bone_A_Parent_Transform * Bone_A_ParentParent_Transform
*…* RootBone_Transform * a +
   V * Bone_B_SkinMatrix * Bone_B_Transform *
Bone_A_Parent_Transform * Bone_B_ParentParent_Transform
*…* RootBone_Transform * b +
   V * Bone_B_SkinMatrix * Bone_C_Transform *
Bone_C_Parent_Transform * Bone_C_ParentParent_Transform
*…* RootBone_Transform * c
```

本节介绍的是骨骼蒙皮模型以及动画基本的原理，后文将要介绍的模型导出、播放动画及动画混合是以这些原理为基础的。

1.2 蒙皮模型架构

图 1.7 所示是蒙皮模型类 VSSkeletonMeshNode 类和 VSSkeletonMeshComponent 类的结构，它们与静态模型结构（卷 1 中曾介绍）的继承方式类似。

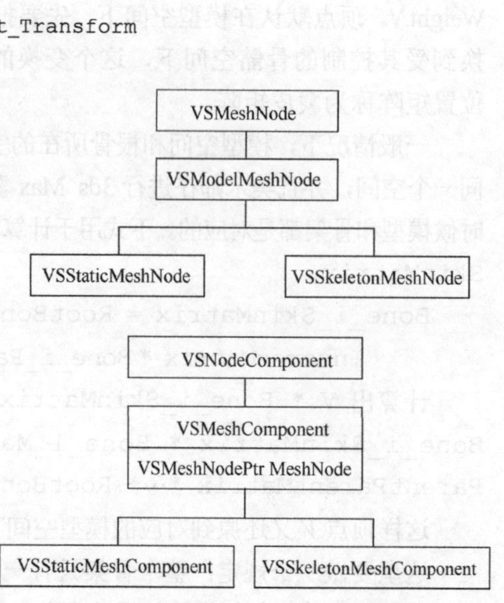

图 1.7 VSSkeletonMeshNode 与 VSSkeletonMeshComponent 的结构

图 1.8 所示是骨骼类（VSBoneNode 类）和骨架类（VSSkeleton 类）的关系。骨骼可以有自己的子骨骼，所以 VSBoneNode 类自然而然就继承自 VSNode 类（参见卷 1）。规定 VSSkeleton 类的子节点为根骨，默认是可以支持多根根骨的，

但为了方便制作根骨动画，所以规定仅有一根根骨，也就是只有一个子节点。

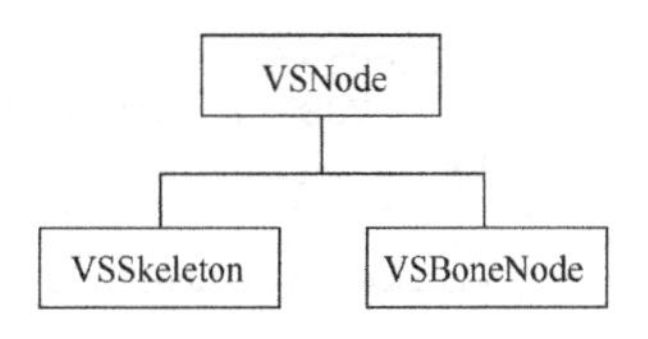

图 1.8 VSBoneNode 类与 VSSkeleton 类的关系

图 1.9 所示是蒙皮模型的架构，VSSkeletonMeshComponent 类的 VSMeshNode（参见卷 1）指向 VSSkeletonMeshNode 类，VSSkeletonMeshNode 类中包含模型数据和骨架信息。

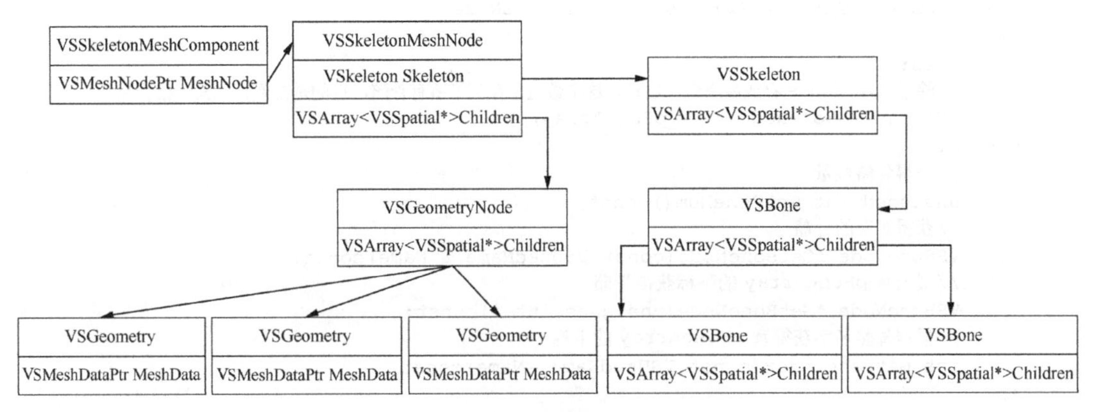

图 1.9 蒙皮模型的架构

VSSkeletonMeshNode 类是实际渲染的蒙皮模型，也可以保存成资源，代码如下。

```
class VSGRAPHIC_API VSSkeletonMeshNode : public VSModelMeshNode
{
protected:
    //骨架
    VSSkeletonPtr m_pSkeleton;
public:
     void SetSkeleton(VSSkeleton *pSkeleton);
     inline VSSkeleton *GetSkeleton()const
     {
          return m_pSkeleton;
     }
protected:
     //默认骨骼模型
     static VSPointer<VSSkeletonMeshNode> Default;
public:
     static const VSSkeletonMeshNode *GetDefault()
     {
          return Default;
     }
};
```

static VSPointer<VSSkeletonMeshNode> Default 是默认的蒙皮模型，当创建 VSSkeletonMeshComponent 类而没有指定资源时就用这个默认的模型。

VSSkeletonMeshComponent 类包含 VSSkeletonMeshNode 类的实例对象，代码如下。

```
class VSGRAPHIC_API VSSkeletonMeshComponent : public VSMeshComponent
{
public:
     VSSkeletonMeshComponent();
     virtual ~VSSkeletonMeshComponent();
     void SetSkeletonMeshResource(VSSkeletonMeshNodeR *pSkeletonMeshResource);
     VSSkeletonMeshNode *GetSkeletonMeshNode();
     virtual void LoadedEvent(VSResourceProxyBase *pResourceProxy);
     virtual void PostCreate();
```

```
protected:
    VSSkeletonMeshNodeRPtr m_pSkeletonMeshResource;
};
```

VSSkeletonMeshComponent 类和卷 1 中的 VSStaticMeshComponent 类差别不大，这里不再过多介绍。

VSSkeleton 类里面包含了所有骨骼，分别用数组和树形方式存储，代码如下。

```
class VSGRAPHIC_API VSSkeleton : public VSNode
{
protected:
    //除了 childNode 存放所有骨骼以外，这个数组也存放了所有骨骼，目的是方便查找某一根骨骼
    VSArray<VSBoneNode *> m_pBoneArray;
public:
    //获得骨骼数量
    unsigned int GetBoneNum()const;
    //获得对应的骨骼
    VSBoneNode *GetBoneNode(const VSUsedName & Name)const;
    //根据 m_pBoneArray 的下标获得骨骼
    VSBoneNode *GetBoneNode(unsigned int i)const;
    //根据骨骼名字获得 m_pBoneArray 的下标
    int GetBoneIndex(const VSUsedName &Name)const;
};
```

m_pBoneArray 以数组形式存储所有骨骼；VSSkeleton 类是从 VSNode 类继承的，它只有一个直接子节点（称为根骨），根骨和根骨的所有子节点按树形方式存储了所有骨骼。

VSBoneNode 类继承自 VSNode 类，所以它也是树形结构，代码如下。

```
class VSGRAPHIC_API VSBoneNode : public VSNode
{
public:
    //骨骼名字
    VSUsedName m_cName;
    //蒙皮矩阵
    VSMatrix3X3W m_OffSetMatrix;
public:
    inline const VSMatrix3X3W & GetBoneOffsetMatrix()const
    {
        return m_OffSetMatrix;
    }
    //获得对应名字的子骨骼
    VSBoneNode *GetBoneNodeFromLevel(const VSUsedName & BoneName);
    //一共有多少根子骨骼
    unsigned int GetAllBoneNum()const;
    //获得所有子骨骼
    void GetAllBoneArray(VSArray<VSBoneNode *> & AllNodeArray);
};
```

如果不是根骨，那么它的父节点就是它的父骨骼；否则，它的父节点是 VSSkeleton 类。

1.3 FBX 蒙皮模型导入

现在又回到了 VSFBXConverter 类，其基本架构在卷 1 中已经介绍过，这里不再重复。本节的重点在于把 FBX 蒙皮模型导入形成游戏引擎格式文件。“-d”为导出骨骼模型的命令行参数。

1.3.1 骨架处理

首先，要判断是否导出带骨骼的蒙皮模型，代码如下。

```
else if (m_CurExportType == ET_SKELETON_MESH)
{
     m_pNode = VS_NEW VSSkeletonMeshNode();
     m_pSkeleton = VS_NEW VSSkeleton();
     //获得骨架
     GetSkeleton(m_pFbxScene->GetRootNode());
     m_pSkeleton->SetLocalScale(VSVector3(1.0f,1.0f,-1.0f));
     m_pSkeleton->CreateBoneArray();
     m_pGeoNode = VS_NEW VSGeometryNode();
     m_pNode->AddChild(m_pGeoNode);
     //获得蒙皮模型
     if (GetMeshNode(m_pFbxScene->GetRootNode()) == false)
     {
          bIsError = true;
     }
}
```

导出蒙皮模型和导出静态模型过程差不多，唯一的区别是要导出骨架和蒙皮信息。先看看获得骨架信息的函数 GetSkeleton。GetSkeleton 函数比较简单，是一个递归函数。FBX 中存放骨骼信息的结构与游戏引擎里的类似，代码如下。

```
void VSFBXConverter::GetSkeleton(FbxNode* pNode,VSBoneNode * pParentBoneNode)
{
     VSBoneNodePtr pBoneNode = NULL;
     if(pNode->GetNodeAttribute())
     {
          switch(pNode->GetNodeAttribute()->GetAttributeType())
          {
               case FbxNodeAttribute::eSkeleton:
               {
                    //创建骨骼
                    pBoneNode = VS_NEW VSBoneNode();
                    //获得当前骨骼的空间位置信息
                    FbxTimeSpan timeSpan;
                    m_pFbxScene->GetGlobalSettings().
                              GetTimelineDefaultTimeSpan(timeSpan);
                    FbxTime start = timeSpan.GetStart();
                    FbxTime end = timeSpan.GetStop();
                    pBoneNode->m_cName = pNode->GetName();
                    FbxAMatrix Combine = pNode->EvaluateLocalTransform(start);
                    VSMatrix3X3W VSMat;
                    //把 3ds Max 坐标系转换成游戏引擎坐标系
                    MaxMatToVSMat(Combine,VSMat);
                    pBoneNode->SetLocalMat(VSMat);
                    if(pParentBoneNode)
                    {
                         pParentBoneNode->AddChild(pBoneNode);
                    }
                    else
                    {
                         m_pSkeleton->AddChild(pBoneNode);
                    }
               }
               break;
          }
     }
     for(int i = 0 ; i < pNode->GetChildCount() ; ++i)
     {
          GetSkeleton(pNode->GetChild(i),pBoneNode);
     }
}
```

把3ds Max坐标系转换成游戏引擎坐标系的原因在卷1中已经讲过，此处不再重复。唯一要解释的是获取骨骼的空间位置信息。这里直接获取了动画的第1帧信息，EvaluateLocalTransform函数获取骨骼相对于其父节点的空间位置（就是前文所说的骨骼的动画数据都是相对于它的父骨骼的原因），我们可以指定时间作为参数。

GetMeshNode函数的作用是导出蒙皮模型，代码如下。

```
bool VSFBXConverter::GetMeshNode(FbxNode* pNode)
{
	if(pNode->GetNodeAttribute())
	{
		switch(pNode->GetNodeAttribute()->GetAttributeType())
		{
		case FbxNodeAttribute::eMesh :
			VSOutPutDebugString("Process Fbx Mesh Node\n");
			printf("Process Fbx Mesh Node\n");
			if (ProcessMesh(pNode) == false)
			{
				return false;
			}
			break;
		}
	}
	for(int i = 0 ; i < pNode->GetChildCount() ; ++i)
	{
		if (GetMeshNode(pNode->GetChild(i)) == false)
		{
			return false;
		}
	}
	return true;
}
```

3ds Max的结构是树形的，几何（geometry）数据信息作为一个子节点挂在树上，它和游戏引擎里面的VSMeshNode类其实差不多。递归遍历整个树形结构，如果遇到FbxNodeAttribute::eMesh，就获取几何数据信息；如果遇到FbxNodeAttribute::eSkeleton，就获取骨架信息。

卷1曾经介绍过用ProcessMesh函数导入静态模型，不过当时没有全部介绍，把蒙皮相关的代码去掉了，下文会详细介绍。卷1介绍过的代码此处会省略，不再重复介绍，读者可以对照源码查看。

1.3.2 蒙皮矩阵

3ds Max可以为网格添加多种变形器，蒙皮变形器为其中一种，下面的代码访问所有的变形器，直到访问到蒙皮变形器。

```
if (m_CurExportType == ET_SKELETON_MESH)
{
	int nCountDeformer = pMesh->GetDeformerCount();
	for(int i = 0 ; i < nCountDeformer ; ++i)
	{
		FbxDeformer*  pFBXDeformer = pMesh->GetDeformer(i);
		if(pFBXDeformer == NULL)
		{
			continue;
		}
		//只考虑eSKIN的管理方式
		if(pFBXDeformer->GetDeformerType() != FbxDeformer::eSkin)
```

```
            {
                continue;
            }
            //只用第 1 个蒙皮变形器
            pFBXSkin = (FbxSkin*)(pFBXDeformer);
            break;
        }
        if (!pFBXSkin)
        {
            return false;
        }
        GetOffSetMatrix(pFBXSkin);
    }
```

GetOffSetMatrix 函数用于获得蒙皮矩阵信息，代码如下。

```
void VSFBXConverter::GetOffSetMatrix(FbxSkin *pSkin)
{
    int iClusterCount = pSkin->GetClusterCount();
    for (int iCluster = 0; iCluster < iClusterCount; iCluster++)
    {
        FbxCluster *pCluster = pSkin->GetCluster(iCluster);
        FbxNode *pFbxBone = pCluster->GetLink();
        VSBoneNode *pNode = m_pSkeleton->GetBoneNode(
                    pFbxBone->GetName());
        VSMAC_ASSERT(pNode);
        FbxAMatrix FbxMat,FbxMatLink;
        pCluster->GetTransformLinkMatrix(FbxMatLink);
        pCluster->GetTransformMatrix(FbxMat);
        FbxAMatrix Combine = FbxMatLink.Inverse() * FbxMat;
        VSMatrix3X3W VSMat;
        MaxMatToVSMat(Combine,VSMat);
        pNode->m_OffSetMatrix = VSMat;
    }
}
```

FbxCluster 包含骨骼及其控制的对应几何数据顶点，GetLink 函数用于得到骨骼，蒙皮矩阵实际是把几何数据从模型空间变换到对应骨骼空间的变换矩阵。如果模型和骨架都在模型空间的原点位置，那么计算蒙皮矩阵很容易；但如果位置不同，就要计算它们之间的偏差。不过 FBX 里面已经有函数把偏差都算进去了，所以我们直接使用即可。

实际上，GetTransformMatrix 函数用于得到对应的几何数据从模型空间变换到世界空间的变换矩阵，GetTransformLinkMatrix 函数用于得到骨骼从自己的空间变换到世界空间的变换矩阵，FbxMat 为将几何数据变换到世界空间的变换矩阵。Combine = FbxMatLink.Inverse() *FbxMat 就是把模型变换到对应骨骼空间的变换矩阵，然后把这个矩阵转换成游戏引擎格式。具体信息读者可以查看 FBX 的函数说明。

注意：3ds Max 中的几何数据和模型的关系与游戏引擎中 VSGeometry 类（卷 1 中介绍过此类）和 VSMeshNode 类的关系类似。但 3ds Max 中的几何数据和模型并不一定在同一空间，变换矩阵也不一定为单位矩阵。在 3ds Max 中存在 3 种变换到世界空间的矩阵——骨骼到世界空间的变换矩阵、几何数据到世界空间的变换矩阵、模型到世界空间的变换矩阵。3ds Max 最后导出顶点所有信息时会把几何数据和模型变换到世界空间中。所以在游戏引擎中 VSGeometry 类和 VSMeshNode 类在同一个空间，变换矩阵为单位矩阵。

1.3.3 拆分模型

在图形处理单元（Graphics Processing Unit，GPU）的蒙皮实现中，如果不用双四元数方式来存放骨骼，那么每根骨骼至少要占用 3 个寄存器，很多游戏引擎默认支持 70 根骨骼，这样算下来将占用 210 个寄存器。如果当前几何数据中用的骨骼数量超出 70，则会把这个几何数据拆解成多个几何数据，代码如下。

```
for (int j = 2; j >= 0; j--)
{
        int ctrlPointIndex = pMesh->GetPolygonVertex(i, j);
        if (!IsBoneNumAccept(pFBXSkin, m_MeshBoneNode, ctrlPointIndex))
        {
                VSString Name = pNode->GetName();
                if (MaterialCount > 0)
                {
                Name = Name + _T("_") + pNode->GetMaterial(k)->GetName() + +_T("_SubMesh");
        }
        VSMatrix3X3W Mat;
        if (!CreateMesh(Name, Mat, TexCoordNum, (pFBXSkin != NULL)))
        {
                ClearAllVertexInfo();
                break;
        }
}
```

IsBoneNumAccept 函数用来检验添加当前三角形会不会导致几何数据超出 70 根骨骼。如果超出，立即把之前记录的顶点信息导出为一个几何数据，代码如下。

```
bool VSFBXConverter::IsBoneNumAccept(FbxSkin *pSkin,VSArray<VSUsedName> & Bone,
unsigned int VertexIndex)
{
    //临时存放骨骼
    VSArray<VSString> TempBone;
    for (unsigned int i = 0 ; i < Bone.GetNum() ; i++)
    {
        TempBone.AddElement(Bone[i].GetString());
    }
    unsigned int BoneNum = TempBone.GetNum();
    //找到控制索引为VertexIndex的顶点的所有骨骼，并判断它是否在当前的TempBone里，若不在，则添加
    int iClusterCount = pSkin->GetClusterCount();
    for (int iCluster = 0; iCluster < iClusterCount; iCluster++)
    {
        FbxCluster *pCluster = pSkin->GetCluster(iCluster);
        FbxNode *pFbxBone = pCluster->GetLink();
        int *iControlPointIndex = pCluster->GetControlPointIndices();
        int iControlPointCount = pCluster->GetControlPointIndicesCount();
        for (int i_Index = 0; i_Index < iControlPointCount; i_Index++)
        {
            if (iControlPointIndex[i_Index] == VertexIndex)
            {
                unsigned int j = 0;
                for(j = 0 ; j < TempBone.GetNum() ; j++)
                {
                    if(pFbxBone->GetName() == TempBone[j])
                    {
                        break;
                    }
                }
                if(j == TempBone.GetNum())
                {
                    VSString BoneName = pFbxBone->GetName();
                    TempBone.AddElement(BoneName);
                }
            }
        }
```

```
    }
    //判断当前所有骨骼数量是否超过规定数量
    if (TempBone.GetNum() > VSResourceManager::GetGpuSkinBoneNum())
    {
        return false;
    }
    return true;
}
```

VSResourceManager::GetGpuSkinBoneNum()这个变量不可以随意修改。如果修改后的值小于当前值，则所有导出过的模型都要重新导出；否则，游戏引擎渲染时不支持；如果修改后的值大于当前值，则没什么影响。

注意：Unreal Engine 3 支持 70 根骨骼，用寄存器的方式将骨头传递给 GPU；Unreal Engine 4 在移动端使用的方法和 Unreal Engine 3 一样，只不过它支持 75 根骨骼，而在个人计算机（PC）端支持 256 根骨骼，用顶点数据缓存的方式将骨头传递给 GPU。

1.3.4 权重信息

最后要处理的就是权重信息。一个顶点可以受到多根骨骼的控制，每根骨骼对这个顶点的控制程度是不一样的，其原理在前文已经介绍过，这里不再重复，代码如下。

```
if (pFBXSkin)
{
    //获得影响当前顶点的所有骨骼和权重
    VSArray<VSString> BoneTemp;
    VSArray<VSREAL>  Weight;
    BoneSkin(pFBXSkin,BoneTemp,Weight,ctrlPointIndex);
    //没有骨骼影响该顶点
    if(BoneTemp.GetNum() == 0)
    {
        return false;
    }
    //如果影响整个顶点的骨骼数量大于 4，则把权重小的骨骼去掉，减少到 4 根骨骼
    while(BoneTemp.GetNum() > 4)
    {
     VSREAL MinWeight = Weight[0];
     unsigned int MinWeightIndex = 0;
     for(unsigned int uiBoneTemp = 1 ; uiBoneTemp < BoneTemp.GetNum() ; uiBoneTemp++)
        {
            if(Weight[uiBoneTemp] < MinWeight)
            {
                MinWeight = Weight[uiBoneTemp];
                MinWeightIndex = uiBoneTemp;
            }
        }
        BoneTemp.Erase(MinWeightIndex);
        Weight.Erase(MinWeightIndex);
    }
    //再一次过滤权重过小的骨骼。这次过滤后，不能保证影响顶点的骨骼数为 4
    for(unsigned int uiBoneTemp = 0 ; uiBoneTemp < BoneTemp.GetNum() ; uiBoneTemp++)
    {
        if(Weight[uiBoneTemp] < EPSILON_E4)
        {
            BoneTemp.Erase(uiBoneTemp);
            Weight.Erase(uiBoneTemp);
            uiBoneTemp--;
        }
    }
```

```
    //重新计算权重，保证权重在 0~1
    VSREAL TotleWeight = 0;
    for(unsigned int uiBoneTemp = 0 ; uiBoneTemp < BoneTemp.GetNum() ; uiBoneTemp++)
    {
        TotleWeight += Weight[uiBoneTemp];
    }
    for(unsigned int uiBoneTemp = 0 ; uiBoneTemp < BoneTemp.GetNum() ; uiBoneTemp++)
    {
        if(TotleWeight > EPSILON_E4)
            Weight[uiBoneTemp] = Weight[uiBoneTemp] /TotleWeight;
    }
    //把骨骼放入网格骨骼列表，并加入这个顶点的索引和权重
    //一个顶点最多支持 4 根骨骼，所以用 VSVector3W
    VSVector3W BoneIndexTemp(0.0f,0.0f,0.0f,0.0f);
    VSVector3W BoneWeightTemp(0.0f,0.0f,0.0f,0.0f);
    for (unsigned int uiBoneTemp = 0 ; uiBoneTemp < BoneTemp.GetNum() ; uiBoneTemp++)
    {
        VSBoneNode *pBoneNode =
                m_pSkeleton->GetBoneNode(BoneTemp[uiBoneTemp]);
        VSMAC_ASSERT(pBoneNode);
        //没有找到对应的骨骼
        if(!pBoneNode)
        {
            return false;
        }
        unsigned int uiBoneIndex = 0;
        for(uiBoneIndex = 0 ; uiBoneIndex < m_MeshBoneNode.GetNum() ; uiBoneIndex++)
        {
            if(m_MeshBoneNode[uiBoneIndex] == BoneTemp[uiBoneTemp])
            {
                break;
            }
        }
        //把影响这个网格的所有骨骼都添加到骨骼列表中
        if(uiBoneIndex == m_MeshBoneNode.GetNum())
        {
            m_MeshBoneNode.AddElement(BoneTemp[uiBoneTemp]);
        }
        //记录影响整个顶点的骨骼所在骨骼列表中的索引和权重
        BoneIndexTemp.m[uiBoneTemp] = uiBoneIndex * 1.0f;
        BoneWeightTemp.m[uiBoneTemp] = Weight[uiBoneTemp];
    }
    //加入权重和骨骼索引
    m_BoneIndex.AddElement(BoneIndexTemp);
    m_BoneWeight.AddElement(BoneWeightTemp);
}
```

首先，获取这个顶点对应的骨骼索引和权重，游戏引擎里支持一个顶点最多受 4 根骨骼影响，对应 4 个骨骼索引和 4 个骨骼权重。所以把权重小的骨骼去掉，可以保证骨骼数小于或等于 4。

注意：*Unreal Engine 3 支持一个顶点最多受 4 根骨骼影响；Unreal Engine 4 支持一个顶点最多受 8 根骨骼影响。*

BoneSkin 函数从 FBX 中获取顶点的权重和索引信息，代码如下。

```
void VSFBXConverter::BoneSkin(FbxSkin *pSkin,VSArray<VSString> & Bone,
VSArray<VSREAL>& Weight,unsigned int VertexIndex)
{
    //遍历所有骨骼，再遍历骨骼控制点。如果控制 VertexIndex 对应的顶点，则收集对应的权重信息和骨骼索引
    int iClusterCount = pSkin->GetClusterCount();
    for (int iCluster = 0; iCluster < iClusterCount; iCluster++)
```

```
    {
        FbxCluster *pCluster = pSkin->GetCluster(iCluster);
        FbxNode* pFbxBone = pCluster->GetLink();
        int *iControlPointIndex = pCluster->GetControlPointIndices();
        int iControlPointCount = pCluster->GetControlPointIndicesCount();
        double *pWeights = pCluster->GetControlPointWeights();
        for (int i_Index = 0; i_Index < iControlPointCount; i_Index++)
        {
            if (iControlPointIndex[i_Index] == VertexIndex)
            {
                unsigned int j = 0;
                for(j = 0 ; j < Bone.GetNum() ; j++)
                {
                    if(pFbxBone->GetName() == Bone[j])
                    {
                        Weight[j] += (VSREAL)pWeights[i_Index];
                        break;
                    }
                }
                if(j == Bone.GetNum())
                {
                    VSString BoneName = pFbxBone->GetName();
                    Bone.AddElement(BoneName);
                    Weight.AddElement((VSREAL)pWeights[i_Index]);
                }
            }
        }
    }
}
```

然后，把权重信息加入pBoneWeight，代码如下。

```
VSDataBufferPtr pBoneWeight = NULL;
if(HasSkin)
{
    pBoneWeight = VS_NEW VSDataBuffer;
    if(!pBoneWeight)
        return 0;
    if (m_CurExportPara & EP_SKIN_COMPRESS)
    {
        VSArray<DWORD> CompressData;
        CompressData.SetBufferNum(m_BoneWeight.GetNum());
        for (unsigned int i = 0 ; i < m_BoneWeight.GetNum() ;i++)
        {
            CompressData[i] = m_BoneWeight[i].GetDWABGR();
        }
        pBoneWeight->SetData
            (&CompressData[0],CompressData.GetNum(),VSDataBuffer::DT_UBYTE4N);
    }
    else
    {
        pBoneWeight->SetData(&m_BoneWeight[0],(unsigned int)
                m_BoneWeight.GetNum(),VSDataBuffer::DT_FLOAT32_4);
    }
}
```

权重是0～1的浮点数，这里可以将其压缩成UCHAR类型（0～255的整数）。DT_UBYTE4N是4个UCHAR，DirectX在顶点着色器里默认会把它转成0～1的浮点数。

接着，添加骨骼索引信息到pBoneIndex中，代码如下。

```
//添加骨骼索引
VSDataBufferPtr pBoneIndex = NULL;
if(HasSkin)
```

```
{
    pBoneIndex = VS_NEW VSDataBuffer;
    if(!pBoneIndex)
        return 0;
    if (m_CurExportPara & EP_SKIN_COMPRESS)
    {
        VSArray<DWORD> CompressData;
        CompressData.SetBufferNum(m_BoneIndex.GetNum());
        for (unsigned int i = 0 ; i < m_BoneIndex.GetNum() ;i++)
        {
            unsigned char R = (unsigned char)m_BoneIndex[i].r;
            unsigned char G = (unsigned char)m_BoneIndex[i].g;
            unsigned char B = (unsigned char)m_BoneIndex[i].b;
            unsigned char A = (unsigned char)m_BoneIndex[i].a;
            CompressData[i] = VSDWCOLORABGR(A,R,G,B);
        }
        pBoneIndex->SetData(&CompressData[0],
                 CompressDate.GetNum(),VSDataBuffer::DT_UBYTE4N);
    }
    else
    {
        pBoneIndex->SetData(&m_BoneIndex[0],
            (unsigned int)m_BoneIndex.GetNum(),VSDataBuffer::DT_FLOAT32_4);
    }
}
```

由于游戏引擎最多支持70根骨骼，因此用浮点数来存放骨骼索引实在有些浪费，用UCHAR即可。UCHAR可以表示数量介于0～255的骨骼，最多有256根。

最后把权重信息和索引信息添加到pVertexBuffer中，代码如下。

```
if(HasSkin)
{
    pVertexBuffer->SetData
                (pBoneIndex,VSVertexFormat::VF_BLENDINDICES);
    pVertexBuffer->SetData
                (pBoneWeight,VSVertexFormat::VF_BLENDWEIGHT);
}
```

1.3.5 计算最终骨骼矩阵

前文已经算出了每根骨骼的蒙皮矩阵和相对于顶点的权重信息，按照顶点计算公式，得到的是在顶点在模型空间下的位置。

Sum(V * Bone_i_SkinMatrix * Bone_i_ Matrix * Bone_i_Parent Matrix * Bone_i_ParentParent Matrix *…* RootBone Matrix * Weight_i)

其中，$1 \leqslant i \leqslant N$。

首先，我们要知道要渲染的顶点集合受到哪些骨骼的影响。在pGeometry->SetAffect-BoneArray(m_MeshBoneNode)中，m_MeshBoneNode记录着对VSGeometry类产生影响的骨骼的名字。

通过VSGeometry类的SetAffectBoneArray函数，可以根据骨骼名字重新创建需要对VSGeometry类产生影响的骨骼数组，代码如下。

```
class VSGRAPHIC_API VSGeometry : public VSSpatial
{
        void SetAffectBoneArray(const VSArray<VSUsedName> & BoneNodeArray);
        //计算最终骨骼矩阵
        virtual void UpdateOther(double dAppTime);
```

```
        //影响VSGeometry的骨骼
        VSArray<VSBoneNode *> m_pBoneNode;
        //影响VSGeometry的骨骼的名字
        VSArray<VSUsedName> m_BoneName;
        //根据骨骼名字创建m_pBoneNode
        void LinkBoneNode();
        //存放最终的骨骼矩阵
        VSArray<VSVector3W> m_SkinWeightBuffer;
}
void VSGeometry::SetAffectBoneArray(const VSArray<VSUsedName> & BoneNodeArray)
{
    if(BoneNodeArray.GetNum())
    {
        m_pBoneNode.Clear();
        m_BoneName.Clear();
        //得到影响VSGeometry的骨骼的名字
        m_BoneName = BoneNodeArray;
        //根据骨骼名字创建m_pBoneNode
        LinkBoneNode();
    }
}
```

根据骨骼名字创建m_pBoneNode，代码如下。

```
void VSGeometry::LinkBoneNode()
{
    m_pBoneNode.Clear();
    if (m_BoneName.GetNum())
    {
        //得到骨架
        VSSkeleton *pSke = GetAffectSkeleton();
        if (pSke)
        {
            m_pBoneNode.Clear();
            //根据骨骼名字找到对应的骨骼，加入m_pBoneNode数组
            for (unsigned int i = 0 ; i < m_BoneName.GetNum() ; i++)
            {
                VSBoneNode *pBoneNode =
                            pSke->GetBoneNode(m_BoneName[i]);
                if (!pBoneNode)
                {
                    return ;
                }
                m_pBoneNode.AddElement(pBoneNode);
            }
        }
    }
    //初始化最终骨骼矩阵的Buffer大小
    m_SkinWeightBuffer.SetBufferNum(GetAffectBoneNum() * 3);
}
```

m_BoneName会存放到文件资源中，代码如下。

```
REGISTER_PROPERTY(m_BoneName, BoneName,
VSProperty::F_SAVE_LOAD_CLONE | VSProperty::F_REFLECT_NAME)
```

无论是加载还是复制VSGeometry类，都会调用LinkBoneNode函数。这个函数根据自己当前的骨架，重新创建影响VSGeometry类的所有骨骼数组（m_pBoneNode）。

UpdateOther函数会计算最终的骨骼矩阵，代码如下。

```
void VSGeometry::UpdateOther(double dAppTime)
{
    if (!m_pMeshData)
```

```
    {
        return;
    }
    VSVertexBuffer *pVBuffer = GetMeshData()->GetVertexBuffer();
    if(GetAffectBoneNum() && pVBuffer->GetBlendWeightData() &&
            pVBuffer->GetBlendIndicesData())
    {
        VSTransform World  = m_pParent->GetWorldTransform();
        for (unsigned int i = 0 ; i < GetAffectBoneNum() ; i++)
        {
            VSBoneNode *pBone = GetAffectBone(i);
            if(pBone)
            {
                VSTransform BoneWorld = pBone->GetWorldTransform();
                VSMatrix3X3W TempBone = pBone->GetBoneOffsetMatrix()
                                *BoneWorld.GetCombine()
                                *World.GetCombineInverse();
                VSVector3W ColumnVector[4];
                TempBone.GetColumnVector(ColumnVector);
                m_SkinWeightBuffer[i * 3] = ColumnVector[0];
                m_SkinWeightBuffer[i * 3 + 1] = ColumnVector[1];
                m_SkinWeightBuffer[i * 3 + 2] = ColumnVector[2];
            }
            else
            {
                m_SkinWeightBuffer[i * 3].Set(1.0f,0.0f,0.0f,0.0f);
                m_SkinWeightBuffer[i * 3 + 1].Set(0.0f,1.0f,0.0f,0.0f);
                m_SkinWeightBuffer[i * 3 + 2].Set(0.0f,0.0f,1.0f,0.0f);
            }
        }
    }
}
```

在更新骨架时会更新所有的骨骼层级，得到每根骨骼在世界空间中的位置。但在实际公式中我们要得到模型空间下的位置，常通过 BoneWorld.GetCombine()* World.GetCombineInverse()以变换到模型空间。最后，m_SkinWeightBuffer 的数据会传递到顶点着色器，根据蒙皮权重计算顶点位置，这在后文介绍着色器的时候再详细说明。

1.3.6 计算骨架和骨骼模型的包围盒

计算骨骼模型的包围盒（bound，参见卷 1）时要比静态模型复杂一些。因为模型跟随着骨架，骨架随着动作变换而变化，所以骨骼模型的包围盒要根据所有动作来计算。

首先，根据骨架的所有动作计算出骨架的最大包围盒。然后，把骨架的最大包围盒和骨骼模型的包围盒整合到一起。

本节先介绍不带动作的骨架包围盒和骨骼模型包围盒（如图 1.10 所示）。

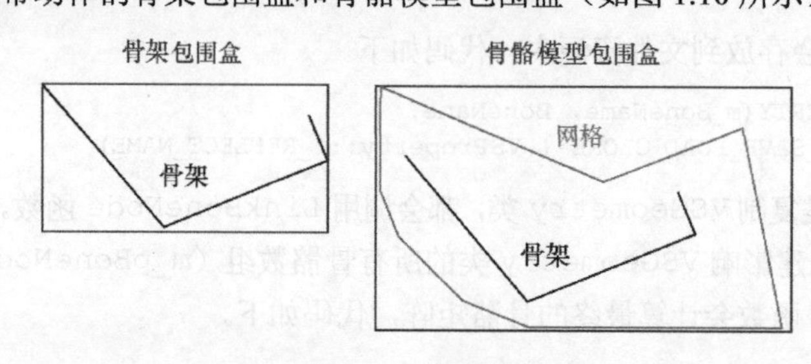

图 1.10 包围盒

下面是计算骨骼模型包围盒的代码，这里考虑了骨骼蒙皮带来的影响。其中 AABB（Axis-Aligned

Bounding Box）的解释参见卷 1。

```
void VSGeometry::CreateLocalAABB()
{
    if (m_pMeshData && m_pMeshData->GetVertexBuffer())
    {
    VSAABB3 NewAABB;
    VSVertexBuffer *pVerBuffer = m_pMeshData->GetVertexBuffer();
    if (!pVerBuffer->GetPositionData(0))
    {
        return;
    }
    VSVector3 *pVer = (VSVector3*)pVerBuffer->GetPositionData(0)->GetData();
    if (!pVer)
    {
        return;
    }
    unsigned int uiVextexNum = pVerBuffer->GetPositionData(0)->GetNum();
    VSTransform World  = m_pParent->GetWorldTransform();
    if (GetAffectSkeleton()) //如果模型受到骨骼影响
    {
       VSDataBuffer *pBlendIndex = pVerBuffer->GetBlendIndicesData();
       VSDataBuffer *pBoneWeight = pVerBuffer->GetBlendWeightData();
       //取出索引和权重
       if (!pBlendIndex || !pBoneWeight)
       {
           return ;
       }
       VSArray<VSVector3>TempBuffer; //用来保存蒙皮后的顶点
       TempBuffer.SetBufferNum(uiVextexNum);
       //如果索引是压缩后的格式
       if (pBlendIndex->GetDT() == VSDataBuffer::DT_UBYTE4N)
       {
          DWORD *pBlendIndexData = (DWORD *)pBlendIndex->GetData();
          DWORD *pBoneWeightData = (DWORD *)pBoneWeight->GetData();
          for (unsigned int i = 0; i < uiVextexNum ;i++)
          {
                 VSVector3W BoneWeight; //解压缩索引
                 BoneWeight.CreateFormABGR(pBoneWeightData[i]);
                 unsigned char BlendIndex[4];
                        VSDWCOLORGetABGR(pBlendIndexData[i],BlendIndex[0],
                        BlendIndex[1],BlendIndex[2],BlendIndex[3]);
                 TempBuffer[i].Set(0.0f,0.0f,0.0f);
                 for (unsigned int k = 0 ; k < 4 ; k++)
                 {
                      //分别计算 4 根骨骼的影响
                      VSBoneNode *pBone = GetAffectBone(BlendIndex[k]);
                      if(pBone)
                      {
                          VSTransform BoneWorld = pBone->GetWorldTransform();
                          //消除模型在世界空间的影响
                          World.GetCombineInverse()
                          VSMatrix3X3W TempBone = pBone->GetBoneOffsetMatrix()
                                *BoneWorld.GetCombine() *World.GetCombineInverse();
                          TempBuffer[i] +=
                          pVer[i] *TempBone *BoneWeight.m[k];
                      }
                 }
             for (unsigned int k = 0 ; k < 4 ; k++)
          }
       }
       else
       {
          VSVector3W *pBlendIndexData =
```

```
                (VSVector3W *)pBlendIndex->GetDate();
        VSVector3W *pBoneWeightData =
                (VSVector3W *)pBoneWeight->GetDate();
        for (unsigned int i = 0; i < uiVextexNum ;i++)
        {
            TempBuffer[i].Set(0.0f,0.0f,0.0f);
            for (unsigned int k = 0 ; k < 4 ; k++)
            {
                unsigned int BlendIndex = (unsigned int)
                pBlendIndexData[i].m[k];
                VSBoneNode *pBone = GetAffectBone(BlendIndex);
                if(pBone)
                {
                    VSTransform BoneWorld = pBone->GetWorldTransform();
                    VSMatrix3X3W TempBone = pBone->GetBoneOffsetMatrix()
                          *BoneWorld.GetCombine() *World.GetCombineInverse();
                    TempBuffer[i] +=
                               pVer[i] *TempBone *pBoneWeightData[i].m[k];
                }
            }
        }
        NewAABB.CreateAABB(TempBuffer.GetBuffer(),uiVextexNum);
    }
    else
    {
        NewAABB.CreateAABB(pVer,uiVextexNum);
    }
     m_LocalBV = NewAABB;
  }
}
```

骨架包围盒的计算也比较简单，就是把每根骨骼的位置都考虑进来，代码如下。

```
void VSSkeleton::CreateLocalAABB()
{
    VSVector3 MinPos(VSMAX_REAL, VSMAX_REAL, VSMAX_REAL);
    VSVector3 MaxPos(VSMIN_REAL, VSMIN_REAL, VSMIN_REAL);
    VSTransform SkeletonLocalT = GetLocalTransform();
    for (unsigned int j = 0; j < GetBoneNum(); j++)
    {
        VSBoneNode *pBone = GetBoneNode(j);
        if (pBone)
        {
            VSVector3 Pos = pBone->GetWorldTranslate() *
               SkeletonLocalT.GetCombineInverse();
            for (int t = 0; t < 3; t++)
            {
                if (MinPos.m[t] > Pos.m[t])
                {
                    MinPos.m[t] = Pos.m[t];
                }
                if (MaxPos.m[t] < Pos.m[t])
                {
                    MaxPos.m[t] = Pos.m[t];
                }
            }
        }
    }
    m_LocalBV.Set(MaxPos, MinPos);
    m_OriginLocalBV.Set(MaxPos, MinPos);
}
```

以上计算都在骨架的本地空间下进行，因为两段计算代码都是在FBX插件中调用的，所以这个时候骨骼模型还在自己的本地空间下，它在世界空间中的旋转和位置分量都为 0。这里的 SkeletonLocalT = GetLocalTransform()和前文计算骨骼模型包围盒的代码中用GetWorldTransform()是等价的。

下面再计算骨骼模型包围盒。这里只进行了粗略的计算，即在骨架包围盒的基础上再扩展了骨骼模型包围盒，代码如下。

```
void VSSkeletonMeshNode::UpdateWorldBound(double dAppTime)
{
    bool bFoundFirstBound = false;
    //计算子模型的包围盒
    for (unsigned int i = 0; i < m_pChild.GetNum(); i++)
    {
        if(m_pChild[i])
        {
            if(!bFoundFirstBound)
            {
                m_WorldBV = m_pChild[i]->m_WorldBV;
                bFoundFirstBound = true;
            }
            else
            {
                m_WorldBV =
                    m_WorldBV.MergAABB(m_pChild[i]->m_WorldBV);
            }
        }
    }
    //用子模型的包围盒扩展骨架包围盒，最后得到骨骼模型包围盒
    if (m_pSkeleton)
    {
        if(!bFoundFirstBound)
        {
            m_WorldBV = m_pSkeleton->m_WorldBV;
            bFoundFirstBound = true;
        }
        else
        {
            VSVector3 MaxPos = m_pSkeleton->m_WorldBV.GetMaxPoint();
            VSVector3 MinPos = m_pSkeleton->m_WorldBV.GetMinPoint();
            VSREAL fA[3];
            m_WorldBV.GetfA(fA);
            MaxPos = MaxPos + VSVector3(fA[0], fA[1], fA[2]);
            MinPos = MinPos - VSVector3(fA[0], fA[1], fA[2]);
            m_WorldBV.Set(MaxPos, MinPos);
        }
    }
    if (m_pParent)
    {
        m_pParent->m_bIsChanged = true;
    }
}
```

骨骼模型下的网格可见性就这样被粗略计算出来了。一旦整个骨骼模型包围盒可见，将不再进行下一步判断，代码如下。

```
void VSSkeletonMeshNode::ComputeNodeVisibleSet(VSCuller & Culler,bool bNoCull,
double dAppTime)
{
    if (!Culler.CullConditionNode(this))
    {
        UpDataView(Culler,dAppTime);
        for(unsigned int i = 0 ; i < m_pChild.GetNum() ; i++)
```

```
        {
            if(m_pChild[i])
            {
                m_pChild[i]->ComputeVisibleSet(Culler,true,dAppTime);
            }
        }
    }
}
```

最后，将模型数据保存到文件中。

```
else if (m_CurExportType == ET_SKELETON_MESH)
{
    if (m_pSkeleton && m_pNode)
    {
        VSMeshNode * m_pSkeletonMesh = m_pNode;
        ((VSSkeletonMeshNode *)m_pSkeletonMesh)->SetSkeleton(
                m_pSkeleton);
        m_pNode->CreateLocalAABB();
        m_pNode->UpdateAll(0.0f);
        m_pSkeleton->CreateLocalAABB();
                VSResourceManager::NewSaveSkeletonMeshNode(
            StaticCast<VSSkeletonMeshNode>(m_pNode), pDestFile);
    }
}
```

1.4 FBX 动画导入

前文已经提到了骨骼动画的原理和骨骼动画存放的数据，我们需要把每个动画的关键帧数据都保存成游戏引擎格式，然后在游戏引擎中根据动画的关键帧数据计算当前时刻每根骨骼的空间位置。

1.4.1 游戏引擎中的动画数据结构

先给出整个动画数据架构，如图 1.11 所示。

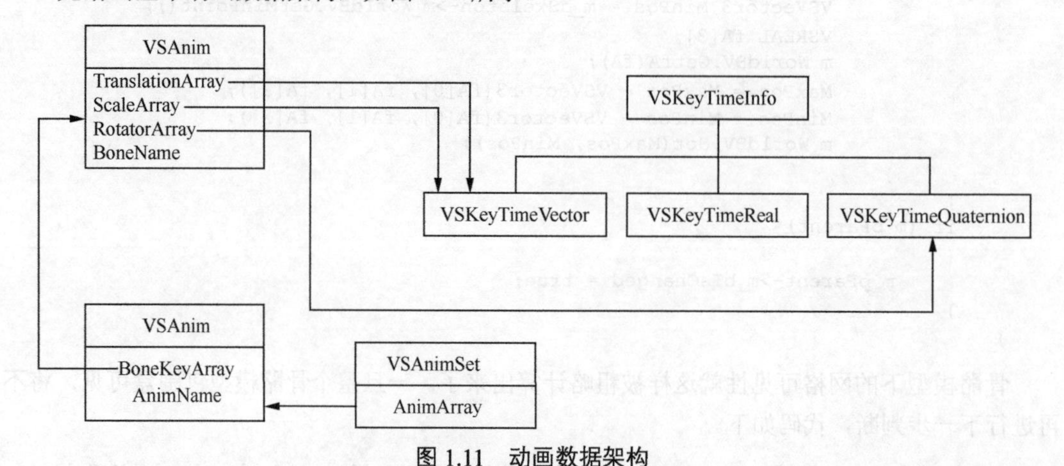

图 1.11 动画数据架构

首先要用游戏引擎的格式来保存这些动画数据。关键帧数据包括时间和空间位置，而空间位置由缩放、旋转和平移分量组成，代码如下。

```
class VSGRAPHIC_API VSKeyTimeInfo
{
```

```
	VSREAL m_dKeyTime;
};
class VSGRAPHIC_API VSKeyTimeVector : public VSKeyTimeInfo
{
	VSVector3 m_Vector;
};
class VSGRAPHIC_API VSKeyTimeQuaternion : public VSKeyTimeInfo
{
	VSQuat m_Quat;
};
```

每一个 VSBoneKey 类都对应一根骨骼的所有关键帧数据，m_cName 为骨骼的名字，代码如下。

```
class VSGRAPHIC_API VSBoneKey : public VSObject
{
	VSArray<VSKeyTimeVector>          m_TranslationArray;
	VSArray<VSKeyTimeVector>          m_ScaleArray;
	VSArray<VSKeyTimeQuaternion>      m_RotatorArray;
	VSUsedName                        m_cName;
};
```

VSAnim 类为动画类，它包含了所有关键帧数据，继承自 VSResource 类，所以它就是动画数据资源，它有默认的资源，代码如下。

```
class VSGRAPHIC_API VSAnim : public VSObject,public VSResource
{
	//关键帧数据
	VSArray<VSBoneKeyPtr> m_pBoneKeyArray;
	//动画时间长度
	VSREAL m_fLength;
	//添加骨骼关键帧
	void AddBoneKey(VSBoneKey *pBoneKey);
	//根据名字得到骨骼的关键帧
	VSBoneKey *GetBoneKey(const VSUsedName & AnimName)const;
	VSBoneKey *GetBoneKey(unsigned int uiIndex)const;
	//动画名字
	VSUsedName m_cName;
	static VSPointer<VSAnim> Default;
};
```

VSAnimSet 类为动画数据集合，它包含这个角色对应的所有动画，代码如下。

```
class VSGRAPHIC_API VSAnimSet : public VSObject
{
	VSMapOrder<VSUsedName,VSAnimRPtr> m_pAnimArray;
	void AddAnim(VSUsedName AnimName,VSAnimR *pAnim);
	VSAnimR *GetAnim(const VSUsedName & AnimName)const;
	VSAnimR *GetAnim(unsigned int i)const;
};
```

1.4.2 从 FBX 导入游戏引擎格式

现在又回到 VSFBXConverter 类，-a 为导出动画数据的命令行参数，代码如下。

```
else if(m_CurExportType == ET_ACTION)
{
	m_pAnim = VS_NEW VSAnim();
	VSString PathNameAndSuffix = pDestFile;
	VSString NameAndSuffix;
	//分别根据'/'和'\\'去掉路径，找到对应的文件名
	if (NameAndSuffix.GetString(PathNameAndSuffix, _T('/'), -1, false) == false)
	{
		NameAndSuffix.GetString(PathNameAndSuffix, _T('\\'), -1, false);
```

```
    }
    //去掉扩展名
    VSString AnimName;
    AnimName.GetString(NameAndSuffix,'.',-1);
    //作为动画名字
    m_pAnim->m_cName = AnimName;
    GetAnim(m_pFbxScene->GetRootNode());
}
```

GetAnim 函数的作用是得到动画数据，并放在 m_pAnim 里。下面的代码把动画数据存储成游戏引擎格式。

```
else if (m_CurExportType == ET_ACTION)
{
    if (m_pAnim)
    {
        //计算动画时间长度
        m_pAnim->ComputeAnimLength();
        if (m_CurExportPara & EP_ACTION_COMPRESS)
        {
            //压缩动画数据
            m_pAnim->Compress();
        }
        VSResourceManager::NewSaveAction(m_pAnim, pDestFile);
    }
    else
    {
        return false;
    }
}
```

现在把注意力集中在 GetAnim 函数上。

```
void VSFBXConverter::GetAnim(FbxNode *pNode)
{
    //按照每秒 30 帧进行动画采样的时间间隔
    const FbxLongLong ANIMATION_STEP_30 = 1539538600;
    //按照每秒 15 帧进行动画采样的时间间隔
    const FbxLongLong ANIMATION_STEP_15 = 3079077200;
    //不压缩的情况下，按照每秒 30 帧进行动画采样
    FbxTime step = ANIMATION_STEP_30;
    //压缩的情况下，按照每秒 15 帧进行动画采样
    if (m_CurExportPara & EP_ACTION_COMPRESS)
    {
        step = ANIMATION_STEP_15;
    }
    VSBoneNodePtr pBoneNode = NULL;
    if(pNode->GetNodeAttribute())
    {
        switch(pNode->GetNodeAttribute()->GetAttributeType())
        {
        case FbxNodeAttribute::eSkeleton:
            {
            VSBoneKeyPtr pBoneKey = VS_NEW VSBoneKey();
            pBoneKey->m_cName = pNode->GetName();
            FbxTimeSpan timeSpan;
            //得到动画时间长度
            m_pFbxScene->GetGlobalSettings().
                        GetTimelineDefaultTimeSpan(timeSpan);
            FbxTime start = timeSpan.GetStart();
            FbxTime end = timeSpan.GetStop();
            //从第 1 帧开始遍历
            for (FbxTime i = start ; i < end ; i = i + step)
```

```
            {
                //得到对应时间的骨骼矩阵
                FbxAMatrix Combine = pNode->EvaluateLocalTransform(i);
                VSMatrix3X3W VSMat;
                MaxMatToVSMat(Combine,VSMat);
                //得到毫秒级的时间
                FbxLongLong MS = i.GetMilliSeconds() -
                    start.GetMilliSeconds();
                VSKeyTimeVector KeyTimeTran;
                KeyTimeTran.m_dKeyTime = MS * 1.0f;
                VSKeyTimeQuaternion KeyTimeQuat;
                KeyTimeQuat.m_dKeyTime = MS * 1.0f;
                VSKeyTimeVector KeyTimeScale;
                KeyTimeScale.m_dKeyTime = MS * 1.0f;
                //分别得到平移、旋转、缩放分量
                VSMatrix3X3 ScaleAndRotator;
                VSMat.Get3X3(ScaleAndRotator);
                VSVector3 Scale;
                ScaleAndRotator.GetScaleAndRotated(Scale);
                VSVector3 Tran = VSMat.GetTranslation();
                KeyTimeTran.m_Vector = Tran;
                KeyTimeQuat.m_Quat = ScaleAndRotator.GetQuat();
                KeyTimeScale.m_Vector = Scale;
                pBoneKey->m_TranslationArray.AddElement(KeyTimeTran);
                pBoneKey->m_RotatorArray.AddElement(KeyTimeQuat);
                pBoneKey->m_ScaleArray.AddElement(KeyTimeScale);
            }
            //把最后一帧数据也放进去
            FbxAMatrix Combine = pNode->EvaluateLocalTransform(end);
            VSMatrix3X3W VSMat;
            MaxMatToVSMat(Combine,VSMat);
            FbxLongLong MS = end.GetMilliSeconds() - start.GetMilliSeconds();
            VSKeyTimeVector KeyTimeTran;
            KeyTimeTran.m_dKeyTime = MS * 1.0f;
            VSKeyTimeQuaternion KeyTimeQuat;
            KeyTimeQuat.m_dKeyTime = MS * 1.0f;
            VSKeyTimeVector KeyTimeScale;
            KeyTimeScale.m_dKeyTime = MS * 1.0f;
            VSMatrix3X3 ScaleAndRotator;
            VSMat.Get3X3(ScaleAndRotator);
            VSVector3 Scale;
            ScaleAndRotator.GetScaleAndRotated(Scale);
            VSVector3 Tran = VSMat.GetTranslation();
            KeyTimeTran.m_Vector = Tran;
            KeyTimeQuat.m_Quat = ScaleAndRotator.GetQuat();
            KeyTimeScale.m_Vector = Scale;
            pBoneKey->m_TranslationArray.AddElement(KeyTimeTran);
            pBoneKey->m_RotatorArray.AddElement(KeyTimeQuat);
            pBoneKey->m_ScaleArray.AddElement(KeyTimeScale);
            m_pAnim->AddBoneKey(pBoneKey);
            }
            break;
        }
    }
    for(int i = 0 ; i < pNode->GetChildCount() ; ++i)
    {
        GetAnim(pNode->GetChild(i));
    }
}
```

整体代码十分简单，主要获取对应时间的骨骼矩阵。EvaluateLocalTransform 函数获取骨骼相对于其父空间的矩阵，也就是本地（local）矩阵。

在 FBX 里面，使用的时间要转换为毫秒。

```
inline FbxLongLong GetMilliSeconds() const { return mTime / FBXSDK_TC_MILLISECOND; }
```

可以看到，FBX 中的时间要除以 FBXSDK_TC_MILLISECOND。

```
#define FBXSDK_TC_MILLISECOND                    FBXSDK_LONGLONG(46186158)
```

如果动画的播放速度为每秒 30 帧，每帧的播放时间约为 33.33ms，再转换成 FBX 中的时间，const FbxLongLong ANIMATION_STEP_30 = 1539538600。

ComputeAnimLength 函数计算出最大动画帧的时间，起始帧的时间为 0ms。

1.4.3 动画数据压缩

可以每秒导入 15 帧以减少动画数据。不过采样频率变低后，有些数据就会被跳过，动画数据不能精确地导入，导致播放动画时发生错误。

1.1.3 节介绍了动画播放原理，如图 1.12 所示，如果按照这种方式播放动画，采样点 *A* 和 *B* 之间的信息就会丢失。

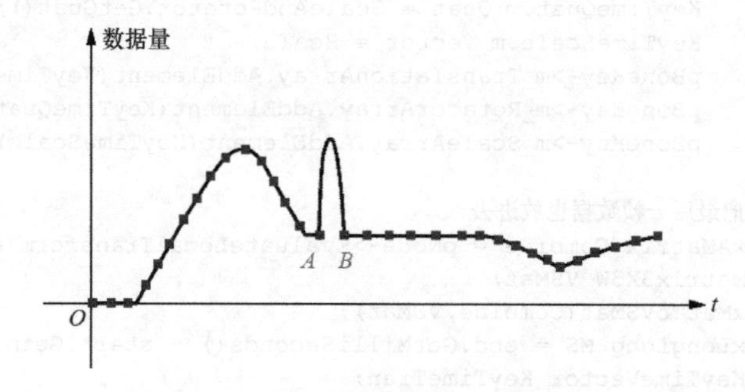

图 1.12 动画采样频率过低导致信息丢失

一般情况下，游戏中重要的角色还要按每秒 30 帧进行采样。对于不重要的角色，每秒 15 帧即可。不过读者自己也可以尝试以每秒 24 帧的频率来采样。

实际上导出的动画数据对 3ds Max 动画进行采样，采样频率分别为每秒 30 帧和每秒 15 帧。在采样过程中，有很多冗余的数据。如果相邻两帧的数据相等，则完全可以将其删除。

如图 1.13 所示，第 1 帧、第 2 帧、第 3 帧的数据是一样的，第 2 帧的数据完全可以通过第 1 帧和第 3 帧插值出来，所以第 2 帧就可以删除。同理，第 16 帧、第 17 帧、第 18 帧、第 19 帧、第 20 帧、第 21 帧、第 22 帧、第 23 帧的数据也是一样的，因此只保留第 16 帧和第 23 帧即可。

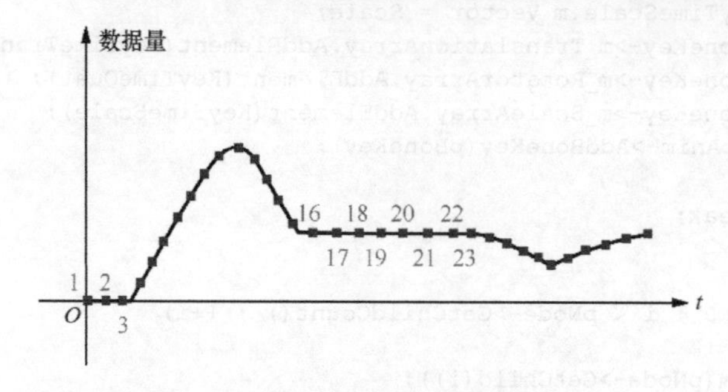

图 1.13 动画采样相同帧

另外，通过压缩每根骨骼的空间位置信息，把缩放、旋转和平移这 3 个分量的 32 位 float 类型用 16 位来存储，这样可以压缩掉一半数据。

存储旋转信息用四元数，而且存储的都是单位四元数，也就是说，每个分量的范围都为−1～

1。一般对精度要求不高的情况下，−1～1 的数据可以用 UCHAR 类型转换到 0～255。但实践证明，用 UCHAR 类型存储旋转信息，如果信息丢失会导致动画错误，所以非主要角色的旋转信息可以压缩为 UCHAR 类型，主要角色还用 USHORT 类型存储。

至于平移和缩放信息，一般存储的数据没有明确的范围。如果要用 16 位 USHORT 类型来存储数据，就必须知道当前数据的集合的范围。所以算出当前动画数据的平移和缩放分量的最大值和最小值是必不可少的。

下面是表示动画压缩的数据结构。

```
class VSGRAPHIC_API VSKeyTimeVectorCompress : public VSKeyTimeInfo
{
    unsigned short m_X;
    unsigned short m_Y;
    unsigned short m_Z;
};
class VSGRAPHIC_API VSKeyTimeQuaternionCompress : public VSKeyTimeInfo
{
    unsigned short m_X;
    unsigned short m_Y;
    unsigned short m_Z;
    unsigned short m_W;
};
class VSGRAPHIC_API VSBoneKeyCompress : public VSObject
{
    VSArray<VSKeyTimeVectorCompress>          m_TranslationArray;
    VSArray<VSKeyTimeVectorCompress>          m_ScaleArray;
    VSArray<VSKeyTimeQuaternionCompress>      m_RotatorArray;
    VSUsedName                           m_cName;
};
```

下面是动画数据压缩的整个过程。

```
void VSAnim::Compress()
{
    if (!m_pBoneKeyArray.GetNum())
    {
          return ;
    }
    //表明数据压缩过
    m_bCompress = true;
    //用来存储压缩动画帧
    m_pBoneKeyCompressArray.Clear();
    //平移和缩放分量的最大值
    m_MaxCompressScale =
           VSVector3(-VSMAX_REAL,-VSMAX_REAL,-VSMAX_REAL);
    m_MaxCompressTranslation =
           VSVector3(-VSMAX_REAL,-VSMAX_REAL,-VSMAX_REAL);
    //平移和缩放分量的最小值
    m_MinCompressScale =
        VSVector3(VSMAX_REAL,VSMAX_REAL,VSMAX_REAL);
    m_MinCompressTranslation =
        VSVector3(VSMAX_REAL,VSMAX_REAL,VSMAX_REAL);
    //计算平移和缩放分量的最小值和最大值
    for (unsigned int i = 0 ; i < m_pBoneKeyArray.GetNum() ;i++)
    {
         for (unsigned int j = 0 ; j < m_pBoneKeyArray[i]->m_ScaleArray.GetNum() ;
              j++)
         {
              for (unsigned int k = 0 ; k < 3 ; k++)
              {
                   if (m_MaxCompressScale.m[k] <
```

```
                    m_pBoneKeyArray[i]->m_ScaleArray[j].m_Vector.m[k])
                {
                    m_MaxCompressScale.m[k] = m_pBoneKeyArray[i]->
                                    m_ScaleArray[j].m_Vector.m[k];
                }
                if (m_MinCompressScale.m[k] >
                    m_pBoneKeyArray[i]->m_ScaleArray[j].m_Vector.m[k])
                {
                    m_MinCompressScale.m[k] = m_pBoneKeyArray[i]->
                                    m_ScaleArray[j].m_Vector.m[k];
                }

        }

        for (unsigned int j = 0 ;
                j < m_pBoneKeyArray[i]->m_TranslationArray.GetNum() ; j++)
        {
            for (unsigned int k = 0 ; k < 3 ; k++)
            {
                if (m_MaxCompressTranslation.m[k] <
                    m_pBoneKeyArray[i]->m_TranslationArray[j].m_Vector.m[k])
                {
                    m_MaxCompressTranslation.m[k] =
                    m_pBoneKeyArray[i]->m_TranslationArray[j].m_Vector.m[k];
                }

                if (m_MinCompressTranslation.m[k] >
                    m_pBoneKeyArray[i]->m_TranslationArray[j].m_Vector.m[k])
                {
                    m_MinCompressTranslation.m[k] =
                    m_pBoneKeyArray[i]->m_TranslationArray[j].m_Vector.m[k];
                }
            }
        }
    }
    //合并相同数据帧
    for (unsigned int i = 0 ; i < m_pBoneKeyArray.GetNum() ; i++)
    {
        m_pBoneKeyArray[i]->CompressSameFrame();
    }
    //压缩动画数据
    for (unsigned int i = 0 ; i < m_pBoneKeyArray.GetNum() ; i++)
    {
        VSBoneKeyCompress *pBoneKeyCompress =
                VS_NEW VSBoneKeyCompress();
        m_pBoneKeyArray[i]->Get(pBoneKeyCompress,
                m_MaxCompressTranslation,m_MinCompressTranslation,
                m_MaxCompressScale,m_MinCompressScale);
        m_pBoneKeyCompressArray.AddElement(pBoneKeyCompress);
    }
    m_pBoneKeyArray.Destroy();
}
//删除相同帧数据
void VSBoneKey::CompressSameFrame()
{
    //处理平移，数据量必须大于两帧
    if (m_TranslationArray.GetNum() >= 2)
    {
        VSArray<VSKeyTimeVector> NewTranslationArray;
        VSKeyTimeVector Fisrt = m_TranslationArray[0];
        NewTranslationArray.AddElement(Fisrt);
        unsigned int Index = 0;
```

```
        for (unsigned int i = 1 ; i < m_TranslationArray.GetNum() ; i++)
        {
            if (i != m_TranslationArray.GetNum() - 1)
            {
                if (Fisrt.m_Vector == m_TranslationArray[i].m_Vector)
                {
                    continue;
                }
            }
            if (Index != i - 1)
            {
                NewTranslationArray.AddElement(m_TranslationArray[i - 1]);
            }
            NewTranslationArray.AddElement(m_TranslationArray[i]);
            Fisrt = m_TranslationArray[i];
            Index = i;
        }
        m_TranslationArray = NewTranslationArray;
    }
    //处理缩放
    …
    //处理旋转
  …
}
```

旋转、缩放的处理和平移一样，这里不给出代码。

下面是压缩平移数据的核心代码。

```
void VSBoneKey::Get(VSBoneKeyCompress *pBoneKeyCompress,
        const VSVector3 & MaxTranslation , const VSVector3 & MinTranslation ,
        const VSVector3 MaxScale,const VSVector3 MinScale)
{
    pBoneKeyCompress->m_cName = m_cName;
    for (unsigned int i = 0 ; i < m_ScaleArray.GetNum() ; i++)
    {
        VSKeyTimeVectorCompress Compress;
        Compress.m_dKeyTime = m_ScaleArray[i].m_dKeyTime;
        Compress.m_X =
            CompressFloat(m_ScaleArray[i].m_Vector.x,MaxScale.x,MinScale.x);
        Compress.m_Y =
            CompressFloat(m_ScaleArray[i].m_Vector.y,MaxScale.y,MinScale.y);
        Compress.m_Z =
            CompressFloat(m_ScaleArray[i].m_Vector.z,MaxScale.z,MinScale.z);
        pBoneKeyCompress->m_ScaleArray.AddElement(Compress);
    }
    for (unsigned int i = 0 ; i < m_TranslationArray.GetNum() ; i++)
    {
        VSKeyTimeVectorCompress Compress;
        Compress.m_dKeyTime = m_TranslationArray[i].m_dKeyTime;
        Compress.m_X = CompressFloat(m_TranslationArray[i].m_Vector.x,
                MaxTranslation.x,MinTranslation.x);
        Compress.m_Y = CompressFloat(m_TranslationArray[i].m_Vector.y,
                MaxTranslation.y,MinTranslation.y);
        Compress.m_Z = CompressFloat(m_TranslationArray[i].m_Vector.z,
                MaxTranslation.z,MinTranslation.z);
        pBoneKeyCompress->m_TranslationArray.AddElement(Compress);
    }
    for (unsigned int i = 0 ; i < m_RotatorArray.GetNum() ; i++)
    {
        VSKeyTimeQuaternionCompress Compress;
        Compress.m_dKeyTime = m_RotatorArray[i].m_dKeyTime;
        Compress.m_X = CompressFloat(m_RotatorArray[i].m_Quat.x,1.0f,-1.0f);
        Compress.m_Y = CompressFloat(m_RotatorArray[i].m_Quat.y,1.0f,-1.0f);
```

```
            Compress.m_Z = CompressFloat(m_RotatorArray[i].m_Quat.z,1.0f,-1.0f);
            Compress.m_W = CompressFloat(m_RotatorArray[i].m_Quat.w,1.0f,-1.0f);
            pBoneKeyCompress->m_RotatorArray.AddElement(Compress);
        }
}
```

压缩平移数据的代码也很简单，就是将每个分量根据大小压缩为USHORT类型。

CompressUnitFloat函数的核心功能是把对应的变量根据范围大小先转换到[0,1]区间，然后把这个变量压缩到对应的Bit里面。CompressUnitFloat函数考虑到了浮点数四舍五入后带来的精度问题，方法稍微复杂一些。

```
inline unsigned int CompressUnitFloat(VSREAL f, unsigned int Bit = 16)
{
    unsigned int nIntervals = 1 << Bit;
    VSREAL scaled = f * (nIntervals - 1);
    unsigned int rounded = (unsigned int)(scaled + 0.5f);
    if (rounded > nIntervals - 1)
    {
         rounded = nIntervals - 1;
    }
    return rounded;
}
inline unsigned int CompressFloat(VSREAL f, VSREAL Max , VSREAL Min ,
unsigned int Bit = 16)
{
    VSREAL Unitf = (f - Min)/(Max - Min);
    return CompressUnitFloat(Unitf,Bit);
}
```

解压过程实际就是CompressUnitFloat函数的逆过程，代码如下。

```
inline VSREAL DecompressUnitFloat(unsigned int quantized,unsigned int Bit = 16)
{
    unsigned int nIntervals = 1 << Bit;
    VSREAL IntervalSize = 1.0f / (nIntervals - 1);
    return quantized * IntervalSize;
}
inline VSREAL DecompressFloat(unsigned int quantized,VSREAL Max , VSREAL Min ,
unsigned int Bit = 16)
{
    VSREAL Unitf = DecompressUnitFloat(quantized,Bit);
    return (Min + Unitf * (Max - Min));
}
```

在加载动画文件后解压动画数据，代码如下。

```
bool VSAnim::PostLoad(void *pData)
{
    VSObject::PostLoad(pData);
    if (m_bCompress)
    {
        if (m_pBoneKeyCompressArray.GetNum() ==0 ||
                    m_pBoneKeyArray.GetNum() > 0)
        {
            VSMAC_ASSERT(0);
            return false;
        }
        for (unsigned int i = 0 ; i < m_pBoneKeyCompressArray.GetNum() ; i++)
        {
            VSBoneKey *pBoneKey = VS_NEW VSBoneKey();
            m_pBoneKeyCompressArray[i]->Get(pBoneKey,
                    m_MaxCompressTranslation,m_MinCompressTranslation,
                        m_MaxCompressScale,m_MinCompressScale);
            m_pBoneKeyArray.AddElement(pBoneKey);
```

```
            }
            m_pBoneKeyCompressArray.Destroy();
        }
        return true;
    }
```

1.4.4 把动画导入角色动画集合

导出的动画最好都加入角色动画集合中，将模型与这个角色动画集合关联。这样，给出动画名字，从角色动画集合中找到对应的动画就可以播放，代码如下。

```
//创建角色动画集合
pAnimSet = VS_NEW VSAnimSet();
//加载动画
VSAnimRPtr  pAnim0 = VSResourceManager::LoadASYNAction(_T("Idle"), false);
VSAnimRPtr  pAnim1 = VSResourceManager::LoadASYNAction("Walk", false);
VSAnimRPtr  pAnim2 = VSResourceManager::LoadASYNAction("Attack", false);
VSAnimRPtr  pAnim3 = VSResourceManager::LoadASYNAction("RootMotion", false);
//把动画添加到角色动画集合中
pAnimSet->AddAnim(_T("Idle"), pAnim0);
pAnimSet->AddAnim(_T("Walk"), pAnim1);
pAnimSet->AddAnim(_T("Attack"), pAnim2);
pAnimSet->AddAnim(_T("RootMotion"), pAnim3);
//使骨骼模型关联角色动画集合
pSkeletonMeshNode->SetAnimSet(pAnimSet);
//重新保存模型
VSResourceManager::NewSaveSkeletonMeshNode(pSkeletonMeshNode,
_T("NewMonsterWithAnim"), true);
```

『示例[①]』

示例 1.1

展示给导出的蒙皮模型添加材质的过程。

示例 1.2

加载示例 1.1 导出的模型并渲染，如图 1.14 所示。

```
pSkActor->GetTypeNode()->SetIsDrawSkeleton(true);//开启渲染骨架
```

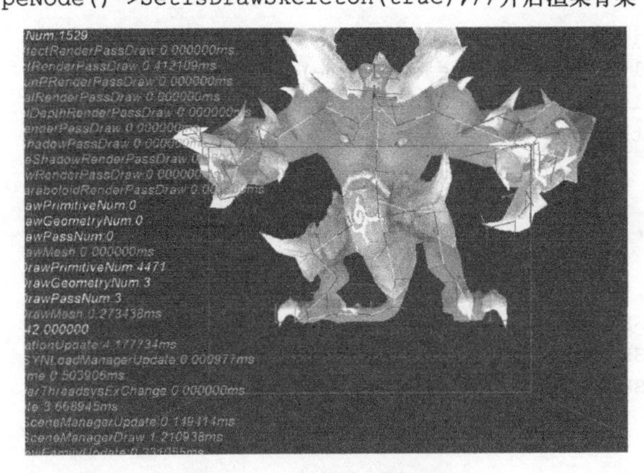

图 1.14 加载并渲染模型

① GitHub 中有每个示例的详细代码。——编者注

第2章

动画播放与插槽

在第 1 章中，我们将骨骼模型和动画文件导出到游戏引擎中，这样我们就可以在游戏引擎中渲染骨骼模型并播放动画。播放动画的关键是进行时间控制，不仅仅是播放角色动画，游戏引擎中很多地方需要对时间进行控制，最常见的就是暂停游戏时间、加快游戏时间和针对某个角色的时间控制。

2.1 动画控制

VSController 类负责控制所有 VSObject 对象的行为，图 2.1 展示了 VSController 类与其他类之间的关系。

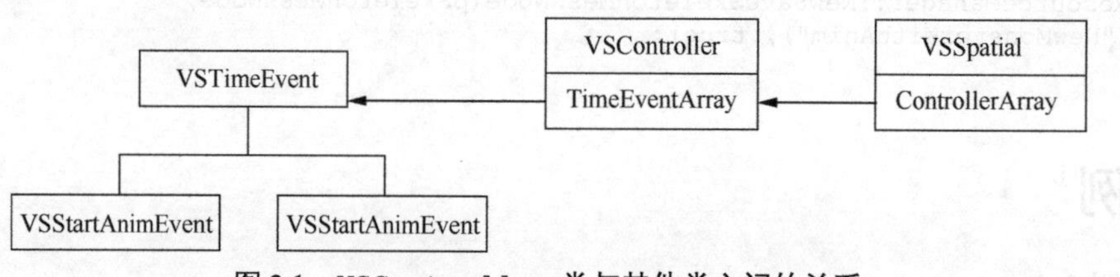

图 2.1 VSController 类与其他类之间的关系

VSController 类的主要功能就是管理时间、控制动画，还可以在某个时刻处理某个事件。它是一个虚基类，所有控制行为的类都要继承自它，代码如下。

```
class VSGRAPHIC_API VSController : public VSObject
{
    inline VSObject *GetObject()const;
    virtual bool Update(double dAppTime);
    virtual bool UpdateEx(double aAppTime);
    enum  RepeatType
    {
        RT_NONE,                                //无控制
        RT_CLAMP,                               //正向时间阈值控制
        RT_WRAP,                                //正向时间循环控制
        RT_CYCLE,                               //正向时间来回控制
        RT_REVERSE_CLAMP,                       //逆向时间阈值控制
        RT_REVERSE_WRAP,                        //逆向时间循环控制
        RT_REVERSE_CYCLE,                       //逆向时间来回控制
        RT_MAX
    };
    unsigned int m_uiRepeatType;//时间控制类型
    double         m_dMinTime;//动画播放的最短时间
    double         m_dMaxTime; //动画播放的最长时间
    double         m_dPhase;//动画播放中的位移
```

```
    double          m_dFrequency;//动画播放的频率
    virtual bool SetObject(VSObject *pObject);
    double     GetControlTime(double dAppTime);
    VSObject *m_pObject;                    //控制对象
    double     m_dNowAnimTime;              //当前动画时间
    double     m_dLastAppTime;              //上一帧游戏引擎时间
    double     m_dLastAnimTime;             //上一帧动画时间
    double     m_dIntervalTime;             //当前游戏引擎时间间隔
    double     m_dIntervalAnimTime;         //当前动画时间间隔
    double     m_dTimeSum;                  //运行动画时间长度
    double     m_dStartSystemTime;          //开始的游戏引擎时间
    bool       m_bStart;                    //是否已经开始运行
    inline void ClearTime();
    void AddTimeEvent(VSTimeEvent *pTimeEvent);
    void DeleteTimeEvent(VSTimeEvent *pTimeEvent);
    VSArray<VSTimeEventPtr> m_TimeEventArray;
    void TimeEvent(double dAppTime);
    TriggerAnimEventType m_TriggerBeginStart;
    TriggerAnimEventType m_TriggerStop;
};
```

游戏引擎中的时间一般是线性的，要控制动画，必须把游戏引擎中的时间转换成动画的控制时间。

对于 RT_NONE，不用任何转换，游戏引擎中的时间就是动画时间。

对于 RT_CLAMP，要把游戏引擎中的时间转换为动画时间（m_dMinTime 和 m_dMaxTime 之间）。大部分情况下，m_dMinTime 为 0，m_dMaxTime 为动画播放的时间长度。开始播放之前，返回的动画时间为 m_dMinTime，超出 m_dMaxTime 的时间都返回 m_dMaxTime，如图 2.2 所示。

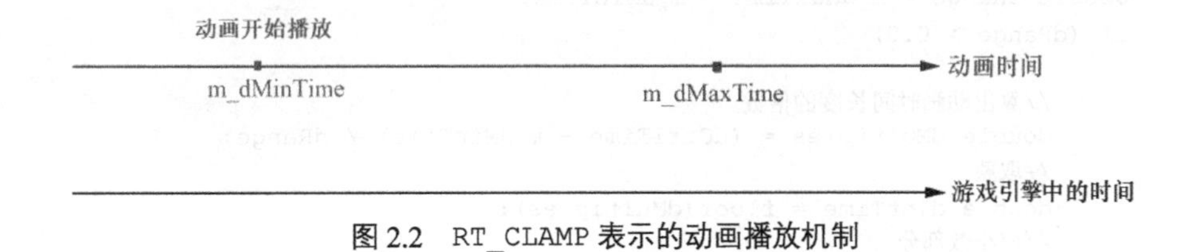

图 2.2　RT_CLAMP 表示的动画播放机制

对于 RT_WRAP，给定游戏引擎时间，返回的动画时间必须在 m_dMinTime 和 m_dMaxTime 之间，它是首尾循环的，如图 2.3 所示。

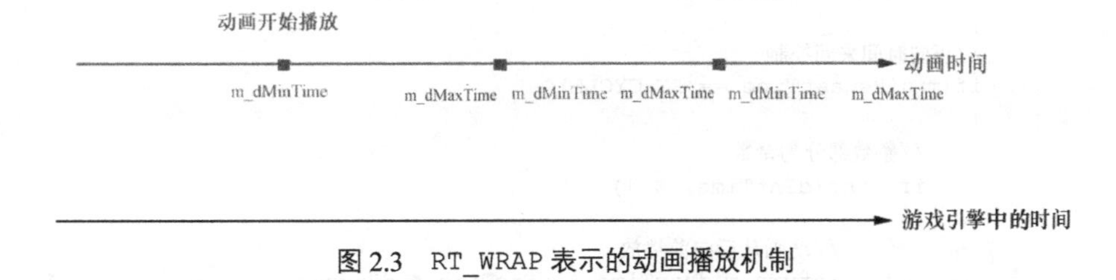

图 2.3　RT_WRAP 表示的动画播放机制

对于 RT_CYCLE，播放方式也是循环的，不过循环形式为“首→尾→尾→首→首→尾→尾→首”，如图 2.4 所示。

以上所述都是动画正向播放机制，RT_REVERSE_CLAMP、RT_REVERSE_WRAP 和 RT_REVERSE_CYCLE 用于逆向播放动画，作者还没有实现，准备留给读者作为练习。

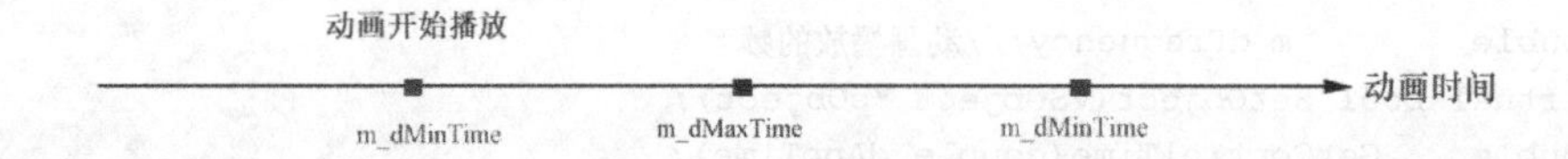

图 2.4 RT_CYCLE 表示的动画播放机制

下面的代码就把游戏引擎中的时间转换为动画时间。

```
double VSController::GetControlTime(double dAppTime)
{
    //m_dFrequency 调节动画时间的快慢，m_dPhase 调节动画时间的平移
    double dCtrlTime = m_dFrequency * dAppTime + m_dPhase;
    if(m_uiRepeatType == RT_NONE)
    {
        return dCtrlTime;
    }
    //RT_CLAMP 模式，限制动画时间在 m_dMinTime 和 m_dMaxTime 之间
    if (m_uiRepeatType == RT_CLAMP)
    {
        if (dCtrlTime < m_dMinTime)
        {
            return m_dMinTime;
        }
        if (dCtrlTime > m_dMaxTime)
        {
            return m_dMaxTime;
        }
        return dCtrlTime;
    }
    //计算动画时间长度
    double dRange = m_dMaxTime - m_dMinTime;
    if (dRange > 0.0)
    {
        //算出动画时间长度的倍数
        double dMultiples = (dCtrlTime - m_dMinTime) / dRange;
        //取整
        double dIntTime = floor(dMultiples);
        //取小数部分
        double dFrcTime = dMultiples - dIntTime;
        //正向时间循环控制
        if (m_uiRepeatType == RT_WRAP)
        {
            return m_dMinTime + dFrcTime * dRange;
        }
        //正向时间来回控制
        if(m_uiRepeatType == RT_CYCLE)
        {
            //整数部分为奇数
            if (int(dIntTime) & 1)
            {
                //动画从后向前播放
                return m_dMaxTime - dFrcTime * dRange;
            }
            else
            {
                //动画从前向后播放
                return m_dMinTime + dFrcTime * dRange;
            }
```

```
            }
            return m_dMinTime;
        }
        else
        {
            return m_dMinTime;
        }
    }
```

m_TimeEventArray 为时间事件，即动画播放到某个时刻而触发的事件。例如，若游戏角色走路时脚正好落到地上，则播放脚步声音。

VSTimeEvent 类是虚基类，用户需要继承 VSTimeEvent 类并实现 Trigger 函数。不过这里设置的并不是时刻，而是设置的时间百分比。例如，一个动画的时间长度为 0～100 ms，动画师要在 50 ms 的时刻播放一个声音，就要在 50 ms 的时刻添加一个播放声音的事件。游戏引擎内部把 50 ms 转换成小数，50 ms/（100ms−0ms）= 0.5。这样做的好处是，如果动画时间出现缩放或者平移等变换，百分比是不会改变的，代码如下。

```
class VSGRAPHIC_API VSTimeEvent : public VSObject
{
    inline VSController *GetObject()const;
    VSTimeEvent(VSController *pController);
    virtual void Trigger() = 0;
    bool m_bEnable;
    VSREAL m_fTriggerPercent;
    VSController *m_pController;
};
```

m_TriggerBeginStart 和 m_TriggerStop 表示动画开始与结束的回调事件。

```
bool VSController::Update(double dAppTime)
{
    if(!m_bEnable)
    {
        m_bStart = 0;
        return 0;
    }
    //m_bStart 为 0 表示开始播放
    if(!m_bStart)
    {
        //记录开始播放的时间
        m_dStartSystemTime = dAppTime;
        m_bStart = 1;
        //上一帧播放的时间
        m_dLastAppTime = 0;
        m_dLastAnimTime = 0.0f;
        m_dTimeSum = 0;
        m_TriggerBeginStart();
    }
    //从开始时间计算时间
    dAppTime = dAppTime - m_dStartSystemTime;
    m_dIntervalTime = ABS(dAppTime - m_dLastAppTime);
    //计算时间间隔，这里的时间间隔是经过缩放和平移后的时间间隔
    m_dIntervalAnimTime = m_dIntervalTime * m_dFrequency;
    m_dLastAppTime = dAppTime;
    dAppTime = GetControlTime(dAppTime);      //转成动画时间
    m_dNowAppTime = dAppTime;
    m_dTimeSum += m_dIntervalTime;
    //用户只需要实现 UpdateEx 函数来实现动画逻辑，其中参数传递的是动画时间而非游戏引擎中的时间
    UpdateEx(dAppTime);
    //调用时间事件，实际上时间事件不可能恰好落到一个精准的时刻上，最多只能判断是否在此区间
```

```
        TimeEvent(dAppTime);
        m_dLastAnimTime = dAppTime;
        return 1;
    }
```

VSTimeEvent 类用来处理时间事件，这里针对不同的 RepeatType 处理方式也不同，尤其对于 RT_WRAP 和 RT_CYCLE 两种模式，动画事件落在动画播放的交界区间的情况要特殊处理。例如，对于 RT_WRAP 模式，如果上一帧动画时间在动画末尾，剩余的时间不够一帧，本帧动画的时间就移动到动画开头，帧内设置的动画事件就要进行特殊判断，代码如下。

```
void VSController::TimeEvent(double dAppTime)
{
    for (unsigned int i = 0; i < m_TimeEventArray.GetNum(); i++)
    {
        double dRange = m_dMaxTime - m_dMinTime;
        double RealTime = dRange * m_TimeEventArray[i]->m_fTriggerPercent;
        if (m_uiRepeatType == RT_WRAP)
        {
            //落在交界区间
            if (m_dLastAnimTime + m_dIntervalAnimTime > m_dMaxTime)
            {
                if (RealTime >= m_dLastAnimTime ||
                                    RealTime <= dAppTime)
                {
                    m_TimeEventArray[i]->Trigger();
                }
            }
            else
            {
                if (RealTime >= m_dLastAnimTime &&
                                    RealTime <= dAppTime)
                {
                    m_TimeEventArray[i]->Trigger();
                }
            }
        }
        else if (m_uiRepeatType == RT_CYCLE)
        {
            //落在正向和逆向交界区间
            if (m_dLastAnimTime + m_dIntervalAnimTime > m_dMaxTime)
            {
                if (RealTime >= m_dLastAnimTime ||
                                    RealTime >= dAppTime)
                {
                    m_TimeEventArray[i]->Trigger();
                }
            }
            //落在逆向和正向交界区间
            else if (m_dLastAnimTime - m_dIntervalAnimTime < m_dMinTime)
            {
                if (RealTime <= m_dLastAnimTime ||
                                    RealTime <= dAppTime)
                {
                    m_TimeEventArray[i]->Trigger();
                }
            }
            else
            {
                double TempMax = Max(m_dLastAnimTime, dAppTime);
                double TempMin = Min(m_dLastAnimTime, dAppTime);
                if (RealTime >= TempMin && RealTime <= TempMax)
                {
```

```
                        m_TimeEventArray[i]->Trigger();
                    }
                }
            }
            else
            {
                if (RealTime >= m_dLastAnimTime && RealTime <= dAppTime)
                {
                    m_TimeEventArray[i]->Trigger();
                }
            }
        }
    }
```

对于 RT_CYCLE 模式，如果落在正向和逆向的交界区间、逆向和正向的交界区间，就有可能需要播放两次时间事件，但这里统一只播放一次。

图 2.5 所示时间事件被设置在 m_dMaxTime 附近。但动画播放到交界处时，m_dLastAnimTime 正好是正向播放的最后一帧，而 dAppTime 是逆向播放的第 1 帧。这就出现在 dAppTime 和 m_dLastAnimTime 的时间间隔内同一个时间事件要连续播放两次的情况，同一事件在一帧内如需触发两次，修改为触发一次。

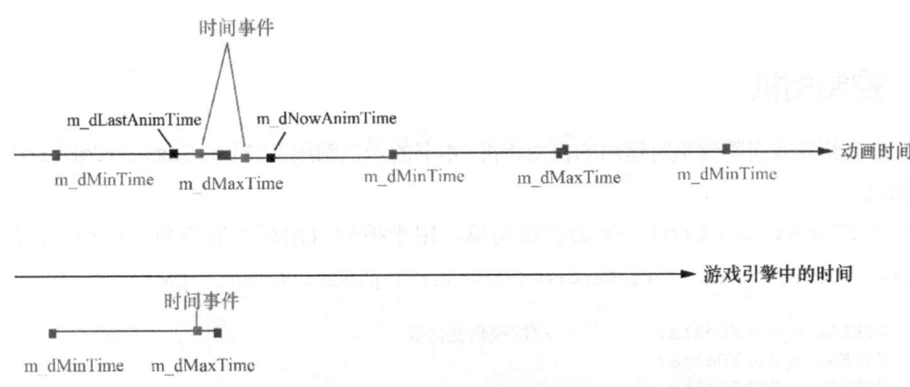

图 2.5 RT_CYCLE 模式下处理交界区间的时间事件

VSController 类中默认添加了具有动画起始时间和动画结束时间的时间事件。动画起始时间和动画开始执行两个回调函数的时间不一样。动画有循环，每次循环到起始时间都会调用起始时间的事件。同理，动画结束时间和动画停止执行两个回调函数的时间也不一样。

VSStartAnimEvent 类为动画起始事件类，代码如下。

```
class VSGRAPHIC_API VSStartAnimEvent : public VSTimeEvent
{
    VSStartAnimEvent(VSController *pController);
};
VSStartAnimEvent::VSStartAnimEvent(VSController *pController)
 :VSTimeEvent(pController)
{
    m_fTriggerPercent = 0.0f;
}
```

VSEndAnimEvent 类为动画结束事件类，代码如下。

```
class VSGRAPHIC_API VSEndAnimEvent : public VSTimeEvent
{
    VSEndAnimEvent(VSController *pController);
};
VSEndAnimEvent::VSEndAnimEvent(VSController *pController)
  :VSTimeEvent(pController)
```

```
{
    m_fTriggerPercent = 1.0f;
}
//添加动画起始事件
void VSController::AddTriggerStart(TriggerAnimEventType::Handler handler)
{
    m_TimeEventArray[0]->m_TriggerAnimEvent += handler;
}
//添加动画停止事件
void VSController::AddTriggerStop(TriggerAnimEventType::Handler handler)
{
    m_TriggerStop += handler;
}
//添加动画结束事件
void VSController::AddTriggerEnd(TriggerAnimEventType::Handler handler)
{
    m_TimeEventArray[1]->m_TriggerAnimEvent += handler;
}
//添加动画开始事件
void VSController::AddTriggerBeginStart(TriggerAnimEventType::Handler handler)
{
    m_TriggerBeginStart += handler;
}
```

2.1.1 控制相机

这里只介绍游戏引擎预览时运用的自由相机，本书的示例都用 VSFreeCameraController 类来控制相机。

VSFreeCameraController 类也很简单，用于控制自由相机的视角和移动，代码如下。

```
class VSGRAPHIC_API VSFreeCameraController : public VSController
{
    VSREAL m_RotXDelta;          //欧拉角变化值
    VSREAL m_RotYDelta;
    VSREAL m_RotZDelta;
    VSREAL m_MoveDelta;          //移动变化值
    VSVector3 m_MoveDirection; //移动方向
    virtual bool UpdateEx(double dAppTime);
};
```

要控制相机的视角和移动的核心逻辑，代码如下。

```
bool VSFreeCameraController::UpdateEx(double dAppTime)
{
    if(!VSController::UpdateEx(dAppTime))
        return 0;
    VSCamera* Temp = DynamicCast<VSCamera>(m_pObject);
    if(!Temp)
        return 0;
    //相机的欧拉角度叠加
    Temp->m_RotX += m_RotXDelta * (VSREAL)m_dIntervalTime;
    Temp->m_RotY += m_RotYDelta * (VSREAL)m_dIntervalTime;
    Temp->m_RotZ += m_RotZDelta * (VSREAL)m_dIntervalTime;
    //限制角度在-360°～360°
    if (Temp->m_RotX > VS2PI) Temp->m_RotX -= VS2PI;
    else if (Temp->m_RotX < -VS2PI) Temp->m_RotX += VS2PI;
    if (Temp->m_RotY > VS2PI) Temp->m_RotY -= VS2PI;
    else if (Temp->m_RotY < -VS2PI) Temp->m_RotY += VS2PI;
    if (Temp->m_RotZ > VS2PI) Temp->m_RotZ -= VS2PI;
    else if (Temp->m_RotZ < -VS2PI) Temp->m_RotZ += VS2PI;
    //计算相机的位置
```

```
    VSVector3 LocalPos = Temp->GetLocalTranslate();
     LocalPos += m_MoveDirection * m_MoveDelta * (VSREAL)m_dIntervalTime;
    //转换成四元数
    VSQuat    qFrame(0,0,0,1);
    qFrame.CreateEuler(Temp->m_RotZ, Temp->m_RotX, Temp->m_RotY);
    //转换成矩阵
    VSMatrix3X3 Mat;
    Mat.Identity();
    qFrame.GetMatrix(Mat);
    //设置相机本地空间位置
    Temp->SetLocalRotate(Mat);
    Temp->SetLocalTranslate(LocalPos);
    return 1;
}
```

通过鼠标和键盘发送消息，控制相机，代码如下。

```
bool VSDemoWindowsApplication::PostUpdate()
{
     VSWindowApplication::PostUpdate();
     //在按下鼠标按钮时，根据鼠标的位移来计算相机欧拉角度的变化
     if (m_bLMouseDowning)
     {
          m_p1stCameraController->m_RotXDelta =
                    ((m_iDetMouseY)* 1.0f) * 0.001f;
          m_p1stCameraController->m_RotYDelta =
                    ((m_iDetMouseX)* 1.0f) * 0.001f;
          m_iDetMouseX = 0;
          m_iDetMouseY = 0;
     }
     else
     {
          m_p1stCameraController->m_RotXDelta = 0.0f;
          m_p1stCameraController->m_RotYDelta = 0.0f;
     }
     return true;
}
void VSDemoWindowsApplication::OnKeyDown(unsigned int uiKey)
{
     VSApplication::OnKeyDown(uiKey);
     //根据按键来设置相机在其本地坐标轴向上的移动变化值
     if (uiKey == VSEngineInput::BK_UP)
     {
          m_p1stCameraController->m_MoveZDelta = 1.0f;
     }
     else if (uiKey == VSEngineInput::BK_DOWN)
     {
          m_p1stCameraController->m_MoveZDelta = -1.0f;
     }
     else if (uiKey == VSEngineInput::BK_LEFT)
     {
          m_p1stCameraController->m_MoveXDelta = -1.0f;
     }
     else if (uiKey == VSEngineInput::BK_RIGHT)
     {
          m_p1stCameraController->m_MoveXDelta = 1.0f;
     }
}
```

2.1.2 播放动画

由于动画控制是用动画树来驱动的，因此动画树可以混合多个动画文件进行播放，单个动

画文件进行的播放也是包含在其中的。不过我们先抛开动画树来看单个动画文件的播放。

前文已经介绍过动画原理，它最终要输出每根骨骼当前时间对应的本地矩阵，其实就是根据时间和动画文件数据来计算这些矩阵。

VSAnimAtom 类为动画数据转换成矩阵的中间结构，每根骨骼的数据都会保存成 VSAnimAtom 类，最后变成矩阵。VSAnimAtom 类包括所有将骨骼数据进行合并和插值的方法。VSAnimAtom 类重载了操作符“*”“+”“-”，还包括 Blend、Interpolation、AddTwo 等函数，代码如下。

```
class VSGRAPHIC_API VSAnimAtom
{
    static VSAnimAtom Create();
    VSVector3     m_fScale;                                    //骨骼的缩放数据
    VSVector3     m_Pos;                                       //骨骼的位置数据
    VSQuat        m_Rotator;                                   //骨骼的旋转数据
    void GetMatrix(VSMatrix3X3W & OutMatrix)const;  //得到矩阵
    //插值骨骼数据
    void Interpolation(const VSAnimAtom & Atom1 , const VSAnimAtom Atom2,VSREAL t);
    void Identity();                                           //单位化
    从 VSTransform 创建 VSAnimAtom
    void FromTransform(const VSTransform &T);
    void FromMatrix(const VSMatrix3X3W & m);                   //从矩阵创建 VSAnimAtom
    void    operator *= (VSREAL f);                            //权重相乘
    VSAnimAtom operator *(VSREAL f);
    void    operator += (const VSAnimAtom &Atom);  //变换成矩阵相乘
    VSAnimAtom operator +  (const VSAnimAtom &Atom) const;
    void    operator -= (const VSAnimAtom &Atom);  //变换成矩阵逆相乘
    VSAnimAtom operator -  (const VSAnimAtom &Atom) const;
    void BlendWith(const VSAnimAtom &Atom);
    VSAnimAtom Blend(const VSAnimAtom &Atom);
    void AddTwo(const VSAnimAtom & Atom1, const VSAnimAtom Atom2);
    void AddTwo(const VSAnimAtom & Atom1);
};
```

Interpolation 函数对 VSAnimAtom 类的 3 个数据进行插值，其中对缩放和位置数据都进行线性插值，对旋转数据球性插值，代码如下。

```
void VSAnimAtom::Interpolation(const VSAnimAtom & Atom1 , const VSAnimAtom Atom2,
    VSREAL t)
{
  while (t < 0.0f)
  {
     t += 1.0f;
  }
  while(t > 1.0f)
  {
     t -= 1.0f;
  }
  m_fScale = LineInterpolation(Atom1.m_fScale,Atom2.m_fScale,t);
  m_Pos = LineInterpolation(Atom1.m_Pos,Atom2.m_Pos,t);
  m_Rotator.Slerp(t,Atom1.m_Rotator,Atom2.m_Rotator);
}
```

下面的函数让 VSAnimAtom 类和常数相乘。其中的缩放和位置数据不多解释，旋转数据用四元数表示，四元数比较特别，这里不能直接使常数与四元数相乘。四元数用在骨骼上表示旋转，可以表示成绕着某个轴旋转角度 n，和常数相乘的实际意义是把角度 n 和常数相乘。这个函数用在 VSPartialBlend 类里面，根据不同权重混合骨骼，代码如下。

```
VSAnimAtom VSAnimAtom::operator *(VSREAL f)
{
  VSAnimAtom Temp ;
```

```
    Temp.m_fScale = m_fScale * f;
    Temp.m_Pos = m_Pos * f;
    Temp.m_Rotator = m_Rotator.Pow(f);
    return Temp;
}
```

“+”和“-”是对 Atom 的加减操作，在此只讲解“+”。“+”实际上，把两个 Atom 转换成矩阵相乘，然后再转换回来，本质上是两个骨骼矩阵的空间变换，代码如下。

```
void VSAnimAtom::operator += (const VSAnimAtom &Atom)
{
     VSMatrix3X3W T1;
     GetMatrix(T1);
     VSMatrix3X3W T2;
     Atom.GetMatrix(T2);
     VSMatrix3X3W T = T1 * T2;
     FromMatrix(T);
}
```

把每个分量相乘的结果转换成矩阵和上面的方法是不等价的，所以用下面的方式实现“+”的功能是不正确的。

```
m_fScale = m_fScale * Atom.m_fScale;
m_Pos = m_Pos * Atom.m_Pos;
m_Rotator = m_Rotator * Atom1.m_Rotator;
```

Blend 函数和 BlendWith 函数一样，也在 VSPartialBlend 类里用于在权重混合后叠加骨头，代码如下。

```
VSAnimAtom VSAnimAtom::Blend(const VSAnimAtom &Atom)
{
    VSAnimAtom Temp;
    Temp.m_fScale = m_fScale + Atom.m_fScale;
    Temp.m_Pos = m_Pos + Atom.m_Pos;
    Temp.m_Rotator = m_Rotator * Atom.m_Rotator;
    return Temp;
}
```

AddTwo 函数用于叠加动画，后文会介绍，代码如下。

```
void VSAnimAtom::AddTwo(const VSAnimAtom & Atom1)
{
    m_Pos = m_Pos + Atom1.m_Pos;
    m_fScale = m_fScale * Atom1.m_fScale;
    m_Rotator = m_Rotator * Atom1.m_Rotator;
}
```

大家现在不懂上面的函数的具体意义也没关系，后文的讲解将会涉及。

本章尽量抛开动画树逻辑来讲动画播放类（VSAnimSequenceFunc），让 VSAnimSequence-Func 类不依赖动画树就可以直接播放任意动画文件。VSAnimSequenceFunc 类实际上是动画树中的一个节点，它对应一个动画文件，它是直接获取动画数据的类，代码如下。

```
class VSGRAPHIC_API VSAnimSequenceFunc : public VSAnimFunction
{
    VSAnimRPtr m_pAnimR;//对应动画文件资源
    //骨骼索引到关键索引的映射
    VSArray<unsigned int> m_UsedBoneIndexInAnim;
    //用来快速查到动画的数据结构
    struct LAST_KEY_TYPE
    {
         LAST_KEY_TYPE()
         {
```

```
            uiLKTranslation = 0;
            uiLKScale = 0;
            uiLKRotator = 0;
        }
        ~LAST_KEY_TYPE()
        {
        }
        unsigned int uiLKTranslation;//上一帧平移动画的索引
        unsigned int uiLKScale;      //上一帧缩放动画的索引
        unsigned int uiLKRotator;    //上一帧旋转动画的索引
    };
    VSArray<LAST_KEY_TYPE> m_LastKey;
};
```

简单来说，为了获取当前时间 t 的动画数据，要从第 1 帧开始查找，一直找到第 i 帧和第 i+1 帧，满足 $t_i \leqslant t < t_{i+1}$。这样比对是可以找到的，但每次都从第 1 帧开始查找，速度实在太慢。

游戏引擎动画一般是连续播放的，只需要根据当前动画播放是顺序还是逆序的，从上一帧来查找就可以了，从而加快查找速度。

SetAnim 函数用于设置要播放的动画，并初始化对应数据，代码如下。

```
void VSAnimSequenceFunc::SetAnim(const VSUsedName&  AnimName)
{
    const VSSkeletonMeshNode * pMesh = GetSkeletonMeshNode();
    if (!pMesh)
    {
        return ;
    }
    //没有骨架和动画集
    VSSkeleton * pSkeleton = pMesh->GetSkeleton();
    if (!pSkeleton)
    {
        return;
    }
    const VSAnimSet * pAnimSet = pMesh->GetAnimSet();
    if (!pAnimSet)
    {
        return;
    }
    VSAnimRPtr pAnimR = pAnimSet->GetAnim(AnimName);
    if (!pAnimR)
        return ;
    if (m_pAnimR == pAnimR)
    {
       return;
    }
    m_pAnimR == pAnimR;
    m_AnimName = AnimName;
    m_pAnimR->AddLoadEventObject(this);
}
void VSAnimSequenceFunc::LoadedEvent(VSResourceProxyBase * pResourceProxy)
{
    const VSSkeletonMeshNode * pMesh = GetSkeletonMeshNode();
    VSMAC_ASSERT(pMesh);
    if (!pMesh)
    {
        return ;
    }
    VSSkeleton * pSkeleton = pMesh->GetSkeleton();
    VSMAC_ASSERT(pSkeleton);
    if (!pSkeleton)
    {
```

```
            return;
        }
        VSAnim * pAnim = m_pAnimR->GetResource();
        //初始化最长时间
        m_dMaxTime = pAnim->GetAnimLength();
        VSMemset(&m_LastKey[0],0,sizeof(LAST_KEY_TYPE) * m_LastKey.GetNum());
        //找到骨骼索引和动画帧中骨骼索引之间的对应关系。一般情况下，如果没有找到对应关系，
        //就说明动画数据里面的骨骼和骨架中骨骼并不匹配，但也可以勉强播放
        for(unsigned int i = 0 ; i < m_UsedBoneIndexInAnim.GetNum() ; i++)
        {
            VSBoneNode * pBone = pSkeleton->GetBoneNode(i);
            if(pBone)
            {
                bool bIsFound = false;
                for(unsigned int j = 0 ; j < pAnim->GetBoneKeyNum() ; j++)
                {
                    if(pBone->m_cName == pAnim->GetBoneKey(j)->m_cName)
                    {
                        m_UsedBoneIndexInAnim[i] = j;
                        bIsFound = true;
                        break;
                    }
                }
                if(!bIsFound)
                {
                    m_UsedBoneIndexInAnim[i] = VSMAX_INTEGER;
                }
            }
        }
    }
```

m_UsedBoneIndexInAnim 用来判断当前骨架的所有骨骼和动画里面的骨骼的匹配关系。如果 m_UsedBoneIndexInAnim[i]不等于 VSMAX_INTEGER，则说明索引为 i 的骨骼有动画数据。

UpdateEx 函数用来计算当前时间骨骼的空间位置，分别对缩放、旋转、平移的数据进行插值计算，代码如下。

```
    bool VSAnimSequenceFunc::UpdateEx(double dAppTime)
    {
      if(!VSAnimFunction::UpdateEx(dAppTime))
        return false;
        …
        VSAnim * pAnim = m_pAnimR->GetResource();
        for (unsigned int i = 0 ; i < m_UsedBoneIndexInAnim.GetNum() ; i++)
        {
            if(m_UsedBoneIndexInAnim[i] != VSMAX_INTEGER)
            {
             //得到骨骼对应的数据帧
                VSBoneKey * pBoneKey = pAnim->GetBoneKey(m_UsedBoneIndexInAnim[i]);
                unsigned int ScaleNum = (unsigned int)
                pBoneKey->m_ScaleArray.GetNum();
                if(ScaleNum)
                {
                    if(pBoneKey->m_ScaleArray[m_LastKey[i].uiLKScale].m_dKeyTime
                           > m_dNowAppTime)
                    {
                        m_LastKey[i].uiLKScale = 0;
                    }
                    //从上一帧开始查找
                    unsigned int j;
                    for(j = m_LastKey[i].uiLKScale ; j < ScaleNum ; j++)
```

```
                {
                    if(m_dNowAppTime <= pBoneKey->m_ScaleArray[j].m_dKeyTime)
                    {
                        break;
                    }
                }
                unsigned int Key1 ;
                unsigned int Key2;
                if(j == 0)
                    Key1 = j;
                else
                    Key1 = j - 1;
                Key2 = j;
                //记录上一帧
                m_LastKey[i].uiLKScale = Key1;
                //计算两帧之间的时间长度
                double dDiff = pBoneKey->m_ScaleArray[Key2].m_dKeyTime -
                        pBoneKey->m_ScaleArray[Key1].m_dKeyTime;
                if(dDiff <= 0.0)
                    dDiff = 1.0;
                //计算插值因子
                VSREAL fFactor = (VSREAL)((m_dNowAppTime -
                      pBoneKey->m_ScaleArray[Key1].m_dKeyTime )/dDiff);
                if(fFactor < 0)
                    fFactor = 0;
                if(fFactor > 1.0f)
                    fFactor = 1.0f;
                //插值
                VSVector3 Scale =
                      pBoneKey->m_ScaleArray[Key1].m_Vector * (1 - fFactor) +
                      pBoneKey->m_ScaleArray[Key2].m_Vector * fFactor ;
                m_BoneOutPut[i].m_fScale = Scale;
            }
            unsigned int RotatorNum = (unsigned int)
            pBoneKey->m_RotatorArray.GetNum();
            if(RotatorNum)
            {
            …
            }
            unsigned int TranslationNum =
              (unsigned int)pBoneKey->m_TranslationArray.GetNum();
            if(TranslationNum)
            {
            …
            }
        }
        else
        {
          m_BoneOutPut[i].Identity();
          VSMAC_ASSERT(0);
        }
    }
    return true;
}
```

这里只列举缩放的代码，旋转和平移代码与它类似，所以没有列出，读者可以自行查看具体代码。算法的本质是找到前后两帧，然后进行插值计算。为了加快对前后两帧进行插值的速度，这里引入了 LAST_KEY_TYPE 数据结构，它记录了上一帧的位置。下面是计算前后两帧中 Key1 和 Key2 的核心代码。

```
if(pBoneKey->m_ScaleArray[m_LastKey[i].uiLKScale].m_dKeyTime > m_dNowAppTime)
{
```

```
        m_LastKey[i].uiLKScale = 0;
    }
    //从上一帧开始查找
    unsigned int j;
    for(j = m_LastKey[i].uiLKScale ; j < ScaleNum ; j++)
    {
        if(m_dNowAppTime <= pBoneKey->m_ScaleArray[j].m_dKeyTime)
        {
            break;
        }
    }
    unsigned int Key1 ;
    unsigned int Key2;
    if(j == 0)
        Key1 = j;
    else
        Key1 = j - 1;
    Key2 = j;
```

这里只考虑了加速正向播放的情况，也就是RT_NONE、RT_CLAMP和RT_WRAP这3种播放模式，RT_CYCLE中的播放并没有起到加速作用。如果在VSController::GetControlTime函数里面支持计算逆向播放（RT_REVERSE_CLAMP、RT_REVERSE_WRAP、RT_REVERSE_CYCLE）类型的动画，这段播放代码也是可以运行的，只不过没有起到加速作用。

如果要加速逆向播放，就不要把判断各种播放类型的代码写到for (unsigned int i = 0 ; i < m_UsedBoneIndexInAnim.GetNum() ; i++)里面；否则，每循环一次就判断一次，效率很低。写到外面，尽管代码有很多冗余，但可以提高效率。

也可以用二分查找方法来查找前后两帧的时间，这样就不用考虑到底是哪种播放类型，速度也不会很慢。

上面几种加速方法都可以采用。虽然二分查找方法要比记录上一帧的方法慢一些，但是代码更简单，而且不用引入新的LAST_KEY_TYPE数据结构来存放上一帧的索引。

最后一个需要注意的地方，就是四元数的插值。一般正确的插值方法是球性插值，不过这里也列出了线性插值，读者可以关闭USE_ROTATOR_LINE_INTERPOLATION宏来看一看动画的区别，代码如下。

```
#ifdef USE_ROTATOR_LINE_INTERPOLATION
     Rotator.Slerp(fFactor,pBoneKey->m_RotatorArray[Key1].m_Quat,
                     pBoneKey->m_RotatorArray[Key2].m_Quat);
#else
    Rotator = LineInterpolation(pBoneKey->m_RotatorArray[Key1].m_Quat,
                     pBoneKey->m_RotatorArray[Key2].m_Quat,fFactor);
#endif
```

计算完以后，每根骨骼的空间位置都放在了m_BoneOutPut里，在骨骼本地矩阵中，直接赋值给每根骨骼即可，代码如下。

```
void VSAnimSequenceFunc::UpDateBone()
{
    if (!m_bEnable)
    {
        return;
    }
    const VSSkeletonMeshNode * pMesh = GetSkeletonMeshNode();
    VSMAC_ASSERT(pMesh);
    if (!pMesh)
    {
        return ;
    }
```

```
    VSSkeleton * pSkeleton = pMesh->GetSkeleton();
    VSMAC_ASSERT(pSkeleton);
    if (!pSkeleton)
    {
        return ;
    }
    if (!m_pAnimR || !m_pAnimR->IsLoaded())
    {
        return ;
    }
    VSAnim * pAnim = m_pAnimR->GetResource();
    for(unsigned int i = 0 ; i < pSkeleton->GetBoneNum() ; i++)
    {
        VSBoneNode * pBone = pSkeleton->GetBoneNode(i);
        if(pBone)
        {
            VSMatrix3X3W BoneOutMat;
            m_BoneOutPut[i].GetMatrix(BoneOutMat);
            pBone->SetLocalMat(BoneOutMat);
        }
    }
}
```

如果要简单直接地播放动画，不依赖动画树，就用下面的代码。

```
bool VSSkeletonMeshNode::PlayAnim(const VSString & AnimName,VSREAL fRatio,
unsigned int uiRepeatType)
{
    if (m_pAnimSequence == NULL)
    {
        m_pAnimSequence = VS_NEW VSAnimSequenceFunc(this);
        m_bIsStatic = false;
    }
    m_pAnimSequence->m_bEnable = true;
    m_pAnimSequence->SetAnim(AnimName);
    m_pAnimSequence->m_uiRepeatType = uiRepeatType;
    m_pAnimSequence->m_dFrequency = fRatio;
    return 1;
}
```

以下代码将动画数据更新到骨架中。

```
void VSSkeletonMeshNode::UpdateController(double dAppTime)
{
    VSModelMeshNode::UpdateController(dAppTime);
    if(m_pAnimSequence && m_bEnable && m_pAnimSequence->m_bEnable)
    {
        m_pAnimSequence->ClearFlag();
        m_pAnimSequence->Update(dAppTime);
        m_pAnimSequence->UpDateBone();
    }
}
```

示例 2.2 展示了简单播放动画的机制。

2.1.3 根骨动画

在制作大部分动画时，模型是在原点位置的。如果在 3ds Max 里面查看行走的动画，我们就会发现模型“只迈腿，不挪地方”。程序员和美术师指定模型移动的速度，动画师按照这个速度制作行走的动画，最后使播放的动画和模型的位置的同步（在游戏中经常看到模型行走时的“滑步”现象，这是因为程序计算的移动速度和行走动画中模型的移动速度没匹配上）。不过这个方法并不是万能的，有些模型的移动速度是非线性的，这对于程序员来说很难计算。这种动画是美术师在3ds Max里面调好的，并且非原地不动的动画，在游戏中就需要把调好的位移叠加到模型上。

如果不进行任何处理，直接播放这种动画，虽然画面上的模型可以走动，但实际模型对应的组件（component）的空间位置并没有变化，还在原地。动态物体的相机裁剪（clip）都是通过组件的空间位置完成的，需要把动画中模型移动的空间位置去掉，然后叠加在模型组件的空间位置上，才能保证相机裁剪的正确性（对于物理碰撞也是如此）。为了处理这种情况，我们这里要做一个规定——骨架只能有一个根节点，美术师只能通过根节点的运动来驱动模型的运动，这样我们只需要把根节点的空间位置叠加在模型组件的空间位置上即可。

VSAnim 类是动画资源类，前文已经介绍过，代码如下。

```
class VSGRAPHIC_API VSAnim
: public VSObject,public VSResource
{
    bool m_bRootAnimPlay;
};
```

m_bRootAnimPlay 表示对于当前动画是否需要播放根骨动画，我们可以用 FBX Converter 来导出根骨动画，“-r”命令行参数（卷1曾介绍）表示导出的动画的 m_bRootAnimPlay 变量为 true。当然，也可以加载动画后，再改变 m_bRootAnimPlay，并重新保存。

其实计算公式也很简单，$\boldsymbol{R}$ 为根骨的本地空间位置，$\boldsymbol{S}$ 为 VSSkeleton 类的本地空间位置，$\boldsymbol{M}$ 为 VSSkeletonMesh 类的本地空间位置，$\boldsymbol{C}$ 为 VSSkeletonMeshComponent 类的本地空间位置。如果读者忘记了骨骼模型架构是什么，就复习一下前面的内容。根骨的世界空间位置为 $\boldsymbol{RSMC}$。

如果当前播放的动画不是根骨动画，根骨的偏移空间位置为 $\boldsymbol{T}$，$\boldsymbol{RT}$ 为根骨的新本地空间位置，那么根骨的世界空间位置为 $\boldsymbol{RTSMC}$。为了把这个动画改成根骨动画，就要把 $\boldsymbol{T}$ 转换到 VSSkeletonMeshComponent 类的本地空间中。设 VSSkeletonMeshComponent 类的本地空间位置偏移量为 $\boldsymbol{L}$，那么 $\boldsymbol{RSMCL} = \boldsymbol{RTSMC}$，最后可以算出 $\boldsymbol{CL} = (\boldsymbol{M}^{-1})(\boldsymbol{S}^{-1})\boldsymbol{TSMC}$，$\boldsymbol{CL}$ 就是新的 VSSkeletonMeshComponent 类的本地空间位置。而默认的 $\boldsymbol{M}$ 为单位矩阵，所以 $\boldsymbol{CL} = (\boldsymbol{S}^{-1})\boldsymbol{TSC}$。

所以，我们要先计算 $\boldsymbol{T}$ 和 $\boldsymbol{C}$。要计算 $\boldsymbol{T}$，就要知道播放根骨动画之前的根骨空间位置。

VSAnimSequenceFunc 类在2.1.2节已经介绍过，代码如下。

```
class VSGRAPHIC_API VSAnimSequenceFunc : public VSAnimFunction
{
    void BeginStart();
    VSTransform m_SaveStartMeshComponentTransform;
    VSTransform m_SaveStartRootBoneTransform;
};
```

m_SaveStartMeshComponentTransform 为 $\boldsymbol{C}$，m_SaveStartRootBoneTransform 为播放根骨动画之前的根骨空间位置。

在构造函数里，我们绑定了开始播放动画的回调，分别得到 m_SaveStartMeshComponent-Transform 和 m_SaveStartRootBoneTransform，代码如下。

```
VSAnimSequenceFunc::VSAnimSequenceFunc(VSSkeletonMeshNode * pSkeletonMeshNode)
{
   …
   m_TriggerBeginStart += TriggerAnimEventType::Handler::FromMethod<VSAnimSequenceFunc,
         VSAnimSequenceFunc::BeginStart>(this);
}
void VSAnimSequenceFunc::BeginStart()
{
    VSSkeletonMeshNode * pMesh = GetSkeletonMeshNode();
```

```
	VSMAC_ASSERT(pMesh);
	if (!pMesh)
	{
		return;
	}
	VSSkeleton *pSkeleton = pMesh->GetSkeleton();
	VSMAC_ASSERT(pSkeleton);
	if (!pSkeleton)
	{
		return;
	}
	VSBoneNode *pBone = pSkeleton->GetBoneNode(0);
	m_SaveStartRootBoneTransform = pBone->GetLocalTransform();
	VSSpatial *pMeshComponent = pMesh->GetParent();
	if (pMeshComponent)
	{
		m_SaveStartMeshComponentTransform =
				pMeshComponent->GetLocalTransform();
	}
}
```

T实际上为当前帧空间位置和第1帧空间位置的差值。UpdateEx 函数计算当前帧的动画数据，代码如下。

```
bool VSAnimSequenceFunc::UpdateEx(double dAppTime)
{
	if(!VSAnimFunction::UpdateEx(dAppTime))
		return false;
	…
	if (pAnim->IsRootAnim())
	{
		VSMatrix3X3W CurTransform;
		m_BoneOutPut[0].GetMatrix(CurTransform);
		VSTransform SkeletonT = pSkeleton->GetLocalTransform();
		//T为m_SaveStartRootBoneTransform.GetCombineInverse() *CurTransform
		VSMatrix3X3W RootMatrix = SkeletonT.GetCombineInverse() *
		m_SaveStartRootBoneTransform.GetCombineInverse() *
		CurTransform * SkeletonT.GetCombine() *
		m_SaveStartMeshComponentTransform.GetCombine() (Transform);
		//然后恢复根骨空间位置为原始空间位置
		m_BoneOutPut[0].FromTransform(m_SaveStartRootBoneTransform);
		m_RootAtom.FromMatrix(RootMatrix);
	}
	else
	{
		VSSpatial *pMeshComponent = pMesh->GetParent();
		if (pMeshComponent)
		{
			m_RootAtom.FromTransform(
					pMeshComponent->GetLocalTransform());
		}
	}
	return true;
}
```

UpDateBone 函数设置更新后的动画数据到骨骼中，代码如下。

```
void VSAnimSequenceFunc::UpDateBone()
{
	…
	VSAnim *pAnim = m_pAnimR->GetResource();
	VSSpatial *pMeshComponent = pMesh->GetParent();
	if (pMeshComponent)
	{
```

```
        VSMatrix3X3W RootMatrix;
        m_RootAtom.GetMatrix(RootMatrix);
        //把计算位置直接设置到 pMeshComponent 里
        pMeshComponent->SetLocalMat(RootMatrix);
    }
    ...
}
```

2.1.4 根据动画数据计算骨架包围盒

骨骼模型不像静态模型，它的顶点是变化的，用实时的顶点变换来计算骨架包围盒开销很大，所以要根据骨骼模型可能播放的动画来预先计算出最大的骨架包围盒。骨骼模型的所有动画都在动画集合中，每添加一个动画就要重新计算最大的骨架包围盒。

计算方法为遍历所有动画的所有关键帧数据，计算出最大的骨架包围盒。前文已经介绍了播放动画的机制，我们可以利用这个机制取出每个动画的每个关键帧的所有骨骼位置，代码如下。

```
void VSSkeletonMeshNode::UpdateLocalAABB()
{
    //存储原始骨骼数据
    VSArray<VSMatrix3X3W> SaveBoneMatrix;
    SaveBoneMatrix.AddBufferNum(m_pSkeleton->GetBoneNum());
    for (unsigned int i = 0; i < m_pSkeleton->GetBoneNum(); i++)
    {
        VSBoneNode * pBone = m_pSkeleton->GetBoneNode(i);
        if (pBone)
        {
            VSTransform T = pBone->GetLocalTransform();
            SaveBoneMatrix[i] = T.GetCombine();
        }
    }

    VSVector3 MaxPos = m_pSkeleton->m_OriginLocalBV.GetMaxPoint();
    VSVector3 MinPos = m_pSkeleton->m_OriginLocalBV.GetMinPoint();
    VSTransform SkeletonLocalT = m_pSkeleton->GetLocalTransform();
    //遍历动画集合中的所有动画
    for (unsigned int i = 0; i < m_pAnimSet->GetAnimNum(); i++)
    {
        VSAnimR * pAnimR = m_pAnimSet->GetAnim(i);
        while (!pAnimR->IsLoaded()){};
        VSAnim * pAnim = pAnimR->GetResource();
        VSREAL AnimLength = pAnim->GetAnimLength();
        //播放这个动画，利用动画机制取出关键帧
        PlayAnim(pAnim->m_cName.GetString(), 1.0f, VSController::RT_CLAMP);
        //更新动画时间
        for (VSREAL f = 0.0f; f < AnimLength + 0.05f; f += 0.05f)
        {
            //将动画数据更新到骨骼中
            m_pAnimSequence->Update(f);
            //更新骨架的整个层次
            m_pSkeleton->UpdateAll(0.0f);
            //计算骨架包围盒
            for (unsigned int j = 0; j < m_pSkeleton->GetBoneNum(); j++)
            {
                VSBoneNode * pBone = m_pSkeleton->GetBoneNode(j);
                if (pBone)
                {
                    //变换到本地空间
                    VSVector3 Pos = pBone->GetWorldTranslate() *
                      SkeletonLocalT.GetCombineInverse();
```

```
                    for (int t = 0; t < 3; t++)
                    {
                        if (MinPos.m[t] > Pos.m[t])
                        {
                            MinPos.m[t] = Pos.m[t];
                        }
                        if (MaxPos.m[t] < Pos.m[t])
                        {
                            MaxPos.m[t] = Pos.m[t];
                        }
                    }
                }
            }
        }
    }
    //恢复骨骼原始数据
    m_pAnimSequence = NULL;
    for (unsigned int i = 0; i < m_pSkeleton->GetBoneNum(); i++)
    {
        VSBoneNode * pBone = m_pSkeleton->GetBoneNode(i);
        if (pBone)
        {
            pBone->SetLocalMat(SaveBoneMatrix[i]);
        }
    }
    //存放骨架包围盒
    VSAABB3 SkeletonBV;
    SkeletonBV.Set(MaxPos, MinPos);
    m_pSkeleton->SetLocalBV(SkeletonBV);
}
```

调用UpdateLocalAABB函数的时机一共有两处：一处是当骨骼模型更改动画集合时，另一处是向当前骨骼模型的动画集合中添加动画时。

VSAnimSet类里面声明了一个代理函数m_AddAnimEvent，这个代理函数会根据所有动画数据重新计算骨架包围盒，代码如下。

```
#ifdef DELEGATE_PREFERRED_SYNTAX
    typedef VSDelegateEvent<void(void)> AddAnimEventType;
#else
    typedef VSDelegateEvent0<void> AddAnimEventType;
#endif
class VSGRAPHIC_API VSAnimSet : public VSObject
{
        AddAnimEventType m_AddAnimEvent;
};
```

一旦有新的动画添加进来，就要调用m_AddAnimEvent代理函数，代码如下。

```
void VSAnimSet::AddAnim(VSUsedName AnimName,VSAnimR * pAnim)
{
    if(!pAnim)
        return;
    m_pAnimArray.AddElement(AnimName,pAnim);
    m_AddAnimEvent();
}
```

设置动画集合的时候，把VSSkeletonMeshNode::UpdateLocalAABB绑定到m_AddAnimEvent中，代码如下。

```
void VSSkeletonMeshNode::SetAnimSet(VSAnimSet * pAnimSet)
{
    if (m_pAnimSet == pAnimSet)
```

```
    {
        return;
    }
    if (m_pAnimSet)
    {
        m_pAnimSet->m_AddAnimEvent.RemoveMethod<VSSkeletonMeshNode,
        &VSSkeletonMeshNode::UpdateLocalAABB>(&(*this));
    }
    m_pAnimSet = pAnimSet;
    m_pAnimSet->m_AddAnimEvent.AddMethod<VSSkeletonMeshNode,
    &VSSkeletonMeshNode::UpdateLocalAABB>(&(*this));
    if (m_pAnimTreeInstance)
    {
        m_pAnimTreeInstance->ResetAnimFunction();
    }
    UpdateLocalAABB();
}
```

2.2 插槽

在骨骼上经常用到插槽。如果需要网格跟随着某根骨骼一起运动，很多游戏引擎中的做法就是：当骨骼模型被导入后，由编辑器提供加入插槽的功能，为这根骨骼设置插槽的父节点，并调节插槽在父骨骼下的本地空间位置，再把网格挂接到插槽下面。实际上，插槽和空间位置关系是一个道理，只不过插槽是一个带名字的空间位置而已。

如果插槽只用于绑定骨骼，那么不用也可以，直接把网格绑定在骨骼上即可。很多游戏引擎中的插槽除绑定到骨骼上，还可以绑定到任何一个空间的空间位置上。不过本游戏引擎中的组件结构允许不经过插槽直接绑定任何东西，所以插槽只用在骨骼上，在其他地方不允许使用。

没有把网格直接绑定到骨骼上，而是加入插槽的另一个原因是方便游戏引擎的管理并保证效率。如果把网格直接绑定到骨骼上，网格就要加入整个骨架的层级结构中，而骨架层次一般很深。为了判断这个网格是否可见，就要递归很深的层次。

VSSocketNode 类是插槽类，它继承自 VSSpatial，重写了 UpdateNodeAll 函数。VSSocketNode 类是动态节点，所以 m_bIsStatic = false，代码如下。

```
class VSGRAPHIC_API VSSocketNode : public VSSpatial
{
    virtual void UpdateWorldBound(double dAppTime){};
    virtual void UpdateNodeAll(double dAppTime);
    virtual void ComputeNodeVisibleSet(VSCuller & Culler, bool bNoCull,
    double dAppTime){};
    virtual void ComputeVisibleSet(VSCuller & Culler, bool bNoCull,
    double dAppTime){};
    VSUsedName m_cName;
    VSArray<VSNodeComponent *> m_AttachComponent;
};
VSSocketNode::VSSocketNode()
{
        m_bIsStatic = false;
}
VSSocketNode::~VSSocketNode()
{
}
void VSSocketNode::UpdateNodeAll(double dAppTime)
{
```

```
        UpdateTransform(dAppTime);
    }
```

VSSkeletonMeshNode在1.2节中介绍过，代码如下。

```
class VSGRAPHIC_API VSSkeletonMeshNode : public VSModelMeshNode
{
    //创建插槽
    VSSocketNode *CreateSocket(const VSUsedName & BoneName,
    const VSUsedName &SocketName);
    //删除插槽
    void DeleteSocket(const VSUsedName &SocketName);
    //根据名字得到插槽
    VSSocketNode *GetSocket(const VSUsedName &SocketName);
protected:
    VSArray<VSSocketNodePtr> m_pSocketArray;
};
```

VSSkeletonMeshNode类里面加入了3个管理插槽的函数，代码如下。

```
VSSocketNode *VSSkeletonMeshNode::GetSocket(const VSUsedName &SocketName)
{
    for (unsigned int i = 0; i < m_pSocketArray.GetNum(); i++)
    {
        if (m_pSocketArray[i]->m_cName == SocketName)
        {
            return m_pSocketArray[i];
        }
    }
    return NULL;
}
VSSocketNode *VSSkeletonMeshNode::CreateSocket(const VSUsedName & BoneName,
    const VSUsedName &SocketName)
{
    if (!m_pSkeleton)
    {
        return NULL;
    }
    //根据名字找到骨骼
    VSBoneNode *pBone = m_pSkeleton->GetBoneNode(BoneName);
    if (!pBone)
    {
        return NULL;
    }
    //不允许有重名的插槽
    for (unsigned int i = 0; i < m_pSocketArray.GetNum(); i++)
    {
        if (m_pSocketArray[i]->m_cName == SocketName)
        {
            return NULL;
        }
    }
    //创建插槽并作为骨骼的子节点
    VSSocketNode *pSocketNode = VS_NEW VSSocketNode();
    pBone->AddChild(pSocketNode);
    pSocketNode->m_cName = SocketName;
    m_pSocketArray.AddElement(pSocketNode);
    return pSocketNode;
}
void VSSkeletonMeshNode::DeleteSocket(const VSUsedName &SocketName)
{
    for (unsigned int i = 0; i < m_pSocketArray.GetNum(); i++)
    {
        if (m_pSocketArray[i]->m_cName == SocketName)
```

```
            {
                VSBoneNode *pSocketParent =
                        (VSBoneNode *)(m_pSocketArray[i]->GetParent());
                VSMAC_ASSERT(pSocketParent);
                pSocketParent->DeleteChild(m_pSocketArray[i]);
                m_pSocketArray.Erase(i);
                return;
            }
        }
    }
```

要把一个组件绑定到对应的插槽上，这个组件必须是插槽所在的 VSSkeletonMeshComponent 的子节点。

VSNodeComponent 在卷 1 中介绍过，VSSkeletonMeshComponent 继承自 VSNodeComponent，代码如下。

```
class VSGRAPHIC_API VSNodeComponent : public VSNode
{
    void AttachParentSocket(const VSUsedName & AttackSocketName);
    virtual bool PostLoad(void *pData = NULL);
    virtual bool PostClone(VSObject *pObjectSrc);
    virtual void UpdateTransform(double dAppTime);
    protected:
    VSUsedName m_AttachSocketName;
    VSSocketNode *m_pAttachSocket;
};
```

在 VSNodeComponent 类里加入两个成员变量绑定的插槽（m_pAttachSocket）和插槽名字（m_AttachSocketName），插槽名字会自动保存和加载。在每次加载后，根据插槽名字找到插槽。AttachParentSocket 函数通过插槽名字绑定到 VSNodeComponent 上，代码如下。

```
void VSNodeComponent::AttachParentSocket(const VSUsedName & AttackSocketName)
{
    VSSkeletonMeshComponent *pParent =
        DynamicCast<VSSkeletonMeshComponent>(m_pParent);
    if (pParent)
    {
        m_pAttachSocket = pParent->GetSocketNode(AttackSocketName);
        m_AttachSocketName = AttackSocketName;
    }
}
//加载后重新计算m_pAttachSocket
bool VSNodeComponent::PostLoad(void *pData)
{
    VSSkeletonMeshComponent *pParent =
        DynamicCast<VSSkeletonMeshComponent>(m_pParent);
    if (pParent)
    {
        m_pAttachSocket = pParent->GetSocketNode(m_AttachSocketName);
    }
    return true;
}
//复制后重新计算m_pAttachSocket
bool VSNodeComponent::PostClone(VSObject *pObjectSrc)
{
    VSSkeletonMeshComponent *pParent =
        DynamicCast<VSSkeletonMeshComponent>(m_pParent);
    if (pParent)
    {
        m_pAttachSocket = pParent->GetSocketNode(m_AttachSocketName);
    }
```

```
        return true;
    }
```

VSNodeComponent 更新位置的时候，要先判断自己有没有绑定到插槽上。如果已绑定到，就跟随着插槽运动，代码如下。

```
void VSNodeComponent::UpdateTransform(double dAppTime)
{
    if (m_pAttachSocket)
    {
        if (!m_pAttachSocket->m_bIsStatic)
        {
             m_bIsStatic = 0;
        }
        if (m_pAttachSocket->m_bIsChanged)
        {
            m_bIsChanged = true;
        }
        if (m_bIsChanged)
        {
            unsigned int TransFormFlag = ((unsigned int)m_bInheritScale) |
                                ((unsigned int)m_bInheritRotate << 1) |
                                ((unsigned int)m_bInheritTranlate << 2);
            m_World.Product(m_Local, m_pAttachSocket->m_World,
                TransFormFlag);
        }
    }
    else
    {
        VSNode::UpdateTransform(dAppTime);
    }
}
```

「练习」

1．实现 RT_REVEERSE_CLAMP、RT_REVEERSE_WRAP、RT_REVEERSE_CYCLE 这 3 种 VSController::GetControlTime 函数。

2．尝试用记录上一帧的方法加速 RT_CYCLE、RT_REVEERSE_CLAMP、RT_REVEERSE_-WRAP、RT_REVEERSE_CYCLE 动画的计算。

3．尝试用二分查找方法加速插值动画帧计算，然后对比记录上一帧方法的时间。

4．根骨动画没有考虑连续播放的情况，示例里面演示的实体（actor）位置会被重置到播放动画之前。请读者尝试实现当根骨动画连续播放的时候，实体在动画重新循环后不重置位置，而是在当前位置根据根骨位移继续移动。

5．游戏中当人走或者跑的时候，地面上会留下脚印，同时播放声音。其实现原理就是用游戏引擎中的时间事件，在脚落地的时刻，用时间事件播放声音，发出射线检测地面位置并留下脚步纹理，读者可以继承 VSTimeEvent 类来实现。

「示例」

示例 2.1

加载游戏引擎格式的动作到动画集合中，一共导入 7 个动画，第 4 个为根骨动画，并一起保存在网格里面。

示例 2.2

加载示例 2.1 导出的模型并渲染，循环播放 7 个动画，第 4 个为根骨动画，第 6 个为叠加动画，第 7 个为单帧动画，仔细观察根骨动画和其他动画的不同。图 2.6 所示为演示效果。

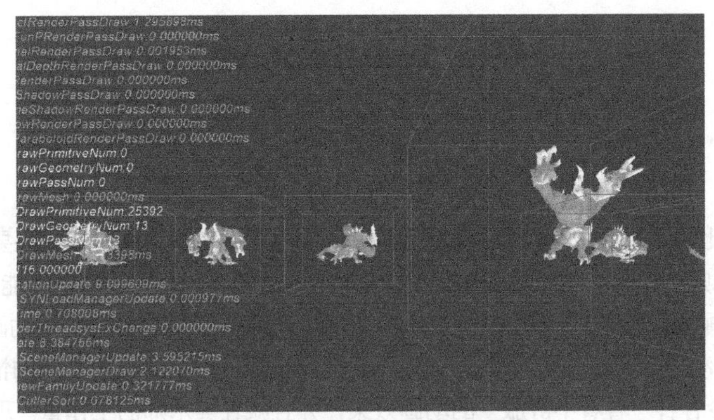

图 2.6　示例 2.2 的演示效果

示例 2.3

给怪物（monster）模型的右手骨骼创建一个插槽，通过 3ds Max 查看 FBX 文件的骨架，可以知道右手骨骼的名字为 `Bip01 R Hand`，创建的插槽名字为 `HandSocket`。

```
pSkeletonMeshNode->CreateSocket(_T("Bip01 R Hand"), _T("HandSocket"));
```

示例 2.4

创建一个默认的实体，绑定到 `HandSocket` 上。图 2.7 所示为演示效果。

```
VSSkeletonActor * pSKActor3 = (VSSkeletonActor *)
VSWorld::ms_pWorld->CreateActor(_T("NewMonsterWithSocket.SKMODEL"),
    VSVector3(0, 0, 800), VSMatrix3X3::ms_Identity,
VSVector3::ms_One, m_pTestMap);
pSKActor3->GetTypeNode()->PlayAnim(_T("Attack"), 1.0f, VSController::RT_WRAP);
VSStaticActor * pSTActor1 = (VSStaticActor *)
VSWorld::ms_pWorld->CreateActor<VSStaticActor>(VSVector3(0, 0, 0),
VSMatrix3X3::ms_Identity, VSVector3(0.4f,0.4f,0.4f), m_pTestMap);
pSKActor3->AddChildActor(pSTActor1);
pSTActor1->GetTypeNode()->AttachParentSocket(_T("HandSocket"));
```

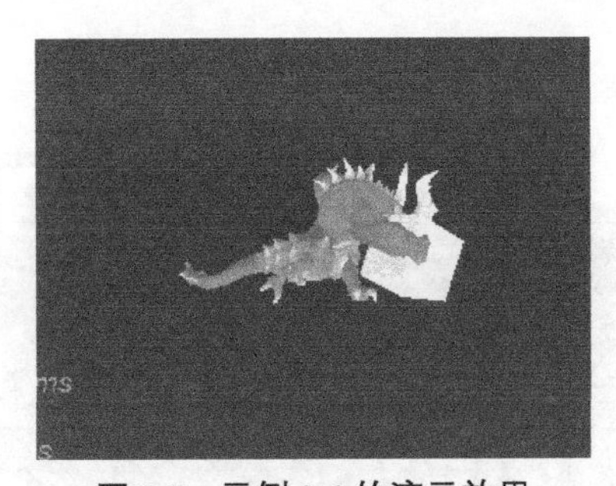

图 2.7　示例 2.4 的演示效果

第3章

动画混合

早期的游戏比较简单，靠美术师制作的动画就足够了。现在的3D游戏如果要达到真实可信的效果，仅依靠美术师制作的动画是无法满足要求的，很多动画要配合游戏情景才能更好地表达出来。美术师制作的动画都是“死的”，无法适应游戏中出现的各种情况。这种情况下动画混合（animation blend）、动画逆向动力学（IK）、基于物理的动画就能够很好地适应游戏中复杂的情况，增强模型动画的表现力，减少各种“看着不舒服”的动画效果，并且减轻美术师的工作量。现在很多动画是通过游戏引擎计算出来的，不再将美术师制作的“死”动画作为唯一的表达方式。

动画混合比较简单的应用是两个动画的过渡。如果没有动画过渡，就会出现动画抖动。使用动画混合较多的是动作类游戏，一个好的动作类游戏需要丰富的动画表现。动画混合无处不在，通过动画混合可以复用现有的动画来创造出更多的动画。

本章主要介绍动画混合机制，动画IK会在后文讲解。基于物理的动画属于物理游戏引擎范畴，本书不予介绍，读者可以自行查看关于物理游戏引擎的资料。

动画混合是有规律可循的，后文会详细介绍动画混合的几种常见方式，并附上示例供读者参考。至于读者需要什么样的动画，美术师要准备什么样的动画，只有读者熟练掌握这几种动画混合方式，才可能胸有成竹。

为了让读者有一个直观的认识，作者用Unreal Engine 4中的FPS Sample的动画混合作为例子来讲解。读者可以自行下载Unreal Engine 4，再下载官方的Content Examples，如图3.1所示。打开创建工程，找到资源Owen_AimOffset并打开。

可以看到这是一个动画混合资源，它负责不同朝向的动画混合，有两个参数可以调节，如图3.2所示。

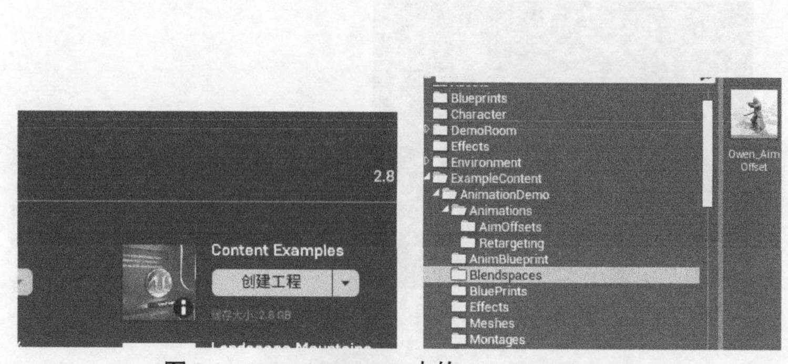

图3.1　Unreal Engine 4中的Content Examples

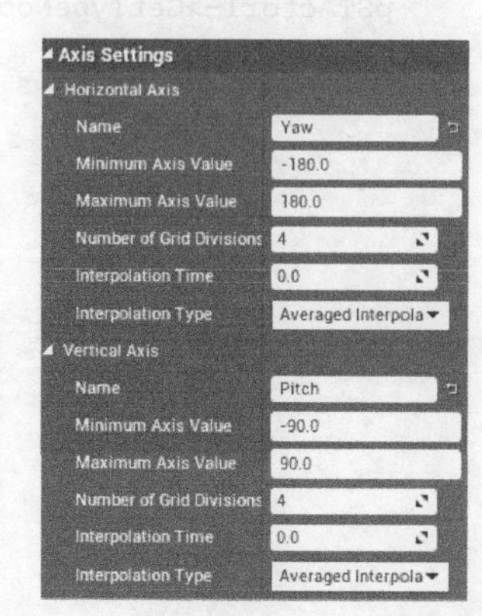

图3.2　调节Owen_AimOffset的两个参数

水平参数是Yaw（角色绕上向量旋转，Unreal Engine中z轴为上向量，本游戏引擎中y轴为上向量），竖直参数是Pitch（角色绕右向量旋转，Unreal Engine中y轴为右向量，本游戏引

擎中 x 轴为右向量），如图 3.3 所示。

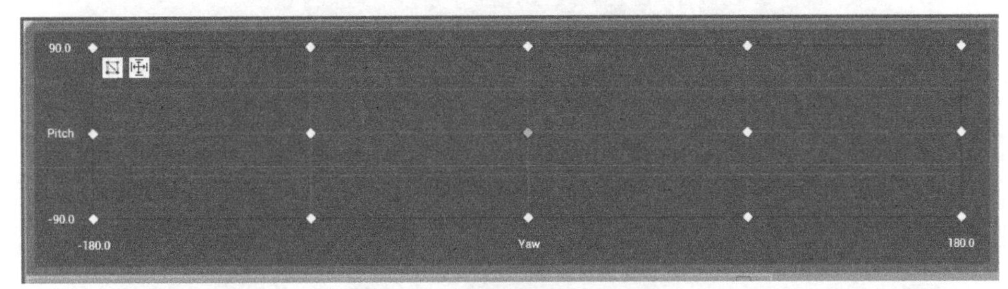

图 3.3 Yaw 参数与 Pitch 参数

实际上，这是两个参数的动画混合，是一个二维混合（3 行 5 列，一共 15 个动画），根据 Yaw 和 Pitch 的值，可以进行插值得出最终动画值。读者可以按住 Shift 键，在这个二维图上单击，移动鼠标观察不同取值的不同动画效果。

另外，对于这 15 个动画，在每个关键点上右击，弹出菜单的 Animation 选项，里面有动画源文件，然后单击“放大镜”图标，就会跳转到这个动画源文件并打开动画（或者在右侧的“资源浏览器”窗格中找到对应动画名字，然后双击），如图 3.4 所示。

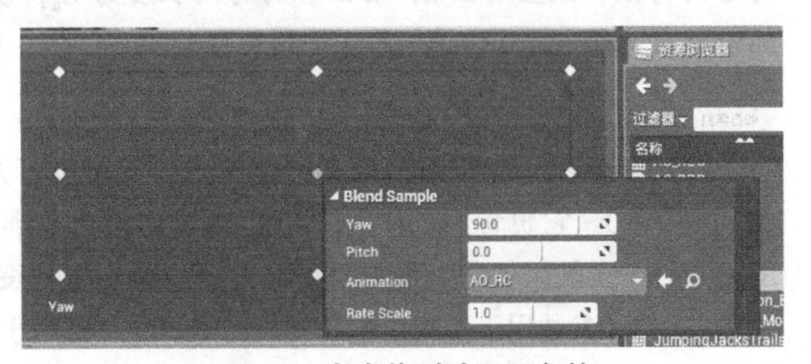

图 3.4 右击找到动画源文件

打开这个动画后观看最下面的时间条，这个动画只有一帧（1 Frame），且动画是静止的。一个角色朝向右面且静止不动（如图 3.5 所示），但在 Owen_AimOffset 资源中它是运动的。这种静止的只有一帧的动画，也称为单帧动画。

如果设置了 Additive Settings 参数，这个动画就是叠加（addtive）动画，它不能单独存在，因为它只是一个动画数据差值。叠加动画的设置如图 3.6 所示。你在 Base Pose Animation 选项右侧可以预览待机（Idle）动画（也称为呼吸动画），如图 3.7 所示。

图 3.5 朝向右的静止单帧动画

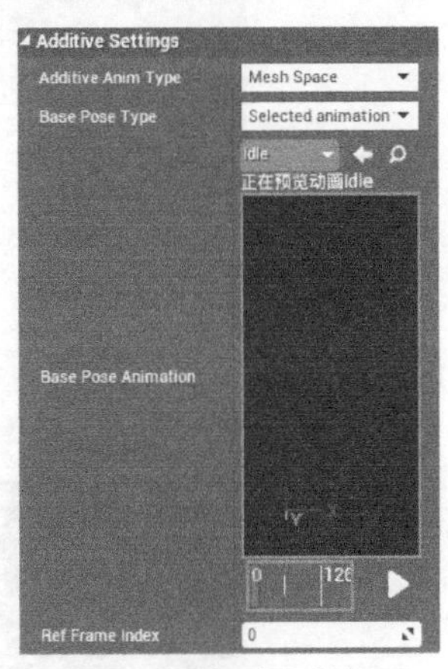

图 3.6 叠加动画的设置

这里先求单帧（也称 Pos）动画和待机动画的第 0 帧的差值，然后把差值和待机动画所有帧叠加，就形成了朝向右面的待机动画。

资源文件只提供了一个朝向前的待机动画，这里通过一个向右的单帧动画混合出向右的待机动画。这样美术师只需要制作出 14 个朝向的单帧动画和一个待机动画，就可以得出 15 个待机动画。在游戏引擎中通过控制两个参数的数值，就可以混合任意朝向的待机动画。

图 3.7 待机动画

注意：这里有一个细节，不同时间长度的动画在混合的时候是会被缩放的。例如，参数 A 为 0 的时候，设置动画 a，动画 a 的时间长度为 L_a；参数 A 为 1 的时候，设置动画为 b，动画 b 的时间长度为 L_b；播放的时候，如果参数 A 为 0.5，则需要各混合动画 a 和 b 的一半，动画的时间长度也就是$(L_a+L_b)/2$。

再举一个例子。在右侧“资源浏览器”窗格里打开 Owen_Locomotion_Blendspace 动画（如图 3.8 所示），它负责不同移动速度和移动方向的动画混合。它也是两个参数的二维混合动画，按住 Shift 键，单击鼠标左键，移动鼠标指针，可以看到动画变化——角色从静止到移动，并可以前后左右移动。Speed 参数用于控制角色速度，Direction 参数用于控制角色移动的方向。根据动画节点找到动画源文件，可以看到虽然有 15 个动画节点，但实际上 Speed 为 0 的那一排的 5 个节点都是同一个待机动画。因为角度−180° 和 180° 实际上表示同一个方向，所以当 Speed 为 600 时这两个跑步动画为相同的动画，Speed 为 150 时的走路动画也是如此。可以统计出这个动画混合一共用了 9 个动画资源。

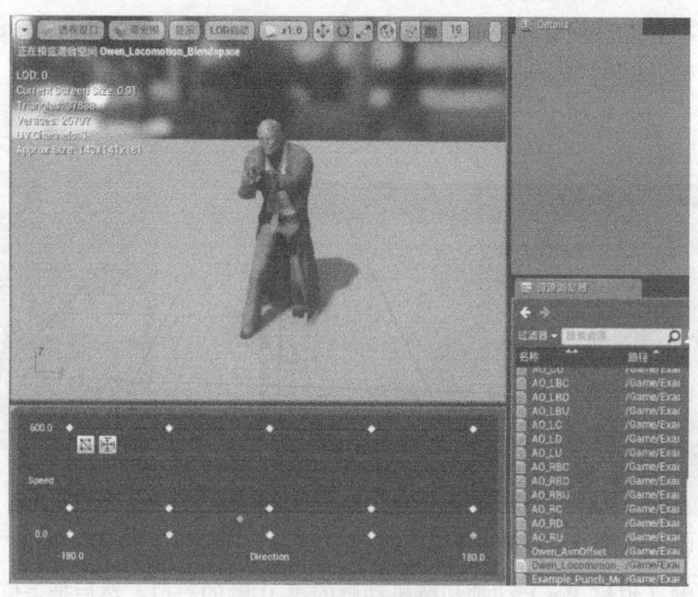

图 3.8 动画混合

最后再介绍动画蓝图（Animation Blueprint）中关于转向和运动的切换。打开 Owen_ExampleBP 这个资源，如图 3.9 所示。它把上面介绍的两个混合动画又进行了混合，如图 3.10 所示。这里有一些关于 IK 的混合，后面会有单独的介绍。

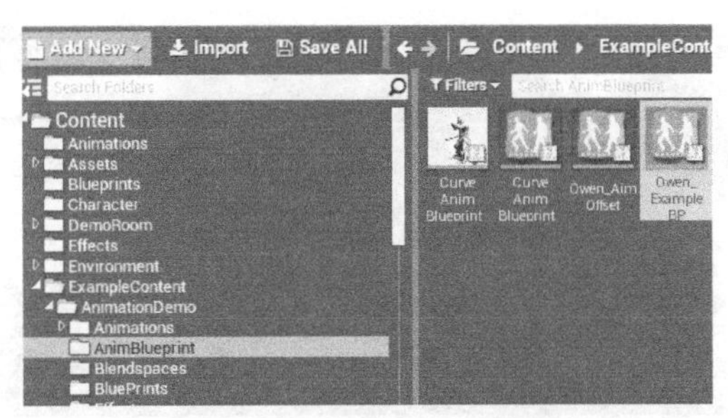

图 3.9　Owen_ExampleBP

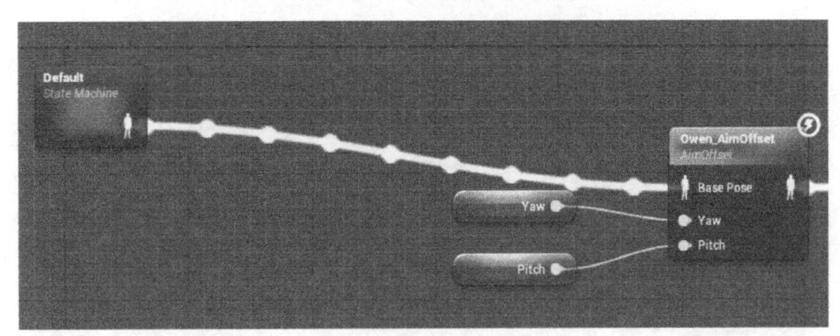

图 3.10　动画混合

图 3.10 所示动画混合中，Default 节点是一个动画状态机，输出骨骼矩阵后和 Owen_AimOffset 叠加。Owen_AimOffset 就是上文介绍的不同朝向的动画混合，两个参数分别是 Yaw 和 Pitch。

接着双击 Default 节点，弹出的动画状态机如图 3.11 所示。动画状态机将待机状态和运动状态（Locomotion）进行切换，箭头表示切换动画状态的方向，箭头上面和下面的图标表示切换状态的条件。打开切换状态的条件可以看到，当 Speed 大于 0 时，会从 Idle 切换到 Locomotion；当 Speed 等于 0 时，会从 Locomotion 切换到 Idle。

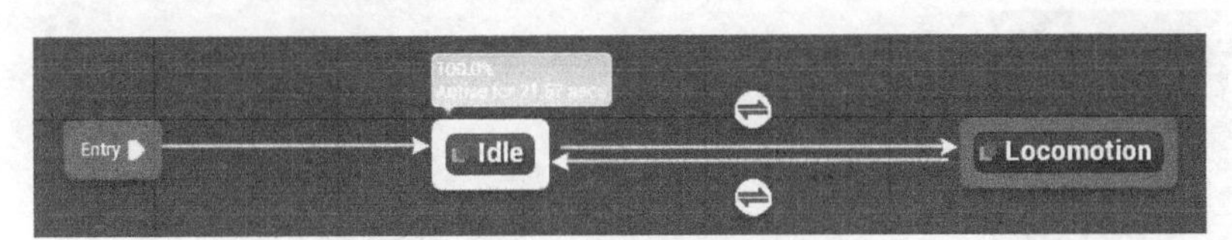

图 3.11　动画状态机

打开 Locomotion 后的界面如图 3.12 所示，它就是上面介绍的不同移动速度和移动方向的动画混合，里面有两个参数 Direction 和 Speed。

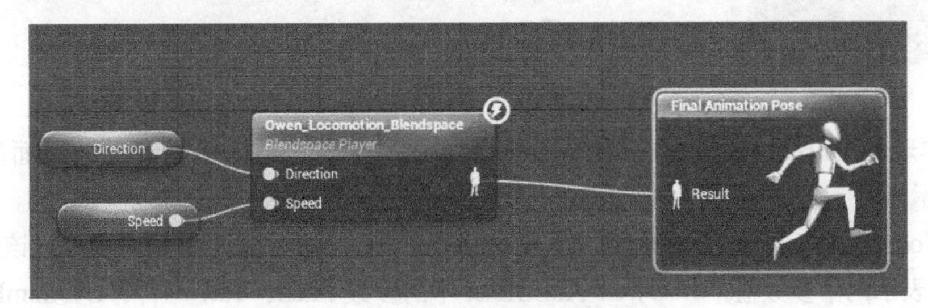

图 3.12　打开 Locomotion 后的界面

4 个参数（Yaw、Pitch、Speed、Direction）是根据动画逻辑进行计算的（动画蓝图中的动画逻辑如图 3.13 所示）。

下面介绍 Unreal Engine 3 中的动画树，读者没有 Unreal Engine 3 也没关系。因为本游戏引擎中动画树的实现采用了类似于 Unreal Engine 3 中的方式，所以还有必要介绍一下 Unreal Engine 3。打开 Unreal Engine 3，找到 AT_CH_Human 这棵动画树（如图 3.14 所示），并打开。

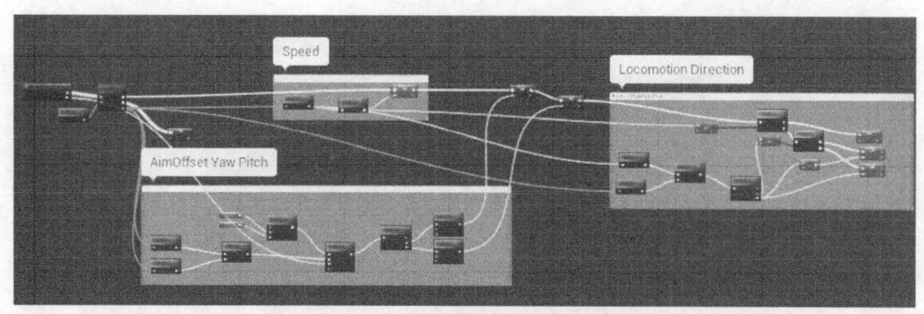

图 3.13 动画蓝图中的动画逻辑

图 3.14 找到 AT_CH_Human

这里的动画混合比较复杂，它实现了一款 FPS 类游戏中所需的所有动画混合，包括跑步、下蹲、飞行、下落、手持不同枪支、驾驶车辆等（如图 3.15 所示）。

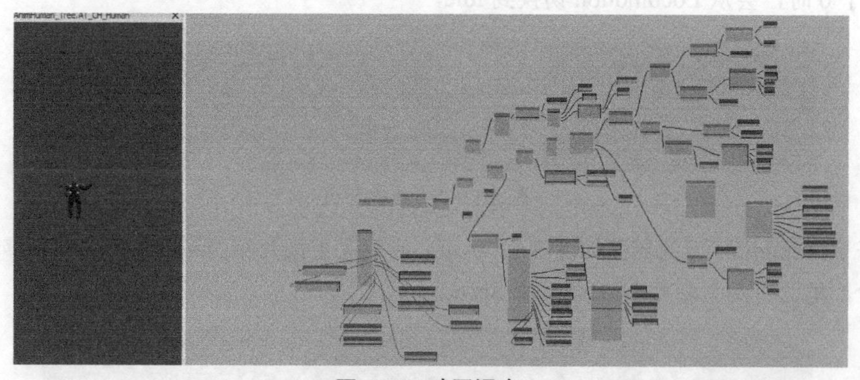

图 3.15 动画混合

为了实现和 Unreal Engine 4 的例子中差不多的效果，这里简化了动画树里面的节点（如图 3.16 所示）。

AnimNode 实现 Unreal Engine 4 中 Owen_AimOffset 的不同朝向的动画混合，该节点下面的(−1.00,0.89)表示两个参数值，和 Owen_AimOffset 中的参数 Pitch、Yaw 一样。UTAnimBlendByIdle 节点实现了待机动画到运动动画的状态转换：参数 Moving 为 0 时，表示待机动画；参数为 1 时，表示运动动画。Moving 参数虽然和 Unreal Engine 4 中状态机的 Speed 参数名字不同，但实际意义差不多。AnimNodeBlendDirectional 节点控制运动动画，不过这里只有跑步状态，没有走路状态，所以没有区分速度的大小，只有角度一个参数，它把 4 个角度的跑步动画按照角度进行了混合。

无论是 Unreal Engine 4 还是 Unreal Engine 3 都能实现相同的动画功能。在动画数据的计算上，Unreal Engine 3 用的是动画树，而 Unreal Engine 4 用的是动画蓝图；在动画参数控制中，Unreal

Engine 3 通过 Unreal Engine Script 和 C++实现，Unreal Engine 4 通过动画蓝图和 C++实现。Unreal Engine 4 把一些本来在 Unreal Engine 3 节点中完成的功能独立成资源形式，增加了资源的种类，简化了动画混合的编辑操作。本游戏引擎吸收了 Unreal Engine 4 和 Unreal Engine 3 各自的优点，主体还是动画树的方式，参数的控制主要在 C++里面完成。

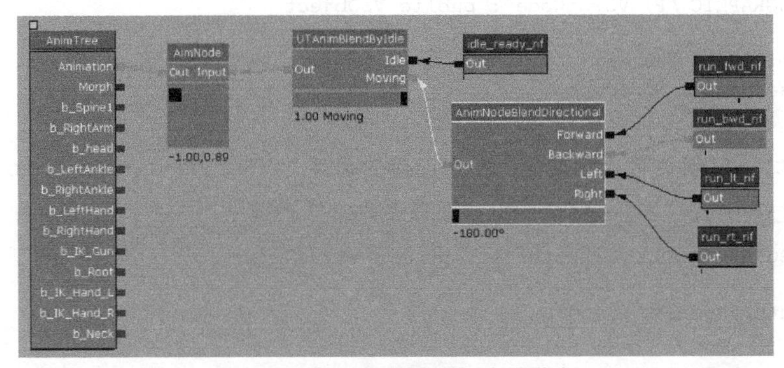

图 3.16　简化后的动画树中的节点

3.1　动画树架构

动画树的概念来自 Unreal Engine 3，这个概念和 Unity 中的动画状态机没什么区别，和 Unreal Engine 4 的动画蓝图也大同小异。表面上看 Unreal Engine 4、Unity、Unreal Engine 3 这 3 个游戏引擎的动画混合机制不一样，融会贯通后，我们就会发现它们本质上都是在用逻辑数值控制动画混合。图 3.17 所示为动画树类在游戏引擎中的架构关系。

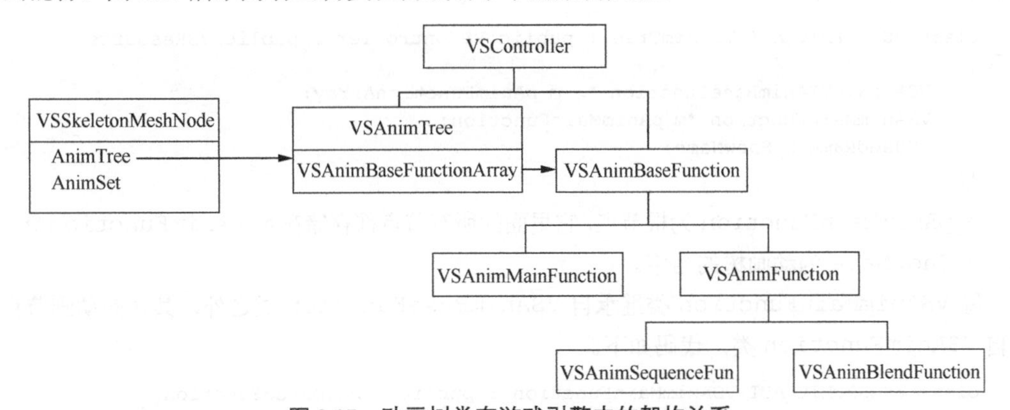

图 3.17　动画树类在游戏引擎中的架构关系

动画树是一个树形结构，叶子节点就是每个动画，非叶子节点就是混合这些动画，最后动画数据流会一直走向根节点，根节点把混合后的动画数据赋给模型的骨架。不过这棵树的结构和传统的树形结构还是有些区别的，它的每个节点可以有多个父节点。

动画树由一个根节点、叶子节点（动画）、非叶子节点组成，节点间由数据流连接。

VSAnimBaseFunction 类为动画树中所有节点的基类，m_pInput 为输入数据流，m_pOutput 为输出数据流，根节点必须至少有一个 Node 输入数据流，叶子节点必须至少有一个输出数据流，非叶子节点至少要有一个输入和输出数据流。m_ShowName 为这个节点的名字，代码如下。

```
class VSGRAPHIC_API VSAnimBaseFunction : public VSController
{
    VSArray<VSInputNode *> m_pInput;    //输入数据流连接的节点
    VSArray<VSOutputNode *> m_pOutput; //输出数据流连接的节点
```

```
    VSUsedName m_ShowName;
};
```

VSPutNode 类为数据流的基类，m_NodeName 为数据流的名字，m_pOwner 为数据流的所有者。作为动画的数据流，它的所有者为 VSAnimBaseFunction 对象，代码如下。

```
class VSGRAPHIC_API VSPutNode : public VSObject
{
    VSObject *m_pOwner;
    VSUsedName m_NodeName;
};
```

VSInputNode 类为输入数据流，和它连接的是某个 VSAnimBaseFunction 类节点的输出数据流，m_pOutputLink 就是这个输出数据流，代码如下。

```
class VSGRAPHIC_API VSInputNode : public VSPutNode
{
    VSOutputNode *m_pOutputLink;
};
```

VSOutputNode 类为输出数据流，它可以流向多个输入数据流，m_pInputLink 为流向的输入数据流，代码如下。

```
class VSGRAPHIC_API VSOutputNode:public VSPutNode
{
    VSArray<VSInputNode *> m_pInputLink;
};
```

这套数据流结构不仅用在动画树里，还会用在材质树和后期集合上。

VSAnimTree 类是动画树类，它继承自 VSResource 类，所以它也是资源，可以存储成文件形式，代码如下。

```
class VSGRAPHIC_API VSAnimTree : public VSController , public VSResource
{
    VSArray<VSAnimBaseFunction *> m_pAnimFunctionArray;
    VSAnimMainFunction *m_pAnimMainFunction;
    VSUsedName m_ShowName;
};
```

m_pAnimMainFunction 为根节点，它里面的所有节点都存储在 m_pAnimFunctionArray 中。m_ShowName 为动画树的名字。

除 VSAnimMainFunction 类继承自 VSAnimBaseFunction 类之外，其他的动画节点继承自 VSAnimFunction 类，代码如下。

```
class VSGRAPHIC_API VSAnimMainFunction : public VSAnimBaseFunction
{
};
class VSGRAPHIC_API VSAnimFunction : public VSAnimBaseFunction
{
    VSArray<VSAnimAtom> m_BoneOutPut;
    VSAnimAtom m_RootAtom;
};
```

每一个节点都会把数据流的计算结果保存到 m_BoneOutPut 中，把根骨动画结果保存到 m_RootAtom 中。

VSController 类里面有一个 m_pObject 属性，所有的动画控制节点和动画树类都继承自 VSController 类。对于它们而言，m_pObject 就是动画树控制的骨骼动画模型，代码如下。

```
VSSkeletonMeshNode *VSAnimTree::GetSkeletonMeshNode()const
{
```

```
    return DynamicCast<VSSkeletonMeshNode>(m_pObject);
}
VSSkeletonMeshNode *VSAnimBaseFunction::GetSkeletonMeshNode()const
{
    return DynamicCast<VSSkeletonMeshNode>(m_pObject);
}
```

第 2 章介绍的 VSAnimSequenceFunc 类就继承自 VSAnimBaseFunction 类。当没有动画树仅播放动画时，就用 VSAnimSequenceFunc 类；当有动画树时，VSAnimSequenceFunc 类就被当作动画树的叶子节点。

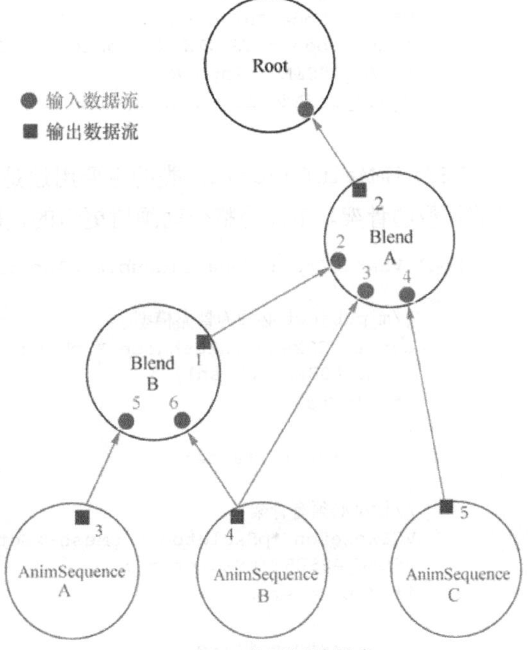

图 3.18 动画树的抽象

图 3.18 所示动画树的抽象中，Root、Blend A、Blend B、AnimSequence A、AnimSequence B、AnimSequence C 都保存在动画树的 m_pAnimFunctionArray 中。Root 包含一个输入数据流，Blend A 包含一个输出数据流和 3 个输入数据流，Blend B 包含一个输出数据流和两个输入数据流，AnimSequence A、AnimSequence B、AnimSequence C 各包含一个输出数据流，输出数据流（4）和两个输入数据流（3 和 6）相连接。

树的遍历过程是深度（depth）递归，从叶子节点向根节点遍历。为避免节点被多次遍历，用一个标志位来表示该节点是否已经被遍历过。

VSAnimBaseFunction 类表示所有类型节点的基类，代码如下。

```
class VSGRAPHIC_API VSAnimBaseFunction: public VSController
{
      VSAnimTree *m_pOwner;
      VSUsedName m_ShowName;
      bool m_bIsVisited;
      VSInputNode *GetInputNode(unsigned int uiNodeID)const;
      VSInputNode *GetInputNode(const VSString & NodeName)const;
      VSOutputNode *GetOutputNode(unsigned int uiNodeID)const;
      VSOutputNode *GetOutputNode(const VSString & NodeName)const;
};
```

m_bIsVisited 表示节点是否已经被遍历过，m_pOwner 表示其所属的动画树对象。GetInputNode 函数与 GetOutputNode 函数用于得到 VSAnimBaseFunction 的输入数据流和输出数据流。

在图 3.18 中，遍历过程如下。

清空所有节点的访问标志位→从 Root 出发→Blend A→Blend B→AnimSequence A（计算结果）→AnimSequence B（计算结果）→Blend B（回溯，计算结果）→AnimSequence B（访问过了，不再计算）→AnimSequence C（计算结果）→Blend A（回溯，计算结果）→Root（把最终结果给骨骼模型的骨架）。

VSAnimMainFunction 类是根节点类，代码如下。

```
class VSGRAPHIC_API VSAnimMainFunction: public VSAnimBaseFunction
{
      virtual bool Update(double dAppTime);
      VSAnimMainFunction(const VSUsedName & ShowName,VSAnimTree * pAnimTree);
};
```

每棵动画树中都只能有一个根节点，所有骨骼数据最后都汇总到它这里，所以它有一个输入数据流，没有输出数据流。下面是根节点的构造函数，代码如下。

```
VSAnimMainFunction::VSAnimMainFunction(const VSUsedName & ShowName,
VSAnimTree *pAnimTree)
:VSAnimBaseFunction(ShowName,pAnimTree)
{
    VSString InputName = _T("Anim");
    VSInputNode *pInputNode = NULL;
    pInputNode = VS_NEW VSInputNode(VSPutNode::AVT_ANIM,InputName,this);
    VSMAC_ASSERT(pInputNode);
    m_pInput.AddElement(pInputNode);
}
```

VSAnimMainFunction 类的主要用途是带动所有节点更新，并把最终的骨骼数据提交给骨骼模型的骨架。下面是整个动画树更新的代码。

```
bool VSAnimTree::Update(double dAppTime)
{
    //m_pObject 必须为骨骼模型
    const VSSkeletonMeshNode * pMesh = GetSkeletonMeshNode();
    VSMAC_ASSERT(pMesh);
    if (!pMesh)
    {
        return false;
    }
    //模型必须有骨架
    VSSkeleton *pSkeleton = pMesh->GetSkeleton();
    VSMAC_ASSERT(pSkeleton);
    if (!pSkeleton)
    {
        return false;
    }
    //模型必须有动画集
    if (!pMesh->GetAnimSet())
    {
        return false;
    }
    //清空访问标志位
    for(unsigned int i = 0 ; i < m_pAnimFunctionArray.GetNum() ; i++)
    {
        m_pAnimFunctionArray[i]->ClearFlag();
    }
    //从根节点开始更新，递归遍历
    if(!m_pAnimMainFunction->Update(dAppTime))
        return false;
    return true;
}
```

接着，从根节点继续更新，代码如下。

```
bool VSAnimMainFunction::Update(double dAppTime)
{
    if(!VSAnimBaseFunction::Update(dAppTime))
        return false;
    const VSSkeletonMeshNode * pMesh = GetSkeletonMeshNode ();
    VSMAC_ASSERT(pMesh);
    if(!pMesh)
    {
        return false;
    }
    VSSkeleton *pSkeleton = pMesh->GetSkeleton();
    VSMAC_ASSERT(pSkeleton);
```

```
    if(!pSkeleton)
    {
         return false;
    }
    if(m_pInput[0]->GetOutputLink())
    {
        VSAnimFunction *pAnimFunction =
                   (VSAnimFunction *)m_pInput[0]->GetOutputLink()->GetOwner();
        if(pAnimFunction)
        {
             //深度递归更新子节点
             pAnimFunction->Update(dAppTime);
             //给骨骼模型的骨架设置最终数据
             for(unsigned int i = 0 ; i < pSkeleton->GetBoneNum() ; i++)
             {
                  VSBoneNode *pBone = pSkeleton->GetBoneNode(i);
                  if(pBone)
                  {
                       VSMatrix3X3W Mat;
                       pAnimFunction->m_BoneOutPut[i].GetMatrix(Mat);
                       pBone->SetLocalMat(Mat);
                  }
             }
             //给网络设置根骨动画数据
             VSSpatial *pMeshComponent = pMesh->GetParent();
             if (pMeshComponent)
             {
                  VSMatrix3X3W RootMatrix;
                  pAnimFunction->m_RootAtom.GetMatrix(RootMatrix);
                  pMeshComponent->SetLocalMat(RootMatrix);
             }
        }
    }
    return true;
}
bool VSAnimBaseFunction::Update(double dAppTime)
{
    //若已访问过，则不再访问
    if(m_bIsVisited)
        return false;
    m_bIsVisited = 1;
    if(!VSController::Update(dAppTime))
         return false;
    return true;
}
bool VSAnimFunction::Update(double dAppTime)
{
    if(!VSAnimBaseFunction::Update(dAppTime))
         return false;
    //从每个节点的输入数据流找到对应的输出数据流连接，递归遍历
    for (unsigned int i = 0 ; i < m_pInput.GetNum() ;i++)
    {
         if(m_pInput[i]->GetOutputLink())
         {
              VSAnimBaseFunction *pAnimBaseFunction =
               (VSAnimBaseFunction *)m_pInput[i]->GetOutputLink()->GetOwner();
              if(pAnimBaseFunction)
              {
                   pAnimBaseFunction->Update(dAppTime);
              }
         }
    }
    return true;
}
```

动画树更新时从 VSAnimMainFunction 类出发，深度遍历每个节点。

VSAnimFunction 类为非根节点的节点类，代码如下。

```
class VSGRAPHIC_API VSAnimFunction : public VSAnimBaseFunction
{
    VSArray<VSAnimAtom> m_BoneOutPut;
    VSAnimAtom m_RootAtom;
    virtual bool SetObject(VSObject *pObject);
};
```

VSAnimFunction 类包含每次更新时所有骨骼的数据结果（m_BoneOutPut）和根骨动画的数据结果（m_RootAtom），而动画树更新是由 VSSkeletonMeshNode 类驱动的。

VSSkeletonMeshNode 类在 1.2 节中已经介绍过，代码如下。

```
class VSGRAPHIC_API VSSkeletonMeshNode : public VSModelMeshNode
{
    VSSkeletonPtr  m_pSkeleton;
    VSAnimSetPtr   m_pAnimSet;
    VSAnimTreeRPtr m_pAnimTree;
    VSAnimTreePtr  m_pAnimTreeInstance;
};
```

m_pAnimTreeInstance 是 m_pAnimTree 资源的实例。在资源加载完成和复制后都会创建出实例，并调用 SetObject 函数，同时根据当前的 VSSkeletonMeshNode 类初始化动画树，代码如下。

```
void VSSkeletonMeshNode::LoadedEvent(VSResourceProxyBase * pResourceProxy)
{
    if (m_pAnimTree == pResourceProxy)
    {
        m_pAnimTreeInstance = (VSAnimTree *)VSObject::CloneCreateObject(
                  m_pAnimTree->GetResource());
        m_pAnimTreeInstance->SetObject(this);
    }
}
bool VSSkeletonMeshNode::PostLoad(void *pData)
{
    VSModelMeshNode::PostLoad(pData);
    if (m_pAnimTree)
    {
        m_pAnimTree->AddLoadEventObject(this);
    }
    return true;
}
bool VSSkeletonMeshNode::PostClone(VSObject *pObjectSrc)
{
    VSModelMeshNode::PostClone(pObjectSrc);
    if (m_pAnimTree)
    {
        m_pAnimTree->AddLoadEventObject(this);
    }
    return true;
}
bool VSAnimTree::SetObject(VSObject *pObject)
{
    VSSkeletonMeshNode* Temp =DynamicCast<VSSkeletonMeshNode>(pObject);
    if(!Temp)
        return 0;
    m_pObject = pObject;
    for (unsigned int i = 0 ; i < m_pAnimFunctionArray.GetNum() ; i++)
    {
        m_pAnimFunctionArray[i]->SetObject(pObject);
```

```
    }
    return 1;
}
bool VSAnimFunction::SetObject(VSObject * pObject)
{
    if(VSAnimBaseFunction::SetObject(pObject))
    {
        const VSSkeletonMeshNode* pMesh = GetSkeletonMeshNode();
        VSMAC_ASSERT(pMesh);
        VSSkeleton *pSkeleton = pMesh->GetSkeleton();
        VSMAC_ASSERT(pSkeleton);
        //初始化缓存中的计算结果
        unsigned int BoneNum = pSkeleton->GetBoneNum();
        m_BoneOutPut.SetBufferNum(BoneNum);
        for(unsigned int i = 0 ; i < m_BoneOutPut.GetNum() ; i++)
        {
            m_BoneOutPut[i].FromTransform(
                            pSkeleton->GetBoneNode(i)->GetLocalTransform());
        }
        return true;
    }
    return false;
}
```

VSAnimFunction 类在调用 SetObject 函数时，会将所有骨骼数据初始化为原始骨架数据。

目前根据动画名称直接播放动画和动画树只能存在一种，但实际上两种是可以同时存在的，这里没有去实现。可以仿照 Unreal Engine 4 中槽（slot）的实现，在动画树中添加一种节点类型，实现根据动画名字播放动画，并控制其混合状态。

下面是 VSSkeletonMeshNode 类更新动画的代码。

```
void VSSkeletonMeshNode::UpdateController(double dAppTime)
{
    VSModelMeshNode::UpdateController(dAppTime);
    if (m_pAnimTreeInstance && m_bEnable)
    {
        if (m_pAnimSequence)
        {
            m_pAnimSequence->m_bEnable = false;
        }
        m_pAnimTreeInstance->Update(dAppTime);
    }
    if(m_pAnimSequence && m_bEnable && m_pAnimSequence->m_bEnable)
    {
        m_pAnimSequence->ClearFlag();
        m_pAnimSequence->Update(dAppTime);
        m_pAnimSequence->UpDateBone();
    }
}
```

介绍完动画树的整体架构，下面就把动画混合的每个节点进行归类，讨论动画混合的细节。动画混合大致可以分为 5 类，通过这 5 类基本上可以实现所有动画效果，它们分别是一个参数的动画混合、两个参数的动画混合、叠加动画、部分混合动画（包括对单独骨骼的控制）和 IK。下面就详细讨论前 4 种动画混合方式，IK 在第 5 章详细介绍。

3.2 一个参数的动画混合

从本节开始，我们进入动画混合的关键阶段，作者将会对照 3.1 节中 Unreal Engine 3 和 Unreal Engine 4 的例子来讲解本游戏引擎中涉及的每一个类。先看图 3.19。

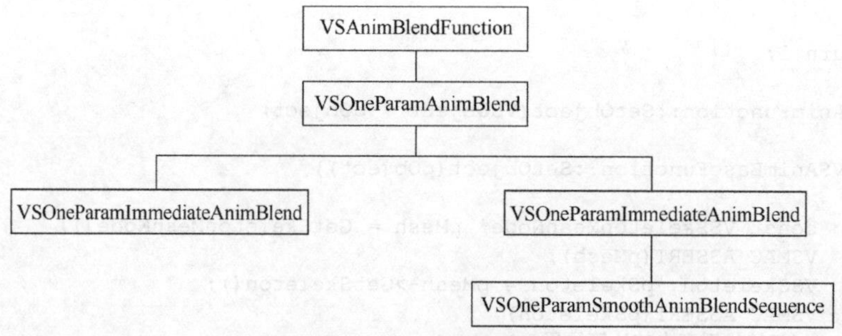

图 3.19 一个参数的混合

VSAnimBlendFunction 类是所有动画混合的基类，它只提供了一些常用的混合方法。VSOneParamImmediateAnimBlend 类是动画过渡类，也属于一个参数控制的动画混合，将在后面介绍，代码如下。

```
class VSGRAPHIC_API VSAnimBlendFunction : public VSAnimFunction
{
    virtual bool Update(double dAppTime);
    VSAnimBlendFunction(const VSUsedName & ShowName,VSAnimTree *pAnimTree);
    static void LineBlendTwo(VSAnimFunction *pOut,
        VSAnimFunction *pAnimFunction1,VSAnimFunction *pAnimFunction2,
        VSREAL fWeight);
    static void LineBlendTwo(VSArray<VSAnimAtom> *pOut,
        const VSArray<VSAnimAtom> *pIn1,const VSArray<VSAnimAtom> *pIn2,
        VSREAL fWeight);
    static void LineBlendTwo(VSArray<VSAnimAtom> *pOut,
        VSAnimFunction *pAnimFunction1,
        VSAnimFunction *pAnimFunction2,VSREAL fWeight);
    static void LineBlendTwo(VSAnimAtom &pOut,
        VSAnimFunction *pAnimFunction1, VSAnimFunction *pAnimFunction2,
        VSREAL fWeight);
    static void AdditiveBlend(VSAnimFunction *pOut, VSAnimFunction *pAnimFunction1,
        VSAnimFunction *pAnimFunction2);
    virtual bool ComputePara(double dAppTime) = 0;
    virtual bool ComputeOutBoneMatrix(double dAppTime) = 0;
};
```

Update 函数里包含了 ComputePara 函数和 ComputeOutBoneMatrix 函数，VSAnimBlendFunction 的子类一般不用重载 Update 函数，而是直接重载 ComputePara 函数和 ComputeOutBoneMatrix 函数。这两个函数分别计算参数范围和根据参数计算输出的骨骼数据。Update 函数的代码如下。

```
bool VSAnimBlendFunction::Update(double dAppTime)
{
    if (!VSAnimFunction::Update(dAppTime))
    {
        return 0;
    }
    if(!ComputePara(dAppTime))
        return 0;
    if(!ComputeOutBoneMatrix(dAppTime))
        return 0;
    return 1;
}
```

VSAnimBlendFunction 类中的前 3 个 LineBlendTwo 函数做的都是同一件事情，即根据权重 fWeight 混合整个骨架的骨骼数据。这里只以第 1 个 LineBlendTwo 函数来举例（其他两个与它类似），代码如下。

```
void VSAnimBlendFunction::LineBlendTwo(VSAnimFunction *pOut,
VSAnimFunction *pAnimFunction1,VSAnimFunction *pAnimFunction2,
```

```
VSREAL fWeight)
{
    //权重必须在 0~1
    if (!pOut || fWeight < 0.0f || fWeight > 1.0f)
    {
          return ;
    }
    unsigned int uiBoneNum = pOut->m_BoneOutPut.GetNum();
    if (!uiBoneNum)
    {
          return ;
    }

    if (pAnimFunction1 && pAnimFunction2)
    {
          //传进来的两个节点骨架的骨骼数量必须相同，以大致判断它们是否为同一个骨架
          if (uiBoneNum != pAnimFunction1->m_BoneOutPut.GetNum())
          {
                return ;
          }
          if (uiBoneNum != pAnimFunction2->m_BoneOutPut.GetNum())
          {
                return ;
          }
          //混合里面的骨骼数据
          for (unsigned int i = 0 ; i < uiBoneNum ;i++)
          {
               pOut->m_BoneOutPut[i].Interpolation(
                          pAnimFunction1->m_BoneOutPut[i],
                          pAnimFunction2->m_BoneOutPut[i],fWeight);
          }
    }
    else if (pAnimFunction1)
    {
          if (uiBoneNum != pAnimFunction1->m_BoneOutPut.GetNum())
          {
               return ;
          }
          //如果第 2 个节点已空，则输出第 1 个节点的骨骼数据
          for (unsigned int i = 0 ; i < uiBoneNum ;i++)
          {
               pOut->m_BoneOutPut[i] = pAnimFunction1->m_BoneOutPut[i];
          }
    }
    else if (pAnimFunction2)
    {
          if (uiBoneNum != pAnimFunction2->m_BoneOutPut.GetNum())
          {
               return ;
          }
          //如果第 1 个节点已空，则输出第 2 个节点的骨骼数据
          for (unsigned int i = 0 ; i < uiBoneNum ;i++)
          {
               pOut->m_BoneOutPut[i] = pAnimFunction2->m_BoneOutPut[i];
          }
    }
}
```

最后一个 LineBlendTwo 函数用于混合根骨动画数据，代码如下。

```
void VSAnimBlendFunction::LineBlendTwo(VSAnimAtom &pOut,VSAnimFunction *pAnimFunction1,
     VSAnimFunction *pAnimFunction2, VSREAL fWeight)
{
```

```
    if (fWeight < 0.0f || fWeight > 1.0f)
    {
        return;
    }
    if (pAnimFunction1 && pAnimFunction2)
    {
        pOut.Interpolation(pAnimFunction1->m_RootAtom,
                    pAnimFunction2->m_RootAtom, fWeight);
    }
    //如果第2个节点已空，则输出第1个节点的骨骼数据
    else if (pAnimFunction1)
    {
        pOut = pAnimFunction1->m_RootAtom;
    }
    //如果第1个节点已空，则输出第2个节点的骨骼数据
    else if (pAnimFunction2)
    {
        pOut = pAnimFunction2->m_RootAtom;
    }
}
```

AdditiveBlend函数用于叠加混合——叠加骨骼数据，代码如下。

```
void VSAnimBlendFunction::AdditiveBlend(VSAnimFunction *pOut,
VSAnimFunction *pAnimFunction1, VSAnimFunction *pAnimFunction2)
{
    if (!pOut)
    {
        return;
    }
    unsigned int uiBoneNum = pOut->m_BoneOutPut.GetNum();
    if (!uiBoneNum)
    {
        return;
    }
    if (pAnimFunction1 && pAnimFunction2)
    {
        if (uiBoneNum != pAnimFunction1->m_BoneOutPut.GetNum())
        {
            return;
        }
        if (uiBoneNum != pAnimFunction2->m_BoneOutPut.GetNum())
        {
            return;
        }
        for (unsigned int i = 0; i < uiBoneNum; i++)
        {
            pOut->m_BoneOutPut[i].AddTwo(
                        pAnimFunction1->m_BoneOutPut[i],
                        pAnimFunction2->m_BoneOutPut[i]);
        }
    }
    else if (pAnimFunction1)
    {
        if (uiBoneNum != pAnimFunction1->m_BoneOutPut.GetNum())
        {
            return;
        }
        for (unsigned int i = 0; i < uiBoneNum; i++)
        {
            pOut->m_BoneOutPut[i] = pAnimFunction1->m_BoneOutPut[i];
        }
    }
    else if (pAnimFunction2)
```

```
    {
        if (uiBoneNum != pAnimFunction2->m_BoneOutPut.GetNum())
        {
            return;
        }
        for (unsigned int i = 0; i < uiBoneNum; i++)
        {
            pOut->m_BoneOutPut[i] = pAnimFunction2->m_BoneOutPut[i];
        }
    }
}
```

下面开始详细介绍一个参数的动画混合。顾名思义，它通过一个参数来控制当前动画的播放。在3.1节中关于Unreal Engine 3的例子中，UTAnimBlendByIdle和AnimNodeBlendDirectional都表示一个参数的动画混合。不同的是，前者表示动画状态切换，也就是同一时间只能播放一个动画输入数据流，后者表示同一时间最多可以播放两个动画数据流。这两个动画数据流按照参数来计算权重并混合。UTAnimBlendByIdle 实际上是动画过渡（我们会在后文讲解），而AnimNodeBlendDirectional是动画混合。

为了区分这两种形式的一个参数的动画混合，作者把UTAnimBlendByIdle这种切换动画状态的形式称为“一个参数的立刻切换动画混合”（One Param Immediate Anim Blend），把AnimNodeBlendDirectional这种形式称为“一个参数的平滑动画混合”（One Param Smooth Anim Blend）。

VSOneParamAnimBlend类是一个参数动画混合的基类，它有一个输出数据流、多个输入数据流，代码如下。

```
class VSGRAPHIC_API VSOneParamAnimBlend : public VSAnimBlendFunction
{
    VSOneParamAnimBlend(const VSUsedName & ShowName,VSAnimTree *pAnimTree);
    virtual void AddInputNode();
    virtual void DeleteInputNode();
    VSREAL m_fParam;
    VSREAL m_fParamMax;
    VSREAL m_fParamMin;
    VSOneParamAnimBlend();
    virtual bool ComputePara(double dAppTime);
    virtual bool ComputeOutBoneMatrix(double dAppTime);
    virtual void SetPara(void *pPara)
    {
        m_fParam = *((VSREAL *)pPara);
    }
};
```

AddInputNode 添加输入数据流，DeleteInputNode 删除最后一个输入数据流。m_fParam 为控制参数，可以认为这个控制参数用于设置最大值 m_fParamMax 和最小值 m_fParamMin。

VSOneParamAnimBlend类的构造函数的代码如下。

```
VSOneParamAnimBlend::VSOneParamAnimBlend(const VSUsedName & ShowName,
VSAnimTree *pAnimTree)
   :VSAnimBlendFunction(ShowName,pAnimTree)
{
   m_fParam = 0.0f;
   m_fParamMax = 1.0f;
   m_fParamMin = -1.0f;
   //创建两个输入数据流
   VSString InputName0 = _T("Child0");
   VSInputNode *pInputNode = NULL;
```

```
    pInputNode = VS_NEW VSInputNode(VSPutNode::AVT_ANIM,InputName0,this);
    VSMAC_ASSERT(pInputNode);
    m_pInput.AddElement(pInputNode);
    VSString InputName1 = _T("Child1");
    pInputNode = NULL;
    pInputNode = VS_NEW VSInputNode(VSPutNode::AVT_ANIM,InputName1,this);
    VSMAC_ASSERT(pInputNode);
    m_pInput.AddElement(pInputNode);
}
```

VSOneParamAnimBlend类限制参数范围大小，代码如下。

```
bool VSOneParamAnimBlend::ComputePara(double dAppTime)
{
    //限制参数的取值范围
    if (m_fParam < m_fParamMin)
    {
        m_fParam = m_fParamMin;
    }
    else if (m_fParam > m_fParamMax)
    {
        m_fParam = m_fParamMax;
    }
    return 1;
}
```

VSOneParamSmoothAnimBlend类存在3种方式的混合：一种是混合叶子节点，一种是混合非叶子节点，还有一种是混合叶子节点和非叶子节点（如图3.20所示）。对于后两种，直接混合即可，第1种要单独处理。

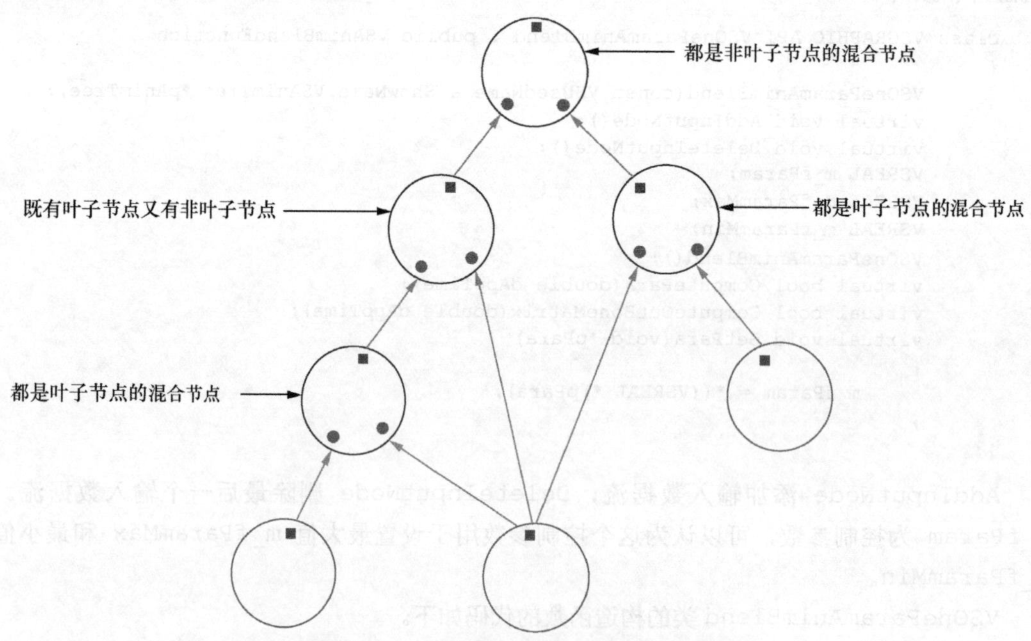

图3.20　一个参数的动画混合的3种方式

动画节点的每帧都会更新，作为一个混合节点，要做的就是混合子节点当前帧的骨骼数据流。数据源是播放动画文件的节点，也就是叶子节点，所以叶子节点是整棵动画树的数据来源。这里就存在一个问题，如当前混合节点要混合两个叶子节点Anim A和Anim B，Anim A的时间长度为t_1，Anim B的时间长度为t_2，并且t_1不等于t_2。时间为0的时刻，两个动画同时播放，在任意时刻t，要怎么取Anim A和Anim B的动画数据呢？如图3.21所示，在任意时刻t，分别取出Anim A和Anim B的动画数据，我们会发现，动画混合随着时间的增长会变得错乱。

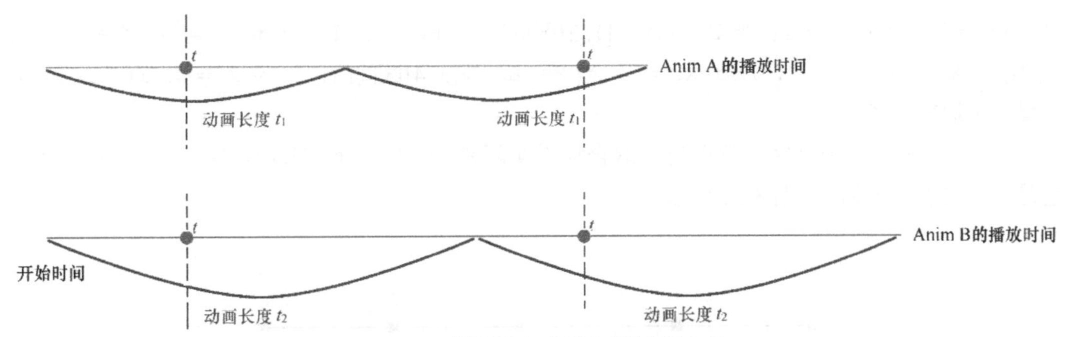

图 3.21 直接混合动画的数据源文件

很明显，这并不是我们希望达到的动画混合效果。虽然两个动画的长度不一样，但要做到一起开始一起结束，它们应该做到“头部和头部混合，尾部和尾部混合”，也就是把两个动画的时间长度缩放到相等长度。这样它们就能同时播放，即使循环播放，也能保证混合时是有序的。

如果子节点都是非叶子节点，那么骨骼的输入数据流都是单帧数据，直接混合即可；如果子节点只有一个叶子节点和非叶子节点，那么直接取数据混合；如果子节点有一个以上的叶子节点，要对叶子节点进行动画缩放，那么最好再生成一个混合节点进行处理，如图 3.22 所示。

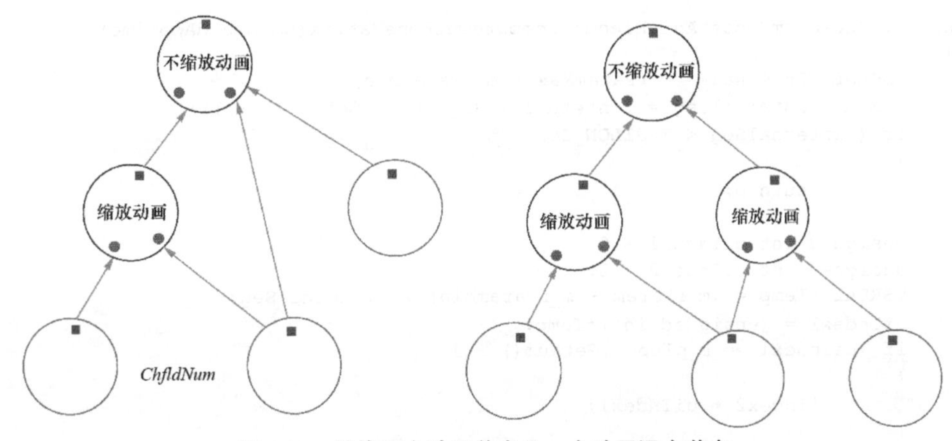

图 3.22 转换两个叶子节点为一个动画混合节点

VSOneParamSmoothAnimBlend 类是直接混合，不会进行任何动画缩放，所以它的子节点最多只能有一个叶子节点，代码如下。

```
class VSGRAPHIC_API VSOneParamSmoothAnimBlend : public VSOneParamAnimBlend
{
      virtual bool ComputeOutBoneMatrix(double dAppTime);
};
```

混合策略是根据子节点的个数 ChfldNum、参数的最大值 ParamMax 和最小值 ParamMin，以及参数 Param 来决定的。

```
NewParam =(Param – ParamMin)/(ParamMax – ParamMin)
```

首先根据这个公式，把参数 Param 转换为 0～1 的 NewParam。

那么，要混合的两个输入数据流的 Index 如下。

```
Index1 = int(NewParam (ChildNum – 1))
Index2 = Index1 + 1
```

其中，int 表示取整。

例如，当前有 5 个动画，NewParam = 0.3，那么 Index1 = 1，Index2 = 2。

为了便于理性地分析，建议设置 ParamMin = 0，ParamMax = 4。当 Param 在[0, 1]区间时，

Index1=0，Index2=1；当 Param 在[1,2]区间时，Index1=1，Index2=2；当 Param 在[2,3]区间时，Index1=2，Index2=3；当 Param 在[3,4]区间时，Index1=3，Index2=4。这样就更加直观了。

Index1 和 Index2 输入数据流的混合权重实际是 NewParam(ChildNum－1)－Index1，它是 0～1 的一个数，如图 3.23 所示。

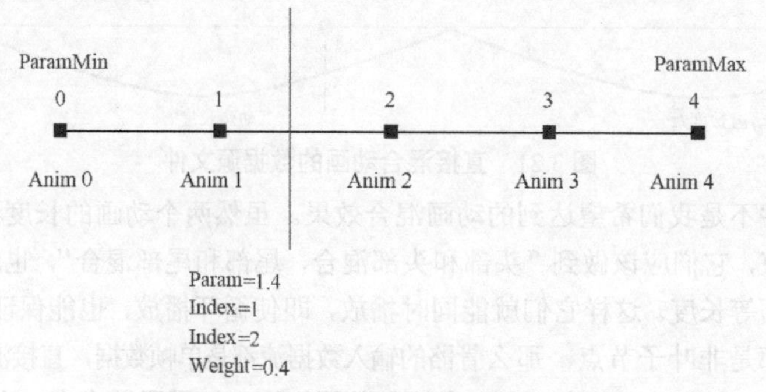

图 3.23 动画 Index 和 Weight 求解

具体代码如下。

```
bool VSOneParamSmoothAnimBlend::ComputeOutBoneMatrix(double dAppTime)
{
    VSREAL fInternal = m_fParamMax - m_fParamMin;
    VSREAL fInternalSeg = fInternal / (m_pInput.GetNum() - 1);
    if (fInternalSeg < EPSILON_E4)
    {
        return 0;
    }
    unsigned int uiIndex1 = 0;
    unsigned int uiIndex2 = 0;
    VSREAL fTemp = (m_fParam - m_fParamMin) / fInternalSeg;
    uiIndex1 = (unsigned int)fTemp;
    if (uiIndex1 >= m_pInput.GetNum() - 1)
    {
        uiIndex2 = uiIndex1;
    }
    else
    {
        uiIndex2 = uiIndex1 + 1;
    }
    VSREAL fWeight = fTemp - (VSREAL)uiIndex1;
    VSInputNode *pInputNode1 = GetInputNode(uiIndex1);
    VSInputNode *pInputNode2 = GetInputNode(uiIndex2);
    if (pInputNode1->GetOutputLink() && pInputNode2->GetOutputLink())
    {
        VSAnimFunction *pAnimBaseFunction1 =
                (VSAnimFunction *)pInputNode1->GetOutputLink()->GetOwner();
        VSAnimFunction *pAnimBaseFunction2 =
                (VSAnimFunction *)pInputNode2->GetOutputLink()->GetOwner();
        LineBlendTwo(this, pAnimBaseFunction1, pAnimBaseFunction2, fWeight);
        LineBlendTwo(m_RootAtom, pAnimBaseFunction1,
                pAnimBaseFunction2, fWeight);
    }
    else if (pInputNode1->GetOutputLink())
    {
        VSAnimFunction *pAnimBaseFunction1 =
                (VSAnimFunction *)pInputNode1->GetOutputLink()->GetOwner();
        LineBlendTwo(this, pAnimBaseFunction1, NULL, 0.0f);
        LineBlendTwo(m_RootAtom, pAnimBaseFunction1, NULL, 0.0f);
    }
    else if (pInputNode2->GetOutputLink())
```

```
    {
        VSAnimFunction *pAnimBaseFunction2 =
                (VSAnimFunction *)pInputNode2->GetOutputLink()->GetOwner();
        LineBlendTwo(this, NULL, pAnimBaseFunction2, 0.0f);
        LineBlendTwo(m_RootAtom, NULL, pAnimBaseFunction2, 0.0f);
    }
    return 1;
}
```

VSOneParamSmoothAnimBlendSequence 类表示缩放动画的混合节点。这里的叶子节点不再需要创建，直接设置播放的动画名字即可。也就是说，这个节点包含了自己和它所有的子节点，代码如下。

```
class VSGRAPHIC_API VSOneParamSmoothAnimBlendSequence
: public VSOneParamSmoothAnimBlend
{
    VSOneParamSmoothAnimBlendSequence();
    virtual bool ComputeOutBoneMatrix(double dAppTime);
    //表示创建n个叶子节点
    void CreateSlot(unsigned int uiWidth);
    //设置对应叶子节点的动画名字
    void SetAnim(unsigned int i,const VSUsedName &AnimName);
    //设置叶子节点动画播放速度
    void SetAnimFrequency(unsigned int Index,double Frequency);
    void SetAnimPhase(unsigned int Index,double Phase);
    virtual bool SetObject(VSObject * pObject);
protected:
    VSArray<VSAnimSequenceFuncPtr> m_AnimSequenceFuncArray;
};
```

至于如何取得动画数据流的 Index1 和 Index2 的数值，方法与 VSOneParamSmoothAnimBlend 类相同。只有对两个动画的时间长度进行缩放，才能取得正确的数据。缩放值是根据两个动画混合权重计算得来的。当权重为 0 时，Index1 为主要输出，动画时间长度为 AnimTime1。同理，当权重为 1 时，Index2 为主要输出，动画时间长度为 AnimTime2。当权重为 t 时，动画时间长度实际上为 AnimTime1 + (AnimTime2 – AnimTime1) t。其实不需要更改动画时间长度来达到缩放效果，更改动画播放速度也是一样的。

先计算动画时间长度，代码如下。

```
VSREAL AnimTime1 = m_AnimSequenceFuncArray[Index1]->GetAnimTime();
VSREAL AnimTime2 = m_AnimSequenceFuncArray[Index2]->GetAnimTime();
VSREAL BlendTime = AnimTime1 + (AnimTime2 - AnimTime1) * fBlendWeight;
```

然后通过更改动画播放速度来达到缩放动画的效果，代码如下。

```
VSREAL AnimTimeScale1 = AnimTime1 / BlendTime;
VSREAL AnimTimeScale2 = AnimTime2 / BlendTime;
m_AnimSequenceFuncArray[Index1]->m_fInnerTimeScale = AnimTimeScale1;
m_AnimSequenceFuncArray[Index2]->m_fInnerTimeScale = AnimTimeScale2;
```

在取得动画时间（GetControlTime）的时候，m_fInnerTimeScale 起到改变动画播放速度的作用，代码如下。

```
double VSController::GetControlTime(double dAppTime)
{
    double dCtrlTime = m_dFrequency * dAppTime * m_fInnerTimeScale + m_dPhase;
    …
}
```

当然，我们只是临时改变动画播放速度，更新完毕后，还要恢复回去，代码如下。

```
m_AnimSequenceFuncArray[Index1]->ClearFlag();
m_AnimSequenceFuncArray[Index2]->ClearFlag();
```

```
m_AnimSequenceFuncArray[Index1]->Update(dAppTime);
m_AnimSequenceFuncArray[Index2]->Update(dAppTime);
m_AnimSequenceFuncArray[Index1]->m_fInnerTimeScale = 1.0f;
m_AnimSequenceFuncArray[Index2]->m_fInnerTimeScale = 1.0f;
```

最后，完整的代码如下。

```
bool VSOneParamSmoothAnimBlendSequence::ComputeOutBoneMatrix(double dAppTime)
{
    if (m_AnimSequenceFuncArray.GetNum() == 0)
    {
        return false;
    }
    unsigned int Index1 = 0;
    unsigned int Index2 = 0;
    VSREAL fBlendWeight = 0.0f;
    if (m_AnimSequenceFuncArray.GetNum() > 1)
    {
        VSREAL fInternal = m_fParamMax - m_fParamMin;
        VSREAL fInternalSeg = fInternal /
                (m_AnimSequenceFuncArray.GetNum() - 1);
        if (fInternalSeg < EPSILON_E4)
        {
            return 0;
        }
        VSREAL fTemp = (m_fParam - m_fParamMin) / fInternalSeg;
        Index1 = (unsigned int)fTemp;
        Index2 = Index1 + 1;
        fBlendWeight = fTemp - (VSREAL)Index1;
        if (Index2 >= m_AnimSequenceFuncArray.GetNum())
        {
            Index2 = m_AnimSequenceFuncArray.GetNum() - 1;
        }
    }
    VSREAL AnimTime1 = m_AnimSequenceFuncArray[Index1]->GetAnimTime();
    VSREAL AnimTime2 = m_AnimSequenceFuncArray[Index2]->GetAnimTime();
    VSREAL BlendTime = AnimTime1 + (AnimTime2 - AnimTime1) * fBlendWeight;
    VSREAL AnimTimeScale1 = AnimTime1 / BlendTime;
    VSREAL AnimTimeScale2 = AnimTime2 / BlendTime;
    m_AnimSequenceFuncArray[Index1]->m_fInnerTimeScale = AnimTimeScale1;
    m_AnimSequenceFuncArray[Index2]->m_fInnerTimeScale = AnimTimeScale2;

    m_AnimSequenceFuncArray[Index1]->ClearFlag();
    m_AnimSequenceFuncArray[Index2]->ClearFlag();
    m_AnimSequenceFuncArray[Index1]->Update(dAppTime);
    m_AnimSequenceFuncArray[Index2]->Update(dAppTime);

    m_AnimSequenceFuncArray[Index1]->m_fInnerTimeScale = 1.0f;
    m_AnimSequenceFuncArray[Index2]->m_fInnerTimeScale = 1.0f;

    VSAnimSequenceFunc *pAnimBaseFunction1 =
      m_AnimSequenceFuncArray[Index1];
    VSAnimSequenceFunc *pAnimBaseFunction2 =
      m_AnimSequenceFuncArray[Index2];
    LineBlendTwo(this, pAnimBaseFunction1, pAnimBaseFunction2, fBlendWeight);
    LineBlendTwo(m_RootAtom, pAnimBaseFunction1, pAnimBaseFunction2,
      fBlendWeight);
    return 1;
}
```

当两个叶子节点的动画时间长度不一样时，最极端情况下，其中，动画 A 只有一帧，当逐渐靠近这个一帧的动画混合时，我们会发现动画 B 的播放速度逐渐变快，但幅度越来越小，直到最后幅度为零，变成了动画 A。实际上，我们可以通过不同的动画时间长度，来调节混合动画的播放速度。例如，将一个跑步动画和待机动画混合，如果待机动画的时间长度远远大于跑步动画的时间长度，我们会发现中间的过渡动画播放得很慢，这可以用来达到慢步走的效果；如果待机动画时间长度远远小于跑步动画，我们会发现中间过渡动画和上面说过的一样，播放得相当快，这可以用来达到小碎步效果。

3.3 动画过渡

VSOneParamImmediateAnimBlend 类借助参数从一个动画状态过渡到另一个动画状态。如果直接切换两个动画，那么角色会突然跳变。为了更流畅地过渡，还可以用一段很短暂的时间来混合两个动画，代码如下。

```
class VSGRAPHIC_API VSOneParamImmediateAnimBlend : public VSOneParamAnimBlend
{
    virtual bool Update(double dAppTime);
    virtual bool ComputeOutBoneMatrix(double dAppTime);
protected:
    VSArray<VSREAL> m_NodeCrossFadingTime;
    VSREAL          m_fCrossFadingTime;
    unsigned int    m_uiLastAnimIndex;
    unsigned int    m_uiCurAnimIndex;
public:
    inline void SetNodeCrossFadingTime(unsigned int uiIndex, VSREAL fTime)
};
```

这里通过基类 VSOneParamAnimBlend 类中的 m_fParam 来控制动画过渡，这个混合节点也同样支持多个动画输入数据流。如果 m_fParam 到达一定阈值，就开始切换动画，m_uiLastAnimIndex 用来记录上一次动画，m_uiCurAnimIndex 是当前或者将要切换的动画。计算方法和 VSOneParamSmoothAnimBlend 类类似。公式如下。

NewParam =(Param − ParamMin)/(ParamMax − ParamMin)

首先根据这个公式，把参数 Param 转换为[0, 1]区间的 NewParam。

CurIndex = (unsigned int)(NewParam (ChildNum − 1))

如果 CurIndex != LastAnimIndex（表示上一个索引），则开始切换。

假设当前有 5 个动画，为了便于理性地分析，建议设置 ParamMin = 0、ParamMax = 4。若 CurIndex = 0，m_fParam 的取值范围为[0,1]，注意，这里不包括 1；若 CurIndex = 1，m_fParam 的取值范围为[1,2]，注意，这里不包括 2；若 CurIndex = 2，m_fParam 的取值范围为[2,3]；若 CurIndex = 3，m_fParam 的取值范围为[3,4]；若 CurIndex = 4，m_fParam 为 4。对于上一帧执行的动画，若 LastAnimIndex = 3，m_fParam 在[3,4]内，不会切换动画；若不在此范围，就切换。

VSArray<VSREAL> m_NodeCrossFadingTime 用来记录每个动画状态切换到另一个动画状态需要的时间，这个时间就是过渡时间。

如果上面的 5 个动画的 m_NodeCrossFadingTime 分别为 *a*、*b*、*c*、*d*、*e*，输入数据流为 0（也就是第 1 个动画来源），则无论切换到哪个动画，时间长度都为 *a*。同理，如果输入数据流为 4，则无论切换到哪个动画，时间长度都为 *e*。

m_fCrossFadingTime 是记录切换时间的。一旦开始切换，m_fCrossFadingTime 就会累加时间，等切换完毕，就被重置为 0。

一般情况下，节点有效的输入流只有一个（m_uiCurAnimIndex 等于 m_uiLastAnimIndex），只有在切换时有效的输入流才会有两个（m_uiCurAnimIndex 不等于 m_uiLastAnimIndex）。所以，当只有一个有效输入流时，可以关闭其他输入流的更新。

一旦出现 m_uiCurAnimIndex 不等于 m_uiLastAnimIndex 的情况，就会切换输入流。若当前输入流 m_uiCurAnimIndex 指向的动画节点以及它的子节点，就要更新。这时候就会出现问题：m_uiCurAnimIndex 指向的动画节点或者它的子节点里面肯定有数据源（叶子节点），是继续用以前的时刻更新数据源还是重新开始呢？下面以图 3.24 来解释。

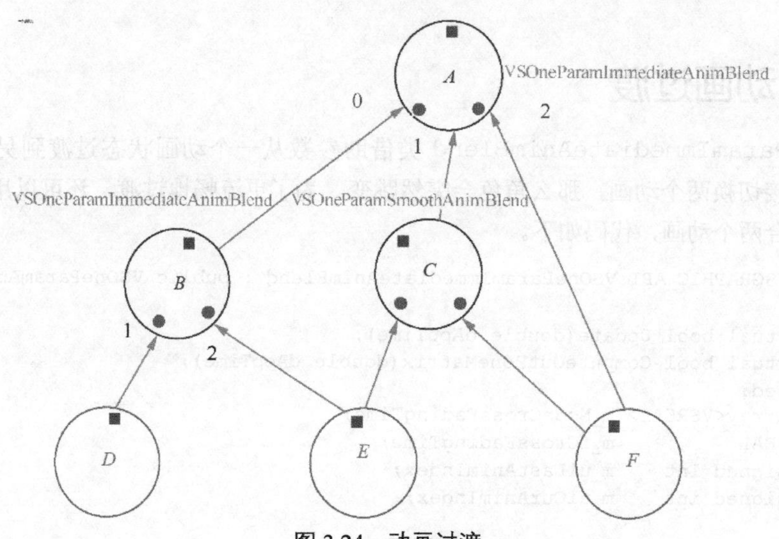

图 3.24 动画过渡

A、*B* 为动画过渡混合节点，*C* 为平滑动画混合节点，*D*、*E*、*F* 为叶子节点，它们是数据源。如果当前动画数据流向的路径为 *D*→*B*→*A*，也就是 *B* 中的 1 号数据流和 *A* 中的 0 号数据流在起作用，那么一旦 *A* 切换到 2 号数据流，*D*→*B*→*A* 就会过渡到 *F*→*A*。过渡完毕时，*A* 中的 0 号数据流已经停止更新，*A* 中的 2 号数据流一直更新。假设 *D* 停止更新的时刻为 t（$0<t<D$ 的最大动画时间），过了一会儿 *A* 又从 2 号数据流切换到 0 号数据流，同时假设对于 *B* 还是 1 号数据流起作用，那么 *F*→*A* 就要过渡到 *D*→*B*→*A*。第 1 个问题是，*D* 的数据更新是继续从 t 时刻开始计算还是从动画开始的时刻计算呢？

再抛出第 2 个问题，从 *E*→*B*→*A* 过渡到 *EF*→*C*→*A*（*C* 为平滑动画混合节点，所以 *EF* 数据同时流向了 *C*），然后又从 *EF*→*C*→*A* 过渡到 *E*→*B*→*A*，*E* 是继续更新还是从动画开始的时刻重新计算呢？

如果过渡动画从数据流 m_uiLastAnimIndex 过渡到 m_uiCurAnimIndex，而连接 m_uiCurAnimIndex 的所有叶子节点都可以在 m_uiLastAnimIndex 的所有叶子节点中找到，那么这个叶子节点就继续更新；否则，就从动画开始的时刻重新计算。

上面的第 1 个问题中，从 *D*→*B*→*A* 过渡到 *F*→*A*，*A* 的 0 号数据流连接的叶子节点为 *D*，*A* 的 2 号数据流连接的叶子节点为 *F*，*F* 和 *D* 并没有交集，所以 *F* 必须从动画开始的时刻重新计算。同理，从 *F*→*A* 过渡到 *D*→*B*→*A*，*D* 必须从动画开始的时刻重新计算。第 2 个问题中，从 *E*→*B*→*A* 过渡到 *EF*→*C*→*A*，两者存在交集 *E*，所以 *F* 必须从动画开始的时刻重新计算，*E* 继续更新。

这样，正确混合动画的方法就可归结为下面几点。

（1）叶子节点的判断。

（2）找到数据流的所有叶子节点。

（3）不存在交集的节点必须从动画开始的时刻更新。

VSAnimBaseFunction 类在 3.1 节中已经介绍过，代码如下。

```
class VSGRAPHIC_API VSAnimBaseFunction : public VSController
{
```

```
    bool m_bNoLeafStart;
    virtual bool IsLeafNode(); //表示是否是叶子节点
    //得到所有叶子节点
    void GetLeafArray(VSArray<VSAnimBaseFunction *> & LeafNode);
    void EnableLeafStart(); //表示继续更新
    void NoLeafStart(); //表示从开始时刻更新
};
```

m_bNoLeafStart 表示是否继续更新，一旦节点被判断是当前动画过渡中的交集，就将其设置为 true。每次更新动画树前，调用 ClearFlag 函数设置 m_bNoLeafStart 为 false，代码如下。

```
void VSAnimBaseFunction::ClearFlag()
{
    m_bIsVisited = false;
    m_bNoLeafStart = false;
}
```

递归整个层次得到叶子节点，代码如下。

```
void  VSAnimBaseFunction::GetLeafArray(VSArray<VSAnimBaseFunction *> & LeafNode)
{
    if (IsLeafNode())
    {
         LeafNode.AddElement(this);
    }
    for (unsigned int i = 0; i < m_pInput.GetNum(); i++)
    {
         if (m_pInput[i]->GetOutputLink())
         {
              VSAnimBaseFunction *pAnimBaseFunction =
               (VSAnimBaseFunction *)m_pInput[i]->GetOutputLink()->GetOwner();
              if (pAnimBaseFunction )
              {
                   pAnimBaseFunction->GetLeafArray(LeafNode);
              }
         }
    }
}
void VSAnimBaseFunction::NoLeafStart()
{
    m_bNoLeafStart = true;
}
void VSAnimBaseFunction::EnableLeafStart()
{
    if (m_bNoLeafStart)
    {
         return;
    }
    else
    {
         m_bStart = false;
    }
}
```

下面的函数就是动画更新的核心逻辑，代码如下。

```
bool VSOneParamImmediateAnimBlend::Update(double dAppTime)
{
    if (!VSAnimBaseFunction::Update(dAppTime))
    {
          return 0;
    }
    if (!ComputePara(dAppTime))
          return 0;
```

```
//计算m_uiLastAnimIndex和m_uiCurAnimIndex
VSREAL fInternal = m_fParamMax - m_fParamMin;
VSREAL fInternalSeg = fInternal / (m_pInput.GetNum() - 1);
if (fInternalSeg < EPSILON_E4)
{
    return 0;
}
VSREAL fTemp = (m_fParam - m_fParamMin) / fInternalSeg;
m_uiCurAnimIndex = (unsigned int)fTemp;
//初始的时候m_uiLastAnimIndex为VSMAX_INTEGER
if (m_uiLastAnimIndex == VSMAX_INTEGER)
{
    m_uiLastAnimIndex = m_uiCurAnimIndex;
}
//一旦m_uiLastAnimIndex和m_uiCurAnimIndex不相等
//立刻判断哪些叶子节点持续更新，哪些叶子节点重新开始更新
if (m_uiLastAnimIndex != m_uiCurAnimIndex && m_fCrossFadingTime < 0.00001f)
{
    //递归收集m_uiCurAnimIndex输入流的叶子节点
    VSArray<VSAnimBaseFunction *> CurLeafNodeArray;
    if (m_pInput[m_uiCurAnimIndex]->GetOutputLink())
    {
        VSAnimBaseFunction *pAnimBaseFunction = (VSAnimBaseFunction *)
        m_pInput[m_uiCurAnimIndex]->GetOutputLink()->GetOwner();
        pAnimBaseFunction->GetLeafArray(CurLeafNodeArray);
    }
    //递归收集m_uiLastAnimIndex输入流的叶子节点
    VSArray<VSAnimBaseFunction *> LastLeafNodeArray;
    if (m_pInput[m_uiLastAnimIndex]->GetOutputLink())
    {
        VSAnimBaseFunction *pAnimBaseFunction = (VSAnimBaseFunction *)
        m_pInput[m_uiLastAnimIndex]->GetOutputLink()->GetOwner();
        pAnimBaseFunction->GetLeafArray(LastLeafNodeArray);
    }
    //判断m_uiCurAnimIndex的叶子节点和m_uiLastAnimIndex的叶子节点是否存在交集
    if (LastLeafNodeArray.GetNum() && CurLeafNodeArray.GetNum())
    {
        for (unsigned int i = 0; i < CurLeafNodeArray.GetNum(); i++)
        {
            bool bFound = false;
            for (unsigned int j = 0; j < LastLeafNodeArray.GetNum(); j++)
            {
                if (CurLeafNodeArray[i] == LastLeafNodeArray[j])
                {
                    //如果存在，标记为持续更新
                    CurLeafNodeArray[i]->NoLeafStart();
                    bFound = true;
                    break;
                }
            }
            //如果不存在，标记为从动画开始时刻更新
            if (bFound == false)
            {
                CurLeafNodeArray[i]->EnableLeafStart();
            }
        }
    }
}
for (unsigned int i = 0; i < m_pInput.GetNum(); i++)
{
    if (m_pInput[i]->GetOutputLink())
    {
        VSAnimBaseFunction *pAnimBaseFunction = (VSAnimBaseFunction *)
```

```
m_pInput[i]->GetOutputLink()->GetOwner();
                if (pAnimBaseFunction)
                {
                    if (i == m_uiLastAnimIndex || i == m_uiCurAnimIndex)
                    {
                        pAnimBaseFunction->Update(dAppTime);
                    }
                }
            }
        }
    if (!ComputeOutBoneMatrix(dAppTime))
        return 0;
    return 1;
}
bool VSOneParamImmediateAnimBlend::ComputeOutBoneMatrix(double dAppTime)
{
    //前后两个执行动画不同，开始切换
    if (m_uiLastAnimIndex != m_uiCurAnimIndex)
    {
        //切换过渡
        if (m_fCrossFadingTime < m_NodeCrossFadingTime[m_uiCurAnimIndex])
        {
            //根据过渡的时间计算权重
            VSREAL fWeight = 0.0f;
            fWeight = m_fCrossFadingTime /
                m_NodeCrossFadingTime[m_uiCurAnimIndex];
            VSInputNode *pInputNode1 = GetInputNode(m_uiLastAnimIndex);
            VSInputNode *pInputNode2 = GetInputNode(m_uiCurAnimIndex);
            if (pInputNode1->GetOutputLink() &&
                            pInputNode2->GetOutputLink())
            {
                VSAnimFunction *pAnimBaseFunction1 =
                    (VSAnimFunction *)pInputNode1->GetOutputLink()->GetOwner();
                VSAnimFunction *pAnimBaseFunction2 =
                    (VSAnimFunction *)pInputNode2->GetOutputLink()->GetOwner();
                LineBlendTwo(this, pAnimBaseFunction1,
                   pAnimBaseFunction2, fWeight);
                LineBlendTwo(m_RootAtom, pAnimBaseFunction1,
                    pAnimBaseFunction2, fWeight);
            }
            else if (pInputNode1->GetOutputLink())
            {
                VSAnimFunction *pAnimBaseFunction1 =
                    (VSAnimFunction *)pInputNode1->GetOutputLink()->GetOwner();
                LineBlendTwo(this, pAnimBaseFunction1, NULL, 0.0f);
                LineBlendTwo(m_RootAtom, pAnimBaseFunction1, NULL, 0.0f);
            }
            else if (pInputNode2->GetOutputLink())
            {
                VSAnimFunction *pAnimBaseFunction2 =
                    (VSAnimFunction *)pInputNode2->GetOutputLink()->GetOwner();
                LineBlendTwo(this, NULL, pAnimBaseFunction2,0.0f);
                LineBlendTwo(m_RootAtom, NULL, pAnimBaseFunction2, 0.0f);
            }
            //时间递增
            m_fCrossFadingTime += (VSREAL)m_dIntervalTime;
        }
        else
        {
            //切换完毕，重置上一帧动画索引，并重置时间
            m_uiLastAnimIndex = m_uiCurAnimIndex;
            m_fCrossFadingTime = 0.0f;
            VSInputNode *pInputNode1 = GetInputNode(m_uiCurAnimIndex);
```

```
                if (pInputNode1->GetOutputLink())
                {
                    VSAnimFunction *pAnimBaseFunction1 =
                        (VSAnimFunction *)pInputNode1->GetOutputLink()->GetOwner();
                    LineBlendTwo(this, pAnimBaseFunction1, NULL, 0.0f);
                    LineBlendTwo(m_RootAtom, pAnimBaseFunction1, NULL, 0.0f);
                }
            }
        }
        else
        {
            m_fCrossFadingTime = 0.0f;
            VSInputNode *pInputNode1 = GetInputNode(m_uiCurAnimIndex);
            if (pInputNode1->GetOutputLink())
            {
                VSAnimFunction *pAnimBaseFunction1 =
                    (VSAnimFunction *)pInputNode1->GetOutputLink()->GetOwner();
                LineBlendTwo(this, pAnimBaseFunction1, NULL, 0.0f);
                LineBlendTwo(m_RootAtom, pAnimBaseFunction1, NULL, 0.0f);
            }
        }
        return 1;
    }
    class VSGRAPHIC_API VSAnimSequenceFunc : public VSAnimFunction
    {
        virtual bool IsLeafNode(){ return true; }
    }
    class VSGRAPHIC_API VSOneParamSmoothAnimBlendSequence :
    public VSOneParamSmoothAnimBlend
    {
        virtual bool IsLeafNode(){ return true; }
    }
```

3.4 两个参数的动画混合

在 3.1 节 Unreal Engine 3 的例子中，走路动画的混合用了一个参数的混合，而 Unreal Engine 4 中的例子用了两个参数的混合。不过在两个例子里不同朝向的混合都用了两个参数。

Unreal Engine 4 中的例子相对直观（两个参数混合的继承关系如图 3.8 所示）。Speed 与 Direction 两个参数分别控制纵轴和横轴，也可以说成 y 轴和 x 轴，Speed 的取值范围为[0,600]，而 Direction 的取值范围为[−180,180]，其实也可以认为它是一个二维表格或者二维数组。与一个参数的混合一样，两个参数的混合也存在叶子节点动画时间长度的缩放问题，所以作者也写了两个类（VSTwoParamAnimBlend 和 VSTwoParamAnimBlend-Sequence，如图 3.25 所示）。但和一个参数的混合不同的是，它不存在动画的过渡。

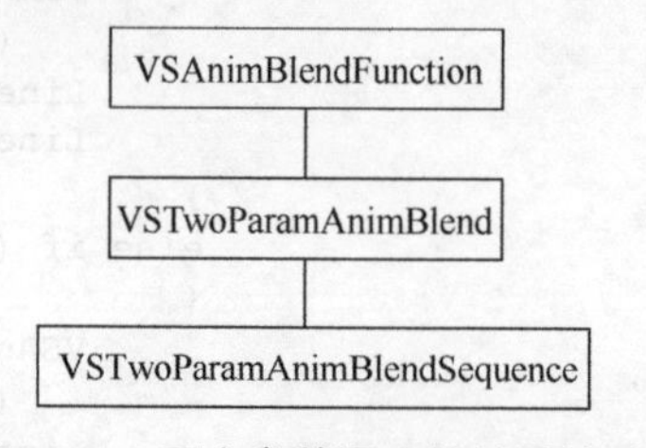

图 3.25 两个参数混合的继承关系

VSTwoParamAnimBlend 类为非叶子节点的动画混合，VSTwoParamAnimBlendSequence 类为叶子节点的动画数据源直接混合。VSTwoParamAnim-Blend 类的代码如下。

```
    class VSGRAPHIC_API VSTwoParamAnimBlend : public VSAnimBlendFunction
    {
        VSTwoParamAnimBlend(const VSUsedName & ShowName,VSAnimTree * pAnimTree);
        void CreateSlot(unsigned int uiWidth, unsigned int uiHeight);
        virtual bool SetObject(VSObject * pObject);
        VSREAL m_fParam[2];
```

```
    VSREAL m_fParamMax[2];
    VSREAL m_fParamMin[2];
    VSAnimAtom m_BlendRootMatrix[2];
    unsigned int m_uiWidth;
    unsigned int m_uiHeight;
    VSArray<VSAnimAtom> m_BlendBoneMatrix[2];
    VSTwoParamAnimBlend();
    virtual bool ComputePara(double dAppTime);
    virtual bool ComputeOutBoneMatrix(double dAppTime);
    VSAnimFunction *GetAnimFunction(unsigned int i, unsigned int j);
};
```

两个参数的混合和一个参数的混合并无太多区别，就是一维的线性混合变成了二维的线性混合。两个参数的混合是一个二维表格，所以创建的 Node 输入数据流也必须是二维的。CreateSlot 函数用来创建 uiWidth 行、uiHeight 列的表格，对应 uiWidth * uiHeight 个输入数据流，代码如下。

```
void VSTwoParamAnimBlend::CreateSlot(unsigned int uiWidth, unsigned int uiHeight)
{
    //创建输入数据流
    m_pInput.Clear();
    m_uiWidth = uiWidth;
    m_uiHeight = uiHeight;
    for (unsigned int i = 0; i < uiWidth; i++)
    {
        for (unsigned int j = 0; j < uiHeight; j++)
        {
            VSString InputName = _T("Child");
            VSString ID = IntToString(i);
            InputName += ID;
            ID = IntToString(j);
            InputName += ID;
            VSInputNode *pInputNode = NULL;
            pInputNode = VS_NEW VSInputNode(VSPutNode::AVT_ANIM,
            InputName, this);
            VSMAC_ASSERT(pInputNode);
            m_pInput.AddElement(pInputNode);
        }
    }
}
```

ComputePara 函数限制参数范围。

```
bool VSTwoParamAnimBlend::ComputePara(double dAppTime)
{
    //限制参数范围
    for (unsigned int i = 0 ; i < 2 ; i++)
    {
        if (m_fParam[i] < m_fParamMin[i])
        {
            m_fParam[i] = m_fParamMin[i];
        }
        else if (m_fParam[i] > m_fParamMax[i])
        {
            m_fParam[i] = m_fParamMax[i];
        }
    }
    return 1;
}
```

m_BlendRootMatrix[2]与m_BlendBoneMatrix[2]用来临时存放根骨动画数据和动画数据流，最后再将m_BlendRootMatrix[2]两个根骨动画数据进行混合，将m_BlendBoneMatrix[2]

两个动画数据进行混合。下面的代码用于初始化 VSTwoParamAnimBlend 类中的数据。

```
bool VSTwoParamAnimBlend::SetObject(VSObject * pObject)
{
    //初始化
    if (VSAnimBlendFunction::SetObject(pObject))
    {
        const VSSkeletonMeshNode *pMesh = GetSkeletonMeshNode();
        VSMAC_ASSERT(pMesh);
        VSSkeleton *pSkeleton = pMesh->GetSkeleton();
        VSMAC_ASSERT(pSkeleton);
        unsigned int BoneNum = pSkeleton->GetBoneNum();
        m_BlendBoneMatrix[0].SetBufferNum(BoneNum);
        m_BlendBoneMatrix[1].SetBufferNum(BoneNum);
        return true;
    }
    return false;
}
```

下面是 VSTwoParamAnimBlend 类混合骨骼数据的核心代码。

```
bool VSTwoParamAnimBlend::ComputeOutBoneMatrix(double dAppTime)
{
    if (m_pInput.GetNum() == 0)
    {
        return false;
    }
    //分别存放行索引和列索引
    unsigned int Index1[2] = { 0, 0 };
    unsigned int Index2[2] = { 0, 0 };
    VSREAL fWeight[2] = { 0.0f, 0.0f };// 分别为行混合权重、列混合权重
    if (m_uiWidth > 1)
    {
        VSREAL fInternal = m_fParamMax[0] - m_fParamMin[0];
        VSREAL fInternalSeg = fInternal / (m_uiWidth - 1);
        if (fInternalSeg < EPSILON_E4)
        {
            return 0;
        }
        VSREAL fTemp = (m_fParam[0] - m_fParamMin[0]) / fInternalSeg;
        Index1[0] = (unsigned int)fTemp;
        Index2[0] = Index1[0] + 1;
        fWeight[0] = fTemp - (VSREAL)Index1[0];
    }
    if (m_uiHeight > 1)
    {
        VSREAL fInternal = m_fParamMax[1] - m_fParamMin[1];
        VSREAL fInternalSeg = fInternal / (m_uiHeight - 1);
        if (fInternalSeg < EPSILON_E4)
        {
            return 0;
        }
        VSREAL fTemp = (m_fParam[1] - m_fParamMin[1]) / fInternalSeg;
        Index1[1] = (unsigned int)fTemp;
        Index2[1] = Index1[1] + 1;
        fWeight[1] = fTemp - (VSREAL)Index1[1];
    }
    VSAnimFunction *pAnimBaseFunction1 = GetAnimFunction(Index1[1], Index1[0]);
    VSAnimFunction *pAnimBaseFunction2 = GetAnimFunction(Index1[1], Index2[0]);
    VSAnimFunction *pAnimBaseFunction3 = GetAnimFunction(Index2[1], Index1[0]);
    VSAnimFunction *pAnimBaseFunction4 = GetAnimFunction(Index2[1], Index2[0]);
    //混合两行的动画数据
    LineBlendTwo(&m_BlendBoneMatrix[0], pAnimBaseFunction1,
```

```
        pAnimBaseFunction2, fWeight[0]);
    LineBlendTwo(&m_BlendBoneMatrix[1], pAnimBaseFunction3,
        pAnimBaseFunction4, fWeight[0]);
    //混合最后的动画数据
    LineBlendTwo(&m_BoneOutPut, &m_BlendBoneMatrix[0],
        &m_BlendBoneMatrix[1], fWeight[1]);

    LineBlendTwo(m_BlendRootMatrix[0], pAnimBaseFunction1,
        pAnimBaseFunction2, fWeight[0]);
    LineBlendTwo(m_BlendRootMatrix[1], pAnimBaseFunction3,
        pAnimBaseFunction4, fWeight[0]);
    m_RootAtom.Interpolation(m_BlendRootMatrix[0], m_BlendRootMatrix[1],
        fWeight[1]);
    return 1;
}
```

图 3.26 所示是一个 6 行 5 列的二维混合表格，*x* 轴的最大值和最小值分别为 m_fParamMax[0]、m_fParamMin[0](0,4)，*y* 轴的最大值和最小值分别为 m_fParamMax[1]、m_fParamMin[1](0,5)。当两个参数值为 1.2 和 1.3 时，需要混合的 4 个 Node 输入数据流的索引分别为(1, 1)、(1, 2)、(2, 1)、(2, 2)，*x* 轴上的混合权重为 0.2，*y* 轴上的混合权重为 0.3。首先(1, 1)、(1, 2)在 *x* 轴上用 0.2 的权重混合，得到 m_BlendBoneMatrix[0]，(2,1)、(2,2)在 *x* 轴上用 0.2 的权重混合，得到 m_BlendBoneMatrix[1]，然后将 m_BlendBoneMatrix[0] 和 m_BlendBoneMatrix[1] 在 *y* 轴上用 0.3 的权重混合，得到 m_BoneOutPut。

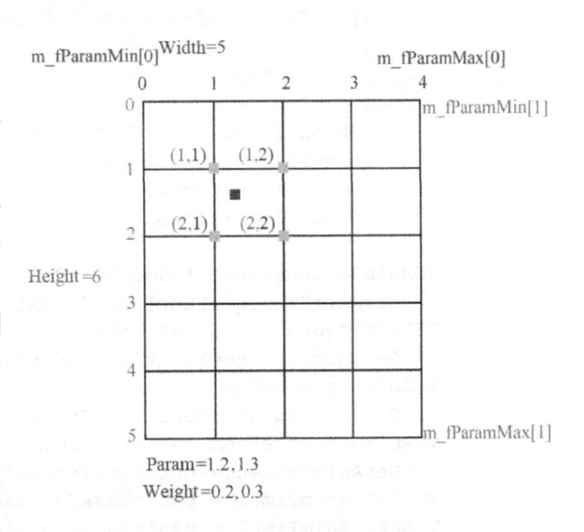

图 3.26 两个参数的混合

有了一个参数叶子节点的混合，两个参数叶子节点的混合（VSTwoParamAnimBlendSequence 类）也就不难了，代码如下。

```
class VSGRAPHIC_API VSTwoParamAnimBlendSequence : public VSTwoParamAnimBlend
{
    virtual bool ComputeOutBoneMatrix(double dAppTime);
    void CreateSlot(unsigned int uiWidth, unsigned int uiHeight);
    void SetAnim(unsigned int i,unsigned int j ,const VSUsedName &AnimName);
    void SetAnimFrequency(unsigned int i, unsigned int j, double Frequency);
    void SetAnimPhase(unsigned int i, unsigned int j, double Phase);
    VSArray<VSAnimSequenceFuncPtr> m_AnimSequenceFuncArray;
    VSAnimSequenceFunc *GetAnimSequenceFunction(unsigned int i, unsigned int j);
};
```

两个参数叶子节点的混合思路和一个参数叶子节点的混合思路一样，输入数据流都是动画数据源，m_AnimSequenceFuncArray 用来存放动画数据源。同理，动画时间长度缩放也根据权重来计算，代码不难，此处就不做过多解释了。混合骨骼数据的核心代码如下。

```
bool VSTwoParamAnimBlendSequence::ComputeOutBoneMatrix(double dAppTime)
{
    if (m_AnimSequenceFuncArray.GetNum() == 0)
    {
        return false;
    }
    unsigned int Index1[2] = { 0 ,0};
    unsigned int Index2[2] = { 0, 0 };
    VSREAL fWeight[2] = {0.0f,0.0f};
```

```
if (m_uiWidth > 1)
{
    VSREAL fInternal = m_fParamMax[0] - m_fParamMin[0];
    VSREAL fInternalSeg = fInternal / (m_uiWidth - 1);
    if (fInternalSeg < EPSILON_E4)
    {
        return 0;
    }
    VSREAL fTemp = (m_fParam[0] - m_fParamMin[0]) / fInternalSeg;
    Index1[0] = (unsigned int)fTemp;
    Index2[0] = Index1[0] + 1;
    fWeight[0] = fTemp - (VSREAL)Index1[0];
}
if (m_uiHeight > 1)
{
    VSREAL fInternal = m_fParamMax[1] - m_fParamMin[1];
    VSREAL fInternalSeg = fInternal / (m_uiHeight - 1);
    if (fInternalSeg < EPSILON_E4)
    {
        return 0;
    }
    VSREAL fTemp = (m_fParam[1] - m_fParamMin[1]) / fInternalSeg;
    Index1[1] = (unsigned int)fTemp;
    Index2[1] = Index1[1] + 1;
    fWeight[1] = fTemp - (VSREAL)Index1[1];
}
VSAnimSequenceFunc *pAnimBaseFunction1 =
   GetAnimSequenceFunction(Index1[1], Index1[0]);
VSAnimSequenceFunc *pAnimBaseFunction2 =
   GetAnimSequenceFunction(Index1[1], Index2[0]);
VSAnimSequenceFunc *pAnimBaseFunction3 =
   GetAnimSequenceFunction(Index2[1], Index1[0]);
VSAnimSequenceFunc *pAnimBaseFunction4 =
   GetAnimSequenceFunction(Index2[1], Index2[0]);
VSREAL AnimTime1 = pAnimBaseFunction1->GetAnimTime();
VSREAL AnimTime2 = pAnimBaseFunction2->GetAnimTime();
VSREAL BlendTime1 = AnimTime1 + (AnimTime2 - AnimTime1) * fWeight[0];
VSREAL AnimTime3 = pAnimBaseFunction3->GetAnimTime();
VSREAL AnimTime4 = pAnimBaseFunction4->GetAnimTime();
VSREAL BlendTime2 = AnimTime3 + (AnimTime4 - AnimTime3) * fWeight[0];

VSREAL BlendTime = BlendTime1 + (BlendTime2 - BlendTime1) * fWeight[1];
VSREAL AnimTimeScale1 = AnimTime1 / BlendTime;
VSREAL AnimTimeScale2 = AnimTime2 / BlendTime;
VSREAL AnimTimeScale3 = AnimTime3 / BlendTime;
VSREAL AnimTimeScale4 = AnimTime4 / BlendTime;
pAnimBaseFunction1->m_fInnerTimeScale = AnimTimeScale1;
pAnimBaseFunction2->m_fInnerTimeScale = AnimTimeScale2;
pAnimBaseFunction3->m_fInnerTimeScale = AnimTimeScale3;
pAnimBaseFunction4->m_fInnerTimeScale = AnimTimeScale4;
pAnimBaseFunction1->ClearFlag();
pAnimBaseFunction2->ClearFlag();
pAnimBaseFunction3->ClearFlag();
pAnimBaseFunction4->ClearFlag();
pAnimBaseFunction1->Update(dAppTime);
pAnimBaseFunction2->Update(dAppTime);
pAnimBaseFunction3->Update(dAppTime);
pAnimBaseFunction4->Update(dAppTime);
pAnimBaseFunction1->m_fInnerTimeScale = 1.0f;
pAnimBaseFunction2->m_fInnerTimeScale = 1.0f;
pAnimBaseFunction3->m_fInnerTimeScale = 1.0f;
pAnimBaseFunction4->m_fInnerTimeScale = 1.0f;
LineBlendTwo(&m_BlendBoneMatrix[0], pAnimBaseFunction1,
```

```
        pAnimBaseFunction2, fWeight[0]);
    LineBlendTwo(&m_BlendBoneMatrix[1], pAnimBaseFunction3,
        pAnimBaseFunction4, fWeight[0]);
    LineBlendTwo(&m_BoneOutPut, &m_BlendBoneMatrix[0],
        &m_BlendBoneMatrix[1], fWeight[1]);
    LineBlendTwo(m_BlendRootMatrix[0], pAnimBaseFunction1,
        pAnimBaseFunction2, fWeight[0]);
    LineBlendTwo(m_BlendRootMatrix[1], pAnimBaseFunction3,
        pAnimBaseFunction4, fWeight[0]);
    m_RootAtom.Interpolation(m_BlendRootMatrix[0], m_BlendRootMatrix[1],
       fWeight[1]);
    return 1;
}
```

3.5 叠加动画

在 3.1 节关于 Unreal Engine 3 和 Unreal Engine 4 的例子中，用叠加动画的方法混合出了不同朝向的待机动画，本节将介绍这种方法。叠加动画可以抽象成动画的加减操作，在上文列举的例子中，求不同朝向的单帧动画和待机动画的第 1 帧动画的差值，除手部、脊柱和头部之外，其他地方的差值是零。那么，把非零差值叠加到待机动画上，就得到了不同朝向的待机动画。

叠加动画是动画的差值和另一个动画叠加形成的，它存在以下 3 种形式。

- (AnimSource − AnimTarget) + AnimBlend
- (AnimSource – AnimTarget Pos) + AnimBlend
- (AnimSource Pos – AnimTarget Pos) + AnimBlend

其中，AnimSource 表示源动画；AnimSource Pos 表示 AnimSource 中的某一帧；AnimTarget 表示目标动画；AnimTarget Pos 表示 AnimTarget 中的某一帧；AnimBlend 表示要叠加的动画。

第 1 种形式是求 AnimSource 和 AnimTarget 两个动画的差值，然后叠加 AnimBlend；第 2 种形式是求 AnimSource 和 AnimTarget 中某一帧的差值，然后叠加 AnimBlend；最后一种形式是求 AnimSource 中某一帧和 AnimTarget 中某一帧的差值，然后叠加 AnimBlend。如果动画里只有一帧，那么这 3 种形式可以归类成一种或者两种形式。

在 Unreal Engine 4 的例子中使用的叠加动画属于第 2 种形式，它求不同朝向的单帧动画和待机动画的第 0 帧的差值，然后再和其他动画混合。只不过预览动画窗口里显示的是只和待机动画混合，所以这里 AnimBlend 为待机动画；而在动画蓝图里 AnimBlend 为运动节点的输出数据流。

得到的差值实际上是无法单独使用的，它必须以 AnimBlend 动画作为载体：一种载体的形式是动画，另一种载体的形式是混合节点的输出数据流。

VSAnim 类在 1.4 节中介绍过，其代码如下。

```
class VSGRAPHIC_API VSAnim : public VSObject,public VSResource
{
    inline bool IsAdditive()const
    {
        return m_pBlendAnim != NULL;
    }
    VSAnimRPtr m_pBlendAnim;
};
```

VSAnim 类中添加了一个成员变量 m_pBlendAnim，如果该变量不为 NULL，则表示叠加动画的载体，这个动画就是叠加动画，它的动画数据存放的是动画的差值。默认播放时，会用 m_pBlendAnim 作为载体来播放叠加动画。

VSResourceManager 类提供了 3 个创建叠加动画的函数，以及一个创建单帧动画的函数，代码如下。

```
class VSGRAPHIC_API VSResourceManager
{
    //(AnimSource - AnimTarget) + AnimBlend
    static VSAnim * CreateAdditiveAnim(VSAnim * pSourceAnim, VSAnim * pTargetAnim,
        VSAnimR * pBlendAnimR);
    //(AnimSource - AnimTarget Pos) + AnimBlend
    static VSAnim * CreateAdditiveAnim(VSAnim * pSourceAnim, VSAnim * pTargetAnim,
        VSAnimR * pBlendAnimR, VSREAL fTargetTime = 0.0f);
    //(AnimSource Pos - AnimTarget Pos) + AnimBlend
    static VSAnim * CreateAdditiveAnim(VSAnim * pSourceAnim, VSAnim * pTargetAnim,
        VSAnimR * pBlendAnimR, VSREAL fSourceTime = 0.0f,
VSREAL fTargetTime = 0.0f);
    //单帧动画
    static VSAnim * CreateAnim(VSAnim * pSourceAnim, VSREAL fSourceTime = 0.0f);
}
```

先讲解如何创建单帧动画，这样在后文讲解创建叠加动画时读者就比较容易理解。这里动画只有1帧，所以动画时间长度为1，代码如下。

```
VSAnim * VSResourceManager::CreateAnim(VSAnim * pSourceAnim, VSREAL fSourceTime)
{
   if (!pSourceAnim)
   {
        return NULL;
   }
   //创建动画
   VSAnim * pAddAnim = VS_NEW VSAnim();
   pAddAnim->SetRootMotion(pSourceAnim->IsRootAnim());
   //遍历所有骨骼数据
   for (unsigned int i = 0; i < pSourceAnim->GetBoneKeyNum(); i++)
   {
        VSBoneKey * pSourceBoneKey = pSourceAnim->GetBoneKey(i);
        if (!pSourceBoneKey)
        {
            continue;
        }
        //创建骨骼数据帧
        VSBoneKey * pAddBoneKey = VS_NEW VSBoneKey();
        pAddBoneKey->m_cName = pSourceBoneKey->m_cName;
        //平移
        pAddBoneKey->m_TranslationArray.SetBufferNum(1);
        //取得平移的数据
        VSVector3 Translate = pSourceAnim->GetTranslation(
                    pSourceBoneKey->m_cName, fSourceTime);
        pAddBoneKey->m_TranslationArray[0].m_dKeyTime = 0.0F;
        pAddBoneKey->m_TranslationArray[0].m_Vector = Translate;
        //缩放
        pAddBoneKey->m_ScaleArray.SetBufferNum(1);
        //取得缩放的数据
        VSVector3 Scale = pSourceAnim->GetScale(pSourceBoneKey->m_cName,
            fSourceTime);
        pAddBoneKey->m_ScaleArray[0].m_dKeyTime = 0.0f;
        pAddBoneKey->m_ScaleArray[0].m_Vector = Scale;
        //旋转
        pAddBoneKey->m_RotatorArray.SetBufferNum(1);
        //取得旋转的数据
        VSQuat Rotator = pSourceAnim->GetQuat(pSourceBoneKey->m_cName,
            fSourceTime);
        pAddBoneKey->m_RotatorArray[0].m_dKeyTime = 0.0f;
        pAddBoneKey->m_RotatorArray[0].m_Quat = Rotator;
        pAddAnim->AddBoneKey(pAddBoneKey);
```

```
    }
    return pAddAnim;
}
```

先来看第 1 个创建叠加动画的方法，代码如下。

```
VSAnim *VSResourceManager::CreateAdditiveAnim(VSAnim * pSourceAnim,
VSAnim *pTargetAnim, VSAnimR *pBlendAnimR)
{
    if (!pSourceAnim || !pTargetAnim || !pBlendAnimR)
    {
        return NULL;
    }
    //载体动画必须加载完毕，后文在异步加载时会讲到
    while (!pBlendAnimR->IsLoaded())
    {
    }
    VSAnim *pBlendAnim = pBlendAnimR->GetResource();
    //pSourceAnim、pTargetAnim 和 pBlendAnim 必须都不是叠加动画
    if (pSourceAnim->IsAdditive() || pTargetAnim->IsAdditive()
            || pBlendAnim->IsAdditive())
    {
        return NULL;
    }
    //创建动画，设置动画载体，标记为叠加动画
    VSAnim *pAddAnim = VS_NEW VSAnim();
    pAddAnim->m_pBlendAnim = pBlendAnimR;
    pAddAnim->SetRootMotion(pBlendAnim->IsRootAnim());
    //因为动画时间长度不一样，所以按照载体的时间长度缩放 pSourceAnim 和 pTargetAnim
    VSREAL fSourceTimeScale = pSourceAnim->GetAnimLength() /
            pBlendAnim->GetAnimLength();
    VSREAL fTargetTimeScale = pTargetAnim->GetAnimLength() /
            pBlendAnim->GetAnimLength();
    //按照载体的骨骼关键帧取动画数据
    for (unsigned int i = 0; i < pBlendAnim->GetBoneKeyNum(); i++)
    {
        VSBoneKey *pBlendBoneKey = pSourceAnim->GetBoneKey(i);
        if (!pBlendBoneKey)
        {
            continue;
        }
        VSBoneKey *pSourceBoneKey =
                pSourceAnim->GetBoneKey(pBlendBoneKey->m_cName);
        VSBoneKey *pTargetBoneKey =
                pTargetAnim->GetBoneKey(pBlendBoneKey->m_cName);
        //加入新骨骼
        VSBoneKey *pAddBoneKey = VS_NEW VSBoneKey();
        pAddBoneKey->m_cName = pSourceBoneKey->m_cName;
        //如果 pSourceAnim 和 pTargetAnim 没有对应的骨骼，就可以初始化
        if (!pTargetBoneKey || !pSourceBoneKey)
        {
            pAddBoneKey->m_TranslationArray.SetBufferNum(1);
            pAddBoneKey->m_TranslationArray[0].m_Vector =
               VSVector3::ms_Zero;
            pAddBoneKey->m_ScaleArray[0].m_Vector = VSVector3::ms_One;
            pAddBoneKey->m_RotatorArray[0].m_Quat = VSQuat();
            return false;
        }
        else
        {
            //加入平移关键帧的个数
            pAddBoneKey->m_TranslationArray.SetBufferNum(
                    pBlendBoneKey->m_TranslationArray.GetNum());
            //按照缩放后的动画取得对应关键帧的平移数据，然后做差值
```

```
                for (unsigned int j = 0;
                    j < pBlendBoneKey->m_TranslationArray.GetNum();j++)
                {
                    VSREAL fSourceTime =
                    pBlendBoneKey->m_TranslationArray[j].m_dKeyTime
                    * fSourceTimeScale;
                    VSREAL fTargetTime =
                    pBlendBoneKey->m_TranslationArray[j].m_dKeyTime
                    * fTargetTimeScale;
                    pAddBoneKey->m_TranslationArray[j].m_dKeyTime =
                      pBlendBoneKey->m_TranslationArray[j].m_dKeyTime;
                    VSVector3 SourceTranslation =
                    pSourceAnim->GetTranslation(pBlendBoneKey->m_cName,
                    fSourceTime);
                    VSVector3 TargetTranslation =
                    pTargetAnim->GetTranslation(pBlendBoneKey->m_cName,
                    fTargetTime);
                    pAddBoneKey->m_TranslationArray[j].m_Vector =
                        SourceTranslation - TargetTranslation;
                }
                //加入缩放关键帧的个数
                …
                //加入旋转关键帧的个数
                …
            }
            pAddAnim->AddBoneKey(pAddBoneKey);
        }
        return pAddAnim;
    }
```

我们再来看第2个创建叠加动画的函数。第2个函数需要缩放 AnimSource 的动画时间长度，并取 AnimTarget 的一帧数据，代码如下。

```
VSAnim * VSResourceManager::CreateAdditiveAnim(VSAnim * pSourceAnim,
VSAnim * pTargetAnim, VSAnimR * pBlendAnimR,VSREAL fTargetTime)
{
    …
    //因为动画时间长度不一样，所以按照载体的时间缩放pSourceAnim
    VSREAL fSourceTimeScale =
            pSourceAnim->GetAnimLength() / pBlendAnim->GetAnimLength();
    for (unsigned int i = 0; i < pBlendAnim->GetBoneKeyNum(); i++)
    {
        VSBoneKey *pBlendBoneKey = pBlendAnim->GetBoneKey(i);
        if (!pBlendBoneKey)
        {
            continue;
        }
        VSBoneKey *pSourceBoneKey =
                pSourceAnim->GetBoneKey(pBlendBoneKey->m_cName);
        VSBoneKey *pTargetBoneKey =
                pTargetAnim->GetBoneKey(pBlendBoneKey->m_cName);
        VSBoneKey *pAddBoneKey = VS_NEW VSBoneKey();
        pAddBoneKey->m_cName = pSourceBoneKey->m_cName;
        if (!pTargetBoneKey || !pSourceBoneKey)
        {
            pAddBoneKey->m_TranslationArray.SetBufferNum(1);
            pAddBoneKey->m_TranslationArray[0].m_Vector =
                VSVector3::ms_Zero;
            pAddBoneKey->m_ScaleArray[0].m_Vector = VSVector3::ms_One;
            pAddBoneKey->m_RotatorArray[0].m_Quat = VSQuat();
            return false;
        }
        else
```

```
        {
            pAddBoneKey->m_TranslationArray.SetBufferNum(
                    pBlendBoneKey->m_TranslationArray.GetNum());
            //取得 fTargetTime 时刻 pTargetAnim 骨骼的平移数据
            VSVector3 TargetTranslation = pTargetAnim->GetTranslation(
                        pBlendBoneKey->m_cName, fTargetTime);
            for (unsigned int j = 0;
                j < pBlendBoneKey->m_TranslationArray.GetNum(); j++)
            {
                VSREAL fSourceTime =
                pBlendBoneKey->m_TranslationArray[j].m_dKeyTime
                *fSourceTimeScale;
                pAddBoneKey->m_TranslationArray[j].m_dKeyTime =
                  pBlendBoneKey->m_TranslationArray[j].m_dKeyTime;
                VSVector3 SourceTranslation =
                pSourceAnim->GetTranslation(pBlendBoneKey->m_cName,
                fSourceTime);
                pAddBoneKey->m_TranslationArray[j].m_Vector =
                  SourceTranslation - TargetTranslation;
            }
            //处理缩放
            …
            //处理旋转
            …
        }
        pAddAnim->AddBoneKey(pAddBoneKey);
    }
    return pAddAnim;
}
```

接下来是最后一个函数。AnimSource 和 AnimTarget 直接取对应时间的数据，不用进行任何缩放，所以得到的动画只有一帧，代码如下。

```
VSAnim *VSResourceManager::CreateAdditiveAnim(VSAnim * pSourceAnim,
VSAnim *pTargetAnim, VSAnimR * pBlendAnimR,VSREAL fSourceTime,
VSREAL fTargetTime)
{
    …
    for (unsigned int i = 0; i < pBlendAnim->GetBoneKeyNum(); i++)
    {
        VSBoneKey *pBlendBoneKey = pBlendAnim->GetBoneKey(i);
        if (!pBlendBoneKey)
        {
            continue;
        }
        VSBoneKey *pSourceBoneKey = pSourceAnim->GetBoneKey(
                pBlendBoneKey->m_cName);
        VSBoneKey *pTargetBoneKey = pTargetAnim->GetBoneKey(
                pBlendBoneKey->m_cName);
        VSBoneKey *pAddBoneKey = VS_NEW VSBoneKey();
        pAddBoneKey->m_cName = pBlendBoneKey->m_cName;
        if (!pTargetBoneKey || !pSourceBoneKey)
        {
            pAddBoneKey->m_TranslationArray.SetBufferNum(1);
            pAddBoneKey->m_TranslationArray[0].m_Vector =
               VSVector3::ms_Zero;
            pAddBoneKey->m_ScaleArray[0].m_Vector = VSVector3::ms_One;
            pAddBoneKey->m_RotatorArray[0].m_Quat = VSQuat();
            return false;
        }
        else
        {
            //只有一帧，处理平移
```

```
                pAddBoneKey->m_TranslationArray.SetBufferNum(1);
                VSVector3 TargetTranslation =
                pTargetAnim->GetTranslation(pBlendBoneKey->m_cName,
                        fTargetTime);
                pAddBoneKey->m_TranslationArray[0].m_dKeyTime = 0.0f;
                VSVector3 SourceTranslation =
                pSourceAnim->GetTranslation(pBlendBoneKey->m_cName,
                fSourceTime);
                pAddBoneKey->m_TranslationArray[0].m_Vector =
                  SourceTranslation - TargetTranslation;
                //只有一帧，处理缩放
                …
                //只有一帧，处理旋转
                …
          }
          pAddAnim->AddBoneKey(pAddBoneKey);
     }
     return pAddAnim;
}
```

在VSAnimSequence类中，如果判断为叠加动画，则可以选择是否输出和载体叠加的结果。如果不和载体叠加，则将这个差值和其他动画数据流混合，回到VSAnimSequence类中，代码如下。

```
class VSGRAPHIC_API VSAnimSequenceFunc : public VSAnimFunction
{
     bool m_bOnlyAddtiveOutput;
     struct LAST_KEY_TYPE
     {
          LAST_KEY_TYPE()
          {
               uiLKTranslation = 0;
               uiLKScale = 0;
               uiLKRotator = 0;
          }
          unsigned int uiLKTranslation;
          unsigned int uiLKScale;
          unsigned int uiLKRotator;
     };
     VSArray<LAST_KEY_TYPE> m_LastKey;
     VSArray<LAST_KEY_TYPE> m_AdditiveLastKey;
     VSArray<VSAnimAtom> m_AdditiveBoneOutPut;
};
```

m_bOnlyAddtiveOutput表示输出差值还是输出与载体叠加后的结果，核心代码如下。

```
bool VSAnimSequenceFunc::UpdateEx(double dAppTime)
{
     if(!VSAnimFunction::UpdateEx(dAppTime))
          return false;
     VSSkeletonMeshNode * pMesh = GetSkeletonMeshNode();
     VSMAC_ASSERT(pMesh);
     if (!pMesh)
     {
          return false;
     }
     VSSkeleton *pSkeleton = pMesh->GetSkeleton();
     VSMAC_ASSERT(pSkeleton);
     if (!pSkeleton)
     {
          return false;
     }
     if (m_pAnimR == NULL)
     {
          return false;
```

```
    }
    if (!m_pAnimR->IsLoaded())
    {
        return false;
    }
    VSAnim *pAnim = m_pAnimR->GetResource();
    VSAnim *pBlendAnim = NULL;
    //如果是叠加动画
    if (pAnim->IsAdditive())
    {
        //叠加动画必须加载完毕
        VSAnimR *pBlendAnimR = pAnim->GetBlendAnim();
        if (!pBlendAnimR->IsLoaded())
        {
            return false;
        }
        pBlendAnim = pBlendAnimR->GetResource();
    }
    //如果是叠加动画，那么这里计算的是差值；否则，计算正常动画
    ComputeAnim(pAnim, m_LastKey, m_BoneOutPut);
    //如果是叠加动画，那么m_bOnlyAddtiveOutput表示输出差值还要和pBlendAnim叠加
    if (pBlendAnim && !m_bOnlyAddtiveOutput)
    {
        //取得pBlendAnim动画数值
        ComputeAnim(pBlendAnim, m_AdditiveLastKey, m_AdditiveBoneOutPut);
        //把最终结果混合到m_BoneOutPut
        for (unsigned int i = 0; i < m_BoneOutPut.GetNum();i++)
        {
            m_BoneOutPut[i].AddTwo(m_AdditiveBoneOutPut[i]);
        }
    }
    …
}
```

如果输出的是差值，类似于Unreal Engine 4中把不同朝向动画输出的差值和不同角度的运动输出数据流混合，那么必须有一个专门的叠加混合节点来处理这样的事情。把不同角度的运动输出数据流分别和不同朝向动画输出的差值混合，可以混合出不同朝向、不同角度的运动效果。

VSAdditiveBlend类表示叠加混合节点，它只有两个输入数据流，并且不可以增加，代码如下。

```
class VSGRAPHIC_API VSAdditiveBlend : public VSAnimBlendFunction
{
    VSAdditiveBlend(const VSUsedName & ShowName, VSAnimTree *pAnimTree);
    virtual void AddInputNode();
    virtual void DeleteInputNode();
    VSAdditiveBlend();
    virtual bool ComputePara(double dAppTime){ return true; }
    virtual bool ComputeOutBoneMatrix(double dAppTime);
};
```

构造函数的代码如下。

```
VSAdditiveBlend::VSAdditiveBlend(const VSUsedName & ShowName, VSAnimTree *pAnimTree)
:VSAnimBlendFunction(ShowName, pAnimTree)
{
    VSString InputName0 = _T("Delta");
    VSInputNode *pInputNode = NULL;
    pInputNode = VS_NEW VSInputNode(VSPutNode::AVT_ANIM, InputName0, this);
    VSMAC_ASSERT(pInputNode);
    m_pInput.AddElement(pInputNode);
    VSString InputName1 = _T("BlendAnim");
    pInputNode = NULL;
```

```
    pInputNode = VS_NEW VSInputNode(VSPutNode::AVT_ANIM, InputName1, this);
    VSMAC_ASSERT(pInputNode);
    m_pInput.AddElement(pInputNode);
}
```

叠加骨骼数据的核心代码如下。

```
bool VSAdditiveBlend::ComputeOutBoneMatrix(double dAppTime)
{
    VSInputNode *pInputNode1 = GetInputNode(0);
    VSInputNode *pInputNode2 = GetInputNode(1);
    if (pInputNode1->GetOutputLink() && pInputNode2->GetOutputLink())
    {
          VSAnimFunction *pAnimBaseFunction1 = (VSAnimFunction *)
                   pInputNode1->GetOutputLink()->GetOwner();
          VSAnimFunction *pAnimBaseFunction2 = (VSAnimFunction *)
                   pInputNode2->GetOutputLink()->GetOwner();
          AdditiveBlend(this, pAnimBaseFunction1, pAnimBaseFunction2);
          m_RootAtom = pAnimBaseFunction1->m_RootAtom;
    }
    else if (pInputNode1->GetOutputLink())
    {
         VSAnimFunction *pAnimBaseFunction1 = (VSAnimFunction *)
                   pInputNode1->GetOutputLink()->GetOwner();

         AdditiveBlend(this, pAnimBaseFunction1,NULL);
         m_RootAtom = pAnimBaseFunction1->m_RootAtom;
    }
    else if (pInputNode2->GetOutputLink())
    {
         VSMAC_ASSERT(0);
    }
    return 1;
}
```

图3.27展示了用游戏引擎中动画树的方式如何实现3.1节中关于Unreal Engine 4和Unreal Engine 3的例子。有9个方向的叠加动画，然后将叠加动画与走路和跑步动画混合的输出数据流进行叠加混合，最后再进入两个参数的二维混合。也可以用一个节点来实现这个烦琐的功能：把所有逻辑都封装成一个节点，输入是9个叠加动画和一个输入动画数据流（走路和跑步动画混合输出的动画数据流）。

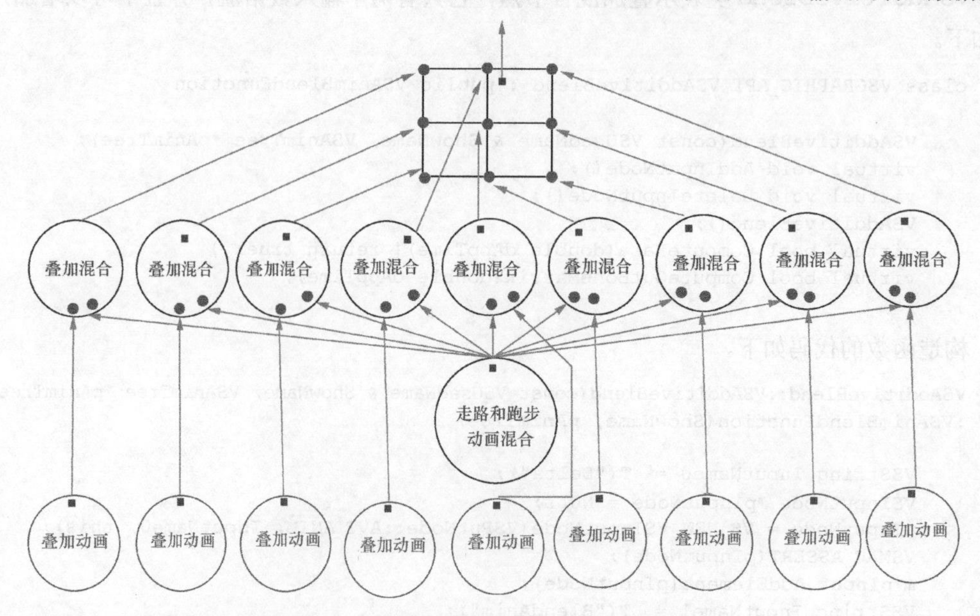

图3.27 通过叠加混合出运动转向动画

3.6 部分混合动画

“部分混合”（partial blend）就像其字面意义一样，只混合骨架的某一部分。例如，对于胳膊，只希望混合动画数据流 *A*；对于身体，只希望混合动画数据流 *B*。当然，也可以混合单根骨骼。

在 FPS 类游戏里，角色手持不同枪械的动画不同，美术师不会把角色在跑步、走路时的所有持枪动画都做出来，他们只会默认做一套跑步和走路的动画，然后将上半身混合不同的持枪动画，将下半身混合走路或跑步的动画，这样就可以实现角色所有的跑步和走路的持枪动画。

当混合类似于上下半身的动画时，如果用一根根骨骼来调节，还是很麻烦的。为了方便，我们只设置一根骨骼，它的子节点都跟着混合。

在 Unreal Engine 3 的例子中，b_Spine（读者可以打开 Unreal Engine 3 找到这根骨骼）及其子骨骼都是上半身。UTAnimBlendByWeapType 节点（见图 3.28）的 Default 输入数据流用的是运动数据流，而 Weapon 输入数据流是站立时手持不同枪械的动画。查看这个节点的属性就可以看到，b_Spine 及其子骨骼都用的持枪动画，并且混合权重为 1。

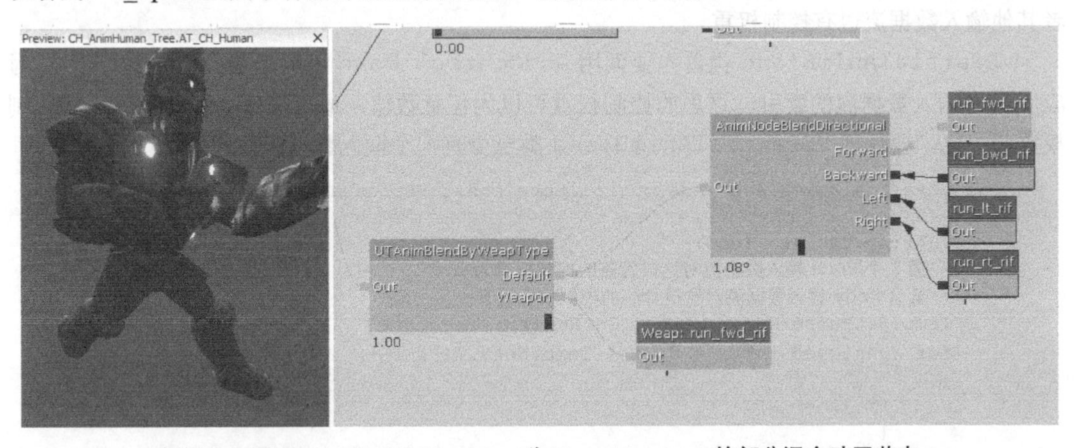

图 3.28 UTAnimBlendByWeapType 为 Unreal Engine 3 的部分混合动画节点

Default 输入数据流为默认数据流，其中的数据默认权重都为 1。如果输入骨骼名字 *A*，那么骨骼 *A* 及其以下子骨骼都会用权重 1 混合 Weapon 输入数据流的数据。此时，Default 输入数据流对应的骨骼 *A* 及其子骨占比权重就为 0。

掌握了上面的规则后，混合就不是很难了，下面举一个例子（如图 3.29 所示）。默认情况下，若没有设置 Anim1 输入数据流所控制骨骼的名字，那么由 Default 输入数据流控制整个骨架，也就是 Default 输入数据流对骨骼 a、b、c、d、e、f、g 的权重为 1。一旦 Anim1 输入数据流控制的骨骼名字为 c，那么 Anim1 输入数据流对 c、f、g 骨骼的权重为 1，而 Default 输入数据流对 c、f、g 的权重为 0，对 a、b、d、e 的权重还是 1。知道了这个规则，下面引入部分混合动画类。

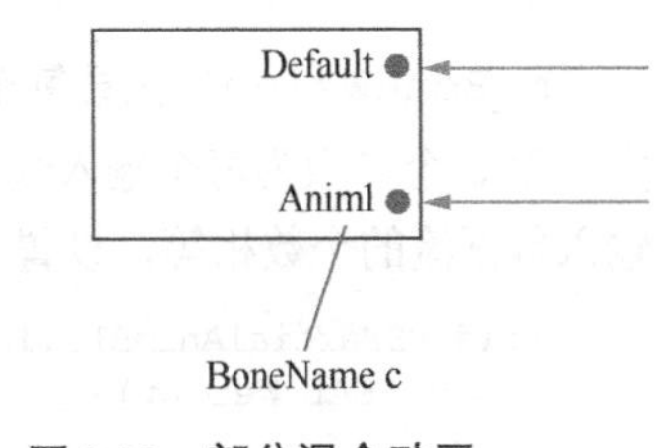

图 3.29 部分混合动画

VSPartialAnimBlend 类为部分混合动画类，代码如下。

```
class VSGRAPHIC_API VSPartialAnimBlend : public VSAnimBlendFunction
{
        VSPartialAnimBlend(const VSUsedName & ShowName,VSAnimTree * pAnimTree);
        //添加、删除输入数据流
        virtual void AddInputNode();
        virtual void DeleteInputNode();
        //为对应数据流添加骨骼以及权重
```

```
    virtual void SetBoneWeight(unsigned int i, const VSUsedName & BoneName,
        VSREAL Weight);
    virtual bool ComputePara(double dAppTime);
    //添加要控制的骨骼
    void AddControllBone(const VSUsedName & BoneName);
    #ifdef FAST_BLEND_PARIAL_ANIMITION
    VSArray<VSMatrix3X3W> m_FastTempMatrix;
    VSMatrix3X3W m_FastRootMatrix;
    #endif
    VSArray<VSArray<VSREAL>> m_Weight;
    VSMap<VSUsedName, VSArray<VSREAL>> m_BoneWeight;
    void ComputeWeight();
    VSPartialAnimBlend();
    virtual bool ComputeOutBoneMatrix(double dAppTime);
    virtual bool SetObject(VSObject * pObject);
};
```

这里作者做了一点修改，控制权重不仅有0和1两个值，还可以是0～1的任何数值。例如，Anim1输入数据流对c的控制权重只有0.5，而Default输入数据流对c的控制权重也是0.5，或者其他输入数据流也有控制权重。

VSPartialAnimBlend类首先要调用AddControllBone函数添加要控制的骨骼，i对应Node输入数据流的索引。这里的控制权重可以为任意数值，最后程序会把这些输入的控制权重归一化。要保证VSPartialAnimBlend类至少有一个输入数据流，代码如下。

```
void VSPartialAnimBlend::AddControllBone(const VSUsedName & BoneName)
{
    VSArray<VSREAL> Temp;
    //第1个Node输入数据流对这根骨骼的控制权重为1.0
    //其余Node输入数据流对这根骨骼的控制权重为0
    Temp.SetBufferNum(m_pInput.GetNum());
    for (unsigned int i = 0; i < Temp.GetNum(); i++)
    {
        if (i == 0)
        {
            Temp[i] = 1.0f;
        }
        else
        {
            Temp[i] = 0.0f;
        }
    }
    m_BoneWeight.AddElement(BoneName, Temp);
}
```

m_BoneWeight记录每个输入数据流对骨骼的控制权重信息。其中，第1个参数是骨骼名字，第2个参数为每个输入数据流对应的控制权重值。m_BoneWeight的第2个参数的个数和输入数据流的个数相等，设置m_BoneWeight的代码如下。

```
void VSPartialAnimBlend::SetBoneWeight(unsigned int i, const VSUsedName & BoneName,
    VSREAL Weight)
{
    unsigned int uiIndex = m_BoneWeight.Find(BoneName);
    if (uiIndex != m_BoneWeight.GetNum())
    {
        if (i >= m_BoneWeight[uiIndex].Value.GetNum())
        {
            return;
        }
        m_BoneWeight[uiIndex].Value[i] = Weight;
    }
}
```

SetObject 函数会调用 ComputeWeight 函数，并根据 m_BoneWeight 计算 m_Weight。m_Weight 每次都会根据不同骨骼模型重新进行计算，SetObject 函数的代码如下。

```
bool VSPartialAnimBlend::SetObject(VSObject *pObject)
{
    if (VSAnimFunction::SetObject(pObject))
    {
        ComputeWeight();
        #ifdef FAST_BLEND_PARIAL_ANIMITION
        m_FastTempMatrix.SetBufferNum(m_BoneOutPut.GetNum());
        #endif
        return true;
    }
    return false;
}
```

m_FastTempMatrix 和 m_FastRootMatrix 是用来快速计算混合结果的，严格上讲，它们的计算并不十分准确。

m_Weight 是二维数组，表示每个骨骼索引和不同输入数据流之间的控制权重关系。第 1 个维度是输入数据流的个数，第 2 个维度是骨骼根数，用来计算最终混合结果。

最后，把 m_BoneWeight 中每根骨骼对应的所有输入数据流的控制权重总和都变成 1，这样每根骨骼对应的所有输入数据流的控制权重都在 0～1。m_BoneWeight 并没有记录每根骨骼的子骨骼，因此要重新查找所有子骨骼，把最后的控制权重都赋值给 m_Weight，ComputeWeight 函数的代码如下。

```
void VSPartialAnimBlend::ComputeWeight()
{
    const VSSkeletonMeshNode *pMesh = GetSkeletonMeshNode();
    VSMAC_ASSERT(pMesh);
    if (!pMesh)
    {
        return ;
    }
    VSSkeleton *pSkeleton = pMesh->GetSkeleton();
    VSMAC_ASSERT(pSkeleton);
    if (!pSkeleton)
    {
        return ;
    }
    //初始化 m_Weight，第 1 个 Node 输入数据流的控制权重都为 1
    m_Weight.SetBufferNum(m_pInput.GetNum());
    for (unsigned int i = 0; i < m_Weight.GetNum(); i++)
    {
        m_Weight[i].SetBufferNum(pSkeleton->GetBoneNum());
        if (i == 0)
        {
            for (unsigned int j = 0; j < pSkeleton->GetBoneNum(); j++)
            {
                m_Weight[i][j] = 1.0f;
            }
        }
        else
        {
            for (unsigned int j = 0; j < pSkeleton->GetBoneNum(); j++)
            {
                m_Weight[i][j] = 0.0f;
            }
        }
    }
    //归一化所有输入数据流的控制权重，使它们在 0~1
```

```
        for (unsigned int i = 0; i < m_BoneWeight.GetNum(); i++)
        {
            VSREAL Sum = 0.0f;
            for (unsigned int j = 0; j < m_BoneWeight[i].Value.GetNum(); j++)
            {
                Sum += m_BoneWeight[i].Value[j];
            }
            for (unsigned int j = 0; j < m_BoneWeight[i].Value.GetNum(); j++)
            {
                m_BoneWeight[i].Value[j] /= Sum;
            }
        }
        //根据骨骼名字找到其子骨骼，并把控制权重都算入m_Weight
        for (unsigned int i = 0; i < m_BoneWeight.GetNum(); i++)
        {
            //找到所有子骨骼
            VSBoneNode *pBone =
                      pSkeleton->GetBoneNode(m_BoneWeight[i].Key);
            VSArray<VSUsedName> AllBoneName;
            VSArray<VSBoneNode *> AllBoneArray;
            pBone->GetAllBoneArray(AllBoneArray);
            for (unsigned int m = 0; m < AllBoneArray.GetNum(); m++)
            {
                AllBoneName.AddElement(AllBoneArray[m]->m_cName);
            }
            //找到所有骨骼对应的索引
            VSArray<unsigned int> BoneIndex;
            BoneIndex.SetBufferNum(AllBoneName.GetNum());
            for (unsigned int s = 0; s < AllBoneName.GetNum(); s++)
            {
                for (unsigned int j = 0; j < pSkeleton->GetBoneNum(); j++)
                {
                    VSBoneNode *pBone = pSkeleton->GetBoneNode(j);
                    if (pBone->m_cName == AllBoneName[s])
                    {
                        BoneIndex[s] = j;
                    }
                }
            }
            //赋值给m_Weight，s为输入数据流索引
            for (unsigned int s = 0; s < m_Weight.GetNum(); s++)
            {
                for (unsigned int j = 0; j < BoneIndex.GetNum(); j++)
                {
                    m_Weight[s][BoneIndex[j]] = m_BoneWeight[i].Value[s];
                }
            }
        }
    }
```

在计算最后混合的结果时，有两种方法。一种是快速计算方法，虽然严格来讲这种方法是错误的，但是效果看起来还比较令人满意；另一种是严格执行的计算方法。我们先看后面这种方法，代码如下。

```
bool VSPartialAnimBlend::ComputeOutBoneMatrix(double dAppTime)
{
    if (m_Weight.GetNum() == 0)
    {
        VSMAC_ASSERT(0);
    }
    //遍历每一个输入数据流
    for ( unsigned int i = 0 ; i < m_pInput.GetNum() ; i++)
    {
        VSInputNode *pInputNode = GetInputNode(i);
```

```
        VSAnimFunction *pAnimBaseFunction = (VSAnimFunction *)
                    pInputNode->GetOutputLink()->GetOwner();
        if (!pAnimBaseFunction)
        {
              return false;
        }
        //混合根骨动画
        if (i == 0)
        {
              m_RootAtom = pAnimBaseFunction->m_RootAtom * m_Weight[i][0];
        }
        else
        {
              m_RootAtom.BlendWith
                             (pAnimBaseFunction->m_RootAtom * m_Weight[i][0]);
        }
        //混合整个骨架
        for (unsigned int j = 0; j < m_BoneOutPut.GetNum(); j++)
        {
             if (i == 0)
             {
                   m_BoneOutPut[j] =
                            pAnimBaseFunction->m_BoneOutPut[j] * m_Weight[i][j];
             }
             else
             {
                   m_BoneOutPut[j].BlendWith(
                            pAnimBaseFunction->m_BoneOutPut[j] * m_Weight[i][j]);
             }
        }
    }
    return 1;
}
```

BlendWith 函数表示严格执行权重的混合，也就是要将四元数解析成角度和轴向，然后将角度乘以权重，最后再转换回四元数。下面是快速计算方法，虽然是错误的，但是这种方法的效果看起来还不错，速度较快，代码如下。

```
bool VSPartialAnimBlend::ComputeOutBoneMatrix(double dAppTime)
{
    if (m_Weight.GetNum() == 0)
    {
         VSMAC_ASSERT(0);
    }
    for ( unsigned int i = 0 ; i < m_pInput.GetNum() ; i++)
    {
          VSInputNode *pInputNode = GetInputNode(i);
          VSAnimFunction *pAnimBaseFunction = (VSAnimFunction *)
                      pInputNode->GetOutputLink()->GetOwner();
          if (!pAnimBaseFunction)
          {
                return false;
          }
          //计算根骨混合结果
          if (i == 0)
          {
                pAnimBaseFunction->m_RootAtom.GetMatrix(m_FastRootMatrix);
                m_FastRootMatrix *= m_Weight[i][0];
          }
          else
          {
               VSMatrix3X3W Temp;
               pAnimBaseFunction->m_RootAtom.GetMatrix(Temp);
```

```
                m_FastRootMatrix += Temp * m_Weight[i][0];
            }
            //计算整个骨架混合
            for (unsigned int j = 0; j < m_BoneOutPut.GetNum(); j++)
            {
                if (i == 0)
                {
                    pAnimBaseFunction->m_BoneOutPut[j].GetMatrix(
                    m_FastTempMatrix[j]);
                    m_FastTempMatrix[j] *= m_Weight[i][j];
                }
                else
                {
                    VSMatrix3X3W Temp;
                    pAnimBaseFunction->m_BoneOutPut[j].GetMatrix(Temp);
                    m_FastTempMatrix[j] += Temp *m_Weight[i][j];
                }
            }
        }
        for (unsigned int j = 0; j < m_BoneOutPut.GetNum(); j++)
        {
            m_BoneOutPut[j].FromMatrix(m_FastTempMatrix[j]);
        }
        m_RootAtom.FromMatrix(m_FastRootMatrix);
        return 1;
    }
```

这种方法直接把矩阵和权重相乘，它和 GPU 蒙皮的代码十分类似，但做法都是错误的，只不过看起来效果还可以。矩阵直接乘以权重得到的结果，和旋转分解成角度后乘以权重的结果是不相等的。

3.7 动画树实例详解

接下来，专门拿出一个例子讲解动画树混合，要实现的效果有怪物待机站立、走动、攻击等一系列动画混合。作者一共给出两种解决方案，它们在表现上稍有不同。

方案 1 如图 3.30 所示。

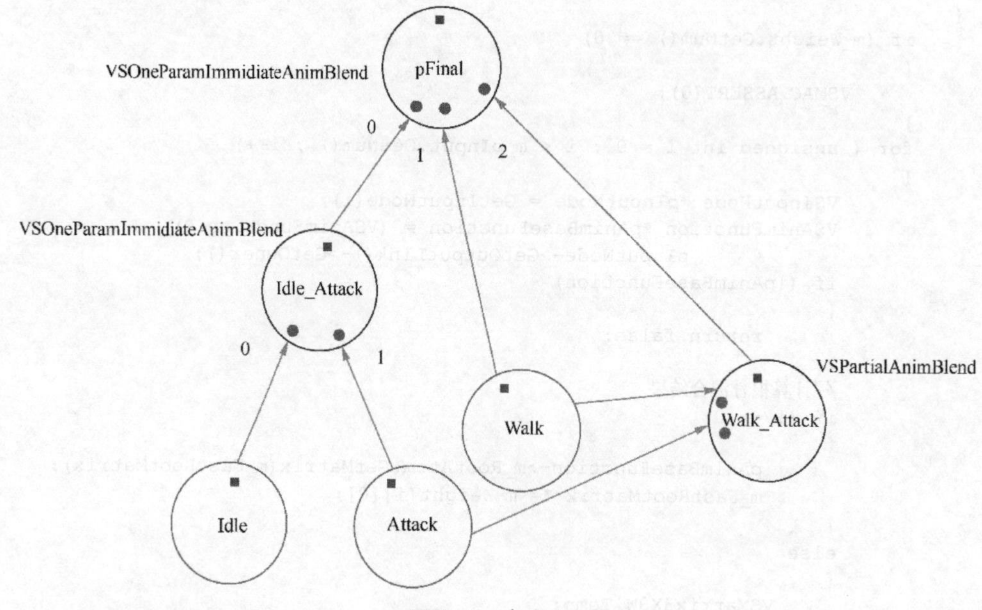

图 3.30 方案 1

Idle、Attack、Walk 分别表示待机动画、攻击动画、走路动画。Idle_Attack 节点是待机动画和攻击动画的混合，它表示站立状态下的待机和攻击；Walk_Attack 节点是和攻击动画与 VSPartialAnimBlend 类的混合，上半身用攻击动画，下半身用走路动画，pFinal 节点表述最终输出。

构建图 3.30 中动画树的代码如下。

```
VSMonsterAnimTree1::VSMonsterAnimTree1(const VSUsedName &ShowName)
   :VSAnimTree(ShowName)
{
   //攻击动画
   VSAnimSequenceFunc* pAnimSequenceAttack = VS_NEW
      VSAnimSequenceFunc(_T("Attack"), this);
   pAnimSequenceAttack->SetAnim(_T("Attack2"));
   //待机动画
   VSAnimSequenceFunc* pAnimSequenceIdle = VS_NEW
         VSAnimSequenceFunc(_T("Idle"), this);
   pAnimSequenceIdle->SetAnim(_T("Idle"));
   //混合待机动画和攻击动画
   VSOneParamImmediateAnimBlend * pIdle_Attack = VS_NEW
      VSOneParamImmediateAnimBlend(_T("Idle_Attack"), this);
   pIdle_Attack->GetInputNode(0)->Connection(pAnimSequenceIdle->GetOutputNode(0));
   pIdle_Attack->GetInputNode(1)->Connection(pAnimSequenceAttack->GetOutputNode(0));
   //设置参数范围
   pIdle_Attack->m_fParamMax = 1.0f;
   pIdle_Attack->m_fParamMin = 0.0f;
   //设置动画过渡时间
   pIdle_Attack->SetNodeCrossFadingTime(0, 100.0f);
   pIdle_Attack->SetNodeCrossFadingTime(1, 100.0f);
   //走路动画
   VSAnimSequenceFunc* pAnimSequenceWalk = VS_NEW
      VSAnimSequenceFunc(_T("Walk"), this);
   pAnimSequenceWalk->SetAnim(_T("Walk"));
   //混合走路动画和攻击动画的上、下半身
   VSPartialAnimBlend * pWalk_Attack= VS_NEW
          VSPartialAnimBlend(_T("Walk_Attack"), this);
   pWalk_Attack->GetInputNode(0)->Connection(pAnimSequenceWalk->GetOutputNode(0));
   pWalk_Attack->GetInputNode(1)->Connection(pAnimSequenceAttack->GetOutputNode(0));
   //设置上下半身混合权重
   pWalk_Attack->AddControllBone(_T("Bip01 Neck"));
   pWalk_Attack->SetBoneWeight(0, _T("Bip01 Neck"), 0.0f);
   pWalk_Attack->SetBoneWeight(1, _T("Bip01 Neck"), 1.0f);
   //最后输出混合结果
   VSOneParamImmediateAnimBlend * pFinal = VS_NEW
      VSOneParamImmediateAnimBlend(_T("Final"), this);
   pFinal->AddInputNode();
   pFinal->GetInputNode(0)->Connection(pIdle_Attack->GetOutputNode(0));
   pFinal->GetInputNode(1)->Connection(pAnimSequenceWalk->GetOutputNode(0));
   pFinal->GetInputNode(2)->Connection(pWalk_Attack->GetOutputNode(0));
   //指定 3 个状态，设置最大值和最小值
   pFinal->m_fParamMax = 2.0f;
   pFinal->m_fParamMin = 0.0f;
   pFinal->SetNodeCrossFadingTime(0, 100.0f);
   pFinal->SetNodeCrossFadingTime(1, 100.0f);
   pFinal->SetNodeCrossFadingTime(2, 100.0f);
   //输出
   m_pAnimMainFunction->GetInputNode(_T("Anim"))->Connection(
         pFinal->GetOutputNode(0));
}
```

这里需要使用两个变量控制数据状态变化。一个是 ParaFinal，用于控制 pFinal 节点；另一个

是ParaIdle_Attack，用于控制 Idle_Attack 节点。

我们需要判断什么时候角色在走路、什么时候角色在攻击。用 Speed 变量来控制走路的速度，当 Speed 为 0 的时候，角色待机；当 Speed 大于 0 的时候，表示角色已经处于走路状态。用 bAttack 变量表示玩家按下攻击键，角色处于攻击状态，通过判断攻击动画是否播放完毕来结束攻击，代码如下。

```
VSREAL ParaFinal = 0.0f;
VSREAL ParaIdle_Attack = 0.0f;
//移动，并且没有攻击
if (m_fMoveSpeed > 0.01f && m_bAttack == false)
{
        ParaFinal = 1.0f;
}
//移动，并且攻击
else if (m_fMoveSpeed > 0.01f && m_bAttack == true)
{
        ParaFinal = 2.0f;
}
//不移动，并且攻击
else if (m_fMoveSpeed < 0.01f && m_bAttack == true)
{
        ParaFinal = 0.0f;
        ParaIdle_Attack = 1.0f;
}
//不移动，并且不攻击
else if (m_fMoveSpeed < 0.01f && m_bAttack == false)
{
        ParaFinal = 0.0f;
        ParaIdle_Attack = 0.0f;
}
//从攻击开始计时，若超出攻击时间，则停止攻击
if (m_bAttack == true)
{
        if (m_fAttackStartTime >= m_AttackTime)
        {
            m_bAttack = false;
        }
        m_fAttackStartTime += VSTimer::ms_pTimer->GetDetTime();
}
//设置参数
static VSUsedName Final = _T("Final");
m_pMonsterMC->SetAnimTreeNodePara(Final, &ParaFinal);
static VSUsedName Idle_Attack = _T("Idle_Attack");
m_pMonsterMC->SetAnimTreeNodePara(Idle_Attack, &ParaIdle_Attack);
void VSMonsterActor1::ProcessInput(unsigned int uiInputType, unsigned int uiEvent,
       unsigned int uiKey, int x, int y, int z)
{
    VSActor::ProcessInput(uiInputType, uiEvent, uiKey, x, y, z);
    if (uiInputType == VSEngineInput::IT_KEYBOARD)
    {
        if (uiEvent == VSEngineInput::IE_DOWN)
        {
            if (uiKey == VSEngineInput::BK_UP)
            {
                m_fMoveSpeed = 1.0f;
            }
            else if (uiKey == VSEngineInput::BK_A)
            {
                m_bAttack = true;
                m_fAttackStartTime = 0.0f;
```

```
                }
            }
            else if (uiEvent == VSEngineInput::IE_UP)
            {
                if (uiKey == VSEngineInput::BK_UP)
                {
                    m_fMoveSpeed = 0.0f;
                }
            }
        }
}
```

要了解详细内容，读者可以查看示例 3.17。

方案 2 如图 3.31 所示。

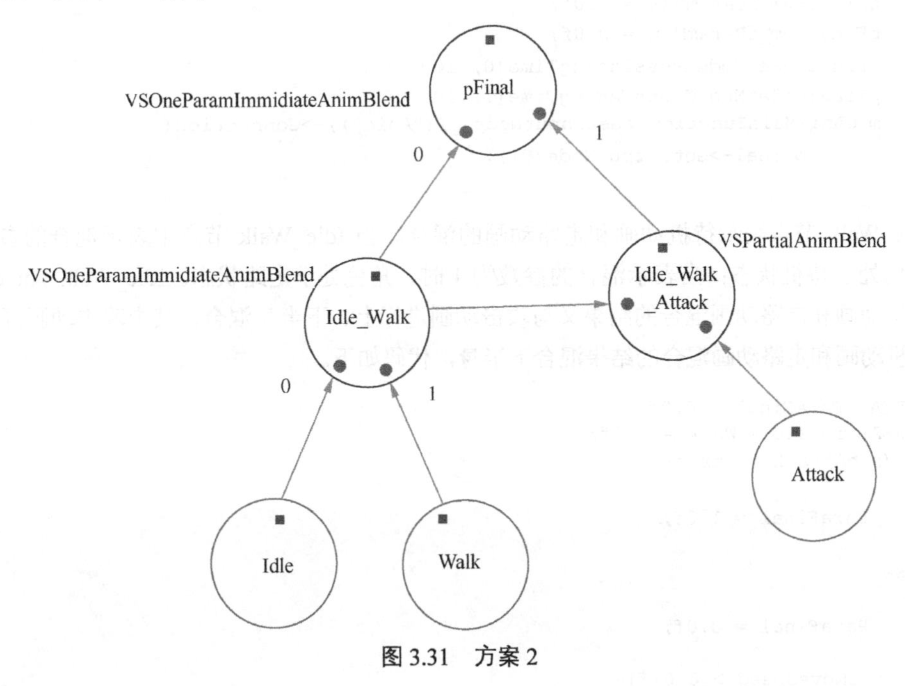

图 3.31 方案 2

构建图 3.31 中动画树的代码如下。

```
VSMonsterAnimTree2::VSMonsterAnimTree2(const VSUsedName &ShowName)
:VSAnimTree(ShowName)
{
    VSAnimSequenceFunc *pAnimSequenceAttack = VS_NEW
         VSAnimSequenceFunc(_T("Attack"), this);
    pAnimSequenceAttack->SetAnim(_T("Attack2"));
    VSAnimSequenceFunc *pAnimSequenceIdle = VS_NEW
         VSAnimSequenceFunc(_T("Idle"), this);
    pAnimSequenceIdle->SetAnim(_T("Idle"));
    VSAnimSequenceFunc *pAnimSequenceWalk = VS_NEW
         VSAnimSequenceFunc(_T("Walk"), this);
    pAnimSequenceWalk->SetAnim(_T("Walk"));
    VSOneParamImmediateAnimBlend *pIdle_Walk = VS_NEW
         VSOneParamImmediateAnimBlend(_T("Idle_Walk"), this);
    pIdle_Walk->GetInputNode(0)->Connection(pAnimSequenceIdle->GetOutputNode(0));
    pIdle_Walk->GetInputNode(1)->Connection(pAnimSequenceWalk->GetOutputNode(0));
    pIdle_Walk->m_fParamMax = 1.0f;
    pIdle_Walk->m_fParamMin = 0.0f;
    pIdle_Walk->SetNodeCrossFadingTime(0, 100.0f);
```

```
    pIdle_Walk->SetNodeCrossFadingTime(1, 100.0f);
    VSPartialAnimBlend * pBlend_Attack = VS_NEW
        VSPartialAnimBlend(_T("Blend_Attack"), this);
    pBlend_Attack->GetInputNode(0)->Connection(pIdle_Walk->GetOutputNode(0));
    pBlend_Attack->GetInputNode(1)->Connection(
        pAnimSequenceAttack->GetOutputNode(0));
    pBlend_Attack->AddControllBone(_T("Bip01 Neck"));
    pBlend_Attack->SetBoneWeight(0, _T("Bip01 Neck"), 0.0f);
    pBlend_Attack->SetBoneWeight(1, _T("Bip01 Neck"), 1.0f);
    VSOneParamImmediateAnimBlend * pFinal = VS_NEW
        VSOneParamImmediateAnimBlend(_T("Final"), this);
    pFinal->GetInputNode(0)->Connection(pIdle_Walk->GetOutputNode(0));
    pFinal->GetInputNode(1)->Connection(pBlend_Attack->GetOutputNode(0));
    pFinal->m_fParamMax = 1.0f;
    pFinal->m_fParamMin = 0.0f;
    pFinal->SetNodeCrossFadingTime(0, 100.0f);
    pFinal->SetNodeCrossFadingTime(1, 100.0f);
    m_pAnimMainFunction->GetInputNode(_T("Anim"))->Connection(
        pFinal->GetOutputNode(0));
}
```

Idle_Walk 节点表示待机动画和走路动画的混合。当 Idle_Walk 节点中表示混合的参数为 0 时，角色处于待机状态；当表示混合的参数为 1 时，角色处于走路状态。Idle_Walk_Attack 节点表示待机动画和走路动画混合的结果又与攻击动画进行上、下半身混合，其中攻击动画混合上半身，待机动画和走路动画混合的结果混合下半身，代码如下。

```
VSREAL ParaFinal = 0.0f;
VSREAL ParaIdle_Walk = 0.0f;
if (m_bAttack == true)
{
    ParaFinal = 1.0f;
}
else
{
    ParaFinal = 0.0f;
}
if (m_fMoveSpeed > 0.01f)
{
    ParaIdle_Walk = 1.0f;
}
else
{
    ParaIdle_Walk = 0.0f;
}
if (m_bAttack == true)
{
    if (m_fAttackStartTime >= m_AttackTime)
    {
        m_bAttack = false;
    }
    m_fAttackStartTime += VSTimer::ms_pTimer->GetDetTime();
}
static VSUsedName Final = _T("Final");
m_pMonsterMC->SetAnimTreeNodePara(Final, &ParaFinal);
static VSUsedName Idle_Walk = _T("Idle_Walk");
m_pMonsterMC->SetAnimTreeNodePara(Idle_Walk, &ParaIdle_Walk);
```

要了解详细内容，读者可以查看示例 3.18。

这两种混合方案都实现了待机、走路、攻击的状态切换，不同的是，方案 1 的攻击动画是原始攻击动画，而方案 2 的攻击动画是待机动画和攻击动画的混合结果。

『 练习 』

1．尝试用 Unreal Engine 4 的 Content Examples 中默认的角色资源自定义一个实体类（VSAotor，参见卷 1），并创建动画树来实现 Unreal Engine 4 角色的动画蓝图。

2．3.7 节中第 1 个方案如果改成图 3.32 所示的方案实现，那么表现效果会有什么不同？能达到预期的效果吗？

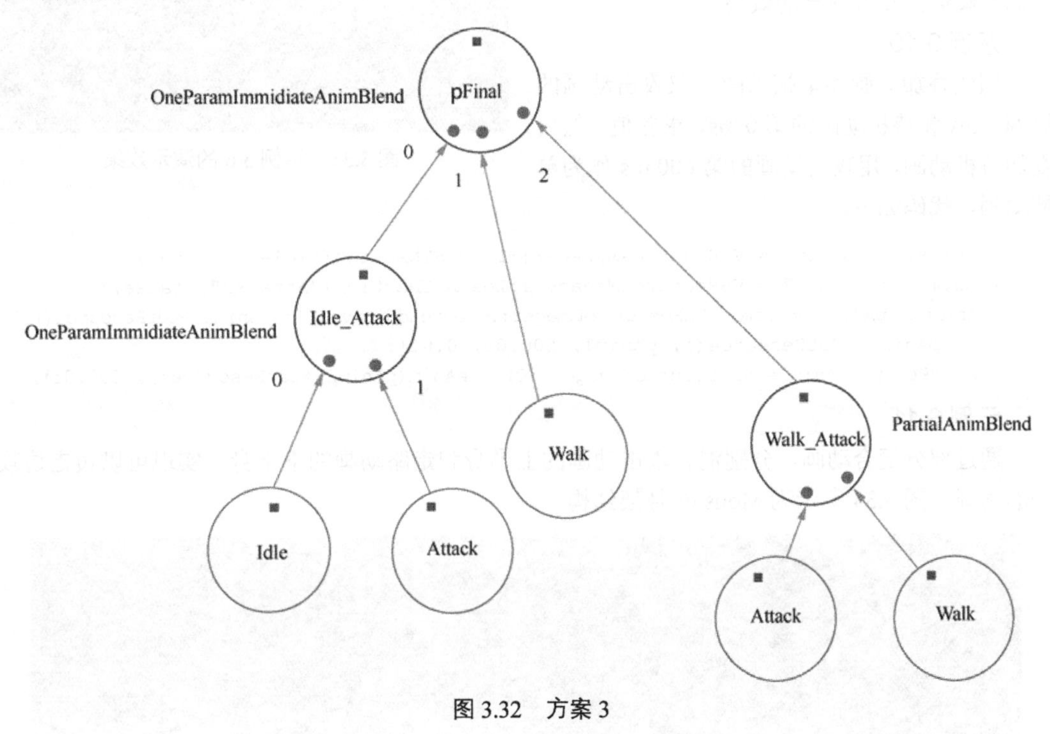

图 3.32 方案 3

『 示例 』

示例 3.1

保存一个动画树资源，只是单一地播放动画，没有混合。

示例 3.2

把示例 3.1 保存的动画树资源设置到骨骼模型中并保存。

示例 3.3

加载示例 3.2 的骨骼模型，用动画树播放单一动画。

示例 3.4

创建走路动画和待机动画平滑混合的动画树并保存。

示例 3.5

把示例 3.4 保存的动画树资源设置到骨骼模型中并保存。

示例 3.6

加载示例 3.5 的骨骼模型，用“+”“－”按键调节阈值，查看混合的效果，如图 3.33 所示。

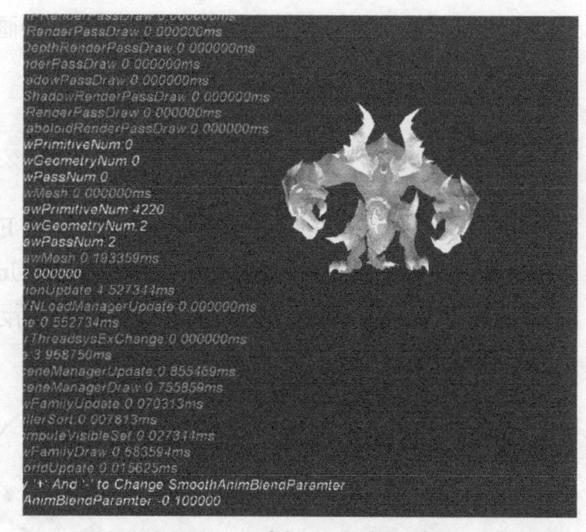

图 3.33 示例 3.6 的演示效果

示例 3.7

创建走路动画和待机动画立即混合的动画树并保存。

示例 3.8

把示例 3.7 保存的动画树资源设置到骨骼模型中并保存。

示例 3.9

加载示例 3.8 的骨骼模型，用“+”“−”键调节阈值，查看混合的效果。

示例 3.10

创建叠加动画和单帧动画，取攻击动画的第 600 ms 和待机动画的第 0 ms，求差值，然后叠加待机动画，用攻击动画的第 600 ms 作为单帧动画，代码如下。

```
VSAnimRPtr  pAnim1 = VSResourceManager::LoadASYNAction("Idle", false);
VSAnimRPtr  pAnim2 = VSResourceManager::LoadASYNAction("Attack2", false);
VSAnimPtr pAdditiveAnim = VSResourceManager::CreateAdditiveAnim(pAnim2->GetResource(),
     pAnim1->GetResource(), pAnim1, 600.0f, 0.0f);
VSAnimPtr pPosAnim = VSResourceManager::CreateAnim(pAnim2->GetResource(), 600.0f);
```

示例 3.11

通过部分混合动画，分别混合攻击动画的上半身和走路动画的下半身，实现可以边走边攻击的动画。图 3.34 所示为 Monster 骨架结构。

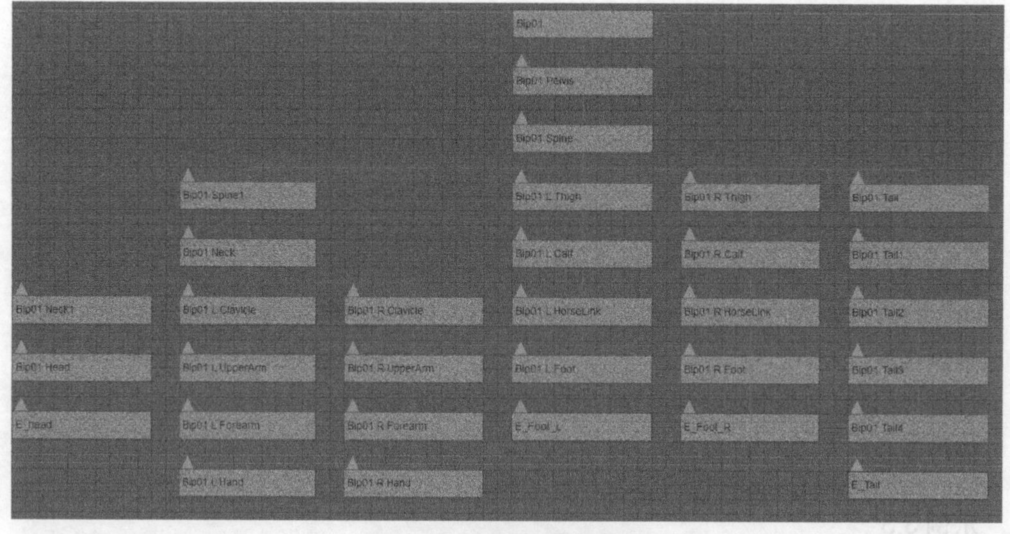

图 3.34 Monster 骨架结构

用脖子中的骨骼来区分上、下半身，代码如下。

```
VSAnimTreePartialAnimPtr  pAnimTreePartialAnim1 = VS_NEW VSAnimTreePartialAnim(
_T("AnimTreePartialAnim"), _T("Walk"),_T("Attack2"));
VSPartialAnimBlend *pAnimBlend1 = (VSPartialAnimBlend* )
pAnimTreePartialAnim1->GetAnimFunctionFromShowName(_T("PartialAnimBlend"));
pAnimBlend1->AddControllBone(_T("Bip01 Neck"));
pAnimBlend1->SetBoneWeight(0, _T("Bip01 Neck"), 0.0f);
pAnimBlend1->SetBoneWeight(1, _T("Bip01 Neck"), 1.0f);
```

用腿中的骨骼来区分上、下半身，代码如下。

```
VSAnimTreePartialAnimPtr  pAnimTreePartialAnim2 = VS_NEW VSAnimTreePartialAnim(
_T("AnimTreePartialAnim"), _T("Attack2"), _T("Walk"));
VSPartialAnimBlend *pAnimBlend2 = (VSPartialAnimBlend*)
pAnimTreePartialAnim2->GetAnimFunctionFromShowName(_T("PartialAnimBlend"));
pAnimBlend2->AddControllBone(_T("Bip01 L Thigh"));
pAnimBlend2->SetBoneWeight(0, _T("Bip01 L Thigh"), 0.0f);
pAnimBlend2->SetBoneWeight(1, _T("Bip01 L Thigh"), 1.0f);

pAnimBlend2->AddControllBone(_T("Bip01 R Thigh"));
pAnimBlend2->SetBoneWeight(0, _T("Bip01 R Thigh"), 0.0f);
pAnimBlend2->SetBoneWeight(1, _T("Bip01 R Thigh"), 1.0f);

pAnimBlend2->AddControllBone(_T("Bip01 Tail"));
pAnimBlend2->SetBoneWeight(0, _T("Bip01 Tail"), 0.0f);
pAnimBlend2->SetBoneWeight(1, _T("Bip01 Tail"), 1.0f);
```

由于没有好的资源，走路动画和攻击动画都有共同控制的骨骼（脊柱），因此混合起来效果不太好。要做出好的效果，还要与美术师一起配合。

示例 3.12

把示例 3.11 中保存的动画树资源设置到骨骼模型中并保存。

示例 3.13

加载示例 3.12 中的骨骼模型，播放部分混合动画。

示例 3.14

输出 3.7 节中的两个动画树资源。

示例 3.15

输出一个地面模型。

示例 3.16

把示例 3.14 中输出的动画树资源设置到骨骼模型中并保存。

示例 3.17

对于 3.7 节中关于第一个解决方案的示例，按↑键，移动怪物；按←、→键，转向，也可以用鼠标完成转向；按 A 键，攻击。

示例 3.18

对于 3.7 节中关于第二个解决方案的示例，按↑键，移动怪物；按←、→键，转向，也可以用鼠标完成转向；按 A 键，攻击。演示效果如图 3.35 所示。

图 3.35　示例 3.18 的演示效果

第 4 章

变形动画混合

变形动画又称顶点变形动画。骨骼蒙皮动画控制的是顶点，顶点变形动画控制的也是顶点，它们本质上是一样的。但由于控制方式不同，因此控制顶点带来的最后效果也不同。

早期的 3D 游戏中，当实现角色动画时，使用的原理和 2D 动画类似。一个 2D 动画包含一系列 2D 图片（如图 4.1 所示），把这些图片按照一定的速度播放，就得到 2D 动画。而顶点变形动画把 2D 图片变成 3D 模型，每帧都是一个模型，把这些模型按照一定速度播放，就得到顶点变形动画。

在播放上，顶点变形动画和 2D 动画还是有一些区别的，其每帧的模型顶点必须一一对应，只不过位置不同（如图 4.2(a)与(b)所示）。

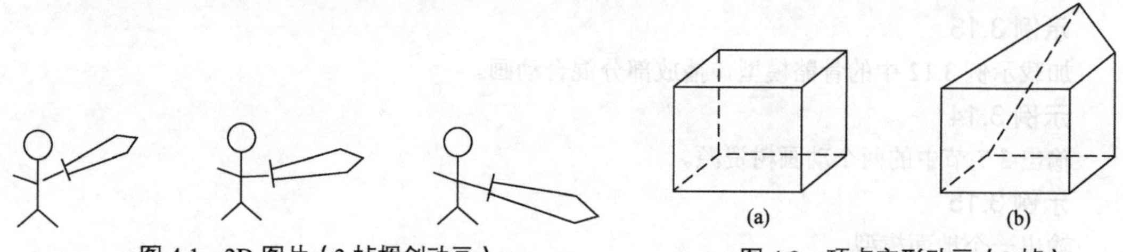

图 4.1　2D 图片（3 帧挥剑动画）

图 4.2　顶点变形动画（2 帧）

顶点变形动画填补了骨骼动画的一些缺陷，它可以控制细微的顶点变化，通过骨骼权重对顶点进行控制很难实现有些效果。顶点变形动画的原理很简单，就是把目标关键帧模型的顶点按时间插值得到新的模型顶点，但要很好地控制各种形变，还需要一个好的架构。这里提出了和动画树差不多的方案——变形动画树，这样就可以把每个顶点的变形动画混合起来，达到很“炫目”的效果。

4.1　变形动画

和动画树有动画集合一样，变形动画也要有变形动画集合。每个变形动画里面存放多个模型顶点的序列帧。对于一个变形动画，本游戏引擎只支持存放两帧的模型顶点数据（见图 4.2(a)），除原始模型形态数据（见图 4.2(a)）之外，实际上，一个顶点变形动画集合里只存放一帧模型顶点数据（见图 4.2(b)）。

VSMorph 为顶点变形动画类，代码如下。

```
class VSGRAPHIC_API VSMorph : public VSObject
{
public:
    VSMorph();
    virtual ~VSMorph();
    VSUsedName m_cName;
protected:
    //如果没有任何数据，则表示没有变形动画
    VSArray<VSVertexBufferPtr> m_pVertexBufferArray;
```

```
};
DECLARE_Ptr(VSMorph);
VSTYPE_MARCO(VSMorph);
```

m_cName 为动画名字，VSArray<VSVertexBufferPtr> m_pVertexBufferArray 存放只有一帧的顶点数据。这个变量是数组类型，数组的大小为模型中子网格（submesh）的个数，也就是 VSGeometryNode 类下的 GetNormalGeometryNum 函数返回值。只要相应的 m_pVertexBufferArray[i]已空，就说明第 i 个子网格没有对应的变形动画数据。

VSMorphSet 类和 VSAnimSet 类基本相同，m_AddMorphEvent 函数为添加变形动画时的回调函数，代码如下。

```
#ifdef DELEGATE_PREFERRED_SYNTAX
     typedef VSDelegateEvent<void(void)> AddMorphEventType;
#else
     typedef VSDelegateEvent0<void> AddMorphEventType;
#endif
class VSGRAPHIC_API VSMorphSet: public VSObject
{
          bool SetMorph(VSMorph *pMorph);    //添加变形动画
          //得到变形动画
          VSMorph *GetMorph(const VSUsedName & MorphName)const;
          Morph *GetMorph(unsigned int i)const;
          AddMorphEventType m_AddMorphEvent; //添加变形动画时的回调函数
          VSArray<VSMorphPtr> m_pMorphArray; //变形动画数组
};
```

每个模型都有一个 VSGeometryNode 类，所有的网格都挂在 VSGeometryNode 类下，代码如下。

```
class VSGRAPHIC_API VSGeometryNode : public VSNode
{
     void SetMorphSet(VSMorphSet *pMorphSet);
     VSMorphSetPtr m_pMorphSet;
     void UpdateLocalAABB();
};
```

需要给 VSGeometryNode 类设置变形动画集合，代码如下。

```
void VSGeometryNode::SetMorphSet(VSMorphSet *pMorphSet)
{
     if (!pMorphSet)
     {
          m_pMorphSet = NULL;
          return;
     }
     else
     {
          //变形动画下的子网格个数和 VSGeometryNode 类下的子网格个数必须相等
          if (GetNormalGeometryNum() != pMorphSet->GetBufferNum())
          {
               return;
          }
          //子网格的顶点个数也必须相等
          for (unsigned int i = 0; i < pMorphSet->GetMorphNum(); i++)
          {
               for (unsigned int j = 0; j < pMorphSet->GetBufferNum(); j++)
               {
                    unsigned int VertexNum =
                                   pMorphSet->GetMorph(i)->GetVertexNum(j);
                    VSGeometry *pGeometry =
                                   (VSGeometry *)GetNormalGeometry(j);
                    if (VertexNum && pGeometry)
                    {
```

```
                        if (VertexNum != pGeometry->GetVertexNum())
                        {
                              return;
                        }
                  }
            }
      }
   }
   //从原来的变形动画集合中移除回调函数
   if (m_pMorphSet)
   {
         m_pMorphSet->m_AddMorphEvent.RemoveMethod<VSGeometryNode,
         &VSGeometryNode::UpdateLocalAABB>(&(*this));
   }
   m_pMorphSet = pMorphSet;
   //向新的变形动画集合中添加回调函数
   m_pMorphSet->m_AddMorphEvent.AddMethod<VSGeometryNode,
   &VSGeometryNode::UpdateLocalAABB>(&(*this));
   //更新包围盒
   UpdateLocalAABB();
}
```

UpdateLocalAABB 函数的作用是更新模型的包围盒，它根据顶点变形动画里的顶点集合重新计算新的包围盒，代码如下。

```
void VSGeometryNode::UpdateLocalAABB()
{
   if (!m_pMorphSet)
   {
         return;
   }
   for (unsigned int i = 0; i < m_pMorphSet->GetMorphNum();i++)
   {
         VSMorph *pMorph = m_pMorphSet->GetMorph(i);
         for (unsigned int j = 0; j < GetNormalGeometryNum(); j++)
         {
               VSGeometry *NormalGeometry = GetNormalGeometry(j);
               NormalGeometry->AddMorphAABB(pMorph->GetBuffer(j));
         }
   }
}
```

在 AddMorphAABB 函数里会根据这个模型有没有蒙皮信息和变形动画的顶点来确定是否重新计算包围盒。读者可以自行查看具体代码。

图 4.3 所示解释了整个 VSMorph 类与模型之间的关系。头和眉毛两个子网格有变形动画，所以在 VSMorph 类中有对应的顶点数据；眼睛没有变形动画，所以在 VSMorph 类中对应的顶点数据为 NULL。

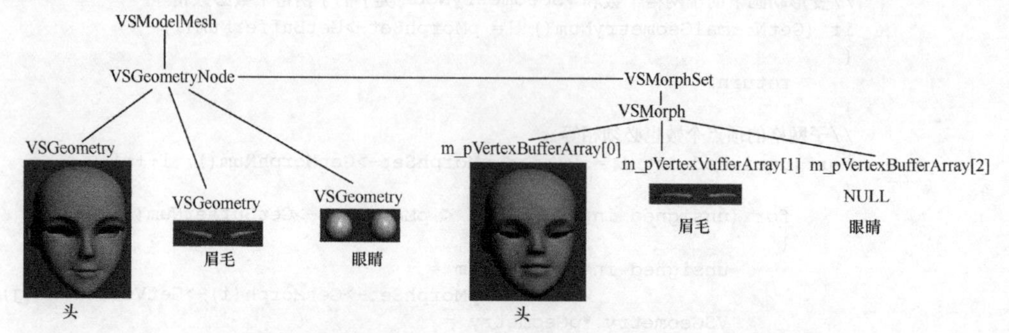

图 4.3 游戏引擎中 VSMorph 类与模型之间的关系

一旦模型存在变形动画，VSGeometry 类中的 m_pMeshData（渲染用的数据）就不能共享。此时，必须为每个带有变形动画的模型创建实例（用 GPU 方法进行混合是可以共享的）。

VSGeometry 类在卷 1 中介绍过，这里添加了变形动画的相关代码。

```
class VSGRAPHIC_API VSGeometry : public VSSpatial
{
    VSMeshData *GetMeshData()const;
    VSMeshData *GetOriginMeshData()const;
    void CreateMorphMeshData();
    VSMeshDataPtr m_pMeshData;
    VSMeshDataPtr m_pMorphMeshData;
};
```

m_pMorphMeshData 为变形动画数据的实例，每个带有变形动画的模型都会有一个实例，它是在加载数据时创建的，代码如下。

```
bool VSGeometryNode::PostLoad(void * pData)
{
    if (VSNode::PostLoad(pData) == false)
    {
         return false;
    }
    if (!m_pMorphSet)
    {
          return true;
    }
    else
    {
          for (unsigned int j = 0; j < GetNormalGeometryNum(); j++)
          {
               VSGeometry *NormalGeometry = GetNormalGeometry(j);
               NormalGeometry->CreateMorphMeshData();
          }
          return true;
    }
}
void VSGeometry::CreateMorphMeshData()
{
    m_pMorphMeshData = NULL;
    m_pMorphMeshData =
        (VSMeshData*)VSObject::CloneCreateObject(m_pMeshData);
    m_pMorphMeshData->GetVertexBuffer()->SetStatic(false);
}
```

实例的顶点数据中，每帧都要进行锁定操作，它们属于动态的顶点数据，所以对它们设置 SetStatic(false)，后文讲解渲染的时候还会详细讲解。

在渲染时会调用 GetMeshData 函数，如果带有变形动画，则用 m_pMorphMeshData，代码如下。

```
VSMeshData *VSGeometry::GetMeshData()const
{
   if (m_pMorphMeshData == NULL)
   {
        return m_pMeshData;
   }
   else
   {
        return m_pMorphMeshData;
   }
}
VSMeshData *VSGeometry::GetOriginMeshData()const
```

```
{
    return m_pMeshData;
}
```

4.2 FBX 变形动画导入引擎

和动画的数据来源一样，游戏引擎也只接受 FBX 文件。美术师在 3ds Max 里做好变形动画，导出 FBX 文件，再导入游戏引擎。和动画的存储方式稍微有点不一样的是，动画可以单独导出成一个文件，而每个变形动画里只存放了一帧模型数据，所以变形动画不再单独作为一个文件导出，变形动画集合和模型一起导出。也就是说，最后的模型里已经包含了变形动画集合和所有的变形动画。

无论是静态模型还是骨骼模型，都是支持变形动画的。命令行参数选项中应加入“-m”以导出带变形动画的模型，代码如下。

```
m_bHasMorph = false;
if (m_pCommand->GetName(_T("-m")))
{
    printf("Have Morph Target\n");
    m_bHasMorph = true;
}
else
{
    printf("No Morph Target\n");
}
```

如果 m_bHasMorph = true，则会创建变形动画集合。

```
if (m_bHasMorph)
{
    m_pMorphSet = VS_NEW VSMorphSet();
}
```

接下来，开始分析 FBX 中关于变形动画的细节。3ds Max 中要添加变形动画，必须加入一个新的修改器（morpher）。首先，在 FBX 里找到这个修改器，如图 4.4 所示。所有关于变形动画的数据信息都可以在这个修改器中查到。不过 Morpher 只是界面上显示的名字，实际上，在 FBX SDK 里称为 BlendShape。遍历所有的修改器，找到名为 BlendShape 的修改器。

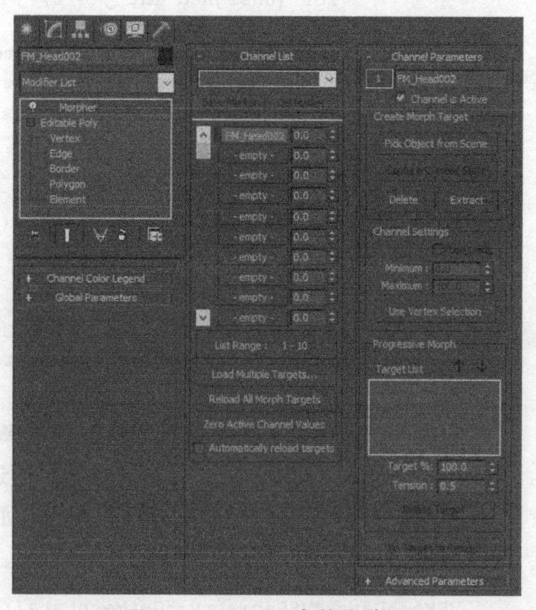

图 4.4 3ds Max 中的修改器

3ds Max 可以支持多个同类的修改器。当然，Morpher 也支持多个。这里做一个规定，只有第 1 个修改器有效，代码如下。

```
int nCountDeformer = pMesh->GetDeformerCount();
for (int i = 0; i < nCountDeformer; ++i)
{
    FbxDeformer *pFBXDeformer = pMesh->GetDeformer(i);
    if (pFBXDeformer == NULL)
    {
        continue;
    }
    if (pFBXDeformer->GetDeformerType() ==
                FbxDeformer::eBlendShape && !pMorph)
```

```
        {
            pMorph = (FbxBlendShape *)(pFBXDeformer);
            continue;
        }
    }
```

如图 4.4 所示，修改器支持多个通道（pass），每一个通道代表一个变形动画。修改器也可以看作变形动画的集合。3ds Max 和游戏引擎中的变形动画结构的区别在于：前者的变形动画集合是和子网格一一对应的，每个动画只对应一个子网格；而游戏引擎中的变形动画集合是和整个网格一一对应的，每个变形动画中都存放着所有子网格的动画。

从图 4.5(a)与(b)可以看出 3ds Max 和游戏引擎中变形动画结构的区别，其中子网格 2 没有变形动画 2。我们要做的就是把 3ds Max 的子网格对应的变形动画导入成游戏引擎格式。

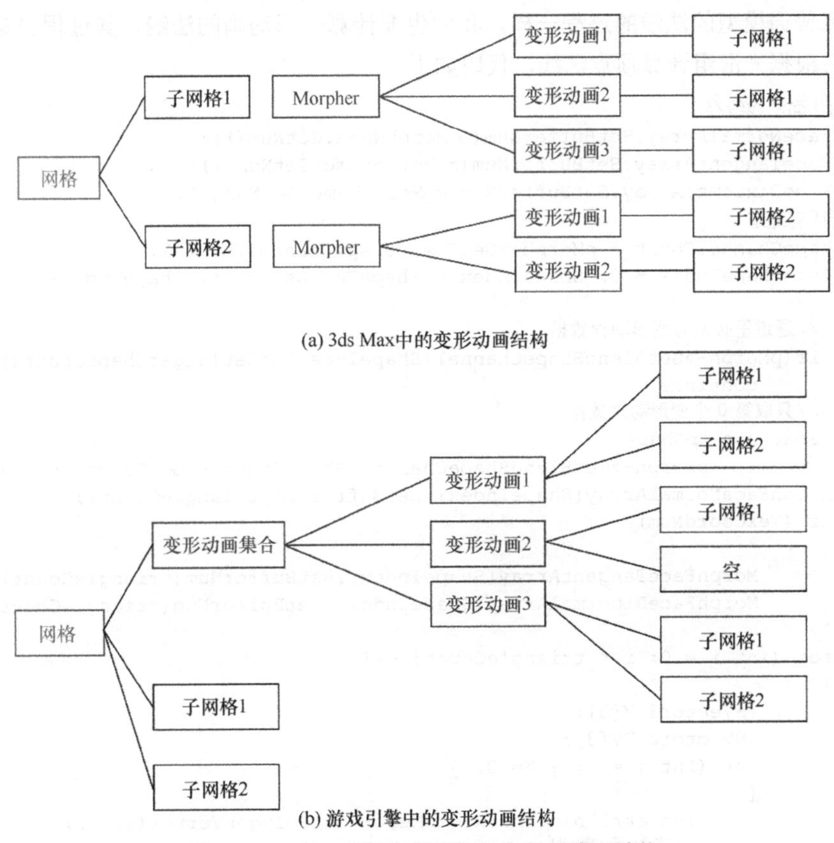

图 4.5　3ds Max 和游戏引擎中的变形动画结构

除了导出对应变形动画的顶点数据外，还要导出法线（normal，参见卷 1）数据、颜色（color，参见卷 1）数据。导出法线数据是为了在变形时也可以正确地表现光照，导出颜色数据是为了可以做一些颜色变化，或者把其他数据存放在颜色通道中，供顶点变形动画使用。

首先，遍历所有通道，保证通道里有变形动画数据。没有任何顶点数据的通道是一个空的通道，没有必要导出。然后，初始化位置、法线、颜色对应的缓存，代码如下。

```
if (pMorph)
{
    int ShapeChannelCount = pMorph->GetBlendShapeChannelCount();
    m_MorphName.Clear();
    //遍历所有通道，收集可用的通道并记录名字
    for (int ShapeIndex = 0; ShapeIndex < ShapeChannelCount; ShapeIndex++)
    {
        FbxBlendShapeChannel *pBlendShapeChannel =
```

```
                pMorph->GetBlendShapeChannel(ShapeIndex);
        if (pBlendShapeChannel->GetTargetShapeCount() > 0)
        {
            m_MorphName.AddElement(pBlendShapeChannel->GetName());
        }
    }
    //初始化数据变形动画缓存
    m_MorphVertexArray.SetBufferNum(m_MorphName.GetNum());
    m_MorphColorArray.SetBufferNum(m_MorphName.GetNum());
    m_MorphNormalArray.SetBufferNum(m_MorphName.GetNum());
    m_MorphTangentArray.SetBufferNum(m_MorphName.GetNum());
    m_MorphBinormalArray.SetBufferNum(m_MorphName.GetNum());
}
```

和计算普通模型的法线的过程一样，我们也要计算变形动画的法线，其过程也是先计算面法线，然后根据光滑组计算顶点法线，代码如下。

```
//初始化面法线缓存
MorphFaceNormalArray.SetBufferNum(m_MorphName.GetNum());
MorphFaceTangentArray.SetBufferNum(m_MorphName.GetNum());
MorphFaceBinromalArray.SetBufferNum(m_MorphName.GetNum());
//遍历所有通道
int ShapeChannelCount = pMorph->GetBlendShapeChannelCount();
for (int ShapeIndex = 0; ShapeIndex < ShapeChannelCount; ShapeIndex++)
{
    //通道里必须有变形动画数据
    if(pMorph->GetBlendShapeChannel(ShapeIndex)->GetTargetShapeCount() == 0)
        continue;
    //只取第0个变形动画数据
    FbxShape *pShape =
            pMorph->GetBlendShapeChannel(ShapeIndex)->GetTargetShape(0);
    MorphFaceNormalArray[ShapeIndex].SetBufferNum(triangleCount);
    if (TexCoordNum)
    {
        MorphFaceTangentArray[ShapeIndex].SetBufferNum(triangleCount);
        MorphFaceBinormalArray[ShapeIndex].SetBufferNum(triangleCount);
    }
    for (int i = 0; i < triangleCount; ++i)
    {
        VSVector3 V[3];
        VSVector2 TV[3];
        for (int j = 2; j >= 0; j--)
        {
            int ctrlPointIndex = pMesh->GetPolygonVertex(i, j);
            //读取顶点数据
            ReadVertex(pShape, ctrlPointIndex, V[j]);
            if (TexCoordNum > 0)
            {   //读取第0层纹理坐标，计算TBN矩阵
                ReadUV(pMesh, ctrlPointIndex,
                            pMesh->GetTextureUVIndex(i, j), 0, TV[j]);
            }
        }
        VSVector3 N1 = V[0] - V[1];
        VSVector3 N2 = V[0] - V[2];
        VSVector3 T, B, N;
        N.Cross(N1, N2);
        MorphFaceNormalArray[ShapeIndex][i] = N;
        MorphFaceNormalArray[ShapeIndex][i].Normalize();
        if (TexCoordNum)
        {
            CreateTangentAndBinormal(
                        V[0], V[1], V[2], TV[0], TV[1], TV[2], N, T, B);
```

```
                MorphFaceTangentArray[ShapeIndex][i] = T;
                MorphFaceTangentArray[ShapeIndex][i].Normalize();
                MorphFaceBinormalArray[ShapeIndex][i] = B;
                MorphFaceBinormalArray[ShapeIndex][i].Normalize();
            }
        }
    }
```

上面计算法线和纹理坐标的代码与之前导出模型时的代码类似，只不过不再从模型中取顶点数据，而是换成了变形动画（代码里面的 pShape）。

后面的计算过程几乎和前文介绍的导出模型的过程一样。下面把读取顶点数据和读取变形动画数据的代码分别列出来。

读取顶点数据的代码如下。

```
VSVector3 V;
int ctrlPointIndex = pMesh->GetPolygonVertex(i , j);
ReadVertex(pMesh , ctrlPointIndex , V);
//读取 Morph 顶点
VSArray<VSVector3> MorphV;
if (pMorph)
{
    int ShapeChannelCount = pMorph->GetBlendShapeChannelCount();
    MorphV.SetBufferNum(m_MorphName.GetNum());
    for (int ShapeIndex = 0; ShapeIndex < ShapeChannelCount; ShapeIndex++)
    {
        if (pMorph->GetBlendShapeChannel(
                ShapeIndex)->GetTargetShapeCount() == 0)
            continue;
        FbxShape * pShape = pMorph->GetBlendShapeChannel(
                ShapeIndex)->GetTargetShape(0);
        ReadVertex(pShape, ctrlPointIndex, MorphV[ShapeIndex]);
    }
}
```

读取颜色的代码如下。

```
VSColorRGBA Color;
ReadColor(pMesh,ctrlPointIndex,j + 3 * i,Color);
//读取变形动画颜色
VSArray<VSColorRGBA> MorphColor;
if (pMorph)
{
    int ShapeChannelCount = pMorph->GetBlendShapeChannelCount();
    MorphColor.SetBufferNum(m_MorphName.GetNum());
    for (int ShapeIndex = 0; ShapeIndex < ShapeChannelCount; ShapeIndex++)
    {
        if (pMorph->GetBlendShapeChannel(
                ShapeIndex)->GetTargetShapeCount() == 0)
            continue;
        FbxShape *pShape = pMorph->GetBlendShapeChannel(
                ShapeIndex)->GetTargetShape(0);
        ReadColor(pShape, ctrlPointIndex, j + 3 * i, MorphColor[ShapeIndex]);
    }
}
```

读取法线的代码如下。

```
VSVector3 N, T, B;
if (m_bUseFbxNormal)
{
    ReadNormal(pMesh, ctrlPointIndex, j + 3 * i, N);
    if (TexCoordNum)
    {
        ReadTangent(pMesh, ctrlPointIndex, j + 3 * i, T);
```

```
            ReadBinormal(pMesh, ctrlPointIndex, j + 3 * i, B);
        }
    }
    else
    {
        N = FaceNormalArray[i];
        if (TexCoordNum)
        {
            T = FaceTangentArray[i];
            B = FaceBinormalArray[i];
        }
    }
    //读取变形动画法线
    VSArray<VSVector3> MorphN, MorphT, MorphB;
    if (pMorph)
    {
        int ShapeChannelCount = pMorph->GetBlendShapeChannelCount();
        MorphN.SetBufferNum(m_MorphName.GetNum());
        MorphT.SetBufferNum(m_MorphName.GetNum());
        MorphB.SetBufferNum(m_MorphName.GetNum());
        for (int ShapeIndex = 0; ShapeIndex < ShapeChannelCount; ShapeIndex++)
        {
            if (pMorph->GetBlendShapeChannel(
                    ShapeIndex)->GetTargetShapeCount() == 0)
                continue;
            FbxShape *pShape = pMorph->GetBlendShapeChannel(
                    ShapeIndex)->GetTargetShape(0);
            if (m_bUseFbxNormal)
            {
                ReadNormal(pShape, ctrlPointIndex, j + 3 * i, MorphN[ShapeIndex]);
                if (TexCoordNum)
                {
                    ReadTangent(pShape, ctrlPointIndex, j + 3 * i,
                        MorphT[ShapeIndex]);
                    ReadBinormal(pShape, ctrlPointIndex, j + 3 * i,
                        MorphB[ShapeIndex]);
                }
            }
            else
            {
                MorphN[ShapeIndex] = MorphFaceNormalArray[ShapeIndex][i];
                if (TexCoordNum)
                {
                    MorphT[ShapeIndex] = MorphFaceTangentArray[ShapeIndex][i];
                    MorphB[ShapeIndex] = MorphFaceBinromalArray[ShapeIndex][i];
                }
            }
        }
    }
```

根据光滑组重新计算法线的代码如下。

```
for(unsigned int l = 0 ; l < m_VertexArray.GetNum() ; l++)
{
    if(Same Vertex Pos And Same SmGroup)
    {
        //添加模型法线
        m_NormalArray[l] = N + m_NormalArray[l];
        N = m_NormalArray[l];
        if(TexCoordNum)
        {
            m_TangentArray[l] = T + m_TangentArray[l];
            T = m_TangentArray[l];
            m_BinormalArray[l] = B + m_BinormalArray[l];
```

```
            B = m_BinormalArray[l];
        }
        //添加变形动画模型法线
        if (pMorph)
        {
            int ShapeChannelCount =
                        pMorph->GetBlendShapeChannelCount();
            for (int ShapeIndex = 0; ShapeIndex < ShapeChannelCount;
                  ShapeIndex++)
            {
               m_MorphNormalArray[ShapeIndex][l] = MorphN[ShapeIndex] +
               m_MorphNormalArray[ShapeIndex][l];
               MorphN[ShapeIndex] =m_MorphNormalArray[ShapeIndex][l];
               if (TexCoordNum)
               {
                    m_MorphTangentArray[ShapeIndex][l] = MorphT[ShapeIndex] +
                    m_MorphTangentArray[ShapeIndex][l];
                    MorphT[ShapeIndex] = m_MorphTangentArray[ShapeIndex][l];
                    m_MorphBinormalArray[ShapeIndex][l] = MorphB[ShapeIndex] +
                        m_MorphBinormalArray[ShapeIndex][l];
                    MorphB[ShapeIndex] = m_MorphBinormalArray[ShapeIndex][l];
               }
            }
        }
}
```

添加顶点位置数据的代码如下。

```
//分别添加位置、光滑组 ID、纹理坐标、法线
m_VertexArray.AddElement(V);
if (pMorph)
{
     int ShapeChannelCount = pMorph->GetBlendShapeChannelCount();
     for (int ShapeIndex = 0; ShapeIndex < ShapeChannelCount; ShapeIndex++)
     {
           m_MorphVertexArray[ShapeIndex].AddElement(MorphV[ShapeIndex]);
     }
}
m_VertexSmGroupArray.AddElement(TriangleSmGroupIndex[i]);
for(int uiChannel = 0;  uiChannel < TexCoordNum; uiChannel++)
{
     m_TexCoordArray[uiChannel].AddElement(UVArray[uiChannel]);
}
m_NormalArray.AddElement(N);
if(TexCoordNum)
{
     m_TangentArray.AddElement(T);
     m_BinormalArray.AddElement(B);
}
if (pMorph)
{
     int ShapeChannelCount = pMorph->GetBlendShapeChannelCount();
     for (int ShapeIndex = 0; ShapeIndex < ShapeChannelCount; ShapeIndex++)
     {
          m_MorphNormalArray[ShapeIndex].AddElement(MorphN[ShapeIndex]);
          if (TexCoordNum)
          {
          m_MorphBinormalArray[ShapeIndex].AddElement(MorphB[ShapeIndex]);
          m_MorphTangentArray[ShapeIndex].AddElement(MorphT[ShapeIndex]);
          }
     }
}
```

收集完变形动画数据后，要将其整合成游戏引擎格式。和导出模型数据的过程基本一样，其实现细节在 CreateMesh 函数里。

法线、切线、负法线正交化的代码如下。

```
if (TexCoordNum && !m_bUseFbxNormal)
{
    for(unsigned int v = 0 ; v < m_VertexArray.GetNum() ; v++)
    {
        Orthogonal(m_NormalArray[v],m_TangentArray[v],m_BinormalArray[v]);
    }
    for (unsigned int ShapeIndex = 0;
            ShapeIndex < m_MorphVertexArray.GetNum(); ShapeIndex++)
    {
        for (unsigned int v = 0; v < m_MorphVertexArray[ShapeIndex].GetNum();
            v++)
        {
            Orthogonal(m_MorphNormalArray[ShapeIndex][v],
                m_MorphTangentArray[ShapeIndex][v],
                    m_MorphBinormalArray[ShapeIndex][v]);
        }
    }
}
```

创建顶点 VSBufferData 类的代码如下。

```
VSDataBufferPtr pVertexData = NULL;
pVertexData = VS_NEW VSDataBuffer;
pVertexData->SetData(&m_VertexArray[0], m_VertexArray.GetNum(),
VSDataBuffer::DT_FLOAT32_3);
VSArray<VSDataBufferPtr> pMorphVertexData;
pMorphVertexData.SetBufferNum(m_MorphVertexArray.GetNum());
for (unsigned int ShapeIndex = 0; ShapeIndex < m_MorphVertexArray.GetNum();
ShapeIndex++)
{
    if (m_MorphVertexArray[ShapeIndex].GetNum() == 0)
    {
        pMorphVertexData[ShapeIndex] = NULL;
    }
    else
    {
        pMorphVertexData[ShapeIndex] = VS_NEW VSDataBuffer;
        if (!pMorphVertexData[ShapeIndex])
            return 0;
        pMorphVertexData[ShapeIndex]->SetData(
&m_MorphVertexArray[ShapeIndex][0],
m_MorphVertexArray[ShapeIndex].GetNum(), VSDataBuffer::DT_FLOAT32_3);
    }
}
```

最后把创建的 VSBufferData 类都加入变形动画的 pMorphVertexBuffer 结构中，代码如下。

```
VSArray<VSVertexBufferPtr> pMorphVertexBuffer;
pMorphVertexBuffer.SetBufferNum(m_MorphVertexArray.GetNum());
for (unsigned int ShapeIndex = 0; ShapeIndex < m_MorphVertexArray.GetNum();
ShapeIndex++)
{
   if (m_MorphVertexArray[ShapeIndex].GetNum() == 0)
   {
       pMorphVertexBuffer[ShapeIndex] = NULL;
   }
```

```
        else
        {
            pMorphVertexBuffer[ShapeIndex] = VS_NEW VSVertexBuffer(true);
            if (!pMorphVertexBuffer[ShapeIndex])
                return 0;
            //添加顶点
            pMorphVertexBuffer[ShapeIndex]->SetData(
            pMorphVertexData[ShapeIndex], VSVertexFormat::VF_POSITION);
            //添加法线
            pMorphVertexBuffer[ShapeIndex]->SetData(
            pMorphNormalData[ShapeIndex], VSVertexFormat::VF_NORMAL);
            if (TexCoordNum)
            {
                pMorphVertexBuffer[ShapeIndex]->SetData(
                    pMorphTangentData[ShapeIndex], VSVertexFormat::VF_TANGENT);
                if (pMorphBinormalData.GetNum() > 0)
                {
                    pMorphVertexBuffer[ShapeIndex]->SetData(
                        pMorphBinormalData[ShapeIndex],
                        VSVertexFormat::VF_BINORMAL);
                }
            }
        }
    }
```

游戏引擎中的变形动画结构要等所有子网格的变形动画信息都处理完毕后才能整合，所以这里先用一个临时的数据结构存储它们，代码如下。

```
struct MorphType
{
    unsigned int uiGeometryIndex;
    VSString MorphName;
    VSVertexBufferPtr pVertexBuffer;
};
VSArray<MorphType> m_MorphTargetList;
```

m_MorphTargetList 里记录了所有变形动画的相关信息。uiGeometryIndex 表示子网格的索引，MorphName 为对应的变形动画名字，pVertexBuffer 为变形动画的顶点数据。

下面是填写数据到 m_MorphTargetList 中的代码。

```
for (unsigned int ShapeIndex = 0; ShapeIndex < m_MorphVertexArray.GetNum();
ShapeIndex++)
{
    if (pMorphVertexBuffer[ShapeIndex] == NULL)
            continue;
    MorphType MT;
    MT.uiGeometryIndex = m_pGeoNode->GetNormalGeometryNum() - 1;
    MT.MorphName = m_MorphName[ShapeIndex];
    MT.pVertexBuffer = pMorphVertexBuffer[ShapeIndex];
    m_MorphTargetList.AddElement(MT);
}
```

处理完所有子网格后，在将其导出之前，会把所有数据整合为游戏引擎格式，代码如下。

```
void VSFBXConverter::AddMorph()
{
    if (m_pMorphSet && m_MorphTargetList.GetNum())
    {
        for (unsigned int i = 0; i < m_MorphTargetList.GetNum(); i++)
        {
            //遍历已经导入的所有变形动画
            unsigned int j = 0;
            for (; j < m_pMorphSet->GetMorphNum(); j++)
```

```
            {
                VSMorph * pMorph = m_pMorphSet->GetMorph(j);
                //如果动画名字相同，就设置到对应的子网格里
                if (pMorph->m_cName == m_MorphTargetList[i].MorphName)
                {
                    pMorph->SetVertexBuffer(
                            m_MorphTargetList[i].uiGeometryIndex,
                            m_MorphTargetList[i].pVertexBuffer);
                    m_pMorphSet->SetMorph(pMorph);
                    break;
                }
            }
            //如果没有找到，则说明是新的动画
            if (j == m_pMorphSet->GetMorphNum())
            {
                //初始化动画名字和该动画下对应的子网格个数
                VSMorphPtr pMorph = VS_NEW VSMorph();
                pMorph->m_cName = m_MorphTargetList[i].MorphName;
                pMorph->ReSizeBuffer(m_pGeoNode->GetNormalGeometryNum());
                //设置动画
                pMorph->SetVertexBuffer(m_MorphTargetList[i].uiGeometryIndex,
                        m_MorphTargetList[i].pVertexBuffer);
                m_pMorphSet->SetMorph(pMorph);
            }
        }
        //设置动画集合
        m_pGeoNode->SetMorphSet(m_pMorphSet);
    }
}
```

4.3 变形动画树架构

变形动画树的架构（如图4.6所示）和动画的类似，这里就不详细介绍了，只介绍它们不同的地方。变形动画树的叶子节点是 VSMorphSequenceFunc 类，对应的是变形动画，只需设置变形动画的名字就可以了。变形动画树的每个节点也有输入数据流和输出数据流。在动画树里，数据流是骨骼模型中骨架当前帧的骨骼数据，而变形动画树里的数据流则是模型的顶点数据。支持变形动画的模型顶点数据包括位置、法线和颜色。

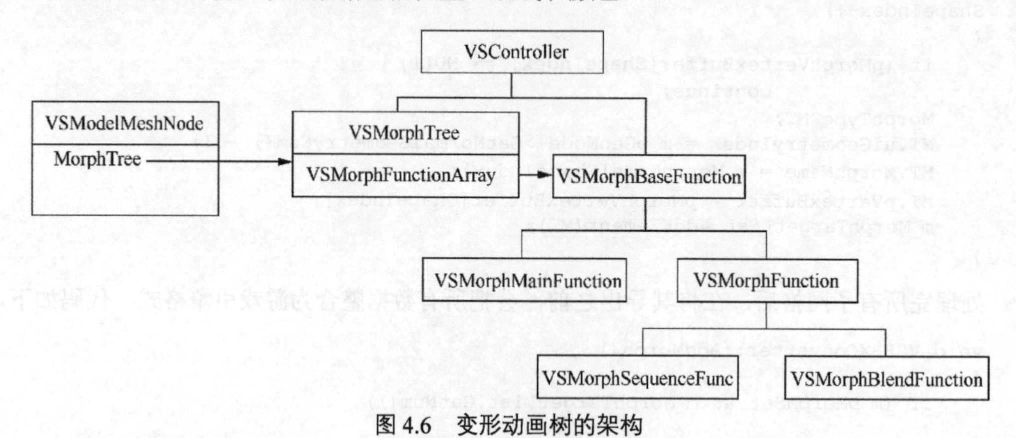

图4.6 变形动画树的架构

VSModelMeshNode 类控制变形动画树，代码如下。

```
class VSGRAPHIC_API VSModelMeshNode : public VSMeshNode
{
```

```
    void SetMorphTree(VSMorphTreeR *pMorphTree);
    virtual void LoadedEvent(VSResourceProxyBase *pResourceProxy);
    virtual bool PostLoad(void *pData = NULL);
    virtual bool PostClone(VSObject *pObjectSrc);
    virtual void UpdateController(double dAppTime);
    void SetMorphTreeNodePara(const VSUsedName & ShowName, void *pPara);
    VSMorphTreeRPtr m_pMorphTree;
    VSMorphTreePtr m_pMorphTreeInstance;
};
```

VSModelMeshNode 处理变形动画树的所有逻辑和 VSSkeletonMeshNode 类处理动画树的逻辑一样。首先，设置 m_pMorphTree。当 m_pMorphTree 加载完成后，创建 m_pMorphTree-Instance，并更新 m_pMorphTreeInstance。最后，设置 m_pMorphTreeInstance 里的节点参数，代码如下。

```
//设置 m_pMorphTree
void VSModelMeshNode::SetMorphTree(VSMorphTreeR *pMorphTree)
{
    if (pMorphTree)
    {
        m_pMorphTree = pMorphTree;
        m_pMorphTree->AddLoadEventObject(this);
    }
}
void VSModelMeshNode::LoadedEvent(VSResourceProxyBase *pResourceProxy)
{

    if (m_pMorphTree == pResourceProxy)
    {
        m_pMorphTreeInstance = (VSMorphTree *)VSObject::CloneCreateObject(
                    m_pMorphTree->GetResource());
        m_pMorphTreeInstance->SetObject(this);
    }
}
//创建 m_pMorphTreeInstance
bool VSModelMeshNode::PostLoad(void *pData)
{
    VSMeshNode::PostLoad(pData);
    if (m_pMorphTree)
    {
        m_pMorphTree->AddLoadEventObject(this);
    }
    return true;
}
bool VSModelMeshNode::PostClone(VSObject *pObjectSrc)
{
    VSMeshNode::PostClone(pObjectSrc);
    if (m_pMorphTree)
    {
        m_pMorphTree->AddLoadEventObject(this);
    }
    return true;
}
//更新 m_pMorphTreeInstance
void VSModelMeshNode::UpdateController(double dAppTime)
{
    VSMeshNode::UpdateController(dAppTime);
    if (m_pMorphTreeInstance && m_bEnable)
    {
        m_pMorphTreeInstance->Update(dAppTime);
    }
}
```

```
//设置m_pMorphTreeInstance里的节点参数
void VSModelMeshNode::SetMorphTreeNodePara(const VSUsedName & ShowName,
void *pPara)
{
    if (m_pMorphTreeInstance)
    {
        m_pMorphTreeInstance->SetNodePara(ShowName, pPara);
    }
}
```

下面开始介绍变形动画树。

VSMorphBaseFunction类是变形动画节点的基类，和VSAnimBaseFunction类相似，代码如下。

```
class VSGRAPHIC_API VSMorphBaseFunction : public VSController
{
    VSArray<VSInputNode *> m_pInput;
    VSArray<VSOutputNode *> m_pOutput;
    VSMorphTree *m_pOwner;
    VSUsedName m_ShowName;
    bool m_bIsVisited;
    inline VSModelMeshNode *GetMeshNode() const
    {
        return DynamicCast<VSModelMeshNode>(m_pObject);
    }
};
```

VSMorphTree类也和VSAnimTree类差不多，里面包含了所有变形动画节点。

```
class VSGRAPHIC_API VSMorphTree : public VSController,public VSResource
{
    VSArray<VSMorphBaseFunction *> m_pMorphFunctionArray;
    VSMorphMainFunction *m_pMorphMainFunction;
    VSUsedName m_ShowName;
};
```

VSMorphMainFunction类为根节点类，代码如下。

```
class VSGRAPHIC_API VSMorphMainFunction : public VSMorphBaseFunction
{
};
```

根节点继承自VSMorphBaseFunction类，其他节点继承自VSMorphFunction类，所以它们都有输入数据流和输出数据流，代码如下。

```
class VSGRAPHIC_API VSMorphFunction : public VSMorphBaseFunction
{
    enum
    {
        MAX_NUM_POS3        = 2,
        MAX_NUM_NORMAL3     = 2,
        MAX_NUM_COLOR       = 2
    };
    protected:
    VSMorphFunction();
    VSVector3   m_Pos[MAX_NUM_POS3];
    bool        m_bPosChange[MAX_NUM_POS3];
    VSVector3   m_Normal[MAX_NUM_NORMAL3];
    bool        m_bNormalChange[MAX_NUM_NORMAL3];
    VSVector3W  m_Tangent;
    bool        m_bTangentChange;
    VSVector3   m_Binormal;
    bool        m_bBinormalChange;3
```

```
    VSColorRGBA     m_Color[MAX_NUM_COLOR];
    bool            m_bColorChange[MAX_NUM_COLOR];
};
```

变形动画树最多支持两层位置数据、两层法线数据和两层颜色数据，数据都会存放在m_Pos、m_Normal、m_Color、m_Tangent、m_Binormal 中。虽然大部分情况下一层就够用，但是作者把接口留了出来。如果觉得两层不够，可以更改 MAX_NUM_POS3、MAX_NUM_NORMAL3 和 MAX_NUM_COLOR 这 3 个值。m_bPosChange、m_bNormalChange、m_bTangentChange、m_bBinormalChange 和 m_bColorChange 等数组用来判断对应层是否存在数据。例如，如果只有一层位置数据，那么m_bPosChange[0]就为true，m_bPosChange[1]就为false，这样我们就知道只有第 1 层数据（m_Pos[0]）有效，第 2 层数据（m_Pos[1]）无效，并不会参与计算。所以，当设置数据时，必须通过接口来完成，代码如下。

```
inline void SetPos(const VSVector3 & Pos,unsigned int uiLevel)
{
     if (uiLevel < MAX_NUM_POS3)
     {
           m_Pos[uiLevel] = Pos;
           m_bPosChange[uiLevel] = true;
     }
}
…
```

在获取数据时，必须通过接口来完成，代码如下。

```
inline VSVector3 *GetPos(unsigned int uiLevel)
{
     if (uiLevel < MAX_NUM_POS3 && m_bPosChange[uiLevel])
     {
           return &m_Pos[uiLevel];
     }
     return NULL;
}
…
```

m_bPosChange、m_bNormalChange、m_bTangentChange、m_bBinormalChange 和m_bColorChange 等数组，会在计算每一个子网格前调用 ClearChangeFlag 函数重置一次，代码如下。

```
void VSMorphFunction::ClearChangeFlag()
{
    for (unsigned int i = 0 ; i < MAX_NUM_POS3 ; i++)
    {
         m_bPosChange[i] = false;
    }
   …
}
```

接下来，详细说明变形动画树更新的流程。实际上，这里递归的方式和动画树中没什么不一样，只不过动画树对每帧递归所有骨骼数据，而变形动画树对所有顶点进行循环处理，并递归每个顶点的所有数据，代码如下。

```
bool VSMorphTree::Update(double dAppTime)
{
    if(!VSController::Update(dAppTime))
         return false;
    //清除所有访问标记
    for(unsigned int i = 0 ; i < m_pMorphFunctionArray.GetNum() ; i++)
    {
         m_pMorphFunctionArray[i]->ClearFlag();
```

```
    }
    if(!m_pMorphMainFunction->Update(dAppTime))
        return false;
    else
    return true;
}
```

递归变形动画树顶点的代码如下。

```
bool VSMorphBaseFunction::Update(double dAppTime)
{
    if(!VSController::Update(dAppTime))
        return false;
    if(m_bIsVisited)
        return false;
    m_bIsVisited = 1;
    for (unsigned int i = 0 ; i < m_pInput.GetNum() ;i++)
    {
        if(m_pInput[i]->GetOutputLink())
        {
            VSMorphBaseFunction *pMorphBaseFunction =
             (VSMorphBaseFunction *)m_pInput[0]->GetOutputLink()->GetOwner();
            if(pMorphBaseFunction)
            {
                pMorphBaseFunction->Update(dAppTime);
            }
        }
    }
    return true;
}
```

整个变形动画树的更新从根节点开始，也就是通过 VSMorphMainFunction::Update 完成，代码如下。

```
bool VSMorphMainFunction::Update(double dAppTime)
{
    if(!VSMorphBaseFunction::Update(dAppTime))
        return false;
    //如果没有任何输入数据流，则退出
    if(!m_pInput[0]->GetOutputLink())
    {
        return false;
    }
    //取得输入数据流的变形动画节点
    VSMorphFunction *pMorphFunction =
            (VSMorphFunction *)m_pInput[0]->GetOutputLink()->GetOwner();
    if(!pMorphFunction)
    {
        return false;
    }
    //递归更新，这个时候没有更新真正的数据流，只是提前做一些准备，如计算混合参数等
    if(!pMorphFunction->Update(dAppTime))
        return false;
    VSGeometryNode *pGeomeNode = NULL;
    VSModelMeshNode *pMeshNode = GetMeshNode();
    if (!pMeshNode)
    {
         return 0;
    }
    //找出当前的VSGeometryNode类，判断是否是DLOD节点，如果是，则取出当前激活的节点
    if (pMeshNode->GetLodType() == VSModelMeshNode::LT_DLOD)
    {
        if (pMeshNode->GetDlodNode())
        {
            pGeomeNode = DynamicCast<VSGeometryNode>
```

```
                    (pMeshNode->GetDlodNode()->GetActiveNode());
        }
    }
    else
    {
        pGeomeNode = DynamicCast<VSGeometryNode>(
                pMeshNode->GetChild(0));
    }
    if(!pGeomeNode)
        return false;
    //递归所有子网格
    for (unsigned int i = 0 ; i < pGeomeNode->GetNormalGeometryNum() ; i++)
    {
        VSGeometry *pGeome =
                (VSGeometry *)pGeomeNode->GetNormalGeometry(i);
        if (pGeome)
        {
            //清除用于记录子网格的标记，每个子网格都可能不同，
            //里面的信息只对当前子网格有效
            m_pOwner->ClearChangeFlag();
            //取得子网格的顶点数据
            VSMeshData *pMeshData = pGeome->GetMeshData();
            if (!pMeshData)
            {
                continue;
            }
            VSVertexBuffer *pVertexBuffer = pMeshData->GetVertexBuffer();
            if (!pVertexBuffer)
            {
                continue;
            }
            //获得顶点数据的显存地址，锁定显存
            if (pVertexBuffer->Lock() == NULL)
            {
               continue;
            }
            //取得位置、法线和颜色的地址
            …
            //递归所有层次，更新子网格信息
            pMorphFunction->UpdateGeometryData(i);
            //遍历所有顶点
            unsigned int uiVertexNum = pGeome->GetVertexNum();
            for (unsigned int j = 0 ; j < uiVertexNum ; j++)
            {
                //递归更新所有顶点的信息
                //变形动画混合都在这个函数里进行
                pMorphFunction->UpdateVertexData(j);
                //将pMorphFunction中保存的顶点信息更新到显存里
                …
            }
            pVertexBuffer->UnLock();
        }
    }
    return true;
}
```

变形动画树的更新逻辑要复杂一些：先遍历子网格，再遍历顶点，每遍历一次顶点都要递归一次。这个递归过程要花费一些时间，如果不这样做，那么每个变形动画节点就要保留一份和模型占用同样空间大小的数据副本，这会占用大量内存。

后面讲多线程时会给出完整的更新代码，网格混合是在主线程中计算的，后文会介绍如何把主线程中的代码移到渲染线程中。

递归更新子网格信息的代码如下。

```
void VSMorphFunction::UpdateGeometryData(unsigned int GeometryIndex)
{
    for (unsigned int i = 0; i < m_pInput.GetNum(); i++)
    {
        if (m_pInput[i]->GetOutputLink())
        {
            VSMorphFunction *pMorphFunction =
                    (VSMorphFunction *)m_pInput[i]->GetOutputLink()->GetOwner();
            if (pMorphFunction)
            {
                pMorphFunction->UpdateGeometryData(GeometryIndex);
            }
        }
    }
}
```

递归更新顶点信息的代码如下。

```
void VSMorphFunction::UpdateVertexData(unsigned int uiVertexIndex)
{
    for (unsigned int i = 0 ; i < m_pInput.GetNum() ;i++)
    {
        if(m_pInput[i]->GetOutputLink())
        {
            VSMorphFunction *pMorphFunction =
                    (VSMorphFunction *)m_pInput[i]->GetOutputLink()->GetOwner();
            if(pMorphFunction)
            {
                pMorphFunction->UpdateVertexData(uiVertexIndex);
            }
        }
    }
}
```

在介绍变形动画混合之前，先介绍叶子节点（VSMorphSequenceFunc 类），也就是数据来源，代码如下。

```
class VSGRAPHIC_API VSMorphSequenceFunc : public VSMorphFunction
{
    virtual bool Update(double dAppTime);
    virtual void UpdateGeometryData(unsigned int GeometryIndex);
    virtual void UpdateVertexData(unsigned int uiVertexIndex);
    void SetMorph(const VSUsedName & MorphName);
    virtual bool SetObject(VSObject *pObject);
    virtual void ClearChangeFlag();
    VSUsedName m_MorphName;
    VSVertexBuffer *m_pVertexBuffer;
    VSGeometryNode *m_pGeomeNode;
    VSDataBuffer *pPosData[MAX_NUM_POS3];
    VSDataBuffer *pNormalData[MAX_NUM_NORMAL3];
    VSDataBuffer *pTangentData;
    VSDataBuffer *pBinormalData;
    VSDataBuffer *pColorDate[MAX_NUM_COLOR];
};
```

m_MorphName 是对应的动画名字，它通过 SetMorph 函数设置要使用的动画。SetObject 函数的主要目的是获取 VSGeometryNode。

```
bool VSMorphSequenceFunc::SetObject(VSObject *pObject)
{
    if (!VSMorphFunction::SetObject(pObject))
    {
```

```
        return false;
    }
    VSModelMeshNode *pMeshNode = GetMeshNode();
    if (!pMeshNode)
    {
        return false;
    }
    if (pMeshNode->GetLodType() == VSModelMeshNode::LT_DLOD)
    {
        if (pMeshNode->GetDlodNode())
        {
            m_pGeomeNode = DynamicCast<VSGeometryNode>
                (pMeshNode->GetDlodNode()->GetActiveNode());
        }
    }
    else
    {
        m_pGeomeNode = DynamicCast<VSGeometryNode>(MeshNode->GetChild(0));
    }
    return m_pGeomeNode != NULL;
}
```

通过 UpdateGeometryData 函数获取变形动画数据的地址。

```
void VSMorphSequenceFunc::UpdateGeometryData(unsigned int GeometryIndex)
{
    if (!m_pGeomeNode)
    {
        return;
    }
    //通过变形动画名字找到对应的变形动画，再找到对应子网格的顶点数据
    //如果没有设置变形动画，就把变形动画数据设置为原始子网格数据
    if (m_MorphName.GetBuffer())
    {
        const VSMorphSet *pMorphSet = m_pGeomeNode->GetMorphSet();
        if (!pMorphSet)
        {
            return;
        }
        VSMorph *pMorph = pMorphSet->GetMorph(m_MorphName);
        if (!pMorph)
        {
            return;
        }
        if (!pMorph->GetVertexNum(GeometryIndex))
        {
            return;
        }
        m_pVertexBuffer = pMorph->GetBuffer(GeometryIndex);
    }
    else
    {
        VSGeometry  *pGeometry =
                m_pGeomeNode->GetNormalGeometry(GeometryIndex);
        VSMeshData *pMeshData = pGeometry->GetOriginMeshData();
        m_pVertexBuffer = pMeshData->GetVertexBuffer();
    }
    if (!m_pVertexBuffer)
    {
        return;
    }
    //获取顶点数据位置、法线和颜色的地址
    for (unsigned int uiLevel = 0; uiLevel < VSMorphFunction::MAX_NUM_POS3;
        uiLevel++)
    {
```

```
            pPosData[uiLevel] = m_pVertexBuffer->GetPositionData(uiLevel);
        }
        …
}
```

如果没有指定变形动画名字，就用原始模型的数据，通过使一个不带名字的 VSMorph-SequenceFunc 类和一个带名字的 VSMorphSequenceFunc 类相减来得到变形动画的差值。

在处理每一个子网格时，都要调用 ClearChangeFlag 函数来清除变形动画数据的地址，代码如下。

```
void VSMorphSequenceFunc::ClearChangeFlag()
{
    VSMorphFunction::ClearChangeFlag();
    m_pVertexBuffer = NULL;
    for (unsigned int uiLevel = 0; uiLevel < VSMorphFunction::MAX_NUM_POS3;
    uiLevel++)
    {
        pPosData[uiLevel] = NULL;
    }
    …
}
```

UpdateVertexData 函数是在根节点更新子网格的所有顶点时递归调用的，它直接从变形动画数据中取得位置、法线和颜色数据，然后通过 SetPos 函数或 SetNormal 函数等设置数据。这里只列举了位置，其他的则省略。如果法线数据是压缩数据，则还需要解压缩。最后传给显存前，要将数据压缩回去，代码如下。

```
void VSMorphSequenceFunc::UpdateVertexData(unsigned int uiVertexIndex)
{
    if (!m_pVertexBuffer)
    {
        return;
    }
    //从变形动画数据中取得位置数据
    for (unsigned int uiLevel = 0 ; uiLevel < VSMorphFunction::MAX_NUM_POS3 ;
        uiLevel++)
    {
        VSDataBuffer *pData = pPosData[uiLevel];
        if (pData)
        {
            VSVector3 *pPos = (VSVector3 *)pData->GetData();
            if (pPos)
            {
                pPos +=uiVertexIndex;
                SetPos(*pPos,uiLevel);
            }
        }
    }
    …
}
```

4.4 一个参数的变形动画混合

本游戏引擎目前只给出了一个参数的平滑（线性插值）混合方式，读者可以自己实现其他混合方式。VSMorphBlendFunction 类为所有变形动画混合的基类（类的继承关系如图 4.7 所示），代码如下。

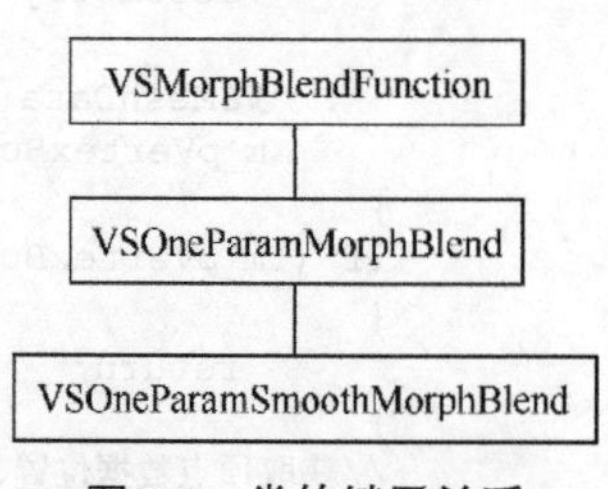

图 4.7 类的继承关系

```
class VSGRAPHIC_API VSMorphBlendFunction : public VSMorphFunction
{
```

```
    virtual bool Update(double dAppTime);
    static void LineBlendTwo(VSMorphFunction *pOut,
        VSMorphFunction *pMorphFunction1, VSMorphFunction *pMorphFunction2,
 VSREAL fWeight);
    virtual bool ComputePara(double dAppTime) = 0;
};
```

实际上，和 VSAnimBlendFunction 类一样，VSMorphBlendFunction 类只有一个输出数据流。

构造函数的代码如下。

```
VSMorphBlendFunction::VSMorphBlendFunction(const VSUsedName & ShowName,
VSMorphTree *pMorphTree)
:VSMorphFunction(ShowName, pMorphTree)
{
    VSString OutputName = _T("Output");
    VSOutputNode *pOutputNode = NULL;
    pOutputNode = VS_NEW VSOutputNode(VSPutNode::AVT_MORPH, OutputName, this);
    VSMAC_ASSERT(pOutputNode);
    m_pOutput.AddElement(pOutputNode);
}
```

Update 函数并不更新主要逻辑，它只完成和顶点混合无关的一些更新，代码如下。

```
bool VSMorphBlendFunction::Update(double dAppTime)
{
    if (!VSMorphFunction::Update(dAppTime))
    {
        return 0;
    }
    if (!ComputePara(dAppTime))
        return 0;
    return 1;
}
```

接下来，混合顶点的逻辑尤为重要，它根据权重混合两个 VSMorphFunction 类中存储的顶点数据，代码如下。

```
void VSMorphBlendFunction::LineBlendTwo(VSMorphFunction *pOut,
     VSMorphFunction *pMorphFunction1, VSMorphFunction *pMorphFunction2,
VSREAL fWeight)
{
     if (!pOut || fWeight < 0.0f || fWeight > 1.0f)
     {
          return;
     }
     if (pMorphFunction1 && pMorphFunction2)
     {
          //混合位置
          for (unsigned int uiLevel = 0; uiLevel < VSMorphFunction::MAX_NUM_POS3;
             uiLevel++)
          {
               VSVector3 *pVector1 = pMorphFunction1->GetPos(uiLevel);
               VSVector3 *pVector2 = pMorphFunction2->GetPos(uiLevel);
               if (pVector2 && pVector1)
               {
                    VSVector3 Vec =
                            LineInterpolation(*pVector1, *pVector2, fWeight);
                    pOut->SetPos(Vec, uiLevel);
               }
          }
          ...
     } //如果 pMorphFunction2 已空
```

```
        else if (pMorphFunction1)
        {
            for (unsigned int uiLevel = 0; uiLevel < VSMorphFunction::MAX_NUM_POS3;
              uiLevel++)
            {
                VSVector3 *pVector1 = pMorphFunction1->GetPos(uiLevel);
                if (pVector1)
                {
                    pOut->SetPos(*pVector1, uiLevel);
                }
            }
            …
        } //如果pMorphFunction1已空
        else if (pMorphFunction2)
        {
            for (unsigned int uiLevel = 0; uiLevel < VSMorphFunction::MAX_NUM_POS3;
              uiLevel++)
            {
                VSVector3 *pVector1 = pMorphFunction2->GetPos(uiLevel);
                if (pVector1)
                {
                    pOut->SetPos(*pVector1, uiLevel);
                }
            }
            …
        }
}
```

这段完成混合的代码只用到了线性插值。

VSOneParamMorphBlend类是一个参数混合的基类。

```
class VSGRAPHIC_API VSOneParamMorphBlend : public VSMorphBlendFunction
{
    virtual void AddInputNode();                //添加输入数据流
    virtual void DeleteInputNode();             //删除输入数据流
    VSREAL m_fParam;                            //控制参数
    VSREAL m_fParamMax;                         //控制参数的最大值和最小值
    VSREAL m_fParamMin;
    virtual bool ComputePara(double dAppTime);
    virtual void SetPara(void *pPara)
    {
        m_fParam = *((VSREAL *)pPara);
    }
    VSMorphFunction *m_pMorphBaseFunction1; //变形动画1
    VSMorphFunction *m_pMorphBaseFunction2; //变形动画2
    VSREAL m_fWeight;                           //混合时的权重
};
```

VSOneParamMorphBlend类的构造函数的代码如下。

```
VSOneParamMorphBlend::VSOneParamMorphBlend(const VSUsedName & ShowName,
VSMorphTree *pMorphTree)
:VSMorphBlendFunction(ShowName, pMorphTree)
{
    m_fParam = 0.0f;
    m_fParamMax = 1.0f;
    m_fParamMin = -1.0f;
    m_pMorphBaseFunction1 = NULL;
    m_pMorphBaseFunction2 = NULL;
    m_fWeight = 0.0f;
    VSString InputName0 = _T("Child0");
    VSInputNode *pInputNode = NULL;
    pInputNode = VS_NEW VSInputNode(VSPutNode::AVT_ANIM, InputName0, this);
```

```
    VSMAC_ASSERT(pInputNode);
    m_pInput.AddElement(pInputNode);
    VSString InputName1 = _T("Child1");
    pInputNode = NULL;
    pInputNode = VS_NEW VSInputNode(VSPutNode::AVT_ANIM, InputName1, this);
    VSMAC_ASSERT(pInputNode);
    m_pInput.AddElement(pInputNode);
}
```

初始时默认有两个顶点输入数据流，ComputePara 函数用于限制参数范围，代码如下。

```
bool VSOneParamMorphBlend::ComputePara(double dAppTime)
{
    if (m_fParam < m_fParamMin)
    {
        m_fParam = m_fParamMin;
    }
    else if (m_fParam > m_fParamMax)
    {
        m_fParam = m_fParamMax;
    }
    return 1;
}
```

VSOneParamSmoothMorphBlend 类就是一个参数的变形动画平滑混合类，代码如下。

```
class VSGRAPHIC_API VSOneParamSmoothMorphBlend : public VSOneParamMorphBlend
{
    virtual void UpdateVertexData(unsigned int uiVertexIndex);
    virtual bool Update(double dAppTime);
};
```

Update 函数中计算了 uiIndex1、uiIndex2 和 m_fWeight，计算方法与动画混合中的方法一样，这里不再详细讲解，核心代码如下。

```
bool VSOneParamSmoothMorphBlend::Update(double dAppTime)
{
    VSOneParamMorphBlend::Update(dAppTime);
    VSREAL fInternal = m_fParamMax - m_fParamMin;
    VSREAL fInternalSeg = fInternal / (m_pInput.GetNum() - 1);
    if (fInternalSeg < EPSILON_E4)
    {
        return false;
    }
    unsigned int uiIndex1, uiIndex2;
    VSREAL fTemp = (m_fParam - m_fParamMin) / fInternalSeg;
    uiIndex1 = (unsigned int)fTemp;
    if (uiIndex1 >= m_pInput.GetNum() - 1)
    {
        uiIndex2 = uiIndex1;
    }
    else
    {
        uiIndex2 = uiIndex1 + 1;
    }
    m_fWeight = fTemp - (VSREAL)uiIndex1;
    VSInputNode *pInputNode1 = GetInputNode(uiIndex1);
    VSInputNode *pInputNode2 = GetInputNode(uiIndex2);
    if (pInputNode1->GetOutputLink() && pInputNode2->GetOutputLink())
    {
        m_pMorphBaseFunction1 =
                (VSMorphFunction *)pInputNode1->GetOutputLink()->GetOwner();
        m_pMorphBaseFunction2 =
                (VSMorphFunction *)pInputNode2->GetOutputLink()->GetOwner();
```

```
	}
	else if (pInputNode1->GetOutputLink())
	{
		m_pMorphBaseFunction1 =
				(VSMorphFunction *)pInputNode1->GetOutputLink()->GetOwner();
		m_pMorphBaseFunction2 = NULL;
	}
	else if (pInputNode2->GetOutputLink())
	{
		m_pMorphBaseFunction2 =
				(VSMorphFunction *)pInputNode2->GetOutputLink()->GetOwner();
		m_pMorphBaseFunction1 = NULL;
	}
	else
	{
		m_pMorphBaseFunction1 = NULL;
		m_pMorphBaseFunction2 = NULL;
	}
	return true;
}
void VSOneParamSmoothMorphBlend::UpdateVertexData(unsigned int uiVertexIndex)
{
	VSOneParamMorphBlend::UpdateVertexData(uiVertexIndex);
	if (m_pMorphBaseFunction1 || m_pMorphBaseFunction2)
	{
		LineBlendTwo(this, m_pMorphBaseFunction1,
				m_pMorphBaseFunction2, m_fWeight);
	}	return;
}
```

读者可以用一个参数的混合方式混合出多种效果。例如，混合出只有脸部特征的变形动画，混合出只有嘴部特征的变形动画，混合出既有脸部特征又有嘴部特征的变形动画。

最后说明一下，存储变形动画会占用很多空间，因此没有必要存放整个变形动画的顶点数据，只需存放与原始模型顶点的差值即可。

「练习」

1. 在 3ds Max 里可以用曲线调节变形动画的参数，然后将骨骼动画和变形动画一起播放，也就是一边播放骨骼动画一边播放变形动画。读者可以尝试读取 FBX 中变形动画的参数曲线，并和动画文件一起导出，然后播放这个动画，达到骨骼动画和变形动画同时播放的目的；读者也可以只导出参数曲线信息，将其作为一种新的资源格式，单独播放变形动画。（提示：变形动画集合在 VSGeomeNode 类里，VSAnimSequence 类是可以被访问到的；如果要实现上面的功能，就要在 VSAnimSequence 类里实现播放变形动画的功能，其他 VSAnimNode 类节点也要提供混合变形动画的功能。）

2. 目前变形动画混合的最大问题就是效率。首先，变形动画存储的是全部模型的顶点，读者可以尝试只存放变化顶点的差值，这样差值为零的顶点就不必存储，可以节约很多空间。其次，虽然目前这种每个顶点循环的方式足够灵活，但速度相当慢，如果只是简单地混合多个变形动画，则没有必要用变形动画树，直接混合即可，这样效率会高出很多。

3. 变形动画混合目前是使用 CPU 完成的，它的特点就是灵活，但速度肯定没有使用 GPU 快。如果用 GPU 混合，就要把所有混合的顶点都发送给 GPU。DirectX 支持多流（stream）顶点格式，这样可以避免锁顶点数据缓存。讲完渲染架构后，读者就可以把变形动画混合移到 GPU

上去计算了。

『示例』

示例 4.1

给导出的变形动画模型添加材质。

示例 4.2

创建变形动画树并保存。

示例 4.3

给变形动画模型添加示例 4.2 中的变形动画树。

示例 4.4

播放示例 4.3 中带变形动画树的模型。读者可以通过“+”和“−”来调节混合参数，播放 Morph 脸部表情动画，如图 4.8 所示。

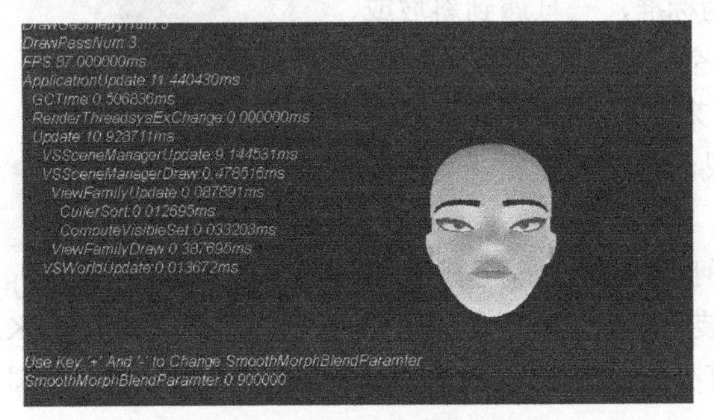

图 4.8 示例 4.4 的演示效果

第5章

IK与角色

为了讲解关于动画的剩余内容，本章首先介绍逆向动力学（Inverse Kinematics，IK）。不过作者没能将其整合到当前的游戏引擎版本里，这里仅介绍作者在工作中使用IK的经验。图5.1展示了一个使用IK的典型例子。美术师制作站立动画时都以水平地面为标准，一旦遇到斜坡或者台阶，就会出现脚悬空或者陷入其中的情况。这种问题可以通过IK来解决，IK还可以减少美术师的工作量，并灵活调整动画和环境之间的交互。

图5.1　左边没有使用IK，脚陷入台阶里；右边使用了IK，脚会贴合台阶

本章还将介绍如何通过本书的配套游戏引擎实现一个角色换装系统。现在的游戏中，角色形象已经是必不可少的了，丰富的换装系统不仅可以提升游戏质量，还可以表现出玩家的个性。

5.1　IK*

IK是一种通过先确定子骨骼的位置，然后反向推导出其所在骨骼链上N级父骨骼的位置，从而确定整条骨骼链的方法。

一个完整的IK应该具备效应器（effector）、目标（target）节点、根节点和链（chain）节点。其中，链节点为根节点，共他节点可以为效应器。求解的过程就是让效应器和目标节点无限接近，最后得到根节点和链的位置与旋转数据。

IK的类型可分为一对一、一对多和多对多。图5.2所示是一对一的例子，也就是只有一个效应器和一个目标节点。

在一对多的IK中，有一个效应器和多个目标节点，不过每个目标节点都是带有权重的，权重越大，效应器就越接近这个目标节点，如图5.3所示。

多对多的IK中，有多个效应器和多个目标节点，每个效应器都有自己要接近的目标节点，如图5.4所示。

目前常用的IK算法有3种。

- JTM：表示Jacobian Transpose Method（雅可比矩阵转置法）。
- FABR法：表示Forward And Backward Reaching（前后查询）法。
- CCD法：表示Cyclic Coordinate Descent（环形坐标下降）法。

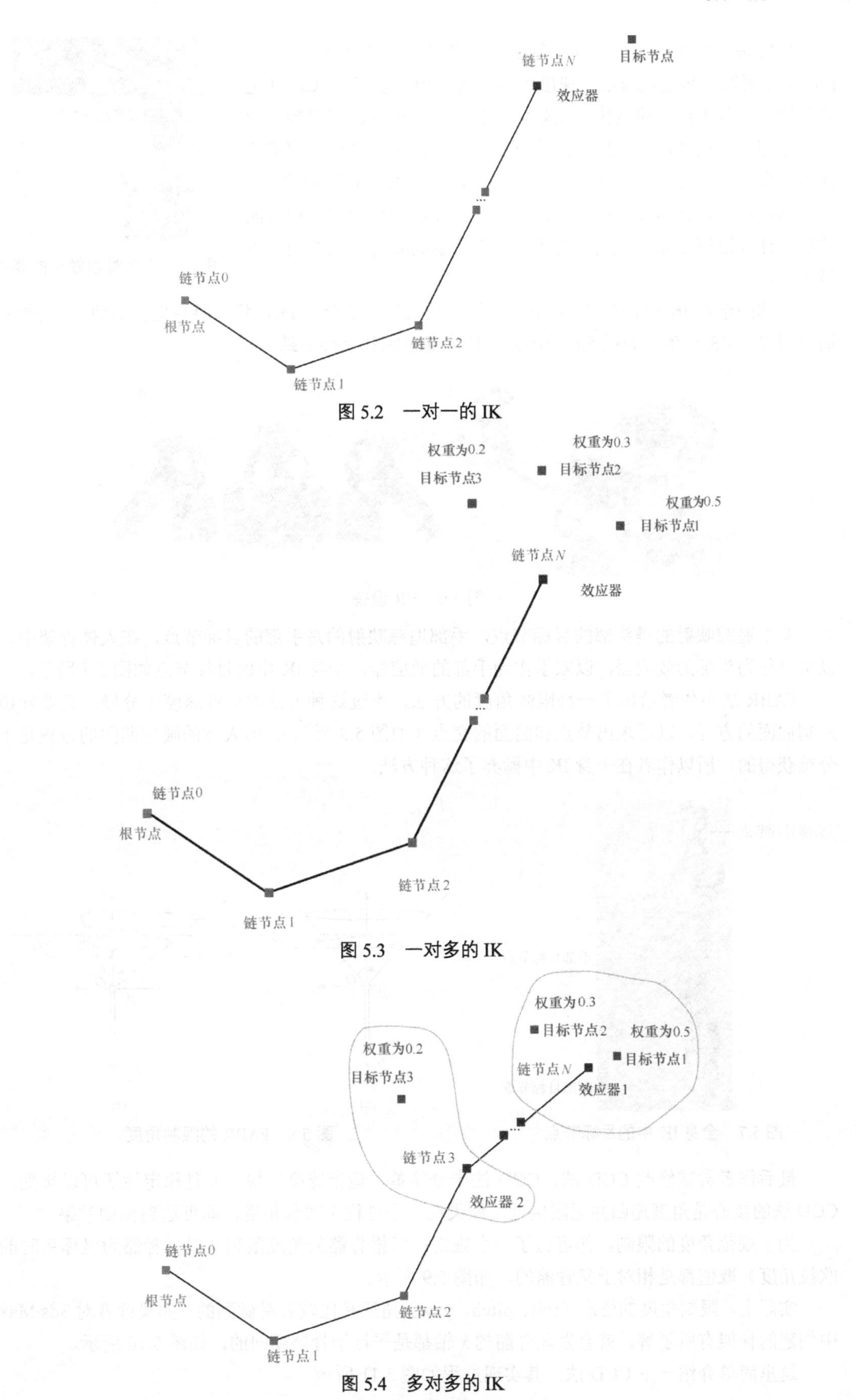

图 5.2 一对一的 IK

图 5.3 一对多的 IK

图 5.4 多对多的 IK

JTM需要解积分方程，计算复杂、速度慢，但效果好且稳定；FABR法采取逐步迭代方法，速度中等，效果相对较好；CCD法也采取逐步迭代方法，速度快，但效果一般。这3种算法应用到工业上应该都没有问题，但直接在游戏里使用几乎是不可能的，都需要改进。游戏中IK大部分用在关节动画上，而关节都是有限制的，IK不是随便用在什么角度都可以的。上面3种算法都只给出一种可能的解，计算过程则无法预测。对于图5.5所示的姿势，人类是难以做出的。

图5.5 人类难以做出的姿势

人体的全身IK应该算是IK中最难的，如果解决了全身IK，那么游戏里面其他IK会相对简单很多。VR设备（如图5.6所示）支持头部追踪和手部追踪。

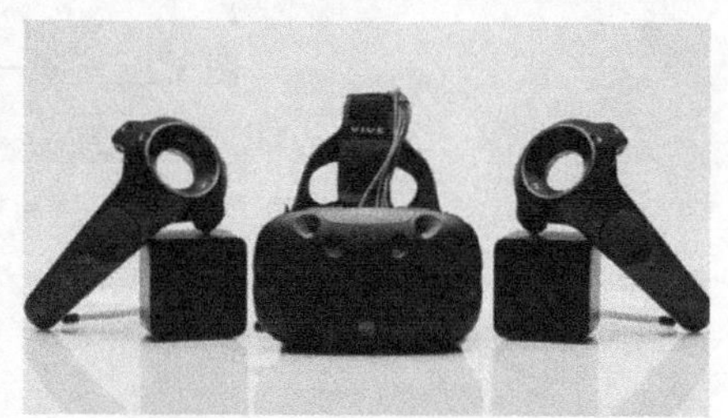

图5.6 VR设备

头部追踪映射的是头部的目标节点，手部追踪映射的是手部的目标节点。在人体骨架中，以头骨作为头部的效应器，以双手作为手部的效应器，全身IK中的目标节点如图5.7所示。

FABR法中作者给出了一种限制角度的方法，不过这种方法的运行速度十分慢，还要知道限制曲面的方程，以便求出节点和曲面的交点（如图5.8所示）。但人体的限制曲面的方程是十分难获得的，所以作者在全身IK中抛弃了这种方法。

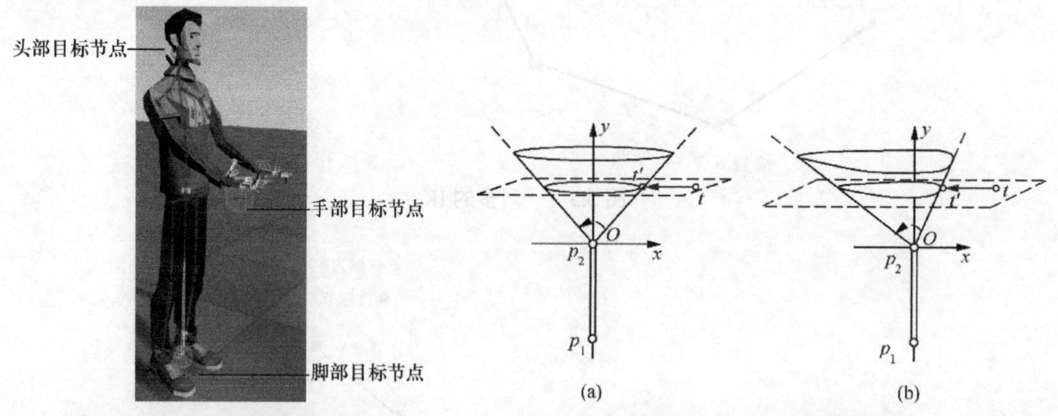

图5.7 全身IK中的目标节点

图5.8 FABR的限制角度

最后作者尝试修改CCD法。CCD法十分简单，运行速度很快，并且稳定性还可以接受。CCD法的核心是角度递归并无限接近，如果在这个过程中限制角度，即可达到预期效果。

为了规范角度的限制，作者做了一个规定：每根骨骼的角度限制（以父骨骼为坐标系时的欧拉角度）取值都是相对于父骨骼的，如图5.9所示。

实际上，限制角度的姿态（roll、pitch、yaw）角还是比较容易做到的。如果读者对3ds Max中创建的骨架有所了解，就会发现骨骼的x轴都是平行于骨骼朝向的，如图5.10所示。

这里简单介绍一下CCD法。其实现过程如图5.11所示。

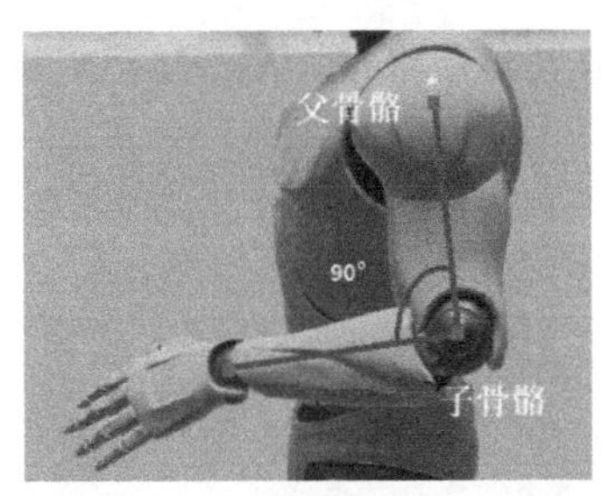

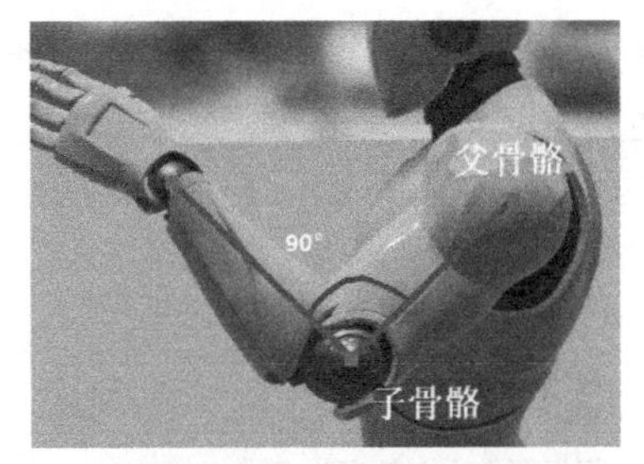

图 5.9 相对于父骨骼的欧拉角度

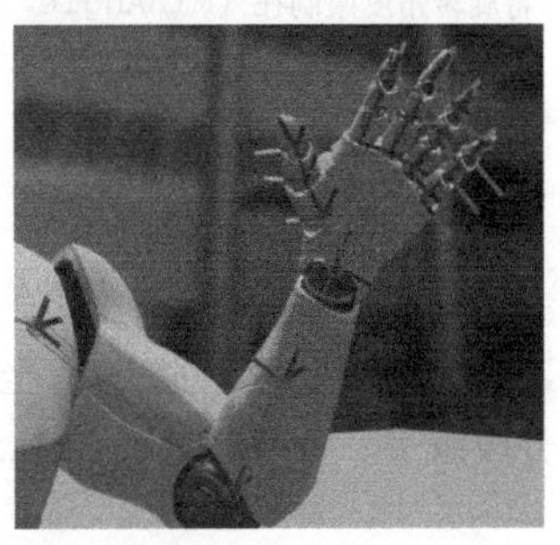

图 5.10 骨骼的 x 轴平行于骨骼朝向

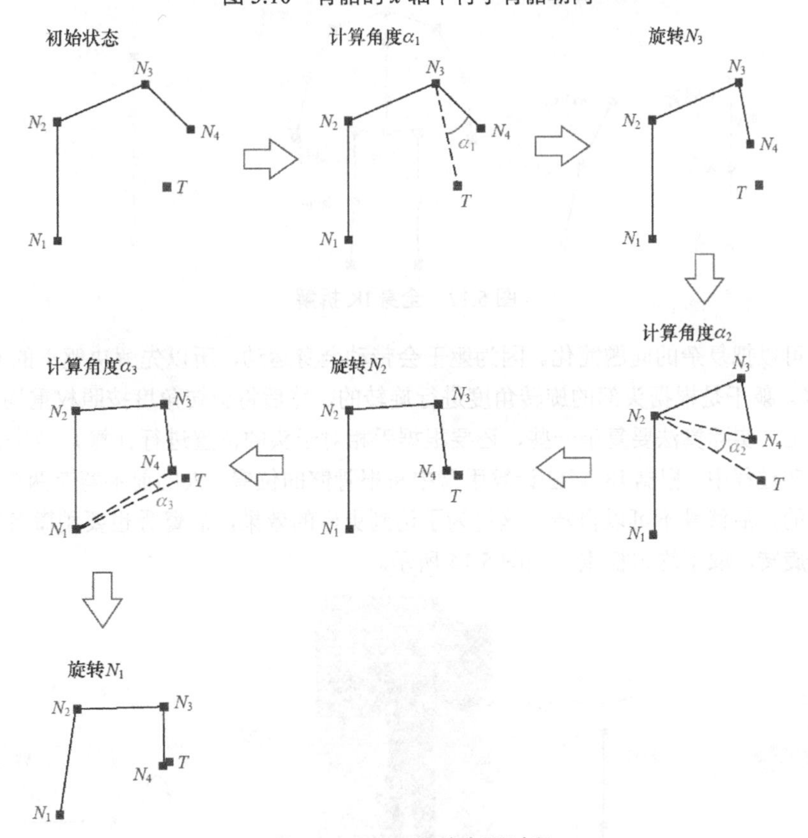

图 5.11 CCD 法的实现过程

要求子骨 N_4 的位置到达 T，N_1 位置不变，这个过程中要保证 N_1N_2、N_2N_3、N_3N_4 的长度不变，整个推导过程如下。

重复步骤（1）、（2）、（3），直到 T 和 N_4 的距离小于规定值。

（1）连接 N_3 到 T，N_3 到 N_4，算出角度 α_1，然后将 N_3、N_4 节点旋转角度 α_1。

（2）连接 N_2 到 T，并连接 N_2 到 N_4，算出角度 α_2，然后将 N_2、N_3、N_4 旋转角度 α_2；

（3）连接 N_1 到 T，并连接 N_1 到 N_4，算出角度 α_3，然后将 N_1、N_2、N_3、N_4 旋转角度 α_3。

算法描述如下。

```
While(Nn 到 T 的距离 > Slop)
{
      for n-1 个节点到 1 个节点
      {
           算出 Nn-1 到 T 的方向
           算出 Nn-1  到 Nn 的方向
           根据两个方向算出夹角 α
           将旋转角度限制在 (MinAngle, MaxAngle) 之间
           for(n-1 节点到 n 节点)
           {
                旋转节点角度 α
           }
       }
}
```

有了算法，就要着手处理全身 IK。全身 IK 可以看作多对多模型，不过它可以拆解为多个一对一模型，分成躯干、手臂和腿，如图 5.12 所示。

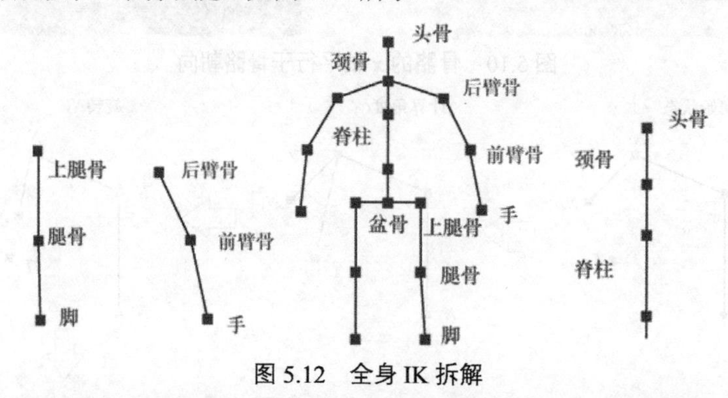

图 5.12 全身 IK 拆解

这样就可以把复杂的问题简化。因为躯干会带动全身运动，所以先解决躯干的 IK，再解决手和腿的 IK。躯干是根据头部的旋转角度进行旋转的，然后将旋转角度按照权重均匀递减，分到每根骨骼上（实际算法要复杂一些，还要根据手相对于头的位置进行计算），如图 5.13 所示。

手臂旋转过程中，根据 IK 算法计算手臂中每根骨骼的位置。人的前手臂有两根骨骼，它们是可以自转的，后臂骨不可以自转，这里为了达到更好的效果，后臂骨也要稍微有一些旋转。手带动胳膊旋转，取不均匀权重，如图 5.14 所示。

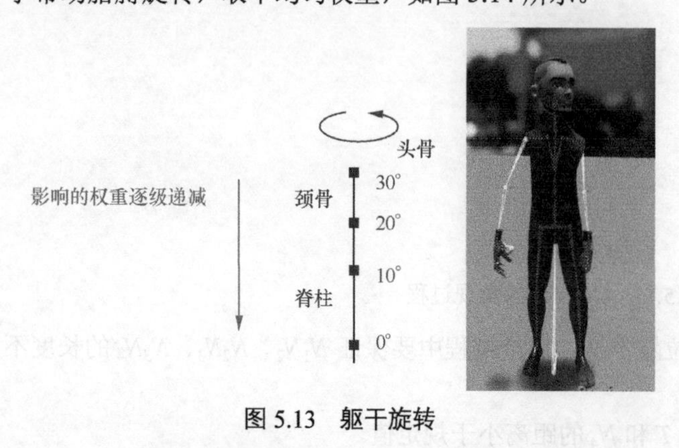

图 5.13 躯干旋转

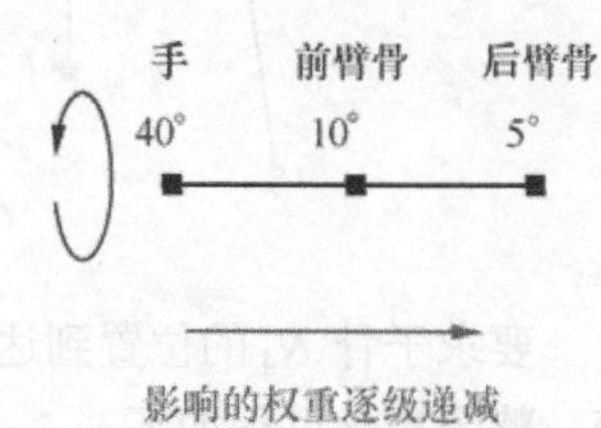

图 5.14 手臂旋转

为了达到好的效果，手臂部分可以加入锁骨。手臂上抬时，如果不加入锁骨，肩部的网格会折叠得很厉害，加入锁骨后整条手臂一般有 4 根骨骼。

无论是用 CCD 法还是 FABR 法，都有一个盲区：如果目标节点在骨骼链上，并且链是直的，那么算法本身是不可达到的，读者可以自行实验。虽然这种情况在实际应用中很少出现，但偶尔会出现。

另一个要说的就是限制角度的获取。一般欧拉角度范围在−180°～180°，不过从欧拉角度变换为矩阵（四元数），再从矩阵（四元数）变换到欧拉角度。Pitch 角度在−90°～90°（旋转顺序必须是 Roll、Pitch、Yaw 或者 Yaw、Pitch、Roll），这就要求 Pitch 角度取值不要超过−90°～90°，这对人体 IK 足够了。如果骨骼可达到的地方超出了这个范围，那么美术师就要配合开发者重新调整骨骼坐标轴朝向。

取限制角度的时候一定要搞清楚是取“大角度”限制还是“小角度”限制，如图 5.15 所示。这种情况下，小角度就是−45°～45°，大角度就是 45°～315°。最初设置限制允许的最大范围为−360°～360°，这样就可以包括任何连续角度，计算 CCD 的时候再变换成−180°～180°来进行限制。

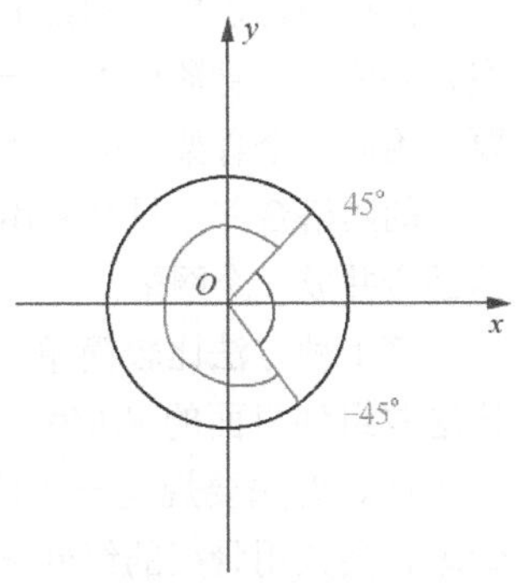

图 5.15　取大角度限制还是小角度限制

最后一个关键的问题就是模型的默认姿势，它对手臂 IK 尤为重要。由 IK 算法得到的结果很依赖初始位置，所以手臂的位置最好要自然，可以很容易到达任何地方，这样得到的结果才会很理想。

不同骨架的限制角度可能不同，骨架映射可以帮助兼容所有骨架。Unreal Engine 4 中默认的骨架映射（如图 5.16 所示）只支持动画，需要支持 IK 修改源码。

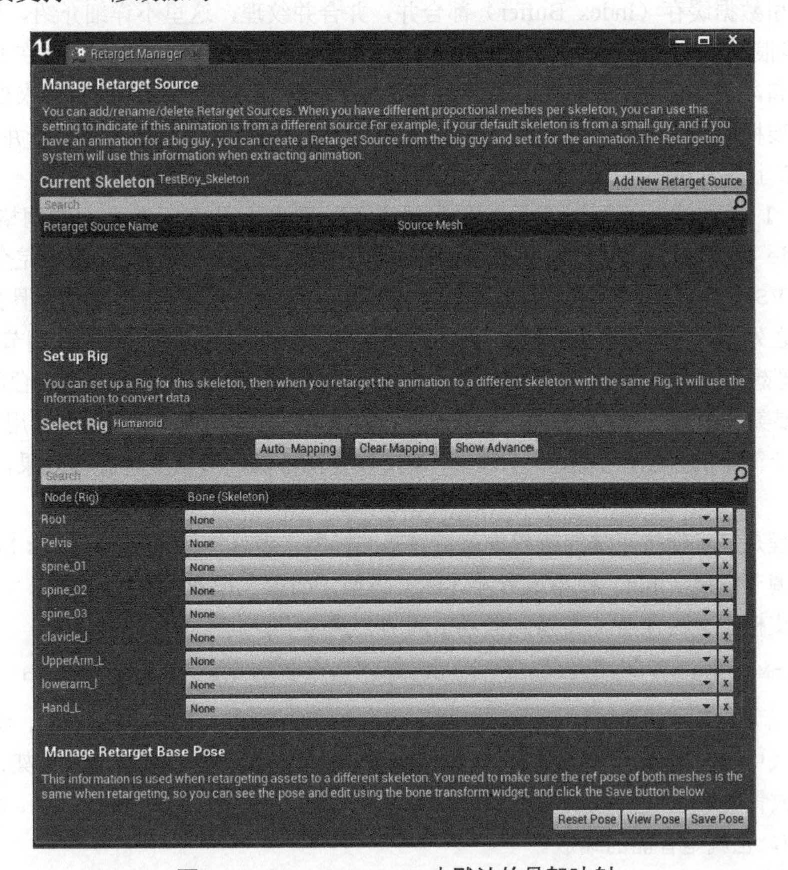

图 5.16　Unreal Engine 4 中默认的骨架映射

不过单纯依靠上面的 IK 算法还不能完全实现一个好的效果。玩家玩 VR 游戏的时候，很难限制游戏里人物的运动，由于要保证游戏里的人物看起来是一个正常人，因此后文中加入了动画和IK的混合，这样人物可以转身、走动、下蹲、坐下等。目前这个IK插件（名字为FullBody IK Plugin For VR）已经在Unreal Engine商店上架，用户不用写任何代码即可支持任何人形骨架，使用十分方便，购买后即可获得完整代码。

5.2 多姿多彩的角色*

角色中可以更换的部分一般包括头发、衣服、鞋、脸型等，角色更换本质上是多个骨骼模型合并成一个骨骼模型。一般有两种方法：一种方法是骨骼模型的网格结构不改变，这些网格要共用同一个骨架；另一种方法是骨骼模型的网格合并成一个网格。第1种方法并不是真正意义上的网格合并，只是共用一个骨架；第2种方法才是真正意义上的网格合并，所有的网格数据都合并成一个网格。

第1种方法比较简单，游戏中使用得也比较多。实体下面有头发、衣服、鞋、脸等组件，让这些组件里面的VSMeshNode类共用同一个骨架。作者把大体思路告诉读者，读者可以自行实现。首先要规定一个约束，即被共用骨架的组件必须是其他组件的父节点，目的是方便管理，要共用骨架的组件就把自己的VSMeshNode类的骨架替换掉，再调用VSGeometry类的LinkBoneNode函数重新绑定。

第2种方法比较麻烦，需要合并成一个网格，即把所有组件下的顶点数据缓存（Vertex Buffer）、索引数据缓存（Index Buffer）都合并，并合并纹理，这里不详细介绍。早些年PC上的GPU性能很低，大部分游戏的角色材质单一，通过合并可提高渲染效率。现在PC上的GPU执行效率很高，很难合并具有太多材质的角色。这种方法对于一个通用的引擎来说不可取，它会降低软件架构的灵活性。而对于手机游戏，GPU性能较弱，可以定制代码来合并成一个网格。目前对于PC上的游戏都不会合并网格。

对于第1种方法，还可以有另一种实现方式，它也不是真正意义上的网格合并。因为VSMeshNode类的VSGeometryNode类下可以挂接多个VSGeometry，所以完全可以把组件下面的所有VSGeometry类都挂接在一个VSGeometryNode类下再重新连接骨架。

除换装之外，角色的胖瘦也能表现玩家的个性。有一些游戏通过缩放模型来调节角色的胖瘦，但效果并不理想。游戏可预制几个胖瘦模型，让玩家选择，也可以通过滑块调节角色的胖瘦。不过这种方法需要美术师把胖瘦模型用同一个骨架进行蒙皮，这样才能保证胖瘦模型共用同一套动画。

通过一个简单的方法，美术师只用一个蒙皮模型就可以调节出多种胖瘦效果，而且共用动画文件。

基本过程是美术师按正常的流程规范做好基准模型，做好动画，然后在3ds Max里通过缩放骨骼分别调节出瘦（thin）模型或者胖（fat）模型，如图5.17所示。

一个蒙皮模型中将顶点V变换到世界空间的公式如下。

```
V * SkinMatrix * T * T_Parent1* T_Parent2* …*T_ParentN * LocalToWorld
```

正常情况下，美术师通过同一个骨架制作瘦模型和胖模型（不是缩放骨架），实际上，就是改变这个公式中的V和SkinMatrix。这个过程要重新制作模型、重新绑定骨架，十分耗时。

通过缩放骨架来达到瘦模型和胖模型的效果，实际上，是改变T、T_Parent1、T_Parent2、T_ParentN，也就是骨骼的缩放。

如果直接用基准模型的动画去播放瘦模型或者胖模型，那么瘦模型或者胖模型就会变成基准模型。这是因为如果播放基准模型的动画文件，那么骨骼数据会被动画骨骼数据替换掉，又变回基准模型播放动画的形式。

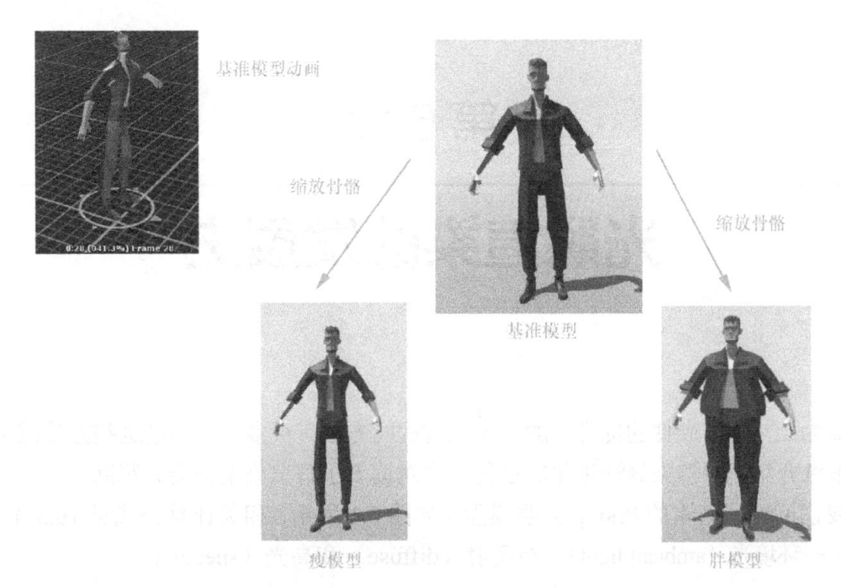

图 5.17 调节出胖瘦模型

为了让动画很好地播放，我们必须把缩放造成的影响从骨架中去掉。这时，这部分影响就添加到了新的蒙皮矩阵上，这里以胖模型为例，计算公式如下。

```
  SkinMatrix_new * T * T_parent1 * T_parent2 * … T_parentN
= SkinMatrix * T_fat * T_parent1_ fat * T_parent2_ fat * … T_parentN_ fat
```

其中，T_parent1，T_parent2，…*，T_parentN 为基准模型骨架中骨骼 T 的父骨骼，T_parent1_ fat，T_parent2_ fat，…，T_parentN_ fat 为形成的胖模型骨架中 T_fat 的父骨骼。

SkinMatrix_new 的计算公式如下。

```
SkinMatrix_new = SkinMatrix * T_parent1_ fat * T_parent2_ fat * … * T_parentN_ fat *
            ((T * T_parent1 * T_parent2 * … *T_parentN)^-1
```

根据 1.1 节，可以算出胖模型的顶点。

可以用 0～1 的权重值代表模型。当权重为 0 的时候，代表基准模型；当权重为 1 的时候，代表胖模型。这种方法的最大好处是减少了美术师的工作量，且效果很好。作者把原理已经写得很清晰了，相信读者自己应该能够实现。

当然，还有以下更灵活的实现方式，只不过美术师的工作量也会增加不少，但相比重新制作每个模型再用相同骨骼蒙皮，此方式还比较简单。

用两个骨架创建角色，一个骨架负责蒙皮，一个骨架负责动画，负责蒙皮的骨架都挂在负责动画的骨架上，并且位置重合，这样用于调节模型的骨骼和用于播放动画的骨骼之间没有任何依赖。

『练习』

1. 用本章的方法来使多个 VSSkeletonMeshComponent 类共用一个骨架。
2. 尝试实现胖瘦的调节，并可以共享同一个动画。

第 6 章

光照渲染的发展史

到目前为止，随着硬件的提升，加速光照过程的方法有很多种，不过这些方法或多或少都有些缺点。本章介绍光照渲染算法进化的过程，这对读者了解渲染架构会有帮助。

首先我们回顾最基本的 Phong 光照模型（如图 6.1 所示，相关计算公式见 10.3 节），主要分成 3 部分——环境光（ambient light）、漫反射（diffuse）和高光（specular）。

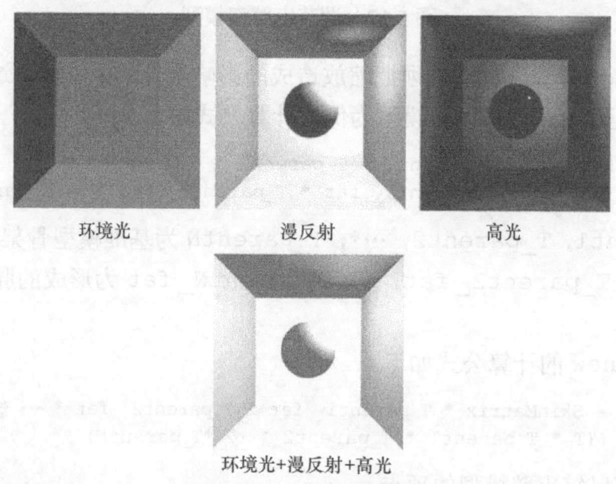

图 6.1　Phong 光照模型

环境光部分用于简单模拟全局光照对物体的影响。

漫反射部分是通过将光照方向和表面的法线进行点乘得到的，如图 6.2 所示。

高光部分是通过光反射方向和眼睛朝向的夹角来计算的，如图 6.3 所示。

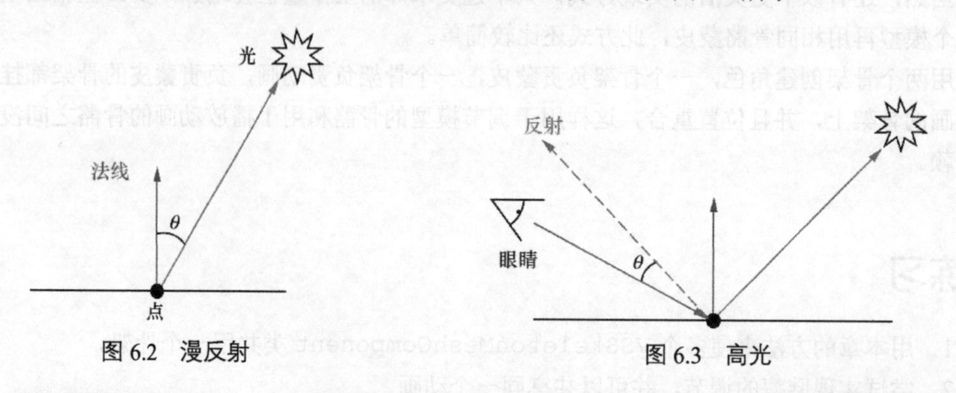

图 6.2　漫反射

图 6.3　高光

光照计算公式如下。

Ambient+ObjectColor×LightColor・$\boldsymbol{N}$・$\boldsymbol{L}$+ObjectColor×LightColor・Pow($\boldsymbol{R}$・$\boldsymbol{V}$)

其中，$\boldsymbol{N}$ 表示法线方向，$\boldsymbol{L}$ 表示光的方向，$\boldsymbol{R}$ 表示反射方向，$\boldsymbol{V}$ 表示眼睛方向，LightColor

为光源的颜色，ObjectColor 为被光照物体颜色。

这里，通过点乘计算两个方向的夹角的余弦值，因此光照强度值中的漫反射部分为 ObjectColor × LightColor • $\boldsymbol{N} \cdot \boldsymbol{L}$，高光部分为 ObjectColor × LightColor × Pow($\boldsymbol{R} \cdot \boldsymbol{V}$)。

渲染 *n* 个动态光源，会叠加每个光源的计算结果（如图 6.4 所示）。

图 6.4 光照叠加

Ambient + ObjectColor × LightColor1 •$\boldsymbol{N} \cdot \boldsymbol{L}_1$+ObjectColor × LightColor1 × Pow($\boldsymbol{R} \cdot \boldsymbol{V}$) + ObjectColor × LightColor2 • $\boldsymbol{N} \cdot \boldsymbol{L}_2$ + ObjectColor × LightColor2 • Pow($\boldsymbol{R} \cdot \boldsymbol{V}$) + ⋯ + ObjectColor × LightColor*N* • $\boldsymbol{N} \cdot \boldsymbol{L}_n$ + ObjectColor × LightColorN × Pow($\boldsymbol{R} \cdot \boldsymbol{V}$)

6.1 前向渲染

前向渲染一共有两种方法，具体如下。

- 单通道渲染。把影响几何体 *A* 的所有光源的数据都传入着色器，一起计算所有光照结果，每个几何体（geometry）只需要渲染一次。
- 多通道渲染。几何体 *A* 被 *N* 处光源影响，第 *i* 处光源的数据传入着色器，渲染几何体 *A*。其中，$1 \leqslant i \leqslant N$。

早期硬件处理能力较差，大多采用单通道渲染，每个几何体最多支持 4 处光源，也有游戏引擎为了支持无数处光源采用多通道渲染。

6.2 延迟渲染

在延迟渲染方法中，几何运算与光照分离，光照转到屏幕空间，这样有多少个几何体都与光照无关。

存储光照计算信息的缓存称为 GBuffer。

延迟渲染的具体算法如下。

（1）收集 GBuffer 信息（如图 6.5 所示）。

```
for each object
    DepthBuffer = object.depth
    GBuffer.color = object.diffuse
    GBuffer.normal = object.normal
    GBuffer.specular = object.specular
```

图 6.5 延迟渲染的 GBuffer 信息

（2）处理光照（如图 6.6 所示）。

① 遍历每个光源，光照过程中可以用模板缓存（stencil buffer）剔除不可见像素。

② 使用 GBuffer 的信息计算光照。

③ 叠加光照结果。

（3）处理透明物体。渲染透明物体时使用前向渲染。

延迟渲染的优点为支持大量动态光源，只计算可见像素，光照运算与几何体无关，实现复杂度低，GBuffer可用于后期效果（post effect）。

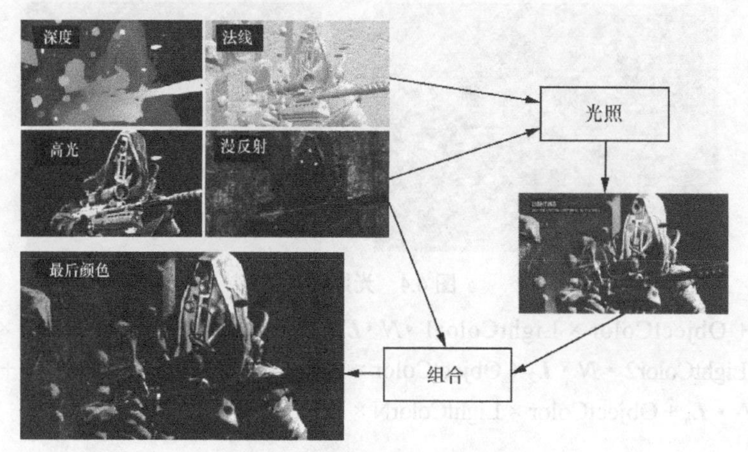

图6.6 用GBuffer处理光照

延迟渲染的缺点为占用的显存多、带宽瓶颈大，不适合多材质多光照模型，不支持透明物体，不支持硬件的多重采样抗锯齿（Multi Sample Anti-Aliasing，MSAA）。

GBuffer有许多压缩的算法，根据不同项目，压缩算法也会不同，具体细节这里不再介绍。

6.3 延迟光照

延迟光照（英文名又为Light Pre-Pass）的具体算法如下。

（1）得到法线和深度。

```
for each Object
    DepthBuffer = Object.Depth
    NormalBuffer = Object.Normal
```

（2）得到光照结果。

```
for each light
    LightBuffer.rgb = + LightColor
    LightBuffer.a += Specular terms
```

（3）合成光照结果与模型颜色。

```
for each Object
    FrameBuffer = ObjectDiffuse * LightBuffer
```

延迟光照的优点为兼容更多的材质，占用的显存比较少，带宽要求比较低，支持大量点光源，支持硬件的多重采样抗锯齿。

延迟光照的缺点为不支持多种光照模型，几何体要渲染两次，叠加高光时只能使用单色。

注意： 作者在项目里曾经用过上面几种方法。《斗战神》的游戏引擎使用前向渲染中的单通道渲染烘焙静态光，最多支持一盏动态主方向光、一盏动态辅助方向光及4处点光源；《众神争霸》项目开始用延迟渲染，用4张渲染目标实现多光源，后来压缩到3张渲染目标，不过延迟渲染对带宽要求相当高，而且角色和场景光照是两套光照模型，处理方式相当不友好，所以后来变成了延迟光照。延迟光照效率要比延迟渲染高一些，尤其在带宽低的计算机上，不过点光源高光只能使用单色。

图 6.7 所示为延迟光照的计算过程。

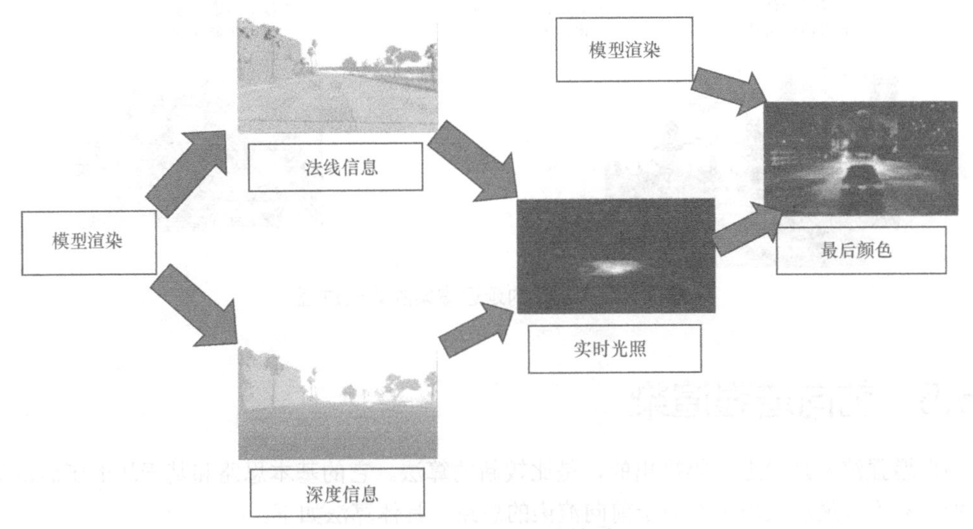

图 6.7 延迟光照的计算过程

延迟渲染和延迟光照两种算法用模板剔除不可见像素后，可以减少大量重复光照。不过在交叉光照的部分，每次渲染光源的几何体都会读一次 GBuffer，这个速度还是很慢的。在这个基础上，引入基于块的延迟渲染。

6.4 基于块的延迟渲染

基于块的延迟渲染的算法如下。

（1）生成 GBuffer，这一步和传统延迟渲染一样。

（2）把 GBuffer 划分成 16×16 的块，每个块根据深度得到包围盒。对每个块的包围盒和光源求交集，得到对这些块有贡献的光源序列，如图 6.8 所示。

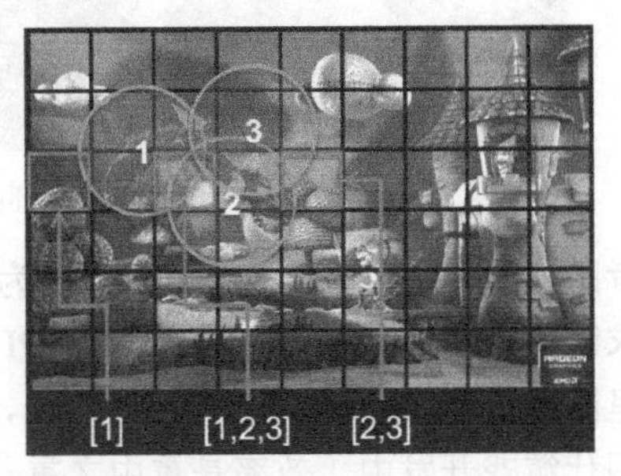

图 6.8 得到对这些块有贡献的光源序列

（3）对于 GBuffer 的每个像素，用它所在块的光源序列计算光照。

整个过程如图 6.9 所示。

基于块的延迟渲染的优点是读 GBuffer 的次数减少。缺点是光源少的时候性能不好，同样不支持半透明物体和多重取样抗锯齿，带宽要求高，不支持多材质和多光照。光源序列的计算和最后的光照处理在低级别的渲染 API 上实现比较困难。

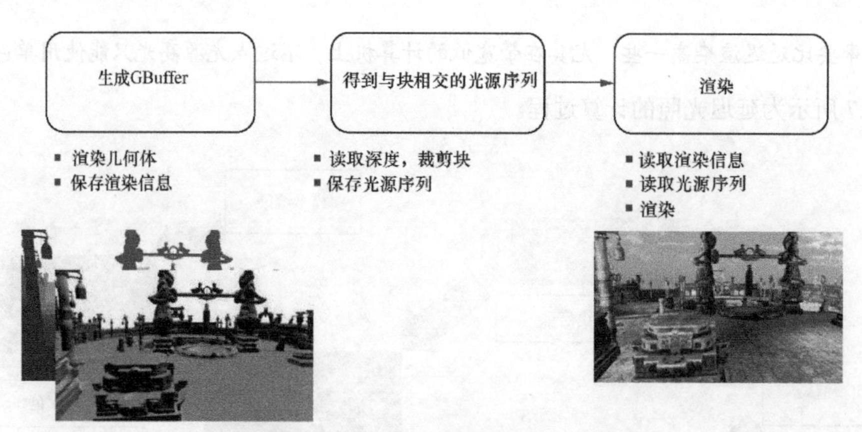

图 6.9 基于块的延迟渲染的算法过程

6.5 前向增强渲染

前向增强渲染是最近几年提出的，是比较新的算法。它的基本思路和基于块的延迟渲染有些相似，只不过最后采用了类似于前向渲染的思路，具体算法如下。

（1）渲染不透明物体，只得到深度缓存。这个过程也称为 ZPrepass 或 PreZ，有些前向渲染中会加入这个过程作为优化手段。

（2）把深度缓存划分为16×16 的块，每个块根据深度得到包围盒。对每个块的包围盒和光源求交集，得到对这个块有贡献的光源序列。

（3）对每个物体进行渲染，对每个像素所在块的光源序列计算光照。

整个过程如图 6.10 所示。

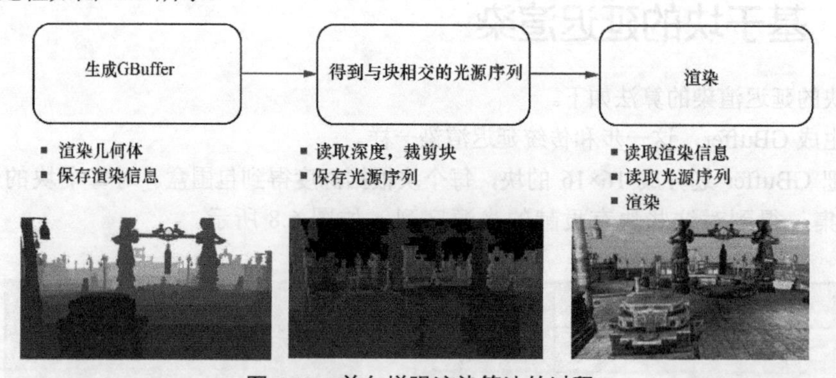

图 6.10 前向增强渲染算法的过程

作者比较喜欢前向增强渲染算法，因为它可以支持多种光照、多种材质，支持透明物体，带宽要求低。不过在级别比较低的渲染 API 上实现它是很困难的。

这里简单讲解了几种渲染光照的算法，实际上每种算法都有优缺点，但前向增强渲染更灵活。现代游戏开发中，效率是重中之重，灵活的渲染方式可以适应各种游戏。

基于块的延迟渲染和前向增强渲染都会把屏幕划分成多个块，并计算每个块的光源序列，这个过程既可以在 CPU 上实现，也可以在 GPU 上实现，但很明显在 GPU 上实现效率更高一些。在 2018 年的游戏开发者大会（Game Developers Conference，GDC）上，《孤岛惊魂 5》游戏把以前在 CPU 上进行的大部分渲染工作移植到了 GPU 上。

本游戏引擎用前向渲染来实现整个框架，不过里面的小架构给实现各种渲染算法留足了余地，在小架构里实现延迟渲染也很容易。

6.6 总结

渲染实际上只占开发游戏引擎工作量的很小一部分，如果按照开发游戏引擎编辑器的工作量为40%、开发游戏引擎层的工作量为60%来划分，那么渲染部分（属于游戏引擎层）占的工作量最多不会超过 10%。因为渲染的好坏直接关系到画面的好坏，所以许多非专业人员就把渲染当成了游戏引擎的全部，以为做好了游戏渲染就做好了游戏引擎。

实际上，渲染的好与坏都是很模糊的概念，往往非专业人员觉得画面越真实，渲染就越好。其实不然，在专业美术师眼里，真实的未必是好的。随着这些年国内游戏行业逐渐进步，玩家的品味也逐渐提升，他们开始知道什么样的游戏画面是好的画面、什么样的游戏画面是不好的画面，渲染得真实未必是渲染得好。美的定义有很多种，从美术角度来讲，开发非写实类的游戏要比写实类的游戏更难。写实类游戏中的纹理基本上可以从照片中获得，稍微加工就可以使用。而对于非写实类的游戏，美术师在画每一张纹理时都要下很多功夫，可能还会用另一套光照算法。

大部分商业游戏引擎默认提供的是写实类渲染（如图 6.11 所示），而《崩坏 3》和《塞尔达传说》游戏中的渲染风格（分别如图 6.12 和图 6.13 所示）绝对要比写实类游戏中画面的冲击力大得多。在光照算法和美术制作复杂度上，这两种游戏的渲染风格也丝毫不逊于写实类渲染。

图 6.11 写实类渲染

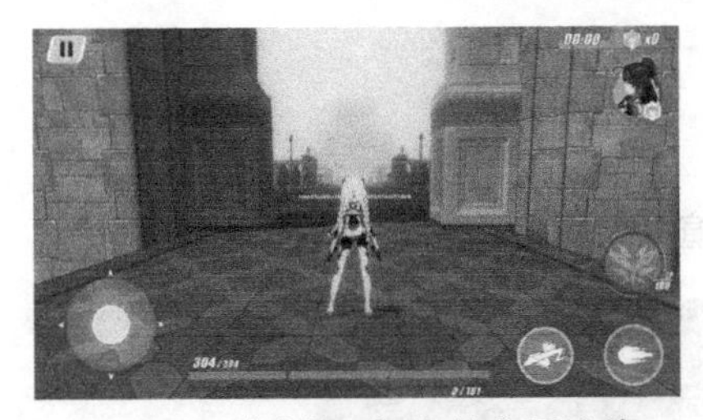

图 6.12 《崩坏 3》中的卡通渲染

图 6.13 《塞尔达传说》中的渲染

在开发《众神争霸》游戏时，作者用立方体纹理（cube texture）模拟周围场景对角色的光照影响，然后用非常规光照算法计算出光照结果（见图 6.14）。

图 6.15 所示为高光和边缘光的合成。

图 6.14 光照结果

图 6.15 高光与边缘光的合成

图6.16是最后的渲染效果，这个光照算法使角色看起来很通透。

读者要了解算法细节，可以参考"Illustrative Rendering in Team Fortress 2"这篇文章。图6.17所示是一个低多边形模型使用这篇文章中的渲染算法的效果。虽然模型面数很少，但效果很好。

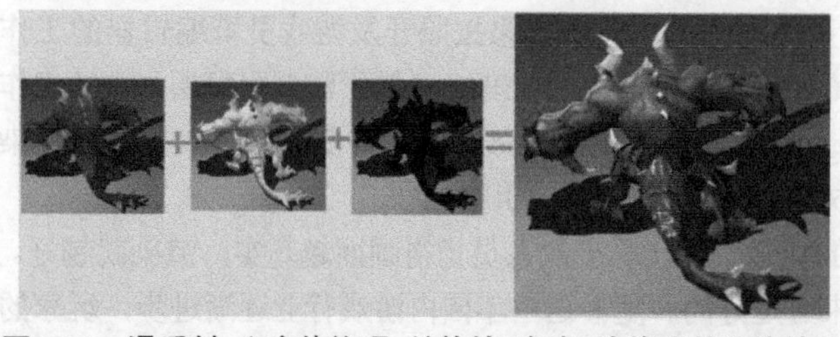

图6.16 漫反射+立方体纹理+兰伯特+高光+边缘光的渲染效果

图6.17 低多边形模型渲染效果

图6.11所示是Unreal Engine 4 基于物理的光照模型并用延迟渲染算法得到的渲染结果，物体材质使用材质树，如果不用后期效果去实现自定义光照模型，则需要修改大量代码（自定义光照效果如图6.18所示）；图6.12和图6.17所示是Unity基于自定义光照模型并用前向渲染算法得到的渲染结果，用文件形式的着色器就可以轻松实现自定义光照模型；图6.16所示是自研游戏引擎基于自定义光照模型并用延迟光照算法得到的渲染结果。如果开发者熟悉自己的代码，那么无论是基于材质树还是基于文件形式的着色器实现渲染都是很轻松的。

图6.18 修改Unreal Engine 4代码实现的自定义光照效果

『 示例 』

示例6.1

延续示例3.18 ，本示例展示了带法线的光照渲染效果，如图6.19所示。

图6.19 示例6.1的渲染效果

第7章

渲染器接口

不同硬件通过不同驱动程序进行管理，如果用户直接通过驱动层来发挥显卡的特性，那么会给开发者带来很大的成本，渲染器API层的出现给用户带来了很大的便利。PC、移动设备和游戏主机设备的操作系统不同，所以支持的渲染器API层也不相同，如Android手机支持OpenGL ES，PC支持DirectX和OpenGL。游戏引擎层需要封装渲染器API层，让游戏引擎的用户不用关心底层的渲染器API，这样每款游戏就可以做到多平台发布。

7.1 渲染资源

渲染资源（render resource）属于API层的资源类型。原始的API使用起来都比较烦琐，为了简化它的使用，游戏引擎都会再封装一次。本节主要介绍DirectX中资源类型的封装，OpenGL中的封装方法也差不多，即使有不同，用这个架构也很好集成。图7.1所示是所有渲染资源的结构。

7.1.1 VSBind

VSBind类是所有渲染资源的基类，它提供通用的接口，代码如下。

```
class VSGRAPHIC_API VSBind : public VSObject
{
    DECLARE_RTTI;
    DECLARE_INITIAL_NO_CLASS_FACTORY;
public:
    enum   LockFlag
    {
       LF_NOOVERWRITE, //不允许重写数据
       LF_DISCARD,      //丢弃所有数据
       LF_READONLY,     //只能读取数据
       LF_MAX
    };
    enum   MemType
    {
       MT_BOTH,          //保留内存和显存数据
       MT_RAM,           //保留内存数据
       MT_VRAM,          //保留显存数据
       MT_MAX
    };
    enum   MemTypeClearState
    {
       MCS_NONE,
       MCS_READY,
       MCS_DONE,
       MCS_MAX
    };
```

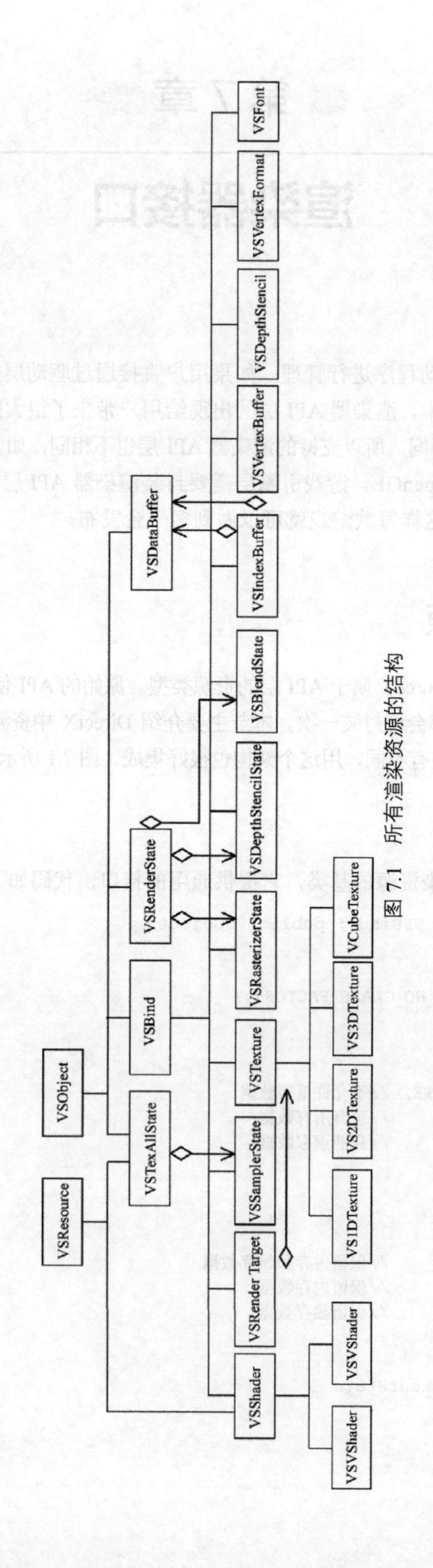

图 7.1 所有渲染资源的结构

```
    VSBind(unsigned int uiMemType = MT_BOTH);
    virtual ~VSBind() = 0;
    //得到当前可以用的绑定资源
    VSResourceIdentifier* GetIdentifier();
    //绑定资源的个数
    unsigned int GetInfoQuantity () const;
    //是否是静态资源
    bool IsStatic()const {return m_bIsStatic;}
    //如果在多线程渲染模式下，此资源需要在主线程中使用lock函数，
    //为了有效提高多线程效率，请设置bmulthreadUse为true
    void SetStatic(bool bIsStatic,bool bMulThreadUse = false);
    //全局双缓存动态资源列表
    static VSArray<VSBind *> ms_DynamicTwoBindArray;
    static VSArray<VSBind *> ms_BindArray;
    void ExChange();
    virtual void ASYNClearInfo();           //多线程渲染下为M_BOTH类型清空内存
protected:
    virtual void ClearInfo();
    friend class VSRenderer;
    void Bind(VSResourceIdentifier* pID);
    struct INFO_TYPE
    {
        INFO_TYPE()
        {
            ID = NULL;
        }
        ~INFO_TYPE()
        {
        }
        VSResourceIdentifier *ID;
    };
    VSArray<INFO_TYPE> m_InfoArray;
    unsigned int m_uiSwapChainNum;
    unsigned int m_uiCurID;
    bool m_bIsStatic;
    VSRenderer *m_pUser; //渲染器指针
    unsigned int m_uiLockFlag;
    unsigned int m_uiMemType;
    unsigned int m_uiClearState;
public:
    virtual bool LoadResource(VSRenderer *pRender);
    virtual bool ReleaseResource();
protected:
    virtual bool OnLoadResource(VSResourceIdentifier *&pID) = 0;
    virtual bool OnReleaseResource(VSResourceIdentifier *pID) = 0;
};
```

第1个枚举类型是LockFlag，对应变量为m_uiLockFlag，如果要读取D3D（DirectX中的3D部分）资源缓存数据，就必须锁定。为了提高效率，根据不同的目的，锁定函数的参数也不同。

第2个枚举类型为MemType，对应变量为m_uiMemType，它表示资源到底是占用内存还是占用显存，或两者都占用。如纹理和顶点数据都从磁盘加载到内存，再从内存加载到显存，如果不需要内存数据，则可以直接把内存数据释放掉。

最后一个枚举类型是为实现清除内存功能准备的，对应变量为m_uiClearState。一旦设置了MT_VRAM，在帧末就会判断内存占用情况并清空内存。

在多线程渲染情况下，先把创建资源的命令提交给渲染线程，每次在帧末都会调用ASYNClearInfo函数。这个函数会判断m_uiClearState的值，如果值为MCS_NONE，设置m_uiClearState = MCS_READY，表示渲染线程将根据内存数据创建显存资源，然后跳出函数；如果值

为MCS_READY，表示显存资源创建完毕，可以清除内存数据。代码如下。

```
void VSBind::ASYNClearInfo()
{
    if (m_uiMemType == MT_VRAM)
    {
        if(m_uiSwapChainNum == m_InfoArray.GetNum())
        {
            if (m_uiClearState == MCS_NONE)
            {
                m_uiClearState = MCS_READY;
                return ;
            }
            else if (m_uiClearState == MCS_READY)
            {
                m_uiClearState = MCS_DONE;
                ClearInfo();
                return ;
            }
        }
    }
}
```

VSBind类可以绑定多个同类型API层的资源，如VS2Dtexture类可以绑定多个D3D纹理缓存，代码如下。

```
struct INFO_TYPE
{
        INFO_TYPE()
        {
            ID = NULL;
        }
        ~INFO_TYPE()
        {
        }
        VSResourceIdentifier *ID;
};
VSArray<INFO_TYPE> m_InfoArray;
```

其中，m_InfoArray是绑定的API层资源数组。

VSResourceIdentifier类是一个虚基类，每个API（D3D或OpenGL）层渲染资源都必须继承自它。

```
class VSGRAPHIC_API VSResourceIdentifier
{
public:
    virtual ~VSResourceIdentifier () {/**/}
protected:
    VSResourceIdentifier () {/**/}
};
```

例如，下面是D3D纹理缓存绑定的代码。

```
class  VSDX9RENDERER_API VSTextureID : public VSResourceIdentifier
{
public:
    VSTextureID()
    {
       m_pTexture = NULL;
    }
    virtual ~VSTextureID()
    {
       VSMAC_RELEASE(m_pTexture);
```

```
    }
    IDirect3DBaseTexture9*       m_pTexture;
};
```

绑定多个资源的目的和屏幕双缓冲的目的差不多。如果绑定两个资源，那么这两个资源在每帧交替使用。

SetStatic 函数表示资源是否可以动态更新。如果此资源在主线程和渲染线程中都需要更新，就会为它创建绑定两个 API 层的资源，并将其加入全局动态双缓存资源列表 ms_DynamicTwoBindArray。m_uiSwapChainNum 表示绑定 API 层的资源个数，代码如下。

```
void VSBind::SetStatic(bool bIsStatic,bool bMulThreadUse)
{
    m_bIsStatic = bIsStatic;
    if(m_bIsStatic)
    {
         m_uiSwapChainNum = 1;
    }
    else
    {
         //在多线程渲染模式下，如需在主线程使用动态资源，这种资源必须渲染 API 支持才可以创建
         if (VSResourceManager::ms_bRenderThread && bMulThreadUse &&
         VSRenderer::ms_pRenderer->IsSupportMulBufferSwtich())
         {
              m_uiSwapChainNum = 2;
              ms_DynamicTwoBindArray.AddElement(this);
         }
         else
         {
              m_uiSwapChainNum = 1;
         }
    }
    m_uiCurID = 0;
}
```

主线程通过 GetIdentifier 函数得到当前可用的绑定资源 A，然后传给渲染线程，在帧末调用 ExChange 函数交换资源；在下一帧主线程用绑定资源 B，渲染线程用绑定资源 A。如果 API 不支持多个资源的线程安全，那么游戏引擎就不会创建多个绑定资源。代码如下。

```
VSResourceIdentifier *VSBind::GetIdentifier ()
{
   if (!m_InfoArray.GetNum())
   {
         return NULL;
   }
   VSResourceIdentifier *pID = NULL;
   pID = m_InfoArray[m_uiCurID].ID;
   return pID;
}
void VSBind::ExChange()
{
   if (!m_bIsStatic && m_uiSwapChainNum == 2)
   {
         m_uiCurID = (m_uiCurID + 1) % m_uiSwapChainNum;
   }
}
```

最后两个重要的函数就是 LoadResource 函数和 ReleaseResource 函数，代码如下。

```
bool VSBind::LoadResource(VSRenderer *pRender)
{
    if(!pRender)
```

```
        return 0;
    //如果资源是纯内存资源，则直接返回
    if (m_uiMemType == MT_RAM)
    {
        return 1;
    }
    //表示资源创建完毕，直接返回
    if(m_uiSwapChainNum == m_InfoArray.GetNum())
        return 1;
    else
    {
        //创建绑定资源
        m_pUser = pRender;
        for (unsigned int i = 0 ; i < m_uiSwapChainNum ; i++)
        {
            VSResourceIdentifier *pID = NULL;
            //对于虚函数，不同资源实现的内容不同
            if(!OnLoadResource(pID))
                return 0;
            if(!pID)
                return 0;
            //加入m_InfoArray列表
            Bind(pID);
        }
        //对于非多线程，则资源创建完毕后直接清空内存数据
        if (!VSResourceManager::ms_bRenderThread)
        {
            ClearInfo();
        }
        return 1;
    }
}
bool VSBind::ReleaseResource()
{
    //释放资源
    for (unsigned int i = 0 ; i < m_InfoArray.GetNum() ; i++)
    {
        INFO_TYPE &rInfo = m_InfoArray[i];
        //对于虚函数，不同资源实现的内容不同
        if(!OnReleaseResource(rInfo.ID))
            return 0;
    }
    m_InfoArray.Clear();
    return 1;
}
```

下面用VSRenderer类加载VSTexture类来说明上面的原理，代码如下。

```
bool VSRenderer:: LoadTexture (VSTexture *pTexture)
{
    if(!pTexture)
        return 0;
    return pTexture->LoadResource(this);
}
```

然后调用OnLoadResource函数，代码如下。

```
bool VSTexture::OnLoadResource(VSResourceIdentifier *&pID)
{
    if(!m_pUser)
        return 0;
    if(!m_pUser->OnLoadTexture(this,pID))
        return 0;
    return 1;
}
```

如果用的是 DirectX 9，则调用的是 DirectX 9 中的 OnLoadTexture 函数。这个函数会判断是 1D 纹理、2D 纹理、3D 纹理还是立方体纹理，以及是否是动态的纹理、是否是渲染目标，代码如下。

```
bool VSDX9Renderer::OnLoadTexture (VSTexture *pTexture,VSResourceIdentifier *&pID)
{
    VSTextureID *pTextureID = NULL;
    pTextureID = VS_NEW VSTextureID; //创建 VSTextureID
    if(!pTextureID)
        return 0;
    pID = pTextureID;
    DWORD dwUsage = 0;
    D3DPOOL Pool;
    DWORD LockFlag;
    if(pTexture->GetTexType() ==
                VSTexture::TT_2D && ((VS2DTexture *)pTexture)->IsRenderTarget())
    {
        Pool = D3DPOOL_DEFAULT;
        dwUsage |= D3DUSAGE_RENDERTARGET;
        LockFlag = D3DLOCK_DISCARD;
    }
    else if (pTexture->GetTexType() ==
                VSTexture::TT_CUBE && ((VSCubeTexture *)pTexture)->IsRenderTarget())
    {
        Pool = D3DPOOL_DEFAULT;
        dwUsage |= D3DUSAGE_RENDERTARGET;
        LockFlag = D3DLOCK_DISCARD;
    }
    else
    {
        if(!pTexture->IsStatic())
        {
            dwUsage |= D3DUSAGE_DYNAMIC;
            Pool = D3DPOOL_DEFAULT;
            LockFlag = D3DLOCK_DISCARD;
            //dwUsage |= D3DUSAGE_WRITEONLY;
        }
        else
        {
            Pool = D3DPOOL_MANAGED;
            LockFlag = 0;
        }
    }
    if(pTexture->GetTexType() == VSTexture::TT_2D)
    {
        Create2DTexture(pTexture,dwUsage,
            (D3DFORMAT)ms_dwTextureFormatType[pTexture->GetFormatType()],
            Pool,LockFlag,&pTextureID->m_pTexture);
    }
    else if(pTexture->GetTexType() == VSTexture::TT_3D)
    {
        CreateVolumeTexture(pTexture,dwUsage,
                (D3DFORMAT)ms_dwTextureFormatType[pTexture->GetFormatType()],
                Pool,LockFlag,&pTextureID->m_pTexture);
    }
    else if(pTexture->GetTexType() == VSTexture::TT_CUBE)
    {
        CreateCubeTexture(pTexture,dwUsage,
            (D3DFORMAT)ms_dwTextureFormatType[pTexture->GetFormatType()],
            Pool,LockFlag,&pTextureID->m_pTexture);
    }
    else if (pTexture->GetTexType() == VSTexture::TT_1D)
```

```
        {
            Create1DTexture(pTexture,dwUsage,
                (D3DFORMAT)ms_dwTextureFormatType[pTexture->GetFormatType()],
                Pool,LockFlag,&pTextureID->m_pTexture);
        }
        else
        {
            VSMAC_ASSERT(0);
        }
        return 1;
    }
```

7.1.2 VSBlendState

VSBlendState 类和 DirectX 11 中的混合状态（blend state）类似，主要对透明度（alpha）和颜色进行混合，最多支持 8 个渲染目标，可以通过 VSBlendDesc 来创建 VSBlendState，代码如下。

```
class VSGRAPHIC_API VSBlendDesc : public VSObject
{
public:
    enum
    {
        MAX_RENDER_TARGET_NUM = 8
    };
    enum //混合参数
    {
        BP_ZERO,
        BP_ONE,
        BP_SRCCOLOR,
        BP_INVSRCCOLOR,
        BP_SRCALPHA,
        BP_INVSRCALPHA,
        BP_DESTALPHA,
        BP_INVDESTALPHA,
        BP_DESTCOLOR,
        BP_INVDESTCOLOR,
        BP_MAX
    };
    enum //混合操作
    {
        BO_ADD,
        BO_SUBTRACT,
        BO_REVSUBTRACT,
        BO_MIN_SRC_DEST,
        BO_MAX_SRC_DEST,
        BO_MAX
    };
    enum //写掩码标记
    {
        WM_NONE  = 0,
        WM_ALPHA = BIT(0),
        WM_RED = BIT(1),
        WM_Green = BIT(2),
        WM_BLUE = BIT(3),
        WM_ALL = 0X0F
    };
    bool    bBlendEnable[MAX_RENDER_TARGET_NUM];      //是否开启颜色混合
    unsigned char ucSrcBlend[MAX_RENDER_TARGET_NUM];  //源混合因子
    unsigned char ucDestBlend[MAX_RENDER_TARGET_NUM]; //目标混合因子
    unsigned char    ucBlendOp[MAX_RENDER_TARGET_NUM];//混合方式
```

```
    //是否开启透明度混合
    bool   bAlphaBlendEnable[MAX_RENDER_TARGET_NUM];
    //透明度源混合因子
    unsigned char ucSrcBlendAlpha[MAX_RENDER_TARGET_NUM];
    //透明度目标混合因子
    unsigned char ucDestBlendAlpha[MAX_RENDER_TARGET_NUM];
    //透明度混合方式
    unsigned char ucBlendOpAlpha[MAX_RENDER_TARGET_NUM];
    //颜色写入标记
    unsigned char ucWriteMask[MAX_RENDER_TARGET_NUM];
    bool IsBlendUsed(unsigned int uiChannal = 0)const
    {
        return (bBlendEnable[uiChannal] || bAlphaBlendEnable[uiChannal]);
    }
    //得到哈希数据源
    void *GetCRC32Data(unsigned int& DataSize)const
    {
        DataSize = sizeof(VSBlendDesc)-sizeof(VSObject);
        return (void *)&bAlphaToCoverageEnable;
    }
};
VSTYPE_MARCO(VSBlendDesc);
class VSGRAPHIC_API VSBlendState : public VSBind
{
    VSBlendDesc m_BlendDesc;
protected:
    static VSPointer<VSBlendState> Default;
public:
    inline const VSBlendDesc & GetBlendDesc()const
    {
        return m_BlendDesc;
    }
protected:
    virtual bool OnLoadResource(VSResourceIdentifier *&pID);
    virtual bool OnReleaseResource(VSResourceIdentifier *pID);
};
```

Default 表示初始状态。OnLoadResource 函数在 DirectX 9 下无须创建资源，在 DirectX 11 下则需要创建，代码如下。

```
class VSGRAPHIC_API VSResourceManager
{
    static VSBlendState *CreateBlendState(const VSBlendDesc & BlendDesc);
}
```

这里只介绍 VSBlendState 类的创建，VSDepthStencilState 类、VSSamplerState 类、VSRasterizerState 类的创建和它基本一样。

VSBlendState 类是可以共用的资源，如果已经存在，就不需要再次创建。根据循环冗余校验（Cyclic Redundancy Check，CRC）算法创建的哈希值来判断这个资源是否已经存在，代码如下。

```
VSBlendState *VSResourceManager::CreateBlendState(const VSBlendDesc & BlendDesc)
{
    unsigned int uiDataSize = 0;
    void *pData = BlendDesc.GetCRC32Data(uiDataSize);
    unsigned int uiHashCode = CRC32Compute(pData, uiDataSize);
    VSBlendState *pBlendState = NULL;
    pBlendState = (VSBlendState *)VSResourceManager::
    GetBlendStateSet().CheckIsHaveTheResource(uiHashCode);
    if(pBlendState)
    {
        return pBlendState;
    }
```

```
        pBlendState = VS_NEW VSBlendState();
        pBlendState->m_BlendDesc = BlendDesc;
        VSResourceManager::GetBlendStateSet().AddResource(uiHashCode,
          pBlendState);
        return pBlendState;
    }
```

要判断两个混合状态资源是否是一样的，主要判断 VSBlendDesc 类中的数据，根据这些数据来得到哈希值。因为 VSBlendDesc 类继承自 VSObject 类，所以数据大小为 sizeof(VSBlend-Desc) sizeof(VSObject)，数据起始地址为 VSBlendDesc 类的第 1 个变量的地址，代码如下。

```
void *GetCRC32Data(unsigned int& DataSize)const
{
        DataSize = sizeof(VSBlendDesc)-sizeof(VSObject);
        return (void *)&bAlphaToCoverageEnable;
}
```

7.1.3 VSDepthStencilState

VSDepthStencilState 类主要负责深度测试和模板测试，可以通过 VSDepthStencilDesc 来创建 VSDepthStencilState，代码如下。

```
class VSGRAPHIC_API VSDepthStencilDesc : public VSObject
{
public:
        enum //比较方法
        {
            CM_NEVER,
            CM_LESS,
            CM_EQUAL,
            CM_LESSEQUAL,
            CM_GREATER,
            CM_NOTEQUAL,
            CM_GREATEREQUAL,
            CM_ALWAYS,
            CM_MAX
        };
        enum //操作类型
        {
            OT_KEEP,
            OT_ZERO,
            OT_REPLACE,
            OT_INCREMENT,
            OT_DECREMENT,
            OT_INVERT,
            OT_QUANTITY
        };

        bool m_bDepthEnable;                   //是否开启深度测试
        bool m_bDepthWritable;                 //是否开启写入深度
        unsigned char m_uiDepthCompareMethod;  //深度测试方法

        bool m_bStencilEnable;                 //是否开启模板测试
        unsigned char m_uiStencilCompareMethod; //逆时针正面模板测试方法
        unsigned char m_uiReference;           //逆时针正面模板测试因子
        unsigned char m_uiMask;                //逆时针正面模板测试掩码值
        unsigned char m_uiWriteMask;           //逆时针正面模板写入掩码值
        //逆时针正面模板测试和深度测试通过后的操作
        unsigned char m_uiSPassZPassOP;
        //逆时针正面模板测试通过但深度测试失败后的操作
```

```
        unsigned char m_uiSPassZFailOP;
        unsigned char m_uiSFailZPassOP;          //逆时针正面模板失败但深度测试通过后的操作
        //顺时针背面模板比较方法
        unsigned char m_uiCCW_StencilCompareMethod;
        //顺时针背面模板测试和深度测试通过后的操作
        unsigned char m_uiCCW_SPassZPassOP;
        //顺时针背面模板测试通过但深度测试失败后的操作
        unsigned char m_uiCCW_SPassZFailOP;
        //顺时针背面、正面模板测试失败但深度测试通过后的操作
        unsigned char m_uiCCW_SFailZPassOP;
        bool m_bTwoSideStencilMode;                  //开始双面模板测试
        //得到哈希数据源
        void *GetCRC32Data(unsigned int& DataSize)const
        {
            DataSize = sizeof(VSDepthStencilDesc) - sizeof(VSObject);
            return (void *)&m_bDepthEnable;
        }
};
VSTYPE_MARCO(VSDepthStencilDesc);
class VSGRAPHIC_API VSDepthStencilState : public VSBind
{
protected:
        VSDepthStencilState();
        VSDepthStencilDesc m_DepthStencilDesc;
protected:
        static VSPointer<VSDepthStencilState> Default;
protected:
        virtual bool OnLoadResource(VSResourceIdentifier *&pID);
        virtual bool OnReleaseResource(VSResourceIdentifier *pID);
};
DECLARE_Ptr(VSDepthStencilState);
VSTYPE_MARCO(VSDepthStencilState);
```

创建 VSDepthStencilState 类和 VSBlendState 类类似，函数的接口代码如下，具体不详细说明。

```
class VSGRAPHIC_API VSResourceManager
{
        static VSDepthStencilState * CreateDepthStencilState(
                    const VSDepthStencilDesc & DepthStencilDesc);
}
```

7.1.4 VSSamplerState

VSSamplerState 类负责纹理线性采样、点采样、UV 坐标寻址等，可以通过 VSSamplerDesc 来创建 VSSamplerState，代码如下。

```
class VSGRAPHIC_API VSSamplerDesc : public VSObject
{
public:
    enum //坐标寻址模式
    {
        CM_CLAMP,                    //限制寻址
        CM_WRAP,                     //循环寻址
        CM_MIRROR,                   //镜像寻址
        CM_BORDER,                   //边界寻址
        CM_MAX
    };
    enum //采样方法
    {
        FM_NONE,                     //默认点采样
        FM_POINT,                    //点采样
```

```
        FM_LINE,                    //线性采样
        FM_ANISOTROPIC,             //各向异性采样
        FM_MAX
    };
    unsigned char m_uiMag;          //采样方式
    unsigned char m_uiMin;
    unsigned char m_uiMip;
    unsigned char m_uiMipLevel;     //Mipmap 层级
    unsigned char m_uiAniLevel;     //各向异性层级
    unsigned char m_uiCoordU;       //寻址方式
    unsigned char m_uiCoordV;
    unsigned char m_uiCoordW;
    VSColorRGBA  m_BorderColor;
    void *GetCRC32Data(unsigned int& DataSize)const
    {
        DataSize = sizeof(VSSamplerDesc)-sizeof(VSObject);
        return (void *)&m_uiMag;
    }
};
VSTYPE_MARCO(VSSamplerDesc);
class VSGRAPHIC_API VSSamplerState : public VSBind
{
protected:
    VSSamplerState();
    VSSamplerDesc m_SamplerDesc;
protected:
    static VSPointer<VSSamplerState> Default;           //默认点采样
    static VSPointer<VSSamplerState> TriLine;           //三线性采样
    static VSPointer<VSSamplerState> DoubleLine;        //双线性采样
    static VSPointer<VSSamplerState> ShadowMapSampler; //阴影映射采样
    //立方体投射阴影采样
    static VSPointer<VSSamplerState> CubProjectShadowSampler;
    //边缘色为0
    static VSPointer<VSSamplerState> BorderARGB0Sampler;
protected:
    virtual bool OnLoadResource(VSResourceIdentifier *&pID);
    virtual bool OnReleaseResource(VSResourceIdentifier *pID);
};
```

这里给出了几种常用的默认纹理采样。其中，Default 表示点采样，DoubleLine 表示双线性采样，TriLine 表示三线性采样，后面几种采样将在讲解阴影的时候再介绍。

创建 VSSamplerState 类和 VSBlendState 类类似，函数的接口代码如下，具体不详细说明。

```
class VSGRAPHIC_API VSResourceManager
{
    static VSSamplerState * CreateSamplerState(const VSSamplerDesc
        &SamplerDesc);
}
```

7.1.5 VSRasterizerState

VSRasterizerState 类表示光栅化状态，可以通过 VSRasterizerDesc 来创建 VSRasterizerState，代码如下。

```
class VSGRAPHIC_API VSRasterizerDesc : public VSObject
{
public:
    enum //裁剪方式
    {
        CT_NONE,                    //不裁剪
        CT_CW,                      //顺时针面裁剪
```

```
        CT_CCW,                     //逆时针面裁剪
        CT_MAX
    };

    bool m_bWireEnable;             //是否开启线框模式
    unsigned char m_uiCullType;     //裁剪方式
    bool m_bClipPlaneEnable;        //是否启用裁剪面
    bool m_bScissorTestEnable;      //是否启用屏幕矩形裁剪
    VSREAL    m_fDepthBias;         //深度偏差
    void *GetCRC32Data(unsigned int& DataSize)const
    {
        DataSize = sizeof(VSRasterizerDesc)-sizeof(VSObject);
        return (void *)&m_bWireEnable;
    }
};
VSTYPE_MARCO(VSRasterizerDesc);
class VSGRAPHIC_API VSRasterizerState : public VSBind
{
protected:
    VSRasterizerState();
    VSRasterizerDesc m_RasterizerDesc;
protected:
    static VSPointer<VSRasterizerState> Default;
protected:
    virtual bool OnLoadResource(VSResourceIdentifier *&pID);
    virtual bool OnReleaseResource(VSResourceIdentifier *pID);
};
DECLARE_Ptr(VSRasterizerState);
VSTYPE_MARCO(VSRasterizerState);
```

创建 VSRasterizerState 类和 VSBlendState 类类似，函数的接口代码如下，具体不详细说明。

```
class VSGRAPHIC_API VSResourceManager
{
    static VSRasterizerState * CreateRasterizerState(const
                VSRasterizerDesc &RasterizerDesc);
}
```

7.1.6 VSRenderState

VSRenderState 类是除 VSSamplerState 类以外的其他渲染状态的合集，代码如下。

```
class VSGRAPHIC_API VSRenderState : public VSObject
{
public:
    enum //继承状态标志
    {
        IF_WIRE_ENABLE = 0X0000001,
        IF_CULL_TYPE = 0X0000002,
        IF_ALL = 0XFFFFFFFF
    };
    //复制状态
    const VSRenderState & operator =(const VSRenderState &RenderState);
    //复制状态
    const VSRenderState & operator =(const VSRenderState *RenderState);
    //复制状态
    void GetAll(const VSRenderState *pRenderState);
    void Inherit(const VSRenderState *pRenderState,unsigned int uiInheritFlag = 0);
    void SwapCull();
    void SetBlendState(VSBlendState *pBlendState)
```

```
    {
        if (!pBlendState)
        {
            pBlendState = (VSBlendState *)VSBlendState::GetDefault();
        }
        if (m_pBlendState != pBlendState)
        {
            m_pBlendState = pBlendState;
            m_BlendDesc = pBlendState->GetBlendDesc();
        }
    }
protected:
    VSDepthStencilStatePtr    m_pDepthStencilState;
    VSBlendStatePtr            m_pBlendState;
    VSRasterizerStatePtr    m_pRasterizerState;
    VSDepthStencilDesc m_DepthStencilDesc;
    VSRasterizerDesc m_RasterizerDesc;
    VSBlendDesc m_BlendDesc;
    VSArray<VSRect2> m_RectArray; //2D 裁剪平面数组
    VSArray<VSPlane3> m_Plane;     //3D 裁剪平面数组
};
```

Inherit 函数表示继承自 pRenderState 的某些状态。目前作者只实现了线框模式，读者可以添加继承其他状态。本书的每个示例中按 W 键呈现的线框模式就是通过这个函数实现的，代码如下。

```
void VSRenderState::Inherit(const VSRenderState * pRenderState,
unsigned int uiInheritFlag)
{
    if (!uiInheritFlag)
    {
        return ;
    }
    VSMAC_ASSERT(pRenderState);
    bool bReCreateDepthStencil = false;
    bool bReCreateRasterizer = false;
    bool bReCreateBlend = false;
    if (uiInheritFlag & IF_WIRE_ENABLE)
    {
        if (m_pRasterizerState->GetRasterizerDesc().m_bWireEnable !=
        pRenderState->m_pRasterizerState->GetRasterizerDesc().m_bWireEnable)
        {
            bReCreateRasterizer = true;
            m_RasterizerDesc.m_bWireEnable =
             pRenderState->m_pRasterizerState->GetRasterizerDesc().m_bWireEnable;
        }
    }
    if (bReCreateRasterizer)
    {
        m_pRasterizerState =
           VSResourceManager::CreateRasterizerState(m_RasterizerDesc);
    }
    if (bReCreateDepthStencil)
    {
        m_pDepthStencilState = VSResourceManager::CreateDepthStencilState(
                m_DepthStencilDesc);
    }
    if (bReCreateBlend)
    {
        m_pBlendState = VSResourceManager::CreateBlendState(m_BlendDesc);
    }
    return;
}
```

SwapCull 函数实现反转裁剪状态。要让物体镜像渲染，必须设置缩放值为负数并反转裁剪状态，代码如下。

```
void VSRenderState::SwapCull()
{
    unsigned int uiChangeType[3] = {VSRasterizerDesc::CT_NONE,
    VSRasterizerDesc::CT_CCW,VSRasterizerDesc::CT_CW};
    m_RasterizerDesc.m_uiCullType =
        uiChangeType[m_RasterizerDesc.m_uiCullType];
    m_pRasterizerState =
        VSResourceManager::CreateRasterizerState(m_RasterizerDesc);
}
```

7.1.7 VSTexture

卷 1 讲过 VSTexture 类的一部分内容，本节介绍 VSTexture 类的其余内容，代码如下。

```
class VSGRAPHIC_API VSTexture : public VSBind
{
public:
    virtual void CreateRAMData();
public:
    virtual bool LoadResource(VSRenderer *pRender);
    void *Lock(unsigned int uiLevel = 0,unsigned int uiFace = 0);
    void UnLock(unsigned int uiLevel = 0,unsigned int uiFace = 0);
    inline void *GetLockDataPtr(unsigned int uiLevel = 0,
                unsigned int uiFace = 0)const
    {
        VSMAC_ASSERT(uiLevel < GetMipLevel() && uiFace < 6)
        return m_pLockData[uiLevel][uiFace];
    }
    virtual void ClearInfo();
    VSBit<unsigned short> m_VSTexSlot;
    VSBit<unsigned short> m_PSTexSlot;
    VSBit<unsigned short> m_GSTexSlot;
    void ClearAllSlot();
    bool HasAnySlot();
protected:
    VSArray<unsigned char> m_pBufferArray[MAX_MIP_LEVEL];
    void *m_pLockData[MAX_MIP_LEVEL][6];
protected:
    virtual bool OnLoadResource(VSResourceIdentifier *&pID);
    virtual bool OnReleaseResource(VSResourceIdentifier *pID);
};
```

CreateRAMData 类函数的作用是创建内存数据，ClearInfo 函数的作用是释放内存数据，代码如下。

```
void VSTexture::CreateRAMData()
{
    for (unsigned int i = 0 ; i < m_uiMipLevel ; i++)
    {
        m_pBufferArray[i].SetBufferNum(GetByteSize(i));
    }
}
void VSTexture::ClearInfo()
{
    if(m_uiSwapChainNum == m_InfoArray.GetNum())
    {
        if (m_uiMemType == MT_VRAM)
        {
```

```
            for (unsigned int i = 0 ; i < MAX_MIP_LEVEL ; i++)
            {
                m_pBufferArray[i].Destroy();
            }
        }
    }
}
```

Lock 函数和 UnLock 函数是成对使用的，一旦调用 Lock 函数，就可以用 GetLockDataPtr 函数得到数据地址，代码如下。

```
void *VSTexture::Lock(unsigned int uiLevel,unsigned int uiFace)
{
    if (m_pLockData[uiLevel][uiFace] || m_bIsStatic)
    {
        return NULL;
    }
    if (m_pUser)
    {
        m_pLockData[uiLevel][uiFace] = m_pUser->Lock(this,uiLevel,uiFace);
    }
    return m_pLockData[uiLevel][uiFace];
}
void VSTexture::UnLock(unsigned int uiLevel,unsigned int uiFace)
{
    if (!m_pLockData[uiLevel][uiFace] || m_bIsStatic)
    {
        return;
    }
    if (m_pUser)
    {
        m_pUser->UnLock(this,uiLevel,uiFace);
    }
    m_pLockData[uiLevel][uiFace] = NULL;
}
```

OnLoadResource 函数和 OnReleaseResource 函数会调用渲染器创建纹理并销毁纹理，代码如下。

```
bool VSTexture::OnLoadResource(VSResourceIdentifier *&pID)
{
    if(!m_pUser)
        return 0;
    if(!m_pUser->OnLoadTexture(this,pID))
        return 0;
    return 1;
}
bool VSTexture::OnReleaseResource(VSResourceIdentifier *pID)
{
    if(!m_pUser)
        return 0;
    if(!m_pUser->OnReleaseTexture(pID))
        return 0;
    return 1;
}
```

m_VSTexSlot、m_PSTexSlot、m_GSTexSlot 表示占用渲染管线的哪些槽。例如，若某纹理被设置到顶点着色器的槽 7 中，则 m_VSTexSlot 中第 7 位就会记录 1。ClearAllSlot 函数的作用为清除所占用的槽，代码如下。

```
void VSTexture:: ClearAllSlot ()
{
    for (unsigned int i = 0; i < 16; i++)
    {
        if (m_VSTexSlot[i])
        {
            VSRenderer::ms_pRenderer->SetVTexture(NULL, i);
        }
        if (m_PSTexSlot[i])
        {
            VSRenderer::ms_pRenderer->SetTexture(NULL, i);
        }
        if (m_GSTexSlot[i])
        {
            VSRenderer::ms_pRenderer->SetGTexture(NULL, i);
        }
    }
    m_VSTexSlot.ClearAll();
    m_PSTexSlot.ClearAll();
    m_GSTexSlot.ClearAll();
}
```

7.1.8 VSRenderTarget

渲染目标有两种使用方式。一种是绑定渲染目标和纹理，把数据复制到纹理中；另一种是将渲染目标单纯作为存储数据使用，代码如下。

```
class VSGRAPHIC_API VSRenderTarget : public VSBind
{
protected:
    bool m_bUsed;
    VSRenderTarget(unsigned int uiWidth, unsigned int uiHeight,
    unsigned int uiFormatType,unsigned int uiMulSample);
    VSRenderTarget(VSTexture *pCreateBy,
    unsigned int uiMulSample = VSRenderer::MS_NONE,
    unsigned int uiLevel = 0,unsigned int Param = 0);
    VSRenderTarget();
    VSTexturePtr m_pCreateBy;
    virtual bool OnLoadResource(VSResourceIdentifier *&pID);
    virtual bool OnReleaseResource(VSResourceIdentifier *pID);
    unsigned int m_uiWidth;         //宽度
    unsigned int m_uiHeight;        //高度
    unsigned int m_uiFormatType;    //格式
    unsigned int m_uiMulSample;     //多重采样
    unsigned int m_uiLevel;         //Mipmap 层级
    unsigned int m_uiParam;         //目前以这个参数作为立方体纹理的面 ID
};
```

m_bUsed 表示渲染目标是否在使用中。m_pCreateBy 表示渲染目标是否由纹理创建，如果渲染目标由纹理创建，则 m_pCreateBy 指向这个纹理。

VSRenderTarget 构造函数创建存储数据的渲染目标，所以要指定大小和格式；VSRenderTarget 构造函数创建和纹理绑定的渲染目标，因此指定使用纹理中的 Mipmap 层级。

m_uiMulSample 和 m_uiFormatType 分别为下面枚举中的值。

```
class VSGRAPHIC_API VSRenderer
{
    enum Multisample
    {
        MS_NONE,
        MS_2,
```

```
        MS_4,
        MS_8,
        MS_16,
        MS_MAX
    };
    enum    SurfaceFormatType
    {
        SFT_A8R8G8B8,
        …
        SFT_DXT5,
        SFT_MAX
    };
}
```

OnLoadResource 函数创建直接调用渲染器的函数，OnReleaseResource 函数销毁直接调用渲染器的函数。

```
bool VSRenderTarget::OnLoadResource(VSResourceIdentifier *&pID)
{
    if(!m_pUser)
        return 0;
    if(!m_pUser->OnLoadRenderTarget(this,pID))
        return 0;
    return 1;
}
bool VSRenderTarget::OnReleaseResource(VSResourceIdentifier *pID)
{
    if(!m_pUser)
        return 0;
    if(!m_pUser->OnReleaseRenderTarget(pID))
        return 0;
    return 1;
}
```

VSResourceManager 函数是用户可以调用的创建渲染目标的函数，它既可以创建存储数据的渲染目标，也可以创建和贴图绑定的渲染目标，代码如下。

```
class VSGRAPHIC_API VSResourceManager
{
   static VSRenderTarget * CreateRenderTarget(unsigned int uiWidth,
   unsigned int uiHeight,unsigned int uiFormatType,
   unsigned int uiMulSample);
   static VSRenderTarget * CreateRenderTarget(VSTexture * pCreateBy,
   unsigned int uiMulSample = 0,unsigned int uiLevel = 0,
   unsigned int uiFace = 0);
}
```

7.1.9 VSDepthStencil

VSDepthStencil 类用来存放深度和模板值，代码如下。

```
class VSGRAPHIC_API VSDepthStencil : public VSBind
{
    bool m_bUsed;
    protected:
        unsigned int m_uiWidth;
        unsigned int m_uiHeight;
        unsigned int m_uiMulSample;
        unsigned int m_uiFormatType;
    protected:
        virtual bool OnLoadResource(VSResourceIdentifier *&pID);
```

```
        virtual bool OnReleaseResource(VSResourceIdentifier *pID);
};
```

OnLoadResource 函数创建直接调用渲染器的函数，OnReleaseResource 函数销毁直接调用渲染器的函数。

```
bool VSDepthStencil::OnLoadResource(VSResourceIdentifier *&pID)
{
    if(!m_pUser)
        return 0;
    if(!m_pUser->OnLoadDepthStencil (this,pID))
        return 0;
    return 1;
}
bool VSDepthStencil::OnReleaseResource(VSResourceIdentifier *pID)
{
    if(!m_pUser)
        return 0;
    if(!m_pUser->OnReleaseDepthStencil(pID))
        return 0;
    return 1;
}
```

VSResourceManager 函数是用户可以调用的创建 VSDepthStencil 类的函数。

```
class VSGRAPHIC_API VSResourceManager
{
    static VSDepthStencil *CreateDepthStencil(unsigned int uiWidth,
    unsigned int uiHeight,unsigned int uiMulSample,
    unsigned int uiFormatType);
}
```

7.1.10 VSDataBuffer

VSDataBuffer 类是固定格式的内存数据缓存，卷 1 中曾简单介绍过。本游戏引擎是供索引数据缓存和顶点数据缓存使用的，使用方法是把内存数据复制到显存中，创建索引数据缓存和顶点数据缓存。读者可以用类似方法实现纹理缓存、结构体缓存（struct buffer）等。

VSDataBuffer 支持的数据类型如下。

```
enum    //数据类型
{
    DT_FLOAT32_1, //32 位浮点数在寄存器中扩展为 (value1, 0, 0, 1)
    DT_FLOAT32_2, //两个 32 位浮点数在寄存器中扩展为 (value1, value2, 0, 1)
    DT_FLOAT32_3, //3 个 32 位浮点数在寄存器中扩展为
                  //(value1, value2, value3, 1)
    DT_FLOAT32_4,
    //4 个 32 位浮点数在寄存器中扩展为(value1, value2, value3, value4)
    …
    //4 个无符号字节分别映射到 0～1 的浮点数，表示 RGBA 颜色
    DT_COLOR,
    DT_MAXNUM
};
```

上面的注释表明了相应格式的数据，一旦进入渲染管线，显卡就会对这些数据进行转换。前文讲的压缩方法大部分是基于这一原理的，如 DT_UBYTE4N、DT_SHORT2N、DT_USHORT4N 等渲染管线中的数据会转换到 0～1。VSDataBuffer 的代码如下。

```
class VSGRAPHIC_API VSDataBuffer : public VSObject
{
public:
```

```
    inline unsigned int GetStride()const{return ms_uiDataTypeByte[m_uiDT];}
    inline unsigned int GetChannel()const{return ms_uiDataTypeChannel[m_uiDT];}
    inline unsigned int GetSize()const{return GetStride() *m_uiNum;}
    //如果添加的数据通道数大于规定数，则返回 0
    bool SetData(const void *pData,unsigned int uiNum,unsigned int uiDT);
    //如果添加的数据通道数大于规定数，则返回 0
    bool AddData(const void *pData,unsigned int uiNum,unsigned int uiDT);
    bool CreateEmptyBuffer(unsigned int uiNum,unsigned int uiDT);
    static unsigned int ms_uiDataTypeByte[DT_MAXNUM];
    static unsigned int ms_uiDataTypeChannel[DT_MAXNUM];
protected:
    unsigned int m_uiDT;     //数据的类型
    unsigned int m_uiNum;    //数据个数
    unsigned char *m_pData; //数据地址
    unsigned int m_uiSize;   //数据的总大小
};
```

GetStride 函数返回一个数据的大小，如 DT_FLOAT32_3，它的大小为 sizeof (float) * 3；而 GetChannel 函数则返回 3，表示通道个数。

7.1.11 VSIndexBuffer

VSIndexBuffer 类存放网格的索引数据，用来规定三角形，卷 1 中曾介绍过。它内部只含有一个 VSDataBuffer，代码如下。

```
class VSGRAPHIC_API VSIndexBuffer : public VSBind
{

    VSIndexBuffer(unsigned int uiNum,unsigned int uiDT = VSDataBuffer::DT_USHORT);
    bool SetData(VSDataBuffer *pData);
public:
    virtual void *Lock();
    virtual void UnLock();
    virtual bool LoadResource(VSRenderer *pRender);
    virtual void ClearInfo();
protected:
    virtual bool OnLoadResource(VSResourceIdentifier *&pID);
    virtual bool OnReleaseResource(VSResourceIdentifier *pID);
    VSDataBufferPtr m_pData; //内存数据 Buffer 指针
    unsigned int m_uiNum;
    unsigned int m_uiDT;
    void *m_pLockData;
};
```

VSIndexBuffer 类默认支持两种格式的 VSDataBuffer 类，这两种格式分别为 DT_USHORT 和 DT_UINT。一旦顶点个数超出 65 535，则必须用 DT_UINT。

可以通过两种方式创建 VSIndexBuffer 类，一种是创建无内存但有显存的，另一种是创建既有内存又有显存的。构造函数创建第 1 种，这时 m_pData 是空的。SetData 函数设置 m_pData 并创建第 2 种，并把 m_pData 复制到显存中。

7.1.12 VSVertexFormat

VSVertexFormat 类表示顶点格式，表示当前顶点里面的数据是如何分配的，卷 1 中曾介绍过，代码如下。

```
class VSGRAPHIC_API VSVertexFormat : public VSBind
{
```

```
    enum
    {
        VF_POSITION,
        VF_TEXCOORD,
        VF_NORMAL,
        VF_TANGENT,
        VF_BINORMAL,
        VF_PSIZE,
        VF_COLOR,
        VF_FOG,
        VF_DEPTH,
        VF_BLENDWEIGHT,
        VF_BLENDINDICES,
        VF_MAX
    };
    struct VERTEXFORMAT_TYPE
    {
    public:
        VERTEXFORMAT_TYPE()
        {
            OffSet = 0;
            DataType = 0;
            Semantics = 0;
            SemanticsIndex = 0;
        }
        ~VERTEXFORMAT_TYPE()
        {
        }
        UINT OffSet;
        UINT DataType;
        UINT Semantics;
        UINT SemanticsIndex;
    };
protected:
    virtual bool OnLoadResource(VSResourceIdentifier *&pID);
    virtual bool OnReleaseResource(VSResourceIdentifier *pID);
    unsigned int m_uiVertexFormatCode;
public:
    VSArray<VSVertexFormat::VERTEXFORMAT_TYPE> m_FormatArray;
};
```

VERTEXFORMAT_TYPE 结构体表示顶点格式原子项，里面有 4 个成员。其中，OffSet 表示数据起始偏移地址，DataType 表示数据类型，Semantics 表示语义信息，SemanticsIndex 表示当前语义索引。m_FormatArray 用来存放所有的语义信息。

7.1.13 VSVertexBuffer

VSVertexBuffer 类表示顶点数据缓存，卷 1 中曾简单介绍过。它不仅包括顶点位置，还可以包括纹理坐标、正负法线、切线、蒙皮混合权重（skin blend weight）、蒙皮混合索引（skin blend index）、顶点色等数据。每种数据有可能有多个。所以，VSVertexBuffer 类是一个任意组合的 VSDataBuffer 类集合，代码如下。

```
class VSGRAPHIC_API VSVertexBuffer : public VSBind
{
    VSVertexBuffer(bool bIsStatic);
    VSVertexBuffer(VSArray<VSVertexFormat::VERTEXFORMAT_TYPE>& FormatArray,
        unsigned int uiNum);
    bool SetData(VSDataBuffer * pData,unsigned int uiVF);
    VSArray<VSDataBufferPtr> m_pData[VSVertexFormat::VF_MAX];
```

```
        unsigned int m_uiVertexNum;
        unsigned int m_uiOneVertexSize;
        VSVertexFormatPtr m_pVertexFormat;
        void *m_pLockData;
    public:
        virtual bool LoadResource(VSRenderer *pRender);
        virtual void ClearInfo();
    protected:
        virtual bool OnLoadResource(VSResourceIdentifier *&pID);
        virtual bool OnReleaseResource(VSResourceIdentifier *pID);
};
```

先讲解其中层（level）和通道的含义。每个语义信息里都有多层结构，如一个VSVertexBuffer类中，有*m*个表示顶点位置的VSDataBuffer类，有*n*个表示顶点UV坐标的VSDataBuffer类，这里的层数就是*m*或者*n*。而通道指每层的VSDataBuffer类中数据格式分量的个数，如果VSDataBuffer类中数据格式是float_4，那么它的通道数就是4。

VSArray<VSDataBufferPtr> m_pData[VSVertexFormat::VF_MAX]用来存放所有的数据。VSVertexFormatPtr m_pVertexFormat指向顶点格式。类似于VSIndexBuffer类，我们可以创建只有显存或者既有显存又有内存的VSVertexBuffer。

下面的构造函数创建只有显存的VSVertexBuffer类，m_pData为NULL。

```
VSVertexBuffer(VSArray<VSVertexFormat::VERTEXFORMAT_TYPE>& FormatArray,
        unsigned int uiNum)
```

SetData函数用于设置内存数据，创建既有显存又有内存的VSVertexBuffer类，最后把内存数据复制到显存里，代码如下。

```
bool VSVertexBuffer::SetData(VSDataBuffer * pData,unsigned int uiVF)
{
    if(!pData || m_pVertexFormat || uiVF >= VSVertexFormat::VF_MAX)
        return 0;
    if(!pData->GetData())
        return 0;
    if(uiVF == VSVertexFormat::VF_POSITION)
    {
         m_pData[uiVF].AddElement(pData);
    }
    else if(uiVF == VSVertexFormat::VF_NORMAL)
    {
        m_pData[uiVF].AddElement(pData);
    }
    else if(uiVF == VSVertexFormat::VF_PSIZE)
    {
        if(!m_pData[uiVF].GetNum())
            m_pData[uiVF].AddElement(pData);
        else
            return 0;
    }
    …
    else if(uiVF == VSVertexFormat::VF_TEXCOORD)
    {
        m_pData[uiVF].AddElement(pData);
    }
    else
        return 0;
    if(!m_uiVertexNum)
        m_uiVertexNum = pData->GetNum();
    else
    {
```

```
        if(m_uiVertexNum != pData->GetNum())
            return 0;
    }
    m_uiOneVertexSize += pData->GetStride();
    return 1;
}
```

如果用 SetData 函数创建 VSVertexBuffer 类，那么通过内存数据就可以分析出顶点格式，代码如下。

```
bool VSVertexBuffer::GetVertexFormat(
VSArray<VSVertexFormat::VERTEXFORMAT_TYPE> &FormatArray)
{
    if (m_pVertexFormat)
    {
        FormatArray = m_pVertexFormat->m_FormatArray;
    }
    else
    {
        VSDataBuffer *pData;
        VSVertexFormat::VERTEXFORMAT_TYPE Element;
        unsigned int iVertexSize = 0;
        for(unsigned int i = 0 ; i < GetPositionLevel(); i++)
        {
            pData = GetPositionData(i);
            if(pData)
            {
                Element.OffSet = (WORD)iVertexSize;
                iVertexSize += pData->GetStride();
                Element.DataType = pData->GetDT();
                Element.Semantics = VSVertexFormat::VF_POSITION;
                Element.SemanticsIndex = i;
                FormatArray.AddElement(Element);
            }
        }
        for(unsigned int i = 0 ; i < GetTexCoordLevel(); i++)
        {
            pData = GetTexCoordData(i);
            if(pData)
            {
                Element.OffSet = (WORD)iVertexSize;
                iVertexSize += pData->GetStride();
                Element.DataType = pData->GetDT();
                Element.Semantics = VSVertexFormat::VF_TEXCOORD;
                Element.SemanticsIndex = i;
                FormatArray.AddElement(Element);
            }
        }
        for(unsigned int i = 0 ; i < GetNormalLevel(); i++)
        {
            pData = GetNormalData(i);
            if(pData)
            {
                Element.OffSet = (WORD)iVertexSize;
                iVertexSize += pData->GetStride();
                Element.DataType = pData->GetDT();
                Element.Semantics = VSVertexFormat::VF_NORMAL;
                Element.SemanticsIndex = i;
                FormatArray.AddElement(Element);
            }
        }
        …
    }
```

```
    return (FormatArray.GetNum() > 0);
}
void VSVertexBuffer::ClearInfo()
{
    if(m_uiSwapChainNum == m_InfoArray.GetNum())
    {
        //清理内存信息
        if (m_uiMemType == MT_VRAM)
        {
            for (unsigned int i = 0 ; i < VSVertexFormat::VF_MAX ; i++)
            {
                m_pData[i].Clear();
            }
        }
    }
}
```

当设置 VSVertexBuffer 类进入渲染器时，就会调用 LoadResource 函数。这个函数先创建顶点格式，再创建显存数据，代码如下。

```
bool VSVertexBuffer::LoadResource(VSRenderer * pRender)
{
    if (m_uiMemType == MT_RAM)
    {
        return 1;
    }
    //判断资源是否加载完毕
    if(m_uiSwapChainNum == m_InfoArray.GetNum())
        return 1;
    if(!m_pVertexFormat)
    {
        //创建顶点格式
        VSResourceManager::LoadVertexFormat(this);
    }
    //加载顶点格式
    if(!m_pVertexFormat->LoadResource(pRender))
        return 0;
    if(!VSBind::LoadResource(pRender))
        return 0;
    return 1;
}
```

顶点格式是一个可以共用的资源，所以用 VSResourceManager::LoadVertexFormat 来判断顶点格式是否已经存在。如果存在，则用存在的；否则，创建一个新的，代码如下。

```
VSVertexFormat *VSResourceManager::LoadVertexFormat(VSVertexBuffer * pVertexBuffer,
    VSArray<VSVertexFormat::VERTEXFORMAT_TYPE> *pFormatArray)
{
    if(!pVertexBuffer && !pFormatArray)
        return NULL;
    //如果存在顶点格式，则直接返回
    if (pVertexBuffer)
    {
        if(pVertexBuffer->m_pVertexFormat)
            return pVertexBuffer->m_pVertexFormat;
    }
    //如果顶点格式数组为空数组，则得到顶点格式数组
    VSArray<VSVertexFormat::VERTEXFORMAT_TYPE> FormatArray;
    if (!pFormatArray)
    {
        if(!pVertexBuffer->GetVertexFormat(FormatArray))
            return NULL;
        pFormatArray = &FormatArray;
```

```
    }
    else
    {
          if (!pFormatArray->GetNum())
          {
                return NULL;
          }
    }
    //生成循环冗余校验码，用来判断两个顶点格式是否一样
    unsigned int lVertexFormatCode = CRC32Compute(pFormatArray->GetBuffer(),
        sizeof(VSVertexFormat::VERTEXFORMAT_TYPE) * pFormatArray->GetNum());
    //检查是否存在这个资源
    VSVertexFormat *pVertexFormat = NULL;
    pVertexFormat = (VSVertexFormat*)VSResourceManager::GetVertexFormatSet().
                    CheckIsHaveTheResource(lVertexFormatCode);
    //若存在，就直接返回
    if(pVertexFormat)
    {
         if (pVertexBuffer)
         {
              pVertexBuffer->m_pVertexFormat = pVertexFormat;
         }
         return pVertexFormat;
    }
    //若不存在，则创建新的
    pVertexFormat = VS_NEW VSVertexFormat();
    VSResourceManager::GetVertexFormatSet().
             AddResource(lVertexFormatCode,pVertexFormat);
    if (pVertexBuffer)
    {
         pVertexBuffer->m_pVertexFormat = pVertexFormat;
    }
    pVertexFormat->m_FormatArray = *pFormatArray;
    pVertexFormat->m_uiVertexFormatCode = lVertexFormatCode;
    pVertexFormat->LoadResource(VSRenderer::ms_pRenderer);
    return pVertexFormat;
}
```

举个简单例子说明一下，顶点数据的组织如图 7.2 所示，有 5 个 VSDataBuffer 类，并把它们设置到 VSVertexBuffer 类中。

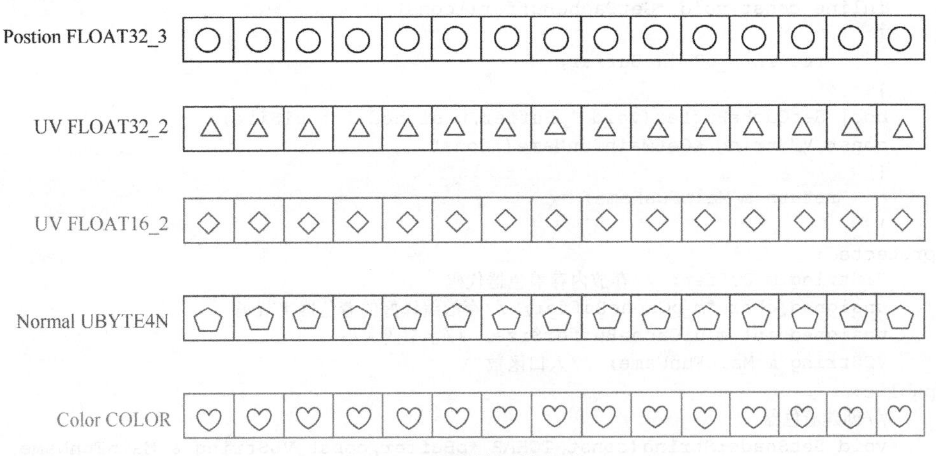

图 7.2 顶点数据的组织

它们的通道数分别为 3、2、2、4、4。

顶点格式如下。

```
0          FLOAT32_3          VF_POSITION          0
12         FLOAT32_2          VF_TEXCOORD          0
20         FLOAT16_2          VF_TEXCOORD          1
24         UBYTE4N            VF_NORMAL            0
28         COLOR              VF_COLOR             0
```

图 7.3 所示是顶点在 D3D 缓存中的排列顺序，在创建 D3D 缓存后，要按照这个顺序复制数据。

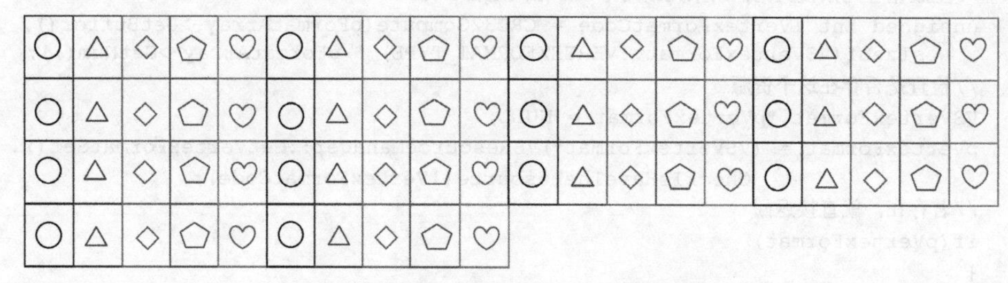

图 7.3 顶点在 D3D 缓存中的排列顺序

7.1.14 VSShader

VSShader 类为着色器的基类，本游戏引擎只实现了顶点着色器（vertex shader）、像素着色器（pixel shader）、几何着色器（geometry shader），读者可以仿照本书自行实现其他着色器，代码如下。

```
class VSGRAPHIC_API VSShader : public VSBind,public VSResource
{
    VSShader(const TCHAR *pBuffer,const VSString & MainFunName,
    bool IsFromFile = false);
    VSShader(const VSString &Buffer,const VSString & MainFunName,
    bool IsFromFile = false);
    VSShader();
public:
    //设置数值参数
    virtual bool SetParam(const VSUsedName &Name,void * pData);
    //设置纹理参数
    virtual bool SetParam(const VSUsedName &Name,VSTexAllState * pTexture,
unsigned int uiIndex = 0);
    virtual void ClearInfo();
    const VSString & GetBuffer()const{ return m_Buffer;}
    inline const void *GetCacheBuffer()const
    {
        return m_pCacheBuffer;
    }
    bool SetCacheBuffer(void *pBuffer,unsigned int uiSize);
    const VSString &GetMainFunName()const
    {
        return m_MainFunName;
    }
protected:
    VSString m_Buffer; //存放内存着色器代码
    unsigned char *m_pCacheBuffer; //存放编译好的着色器字节码
    unsigned int m_uiCacheBufferSize; //字节码大小
    VSString m_MainFunName; //入口函数
public:
    //创建着色器
    void SetShaderString(const TCHAR *pBuffer,const VSString & MainFunName,
    bool IsFromFile = false);
    void SetShaderString(const VSString &Buffer,const VSString & MainFunName,
    bool IsFromFile = false);
```

```
public:
    VSArray<VSUserConstantPtr>    m_pUserConstant; //存放数值参数
    VSArray<VSUserSamplerPtr>     m_pUserSampler;  //存放纹理参数
    VSShaderKey                   m_ShaderKey;     //着色器键
    //表示m_pUserConstant和m_pUserSampler是否已经创建
    bool m_bCreatePara;
    unsigned int m_uiArithmeticInstructionSlots;  //着色器中有多少算术运算
    unsigned int m_uiTextureInstructionSlots;     //着色器中有多少纹理采样
};
```

可以用 SetShaderString 函数设置着色器源码。如果 IsFromFile = true，则表示着色器源码从文件中得来，m_Buffer 用于存放文件地址；否则，m_Buffer 用于存放着色器源码。MainFunName 表示入口函数的名称，代码如下。

```
void VSShader::SetShaderString(const VSString &Buffer,const VSString & MainFunName,
     bool IsFromFile)
{
    VSMAC_DELETEA(m_pCacheBuffer);
    m_uiCacheBufferSize = 0;
    ReleaseResource();
    if (IsFromFile)
    {
          m_ResourceName = Buffer;
    }
    else
    {
          m_Buffer = Buffer;
    }
    m_pCacheBuffer = NULL;
    m_uiCacheBufferSize = 0;
    m_MainFunName = MainFunName;
}
```

本节先不过多介绍着色器内部参数具体的使用方法，后文会详细讲解。

VSVShader 类和 VSPShader 类分别表示顶点着色器与像素着色器，代码如下。

```
class VSGRAPHIC_API VSVShader : public VSShader
{
public:
    static const VSVShader *GetDefalut()
    {
         return Default;
    }
    static bool ms_bIsEnableASYNLoader;
    static bool ms_bIsEnableGC;
protected:
    virtual bool OnLoadResource(VSResourceIdentifier *&pID);
    virtual bool OnReleaseResource(VSResourceIdentifier *pID);
    static VSPointer<VSVShader> Default;
};
class VSPShader : public VSShader
{
    static const VSPShader *GetDefalut()
    {
            return Default;
    }
    static bool ms_bIsEnableASYNLoader;
    static bool ms_bIsEnableGC;
protected:
    virtual bool OnLoadResource(VSResourceIdentifier *&pID);
    virtual bool OnReleaseResource(VSResourceIdentifier *pID);
    static VSPointer<VSPShader> Default;
};
```

7.2 渲染器

渲染器（renderer）是对底层API的进一步封装，用于提高资源的使用效率。通常，用底层API实现一个功能要经过多个步骤。经过整合的渲染器接口，可能通过一两个步骤就可以实现一个功能。

渲染器的功能一般包括渲染窗口相关信息、创建资源、设置资源、销毁资源、获得显卡信息、完成渲染流程等。渲染器需要抽象出各种接口，以供子类去实现，这样就可以兼容各种渲染API，如图7.4所示。

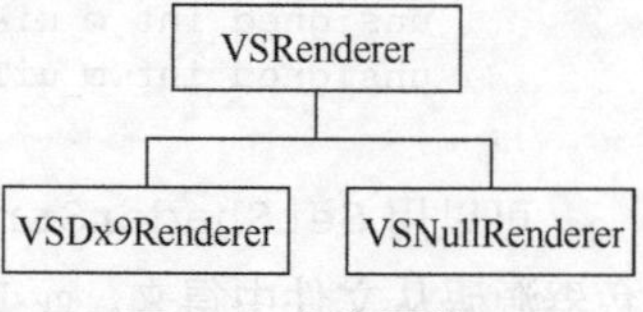

图7.4 渲染器接口

7.2.1 显卡特性信息

下面的结构体用来得到显卡的各种特性。

```
typedef struct VSADAPTERINFO_STURCT
{
    unsigned int    m_uiAdapter;                    //设备 ID
    VSString    AdapterName;                        //设备名字
    VSArray<VSDisplayMode>    DisplayMode;          //设备显示分辨率
    UINT          uiDisplayModeNum;                 //设备显示分辨率个数
    VSDeviceInfo    DeviceInfo[3];                  //设备模拟种类特性，包括硬件、软件等
}VSAdapterInfo,*VSAdapterInfoPtr;
```

下面的结构体用来得到显卡的基本信息。

```
typedef struct VSDISPLAYMODE_STURCT
{
    UINT        uiWidth;            //分辨率
    UINT        uiHeight;
    UINT        uiRefreshRate;      //刷新率
    UINT        uiBitFormat;
    VSString    StringExpress;      //字符串表示
}VSDisplayMode, *VSDisplayModePtr;
```

下面的结构体用来得到设备的分辨率的具体参数。

```
typedef struct VSDEVICEINFO_STURCT
{
    UINT        uiMaxMultisample;     //最大抗锯齿采样
    UINT        uiMaxTextureWidth;    //最大纹理宽度
    UINT        uiMaxTextureHeight;   //最大纹理高度
    UINT        uiMaxUseClipPlane;    //最大裁剪面个数
    UINT        uiMaxTexture;         //最大纹理个数
    UINT        fMaxAnisotropy;       //最大异向采样
    UINT        VertexShaderVersion;  //着色器版本
    UINT        PixelShaderVersion;
    UINT        uiMaxRTNum;           //最多的渲染目标
}VSDeviceInfo,*VSDeviceInfoPtr;
```

这里只列举出一部分结构体，好的游戏引擎还需要检查当前硬件对各种特性是否支持，如是否支持浮点纹理、是否支持深度纹理采样等。

VSRenderer 类是渲染器的抽象类，目前已实现的实例类有 VSNullRenderer 类、VSDx9Renderer 类和 VSDirectX11Renderer 类，读者可以参考架构自行实现 OpenGL 等其他 API。VSRenderer 的代码如下。

```
class VSGRAPHIC_API VSRenderer
{
public:
```

```
        VSRenderer();
        virtual ~VSRenderer() = 0;
        enum
        {
           RAT_NULL,
           RAT_OPENGL,
           RAT_DIRECTX9,
           RAT_DirectX11,
           RAT_SOFTWARE,
           RAT_MAX
        };
        enum
        {
            MS_NONE,
            MS_2,
            MS_4,
            MS_6,
            MS_8,
            MS_MAX
        };
        virtual int GetRendererType () const = 0;
        static const VSAdapterInfo* GetAdapterInfo(unsigned int & uiAdapterNum);
    protected:
        enum //屏幕显示格式
        {
            DMB_X8R8G8B8,
            DMB_R5G6B5,
            DMB_MAX
        };
        enum    //设备类型
        {
            DT_HAL = 0,
            DT_REF = 1,
            DT_SW = 2,
            DT_MAX
        };
        static VSAdapterInfo    ms_AdapterInfo[5]; //适配器参数
        static UINT             ms_uiAdapterNum;   //适配器个数
        unsigned int  m_uinAdapter;                //当前适配器下标
        unsigned int  m_uiDevType;                 //当前适配器设备类型
        VSString m_AdapterName;                    //适配器名字
        UINT        m_uiMaxMultisample;            //最大多重采样
        UINT        m_uiMaxTextureWidth;           //纹理最大宽度
        UINT        m_uiMaxTextureHeight;          //纹理最大高度
        UINT        m_uiMaxUseClipPlane;           //裁剪面最大个数
        UINT        m_uiMaxTexture;                //像素着色器最多支持的纹理个数
        UINT        m_uiMaxVTexture;               //顶点着色器最多支持的纹理个数
        UINT        m_uiMaxAnisotropy;             //最大异向采样
        UINT        m_uiVertexShaderVersion;       //顶点着色器版本
        UINT        m_uiPixelShaderVersion;        //像素着色器版本
        UINT        m_uiMaxRTNum;                  //渲染目标个数的最大值
}
```

VSNullRenderer 类表示空渲染器，里面涉及材质的一些相关操作，这样游戏引擎可以运行在没有显卡的计算机上。目前控制台程序使用了 VSNullRenderer 类，代码如下。

```
class VSGRAPHIC_API VSNullRenderer : public VSRenderer
{
public:
    VSNullRenderer();
    virtual ~VSNullRenderer();
    …
}
```

InitialDefaultState 函数是 DirectX 9 下初始化硬件信息的函数，读者可以自行查看具体代码。

```
bool VSDX9Renderer::InitialDefaultState()
{
    ...
    return 1;
}
```

7.2.2 初始化与窗口信息

VSRenderer 类里包含了很多与窗口相关的变量，代码如下。

```
class VSGRAPHIC_API VSRenderer
{
        struct ChildWindowInfo
        {
            HWND     m_hHwnd;                                          //子窗口句柄
            unsigned int m_uiWidth;                                    //子窗口宽度和高度
            unsigned int m_uiHeight;
            bool       m_bDepth;                                       //是否有深度
        };
        ChildWindowInfo *GetChildWindowInfo(int uiID);
protected:
        HWND   m_hMainWindow;                                          //主窗口
        ChildWindowInfo *m_pChildWindowInfo;                           //子窗口信息
        int        m_iNumChildWindow;                                  //子窗口个数
        int        m_iCurWindowID;                                     //当前窗口 ID，-1 表示主窗口
        UINT     m_uiScreenWidth;                                      //屏幕宽度和高度
        UINT     m_uiScreenHeight;
        UINT     m_uiCurRTWidth;                                       //当前渲染目标高度和宽度
        UINT     m_uiCurRTHeight;
        UINT     m_uiDisplayFormat;                                    //当前渲染格式
        UINT     m_uiBufferFormat;
        bool     m_bWindowed;                                          //是否是窗口模式
        UINT     m_uiDepthStencilFormat;                               //深度模板格式
        UINT     m_uiCurAnisotropy;                                    //当前异向值
        UINT     m_uiCurMultisample;                                   //当前多重采样值
        virtual bool UseWindow(int uiWindowID = -1) = 0;  //使用哪个子窗口来渲染
}
```

游戏引擎支持多个子窗口，一旦创建了子窗口，主窗口就是无效的。下面是 VSDX9Renderer 类的构造函数以及初始化窗口信息的代码。

```
VSDX9Renderer::VSDX9Renderer(HWND hMainWindow,unsigned int uiScreenWidth,
unsigned int uiScreenHeight,bool bIsWindowed, unsigned int uiAnisotropy,
unsigned int uiMultisample,ChildWindowInfo *pChildWindow,
int uiNumChildWindow)
{
    //是否有子窗口
    if (uiNumChildWindow > 0 && pChildWindow && bIsWindowed)
    {
        m_pChildWindowInfo = VS_NEW ChildWindowInfo[uiNumChildWindow];
        VSMemcpy(m_pChildWindowInfo, pChildWindow,
                    sizeof(ChildWindowInfo) *uiNumChildWindow);
        m_iNumChildWindow = uiNumChildWindow;
    }
    else
    {
        uiNumChildWindow = 0;
    }
```

```
m_hMainWindow  = hMainWindow;
m_bWindowed = bIsWindowed;
m_uiScreenHeight = uiScreenHeight;
m_uiScreenWidth = uiScreenWidth;
m_uiCurRTWidth = uiScreenWidth;
m_uiCurRTHeight = uiScreenHeight;
if(bIsWindowed)
{
      m_Present.FullScreen_RefreshRateInHz = 0;
}
else
{
      m_Present.FullScreen_RefreshRateInHz =
         D3DPRESENT_RATE_DEFAULT;
}
m_uinAdapter = 0;
m_uiDevType = 0;
//取得显示模式
D3DDISPLAYMODE d3dDisplayMode;
HRESULT hResult = NULL;
hResult = ms_pMain->GetAdapterDisplayMode(
                        D3DADAPTER_DEFAULT, &d3dDisplayMode);
VSMAC_ASSERT(!FAILED(hResult));
D3DADAPTER_IDENTIFIER9 d3dAdapterIdentifier;
hResult = ms_pMain->GetAdapterIdentifier
                        (D3DADAPTER_DEFAULT, 0,&d3dAdapterIdentifier);
VSMAC_ASSERT(!FAILED(hResult));
m_AdapterName = d3dAdapterIdentifier.DeviceName;
for(unsigned int i = 0 ; i < sizeof(ms_dwTextureFormatType) / sizeof(DWORD); i++)
{
     if(d3dDisplayMode.Format == ms_dwTextureFormatType[i])
     {
          m_uiDisplayFormat = i;
          m_uiBufferFormat = i;
          break;
     }
}
m_uiDepthStencilFormat = SFT_D24S8;
ZeroMemory(&m_Present, sizeof(m_Present));
m_Present.Windowed                = m_bWindowed;
m_Present.BackBufferCount         = 1;
m_Present.BackBufferFormat        = d3dDisplayMode.Format;
m_Present.EnableAutoDepthStencil = TRUE;
m_Present.AutoDepthStencilFormat = D3DFMT_D24S8;
m_Present.SwapEffect              = D3DSWAPEFFECT_DISCARD;
m_Present.hDeviceWindow      = m_hMainWindow;
m_Present.BackBufferWidth    = uiScreenWidth;
m_Present.BackBufferHeight   = uiScreenHeight;
m_Present.PresentationInterval = D3DPRESENT_INTERVAL_IMMEDIATE;
m_Present.Flags = D3DPRESENTFLAG_DISCARD_DEPTHSTENCIL;

//计算最大多重采样
for(unsigned int uiMultiSampleTypes = MS_MAX - 1 ;
                   uiMultiSampleTypes >=MS_NONE ; uiMultiSampleTypes--)
{
     hResult = ms_pMain->CheckDeviceMultiSampleType(
              D3DADAPTER_DEFAULT,D3DDEVTYPE_HAL,
              D3DFMT_A8R8G8B8,bIsWindowed,
              (D3DMULTISAMPLE_TYPE)ms_dwMultiSampleTypes[uiMultiSampleTypes],
                   NULL);
     if(SUCCEEDED(hResult))
     {
```

```
            m_uiMaxMultisample = uiMultiSampleTypes;
            break;
        }
    }
    //设置多重采样
    if(uiMultisample > m_uiMaxMultisample)
    {
        m_Present.MultiSampleType = (D3DMULTISAMPLE_TYPE)
                    ms_dwMultiSampleTypes[m_uiMaxMultisample];
        m_uiCurMultisample = m_uiMaxMultisample;
    }
    else
    {
        m_uiCurMultisample = uiMultisample;
        m_Present.MultiSampleType = (D3DMULTISAMPLE_TYPE)
                    ms_dwMultiSampleTypes[m_uiCurMultisample];
    }
    m_dwMultisampleQuality = 0;
    hResult = ms_pMain->CheckDeviceMultiSampleType
            (D3DADAPTER_DEFAULT,D3DDEVTYPE_HAL,
            D3DFMT_A8R8G8B8,bIsWindowed,
            (D3DMULTISAMPLE_TYPE)ms_dwMultiSampleTypes[m_uiCurMultisample],
            &m_dwMultisampleQuality);
    VSMAC_ASSERT(!FAILED(hResult));
    //创建设备
    struct DeviceType
    {
        D3DDEVTYPE DevType;
        DWORD dwBehavior;
    };
    DeviceType device_type[] =
    {
        {D3DDEVTYPE_HAL ,
            D3DCREATE_HARDWARE_VERTEXPROCESSING},
        {D3DDEVTYPE_HAL , D3DCREATE_MIXED_VERTEXPROCESSING},
        {D3DDEVTYPE_HAL ,
            D3DCREATE_SOFTWARE_VERTEXPROCESSING},
        {D3DDEVTYPE_REF ,
            D3DCREATE_SOFTWARE_VERTEXPROCESSING}
    };
    unsigned int type ;
    for(type = 0 ; type < 4 ; type++)
    {
        if (VSResourceManager::ms_bRenderThread)
        {
            device_type[type].dwBehavior |= D3DCREATE_MULTITHREADED;
        }
        hResult = ms_pMain->CreateDevice(
                    D3DADAPTER_DEFAULT,device_type[type].DevType,
                    m_hMainWindow,device_type[type].dwBehavior,
                    &m_Present,&m_pDevice);
        if(SUCCEEDED(hResult))
        {
            break;
        }
    }
    VSMAC_ASSERT(type == 0);
    m_pMainChain = NULL;
    hResult = m_pDevice->GetSwapChain(0,&m_pMainChain);
    VSMAC_ASSERT(m_pMainChain);
    VSMAC_ASSERT(!FAILED(hResult));
    hResult = m_pDevice->GetDepthStencilSurface(&m_pMainDepthStencilBuffer);
    VSMAC_ASSERT(m_pMainDepthStencilBuffer);
```

```
    VSMAC_ASSERT(!FAILED(hResult));
    //得到当前显卡支持的特性值
    D3DCAPS9 d3dCaps;
    hResult = ms_pMain->GetDeviceCaps(
                D3DADAPTER_DEFAULT,D3DDEVTYPE_HAL, &d3dCaps);
    VSMAC_ASSERT(d3dCaps.MaxSimultaneousTextures > 1);
    VSMAC_ASSERT(!FAILED(hResult));
    m_uiMaxAnisotropy = d3dCaps.MaxAnisotropy;
    if(uiAnisotropy > m_uiMaxAnisotropy)
        m_uiCurAnisotropy = m_uiMaxAnisotropy;
    else
    {
        m_uiCurAnisotropy = uiAnisotropy;
    }
    m_uiPixelShaderVersion = d3dCaps.PixelShaderVersion;
    m_uiMaxActiveLight = d3dCaps.MaxActiveLights;
    m_uiMaxTexture = 16;
    m_uiMaxRTNum = d3dCaps.NumSimultaneousRTs;
    m_uiMaxVTexture = 4;
    m_uiMaxTextureHeight = d3dCaps.MaxTextureHeight;
    m_uiMaxTextureWidth = d3dCaps.MaxTextureWidth;
    m_uiMaxUseClipPlane = d3dCaps.MaxUserClipPlanes;
    m_uiVertexShaderVersion = d3dCaps.VertexShaderVersion;
    //创建子窗口
    m_pChain = NULL;
    if ( (m_iNumChildWindow > 0) && m_bWindowed)
    {
        m_pChain = VS_NEW LPDIRECT3DSWAPCHAIN9[m_iNumChildWindow];
        for (int i = 0 ; i < m_iNumChildWindow ;i++)
        {
            m_pChain[i] = NULL;
        }
        for (int i = 0; i < m_iNumChildWindow; i++)
        {
            m_Present.hDeviceWindow = m_pChildWindowInfo[i].m_hHwnd;
            m_Present.BackBufferWidth = m_pChildWindowInfo[i].m_uiWidth;
            m_Present.BackBufferHeight = m_pChildWindowInfo[i].m_uiHeight;
            hResult = m_pDevice->CreateAdditionalSwapChain(
                        &m_Present, &m_pChain[i]);
            VSMAC_ASSERT(!FAILED(hResult));
            if (m_pChildWindowInfo[i].m_bDepth)
            {
                hResult = m_pDevice->CreateDepthStencilSurface(
                                m_pChildWindowInfo[i].m_uiWidth,
                                m_pChildWindowInfo[i].m_uiHeight,
                                D3DFMT_D24S8,m_Present.MultiSampleType,
                                m_Present.MultiSampleQuality,FALSE,
                                &m_pChainnDepthStencilBuffer[i],NULL);
                VSMAC_ASSERT(!FAILED(hResult));
            }
        }
    }
}
```

VSDirectX11Renderer 类下的构造函数以及初始化窗口信息的具体内容，请读者参见本书配套代码。

7.2.3 资源设置加载与销毁

接下来抽象的是渲染器对资源的使用，包括创建、设置及销毁，代码如下。

```
class VSGRAPHIC_API VSRenderer
{
public:
        bool LoadVShaderProgram  (VSVShader *pVShaderProgram);
        bool ReleaseVShaderProgram(VSVShader *pVShaderProgram);
        bool LoadPShaderProgram  (VSPShader *pPShaderProgram);
        bool ReleasePShaderProgram  (VSPShader *pPShaderProgram);
        bool LoadTexture  (VSTexture *pTexture);
        bool ReleaseTexture  (VSTexture *pTexture);
        …
        bool LoadSamplerState(VSSamplerState *pSamplerState);
        bool ReleaseSamplerState   (VSSamplerState *pSamplerState);
protected:
        virtual bool OnLoadVShaderProgram  (VSVShader
                *pVShaderProgram,VSResourceIdentifier *&pID) = 0;
        virtual bool OnReleaseVShaderProgram(VSResourceIdentifier
                *pVShaderProgramID) = 0;
        virtual bool OnLoadPShaderProgram  (VSPShader
                *pPShaderProgram,VSResourceIdentifier *&pID) = 0;
        virtual bool OnReleasePShaderProgram  (VSResourceIdentifier
                *pPShaderProgramID) = 0;
        virtual bool OnLoadTexture  (VSTexture *pTexture,
                VSResourceIdentifier *&pID) = 0;
        virtual bool OnReleaseTexture  (VSResourceIdentifier *pTextureID) = 0;
        …
        virtual bool OnLoadSamplerState(VSSamplerState
                *pSamplerState,VSResourceIdentifier *&pID) = 0;
        virtual bool OnReleaseSamplerState(VSResourceIdentifier
                *pSamplerStateID) = 0;

        virtual unsigned int SetBlendState(VSBlendState *pBlendState) = 0;
        virtual unsigned int SetDepthStencilState(VSDepthStencilState
                *pDepthStencilState) = 0;
        …
        virtual unsigned int SetSamplerState(VSSamplerState *pSamplerState,
                unsigned int i) = 0;
        virtual bool SetRenderTarget(VSRenderTarget *pRenderTarget,
                unsigned int i) = 0;
        virtual bool EndRenderTarget(VSRenderTarget *pRenderTarget,
                unsigned int i) = 0;
        virtual bool SetDepthStencilBuffer(VSDepthStencil *pDepthStencilBuffer) = 0;
        virtual bool EndDepthStencilBuffer(VSDepthStencil *pDepthStencilBuffer) = 0;
}
```

这里分成3类函数，包括Load函数和Release函数，OnLoad函数和OnRelease函数以及Set函数。图7.5所示是它们默认的调用顺序。也可以直接调用VSRenderer LoadResource或者VSBind LoadResource主动加载资源。作者以VSTexAllState类为例讲解整个过程，其他资源的使用过程是差不多的。如果要设置纹理，则必须调用SetTexAllState函数，该函数的第1个参数表示纹理数据，第2个参数表示槽，代码如下。

```
void VSDX9Renderer::SetTexAllState(VSTexAllState *pTexAllState,unsigned int i)
{
    VSRenderer::SetTexAllState(pTexAllState,i);
    VSMAC_ASSERT(i < TEXLEVEL);
    if(i >= m_uiMaxTexture)
        return;
    if(pTexAllState)
    {
        if (m_bSRGB[i] != pTexAllState->GetSRGB())
        {
            SetSamplerState(i,D3DSAMP_SRGBTEXTURE ,
                            pTexAllState->GetSRGB());
```

```
                m_bSRGB[i] = pTexAllState->GetSRGB();
            }
        }
        else
        {
            if (m_bSRGB[i])
            {
                m_bSRGB[i] = false;
                SetSamplerState(i,D3DSAMP_SRGBTEXTURE ,0);
            }
        }
    }
```

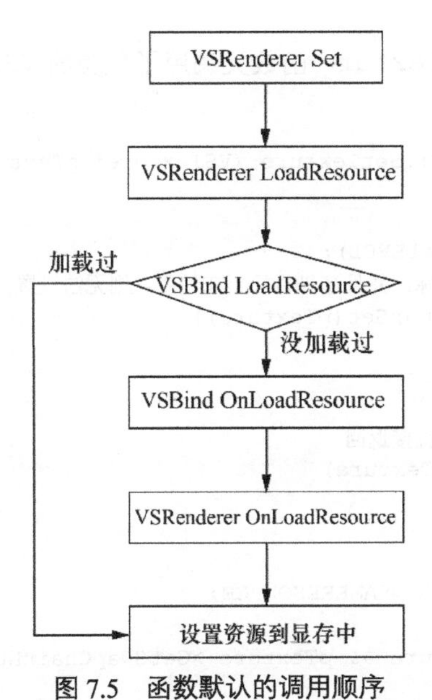

图 7.5 函数默认的调用顺序

VSDX9Renderer::SetTexAllState函数调用了父类的VSRenderer::SetTexAllState函数，代码如下。

```
void VSRenderer::SetTexAllState(VSTexAllState *pTexAllState,unsigned int i)
{
    VSMAC_ASSERT(i < TEXLEVEL);
    if(i >= m_uiMaxTexture)
         return;
    if(pTexAllState)
    {
        SetTexture(pTexAllState->m_pTex,i);
        SetSamplerState(pTexAllState->m_pSamplerState,i);
    }
    else
    {
        SetTexture(NULL,i);
        SetSamplerState(NULL,i);
    }
}
```

上述代码分别对纹理和采样器（sampler）进行处理。由于它们的实际处理过程类似，因此作者只讲解纹理，代码如下。

```
unsigned int VSDX9Renderer::SetTexture(VSTexture *pTexture,unsigned int i)
{
    unsigned int FRI = VSRenderer::SetTexture(pTexture,i);
```

```
    if(FRI == FRI_SAMERESOURCE)
        return 1;
    else if(FRI == FRI_FAIL)
    {
        SetTexture(i,NULL);
        return 0;
    }
    VSTextureID *pTextureID = (VSTextureID *)pTexture->GetIdentifier();
    if(!pTextureID)
        return 0;
    SetTexture(i,&pTextureID->m_pTexture);
    return 1;
}
```

VSDX9Renderer::SetTexture 函数又调用了父类的 VSRenderer::SetTexture 函数，代码如下。

```
unsigned int VSRenderer::SetTexture (VSTexture* pTexture,unsigned int i)
{

    VSMAC_ASSERT(i < TEXLEVEL);
    //如果纹理关联了渲染目标，并且渲染目标正在使用，则无法设置，出错
    if (!CheckIsTextureCanSet(pTexture))
    {
        return FRI_FAIL;
    }
    //如果纹理是相同的，就直接返回
    if (m_pPTex[i] == pTexture)
    {
        if (!pTexture)
        {
              return FRI_SAMERESOURCE;
        }
        else if (pTexture && pTexture->GetSwapChainNum() == 1)
        {
             return FRI_SAMERESOURCE;
        }
        //这里是处理一个纹理绑定两个API资源的情况，资源可以在每帧交替使用
    }
    if (!pTexture)
    {
         //释放m_pPTex[i]占用的槽
         SetPSTextureRTTextureUsed(m_pPTex[i],i,false);
         m_pPTex[i] = NULL;
         return FRI_FAIL;
    }//加载纹理
    if(!LoadTexture(pTexture))
    {
         m_pPTex[i] = NULL;
         return FRI_FAIL;
    }
    //释放m_pPTex[i]占用的槽
    SetPSTextureRTTextureUsed(m_pPTex[i],i,false);
    //添加pTexture占用的槽
    SetPSTextureRTTextureUsed(pTexture,i,true);
    m_pPTex[i] = pTexture;
    return 1;
}
void VSRenderer::SetPSTextureRTTextureUsed(VSTexture * pTexture,
unsigned int uiSlot, bool b)
{
    if (!pTexture)
    {
```

```
        return;
    }
    pTexture->m_PSTexSlot.Set(uiSlot, b);
}
```

VSRenderer::SetTexture 函数相对比较复杂，它要根据纹理和渲染目标是否绑定处理不同的情况。如果当前渲染目标正在使用，那么对应的纹理就不能使用；同理，如果当前纹理正在使用，那么对应的渲染目标就不能使用。CheckIsTextureCanSet 函数判断当前设置的与纹理关联的渲染目标是否正在使用。SetPSTextureRTTextureUsed 函数释放或占用管线槽，如果占用了管线槽，那么与其关联的渲染目标将不可以使用（游戏引擎中有一个管理纹理和渲染目标的系统，后面会详细讲解）。

```
bool VSRenderer::LoadTexture (VSTexture *pTexture)
{
    if(!pTexture)
        return 0;
    return pTexture->LoadResource(this);
}
```

LoadTexture 函数直接调用 VSBind::LoadResource 函数，代码如下。

```
bool VSBind::LoadResource(VSRenderer *pRender)
{
    if(!pRender)
        return 0;
    if (m_uiMemType == MT_RAM)
    {
        return 1;
    }
    if(m_uiSwapChainNum == m_InfoArray.GetNum())
        return 1;
    else
    {
        m_pUser = pRender;
        for (unsigned int i = 0 ; i < m_uiSwapChainNum ; i++)
        {
            VSResourceIdentifier *pID = NULL;
            if(!OnLoadResource(pID))
                return 0;
            if(!pID)
                return 0;
            Bind(pID);
        }
        if (!VSResourceManager::ms_bRenderThread)
        {
             ClearInfo();
        }
        return 1;
    }

}
```

VSBind::LoadResource 函数接着又调用 VSTexture::OnLoadResource 函数，代码如下。

```
bool VSTexture::OnLoadResource(VSResourceIdentifier *&pID)
{
    if(!m_pUser)
        return 0;
    if(!m_pUser->OnLoadTexture(this,pID))
        return 0;
```

```
		return 1;
	}
```

VSTexture::OnLoadResource 函数又调用 VSDX9Renderer::OnLoadTexture 函数，代码如下。

```
bool VSDX9Renderer::OnLoadTexture (VSTexture * pTexture,VSResourceIdentifier *&pID)
{
	VSTextureID *pTextureID = NULL;
	pTextureID = VS_NEW VSTextureID;
	if(!pTextureID)
		return 0;
	pID = pTextureID;
	DWORD dwUsage = 0;
	D3DPOOL Pool;
	DWORD LockFlag;
	if(pTexture->GetTexType() == VSTexture::TT_2D
			&& ((VS2DTexture *)pTexture)->IsRenderTarget())
	{
		Pool = D3DPOOL_DEFAULT;
		dwUsage |= D3DUSAGE_RENDERTARGET;
		LockFlag = D3DLOCK_DISCARD;
	}
	else if (pTexture->GetTexType() == VSTexture::TT_CUBE
			&& ((VSCubeTexture *)pTexture)->IsRenderTarget())
	{
		Pool = D3DPOOL_DEFAULT;
		dwUsage |= D3DUSAGE_RENDERTARGET;
		LockFlag = D3DLOCK_DISCARD;
	}
	else
	{
		if(!pTexture->IsStatic())
		{
			dwUsage |= D3DUSAGE_DYNAMIC;
			Pool = D3DPOOL_DEFAULT;
			LockFlag = D3DLOCK_DISCARD;
		}
		else
		{
			Pool = D3DPOOL_MANAGED;
			LockFlag = 0;
		}
	}
	if(pTexture->GetTexType() == VSTexture::TT_2D)
	{
		Create2DTexture(pTexture,dwUsage,
			(D3DFORMAT)ms_dwTextureFormatType[pTexture->GetFormatType()],
				Pool,LockFlag,&pTextureID->m_pTexture);
	}
	else if(pTexture->GetTexType() == VSTexture::TT_3D)
	{
		CreateVolumeTexture(pTexture,dwUsage,
			(D3DFORMAT)ms_dwTextureFormatType[pTexture->GetFormatType()],
				Pool,LockFlag,&pTextureID->m_pTexture);
	}
	else if(pTexture->GetTexType() == VSTexture::TT_CUBE)
	{
		CreateCubeTexture(pTexture,dwUsage,
			(D3DFORMAT)ms_dwTextureFormatType[pTexture->GetFormatType()],
				Pool,LockFlag,&pTextureID->m_pTexture);
	}
```

```
    else if (pTexture->GetTexType() == VSTexture::TT_1D)
    {
        Create1DTexture(pTexture,dwUsage,
              (D3DFORMAT)ms_dwTextureFormatType[pTexture->GetFormatType()],
                   Pool,LockFlag,&pTextureID->m_pTexture);
    }
    else
    {
        VSMAC_ASSERT(0);
    }

    return 1;
}
```

一旦加载成功，就会继续运行下去，直到把纹理设置到渲染管线中。

下面再介绍渲染目标，代码如下。

```
class  VSDX9RENDERER_API VSRenderTargetID : public VSResourceIdentifier
{
public:
    VSRenderTargetID()
    {
       m_pSaveRenderTarget = NULL;
       m_pRenderTarget = NULL;
       m_pTextureSurface = NULL;
    }
    ~VSRenderTargetID()
    {
       VSMAC_RELEASE(m_pRenderTarget);
       VSMAC_RELEASE(m_pSaveRenderTarget);
       VSMAC_RELEASE(m_pTextureSurface);
    }
    LPDIRECT3DSURFACE9          m_pTextureSurface;
    LPDIRECT3DSURFACE9          m_pRenderTarget;
    LPDIRECT3DSURFACE9          m_pSaveRenderTarget;
};
```

VSRenderTargetID 类为 DirectX 9 下的渲染目标类，其中 m_pSaveRenderTarget 用于保存上一次的渲染目标对象，这样渲染完毕后就可以恢复原来的内容。

SetRenderTarget 函数用来设置渲染目标，代码如下。

```
bool VSDX9Renderer::SetRenderTarget(VSRenderTarget *pRenderTarget,unsigned int i)
{
    if(!VSRenderer::SetRenderTarget(pRenderTarget,i))
    {
        if (!pRenderTarget && i > 0 && i < m_uiMaxRTNum)
        {
             SetRenderTarget(i,NULL);
        }
        return 0;
    }
    VSRenderTargetID *pRenderTargetID =
             (VSRenderTargetID *)pRenderTarget->GetIdentifier();
    if(!pRenderTargetID)
    {
        return 0;
    }
    //由纹理创建，并且无多重采样
    if(pRenderTarget->GetMulSample() == MS_NONE && pRenderTarget->GetCreateBy())
    {
        //设置渲染目标，把原来的渲染目标保存到m_pSaveRenderTarget中
        SetRenderTarget(i,&pRenderTargetID->m_pTextureSurface,
```

```
                    &pRenderTargetID->m_pSaveRenderTarget);
    }
    else
    {
        //设置渲染目标，把原来的渲染目标保存到m_pSaveRenderTarget中
        SetRenderTarget(i,&pRenderTargetID->m_pRenderTarget,
                    &pRenderTargetID->m_pSaveRenderTarget);
    }
    return 1;
}
```

SetRenderTarget 会调用父类的 VSRenderer::SetRenderTarget 函数，该函数又调用了 VSRenderer::LoadRenderTarget 函数，代码如下。

```
bool VSRenderer::SetRenderTarget(VSRenderTarget *pRenderTarget,unsigned int i)
{
    if(!pRenderTarget)
    {
        return 0;
    }
    if (i >= m_uiMaxRTNum)
    {
         return 0;
    }
    if(!LoadRenderTarget(pRenderTarget))
        return 0;
    m_uiCurRTWidth = pRenderTarget->GetWidth();
    m_uiCurRTHeight = pRenderTarget->GetHeight();
    //表示这个渲染目标的纹理被占用
    EnableTextureRTUsed(pRenderTarget->GetCreateBy());
    return 1;
}
bool VSRenderer::LoadRenderTarget (VSRenderTarget  *pRenderTarget)
{
    if (!pRenderTarget)
    {
         return 0;
    }
    pRenderTarget->LoadResource(this);
    return 1;
}
```

VSRenderer::LoadRenderTarget 函数先调用 VSBind::LoadResource 函数，再调用 VSDX9Renderer:: OnLoadRenderTarget 函数，代码如下。

```
bool VSDX9Renderer::OnLoadRenderTarget (VSRenderTarget *pRenderTarget,
VSResourceIdentifier *&pID)
{
    if (!pRenderTarget)
    {
         return false;
    }
    //创建VSRenderTargetID
    VSRenderTargetID *pRenderTargetID = VS_NEW VSRenderTargetID;
    pID = pRenderTargetID;
    VSTexture *pTexture = pRenderTarget->GetCreateBy();
    bool b1 = false;
    bool b2 = false;
    if (pTexture && pRenderTarget->GetMulSample() == VSRenderer::MS_NONE)
    {
        pTexture->LoadResource(this);
        b1 = true;
```

```
    }
    else if (pTexture)
    {
        pTexture->LoadResource(this);
        b1 = true;
        b2 = true;
    }
    else
    {
        b2 = true;
    }
    //DirectX 9下，要创建非多重采样的渲染目标，
    //可以直接从纹理表面缓存获得，
    //而多重采样的渲染目标必须单独创建，然后把渲染目标内存复制到纹理上
    if (b1)
    {
        VSTextureID *pTextureID = (VSTextureID *)pTexture->GetIdentifier();
        if(!pTextureID)
        {
            return 0;
        }
        if (pTexture->GetTexType() == VSTexture::TT_2D)
        {
            GetSurfaceLevel((LPDIRECT3DTEXTURE9 *)&
                        pTextureID->m_pTexture,pRenderTarget->GetLevel(),
                        &pRenderTargetID->m_pTextureSurface);
        }
        else if (pTexture->GetTexType() == VSTexture::TT_CUBE)
        {
            GetCubeMapSurface((LPDIRECT3DCUBETEXTURE9*)&
                pTextureID->m_pTexture,
                (D3DCUBEMAP_FACES)ms_dwCubeMapFace[pRenderTarget->GetParam()],
                pRenderTarget->GetLevel(),
                &pRenderTargetID->m_pTextureSurface);
        }
        else
        {
            return false;
        }
    }
    if (b2)
    {
        CreateRenderTarget((D3DFORMAT)
             ms_dwTextureFormatType[pRenderTarget->GetFormatType(),
            (D3DMULTISAMPLE_TYPE)
            ms_dwMultiSampleTypes[pRenderTarget->GetMulSample()],
        pRenderTarget->GetWidth(),pRenderTarget->GetHeight(),
            &pRenderTargetID->m_pRenderTarget);
    }
    return true;
}
```

7.2.4 渲染接口

VSRenderer类包括清除颜色缓存（color buffer）、清除深度与模板缓存（stencil buffer）、处理设备丢失、设置视口（view port）、改变分辨率大小、渲染网格等基本的渲染接口。

```
class VSGRAPHIC_API VSRenderer
 {
        enum
        {
```

```
        CF_NONE = 0,
        CF_COLOR = 1 << 0,
        CF_DEPTH = 1 << 1,
        CF_STENCIL = 1 << 2,
        CF_USE_MAX = CF_COLOR | CF_DEPTH | CF_STENCIL
    };
    virtual void ClearBuffers(unsigned int uiClearFlag) = 0;
    virtual void ClearBackBuffer () = 0;
    virtual void ClearZBuffer () = 0;
    virtual void ClearStencilBuffer () = 0;
    virtual void ClearBuffers () = 0;
    virtual void ClearBuffers(unsigned int uiClearFlag,int iXPos, int iYPos,
        int iWidth, int iHeight) = 0;
    virtual void ClearBackBuffer (int iXPos, int iYPos, int iWidth,
        int iHeight) = 0;
    virtual void ClearZBuffer (int iXPos, int iYPos, int iWidth,
        int iHeight) = 0;
    virtual void ClearStencilBuffer (int iXPos, int iYPos, int iWidth,
        int iHeight) = 0;
    virtual void ClearBuffers (int iXPos, int iYPos, int iWidth,
        int iHeight) = 0;
    //渲染文字
    void DrawText(VSFont *pFont,int iX, int iY, const VSColorRGBA& rColor,
        const TCHAR *acText, ...);
    virtual bool SetViewPort(VSViewPort *pViewPort,
        unsigned int uiRtWidth = 0,unsigned int uiRtHeight = 0) = 0;
    virtual bool CooperativeLevel() = 0;
    virtual bool BeginRendering() = 0;
    virtual bool EndRendering() = 0;
    virtual void DeviceLost() = 0;
    virtual void ResetDevice() = 0;
    virtual bool ChangeScreenSize(unsigned int uiWidth,unsigned int uiHeight,
        bool bWindow) = 0;
    virtual bool DrawMesh(VSGeometry *pGeometry,
        VSRenderState *pRenderState,VSVShader *pVShader,
        VSPShader *pPShader, VSGShader *pGShader) = 0;
    struct SCREEN_QUAD_TYPE
    {
        VSVector3 Point;
        VSVector2 UV;
    };
    virtual bool DrawScreen(SCREEN_QUAD_TYPE ScreenQuad[4]) = 0;
    virtual bool DrawScreen(SCREEN_QUAD_TYPE *pScreenBuffer,
            unsigned int uiVertexNum,
            VSUSHORT_INDEX *pIndexBuffer,
            unsigned int uiIndexNum) = 0;
}
```

这里的函数需要子类针对不同的渲染 API 去实现，其中最复杂的为 DrawMesh 函数，该函数用来渲染模型，代码如下。

```
bool VSRenderer::DrawMesh(VSGeometry *pGeometry,VSRenderState *pRenderState,
    VSVShader *pVShader, VSPShader *pPShader, VSGShader *pGShader)
{
    if (!pGeometry || !pGeometry->GetMeshData())
        return 0;
    m_LocalRenderState.GetAll(pRenderState);
    //当缩放值为负数的时候，反转裁剪面
    if (pGeometry->IsSwapCull())
    {
        m_LocalRenderState.SwapCull();
    }
    //设置全局渲染状态
```

```
    if (m_uiRenderStateInheritFlag)
    {
        m_LocalRenderState.Inherit(&m_UseState, m_uiRenderStateInheritFlag);
    }
    SetRenderState(m_LocalRenderState);
    //设置顶点着色器
    if (!SetVShader(pVShader))
    {
        return 0;
    }
    //设置几何着色器
    SetGShader(pGShader);
    //设置像素着色器
    if (!SetPShader(pPShader))
    {
        return 0;
    }
    //设置网格信息
    if (SetMesh(pGeometry->GetMeshData()) == FRI_FAIL)
        return 0;
    return 1;
}
```

下面是子类中 VSDX9Renderer::DrawMesh 函数的实现代码。

```
bool VSDX9Renderer::DrawMesh(VSGeometry *pGeometry,
VSRenderState *pRenderState,VSVShader *pVShader, VSPShader *pPShader)
{
    if(!VSRenderer::DrawMesh(pGeometry,pRenderState,pVShader,pPShader))
        return 0;
    VSDynamicBufferGeometry *pDBGeometry =
        DynamicCast<VSDynamicBufferGeometry>(pGeometry);
    if (pDBGeometry)
    {
        DrawDynamicBufferMesh(pDBGeometry);
    }
    else
    {
        if (pGeometry->GetMeshData()->GetVertexBuffer()->GetSwapChainNum() == 1
        && pGeometry->GetMeshData()->GetIndexBuffer()->GetSwapChainNum() == 1)
        {
            DrawMesh(pGeometry);
        }
        else
        {
            DrawMesh1(pGeometry);
        }
    }
    return 1;
}
```

VSDX9Renderer::DrawMesh 函数会调用父类的 VSRenderer::DrawMesh 函数，VSRenderer::DrawMesh 函数用于设置渲染状态、着色器及网格。

```
unsigned int VSRenderer::SetMesh(VSMeshData *pMeshData)
{
    VSMAC_ASSERT(pMeshData);
    if(!pMeshData)
    {
        return FRI_FAIL;
    }
```

```
    if(!SetVBuffer(pMeshData->GetVertexBuffer()))
        return 0;
    if(!SetIBuffer(pMeshData->GetIndexBuffer()))
        return 0;
    return FRI_SUCCESS;
}
```

SetMesh 函数会设置 VSVertexBuffer 和 VSIndexBuffer。

VSDX9Renderer::DrawMesh 函数在渲染模型时会处理3种情况：第1种是处理 VSDynamicBufferGeometry 渲染，第2种是处理常规（DrawMesh）渲染，第3种是处理双缓存切换模式（DrawMesh1）下的渲染。

DrawScreen 函数用于渲染屏幕矩形，分成两种方式。

第1种是渲染4个点、两个三角形的方式，代码如下。

```
VSRenderer::SCREEN_QUAD_TYPE VSRenderer::ms_FullScreen[4] =
{
    {VSVector3(-1.0f,  1.0f, 0.0f),VSVector2(0.0f, 0.0f)},
    {VSVector3( 1.0f,  1.0f, 0.0f),VSVector2(1.0f, 0.0f)},
    {VSVector3( 1.0f, -1.0f, 0.0f),VSVector2(1.0f, 1.0f)},
    {VSVector3(-1.0f, -1.0f, 0.0f),VSVector2(0.0f, 1.0f)}
};
VSUSHORT_INDEX VSRenderer::ms_FullScreenI[6] = { 0, 1, 3, 1, 2, 3 };

bool VSRenderer::DrawScreen(SCREEN_QUAD_TYPE ScreenQuad[4])
{
    SetVertexFormat(m_pQuadVertexFormat);
    m_pVertexBuffer = NULL;
    m_pIndexBuffer = NULL;
    return 1;
}
bool VSDX9Renderer::DrawScreen(SCREEN_QUAD_TYPE ScreenQuad[4])
{
    if(!VSRenderer::DrawScreen(ScreenQuad))
        return 0;
    if (!ScreenQuad)
    {
        ScreenQuad = ms_FullScreen;
    }
    DrawScreenEX1(ScreenQuad);
    return 1;
}
```

DrawScreen 函数会直接调用 DrawIndexedPrimitiveUP 函数，进行渲染。

第2种是渲染自定义的任意点和任意个三角形的方式，可以用 DrawScreen 函数在 CPU 上做屏幕顶点变化，不过 GPU 也可以实现这种效果，代码如下。

```
bool VSRenderer::DrawScreen(SCREEN_QUAD_TYPE *pScreenBuffer,
unsigned int uiVertexNum, VSUSHORT_INDEX *pIndexBuffer,
unsigned int uiIndexNum)
{
    if (!pScreenBuffer || !uiVertexNum || !pIndexBuffer || !uiIndexNum)
    {
        return false;
    }
    SetVertexFormat(m_pQuadVertexFormat);
    m_pVertexBuffer = NULL;
    m_pIndexBuffer = NULL;
    return 1;
}
```

```
bool VSDX9Renderer::DrawScreen(SCREEN_QUAD_TYPE *pScreenBuffer,
unsigned int uiVertexNum, VSUSHORT_INDEX *pIndexBuffer,
unsigned int uiIndexNum)
{
    if (!VSRenderer::DrawScreen(pScreenBuffer,uiVertexNum,pIndexBuffer,
            uiIndexNum))
    {
        return false;
    }
    unsigned int uiNumTri = uiIndexNum / 3;
    VSMAC_ASSERT(uiNumTri);
    if (!uiNumTri)
    {
        return false;
    }
    DrawScreenEX2(pScreenBuffer,uiVertexNum,pIndexBuffer,uiNumTri);
    return true;
}
```

DrawScreenEX2 函数会直接调用 DrawIndexedPrimitiveUP 函数进行渲染。

上面的代码对应 DirectX 11 中的实现方式，读者可以自行查看具体代码，这里不再过多介绍。

7.2.5 其他管理接口

为了更好地加快渲染器中处理资源的速度，减少设置资源时耗费 CPU 的时间，我们需要管理当前正在使用的资源，代码如下。

```
class VSGRAPHIC_API VSRenderer
{
        VSVertexFormat *m_pVertexFormat;
        VSVertexBuffer *m_pVertexBuffer;
        VSIndexBuffer  *m_pIndexBuffer;
        VSVShader      *m_pVShader;
        VSPShader      *m_pPshader;
        VSTexture *m_pVTex[TEXLEVEL];
        VSSamplerState *m_pVSamplerState[TEXLEVEL];
        VSTexture *m_pPTex[TEXLEVEL];
        VSSamplerState *m_pPSamplerState[TEXLEVEL];
        bool m_bSRGB[TEXLEVEL];
        VSBlendState *m_pBlendState;
        VSDepthStencilState *m_pDepthStencilState;
        VSRasterizerState *m_pRasterizerState;
        bool            m_bClipPlaneEnable;
        bool            m_bScissorRectEnable;
        VSRenderState           m_UseState;
        unsigned int          m_uiRenderStateInheritFlag;
        VSRenderState m_LocalRenderState;
        void SetUseState(VSRenderState & RenderState,
                    unsigned int uiRenderStateInheritFlag);
        void ClearUseState();
        virtual void *Lock(VSVertexBuffer *pVertexBuffer) = 0;
        virtual void UnLock(VSVertexBuffer *pVertexBuffer) = 0;
        virtual void *Lock(VSIndexBuffer *pIndexBuffer) = 0;
        virtual void UnLock(VSIndexBuffer *pIndexBuffer) = 0;
        virtual void *Lock(VSTexture *pTexture,unsigned int uiLevel,
                          unsigned int uiFace) = 0;
        virtual void UnLock(VSTexture *pTexture,unsigned int uiLevel,
                          unsigned int uiFace) = 0;
```

```
        virtual bool CopyResourceBuffer(VS2DTexture *pSource,
                            VSCubeTexture *pDest,unsigned int uiFace) = 0;
        bool SetDefaultValue();      //设置默认值，创建默认资源
        bool ReleaseDefaultValue();//释放默认资源
    }
```

m_pPTex 是用来防止相同资源重复设置的。对于每种资源，初始化的时候 m_pPTex 会被设置成默认值。

如果要全局改变渲染状态，那么通过 m_UseState 可以达到这个目的。我们可以设置 m_UseState，m_uiRenderStateInheritFlag 表示 m_UseState 中被替代的部分。下面的代码展示了如何全局改变渲染状态，pRenderState 为物体渲染状态。

```
//备份渲染状态到 m_LocalRenderState
m_LocalRenderState.GetAll(pRenderState);
if (pGeometry->IsSwapCull())//反转背面裁剪，处理负缩放值的情况
{
     m_LocalRenderState.SwapCull();
}
//如果有继承状态，则继承 m_UseState 中的状态
if (m_uiRenderStateInheritFlag)
{
     m_LocalRenderState.Inherit(&m_UseState,
        m_uiRenderStateInheritFlag);
}
SetRenderState(m_LocalRenderState);
```

本书配套的一些示例程序中，按 W 键后，画面可表示为线框模式就基于这个原理。

Lock 函数和 UnLock 函数分别用于锁定资源与解锁资源。

第 8 章

材　质

光照模型（光照计算公式）是游戏引擎中渲染物体的基础，它决定物体材质的基本元素（未知变量 X、Y、Z 等）。在已知的光照模型下，美术师需要知道这些基本元素的含义，给这些元素赋不同的数值，来得到想要的效果，他们并不关心光照计算公式。图形程序员把光照计算公式都变为着色器代码，在 GPU 中根据这些基本元素（基本元素也可能通过其他公式计算出），通过着色器代码计算出光照效果。根据游戏引擎架构，以上工作也可由技术美术师独立完成。

8.1 材质与着色器

要计算光照效果，目前有两种方法。一种方法是程序员写出着色器代码，作为材质使用。通过反射机制，程序员把着色器中的纹理或者参数（材质基本元素）都显示在 Unity 的可编程着色器中并由美术师编辑，如图 8.1 所示。

```
Properties {
    _Trans("Transparent", Range(0.0,1.0)) = 1.0
    _MainTex ("Base (RGB)", 2D) = "white" {}
}
SubShader {
    Pass {
        CGPROGRAM
            #pragma vertex vert
            #pragma fragment frag
            float _Trans;
            sampler2D _MainTex;
```

图 8.1　Unity 的可编程着色器

另一种方法是通过材质树。图 8.2 所示分别为 Unreal Engine 3 和 Unreal Engine 4 中的材质编辑器，它们用节点来实现材质效果，它们的光照模型都是封装起来的，只暴露了材质基本元素。由于 Unreal Engine 3 和 Unreal Engine 4 使用不同的光照模型，因此它们暴露出来的基本元素也不一样。Unreal Engine 3 使用的是前向渲染，所以它还保留了一个称为 CustomLighting 的节点，以供用户自定义光照，这种光照只支持动态光。Unreal Engine 4 使用延迟渲染，很难支持自定义光照。

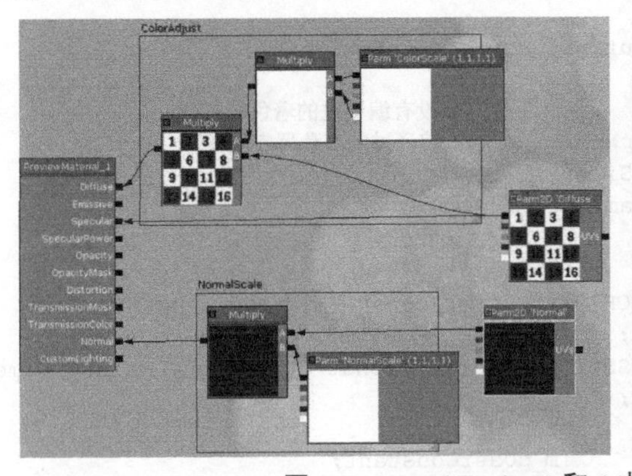

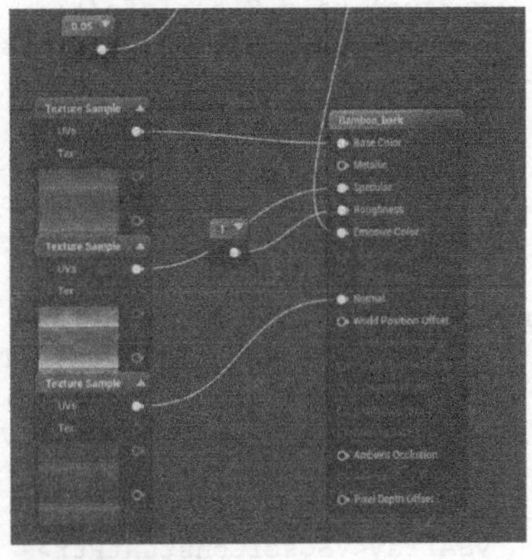

图 8.2　Unreal Engine 3 和 4 中的材质编辑器

目前，作者比较喜欢前向渲染加上材质树的方法。用材质树编辑材质已经在国外流行起来。有时美术师希望实现的效果是无法通过语言传递给程序的，所以就需要美术师自己实现他希望的效果。至于效率，出色的美术师加上编译器的优化效率不会有问题。当然，如果有一天前向增强渲染技术成熟起来，那么材质树会更受追捧。

本游戏引擎提供以上两种方法，处理光照流程使用第2种方法，第1种方法仅提供给低耦合的或者非光照的着色器使用。

8.1.1 着色器编译与参数传递

图8.3所示是着色器的结构。第7章介绍过着色器类，着色器类支持文件路径名形式，也支持内存形式。

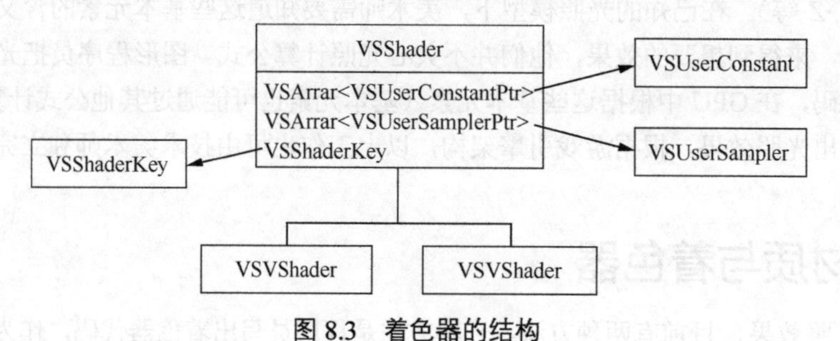

图8.3 着色器的结构

VSShader 类是着色器的基类，代码如下。

```
class VSGRAPHIC_API VSShader : public VSBind,public VSResource
{
public:
    VSShader(const TCHAR *pBuffer,const VSString & MainFunName,
bool IsFromFile = false);
    VSShader(const VSString &Buffer,const VSString & MainFunName,
bool IsFromFile = false);
    VSShader();
    virtual ~VSShader() = 0;
    virtual unsigned int GetResourceType()const
    {
        return RT_SHADER;
    }
public:
    virtual bool SetParam(const VSUsedName &Name,void *pData);
    virtual bool SetParam(const VSUsedName &Name,VSTexAllState *pTexture,
      unsigned int uiIndex = 0);
    virtual void ClearInfo();
    bool SetCacheBuffer(void *pBuffer,unsigned int uiSize);
protected:
    VSString m_Buffer;                        //存放没有编译过的着色器代码
    unsigned char *m_pCacheBuffer;            //存放编译过的着色器字节码
    unsigned int m_uiCacheBufferSize;
    unsigned int m_uiShaderProgramType; //着色器类型
    VSString m_MainFunName;                   //主函数名字
public:
    void SetShaderString(const TCHAR *pBuffer,const VSString & MainFunName,
        bool IsFromFile = false);
    void SetShaderString(const VSString &Buffer,const VSString & MainFunName,
        bool IsFromFile = false);
public:
    VSArray<VSUserConstantPtr>        m_pUserConstant;
    VSArray<VSUserSamplerPtr>         m_pUserSampler;
```

```
    VSShaderKey                         m_ShaderKey;
    bool         m_bCreatePara;
    unsigned int m_uiArithmeticInstructionSlots;
    unsigned int m_uiTextureInstructionSlots;
};
```

m_ShaderKey 用来区分同一段着色器代码根据不同的宏定义编译出来的不同着色器字节码。编译后着色器字节码就保存在 m_pCacheBuffer 里。m_pUserConstant 保存解析出来的着色器参数变量，m_pUserSampler 保存解析出来的着色器参数采样器。本游戏引擎中如果用以文件路径名字形式提供的着色器，则用 D3D API 来解析变量和采样器；如果用以材质树节点形式提供的着色器，自己就可以解析出来。m_bCreatePara 表示是否已经创建了参数变量和参数采样器。m_uiArithmeticInstructionSlots 和 m_uiTextureInstructionSlots 表示编译后的着色器使用了多少条算术指令和多少条纹理采样指令。

VSUserConstant 类记录变量参数（着色器中的参数包括变量类型、采样器类型、纹理类型等）信息，它支持 float、bool、int、struct 这 4 种类型，代码如下。

```
class VSGRAPHIC_API VSUserConstant : public VSObject
{
    enum
    {
        VT_FLOAT,
        VT_BOOL,
        VT_INT,
        VT_STRUCT,
        VT_MAX
    };
    unsigned int m_uiSize;            //数据空间大小
    unsigned int m_uiValueType;       //数据类型
    unsigned char *m_pData;           //数据地址
    unsigned int m_uiRegisterIndex; //DirectX 9 下表示寄存器索引，
                                      //DirectX 11 下表示数据地址索引
    unsigned int m_uiRegisterNum;     //占用寄存器个数
    VSUsedName m_Name;                //以节点方式显示的变量参数名字
    VSUsedName m_NameInShader;        //在着色器代码中的变量参数名字
};
```

用户使用 VSShader::SetParam 函数把变量设置到 VSUserConstant 类里，代码如下。

```
bool VSShader::SetParam(const VSUsedName &Name,void * pData)
{
    if (!pData || !m_bCreatePara)
    {
        return false;
    }
    for (unsigned int i = 0 ; i < m_pUserConstant.GetNum() ;i++)
    {
         if (Name == m_pUserConstant[i]->GetName())
         {
              void *pConstanData = m_pUserConstant[i]->GetData();
              if (!pConstanData)
              {
                     return false;
              }
              VSMemcpy(pConstanData,pData,m_pUserConstant[i]->GetSize());
              break;
         }
    }
    return true;
}
```

VSUserSampler 类记录纹理采样器参数，它支持所有的格式纹理，包括纹理数组，代码如下。

```
class VSGRAPHIC_API VSUserSampler : public VSObject
{
        unsigned int m_uiTexType;                       //采样器支持的纹理类型
        VSArray<VSTexAllStatePtr> m_pTextureArray; //纹理
        VSUsedName          m_Name;                     //采样器名字
        unsigned int m_uiRegisterIndex;                 //采样器起始寄存器
        unsigned int m_uiRegisterNum;                   //占用的寄存器个数
};
```

通过 VSShader::SetParam 函数可以设置纹理，代码如下。

```
bool VSShader::SetParam(const VSUsedName &Name,VSTexAllState * pTexture,
unsigned int uiIndex)
{
    if (!pTexture || !m_bCreatePara)
    {
        return false;
    }
    for (unsigned int i = 0 ; i < m_pUserSampler.GetNum() ;i++)
    {
        if (Name == m_pUserSampler[i]->GetName()
            && pTexture->m_pTex->GetTexType() ==
                    m_pUserSampler[i]->GetTexType())
       {
            m_pUserSampler[i]->SetTex(pTexture,uiIndex);
             break;
        }
    }
    return true;
}
```

对于以文件形式书写的着色器代码，通过编译器编译后，游戏引擎才会知道各种变量的类型和所占用的寄存器；但以连接材质树中节点的形式生成的着色器代码是由游戏引擎生成的，所以变量类型和所占用的寄存器在生成过程中就保存起来。下面是由游戏引擎中材质树生成的着色器代码。

```
row_major float4x4 WorldMatrix : register(c0);
row_major float4x4 ViewMatrix : register(c4);
float3 CameraWorldPos : register(c8);
float4 SkyLightUpColor : register(c9);
float4 SkyLightDownColor : register(c10);
sampler2D  Tex_DiffuseTexture : register(s0);
sampler2D  Tex_NormalTexture : register(s1);
```

这里有变量参数 WorldMatrix、ViewMatrix、CameraWorldPos、SkyLightUpColor、SkyLightDownColor，采样器参数 Tex_DiffuseTexture、Tex_NormalTexture，以及它们占用的寄存器，这些内容在游戏引擎解析材质树时会保存起来，后文讲解材质树时会详细介绍。

下面是解析非材质树创建的着色器代码的过程。

```
void VSDirectX9Renderer::OnLoadVShaderFromString(VSVShader * pVShaderProgram,
VSVProgramID *pID)
{
    HRESULT hResult = NULL;
    LPD3DXBUFFER pCode = NULL;
    LPD3DXBUFFER pErrors = NULL;
    DWORD Flags = NULL;
    VSMap<VSString,VSString> Define;
    pVShaderProgram->m_ShaderKey.GetDefine(Define);
    D3DXMACRO *pMacro = GetDefine(Define);
    LPD3DXCONSTANTTABLE          pConstantTable = NULL; //常量表对象
    //编译内存着色器
    if(pVShaderProgram->GetBuffer().GetLength())
```

```
{
  hResult = D3DXCompileShader((LPCSTR)
                 pVShaderProgram->GetBuffer().GetBuffer(),
                 pVShaderProgram->GetBuffer().GetLength(),
                 pMacro,ms_pDx9IncludeShader,
                 pVShaderProgram->GetMainFunName().GetBuffer(),
                 ms_cVertexShaderProgramVersion,Flags,
                 &pCode,&pErrors,&pConstantTable);
}//编译文件着色器
else if(pVShaderProgram->GetResourceName().GetLength())
{
     VSString RenderAPIPre =
     VSResourceManager::GetRenderTypeShaderPath(RAT_DIRECTX9);
 VSString Path = VSResourceManager::ms_ShaderPath + RenderAPIPre +
     pVShaderProgram->GetResourceName().GetString();
 hResult = D3DXCompileShaderFromFile((LPCSTR)Path.GetBuffer(),
                     pMacro,ms_pDx9IncludeShader,
                     pVShaderProgram->GetMainFunName().GetBuffer(),
               ms_cVertexShaderProgramVersion,Flags,
                     &pCode,&pErrors,&pConstantTable);
}
VSMAC_DELETEA(pMacro);
//创建参数
if (!pVShaderProgram->m_pUserConstant.GetNum() &&
     !pVShaderProgram->m_pUserSampler.GetNum())
{
 D3DXCONSTANTTABLE_DESC ConstantTableDesc;
 hResult = pConstantTable->GetDesc(&ConstantTableDesc);
 VSMAC_ASSERT(!FAILED(hResult));
 for(unsigned int uiConstantIndex = 0;
             uiConstantIndex < ConstantTableDesc.Constants;
             uiConstantIndex++)
 {
     D3DXHANDLE ConstantHandle =
         pConstantTable->GetConstant(NULL,uiConstantIndex);
     D3DXCONSTANT_DESC ConstantDesc;
     unsigned int NumConstants = 1;
     pConstantTable->GetConstantDesc(ConstantHandle, &ConstantDesc, &NumConstants);
     if (ConstantDesc.RegisterSet != D3DXRS_SAMPLER)
     {
     unsigned int uiValueType = 0;
         if (ConstantDesc.RegisterSet == D3DXRS_BOOL)
         {
              uiValueType = VSUserConstant::VT_BOOL;
         }
         else if(ConstantDesc.RegisterSet == D3DXRS_INT4)
         {
              uiValueType = VSUserConstant::VT_INT;
         }
         else if(ConstantDesc.RegisterSet == D3DXRS_FLOAT4)
         {
              uiValueType = VSUserConstant::VT_FLOAT;
         }
         else
         {
              VSMAC_ASSERT(0);
         }
         //创建变量参数
         VSUserConstant *pUserConstant = VS_NEW VSUserConstant
                          (ConstantDesc.Name,NULL,ConstantDesc.Bytes,
                          ConstantDesc.RegisterIndex,
                          ConstantDesc.RegisterCount,uiValueType);
         pVShaderProgram->m_pUserConstant.AddElement(pUserConstant);
```

```
            }
        else
        {
        unsigned int uiType = 0;
            if (ConstantDesc.Type == D3DXPT_SAMPLER1D)
            {
                uiType = VSTexture::TT_1D;
            }
            else if(ConstantDesc.Type == D3DXPT_SAMPLER2D)
            {
                uiType = VSTexture::TT_2D;
            }
            else if(ConstantDesc.Type == D3DXPT_SAMPLER3D)
            {
                uiType = VSTexture::TT_3D;
            }
            else if(ConstantDesc.Type == D3DXPT_SAMPLERCUBE)
            {
                uiType = VSTexture::TT_CUBE;
            }
            else
            {
                VSMAC_ASSERT(0);
            }
            //创建采样参数
            VSUserSampler *pUerSampler = VS_NEW VSUserSampler
                    (ConstantDesc.Name,uiType,ConstantDesc.RegisterIndex,
                    ConstantDesc.RegisterCount);
            pVShaderProgram->m_pUserSampler.AddElement(pUerSampler);
        }
    }
    VSMAC_RELEASE(pConstantTable);
    pVShaderProgram->m_bCreatePara = true;
    }
    //创建着色器
    hResult = m_pDevice->CreateVertexShader
        ((DWORD*)pCode->GetBufferPointer(),&pID->m_pVertexShader );
    VSMAC_ASSERT(!FAILED(hResult));
    pVShaderProgram->SetCacheBuffer(pCode->GetBufferPointer(),
        pCode->GetBufferSize());
    //得到算术指令条数和采样次数
    GetShaderInstruction(pCode,pVShaderProgram->m_uiArithmeticInstructionSlots,
        pVShaderProgram->m_uiTextureInstructionSlots);
    VSMAC_RELEASE(pCode);
}
```

首先，判断着色器代码是来自内存还是来自文件，根据不同形式调用不同的API，并编译。这里使用 `if (!pVShaderProgram->m_pUserConstant.GetNum() && !pVShaderProgram->m_pUserSampler.GetNum())` 来区分着色器代码是来自文件还是来自内存。来自内存的都是材质树节点形式，自己就可以解析变量内容，如果没有内容，则是来自文件的着色器。然后，创建D3D 着色器资源，把编译后的着色器字节码保存起来。`GetShaderInstruction` 函数取出着色器里使用的算术指令条数，它可以用来观察着色器复杂程度。DirectX 9 编译完着色器后，用注释把使用的指令条数写在汇编代码后面。下面是着色器汇编代码，最后一行注释表明使用多少条指令。

```
ps_3_0
def c3, 0.5, -0.5, 1, 0
dcl_texcoord v0.xy
dcl_texcoord1 v1.xyz
dcl_texcoord2 v2.xyz
dcl_texcoord3 v3.xyz
```

```
dcl_2d s0
dcl_2d s1
nrm r0.xyz, v2
nrm r1.xyz, v3
…
mov oC0.w, c3.z
```

把参数设置到m_pUserConstant和m_pUserSampler中后，还要把内容设置到对应的寄存器中。由于这两类变量都记录寄存器的地址，因此设置非常方便。

下面的代码根据变量类型把数据存储在m_fFloatShaderBuffer、m_iIntShaderBuffer、m_bBoolShaderBuffer这3个缓存中，然后把缓存数据发送到寄存器。

```
void VSDirectX9Renderer::SetPShaderConstant(VSPShader * pShader)
{
    unsigned int uiFloatRegisterID = 0;
    unsigned int uiBoolRegisterID = 0;
    unsigned int uiIntRegisterID = 0;
    if (!pShader->m_bCreatePara)
    {
        return;
    }
    for(unsigned int i = 0 ; i < pShader->m_pUserConstant.GetNum(); i++)
    {
        VSUserConstant *pUserConstant = pShader->m_pUserConstant[i];
        if (pUserConstant->GetValueType() == VSUserConstant::VT_FLOAT)
        {
            VSMemcpy(&m_fFloatShaderBuffer[pUserConstant->GetRegisterIndex() << 2],
                     pUserConstant->GetData(),
                     sizeof(VSREAL) *(pUserConstant->GetRegisterNum() << 2));
            uiFloatRegisterID = uiFloatRegisterID + pUserConstant->GetRegisterNum();
        }
        if (pUserConstant->GetValueType() == VSUserConstant::VT_INT)
        {
            VSMemcpy(&m_iIntShaderBuffer[pUserConstant->GetRegisterIndex() << 2],
                  pUserConstant->GetData(),
                   sizeof(int) *(pUserConstant->GetRegisterNum() << 2));
            uiIntRegisterID = uiIntRegisterID + pUserConstant->GetRegisterNum();
        }
        if (pUserConstant->GetValueType() == VSUserConstant::VT_BOOL)
        {
            VSMemcpy(&m_bBoolShaderBuffer[pUserConstant->GetRegisterIndex() << 2],
                     pUserConstant->GetData(),
                   sizeof(bool) *(pUserConstant->GetRegisterNum() << 2));
            uiBoolRegisterID = uiBoolRegisterID + pUserConstant->GetRegisterNum();
        }
    }
    if (uiFloatRegisterID)
    {
        SetPProgramConstant(0,m_fFloatShaderBuffer,
                  uiFloatRegisterID,VSUserConstant::VT_FLOAT);
    }
    if (uiIntRegisterID)
    {
        SetPProgramConstant(0,m_iIntShaderBuffer,
           uiIntRegisterID,VSUserConstant::VT_INT);
    }
    if (uiBoolRegisterID)
    {
        SetPProgramConstant(0,m_bBoolShaderBuffer,
           uiBoolRegisterID,VSUserConstant::VT_BOOL);
    }
}
```

设置纹理的原理也差不多。先设置到m_pTexAllStateBuffer缓存中，然后将纹理发送到寄存器，代码如下。

```
void VSDirectX9Renderer::SetPShaderSampler(VSPShader * pShader)
{
    VSMemset(m_pTexAllStateBuffer,0,
      sizeof(VSTexAllState *)*MAX_TEXTURE_BUFFER);
    if (pShader->m_bCreatePara)
    {
        for (unsigned int uiTexid =0 ;
                uiTexid < pShader->m_pUserSampler.GetNum() ;uiTexid++)
        {
            if (pShader->m_pUserSampler[uiTexid]->GetRegisterIndex() +
                pShader->m_pUserSampler[uiTexid]->GetRegisterNum() <=
                m_uiMaxTexture)
            {
                for (unsigned int i = 0 ;
                        i < pShader->m_pUserSampler[uiTexid]->GetRegisterNum() ; i++)
                {
                    m_pTexAllStateBuffer[
                     pShader->m_pUserSampler[uiTexid]->GetRegisterIndex() + i]
                        = pShader->m_pUserSampler[uiTexid]->GetTex(i);
                }
            }
        }
    }
    for (unsigned int k = 0 ; k < m_uiMaxTexture ; k++)
    {
        SetTexAllState(m_pTexAllStateBuffer[k],k);
    }
}
```

DirectX 11和DirectX 9中的着色器解析方式稍微有些不同。对于来自文件的着色器代码，都交给编译器来解析；而对于由材质树生成并存放在内存中的着色器代码，DirectX 9明确地指定了变量参数和采样器参数占用的寄存器，DirectX 11只明确指定了采样器参数占用的寄存器，而把变量参数解析交给了编译器。DirectX 11中编译器会做出优化，很可能两个变量参数共用一个寄存器。例如，有如下变量参数。

```
float4 Element1;
float1 Element2;
float1 Element3;
```

在DirectX 9中会分别给Element1、Element2、Element3分配3个寄存器。编译出来的结果和下面明确指定寄存器再编译的结果是一样的。

```
float4 Element1: register(c0);
float1 Element2: register(c1);
float1 Element3: register(c2);
```

而DirectX 11中，编译器会分配两个寄存器，其中一个寄存器给Element1，而Element2和Element3共用一个寄存器。编译出来的结果和下面明确指定寄存器再编译的结果是一样的。

```
cbuffer MyBuffer
{
    float4 Element1 : packoffset(c0);
    float1 Element2 : packoffset(c1.x);
    float1 Element3 : packoffset(c1.y);
}
```

如果不明确指定寄存器，则找出占用情况不容易。所以，读者就会发现VSUserConstant类中的m_uiRegisterIndex在DirectX 11中表示的是数据索引而不是寄存器索引。当然，我们也可以自己明确指定寄存器。

```
cbuffer MyBuffer
{
    float4 Element1 : packoffset(c0);
    float1 Element2 : packoffset(c1);
    float1 Element3 : packoffset(c2);
}
```

也可以自己解析 DirectX 11 中由材质树生成的着色器代码，这和 DirectX 9 中的实现方式类似。作者之所以这么做，是为了让读者看见不同的实现方式，即使其他渲染 API 不能明确指定寄存器，这个框架也可以完美实现。

8.1.2 着色器键

着色器语言支持宏，根据不同的宏定义，可以编译出不同的着色器字节码。因为着色器中动态分支预测处理能力较弱，所以我们就在同一段着色器代码里面加入宏来控制不同分支，D3D API 支持传入宏来编译着色器代码。这也可以避免写出多个着色器文件。根据宏，编译出来的代码和执行效果是不同的，这个时候我们需要提供一套机制以识别同一段带宏的着色器代码编译出来的不同着色器字节码，这就引出了着色器键的概念。

VSShader 类里的 m_Buffer 保存着色器代码，同一个 VSShader 类的 m_Buffer 内容相同，但由于传递的宏不同，编译后保存在 m_pCacheBuffer 中的字节码就不同。同理，对于文件路径相同的着色器代码，也是如此。

VSShaderKey 类表示着色器键，里面保存着一个有序映射——m_KeyMap，有序映射中存放着宏的名字和对应的数值，每次插入新的键（key）和值（value）时都会按照值的大小顺序排列，代码如下。

```
class VSGRAPHIC_API VSShaderKey : public VSObject
{
public:
    VSShaderKey();
    ~VSShaderKey();
    bool IsHaveTheKey(const VSUsedName & Name,unsigned int &uiKeyId);
    void SetTheKey(const VSUsedName & Name,unsigned int Value);
protected:
    VSMapOrder<VSUsedName,unsigned int> m_KeyMap;
    VSGRAPHIC_API friend bool operator == (const VSShaderKey & Key1,
const VSShaderKey & Key2);
    VSGRAPHIC_API friend bool operator > (const VSShaderKey & Key1,
const VSShaderKey & Key2);
    VSGRAPHIC_API friend bool operator < (const VSShaderKey & Key1,
const VSShaderKey & Key2);
    void operator =(const VSShaderKey &ShaderKey);
    void GetDefine(VSMap<VSString,VSString> & Define);
    void Clear();
};
```

在 VSDirectX9Renderer::OnLoadVShaderFromString 函数里有段代码。

```
VSMap<VSString,VSString> Define;
pVShaderProgram->m_ShaderKey.GetDefine(Define);
D3DXMACRO *pMacro = GetDefine(Define);
```

先通过着色器键转换成 VSMap<VSString,VSString>Define，再转换成 D3D 可以识别的 D3DXMACRO *pMacro 形式，代码如下。

```
D3DXMACRO *VSDirectX9Renderer::GetDefine(VSMap<VSString,VSString> & Define)
{
    if (Define.GetNum())
    {
        D3DXMACRO *pMacro = VS_NEW D3DXMACRO[Define.GetNum() + 1];
        for (unsigned int i = 0 ; i < Define.GetNum() ;i++)
        {
            pMacro[i].Name = Define[i].Key.GetBuffer();
            pMacro[i].Definition = Define[i].Value.GetBuffer();
        }
        pMacro[Define.GetNum()].Name = NULL;
        pMacro[Define.GetNum()].Definition = NULL;
        return pMacro;
    }
    return NULL;
}
```

例如，下面的着色器代码中，如果设置 SetTheKey("TEST",1)，那么输出的就是 float4(1.0f,1.0f,1.0f,1.0f)，表示白色；如果设置 SetTheKey("TEST",0)或者不设置，那么输出的就是 float4(0.0f,0.0f,0.0f,1.0f)，表示黑色。

```
float4 PSMain(float2 texCoord: TEXCOORD0) : COLOR
{
#if TEST > 0
    return float4(1.0f,1.0f,1.0f,1.0f);
#else
    return float4(0.0f,0.0f,0.0f,1.0f);
#endif
}
```

游戏引擎中为材质树定义了很多宏，如对于光源或者阴影等不同配置的宏，定义都不同，具体内容在后文讲解。

下面这段代码用于判断两个着色器键是否一样，如果一样，就可以共用着色器字节码，无须再编译。

```
bool operator == (const VSShaderKey & Key1,const VSShaderKey & Key2)
{
    //个数要相等
    if (Key1.m_KeyMap.GetNum() != Key2.m_KeyMap.GetNum())
    {
        return 0;
    }
    //有序数组对应的键和值都要相等
    for (unsigned int i = 0 ; i < Key1.m_KeyMap.GetNum() ;i++)
    {
        MapElement<VSUsedName,unsigned int> & Element1 =
            Key1.m_KeyMap[i];
        MapElement<VSUsedName,unsigned int> & Element2 =
            Key2.m_KeyMap[i];
        if (Element1.Key != Element2.Key ||
                    Element1.Value != Element2.Value)
        {
            return false;
        }
    }
    return true;
}
```

8.1.3 着色器映射表与着色器缓存

着色器映射（shader map）表是用来管理着色器和着色器键关系的集合，一段着色器代码可能根据不同的着色器键编译出很多个着色器字节码。

VSShaderMap 类表示着色器映射表，m_ShaderMap 中一个名字对应一个 VSShaderSet 类，一般名字是着色器代码的文件名或者保证名字唯一即可。VSShaderSet 类里保存了所有着色器键对应的着色器字节码，代码如下。

```
typedef VSMapOrder<VSShaderKey,VSShaderPtr> VSShaderSet;
class VSGRAPHIC_API VSShaderMap
{
public:
    VSShaderMap(VSString ShaderMapName);
    ~VSShaderMap();
protected:
    VSMapOrder<VSUsedName,VSShaderSet> m_ShaderMap;
public:
    //添加着色器键的着色器
    void SetShader(const VSUsedName & Name,const VSShaderKey & Key,
        VSShader *pShader);
    //得到对应名字的着色器集合
    VSShaderSet *GetShaderSet(const VSUsedName &Name);
    //删除对应名字的着色器集合
    void DeleteShaderSet(const VSUsedName & Name);
    //根据对应名字和着色器键得到着色器
    VSShader *GetShader(const VSUsedName & Name,const VSShaderKey & Key);
    //删除对应名字和着色器键的着色器
    void DeleteShader(const VSUsedName & Name,const VSShaderKey & Key);
    VSString m_ShaderMapName; //着色器映射表名字
};
```

通过着色器键可以很快找到对应的着色器字节码。每次编译着色器代码都要消耗大量的时间，我们可以把编译过的着色器字节码保存起来，以免下次再编译，再把整个着色器映射表保存起来，这个过程就叫着色器缓存（shader cache）。

VSShaderMapLoadSave 类是负责保存和加载着色器映射表的类，它继承自 VSObject 类，所以它支持自动序列化存储，代码如下。

```
class VSGRAPHIC_API VSShaderMapLoadSave : public VSObject
{
public:
    VSShaderMapLoadSave(){}
    ~VSShaderMapLoadSave(){}
    VSMapOrder<VSUsedName,VSShaderSet> m_ShaderMap;
};
```

因为着色器也属于资源，所以 VSResourceManager 类管理着色器映射表，代码如下。

```
class VSGRAPHIC_API VSResourceManager
{
    static VSShaderMap & GetMaterialShaderMap()
    {
        static VSShaderMap
            s_MaterialShaderMap(_T("MaterialShaderMap"));
        return s_MaterialShaderMap;
    }
    …
    static VSShaderMap & GetPixelShaderMap()
    {
         static VSShaderMap s_PixelShaderMap(_T("PixelShaderMap"));
         return s_PixelShaderMap;
    }
}
```

着色器映射表根据不同渲染进行分类。游戏退出的时候，把所有的着色器映射表都保存起来；

游戏加载的时候，则读取着色器映射表。

为了方便定义，作者将着色器映射表写成了宏的形式，代码如下。

```
#define GET_SHADER_MAP(ShaderMapName)\
    static VSShaderMap & Get##ShaderMapName()\
    {\
        static VSShaderMap s_##ShaderMapName(_T(#ShaderMapName)); \
        return s_##ShaderMapName; \
    }
    GET_SHADER_MAP(MaterialShaderMap);
    GET_SHADER_MAP(IndirectShaderMap);
    …
    GET_SHADER_MAP(InnerPixelShaderMap);
```

下面是保存着色器缓存的代码。

```
bool VSResourceManager::CacheShader()
{
    if (ms_CurRenderAPIType == VSRenderer::RAT_NULL)
    {
        return true;
    }
    //得到当前渲染器中着色器缓存路径
    VSString RenderAPIPre =
    VSResourceManager::GetRenderTypeShaderPath(ms_CurRenderAPIType);
    { //保存
      VSStream SaveStream;
      SaveStream.SetStreamFlag(VSStream::AT_REGISTER);
      VSShaderMapLoadSave *pShaderMapLoadSave =
            VS_NEW VSShaderMapLoadSave();
      pShaderMapLoadSave->m_ShaderMap =
        GetMaterialShaderMap().GetShaderMap();
      SaveStream.ArchiveAll(pShaderMapLoadSave);
      VSString FileName = ms_ShaderPath + RenderAPIPre +
                GetMaterialShaderMap().m_ShaderMapName;
        FileName += _T(".") +
                VSResource::GetFileSuffix(VSResource::RT_SHADER);;
      SaveStream.NewSave(FileName.GetBuffer());
      VSMAC_DELETE(pShaderMapLoadSave);
    }
    …
    return 1;
}
```

写成宏的形式的代码如下。

```
#define SAVE_SHADER_CACHE(ShaderMapName)\
{\
    VSStream SaveStream;\
    SaveStream.SetStreamFlag(VSStream::AT_REGISTER);\
    VSShaderMapLoadSave *pShaderMapLoadSave = VS_NEW VSShaderMapLoadSave();\
    pShaderMapLoadSave->m_ShaderMap = Get##ShaderMapName().GetShaderMap(); \
    SaveStream.ArchiveAll(pShaderMapLoadSave);\
    VSString FileName = ms_ShaderPath + RenderAPIPre + \
    Get##ShaderMapName().m_ShaderMapName; \
    FileName += _T(".") + VSResource::GetFileSuffix(VSResource::RT_SHADER);\
    SaveStream.NewSave(FileName.GetBuffer());\
    VSDelete(pShaderMapLoadSave);\
}
SAVE_SHADER_CACHE(MaterialShaderMap);
SAVE_SHADER_CACHE(IndirectShaderMap);
…
SAVE_SHADER_CACHE(InnerPixelShaderMap);
```

DirectX 9 的着色器缓存文件会保存在 Bin\Resource\Shader\Dx9 路径下（如图 8.4 所示），*.SHADER 为文件扩展名，DirectX 11 的着色器缓存文件会保存在 Bin\Resource\Shader\DirectX11 路径下。

电脑 › 本地磁盘 (D:) › vsengine › Bin › Resource › Shader › Dx9

名称	修改日期	类型	大小
CubShadowShaderMap.SHADER	2017/6/15 12:38	SHADER 文件	1 KB
DualParaboloidShadowShaderMap.S...	2017/6/15 12:38	SHADER 文件	1 KB
IndirectShaderMap.SHADER	2017/6/15 12:38	SHADER 文件	5 KB
MaterialShaderMap.SHADER	2017/6/15 12:38	SHADER 文件	1 KB
NormalDepthShaderMap.SHADER	2017/6/15 12:38	SHADER 文件	1 KB
PixelShaderMap.SHADER	2017/6/15 12:38	SHADER 文件	2 KB
ShadowShaderMap.SHADER	2017/6/15 12:38	SHADER 文件	1 KB
VertexShaderMap.SHADER	2017/6/15 12:38	SHADER 文件	7 KB
VolumeShadowShaderMap.SHADER	2017/6/15 12:38	SHADER 文件	1 KB

图 8.4 DirectX 9 的着色器缓存文件的存放位置

8.1.4 基于自定义文件的材质

图 8.5 所示为材质结构。其中，VSMaterialInterface 类是材质的基类，自定义着色器文件的材质和材质树都继承自它。它是一种资源，可以保存成文件，代码如下。

```
class VSGRAPHIC_API VSMaterialInterface : public VSObject , public VSResource
{
    VSMaterialInterface();
    virtual ~VSMaterialInterface() = 0;
    virtual unsigned int GetResourceType()const
    {
         return RT_MATERIAL;
    }
};
```

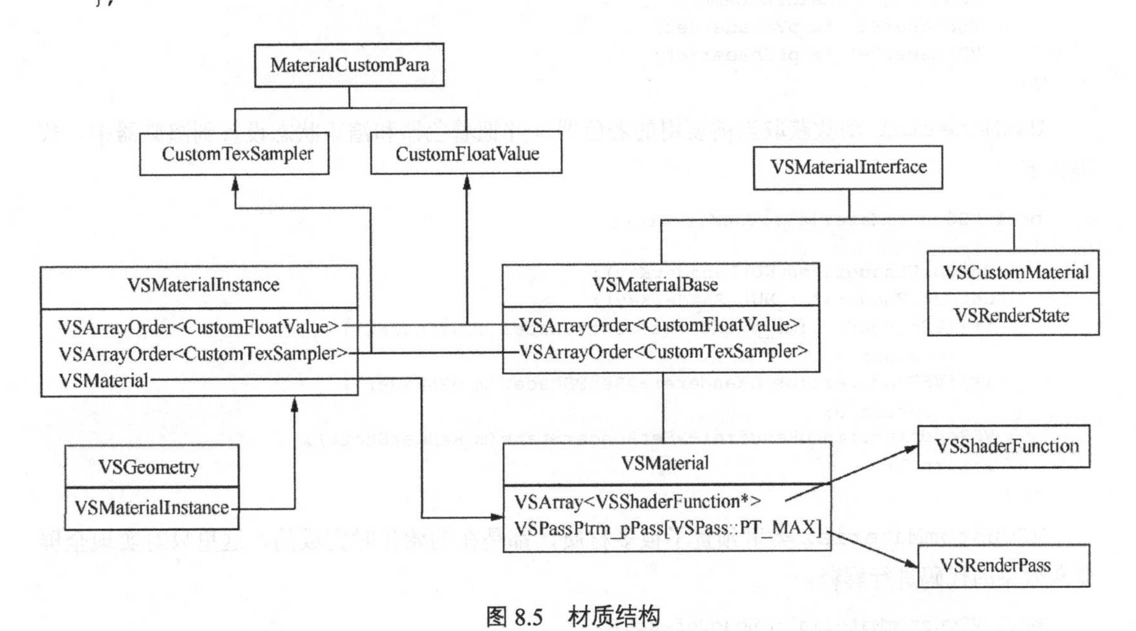

图 8.5 材质结构

VSCustomMaterial 类为自定义着色器文件的材质，其构造函数里有 5 个参数，分别是资源名字、顶点着色器文件名、顶点着色器入口函数、像素着色器文件名、像素着色器入口函数，代码如下。

```
class VSGRAPHIC_API VSCustomMaterial : public VSMaterialInterface
{
    VSCustomMaterial(const VSUsedName & ResourceName,
                const TCHAR *pVShaderFileName,const TCHAR * pVMainFunName,
                const TCHAR *pPShaderFileName,const TCHAR * pPMainFunName);
    virtual ~VSCustomMaterial();
    bool UseMaterial();
    void PreLoad(const VSUsedName & ResourceName,
        const TCHAR *pVShaderFileName,
            const TCHAR *pVMainFunName,
        const TCHAR *pPShaderFileName,
            const TCHAR *pPMainFunName);
    //设置材质参数
    virtual void SetVShaderValue(const VSUsedName & Name,void *fValue);
    virtual void SetVShaderTexture(const VSUsedName & TexSamplerNodeName,
      VSTexAllState *pTex);
    virtual void SetPShaderValue(const VSUsedName & Name,void *fValue);
    virtual void SetPShaderTexture(const VSUsedName & TexSamplerNodeName,
      VSTexAllState *pTex);
    //根据着色器键得到要用的着色器
    VSVShader *GetCurVShader(VSShaderKey & VShaderKey);
    VSPShader *GetCurPShader(VSShaderKey & PShaderKey);
protected:
    bool GetVShader(VSShaderKey & VShaderKey);
    bool GetPShader(VSShaderKey & PShaderKey);
    VSCustomMaterial();
    VSVShaderPtr m_pVShader;
    VSPShaderPtr m_pPShader;
    VSGShaderPtr m_pGShader;
    VSRenderState    m_RenderState;

    VSUsedName m_VShaderName;
    VSUsedName m_PShaderName;
    VSString m_VMainFunName;
    VSString m_PMainFunName;
    VSShaderSet *m_pVShaderSet;
    VSShaderSet *m_pPShaderSet;
};
```

UseMaterial 函数获取当前要用的着色器，并把着色器和渲染状态设置到渲染器中，代码如下。

```
bool VSCustomMaterial::UseMaterial()
{
   GetCurVShader(*ms_NULLShaderKey);
   GetCurPShader(*ms_NULLShaderKey);
   if(!VSRenderer::ms_pRenderer->SetVShader(m_pVShader))
       return 0;
   if(!VSRenderer::ms_pRenderer->SetPShader(m_pPShader))
       return 0;
   VSRenderer::ms_pRenderer->SetRenderState(m_RenderState);
   return 1;
}。
```

VSCustomMaterial 类里预置了很多材质，都是在初始化时完成的，这里只对实现全屏变灰效果的代码进行解释。

```
bool VSCustomMaterial::LoadDefault()
{
   if (!ms_pPostGray)
   {
       return 0;
   }
```

```
    ms_pPostGray->PreLoad(VSUsedName::ms_cPostGray,
            _T("PostEffectVShader.txt"),_T("VSMain"),
            _T("GrayPShader.txt"),_T("PSMain"));
    return 1;
}
```

资源名为 VSUsedName::ms_cPostGray，顶点着色器对应的文件名为 PostEffect-VShader.txt，顶点着色器的入口函数为 VSMain，像素着色器对应的文件名为 GrayPShader.txt，像素着色器的入口函数为 PSMain。打开 Bin\Resource\Shader\Dx9 或者 Bin\Resource\Shader\DirectX11 目录就可以发现这两个文件。

下面是 DirectX 9 中的顶点着色器代码，里面有两个参数——PostInv_Width、PostInv_Height，分别表示当前渲染目标的宽度和高度的倒数。

```
float PostInv_Width;
float PostInv_Height;
struct VS_OUTPUT
{
        float4 Pos: POSITION;
        float2 texCoord: TEXCOORD0;
};
VS_OUTPUT VSMain(float4 Pos: POSITION)
{
        VS_OUTPUT Out;
        Out.Pos = float4(Pos.xy, 0, 1);
        Out.texCoord.x = 0.5 * (1 + Pos.x + PostInv_Width);
        Out.texCoord.y = 0.5 * (1 - Pos.y + PostInv_Height);
        return Out;
}
```

下面是 DirectX 9 中的像素着色器代码，里面有一个采样器参数。

```
sampler PostInputTexture;
float4 PSMain(float2 texCoord: TEXCOORD0) : COLOR
{
        float4 col = tex2D(PostInputTexture, texCoord);
        float Intensity;
        Intensity = 0.299*col.r + 0.587*col.g + 0.184*col.r;
        return float4(Intensity.xxx,1.0f);
}
```

可以通过下面 4 个函数设置参数。

```
virtual void SetVShaderValue(const VSUsedName & Name,void *fValue);
virtual void SetVShaderTexture(const VSUsedName & TexSamplerNodeName,
        VSTexAllState *pTex);
virtual void SetPShaderValue(const VSUsedName & Name,void *fValue);
virtual void SetPShaderTexture(const VSUsedName & TexSamplerNodeName,
        VSTexAllState *pTex);
```

例如，设置 PostInv_Width 和 PostInv_Height 两个参数的代码如下。

```
VSREAL Inv_Width = 1.0f / m_uiRTWidth;
VSREAL Inv_Height = 1.0f / m_uiRTHeight;
m_pCustomMaterial->SetVShaderValue(VSUsedName::ms_cPostInv_Width,&Inv_Width);
m_pCustomMaterial->SetVShaderValue(VSUsedName::ms_cPostInv_Height,
     &Inv_Height);
```

8.1.5 基于节点的材质

目前我们只实现了材质树的架构，还没有实现图形化界面。不过这并不妨碍我们实现很棒的效果。

MaterialCustomPara 类是材质参数的基类，它只包含一个参数的名字，该名字对应着色器里参数的名字，代码如下。

```
class VSGRAPHIC_API MaterialCustomPara : public VSObject
{
public:
    MaterialCustomPara();
    virtual ~MaterialCustomPara() = 0;
    VSUsedName ConstValueName;
    MaterialCustomPara & operator =(const MaterialCustomPara &Para)
    {
        ConstValueName = Para.ConstValueName;
        return *this;
    }
    VSGRAPHIC_API friend bool operator >
        (const MaterialCustomPara &Para1,const MaterialCustomPara &Para2)
    {
        return Para2.ConstValueName > Para1.ConstValueName;
    }
    VSGRAPHIC_API friend bool operator <
        (const MaterialCustomPara &Para1,const MaterialCustomPara &Para2)
    {
        return Para2.ConstValueName < Para1.ConstValueName;
    }
    VSGRAPHIC_API friend bool operator ==
        (const MaterialCustomPara &Para1,const MaterialCustomPara &Para2)
    {
        return Para2.ConstValueName == Para1.ConstValueName;
    }
};
```

CustomFloatValue 类是浮点参数信息类，VSArray<VSREAL> Value 里保存了数值，代码如下。

```
class VSGRAPHIC_API CustomFloatValue : public MaterialCustomPara
{
public:
    CustomFloatValue();
    virtual ~CustomFloatValue();
    VSArray<VSREAL> Value;
    CustomFloatValue & operator =(const CustomFloatValue &Para)
    {
        MaterialCustomPara::operator =(Para);
        Value = Para.Value;
        return *this;
    }
};
```

CustomTexSampler 类是纹理参数信息类，m_pTexture 保存纹理信息，代码如下。

```
class CustomTexSampler : public MaterialCustomPara
{
public:
    CustomTexSampler();
    virtual ~CustomTexSampler();
    VSTexAllStateRPtr m_pTexture;
    CustomTexSampler & operator =(const CustomTexSampler &Para)
    {
        MaterialCustomPara::operator =(Para);
        m_pTexture = Para.m_pTexture;
```

```
        return *this;
    }
};
```

VSMaterialBase 类是材质树的基类，它只包含材质参数信息，代码如下。

```
class VSGRAPHIC_API VSMaterialBase : public VSMaterialInterface
{
    VSArrayOrder<CustomFloatValue> m_VShaderCustomValue;
    VSArrayOrder<CustomTexSampler>m_VShaderCustomTex;
    VSArrayOrder<CustomFloatValue> m_PShaderCustomValue;
    VSArrayOrder<CustomTexSampler>m_PShaderCustomTex;
};
```

VSMaterial 类为材质树类，表示基于节点的材质，代码如下。

```
class VSGRAPHIC_API VSMaterial : public VSMaterialBase
{
protected:
    VSMaterial();
    VSUsedName m_ShowName; //材质名字
    VSArray<VSShaderMainFunction*> m_pShaderMainFunction;
    VSArray<VSShaderFunction *> m_pShaderFunctionArray;
    bool m_bIsCombine;
public:
    enum
    {
        MUT_PHONG,
        MUT_OREN_NAYAR,
        MUT_MINNAERT,
        MUT_STRAUSS,
        MUT_SHIRLEY,
        MUT_SCHLICK,
        MUT_COOKTOORANCE,
        MUT_ISOTROPICWARD,
        MUT_ANISOTROPICWARD,
        MUT_CUSTOM,
        MUT_LIGHT,
        MUT_POSTEFFECT,
        MUT_MAX
    };
    void SetBlendState(VSBlendState *pBlendState,unsigned int uiPassId = 0);
    void SetDepthStencilState(VSDepthStencilState *pDepthStencilState,
                unsigned int uiPassId = 0);
    void SetRasterizerState(VSRasterizerState *pRasterizerState,
                unsigned int uiPassId = 0);
    void AddClipPlane(const VSPlane3 & Plane,unsigned int uiPassId = 0);
    void AddScissorRect(const VSRect2 & Rect,unsigned int uiPassId = 0);
    void AddPass(unsigned int uiMUT);
    inline VSRenderState & GetRenderState(unsigned int uiPassId)
    {
        return m_pShaderMainFunction[uiPassId]->GetRenderState();
    }
    VSMaterial(const VSUsedName &ShowName,
                unsigned int uiSMType = VSShaderMainFunction::SM_PHONG);
    void AddShaderFunction(VSShaderFunction *pShaderFunction);
    void DeleteShaderFunction(VSShaderFunction *pShaderFunction);
    inline VSShaderMainFunction *GetShaderMainFunction
                (unsigned char uPassId = 0)const
    {
        return m_pShaderMainFunction[uPassId];
    }
    //按升序排列，数值越大，在渲染队列里越靠后
```

```
    unsigned int m_uiCustomLayer;
};
```

VSMaterial 类比较复杂，作者并没有把所有内容都列出来，下面先介绍列出来的内容。

VSMaterial 类支持多个通道。对于每个通道，都可以设置渲染状态。每个通道都有自己的着色器。

后文要讲解的渲染队列会将模型分类并排序，但有些渲染效果是多通道的，并且不能打乱顺序，必须以此顺序渲染。对于 m_bIsCombine 为 true 的材质，物体会单独放入一个队列，它有多个通道，必须按顺序渲染，不参与排序。在渲染队列排序时，m_uiCustomLayer 值越大，模型在队列中越靠后。

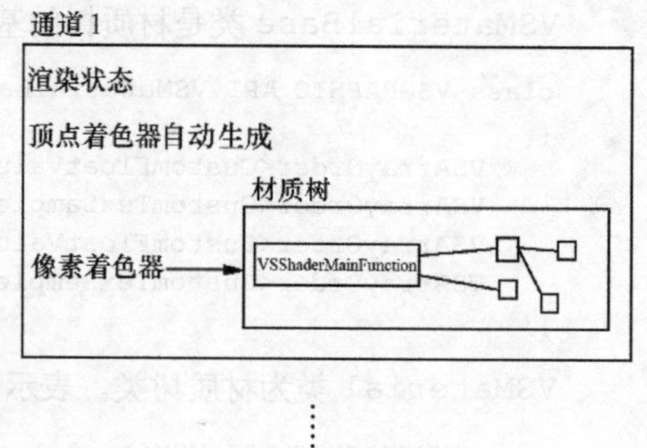

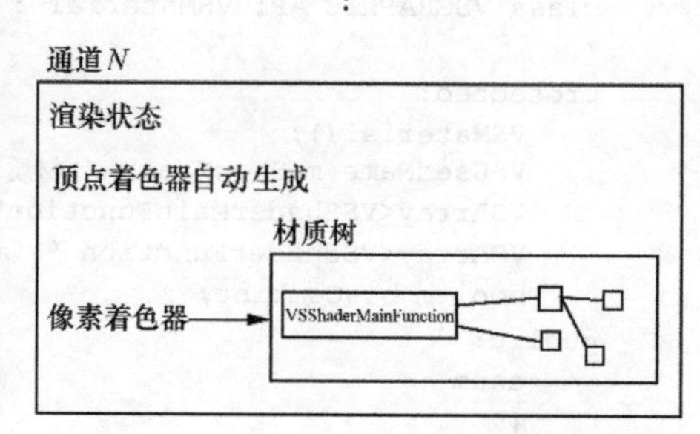

图 8.6 VSMaterial 类的渲染结构

通道和 VSShaderMainFunction 类是一一对应的。VSShaderMainFunction 类是材质的入口，它维护了光照的处理过程，又开放了材质参数，可以让用户拖放自己的节点。默认情况下只需要一个通道，通道初始值为 VSPhongShaderFunction 类，被标记为 VSShaderMainFunction::SM_PHONG，它是处理 Phong 光照模型的。图 8.6 描述了 VSMaterial 类的渲染结构。AddPass 函数可以添加不同光照方式的通道，代码如下。

```
void VSMaterial::AddPass(unsigned int uiSMType)
{
    if (uiMUT == MUT_PHONG)
    {
        m_pShaderMainFunction.AddElement(
                VS_NEW VSPhongShaderFunction(_T("PSMain"),this));
    }
    …
    else if (uiMUT == MUT_ANISOTROPICWARD)
    {
        m_pShaderMainFunction.AddElement(
                VS_NEW VSAnisotropicWardShaderFunction(_T("PSMain"),this));
    }
}
```

如果材质有 N 个通道，就会把 N 个 VSShaderMainFunction 类被保存在 m_pShaderMainFunction 里，而 m_pShaderMainFunction 和连接的节点都保存在 m_pShaderFunctionArray 里，渲染状态保存在 m_pShaderMainFunction 里。下面的代码用于通过 VSMaterial 类设置相应通道的渲染状态。

```
void VSMaterial::SetBlendState(VSBlendState * pBlendState,unsigned int uiPassId)
{
    if (uiPassId >= m_pShaderMainFunction.GetNum())
    {
        return ;
    }
    m_pShaderMainFunction[uiPassId]->SetBlendState(pBlendState);
}
…
void VSMaterial::AddScissorRect(const VSRect2 & Rect,unsigned int uiPassId)
```

```
{
    if (uiPassId >= m_pShaderMainFunction.GetNum())
    {
        return ;
    }
    m_pShaderMainFunction[uiPassId]->AddScissorRect(Rect);
}
```

8.1.6 材质实例

同一个材质可以“暴露”很多参数信息，参数信息不同导致最后的材质效果也不同。材质实例（material instance）实际上保存这些不同的参数信息，材质实例可以共享同一个材质。

VSMaterialInstance 类为材质实例类，代码如下。

```
class VSGRAPHIC_API VSMaterialInstance: public VSObject
{
public:
    VSMaterialInstance(VSMaterialR *pMaterial);
    virtual ~VSMaterialInstance();
protected:
    VSMaterialInstance();
    //参数
    VSArrayOrder<CustomFloatValue> m_VShaderCustomValue;
    VSArrayOrder<CustomFloatValue> m_PShaderCustomValue;
    VSArrayOrder<CustomTexSampler> m_VShaderCustomTex;
    VSArrayOrder<CustomTexSampler> m_PShaderCustomTex;
    VSMaterialRPtr m_pMaterial; //源材质
public:
    friend class VSSpatial;
    void SetPShaderValue(VSPShader *pPShader);
    void SetVShaderValue(VSVShader *pVShader);
    //设置参数
    void SetVShaderValue(const VSUsedName & Name,void *fValue,unsigned int uiSize);
    void DeleteVShaderValue(const VSUsedName &Name);
    void SetVShaderTexture(const VSUsedName & TexSamplerNodeName,
VSTexAllStateR *pTex);
    void DeleteVShaderTexture(const VSUsedName & TexSamplerNodeName);
    void SetPShaderValue(const VSUsedName & Name,void *fValue,unsigned int uiSize);
    void DeletePShaderValue(const VSUsedName &Name);
    void SetPShaderTexture(const VSUsedName & TexSamplerNodeName,
VSTexAllStateR *pTex);
    void DeletePShaderTexture(const VSUsedName & TexSamplerNodeName);
    void GetAllMaterialPara();
    inline VSMaterial *GetMaterial()const
    {
        return m_pMaterial->GetResource();
    }
    inline VSMaterialR *GetMaterialR()const
    {
        return m_pMaterial;
    }
};
```

VSMaterialInstance 支持基于节点的材质。它的成员变量很简单，就是 m_pMaterial 和材质的参数。创建它必须有源材质才可以（通过 VSMaterialInstance(VSMaterialR * pMaterial)创建），通过 GetAllMaterialPara 函数可以得到源材质的所有参数，代码如下。

```
void VSMaterialInstance::GetAllMaterialPara()
{
    if (!m_pMaterial)
    {
```

```
            return ;
        }
        m_VShaderCustomValue =
                m_pMaterial->GetResource()->m_VShaderCustomValue;
        m_PShaderCustomValue =
                m_pMaterial->GetResource()->m_PShaderCustomValue;
        m_VShaderCustomTex = m_pMaterial->GetResource()->m_VShaderCustomTex;
        m_PShaderCustomTex = m_pMaterial->GetResource()->m_PShaderCustomTex;
}
```

下面的函数都是用来设置参数和删除参数的。

```
void SetVShaderValue(const VSUsedName & Name,void *fValue,unsigned int uiSize);
void DeleteVShaderValue(const VSUsedName &Name);
void SetVShaderTexture(const VSUsedName & TexSamplerNodeName,VSTexAllStateR *pTex);
void DeleteVShaderTexture(const VSUsedName & TexSamplerNodeName);
void SetPShaderValue(const VSUsedName & Name,void *fValue,unsigned int uiSize);
void DeletePShaderValue(const VSUsedName &Name);
void SetPShaderTexture(const VSUsedName & TexSamplerNodeName,VSTexAllStateR *pTex);
void DeletePShaderTexture(const VSUsedName & TexSamplerNodeName);
```

下面的两个函数把参数值设置到着色器中，这样着色器就可以把参数传递给 GPU 寄存器。

```
void VSMaterialInstance::SetPShaderValue(VSPShader *pPShader)
{
    if (!pPShader)
    {
        return ;
    }
    for (unsigned int i = 0 ; i < m_PShaderCustomValue.GetNum() ; i++)
    {
        pPShader->SetParam(m_PShaderCustomValue[i].ConstValueName,
                    m_PShaderCustomValue[i].Value.GetBuffer());
    }
    for (unsigned int i = 0 ; i < m_PShaderCustomTex.GetNum() ; i++)
    {
        if (m_PShaderCustomTex[i].m_pTexture)
        {
            pPShader->SetParam(m_PShaderCustomTex[i].ConstValueName,
                    m_PShaderCustomTex[i].m_pTexture->GetResource());
        }
        else
        {
            pPShader->SetParam(m_PShaderCustomTex[i].ConstValueName,
                    (VSTexAllState *)NULL);
        }

    }
}
void VSMaterialInstance::SetVShaderValue(VSVShader *pVShader)
{
    …
}
```

材质实例保存在每个 VSGeometry 类（参见卷 1）里。下面把和材质相关的信息加入 VSGeometry。

```
class VSGRAPHIC_API VSGeometry : public VSSpatial
{
    //修改对应 index 的材质实例
    bool SetMaterialInstance(VSMaterialInstance *pMaterial,
    unsigned int uiIndex);
    bool SetMaterialInstance(VSMaterialR *pMaterial, unsigned int uiIndex);
```

```
    //设置当前使用的材质实例
    bool SetUseMaterialInstance(unsigned int uiIndex);
    //添加材质实例
    unsigned int AddMaterialInstance(VSMaterialR * pMaterial);
    unsigned int AddMaterialInstance(VSMaterialInstance * pMaterial);
    //清除材质实例
    void ClearAllMaterialInstance();
    void DeleteMaterialInstance(unsigned int i);
    unsigned int DeleteMaterialInstance(VSMaterialInstance * pMaterial);
    //得到当前使用的材质实例
    VSMaterialInstance *GetUseMaterialInstance()const;
    //得到对应下标的材质实例
    VSMaterialInstance *GetMaterialInstance(unsigned int i)const;
protected:
        VSArray<VSMaterialInstancePtr> m_pMaterialInstance;
        unsigned int m_uiCurUseMaterial; //表示默认使用的材质下标
}
```

游戏引擎支持一个网格包含多个材质实例。在渲染物体时，要根据不同的流程使用不同的材质。默认情况下，使用 m_uiCurUseMaterial（对应 m_pMaterialInstance 数组下标）指向的材质。对于不同渲染流程，只需不同的 m_pMaterialInstance 数组下标即可，这就要求所有物体的 m_pMaterialInstance 数组的下标对应相同的材质。如要渲染水的反射，该反射不要求物体使用高精度的材质，只需要创建一个比较简单的材质，把所有参与反射的 m_pMaterialInstance 数组中下标为 3 的位置都设置成反射材质，然后在反射流程里指定下标 3，从物体中取出的就都是反射材质。

8.1.7 渲染通道

渲染通道（render pass）不同于上文中的通道。上文中的通道表示一个网格实现某个效果需要多少个不同过程，每个过程对应不同 VSShaderMainFunction。而渲染通道是隐藏在游戏引擎里帮助处理整个渲染流程的，它是连接材质和渲染的桥梁。正常情况下只有一个通道（也就是 VSShaderMainFunction）用来渲染光照。为了完成最后的渲染，只有这一个通道是不够的，例如，要渲染深度、要渲染法线或者要渲染阴影，最后图像的效果可能需要多个渲染通道来实现。

注意：本引擎中渲染通道和通道并非一个概念。渲染通道相当于 DirectX 的 HLSL 中的技术，而通道的意义相同。

VSPass 类是渲染通道的基类，代码如下。

```
class VSGRAPHIC_API VSPass : public VSObject
{
    enum //渲染通道类型
    {
        PT_MATERIAL,                        //材质光照
        PT_NORMALDEPTH,                     //深度和法线
        PT_PREZ,
        PT_POINT_CUBE_SHADOW,               //点光源立方体阴影
        PT_POINT_VOLUME_SHADOW,             //点光源阴影体
        PT_DIRECT_VOLUME_SHADOW,            //方向光阴影体
        PT_SHADOW,                          //普通阴影
        PT_DUAL_PARABOLOID_SHADOW,          //点光源双面阴影
        PT_LIGHT_FUNCTION,                  //光照投射
        PT_PROJECT_PRE_SHADOW,              //渲染阴影投射体的第 1 步
        PT_PROJECT_SHADOW,                  //渲染阴影投射体的第 2 步
        PT_INDIRECT,                        //间接光
        PT_POSTEFFECT,                      //后期效果
```

```
        PT_MAX
    };
    virtual ~VSPass() = 0;
protected:
    VSPass();
    VSSpatial *m_pSpatial;                    //当前渲染模型
    VSCamera *m_pCamera;                      //当前相机
    unsigned int         m_uiPassId;          //当前通道 ID
    VSShaderSet *m_pVShaderSet;
    //当前 RenderPass 中用到的顶点着色器集合
    VSShaderKey m_VShaderkey;                 //当前渲染用的顶点着色器键
    //当前 RenderPass 中用到的像素着色器集合
    VSShaderSet *m_pPShaderSet;
    VSShaderKey m_PShaderkey;                       //当前渲染用的像素着色器键
    VSMaterialInstance *m_pMaterialInstance; //当前渲染用的材质实例
    //用于记录当前渲染通道的所有参数
    MaterialShaderPara MSPara;
public:
    virtual bool Draw(VSRenderer *pRenderer) = 0;
    virtual unsigned int GetPassType() = 0;
    bool GetPShader(MaterialShaderPara& MSPara,VSShaderMap & ShaderMap,
const VSUsedName &Name);
    bool GetVShader(MaterialShaderPara& MSPara,VSShaderMap & ShaderMap,
const VSUsedName &Name);
};
```

从 VSPass 类继承了很多子类，每个子类分别处理不同的渲染过程，PT_MATERIAL 主要渲染光照，PT_NORMALDEPTH 渲染深度和法线，PT_PREZ 只渲染深度。对于不同的渲染通道，只需重载 Draw 函数。

MaterialShaderPara 结构体的成员变量包含了渲染可能需要的信息，代码如下。

```
struct MaterialShaderPara
{
    VSCamera *pCamera;
    VSMaterialInstance *pMaterialInstance;
    VSArray<VSLight*>     LightArray;
    unsigned int uiPassId;
    VSGeometry *pGeometry;
    VSLight *pShadowLight;
    VSString m_VSShaderPath;
    VSString m_PSShaderPath;
    VSString m_VMainFunName;
    VSString m_PMainFunName;
    VSColorRGBA m_SkyLightUpColor;
    VSColorRGBA m_SkyLightDownColor;
};
```

通过 GetVShader 函数和 GetPShader 函数可以得到渲染用的着色器字节码，GetVShader 函数的代码如下。

```
bool VSPass::GetVShader(MaterialShaderPara& MSPara,VSShaderMap & ShaderMap,const
    VSUsedName &Name)
{
    VSVShader *pVertexShader = NULL;
    unsigned int uiVShaderNum = 0;
    //通过名字得到着色器的集合
    m_pVShaderSet = ShaderMap.GetShaderSet(Name);
    if (m_pVShaderSet)
    {
        uiVShaderNum = m_pVShaderSet->GetNum();
    }
    //构建当前渲染用的着色器键
```

```
VSShaderKey::SetMaterialVShaderKey(&m_VShaderkey,MSPara,GetPassType());
//如果当前渲染用的着色器为NULL
if (m_pMaterialInstance->m_pCurVShader[GetPassType()] == NULL)
{    //从着色器集合里找到着色器
    if (m_pVShaderSet)
    {
        unsigned int uiIndex = m_pVShaderSet->Find(m_VShaderkey);
        if (uiIndex != m_pVShaderSet->GetNum())
        {
            VSShader *pTemp = (*m_pVShaderSet)[uiIndex].Value;
            pVertexShader = (VSVShader *)(pTemp);
        }
    }
    //如果着色器集合里没有着色器
    if (pVertexShader == NULL)
    {
        //创建着色器
        pVertexShader = VSResourceManager::CreateVShader
                        (MSPara,GetPassType(),uiVShaderNum);
        if (!pVertexShader)
        {
            return 0;
        }
        //添加到着色器集合里
        if (m_pVShaderSet)
        {
            m_pVShaderSet->AddElement(m_VShaderkey,
                        pVertexShader);
        }
    }
    //当前渲染着色器
    m_pMaterialInstance->m_pCurVShader[GetPassType()] = pVertexShader;
}
else
{
    //如果当前渲染的着色器不为NULL，则对比着色器键
    //若着色器键相同，则用原来的着色器
    if (m_pMaterialInstance->m_pCurVShader[GetPassType()]->m_ShaderKey
            == m_VShaderkey)
    {
    }
    else
    {
        //若着色器键不相同，则找到着色器
        if (m_pVShaderSet)
        {
            unsigned int uiIndex = m_pVShaderSet->Find(
                        m_VShaderkey);
            if (uiIndex != m_pVShaderSet->GetNum())
            {
                VSShader *pTemp =
                  (*m_pVShaderSet)[uiIndex].Value;
                pVertexShader = (VSVShader *)(pTemp);
            }
        }
        //若未找到着色器，则创建
        if (pVertexShader == NULL)
        {
            pVertexShader = VSResourceManager::CreateVShader
                        (MSPara,GetPassType(),uiVShaderNum);
            if (!pVertexShader)
            {
                return 0;
            }
```

```
                    //添加到着色器集合里
                    if (m_pVShaderSet)
                    {
                        m_pVShaderSet->AddElement
                                    (m_VShaderkey,pVertexShader);
                    }
                }
                m_pMaterialInstance->m_pCurVShader[GetPassType()] =
                    pVertexShader;
            }
        }
        //如果没有创建对应着色器集合，则加入着色器并创建
        if (!m_pVShaderSet)
        {
            ShaderMap.SetShader(Name,m_VShaderkey,pVertexShader);
            m_pVShaderSet = ShaderMap.GetShaderSet(Name);
        }
        return 1;
    }
```

这段代码通过所有参数条件创建着色器键，然后在着色器集合（shader set）里找到对应着色器字节码。如果没有找到，就创建一个新的着色器。如果上一次渲染的着色器键和这次渲染的着色器键相同，就用上一次渲染的着色器字节码，不再进行查找。GetPShader 函数的处理过程和 GetVShader 函数基本一样，这里不再给出代码。

SetMaterialVShaderKey 函数用来生成顶点着色器中的着色器键，并根据不同的渲染通道生成不同的着色器键。例如，VSPass::PT_MATERIAL 是用前向渲染方式计算物体光照的渲染通道，渲染的物体中顶点格式不一样，着色器代码也不一样，所以要对不同的顶点格式进行编码，使它们作为着色器键的一员。而 VSPass::PT_PREZ 只需要顶点位置，所以只需要判断物体是否被蒙皮即可。SetMaterialVShaderkey 函数的代码如下。

```
void VSShaderKey::SetMaterialVShaderKey(VSShaderKey *pKey,
MaterialShaderPara &MSPara,unsigned int uiPassType)
{
    if (!pKey)
    {
        return;
    }
    if (uiPassType == VSPass::PT_MATERIAL ||
            uiPassType == VSPass::PT_NORMALDEPTH  ||
            uiPassType == VSPass::PT_POINT_CUBE_SHADOW ||
            uiPassType == VSPass::PT_POINT_VOLUME_SHADOW ||
            uiPassType == VSPass::PT_DIRECT_VOLUME_SHADOW||
            uiPassType == VSPass::PT_SHADOW ||
            uiPassType == VSPass::PT_DUAL_PARABOLOID_SHADOW ||
            uiPassType == VSPass::PT_INDIRECT)
    {
        unsigned int uiVertexFormatCode = 0;
        if (MSPara.pGeometry)
        {
            if (MSPara.pGeometry->GetMeshData())
            {
                VSVertexFormat *pVertexFormat =
                VSResourceManager::LoadVertexFormat(
                        MSPara.pGeometry->GetMeshData()->GetVertexBuffer());
                if (pVertexFormat)
                {
                    uiVertexFormatCode = pVertexFormat->m_uiVertexFormatCode;
```

```
                    }
                }
            }
            //区分不同的顶点格式
            pKey->SetTheKey(
                        VSUsedName::ms_cMaterialVertexFormat,uiVertexFormatCode);
            if(uiPassType == VSPass::PT_DIRECT_VOLUME_SHADOW)
            {
                pKey->SetTheKey(VSUsedName::ms_cVolumeVertexFormat,1);
            }
        }
        else if (uiPassType == VSPass::PT_PREZ)
        {
            unsigned uiValue = 0;
            if (MSPara.pGeometry)
            {
                if (MSPara.pGeometry->GetAffectBoneNum() > 0)
                {
                    uiValue = 1;
                }
            }
            //区分是否带蒙皮信息
            pKey->SetTheKey(VSUsedName::ms_cPrezBeUsedBone,uiValue);
        }
    }
```

CreateVShader 函数先创建着色器代码，然后编译着色器代码。它和 VSCustomMaterial 类中创建带路径名的着色器代码类似，但 VSCustomMaterial 一般用在自定义着色器代码中，CreateVShader 函数一般用在渲染通道中。如果没有指定路径名，则完全根据材质树动态生成着色器代码。后文讲解材质树和阴影的时候会详细介绍相关内容。CreateVShader 函数的代码如下。

```
VSVShader *VSResourceManager::CreateVShader(MaterialShaderPara &MSPara,
unsigned int uiPassType,unsigned int uiShaderID)
{
    ms_VShaderCri.Lock();
    if (!MSPara.pGeometry || !MSPara.pMaterialInstance)
    {
        ms_VShaderCri.Unlock();
        return NULL;
    }
    bool bCreateShaderString = false;
    VSVShader *pVShader = NULL;
    //如果设置了文件路径，则从路径中创建
    if (MSPara.m_VSShaderPath.GetLength())
    {
        if (!MSPara.m_VMainFunName.GetLength())
        {
            VSMAC_ASSERT(0);
            return NULL;
        }
        else
        {
            pVShader = VS_NEW VSVShader(
                        MSPara.m_VSShaderPath.GetBuffer(),
                        MSPara.m_VMainFunName.GetBuffer(),true);
        }
    }
    else
    {   //否则，从材质树中创建
        VSMaterial *pMaterial = MSPara.pMaterialInstance->GetMaterial();
        if (!pMaterial)
```

```
        {
            ms_VShaderCri.Unlock();
            return NULL;
        }
        pVShader = VS_NEW VSVShader();
        bCreateShaderString = true;
    }
    if(!pVShader)
    {
        ms_VShaderCri.Unlock();
        return NULL;
    }
    if (bCreateShaderString)
    {
        VSString VShaderString;
        //创建着色器代码
        if(!VSShaderStringFactory::CreateVShaderString(pVShader,
            MSPara,uiPassType,uiShaderID,VShaderString))
        {
            ms_VShaderCri.Unlock();
            VSMAC_DELETE(pVShader);
            return NULL;
        }
        //设置到着色器中
        pVShader->SetShaderString
                (VShaderString,VSRenderer::GetVShaderProgramMain());
    }
    VSShaderKey::SetMaterialVShaderKey(
        &pVShader->m_ShaderKey,MSPara,uiPassType);
    //创建着色器字节码
    VSRenderer::ms_pRenderer->LoadVShaderProgram(pVShader);
    ms_VShaderCri.Unlock();
    return pVShader;
}
```

VSMaterial类里内置了所有的渲染通道，不同的渲染流程中，调用不同的渲染通道，代码如下。

```
class VSGRAPHIC_API VSMaterial : public VSMaterialBase
{
protected:
    VSPassPtr m_pPass[VSPass::PT_MAX];
public:
    inline VSIndirectRenderPass *GetIndirectRenderPass()const
    {
        VSPass *pPass = m_pPass[VSPass::PT_INDIRECT];
        return (VSIndirectRenderPass *)pPass;
    }
    …
    inline VSProjectShadowPass *GetProjectShadowPass()const
    {
        VSPass *pPass = m_pPass[VSPass::PT_PROJECT_SHADOW];
        return (VSProjectShadowPass *)pPass;
    }
}
```

在构造函数里把所有的渲染通道都创建出来，代码如下。

```
VSMaterial::VSMaterial()
{
    …
    m_pPass[VSPass::PT_MATERIAL] = VS_NEW VSMaterialPass();
    m_pPass[VSPass::PT_NORMALDEPTH] = VS_NEW VSNormalDepthPass();
    m_pPass[VSPass::PT_POINT_CUBE_SHADOW] =
            VS_NEW VSCubeShadowPass();
```

```
    m_pPass[VSPass::PT_POINT_VOLUME_SHADOW] =
            VS_NEW VSVolumeShadowPass();
    m_pPass[VSPass::PT_PREZ] = VSPrezPass::GetDefault();
    m_pPass[VSPass::PT_SHADOW] = VS_NEW VSShadowPass();
    m_pPass[VSPass::PT_DUAL_PARABOLOID_SHADOW] =
            VS_NEW VSDualParaboloidShadowPass();
    m_pPass[VSPass::PT_LIGHT_FUNCTION] = VS_NEW VSLightFunPass();
    m_pPass[VSPass::PT_INDIRECT] = VS_NEW VSIndirectRenderPass();
}
```

有些渲染通道可以共用同一个实例，因为它们和材质无关，不需要取出材质的任何信息。例如如下渲染通道。

```
m_pPass[VSPass::PT_PREZ] = VSPrezPass::GetDefault();
```

VSPass::PT_PREZ 可以共用同一个 VSPrezPass 实例（VSPrezPass::GetDefault()）。

VSMaterialInstance 里有对应渲染通道的着色器指针，代码如下。

```
class VSGRAPHIC_API VSMaterialInstance: public VSObject
{
    VSVShaderPtr m_pCurVShader[VSPass::PT_MAX];
    VSPShaderPtr m_pCurPShader[VSPass::PT_MAX];
}
```

下面以 VSPrezPass 和 VSNormalDepthPass 两个渲染通道为例来讲解整个过程。

VSPrezPass 表示深度渲染通道，代码如下。

```
class VSGRAPHIC_API VSPrezPass : public VSPass
{
     static VSPointer<VSPrezPass>    Default;
     VSRenderState m_RenderState; //PT_PREZ 的渲染状态
     virtual bool Draw(VSRenderer *pRenderer);
     static VSPrezPass *GetDefault()
     {
          return Default;
     }
     virtual unsigned int GetPassType()
     {
          return PT_PREZ;
     }
};
```

VSPrezPass 不需要获取任何材质信息，但需要填写从父类继承下来的下列信息。

```
VSSpatial           *m_pSpatial;            //当前渲染模型
VSCamera            *m_pCamera;             //当前相机
unsigned int         m_uiPassId;            //当前通道 ID
VSMaterialInstance *m_pMaterialInstance; //当前渲染用的材质实例
```

VSPrezPass 在渲染过程中只需写深度，不需写颜色缓存，所以还要创建渲染状态，实现整个过程的代码如下。

```
VSPrezPass::VSPrezPass()
{
   VSBlendDesc BlendDesc;
   BlendDesc.ucWriteMask[0] = VSBlendDesc::WM_NONE;
   VSBlendState *pBlendState =
      VSResourceManager::CreateBlendState(BlendDesc);
   m_RenderState.SetBlendState(pBlendState);
}
bool VSPrezPass::Draw(VSRenderer *pRenderer)
{
    if(!pRenderer || !m_pCamera || !m_pSpatial || !m_pMaterialInstance)
```

```
        return 0;
    //填写 MaterialShaderPara 的成员
    MSPara.pCamera = m_pCamera;
    MSPara.pGeometry = (VSGeometry *)m_pSpatial;
    MSPara.pMaterialInstance = m_pMaterialInstance;
    MSPara.uiPassId = m_uiPassId;
    //清空当前着色器键
    m_VShaderkey.Clear();
    m_PShaderkey.Clear();
    //得到当前材质实例里的着色器
    if (!GetVShader(MSPara,
                VSResourceManager:: GetInnerVertexShaderMap (),
                VSUsedName::ms_cPrezVertex))
    {
        return 0;
    }
    if (!GetPShader(MSPara,
                VSResourceManager:: GetInnerVertexShaderMap (),
                VSUsedName::ms_cPrezPiexl))
    {
        return 0;
    }
    //设置材质实例中的参数到着色器中
    pRenderer->SetMaterialVShaderConstant(
            MSPara,GetPassType(),
            m_pMaterialInstance->m_pCurVShader[GetPassType()]);
    pRenderer->SetMaterialPShaderConstant
            (MSPara,GetPassType(),
            m_pMaterialInstance->m_pCurPShader[GetPassType()]);
    //渲染模型
    if(!pRenderer->DrawMesh((VSGeometry *)m_pSpatial,&m_RenderState,
        m_pMaterialInstance->m_pCurVShader[GetPassType()],
        m_pMaterialInstance->m_pCurPShader[GetPassType()]))
    {
        return false;
    }
    return 1;
}
```

接下来，看 VSNormalDepthPass，它负责渲染深度和法线，代码如下。

```
class VSGRAPHIC_API VSNormalDepthPass : public VSPass
{
    VSRenderState m_RenderState;
    virtual bool Draw(VSRenderer *pRenderer);
    virtual unsigned int GetPassType()
    {
        return PT_NORMALDEPTH;
    }
};
```

VSNormalDepthPass 在渲染时需要材质、法线信息，且不能共享实例，所以每个材质里必须单独创建一个 VSNormalDepthPass，这样每个材质就有一个渲染深度和法线的着色器集合。实现创建和渲染的代码如下。

```
VSNormalDepthPass::VSNormalDepthPass()
{
    VSBlendDesc BlendDesc;
    //使用默认的渲染状态
    VSBlendState *pBlendState =
        VSResourceManager::CreateBlendState(BlendDesc);
    m_RenderState.SetBlendState(pBlendState);
}
```

```
bool VSNormalDepthPass::Draw(VSRenderer *pRenderer)
{
    if(!pRenderer || !m_pCamera || !m_pSpatial || !m_pMaterialInstance)
         return 0;

    VSMaterial *pMaterial = m_pMaterialInstance->GetMaterial();
    if (!pMaterial)
    {
          return 0;
    }
    MSPara.pCamera = m_pCamera;
    MSPara.pGeometry = (VSGeometry *)m_pSpatial;
    MSPara.pMaterialInstance = m_pMaterialInstance;
    MSPara.uiPassId = m_uiPassId;
    m_VShaderkey.Clear();
    m_PShaderkey.Clear();
    if (!GetVShader(MSPara,
               VSResourceManager:: GetInnerVertexShaderMap (),
               VSUsedName::ms_cNormalDepthVertex))
    {
          return 0;
    }
    if (!GetPShader(MSPara,
               VSResourceManager::GetNormalDepthShaderMap(),
               pMaterial->GetResourceName()))
    {
          return 0;
    }
    pRenderer->SetMaterialVShaderConstant(MSPara,GetPassType(),
                   m_pMaterialInstance->m_pCurVShader[GetPassType()]);
    pRenderer->SetMaterialPShaderConstant(MSPara,GetPassType(),
                   m_pMaterialInstance->m_pCurPShader[GetPassType()]);
    //有些参数是内部设置的，并不"暴露"出来，所以要在游戏引擎内部设置
    pMaterial->SetGlobalValue(this,m_uiPassId,
                   m_pMaterialInstance->m_pCurVShader[GetPassType()]
                   ,m_pMaterialInstance->m_pCurPShader[GetPassType()]);
    if(!pRenderer->DrawMesh((VSGeometry *)m_pSpatial,&m_RenderState,
         m_pMaterialInstance->m_pCurVShader[GetPassType()],
         m_pMaterialInstance->m_pCurPShader[GetPassType()]))
    {
         return false;
    }
    return 1;
}
```

VSNormalDepthPass::Draw 和 VSPrezPass::Draw 有 3 个不同的地方。第 1 个不同是在取顶点着色器的过程中，虽然着色器映射表都是一样的(VSResourceManager::GetInnerVertexShaderMap())，但着色器集合的名字不一样（VSUsedName::ms_cPrezVertex 和 VSUsedName::ms_cNormalDepthVertex)。第 2 个不同是在取像素着色器的过程中，着色器映射表不一样(VSResourceManager::GetInnerPixelShaderMap()和 VSResourceManager::GetNormalDepthShaderMap())，并且着色器集合的名字也不一样（VSUsedName::ms_cPrezPiexl 和 pMaterial->GetResourceName()）。VSNormalDepthPass 类的顶点着色器和材质无关，所以不同材质可以共用同一个顶点着色器集合；对于像素着色器，不同的材质得到法线的过程不同，所以必须用材质名字作为集合名字。第 3 个不同是在 VSNormalDepthPass::Draw 里加入了 SetGlobalValue 函数，这个函数用于设置全局参数，这些参数是不“暴露”出来的，要在游戏引擎内部设置。

8.2 材质树

材质树是基于树形的节点形式，它和前文讲过的动画树在结构上看起来类似。不过动画树表示动画数据流，而材质树最后要根据树形结构生成代码。如果读者学过编译原理或者写过编译器、解释器，就能很好地理解材质树，这里作者尽量用最简单的方式来讲解材质树。

8.2.1 图形节点表达式组合与拆解

材质树最终会图形化为着色器代码，材质树是由大量表达式构成的代码，里面有定义好的变量和常量，有内置好的功能函数。变量就是“暴露”出来的材质参数，变量和常量构成了输入。所有材质树都可以看作一个大的函数，它有输入和输出，里面的计算部分就是由定义的常量和变量加上内置功能函数组成的，不过其中可能需要临时变量。

下面举一个简单的例子。

```
Temp1 = InParam1 + 2 + InParam2 * 3 - 4;
Temp2 = Fun1(InParam2,3);
Out1 = Temp1 / Fun2(Param3,InParam1, 2);
Out2 = Temp2 + Temp1;
```

这段代码定义的输入变量有 InParam1、InParam2、Param3，输出变量有 Out1 和 Out2，临时变量有 Temp1、Temp2，内置函数有+、-、*、/、Fun1、Fun2，常量有 2、3、4。

为了把它拆解为图形节点结构，首先，把所有表达式用临时变量拆开，变成原子形式，避免混合运算。

Temp1 = InParam1 + 2 + InParam2 * 3 - 4 变成如下形式。

```
Temp_1 = InParam1 + 2;
Temp_2 = InParam2 * 3;
Temp_3 = Temp_1 + Temp_2;
Temp_4 = Temp_3 - 4;
Temp1 = Temp_4;
```

拆开后，一共多出 4 个临时变量 Temp_1、Temp_2、Temp_3、Temp_4。

Temp2 = Fun1(InParam2, 3)变成如下形式。

```
Temp_5 = Fun1(InParam2,3);
Temp2 = Temp_5;
```

Out1 = Temp1 / Fun2(Param3, InParam1,2)变成如下形式。

```
Temp_6 = Fun2(Param3, InParam1,2);
Temp_7 = Temp1 / Temp_6;
Out1 = Temp_7;
```

Out2 = Temp2 + Temp1 变成如下形式。

```
Temp_8 = Temp2 + Temp1;
Out2 = Temp_8;
```

每个内置函数就是一个图形节点，节点里有输入和输出。例如，+节点就有两个输入和一个输出，Fun2 节点就有 3 个输入和一个输出，如图 8.7 所示。

用户自定义的变量和常量也是一个图形节点，它只有输出，没有输入，它是叶子节点，如图 8.8 所示。

Temp1 = InParam1 + 2 + InParam2 * 3 - 4 变成图形节点形式，如图 8.9 所示。

Temp2 = Fun1(InParam2,3)变成图形节点形式，如图 8.10 所示。

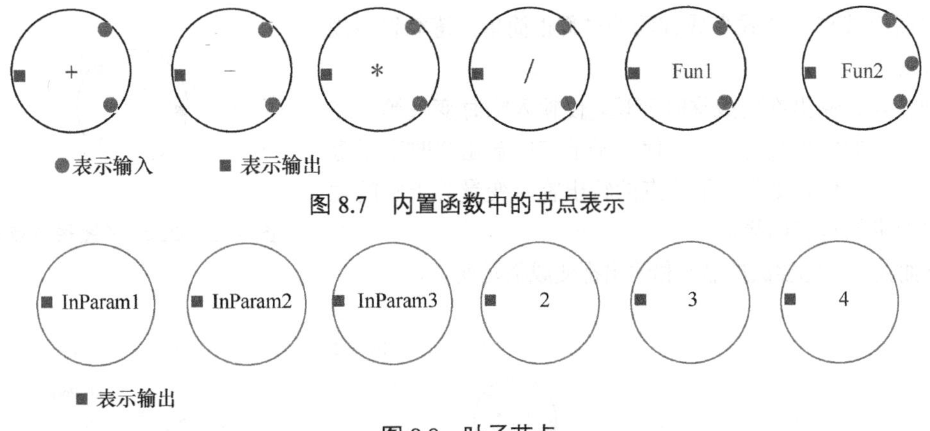

图 8.7 内置函数中的节点表示

图 8.8 叶子节点

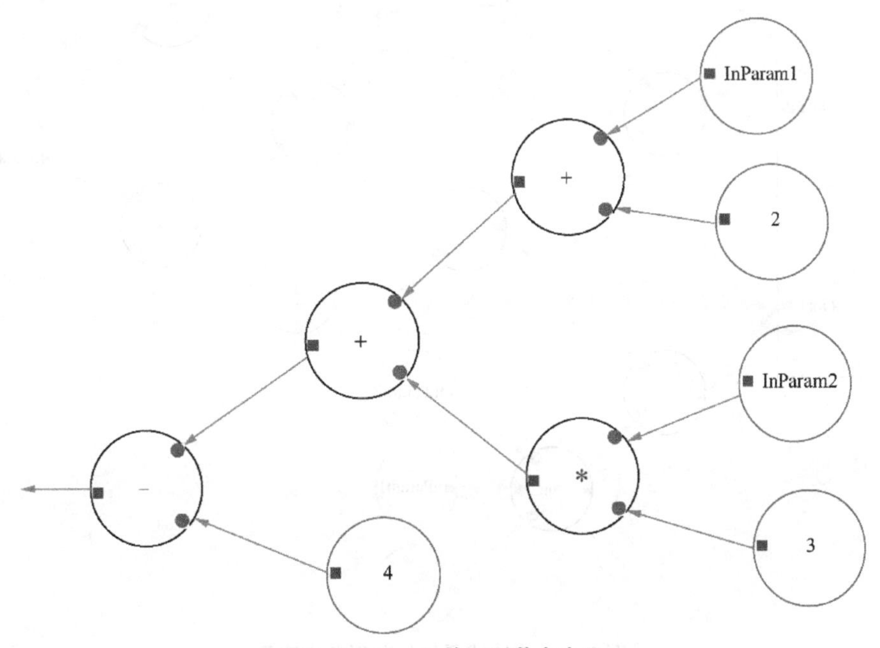

图 8.9 `Temp1` 的图形节点表示

`Out1 = Temp1 / Fun2(Param3,InParam1,2)`变成图形节点形式，如图 8.11 所示。

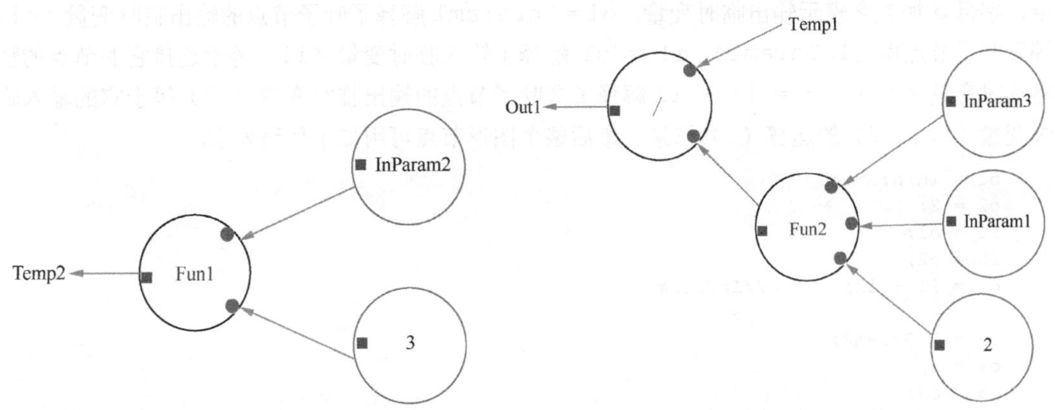

图 8.10 `Temp2` 的图形节点表示

图 8.11 `Out1` 的图形节点表示

`Out2 = Temp2 + Temp1`变成图形节点形式，如图 8.12 所示。

最后把它们合并，把`Out1`和`Out2`都放到根节点中，如图 8.13 所示。

将图形节点表达式变成代码的过程很简单，遵循以下规则就可以。

把输入和输出都变成临时变量，使输入临时变量等于连接它的节点的输出临时变量，使叶子节点的输出临时变量等于叶子节点的值，使非叶子节点的输出临时变量等于它的输入临时变量的运算结果。

下面我们首先尝试把输入和输出都变成临时变量。

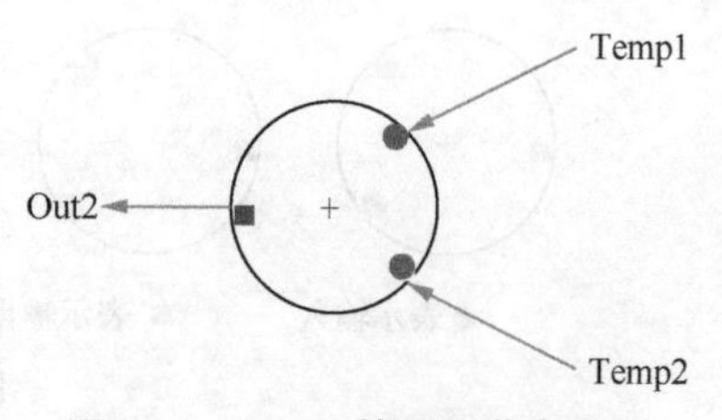

图 8.12 Out2 的图形节点表示

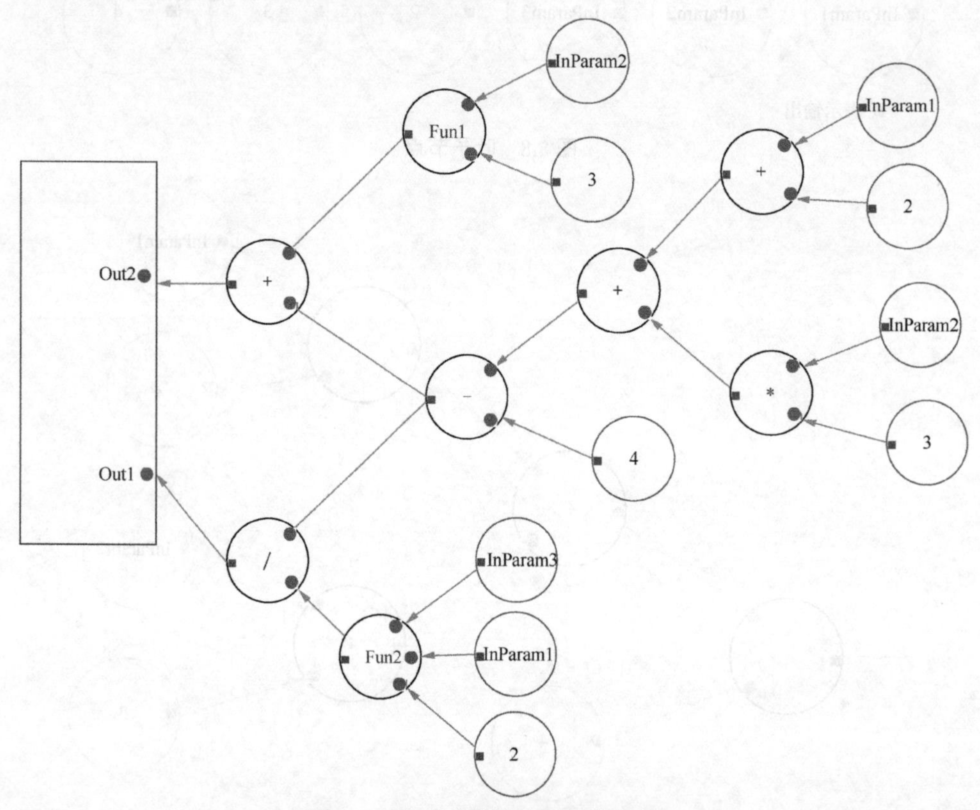

图 8.13 表达式最终的图形节点表示

添加变量后，表达式的图形节点表示如图 8.14 所示。其中，字母 i 加数字表示输入临时变量，字母 o 加数字表示输出临时变量。o1 = InParam1 解释了叶子节点的输出临时变量（o1）等于叶子节点值（InParam1），i1 = o1 解释了输入临时变量（i1）等于连接它的节点的输出临时变量（o1），o5 = i1 + i2 解释了非叶子节点的输出临时变量（o5）等于它的输入临时变量（i1、i2）的运算（+）结果。最后整个图形节点可用如下代码表示。

```
o1 = InParam1;
o2 = 2;
i1 = o1;
i2 = o2;
o5 = i1 + i2;        //InParam1 + 2

o3 = InParam2;
o4 = 3;
i3 = o3;
i4 = o4;
o6 = i3 * i4;        //InParam2 * 3

i5 = o5;
i6 = o6;
```

```
o7 = i5 + i6;        //InParam1 + 2 + InParam2 * 3

i7 = o7
o8 = 4;
i8 = o8;
o11 = i7 - i8;       //InParam1 + 2 + InParam2 * 3 - 4

o18 = InParam2;
o9 = 3;
i18 = o18;
i9 = o9;
o10 = Fun(i18,i9); //Fun1(InParam2,3)

i10 = o10;
i11 = o11;
o12= i10 + i11;
i12 = o12;
Out2 = i12;          //InParam1 + 2 + InParam2 * 3 - 4 + Fun1(InParam2,3)

o13 = InParam3;
o14 = InParam1;
o15 = 2;
i13 = o13;
i14 = o14;
i15 = o15;
o16 = Fun2(i13,i14,i15); //Fun2(Param3,InParam1,2)

i19 = o11;
i16 = o16;
o17 = i19 / i16;
i17 = o17;
Out1 = i17;  //(InParam1 + 2 + InParam2 * 3 - 4)/ Fun2(Param3,InParam1,2)
```

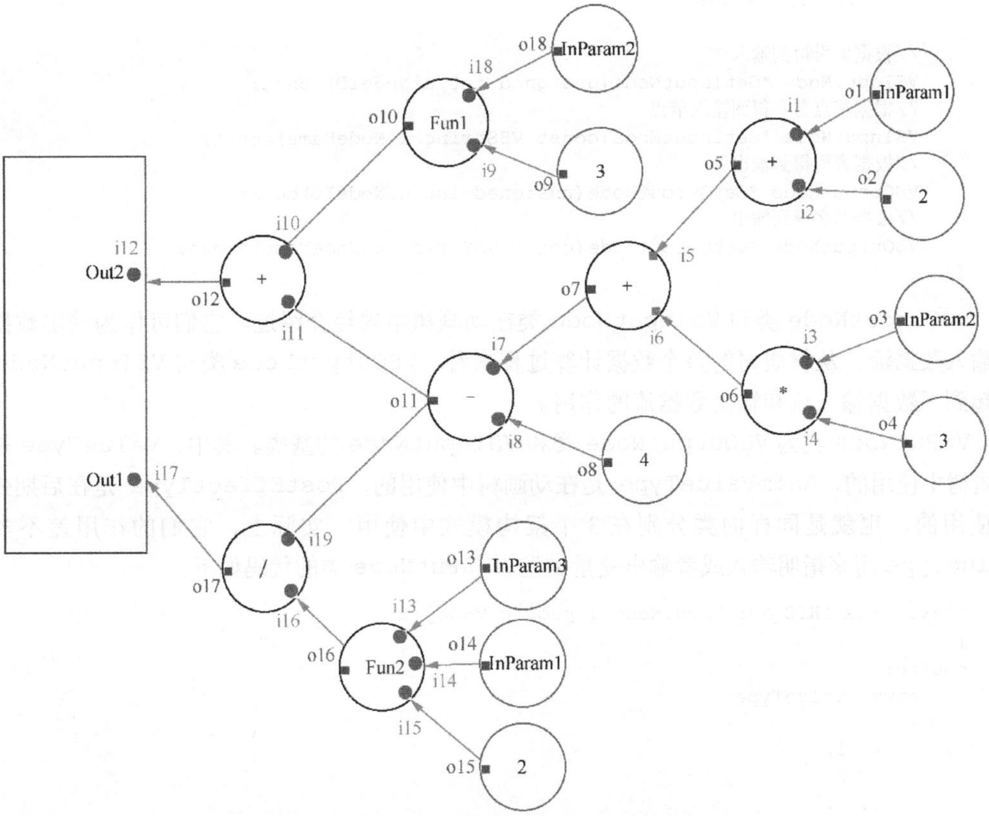

图 8.14 添加临时变量后表达式的图形节点表示

如果理解了上面的原理，那么后面的一切都将变得十分简单。不过还有一种情况需要处理，那就是语法和语义检查，如a + b。在着色器代码里加法支持float、float2、float3、float4、half等类型，但不同类型的变量或者常量无法相加。在编译原理中，这个过程在语法和语义分析阶段就会进行处理。当然，我们也可以进行最简单的处理，把所有工作都交给编译器，直接生成代码，有错误自然也就无法正常编译。不过图形节点既然是开放给非程序人员使用的，那它就要像Lua一样有强大的容错能力，尽量让不同类型的变量也可以相加。

8.2.2 图形节点类

VSShaderFunction类为图形节点的基类，节点有名字、输入和输出，代码如下。

```
class VSGRAPHIC_API VSShaderFunction : public VSObject
{
protected:
    VSUsedName m_ShowName;                 //节点名字
    VSShaderFunction(const VSUsedName & ShowName,VSMaterial * pMaterial);
    VSArray<VSInputNode *> m_pInput;     //输入
    VSArray<VSOutputNode *> m_pOutput;   //输出
    VSMaterial *m_pOwner;                  //所在的材质对象
public:
    //是否有输出
    virtual bool IsHaveOutPut()
    {
        if (m_pOutput.GetNum() > 0)
        {
            return m_pOutput[0]->IsConnection();
        }
        return false;
    }
    //根据索引得到输入
    VSInputNode *GetInputNode(unsigned int uiNodeID)const;
    //根据节点名字得到输入节点
    VSInputNode *GetInputNode(const VSString & NodeName)const;
    //根据索引得到输出
    VSOutputNode *GetOutputNode(unsigned int uiNodeID)const;
    //根据名字得到输出
    VSOutputNode *GetOutputNode(const VSString & NodeName)const;
};
```

VSOutputNode类和VSInputNode类在动画树中曾经介绍过，它们可作为输出数据流和输入数据流。从材质树的整个数据计算过程来看，VSOutputNode类与VSInputNode类也起到了数据输入流和输出数据流的作用。

VSPutNode类为VSOutputNode类和VSInputNode的基类。其中，ValueType是在材质树中使用的，AnimValueType是在动画树中使用的，PostEffectType是在后期效果中使用的，也就是同样的类分别在3个架构模式中使用。实际上，它们的作用差不多。ValueType用来指明输入或者输出变量类型。VSPutNode类的代码如下。

```
class VSGRAPHIC_API VSPutNode : public VSObject
{
public:
    enum  ValueType
    {
        VT_1,
        VT_2,
        VT_3,
        VT_4,
```

```
        VT_MAX
    };
    enum  AnimValueType
    {
        AVT_ANIM,
        AVT_MORPH,
        AVT_IK,
        AVT_MAX
    };
    enum  PostEffectType
    {
        PET_OUT
    };
}
```

VSMaterial 类里包括了所有的 VSShaderFunction 类，代码如下。

```
class VSGRAPHIC_API VSMaterial : public VSMaterialBase
{
    VSArray<VSShaderMainFunction*> m_pShaderMainFunction;
    VSArray<VSShaderFunction *> m_pShaderFunctionArray;
}
```

要添加节点，代码如下。

```
VSShaderFunction::VSShaderFunction(const VSUsedName & ShowName,VSMaterial *pMaterial)
{
    m_bIsVisited = 0;
    m_ShowName = ShowName;
    m_pInput.Clear();
    m_pOutput.Clear();
    VSMAC_ASSERT(pMaterial);
    m_pOwner = pMaterial;
    m_pOwner->AddShaderFunction(this);
}
VSShaderFunction::~VSShaderFunction()
{
    for(unsigned int i = 0 ; i < m_pInput.GetNum() ; i++)
    {
        VSMAC_DELETE(m_pInput[i]);
    }
    for(unsigned int i = 0 ; i < m_pOutput.GetNum() ; i++)
    {
        VSMAC_DELETE(m_pOutput[i]);
    }
    m_pOwner->DeleteShaderFunction(this);
}
void VSMaterial::AddShaderFunction(VSShaderFunction *pShaderFunction)
{
    if(pShaderFunction)
    {
        m_pShaderFunctionArray.AddElement(pShaderFunction);
    }
}
```

VSMaterial 类可以有多个主函数（多个通道），创建的时候必须至少指定一个主函数，代码如下。

```
VSMaterial::VSMaterial(const VSUsedName &ShowName,unsigned int uiSMType)
{
    m_ShowName = ShowName;
    //Clear 函数必须在 VSShaderMainFunction 之前创建
    m_pShaderFunctionArray.Clear();
    m_pShaderMainFunction.Clear();
```

```
        if (uiSMType == VSShaderMainFunction::SM_PHONG)
        {
            m_pShaderMainFunction.AddElement(
                    VS_NEW VSPhongShaderFunction(_T("PSMain"),this));
        }
        else if (uiSMType == VSShaderMainFunction::SM_OREN_NAYAR)
        {
            m_pShaderMainFunction.AddElement(
                    VS_NEW VSOrenNayarShaderFunction(_T("PSMain"),this));
        }
        …
    }
```

VSShaderMainFunction类是主函数的基类。主函数负责光照计算，它通过输入的数据，根据光照公式计算光照结果，最后输出颜色，代码如下。

```
class VSGRAPHIC_API VSShaderMainFunction : public VSShaderFunction
{
public:
    enum//主函数光照类型
    {
        SM_PHONG,
        SM_OREN_NAYAR,
        SM_MINNAERT,
        SM_STRAUSS,
        SM_SHIRLEY,
        SM_SCHLICK,
        SM_COOKTOORANCE,
        SM_ISOTROPICWARD,
        SM_ANISOTROPICWARD,
        SM_CUSTOM,
        SM_MAX
    };

    enum RenderPassType
    {
        OST_MATERIAL,
        OST_NORMAL_DEPTH,
        OST_CUB_SHADOW,
        OST_VOLUME_SHADOW,
        OST_SHADOW,
        OST_DUAL_PARABOLOID_SHADOW,
        OST_INDIRECT,
        OST_MAX
    };
    VSShaderMainFunction(const VSUsedName & ShowName,VSMaterial *pMaterial);
    //得到主函数光照类型
    virtual inline unsigned int GetSMType()const = 0;
    //是否有法线输入
    virtual bool HasNormal()const
    //得到法线输入
    virtual VSInputNode *GetNormalNode()const = 0;
    //得到透明度输入
    virtual VSInputNode *GetAlphaNode()const = 0;
    //得到自发光（Emissive）输入
    virtual VSInputNode *GetEmissiveNode()const = 0;
    //得到漫反射输入
    virtual VSInputNode *GetDiffuseNode()const = 0;
    VSRenderState    m_RenderState;
    enum
    {
        OUT_COLOR,
```

```
        OUT_MAX
    };
};
```

本游戏引擎中实现了 PHONG、OREN_NAYAR、MINNAERT、STRAUSS、SHIRLEY、SCHLICK、COOKTOORANCE、ISOTROPICWARD、ANISOTROPICWARD、CUSTOM 等光照模型，这些模型分别处理不同材质的物体。

这些光照模型都需要几种共同的输入，包括法线输入、透明度输入、自发光输入和漫反射输入。有些光照模型有自己单独的输入。这些光照模型最后都只有一个输出，即输出最后的颜色。

在整个渲染流程中，光照只占一部分。为了实现阴影和后期效果，我们不得不需要模型或者材质的信息，并借助其他渲染通道来完成渲染流程。下面的枚举类型 RenderPassType 表示不同的渲染通道，和 VSPass 相对应。

```
enum RenderPassType
{
    OST_MATERIAL,                  //处理光照
    OST_NORMAL_DEPTH,              //处理深度和法线
    OST_CUB_SHADOW,                //处理立方体点光源阴影
    OST_VOLUME_SHADOW,             //处理阴影体
    OST_SHADOW,                    //处理阴影
    OST_DUAL_PARABOLOID_SHADOW,    //处理双面阴影
    OST_INDIRECT,                  //处理间接光
    OST_MAX
  };
```

这里读者有一个印象即可，后文会详细讲解。

8.2.3 生成遍历图形节点的代码

把图形节点表达式变成代码的过程是一个深度遍历的过程，从主函数节点出发，遍历最深处节点，然后回溯，就完成了整个过程。VSShaderFunction 类在 8.2.2 节已经介绍过，下面加入生成代码的相关函数，并讲解。

```
class VSGRAPHIC_API VSShaderFunction : public VSObject
{
    bool m_bIsVisited;
public:
    virtual bool GetInputValueString(VSString &OutString)const;
    virtual bool GetOutPutValueString(VSString &OutString)const;
    virtual bool GetFunctionString(VSString &OutString)const = 0;
    bool GetShaderTreeString(VSString &OutString);
    bool ClearShaderTreeStringFlag();
    VSString GetValueEqualString(const VSOutputNode *pOutPutNode,
const VSInputNode *pInputNode)const;
};
```

同动画树一样，m_bIsVisited 表示这个节点是否已经遍历过。在每次遍历之前，都需要调用 ClearShaderTreeStringFlag 函数把所有的遍历标志清空，代码如下。

```
bool VSShaderFunction::ClearShaderTreeStringFlag()
{
    if(m_bIsVisited == 0)
        return 1;
    else
    {
        m_bIsVisited = 0;
        for(unsigned int i = 0 ; i < m_pInput.GetNum(); i++)
        {
```

```
            if(m_pInput[i]->GetOutputLink() == NULL)
                continue;
            else
            {
                ((VSShaderFunction *)m_pInput[i]->GetOutputLink()
                                ->GetOwner())->ClearShaderTreeStringFlag();
            }
        }
        return 1;
    }
}
```

通过 GetShaderTreeString 函数递归就可以得到整个表达式的代码，代码如下。

```
bool VSShaderFunction::GetShaderTreeString(VSString &OutString)
{
    //如果访问过，则返回
    if(m_bIsVisited == 1)
        return 1;
    else
    {
        m_bIsVisited = 1; //标记遍历过
        //遍历所有输入连接的图形节点
        for(unsigned int i = 0 ; i < m_pInput.GetNum(); i++)
        {
            if(m_pInput[i]->GetOutputLink() == NULL)
                continue;
            else
            {
                ((VSShaderFunction *)m_pInput[i]->GetOutputLink()
                                ->GetOwner())->GetShaderTreeString(OutString);
            }
        }
        //重置输入、输出类型
        if (!ResetValueType())
        {
            return 0;
        }
        //得到输入变量的代码
        if(!GetInputValueString(OutString))
            return 0;
        //得到输出变量的代码
        if(!GetOutPutValueString(OutString))
            return 0;
        //得到图形节点表达式的代码
        if(!GetFunctionString(OutString))
            return 0;
        return 1;
    }
}
```

GetInputValueString 函数的作用是让图形节点的输入变成临时变量，然后等于连接它的图形节点的输出。不过这里进行了一些容错的处理，如果图形节点的输入和连接它的图形节点的输出类型不同，则会进行一个转换，代码如下。

```
bool VSShaderFunction::GetInputValueString(VSString &OutString)const
{
    if(!VSRenderer::ms_pRenderer)
        return 0;
    VSString Temp;
    //遍历所有输入
    for(unsigned int i = 0 ; i < m_pInput.GetNum() ; i++)
    {
```

```
        //判断类型
        if(m_pInput[i]->GetValueType() == VSPutNode::VT_1)
        {
            //得到类型
            OutString +=VSRenderer::ms_pRenderer->Float() + _T(" ");
            //得到对应的默认值
            Temp = VSRenderer::ms_pRenderer->FloatConst(_T("0"));
        }
        …
        else if(m_pInput[i]->GetValueType() == VSPutNode::VT_4)
        {
             //得到类型
             OutString +=VSRenderer::ms_pRenderer->Float4() + _T(" ");
             //得到对应的默认值
             Temp = VSRenderer::ms_pRenderer->
                        Float4Const(_T("0"),_T("0"),_T("0"),_T("1"));
        }
        else
        {
             VSMAC_ASSERT(0);
        }
        //如果输入空值
        if(!m_pInput[i]->GetOutputLink())
        {
             //定义临时变量为默认值
             OutString += m_pInput[i]->GetNodeName().GetString()
                        + _T(" = ") + Temp + _T(";\n");
             continue;
        }
        //否则，和连接它的输出相等，并进行容错处理
        OutString += GetValueEqualString(
                   m_pInput[i]->GetOutputLink(),m_pInput[i]);
    }
    return 1;
}
```

这里根据输入类型和名字定义临时变量。如果连接节点的输出为空值，就让它等于默认值，这也算一种容错处理，就像函数参数提供默认值一样；如果没有提供输入，就让它等于默认值。因为不能保证所有 API 支持的着色器语言类型的声明符都是相同的，所以把它们都用 VSRenderer 封装起来。下面列举了一些封装过的代码。

```
VSString VSDirectX9Renderer::Float()const
{
   return VSString(_T("float "));
}
…
VSString VSDirectX9Renderer::Float4()const
{
   return VSString(_T("float4 "));
}
VSString VSDirectX9Renderer::Return()const
{
   return VSString(_T("return "));
}
VSString VSDirectX9Renderer::FloatConst(const VSString & Value1)const
{
   return Value1;
}
…
VSString VSDirectX9Renderer::Float4Const(const VSString &Value1,
const VSString &Value2, const VSString &Value3,const VSString &Value4)const
{
```

```
    return VSString(_T("float4")) + _T("(") + Value1 + _T(",") + Value2 +
_T(",") + Value3 + _T(",") + Value4 + _T(")");
}
```

如果这个节点的输入节点与其他节点的输出节点连接，则进入下面的函数。

```
VSString VSShaderFunction::GetValueEqualString(const VSOutputNode *pOutPutNode,
    const VSInputNode *pInputNode)const
{
    if(!pInputNode || !pOutPutNode)
          return VSString();
    //得到输入类型
    unsigned int uiMaxElement = pInputNode->GetValueType();
    //如果输入和输出类型相同，则输入等于输出
    if(uiMaxElement == pOutPutNode->GetValueType())
    {
        return pInputNode->GetNodeName().GetString()
               + _T(" = ") + pOutPutNode->GetNodeName().GetString() + _T(";\n");
    }
    //如果输入和输出类型不相同
    VSString OutString;
    OutString = pInputNode->GetNodeName().GetString() + _T(" = ");
    //得到输出的 4 个分量
    //如果输出的类型是 float ，则 Value 的 4 个分量均为输出值
    //如果输出的类型是 float2,
    //则 Value 的 4 个分量依次为输出的 R 分量、输出的 G 分量、输出的 G 分量、输出的 G 分量
    //如果输出 Node 是 float3,
    //则 Value 的 4 个分量依次为输出的 R 分量、输出的 G 分量、输出的 B 分量、输出的 B 分量
    //如果输出 Node 是 float4,
    //则 Value 的 4 个分量依次为输出的 R 分量、输出的 G 分量、输出的 B 分量、输出的 A 分量
    VSString Value[4];
    unsigned int Mask[4];
    Mask[0] = VSRenderer::VE_R;
    Mask[1] = VSRenderer::VE_G;
    Mask[2] = VSRenderer::VE_B;
    Mask[3] = VSRenderer::VE_A;
    for(unsigned int i = 0 ; i < 4 ; i ++)
    {
        if ( i > pOutPutNode->GetValueType())
        {
            Value[i] = VSRenderer::ms_pRenderer->
              GetValueElement(pOutPutNode,Mask[pOutPutNode->GetValueType()]);
        }
        else
        {
            Value[i] = VSRenderer::ms_pRenderer->
                     GetValueElement(pOutPutNode,Mask[i]);
        }
    }
    //根据输入重新赋值
    if (pInputNode->GetValueType() == VSPutNode::VT_1)
    {
         OutString +=VSRenderer::ms_pRenderer->FloatConst(Value[0]);
    }
    …
    else if (pInputNode->GetValueType() == VSPutNode::VT_4)
    {
        OutString +=VSRenderer::ms_pRenderer->
                    Float4Const(Value[0],Value[1],Value[2],Value[3]);
    }
    else
        return VSString();
    OutString += _T(";\n");
```

```
    return OutString;
}
```

GetValueElement 函数用于得到变量对应的分量字符串。在高级着色器语言中，float2、float3、float4 的分量是可以单独访问的，如果声明 float4 test，则 test.r、test.g、test.b、test.a、test.rg、test.ra 都是正确的。GetValueElement 函数的代码如下。

```
VSString VSDirectX9Renderer::GetValueElement(const VSPutNode * pPutNode,
unsigned char uiVE)const
{
    VSMAC_ASSERT(pPutNode);
    if (!pPutNode)
            return VSString::ms_StringNULL;
    VSString Temp = pPutNode->GetNodeName().GetString();
    if (uiVE > 0)
    {
            //如果类型为 float，并且请求 R 分量，则直接返回名字
            if (pPutNode->GetValueType() == VSPutNode::VT_1 && (uiVE & VE_R))
            {
                 return Temp;
            }
            else if(pPutNode->GetValueType() == VSPutNode::VT_1)
            {
                 VSMAC_ASSERT(0);
                 return VSString::ms_StringNULL;
            }
            VSString Value[4];
            Value[0] = _T("r");
            Value[1] = _T("g");
            Value[2] = _T("b");
            Value[3] = _T("a");
            unsigned int Mask[4];
            Mask[0] = VE_R;
            Mask[1] = VE_G;
            Mask[2] = VE_B;
            Mask[3] = VE_A;
            Temp +=  _T(".");
            //根据 uiVE 取出对应分量
            for (unsigned int i = 0 ; i < 4 ; i++)
            {
                 if ( i <= pPutNode->GetValueType())
                 {
                        if (uiVE & Mask[i])
                        {
                              Temp += Value[i];
                        }
                 }

            }
    }
    return Temp;
}
```

参数 uiVE 为下面枚举类型的任意组合。

```
class VSGRAPHIC_API VSRenderer
{
    enum ValueElement
    {
       VE_NONE = 0,
       VE_A = BIT(0),
       VE_R = BIT(1),
       VE_G = BIT(2),
```

```
        VE_B = BIT(3),
        DF_ALL = 0X0F
    };
}
```

要得到输出临时变量的定义，只需要声明变量并使它等于一个默认值即可，代码如下。真正的输出临时变量值在 GetFunctionString 函数里得到。

```
bool VSShaderFunction::GetOutPutValueString(VSString &OutString)const
{
    if(!VSRenderer::ms_pRenderer)
        return 0;
    VSString Temp;
    for(unsigned int i = 0 ; i < m_pOutput.GetNum() ; i++)
    {
        if(m_pOutput[i]->GetValueType() == VSPutNode::VT_1)
        {
            OutString +=VSRenderer::ms_pRenderer->Float() + _T(" ");
            Temp = VSRenderer::ms_pRenderer->FloatConst(_T("0"));
        }
        …
        else if(m_pOutput[i]->GetValueType() == VSPutNode::VT_4)
        {
            OutString +=VSRenderer::ms_pRenderer->Float4() + _T(" ");
            Temp = VSRenderer::ms_pRenderer->
                        Float4Const(_T("0"),_T("0"),_T("0"),_T("1"));
        }
        else
            return 0;
        OutString += m_pOutput[i]->GetNodeName().GetString()
                    + _T(" = ") + Temp + _T(";\n");
    }
    return 1;
}
```

此外，还有些其他的辅助函数。

```
class VSGRAPHIC_API VSShaderFunction : public VSObject
{
    //判断两个节点是否可以连接
    virtual bool IsValidNodeToThis(VSShaderFunction *pShaderFunction);
    //检查所有子节点是否都可以连接到它
    virtual bool CheckChildNodeValidToThis(
        VSArray<VSShaderFunction *> & NoValidShaderFunctionArray);
    //得到所有子节点
    virtual bool GetAllChildNode(VSArray<VSShaderFunction *> & ChildNodeArray);
    //检查所有子节点中不可以连接的节点
    virtual bool CheckChildNodeValidAll(
        VSMap<VSShaderFunction *,VSArray<VSShaderFunction *>> & NoValidMap);
    //是否有这个子节点
    virtual bool HaveThisChild(VSShaderFunction *pShaderFunction);
};
```

并不是所有节点都可以连接，最简单的就是节点不能连接自己，呈环状而非树状结构的连接也是错误的。IsValidNodeToThis 函数可判断两个节点是否可以连接，其代码如下。

```
bool VSShaderFunction::IsValidNodeToThis(VSShaderFunction *pShaderFunction)
{
    if (pShaderFunction == this)
    {
        return false;
    }
    return true;
}
```

CheckChildNodeValidToThis 函数和 CheckChildNodeValidAll 函数的区别在于：CheckChildNodeValidToThis 函数只检查子节点和自己是否合法，CheckChildNodeValidAll 函数除了上述功能外，还检查子节点和子节点的下一级子节点是否合法。

为了方便读者理解以上整个逻辑，下面根据图 8.15 所示的 Out1 的图形节点表示，生成最终代码。

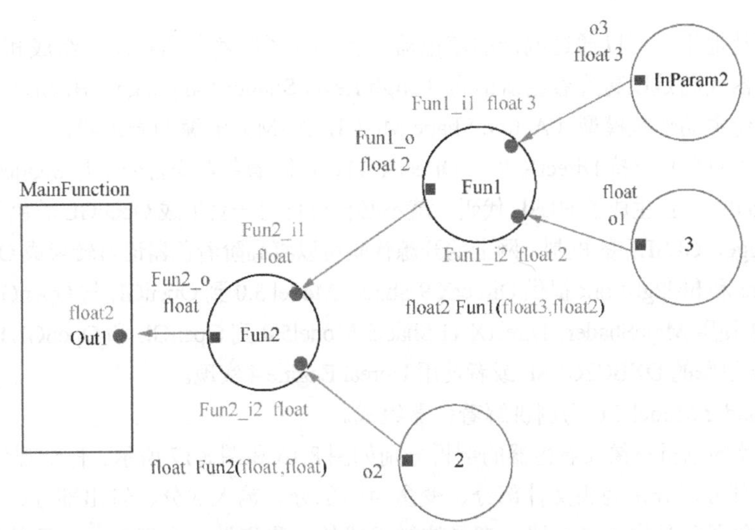

图 8.15 Out1 的图形节点表示

这棵材质树的表达式很简单，它有 Fun1 和 Fun2 两个函数，表达式如下。

```
Out1 = Fun2(Fun1(InParam2,3),2);
```

正常情况下代码是不能编译的。首先，因为 Fun1 函数的第 2 个参数是 float2 类型，而传递的 3 是 float 类型，它们是无法转换的；其次，Fun1 函数返回值为 float2，并将其作为参数传递给 Fun2 函数，而 Fun2 函数接收的是 float 类型，因此生成的代码是不能编译的；最后，Out1 为 float2 类型，而 Fun2 函数返回值为 float 类型，因此生成的代码也是不能编译的。

不过，通过 VSShaderFunction 类的容错转换处理，这些问题都可以解决。

生成最终代码的过程如下。

（1）从 MainFunction 出发，遍历连接 Out1 的 Fun2 节点。

（2）遍历 Fun2 节点中连接 Fun2_i1 节点的 Fun1 节点。

（3）遍历连接 Fun1_i1 节点的 InParam2 节点。

（4）生成代码 float3 o3 = InParam2。

（5）遍历连接 Fun1_i2 节点的常数 3 节点。

（6）生成代码 float o1 = 3。

（7）生成代码 float3 Fun1_i1 = o3。

（8）生成代码 float2 Fun1_i2 = float2(o1,o1)。

（9）生成代码 float2 Fun_o = float2(0.0f,0.0f)。

（10）生成代码 Fun_o = Fun1(Fun1_i1,Fun_i2)。

（11）遍历 Fun2 节点中连接 Fun2_i2 节点的常数 2 节点。

（12）生成代码 float o2 = 2。

（13）生成代码 float Fun2_i1 = Fun1_o.r。

（14）生成代码 float Fun2_i2 = o2。

（15）生成代码 float Fun2_o = 0.0f。

（16）生成代码 `Fun2_o = Fun2(Fun2_i1,Fun2_i2)`。

（17）生成代码 `float2 Out1 = float2(Fun2_o,Fun2_o)`。

8.2.4 着色器组成与剖析

要完完整整地生成可以通过编译的着色器，就必须了解着色器代码的组成和它的特点。本书介绍的着色器代码是以高阶着色器语言（High Level Shader Language，HLSL）为基础的，我们在这里不讨论主动形状模型（Active Shape Model，ASM）汇编的着色器。

本游戏引擎目前只支持 DirectX 9 和 DirectX 11，高阶着色器语言分别是 Shader Model 3.0 和 Shader Model 5.0。一旦生成了 HLSL 代码，就不必自己再写一套生成 OpenGL 着色语言（OpenGL Shading Language，GLSL）的机制，网上的开源代码可以将高阶着色器语言转换成 OpenGL 着色语言。MojoShader 和 hlsl2glslfork 提供 DirectX 9 Shader Model 3.0 到 OpenGL 与 OpenGL ES 的转换，Unreal Engine 3 使用 MojoShader。DirectX 11 Shader Model5.0 到 OpenGL 和 OpenGL ES 的转换可以用 KlayGE 游戏引擎的 DXBC2GLSL 或者使用 Unreal Engine 4 实现。

下面以 Shader Model 3.0 为例讲解着色器组成。

顶点着色器的剖析与像素着色器的剖析分别如图 8.16 和图 8.17 所示。仔细观察着色器代码，它一共分成 5 部分，分别为头文件部分、变量声明部分、输入部分、输出部分、主函数部分。无论是顶点着色器还是像素着色器，都是这样组成的。我们做一个规定：主函数里用到的函数都已经在头文件里定义过。

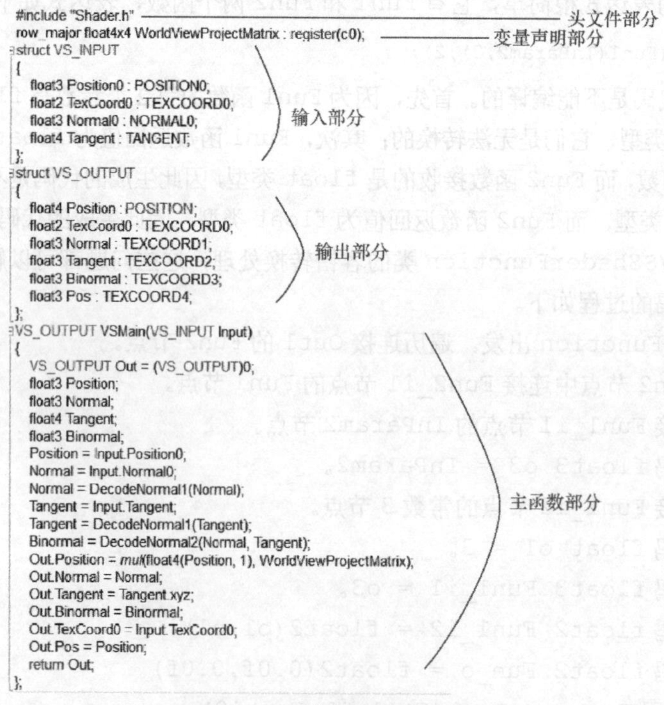

图 8.16 顶点着色器的剖析

头文件部分不必多说，我们直接进入变量声明部分。变量声明部分声明主函数体要用到的变量，一般情况下不需要指定寄存器，编译器编译后会自动分配寄存器。如果着色器代码是自动生成的，那么变量声明部分可以根据每个变量的类型分配所占的寄存器。

接下来是输入部分，它实际上是一个结构体，里面定义了上一个阶段的输出部分。对于顶点着色器，输入部分定义了顶点组成，它的结构成员必须和顶点声明格式一一对应；对于像素着色器，输入部分定义了顶点着色器或者几何着色器的输出部分。

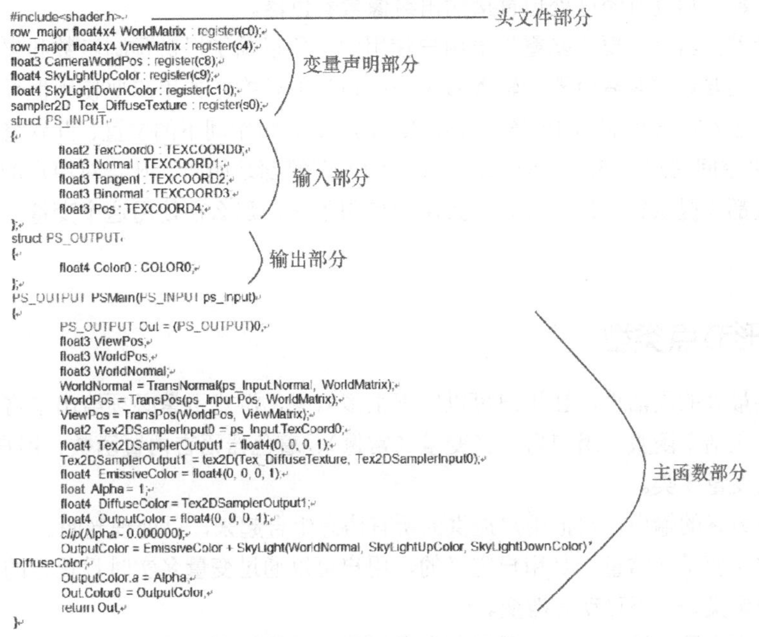

图 8.17 像素着色器的剖析

再接下来是输出部分，它也是一个结构体。对于顶点着色器，输出部分就是几何着色器或者像素着色器的输入部分；对于像素着色器，输出部分表示输出到对应的渲染目标的值。

最后是主函数部分。下面分别是顶点着色器和像素着色器中主函数的代码。

```
VS_OUTPUT VSMain(VS_INPUT Input)
{
    VS_OUTPUT Out = (VS_OUTPUT)0;
    //这部分代码由引擎自动生成
    return Out;
};
PS_OUTPUT PSMain(PS_INPUT ps_Input)
{
    PS_OUTPUT Out = (PS_OUTPUT)0;
    //这部分代码根据图形节点生成
    return Out;
};
```

可以看到，像素着色器中主函数是由图形节点生成的，而顶点着色器中主函数没有通过图形节点在游戏引擎内部生成（读者可以在材质树中调节顶点变化的输入节点，这样生成的顶点着色器主函数代码可以实现很多模型变化效果）。

无论是顶点着色器还是像素着色器都需要变量和函数。函数部分都预先定义在头文件里，也可以“暴露”出来给用户使用。当然，也可以把自定义函数加入着色器里，这个留给读者作为练习。除临时变量之外，其他变量是数据输入的主要来源。一种变量来自着色器中的自定义变量；另一种变量则是网格顶点数据，在顶点着色器中可以直接访问网格顶点数据，而在像素着色器中需要在顶点着色器中输出才可以访问，这些数据恰恰是像素着色器计算光照所需要的。例如，像素着色器可能需要世界空间位置，我们可以在顶点着色器里计算好，再输出给像素着色器，也可以直接把本地空间位置传递给像素着色器，在像素着色器里计算世界空间位置。因为位置数据满足线性插值，所以这两种方法都是正确的，不过，不是所有的数据都满足线性插值。本游戏引擎直接把网格传递进来的数据给顶点着色器，满足线性插值规律的数据都会不经过任何处理直接传递给像素着色器。如图 8.16 所示，顶点着色器仅解压法线数据和输出要显示的位置，其他数据则没有经过处理直接输出给像素着色器。

因为像素着色器是主要“暴露”给用户使用的，所以除了提供预制函数和自定义函数、自定义变量外，还要对像素着色器的输入数据进行适当的转换。如用户要使用世界空间的位置，就必须在使用它之前把世界空间位置计算出来。同理，相机空间下的位置、世界空间法线（world normal）、相机空间法线（view normal）、光源的方向等都是如此。凡是对用户的自定义效果产生影响的变量都要提供给用户，并且如果用户使用了它，那么在使用这个变量之前就要把它计算出来。

8.2.5 图形节点类型

为了提供最大的灵活性，让用户可以实现很多效果，游戏引擎必须给出丰富的图形节点。图形节点大体包括主函数、用户自定义变量（常量）、着色器语言内置函数、用户自定义函数、非用户自定义变量5类。

主函数是最终的输出，它把用户提供的所有信息组合起来，以处理光照。

用户自定义变量（常量）是用户定义的，用户可以通过变量名实时设置它的值，常量值直接在材质树中定义好，不可动态改变。

着色器语言内置函数是为着色器语言本身提供的函数，类似于+、−、*(Multiplication)、采样等。

用户可以自己定义函数，并能保存成资源，这样可以在多个材质树里使用。作者没有实现自定义函数，这留给读者作为练习。

有些变量并非用户自定义的，但用户需要访问，因此必须提供机制让用户可以访问世界空间位置、相机空间位置（View Position）、光照方向、光照颜色、世界空间法线等。以下类定义了代码生成系统中内置的变量名字。带 Input 与 OutPut 字符串的都是像素着色器的输入变量和输出变量名字。

```
class VSGRAPHIC_API VSShaderStringFactory
{
public:
        //表示纹理坐标
        static VSString ms_PSTextureInputCoordValue[TEXLEVEL];
        //表示像素着色器输出通道 0 的颜色
        static VSString ms_PSOutputColorValue;
        //表示像素着色器输出通道 1 的颜色
        static VSString ms_PSOutputColorValue1;
        //表示顶点输入顶点色，支持两个顶点色
        static VSString ms_PSColor[2];
        //表示像素着色器输入相机空间中顶点的 Z 值
        static VSString ms_PSInputViewZ;
        //表示像素着色器输入投影空间中顶点的 Z 值
        static VSString ms_PSInputProjectZ;
        //表示像素着色器输入本地空间的法线、负法线、切线
        static VSString ms_PSInputLocalNormal;
        static VSString ms_PSInputLocalBinormal;
        static VSString ms_PSInputLocalTangent;
        //表示像素着色器输入顶点的本地空间、世界空间、投影空间位置
        static VSString ms_PSInputLocalPos;
        static VSString ms_PSInputWorldPos;
        static VSString ms_PSInputProjectPos;
        //阴影采样器
```

```
        static VSString ms_PSConstantShadowSampler;
        //投影纹理采样器
        static VSString ms_PSConstantLightFunSampler;
        //光照纹理采样器
        static VSString ms_PSOrenNayarLookUpTableSampler;
        static VSString ms_PSStraussFLookUpTableSampler;
        static VSString ms_PSStraussSLookUpTableSampler;
        static VSString ms_PSCookTorranceLookUpTableSampler;
        static VSString ms_PSIsotropicWardLookUpTableSampler;
        //世界相机投影矩阵
        static VSString ms_WorldViewProjectMatrix;
        //世界相机矩阵
        static VSString ms_WorldViewMatrix;
        //相机投影矩阵
        static VSString ms_ViewProjectMatrix;
        //相机矩阵
        static VSString ms_ViewMatrix;
        //骨骼矩阵
        static VSString ms_BoneMatrix;
        //世界矩阵
        static VSString ms_WorldMatrix;
        //光源世界空间位置
        static VSString ms_LightWorldPos;
        //光源世界空间方向
        static VSString ms_LightWorldDirection;
        //顶点世界空间法线
        static VSString ms_WorldNormal;
        //顶点相机空间法线
        static VSString ms_ViewNormal;
        //顶点世界空间位置
        static VSString ms_WorldPos;
        //顶点相机空间位置
        static VSString ms_ViewPos;
        //相机在世界空间的方向
        static VSString ms_ViewWorldDir;
        //相机在世界空间的位置
        static VSString ms_CameraWorldPos;
        //光的颜色
        static VSString ms_LightColor;
        //光的高光色
        static VSString ms_LightSpecular;
        //光方向
        static VSString ms_LightDir;
        //光类型名字
        static VSString ms_LightName[VSLight::LT_MAX];
        //自定义光源类型名字
        static VSString ms_LightNameTemp[VSLight::LT_MAX];
        //相机空间的远裁剪面距离
        static VSString ms_FarZ;
        //点光源范围
        static VSString ms_PointLightRange;
        //自定义采样器前缀
        static VSString ms_TexPrefix;
        //RenderTarget 宽度的倒数
        static VSString ms_InvRTWidth;
        //天光上面的颜色
        static VSString ms_SkyLightUpColor;
        //天光下面的颜色
        static VSString ms_SkyLightDownColor;
}
```

其他的内容在介绍着色器生成过程时会涉及，实际上，我们通过变量名就可以知道它们的含义。

主函数类型已经介绍过，这里不再重复，以下主要介绍其他4类。

VSConstValue类是用户自定义变量节点的基类。如果m_bIsCustom为true，就表示用户可以通过节点名在材质实例中提供这个节点的值；否则，使用材质树中的默认值（常量），代码如下。

```
class VSGRAPHIC_API VSConstValue : public VSShaderFunction
{
    VSConstValue(const VSUsedName & ShowName,VSMaterial *pMaterial,
unsigned int uiValueNum,bool bIsCustom);
    virtual ~VSConstValue();
    bool m_bIsCustom;
};
```

VSConstFloatValue类为浮点类型的用户自定义节点类。uiValueNum表示值的个数，1、2、3、4分别对应float、float2、float3、float4，代码如下。

```
class VSGRAPHIC_API VSConstFloatValue : public VSConstValue
{
    VSConstFloatValue(const VSUsedName & ShowName,VSMaterial *pMaterial,
unsigned int uiValueNum,bool bIsCustom);
    //设置参数值
    void SetValue(unsigned int uiIndex,VSREAL Value);
    virtual bool GetOutPutValueString(VSString &OutString)const;
    virtual bool GetFunctionString(VSString &OutString)const;
    bool GetDeclareString(VSString &OutString,unsigned int uiRegisterID)const;
    virtual void ResetInShaderName();
    VSConstFloatValue();
    VSArray<VSREAL> m_Value;
    enum
    {
       OUT_VALUE,
       OUT_VALUE_X,
       OUT_VALUE_Y,
       OUT_VALUE_Z,
       OUT_VALUE_W,
       OUT_MAX
    };
};
```

VSConstFloatValue类最后会关联到VSUserConstant类的一个实例。至于整数类型和布尔类型，则留给读者自己去实现。构造函数的代码如下。

```
VSConstFloatValue::VSConstFloatValue(const VSUsedName & ShowName,VSMaterial *pM
    aterial,unsigned int uiValueNum,bool bIsCustom)
:VSConstValue(ShowName,pMaterial,uiValueNum,bIsCustom)
{
   //值的个数必须大于0且小于5
   VSMAC_ASSERT(uiValueNum >0 && uiValueNum < 5);
   //创建输出，节点名字用来生成临时变量
   VSString OutputID = IntToString(VSShaderStringFactory::ms_ShaderValueIndex);
   VSString OutputName = _T("ConstFloatValue") + OutputID;
   VSOutputNode *pOutputNode = NULL;
   pOutputNode = VS_NEW VSOutputNode(uiValueNum - 1,OutputName,this);
   VSMAC_ASSERT(pOutputNode);
   m_pOutput.AddElement(pOutputNode);
   //创建输出，至少1个分量可以直接访问R值
   VSShaderStringFactory::ms_ShaderValueIndex++;
   if(uiValueNum >=1)
   {
       VSString OutputNameR = VSRenderer::ms_pRenderer->GetValueElement
                (GetOutputNode(OUT_VALUE),VSRenderer::VE_R);
       VSOutputNode *pOutputNode = NULL;
       pOutputNode = VS_NEW
```

```
            VSOutputNode(VSPutNode::VT_1,OutputNameR,this);
        VSMAC_ASSERT(pOutputNode);
        m_pOutput.AddElement(pOutputNode);
    }
    …
    //创建输出，至少 4 个分量可以直接访问 A 值
    if(uiValueNum >=4)
    {
        VSString OutputNameA = VSRenderer::ms_pRenderer->GetValueElement
                (GetOutputNode(OUT_VALUE),VSRenderer::VE_A);
        VSOutputNode *pOutputNode = NULL;
        pOutputNode = VS_NEW
            VSOutputNode(VSPutNode::VT_1,OutputNameA,this);
        VSMAC_ASSERT(pOutputNode);
        m_pOutput.AddElement(pOutputNode);
    }
    m_Value.Clear();
    m_Value.SetBufferNum(uiValueNum);
    for (unsigned int i = 0 ; i < uiValueNum ; i++)
    {
        m_Value[i] = 0;
    }
    m_bIsCustom = bIsCustom;
}
```

每添加一个输出名字或输入名字，ms_ShaderValueIndex 就要加 1，这样可以保证所有的临时变量不重名。通过编译材质树生成代码之前，都会把 ms_ShaderValueIndex 重置为 0，所有节点都要调用 ResetInShaderName 函数重置名字，代码如下。

```
void VSConstFloatValue::ResetInShaderName()
{
    VSString OutputID = IntToString(VSShaderStringFactory::ms_ShaderValueIndex);
    VSString OutputName = _T("ConstFloatValue") + OutputID;
    m_pOutput[0]->SetNodeName(OutputName);
    VSShaderStringFactory::ms_ShaderValueIndex++;
    if (m_Value.GetNum() >= 1)
    {
        VSString OutputNameR = VSRenderer::ms_pRenderer->GetValueElement
                (GetOutputNode(OUT_VALUE),VSRenderer::VE_R);
        m_pOutput[1]->SetNodeName(OutputNameR);
    }
    …
    if (m_Value.GetNum() >= 4)
    {
        VSString OutputNameA =
                VSRenderer::ms_pRenderer->GetValueElement(
                GetOutputNode(OUT_VALUE),VSRenderer::VE_A);
        m_pOutput[4]->SetNodeName(OutputNameA);
    }
}
```

如果变量需要“暴露”出来，那么它必须占用寄存器，uiRegisterID 为分配的寄存器 ID，代码如下。

```
bool VSConstFloatValue::GetDeclareString(VSString &OutString,unsigned int
    uiRegisterID)const
{
    if(!m_bIsCustom)
        return 1;
    if(m_pOutput[0]->GetValueType() == VSPutNode::VT_1)
    {
        OutString +=VSRenderer::ms_pRenderer->Float() + _T(" ");//VSREAL
```

```
    }
    …
    else if(m_pOutput[0]->GetValueType() == VSPutNode::VT_4)
    {
         OutString +=VSRenderer::ms_pRenderer->Float4() + _T(" ");//float4
    }
    else
         return 0;
    OutString += m_pOutput[0]->GetNodeName().GetString()
      + VSRenderer::ms_pRenderer->SetRegister(VSRenderer::RT_C,uiRegisterID)
        +_T(";\n");
    return 1;
}
```

下面是输出的临时变量声明，因为这个节点没有输入，所以跳过了输入。对于用户自定义变量类型，则因已经定义（在着色器代码全局中定义）过而无须再定义。

```
bool VSConstFloatValue::GetOutPutValueString(VSString &OutString)const
{
    if(m_bIsCustom)
        return 1;
    if(m_pOutput[0]->GetValueType() == VSPutNode::VT_1)
    {
        OutString +=VSRenderer::ms_pRenderer->Float() + _T(" ");
    }
    …
    else if(m_pOutput[0]->GetValueType() == VSPutNode::VT_4)
    {
         OutString +=VSRenderer::ms_pRenderer->Float4() + _T(" ");
    }
    else
         return 0;
    OutString += m_pOutput[0]->GetNodeName().GetString() + _T(";\n");
    return 1;
}
```

对于用户自定义变量类型，每帧都会通过接口来设置数值。对于常量，临时变量值直接等于默认值即可，代码如下。

```
bool VSConstFloatValue::GetFunctionString(VSString &OutString)const
{
    if(m_bIsCustom)
        return 1;
    VSString Value[4];
    for(unsigned int i = 0 ; i < m_Value.GetNum() ; i++)
    {
        Value[i] = RealToString(m_Value[i]);
    }
    OutString += m_pOutput[0]->GetNodeName().GetString() + _T(" = ");
    if(m_pOutput[0]->GetValueType() == VSPutNode::VT_1)
    {
        OutString +=VSRenderer::ms_pRenderer->FloatConst(Value[0]);
    }
    …
    else if(m_pOutput[0]->GetValueType() == VSPutNode::VT_4)
    {
         OutString +=VSRenderer::ms_pRenderer->Float4Const
              (Value[0],Value[1],Value[2],Value[3]);
    }
    OutString += _T(";\n");
    return 1;
}
```

在生成的着色器代码中，对于用户自定义变量，直接访问；对于常量，需要用临时变量转换一次。

另一个需要用户自定义的就是纹理采样。VSTexSampler 类是纹理采样基类，代码如下。

```
class VSGRAPHIC_API VSTexSampler : public VSShaderFunction
{
    VSTexSampler(const VSUsedName & ShowName,VSMaterial * pMaterial);
    virtual bool GetInputValueString(VSString &InputString)const;
    virtual bool GetDeclareString(VSString &OutString,
        unsigned int uiRegisterID)const;
    virtual bool GetOutPutValueString(VSString &OutString)const = 0;
    protected:
    //指向纹理资源
    VSTexAllStateRPtr m_pTexAllState;
    //哪一层纹理坐标
    unsigned char m_uiTexCoordLevel;
    //如果是法线则需要解码
    unsigned char m_uiVEDecode;
    //是否要 sRGB 采样
    unsigned char m_uiVESRGB;
};
```

因为法线纹理和其他纹理不一样，图片里的值是 0～255，且需要转换成-1～1，所以要指定 m_uiVEDecode 是法线纹理。m_uiVESRGB 表示是否需要在着色器代码里面计算 SRGB（Standard Red Green Blue）采样；否则，可以在 m_pTexAllState 里指定纹理采样状态，通过硬件计算 SRGB 采样。

首先，声明采样器，代码如下。

```
bool VSTexSampler::GetDeclareString(VSString &OutString,unsigned int uiRegisterID)const
{
    OutString += VSRenderer::ms_pRenderer->GetDeclareSampler(m_ShowName.GetString(),
    GetTexType(), uiRegisterID);
    return true;
}
```

GetDeclareSampler 函数根据不同 API 生成不同的纹理采样声明，代码如下。

```
VSString VSDirectX9Renderer::GetDeclareSampler(const VSString &ShowName,
    unsigned int SamplerType, unsigned int uiRegisterIndex)const
{
   VSString OutString = Sampler(SamplerType) + _T(" ");
   OutString += ShowName
      + SetRegister(RT_S, uiRegisterIndex) + _T(";\n");
   return OutString;
}
VSString VSDirectX9Renderer::Sampler(unsigned int uiType)const
{
   if (uiType == VSTexture::TT_1D)
   {
        return VSString(_T("sampler1D "));
   }
   else if (uiType == VSTexture::TT_2D)
   {
        return VSString(_T("sampler2D "));
   }
   else if (uiType == VSTexture::TT_3D)
   {
        return VSString(_T("sampler3D "));
   }
   else if (uiType == VSTexture::TT_CUBE)
   {
```

```
            return VSString(_T("samplerCUBE "));
        }
        return VSString::ms_StringNULL;
    }
```

所有纹理采样器都是可以指定默认值的，也可以“暴露”出来并通过节点名字用材质实例设置。

VS2DTexSampler 类为 2D 采样器，作者也实现了 1D 采样器，至于立方体采样器，则请读者自己实现。VS2DTexSampler 类的代码如下。

```
class VSGRAPHIC_API VS2DTexSampler : public VSTexSampler
{
    virtual void SetTexture(VSTexAllStateR *pTexAllState);
    virtual unsigned int GetTexType()const
    {
        return VSTexture::TT_2D;
    }
    virtual bool GetFunctionString(VSString &OutString)const;
    virtual void ResetInShaderName();
    virtual bool GetOutPutValueString(VSString &OutString)const;
    enum
    {
        IN_TEXCOORD,
        IN_MAX
    };
    enum
    {
        OUT_COLOR,
        OUT_COLOR_R,
        OUT_COLOR_G,
        OUT_COLOR_B,
        OUT_COLOR_A,
        OUT_MAX
    };
};
```

构造函数的代码如下。

```
VS2DTexSampler::VS2DTexSampler(const VSUsedName & ShowName,VSMaterial * pMaterial):
    VSTexSampler(ShowName,pMaterial)
{
    //输入
    VSString InputID = IntToString(VSShaderStringFactory::ms_ShaderValueIndex);
    VSString InputName = _T("Tex2DSamplerInput") + InputID;
    VSInputNode *pInputNode = NULL;
    pInputNode = VS_NEW VSInputNode(VSPutNode::VT_2,InputName,this);
    VSMAC_ASSERT(pInputNode);
    m_pInput.AddElement(pInputNode);
    VSShaderStringFactory::ms_ShaderValueIndex++;
    //输出
    VSString OutputID = IntToString(VSShaderStringFactory::ms_ShaderValueIndex);
    VSString OutputName = _T("Tex2DSamplerOutput") + OutputID;
    VSOutputNode *pOutputNode = NULL;
    pOutputNode = VS_NEW VSOutputNode(VSPutNode::VT_4,OutputName,this);
    VSMAC_ASSERT(pOutputNode);
    m_pOutput.AddElement(pOutputNode);
    VSShaderStringFactory::ms_ShaderValueIndex++;
    //输出 R 分量
    VSString OutputNameR = VSRenderer::ms_pRenderer->GetValueElement
            (GetOutputNode(OUT_COLOR),VSRenderer::VE_R);
    pOutputNode = VS_NEW VSOutputNode(VSPutNode::VT_1,OutputNameR,this);
    VSMAC_ASSERT(pOutputNode);
    m_pOutput.AddElement(pOutputNode);
    //输出 G 分量
```

```
    VSString OutputNameG = VSRenderer::ms_pRenderer->GetValueElement(
              GetOutputNode(OUT_COLOR),VSRenderer::VE_G);
    pOutputNode = VS_NEW VSOutputNode(VSPutNode::VT_1,OutputNameG,this);
    VSMAC_ASSERT(pOutputNode);
    m_pOutput.AddElement(pOutputNode);
    //输出 B 分量
    VSString OutputNameB = VSRenderer::ms_pRenderer->GetValueElement(
              GetOutputNode(OUT_COLOR),VSRenderer::VE_B);
    pOutputNode = VS_NEW VSOutputNode(VSPutNode::VT_1,OutputNameB,this);
    VSMAC_ASSERT(pOutputNode);
    m_pOutput.AddElement(pOutputNode);
    //输出 A 分量
    VSString OutputNameA = VSRenderer::ms_pRenderer->GetValueElement(
              GetOutputNode(OUT_COLOR),VSRenderer::VE_A);
    pOutputNode = VS_NEW VSOutputNode(VSPutNode::VT_1,OutputNameA,this);
    VSMAC_ASSERT(pOutputNode);
    m_pOutput.AddElement(pOutputNode);
}
```

VS2DTexSampler 类输入 float2 类型的纹理坐标，输出 float4 类型的颜色，也可以输出分量。

GetInputValueString 函数定义输入的临时变量，临时变量的名字与连接它的输出的名字相同。如果没有输入，则用模型的纹理坐标值，GetInputValueString 函数的代码如下。

```
bool VSTexSampler::GetInputValueString(VSString &OutString)const
{
    if(!VSRenderer::ms_pRenderer)
        return 0;
    VSString Temp;
    if(m_pInput[0]->GetValueType() == VSPutNode::VT_1)
    {
        OutString +=VSRenderer::ms_pRenderer->Float() + _T(" ");
        Temp = VSRenderer::ms_pRenderer->FloatConst(_T("0"));
    }
    ...
    else if(m_pInput[0]->GetValueType() == VSPutNode::VT_4)
    {
        OutString +=VSRenderer::ms_pRenderer->Float4() + _T(" ");
        Temp = VSRenderer::ms_pRenderer->Float4Const(
                      _T("0"),_T("0"),_T("0"),_T("1"));
    }
    else
        return 0;
    //直接用模型的纹理坐标，也是像素着色器输入结构里的纹理坐标
    if(!m_pInput[0]->GetOutputLink())
    {
        OutString += m_pInput[0]->GetNodeName().GetString() + _T(" = ") +
            VSShaderStringFactory::ms_PSTextureInputCoordValue[m_uiTexCoordLevel]
             + _T(";\n");
          return 1;
    }
    OutString += GetValueEqualString(m_pInput[0]->GetOutputLink(),m_pInput[0]);
    return 1;
}
```

得到输出节点的代码更简单。定义输出的临时变量，代码如下。

```
bool VS2DTexSampler::GetOutPutValueString(VSString &OutString)const
{
     VSString Temp;
     if(m_pOutput[0]->GetValueType() == VSPutNode::VT_1)
     {
```

```
		OutString +=VSRenderer::ms_pRenderer->Float() + _T(" ");
		Temp = VSRenderer::ms_pRenderer->FloatConst(_T("0"));
	}
	…
	else if(m_pOutput[0]->GetValueType() == VSPutNode::VT_4)
	{
		OutString +=VSRenderer::ms_pRenderer->Float4() + _T(" ");
		Temp = VSRenderer::ms_pRenderer->Float4Const(
			_T("0"),_T("0"),_T("0"),_T("1"));
	}
	else
		return 0;
	OutString += m_pOutput[0]->GetNodeName().GetString() +
_T(" = ") + Temp + _T(";\n");
	return 1;
}
```

GetFunctionString 函数提供纹理采样的实际代码，m_uiVESRGB 和 m_uiVEDecode 可以指定 RGBA 分量，分别进行相应的运算，代码如下。

```
bool VS2DTexSampler::GetFunctionString(VSString &OutString)const
{
	//采样代码
	if(VSRenderer::ms_pRenderer)
		OutString += VSRenderer::ms_pRenderer->Tex2D(this);
	//SRGB 采样
	if (m_uiVESRGB)
	{
		VSString NodeString = VSRenderer::ms_pRenderer->GetValueElement(
			GetOutputNode(VS2DTexSampler::OUT_COLOR),m_uiVESRGB);
		OutString += NodeString + _T(" = ");
		VSRenderer::ms_pRenderer->GreaterZeroPow(NodeString,2.2f,OutString);
		OutString += _T(";\n");
	}
	//法线解码
	if (m_uiVEDecode)
	{
		VSString NodeString = VSRenderer::ms_pRenderer->GetValueElement(
			GetOutputNode(VS2DTexSampler::OUT_COLOR),m_uiVEDecode);
		OutString += NodeString + _T(" = ");
		VSRenderer::ms_pRenderer->DecodeNormal1(NodeString,OutString);
		OutString += _T(";\n");
	}
	return 1;
}
```

DecodeNormal1 函数和 GreaterZeroPow 函数都是虚函数，都需要用对应设备 API 去实现。不过实现方法很简单，直接调用 Shader.txt 头文件里对应名字的函数即可。DecodeNormal1 函数的代码如下。

```
void VSDirectX9Renderer::DecodeNormal1(const VSString & Normal,
VSString &OutString) const
{
	OutString += _T("DecodeNormal1(") + Normal + _T(")");
}
```

针对不同的渲染 API，Tex2D 函数的实现方式不同，下面是 DirectX 9 中实现的代码。

```
VSString VSDirectX9Renderer::Tex2D(const VS2DTexSampler * p2DTexSampler) const
{
	VSMAC_ASSERT(p2DTexSampler);
	if (!p2DTexSampler)
```

```
        return VSString();
    return p2DTexSampler->GetOutputNode(
VS2DTexSampler::OUT_COLOR)->GetNodeName().GetString()
 + _T(" = tex2D(") + VSShaderStringFactory::ms_TexPrefix +
p2DTexSampler->GetShowName().GetString() + _T(",") +
p2DTexSampler->GetInputNode(
VS2DTexSampler::IN_TEXCOORD)->GetNodeName().GetString() + _T(");\n");
}
```

如果节点输入类型和与它相连的输出类型不一样，就会做转换并进行容错处理。但类似于+、-、*、/等运算符，它们支持 float、float2、float3、float4 类型，它们的输入类型依赖于连接它们的输出类型，而它们的输出类型也依赖于输入类型。这种情况下，就要做“最大类型转换”，将 float * float2 强制变成 float2 * float2，将 float2 * float4 强制变成 float4 * float4。实际上，输出类型也会变成“最大类型”。此时，指定它的输入类型和输出类型已经失去了意义，要根据实际情况来判断。不过，不是所有输出都追寻最大类型，如点乘，它支持 float2、float3、float4 类型，但它的输出支持 float 类型。

VSMul 类表示乘法运算符，代码如下。

```
class VSGRAPHIC_API VSMul : public VSShaderFunction
{
    …
};
```

VSMul 类有两个输入和一个输出，构造函数如下。

```
VSMul::VSMul(const VSUsedName & ShowName,VSMaterial * pMaterial)
:VSShaderFunction(ShowName,pMaterial)
{
    //输入A，默认类型定义为float4
    VSString InputID = IntToString(VSShaderStringFactory::ms_ShaderValueIndex);
    VSString InputName = _T("MulInputA") + InputID;
    VSInputNode *pInputNode = NULL;
    pInputNode = VS_NEW VSInputNode(VSPutNode::VT_4,InputName,this);
    VSMAC_ASSERT(pInputNode);
    m_pInput.AddElement(pInputNode);
    VSShaderStringFactory::ms_ShaderValueIndex++;
    //输入B，默认类型定义为float4
    InputID = IntToString(VSShaderStringFactory::ms_ShaderValueIndex);
    InputName = _T("MulInputB") + InputID;
    pInputNode = NULL;
    pInputNode = VS_NEW VSInputNode(VSPutNode::VT_4,InputName,this);
    VSMAC_ASSERT(pInputNode);
    m_pInput.AddElement(pInputNode);
    VSShaderStringFactory::ms_ShaderValueIndex++;
    //输出，默认类型定义为float4
    VSString OutputID = IntToString(VSShaderStringFactory::ms_ShaderValueIndex);
    VSString OutputName = _T("MulOutput") + OutputID;
    VSOutputNode *pOutputNode = NULL;
    pOutputNode = VS_NEW VSOutputNode(VSPutNode::VT_4,OutputName,this);
    VSMAC_ASSERT(pOutputNode);
    m_pOutput.AddElement(pOutputNode);
    VSShaderStringFactory::ms_ShaderValueIndex++;
}
```

虽然输入和输出都指定了 VSPutNode::VT_4，表示 float4 类型，但真正的类型要根据连接情况而定。

ResetValueType 函数会在遍历整个节点的时候执行，并在生成输入/输出的临时变量之前完成，代码如下。

```
bool VSMul::ResetValueType()
{
    unsigned int MaxType = VSPutNode::VT_1;
    for (unsigned int i = 0; i < m_pInput.GetNum(); i++)
    {
        if (m_pInput[i]->GetOutputLink())
        {
            if (MaxType < m_pInput[i]->GetOutputLink()->GetValueType())
            {
                MaxType = m_pInput[i]->GetOutputLink()->GetValueType();
            }
        }
    }
    for (unsigned int i = 0; i < m_pInput.GetNum(); i++)
    {
        m_pInput[i]->SetValueType(MaxType);
    }
    m_pOutput[0]->SetValueType(MaxType);
    return true;
}
```

最后生成代码的函数如下。

```
bool VSMul::GetFunctionString(VSString &OutString)const
{
    OutString += VSRenderer::ms_pRenderer->Mul(this);
    return 1;
}
VSString VSDirectX9Renderer::Mul(const VSMul *pMul) const
{
   return pMul->GetOutputNode(VSMul::OUT_COLOR)->GetNodeName().GetString()
       + _T(" = ") +
     pMul->GetInputNode(VSMul::IN_A)->GetNodeName().GetString() + _T(" * ") +
       pMul->GetInputNode(VSMul::IN_B)->GetNodeName().GetString() + _T(";\n");
}
```

要完成其他函数的输入/输出类型重置，代码如下。

```
bool VSDot::ResetValueType()
{
    unsigned int MaxType = VSPutNode::VT_2;
    for (unsigned int i = 0; i < m_pInput.GetNum(); i++)
    {
        if (m_pInput[i]->GetOutputLink())
        {
            if (MaxType < m_pInput[i]->GetOutputLink()->GetValueType())
            {
                MaxType = m_pInput[i]->GetOutputLink()->GetValueType();
            }
        }
    }
    for (unsigned int i = 0; i < m_pInput.GetNum(); i++)
    {
        m_pInput[i]->SetValueType(MaxType);
    }
    return true;
}
```

VSDot 类的输出类型始终是 float，输入类型则可变。

在材质树中，用户经常需要访问的视点位置、视点的方向、顶点位置等，也要“暴露”给用户，代码如下。

```
class VSGRAPHIC_API VSWorldNormal : public VSShaderFunction
class VSGRAPHIC_API VSViewNormal : public VSShaderFunction
```

```
class VSGRAPHIC_API VSWorldPos : public VSShaderFunction
class VSGRAPHIC_API VSViewPos : public VSShaderFunction
class VSGRAPHIC_API VSVertexColor : public VSShaderFunction
class VSGRAPHIC_API VSLightColor : public VSShaderFunction
class VSGRAPHIC_API VSLightSpecular : public VSShaderFunction
class VSGRAPHIC_API VSLightDir : public VSShaderFunction
```

上面列举的 VSWorldNormal 类、VSViewNormal 类、VSWorldPos 类、VSViewPos 类、VSVertexColor 类、VSLightColor 类、VSLightSpecular 类、VSLightDir 类分别表示世界空间法线、相机空间法线、世界空间顶点位置、相机空间顶点位置、顶点颜色、光的颜色、光的高光颜色、光的方向，这些在用户编辑材质的时候都是可能用到的。它们生成代码的函数如下。

```
bool VSWorldNormal::GetFunctionString(VSString &OutString)const
{
     OutString +=
       GetOutputNode(OUT_COLOR)->GetNodeName().GetString() + _T(" = ") +
        VSShaderStringFactory::ms_WorldNormal + _T(";\n");
     return 1;
}
bool VSViewNormal::GetFunctionString(VSString &OutString)const
{
     OutString +=
         GetOutputNode(OUT_COLOR)->GetNodeName().GetString() + _T(" = ") +
                 VSShaderStringFactory::ms_ViewNormal + _T(";\n");
     return 1;
}
bool VSWorldPos::GetFunctionString(VSString &OutString)const
{
     OutString +=
         GetOutputNode(OUT_COLOR)->GetNodeName().GetString() + _T(" = ") +
                 VSShaderStringFactory::ms_WorldPos + _T(";\n");
     return 1;
}
bool VSViewPos::GetFunctionString(VSString &OutString)const
{
     OutString +=
         GetOutputNode(OUT_COLOR)->GetNodeName().GetString() + _T(" = ") +
               VSShaderStringFactory::ms_ViewPos + _T(";\n");
     return 1;
}
bool VSVertexColor::GetFunctionString(VSString &OutString)const
{
    if (VSShaderStringFactory::ms_PSColor[m_uiColorIndex].GetLength() > 0)
    {
         OutString +=
           GetOutputNode(OUT_COLOR)->GetNodeName().GetString() + _T(" = ") +
                      VSShaderStringFactory::ms_PSColor[m_uiColorIndex] + _T(";\n");
    }
    return 1;
}
bool VSLightColor::GetFunctionString(VSString &OutString)const
{
     OutString +=
               GetOutputNode(OUT_COLOR)->GetNodeName().GetString() + _T(" = ") +
                      VSShaderStringFactory::ms_LightColor+ _T(";\n");
     return 1;
}
bool VSLightSpecular::GetFunctionString(VSString &OutString)const
{
     OutString +=
```

```
                GetOutputNode(OUT_COLOR)->GetNodeName().GetString() + _T(" = ") +
                        VSShaderStringFactory::ms_LightSpecular + _T(";\n");
        return 1;
    }
    bool VSLightDir::GetFunctionString(VSString &OutString)const
    {
        OutString +=
                GetOutputNode(OUT_COLOR)->GetNodeName().GetString() + _T(" = ") +
                        VSShaderStringFactory::ms_LightDir + _T(";\n");
        return 1;
    }
```

上面的函数用到了预先定义的变量 VSShaderStringFactory::ms_WorldNormal、VSShaderStringFactory::ms_ViewNormal、VSShaderStringFactory::ms_WorldPos、VSShaderStringFactory::ms_ViewPos、VSShaderStringFactory::ms_PSColor[m_uiColorIndex]、VSShaderStringFactory::ms_LightColor、VSShaderStringFactory::ms_LightSpecular、VSShaderStringFactory::ms_LightDir。

仔细分析这 8 个变量，前 4 个可以分成一类，后 4 个分成另一类。当给用户提供计算光照材质的信息时，ms_LightColor、ms_LightSpecular、ms_LightDir 是可以直接提供的；顶点色通过顶点着色器传递给像素着色器，所以 ms_PSColor[m_uiColorIndex] 也是很容易取得的。而用户可能用到前 4 个变量，所以必须提前生成并加入着色器代码；如果用户没有用到，编译器就会对这些变量进行优化。具体添加过程在介绍像素着色器代码生成过程时会讲到。

8.2.6 顶点着色器代码生成

VSShaderStringFactory 类为创建着色器代码的类，把图形节点解析成着色器代码都要通过 VSShaderStringFactory 类实现，代码如下。

```
class VSGRAPHIC_API VSShaderStringFactory
{
public:
    static unsigned int ms_uiCreateVShaderNum;
    static unsigned int ms_uiCreatePShaderNum;
    //创建着色器
    static bool CreateVShaderString(VSVShader *pVShader,MaterialShaderPara &MSPara,
        unsigned int uiPassType,unsigned int uiShaderID,
        VSString & VShaderString);
    static bool CreatePShaderString(VSPShader *pPShader,MaterialShaderPara &MSPara,
        unsigned int uiPassType,unsigned int uiShaderID,
        VSString & PShaderString);
        protected:
     static void ClearAllString();
};
```

CreateVShaderString 函数用于创建顶点着色器，ms_uiCreateVShaderNum 与 ms_uiCreatePShaderNum 表示创建的顶点着色器和像素着色器的个数。

```
bool VSShaderStringFactory::CreateVShaderString(VSVShader *pVShader,
MaterialShaderPara &MSPara,unsigned int uiPassType,
unsigned int uiShaderID,VSString & VShaderString)
{
    ClearAllString();
    //创建的着色器个数加 1
    ms_uiCreateVShaderNum++;
    VSString VInclude;
    VSString VDynamic;
    VSString VInputDeclare;
```

```
    VSString VOutputDeclare;
    VSString VUserConstantString;
    VSString VFunctionString;
    VSLog VShaderText;
    VSString VShaderTextName;
    VSString ShaderID = IntToString(uiShaderID);
    //添加头文件部分
    VSRenderer::ms_pRenderer->GetIncludeShader(VInclude);
    VSRenderer::ms_pRenderer->GetDynamicShader(VDynamic);
    //添加用户自定义变量部分
    VSRenderer::ms_pRenderer->CreateVUserConstant
                (pVShader,MSPara,uiPassType,VUserConstantString);
    //添加输入部分
    VSRenderer::ms_pRenderer->CreateVInputDeclare
                (MSPara,uiPassType,VInputDeclare);
    //添加输出部分
    VSRenderer::ms_pRenderer->CreateVOutputDeclare
                (MSPara,uiPassType,VOutputDeclare);
    //添加主函数部分
    VSRenderer::ms_pRenderer->CreateVFunction
                (MSPara,uiPassType,VFunctionString);
    return 1;
}
```

ClearAllString 函数会把动态变量名清空，代码如下。

```
void VSShaderStringFactory::ClearAllString()
{
    …
    ms_PSOutputColorValue.Clear();
    ms_PSOutputColorValue1.Clear();
    …
    ms_PSInputProjectZ.Clear();
}
```

我们先看头文件部分，对于这部分，顶点着色器和像素着色器都是一样的，代码如下。

```
void VSRenderer::GetIncludeShader(VSString &OutString)
{
     OutString = ms_IncludeShader;
}
void VSRenderer::GetDynamicShader(VSString &OutString)
{
     OutString = ms_DynamicShader;
}
```

ms_IncludeShader 和 ms_DynamicShader 这两个字符串是在不同渲染设备的 API 中获得的。下面是 DirectX 9 中获取这两个字符串的代码。

```
bool VSDirectX9Renderer::InitialDefaultState()
{
    …
    //读取 Shader.txt
    VSString RenderAPIPre =
        VSResourceManager::GetRenderTypeShaderPath(RAT_DIRECTX9);
    VSFile IncludeShaderFile;
    VSString IncludeShaderPath =
            VSResourceManager::ms_ShaderPath + RenderAPIPre + _T("Shader.txt");
    if (!IncludeShaderFile.Open(IncludeShaderPath.GetBuffer(),VSFile::OM_RB))
    {
          return false;
    }
```

```
        unsigned int uiIncludeSize = IncludeShaderFile.GetFileSize();
        ms_IncludeShader.SetTCHARBufferNum(uiIncludeSize);
        if (!IncludeShaderFile.Read(ms_IncludeShader.GetBuffer(),uiIncludeSize,1))
        {
            return false;
        }
        //读取 DynamicShader.txt
        VSFile DynamicShaderFile;
        VSString DynamicShaderPath =
                VSResourceManager::ms_ShaderPath +
                RenderAPIPre + _T("DynamicShader.txt");
        if(!DynamicShaderFile.Open(DynamicShaderPath.GetBuffer(),VSFile::OM_RB))
        {
            return false;
        }
        unsigned int uiSize = DynamicShaderFile.GetFileSize();
        VSString VDynamicShaderString;
        VDynamicShaderString.SetTCHARBufferNum(uiSize);
        if(!DynamicShaderFile.Read(VDynamicShaderString.GetBuffer(),uiSize,1))
        {
            return false;
        }
        ms_DynamicShader.Format(VDynamicShaderString.GetBuffer(),
              VSResourceManager::GetGpuSkinBoneNum() * 3);
        ms_pDx9IncludeShader = VS_NEW VSDx9ShaderInclude();
        return 1;
}
```

ms_IncludeShader 直接读取 Shader.txt 的内容，而 ms_DynamicShader 读取 DynamicShader.txt 的内容后再把里面的变量数值化。

Shader.txt 里包含了所有共用的函数和类型。DirectX 9 中 Shader.txt 所在路径为 vsengine/Bin/Resource/Shader/Dx9。图 8.18 所示为 DirectX 9 中 Shader.txt 的内容。

```
#define PI 3.14159f
#define PCF_SAMPLER_NUM 9
#define FOUR_SAMPLER_NUM 4
static const float2 PCFSampler[PCF_SAMPLER_NUM] = {float2(-1,-1),float2(-1,0),float2(-1,1),float2
(0,-1),float2(0,0),float2(0,1),float2(1,-1),float2(1,0),float2(1,1)};
static const float2 FOURSampler[FOUR_SAMPLER_NUM] = {float2(-1,0),float2(0,-1),float2(0,1),float2
(1,0)};
struct DirLightType
{
        float4 LightDiffuse;
        float4 LightSpecular;
        float4 LightWorldDirection;
        float4 LightParam;
        float4 LightFunParam;
        row_major float4x4 WVP;
        row_major float4x4 ShadowMatrix[3];
};
struct PointLightType
{
        float4 LightDiffuse;
        float4 LightSpecular;
        float4 LightWorldPos;
        float4 ShadowParam;
        float4 LightFunParam;
        row_major float4x4 WVP;
        row_major float4x4 ShadowMatrix;
};
struct SpotLightType
{
        float4 LightDiffuse;
        float4 LightSpecular;
        float4 LightWorldPos; // w Range
```

图 8.18 Shader.txt 的内容

DynamicShader.txt 目前只包含了计算骨骼蒙皮的核心函数，代码如下。游戏引擎支持的骨骼数量是可以通过 VSResourceManager::GetGpuSkinBoneNum() 调节的，目前最多支持 70 根骨骼，因此它占用的寄存器是 210 个。

```
void ComputeBoneVector(in int4 Index, in float4 Weight, in float4 BoneVector[%d],
    out float4 v1, out float4 v2, out float4 v3)
{
    int4 IndexS = Index * 3;
    v1 = BoneVector[IndexS.x] * Weight.x + BoneVector[IndexS.y] * Weight.y +
         BoneVector[IndexS.z] * Weight.z + BoneVector[IndexS.w] * Weight.w;
    v2 = BoneVector[IndexS.x + 1] * Weight.x + BoneVector[IndexS.y + 1] * Weight.y +
    BoneVector[IndexS.z + 1] * Weight.z + BoneVector[IndexS.w + 1] * Weight.w;
    v3 = BoneVector[IndexS.x + 2] * Weight.x + BoneVector[IndexS.y + 2] * Weight.y +
    BoneVector[IndexS.z + 2] * Weight.z + BoneVector[IndexS.w + 2] * Weight.w;
}
```

in float4 BoneVector[%d]中的%d是可以调节的，如果有70根骨骼，那么得到的结果为in float4 BoneVector[210]。

把Shader.txt和DynamicShader.txt两个文件里的所有代码放到一起。对于Shader.txt部分，可以不用读出来，在生成的着色器代码中直接写入Include<"Shader.txt">，在DirectX 9中通过ms_pDx9IncludeShader来剖析头文件并编译。

VSDx9ShaderInclude类是帮助编译的类。一旦编译的时候遇到头文件，它就通过Open函数把文件名传递过来，然后用户通过ppData把文件里的数据传递给编译器，代码如下。

```
class VSDx9ShaderInclude : public ID3DXInclude
{
public:
     VSDx9ShaderInclude();
     virtual ~VSDx9ShaderInclude();
     STDMETHOD(Open)(THIS_ D3DXINCLUDE_TYPE IncludeType,
     LPCSTR pFileName, LPCVOID pParentData, LPCVOID *ppData, UINT *pBytes);
     STDMETHOD(Close)(THIS_ LPCVOID pData);
private:
     VSMap<VSString,VSString> m_FileMap;
};
```

m_FileMap用来缓存读取过的文件，防止文件再次被读取。

接下来，给出非用户自定义变量部分的代码。

```
void VSDirectX9Renderer::CreateVUserConstant(VSVShader *pVShader,
MaterialShaderPara &MSPara,unsigned int uiPassType, VSString & OutString)
{
    unsigned int uiRegisterID = 0;
    if (uiPassType == VSPass::PT_MATERIAL || uiPassType == VSPass::PT_PREZ)
    {
        CreateUserConstantWorldViewProjectMatrix(pVShader,
            uiRegisterID,OutString);
        CreateUserConstantSkin(MSPara.pGeometry,pVShader,
            uiRegisterID,OutString);
    }
    else if (uiPassType == VSPass::PT_SHADOW)
    {
        CreateUserConstantLightShadowMatrix(pVShader,uiRegisterID,OutString);
        CreateUserConstantSkin(MSPara.pGeometry,pVShader,
            uiRegisterID,OutString);
    }
    …
    pVShader->m_bCreatePara = true;
}
```

CreateVUserConstant函数要传递的参数是当前的着色器、渲染材质参数，以及当前渲染通道类型（render pass type）、输出变量定义的字符串。

作者省略了大量的渲染通道类型，生成不同的渲染通道类型的代码不一样。在创建代码的过程中，创建变量、参数的同时会记录寄存器分配情况。m_bCreatePara会被标记，表示已经得到变量占用的寄存器的信息。uiRegisterID表示寄存器ID，会逐渐增加。

这里以uiPassType == VSPass::PT_MATERIAL渲染通道为例进行讲解，其他的大同小异。

CreateUserConstantWorldViewProjectMatrix函数生成WorldViewProjectMatrix，代码如下。

```
void VSDirectX9Renderer::CreateUserConstantWorldViewProjectMatrix(
VSShader * pShader,unsigned int& ID, VSString & OutString)
{
    //生成代码
    VSString RegisterID = IntToString(ID);
    OutString += _T("row_major float4x4 ") +
            VSShaderStringFactory::ms_WorldViewProjectMatrix +
            _T(" : register(c") + RegisterID + _T(");\n");
    //定义变量
    VSUserConstant * pUserConstant = VS_NEW VSUserConstant(
            VSShaderStringFactory::ms_WorldViewProjectMatrix,
            NULL,sizeof(VSREAL) * 16,ID,4);
    pShader->m_pUserConstant.AddElement(pUserConstant);
    //累加寄存器
    ID += pUserConstant->GetRegisterNum();
}
```

生成的具体代码如下。

```
row_major float4x4 WorldViewProjectMatrix : register(c0);
```

为了创建VSUserConstant类，需要指定变量名、起始寄存器和所占寄存器个数，以及所占字节数，最后再累加寄存器ID，代码如下。

```
void VSDirectX9Renderer::CreateUserConstantSkin(VSGeometry * pGeometry,
VSShader * pShader,unsigned int& ID, VSString & OutString)
{
    //模型必须是骨骼蒙皮模型
    VSVertexBuffer * pVBuffer = pGeometry->GetMeshData()->GetVertexBuffer();
    if(pGeometry->GetAffectBoneNum() &&
            pVBuffer->GetBlendWeightData() &&
            pVBuffer->GetBlendIndicesData() )
    {
        //生成代码
        VSString RegisterID = IntToString(ID);
        unsigned int uiBoneNum = VSResourceManager::GetGpuSkinBoneNum();
        VSString BoneNum = IntToString(uiBoneNum * 3);
        OutString += _T("float4 ") + VSShaderStringFactory::ms_BoneMatrix +
            _T("[") + BoneNum + _T("]") + _T(" : register(c") +
            RegisterID + _T(");\n");
        //定义变量
        VSUserConstant * pUserConstant = VS_NEW
        VSUserConstant(VSShaderStringFactory::ms_BoneMatrix,
                NULL,sizeof(VSREAL) * 4 * uiBoneNum * 3,ID,uiBoneNum * 3);
        pShader->m_pUserConstant.AddElement(pUserConstant);
        //累加寄存器
        ID += pUserConstant->GetRegisterNum();
    }
}
```

CreateUserConstantSkin函数生成的代码为float4 BoneVector[210] : register(c4)。

对于任何变量，都按照这种方式添加。接下来，定义输入部分，代码如下。

```
void VSDirectX9Renderer::CreateVInputDeclare(MaterialShaderPara &MSPara,
unsigned int uiPassType, VSString & OutString)
{
	VSString TempDeclare;
	VSVertexBuffer * pVBuffer = MSPara.pGeometry->GetMeshData()->GetVertexBuffer();
	CreateVInputDeclarePosition(pVBuffer,TempDeclare);
	CreateVInputDeclareTexCoord(pVBuffer,TempDeclare);
	CreateVInputDeclareNormal(pVBuffer,TempDeclare);
	CreateVInputDeclareColor(pVBuffer,TempDeclare);
	CreateVInputDeclareSkin(pVBuffer,TempDeclare);
	OutString += _T("struct VS_INPUT \n{ \n"} + TempDeclare + _T(");\n");
}
```

输入部分也是很简单的，包括顶点位置信息、纹理坐标信息、法线信息、顶点色信息、蒙皮信息等。

遍历所有顶点位置层，生成顶点位置信息的输入部分，代码如下。

```
void VSDirectX9Renderer::CreateVInputDeclarePosition(VSVertexBuffer * pVBuffer,
                                    VSString & OutString)
{
	for(unsigned int i = 0 ; i < pVBuffer->GetPositionLevel(); i++)
	{
		if(pVBuffer->HavePositionInfo(i))
		{
			VSString VertexID = IntToString(i);
			OutString += _T("float3 Position") + VertexID
			           + _T(":POSITION") + VertexID + _T(";\n");
		}
	}
}
```

生成纹理坐标、法线等信息的输入部分省略，它们和顶点位置信息的输入部分大同小异，读者可以自行查看具体代码。

生成蒙皮信息的输入部分的代码如下。

```
void VSDirectX9Renderer::CreateVInputDeclareSkin(VSVertexBuffer * pVBuffer,
                                    VSString & OutString)
{
	if(pVBuffer->HaveBlendWeightInfo())
	{
		OutString += _T("float4 BlendWeight :BLENDWEIGHT;\n");
	}
	if(pVBuffer->HaveBlendIndicesInfo())
	{
		OutString += _T("int4 BlendIndices :BLENDINDICES;\n");
	}
}
```

顶点位置、纹理坐标、法线等信息支持多层，可以在着色器里实现变形动画效果。下面是生成有蒙皮信息的输入部分的代码。

```
row_major float4x4 WorldViewProjectMatrix : register(c0);
float4 BoneVector[210] : register(c4);
struct VS_INPUT
{
	float3 Position0 : POSITION0;
	float2 TexCoord0 : TEXCOORD0;
	float3 Normal0 : NORMAL0;
	float4 Tangent : TANGENT;
	float4 BlendWeight : BLENDWEIGHT;
	int4 BlendIndices : BLENDINDICES;
};
```

生成无蒙皮信息的输入部分的代码如下。

```
row_major float4x4 WorldViewProjectMatrix : register(c0);
struct VS_INPUT
{
    float3 Position0 : POSITION0;
    float2 TexCoord0 : TEXCOORD0;
    float3 Normal0 : NORMAL0;
    float4 Tangent : TANGENT;
};
```

然后，输出顶点位置信息，顶点位置信息也是像素着色器的输入信息，代码如下。

```
void VSDirectX9Renderer::CreateVOutputDeclare(MaterialShaderPara &MSPara,
unsigned int uiPassType, VSString & OutString)
{
    VSString TempDeclare;
    VSVertexBuffer * pVBuffer = MSPara.pGeometry->GetMeshData()->GetVertexBuffer();
    unsigned int ID = 0;
    CreateVOutputDeclarePosition(TempDeclare);
    CreateVOutputDeclareTexCoord(pVBuffer,ID,TempDeclare);
    CreateVOutputDeclareNormal(pVBuffer,ID,TempDeclare);
    CreateVOutputDeclareColor(pVBuffer,TempDeclare);
    if (uiPassType == VSPass::PT_MATERIAL || uiPassType == VSPass::PT_INDIRECT)
    {
        CreateVOutputDeclareLocalPos(ID,TempDeclare);
    }
    …
    OutString += _T("struct VS_OUTPUT \n{\n"} + TempDeclare + _T(");\n");
}
```

不同的渲染通道输出的顶点位置信息也不相同，这里只介绍 uiPassType == VSPass::PT_MATERIAL。其中，ID 是纹理 ID。大部分输出信息是通过纹理坐标语义标注传递的。下面是输出顶点投影空间位置信息的代码。

```
void VSDirectX9Renderer::CreateVOutputDeclarePosition(VSString & OutString)
{
     OutString += _T("float4 Position:POSITION;\n");
}
```

创建纹理坐标、法线等信息的代码省略，它们和创建顶点位置信息的代码大同小异，读者可以自行查看具体代码。

下面是输出顶点本地空间位置信息的代码。

```
void VSDirectX9Renderer::CreateVOutputDeclareLocalPos(unsigned int& ID,
VSString & OutString)
{
     VSString TextureID  = IntToString(ID);
     OutString += _T("float3 Pos:TEXCOORD") + TextureID + _T(";\n");
     ID++;
}
```

CreateVOutputDeclare 函数生成的代码如下。

```
struct VS_OUTPUT
{
    float4 Position : POSITION;
    float2 TexCoord0 : TEXCOORD0;
    float3 Normal : TEXCOORD1;
    float3 Tangent : TEXCOORD2;
    float3 Binormal : TEXCOORD3;
    float3 Pos : TEXCOORD4;
};
```

最后查看主函数部分，不同的渲染通道函数生成的信息不相同。CreateVFunction 函数生成顶点着色器的主函数代码。

```
void VSDirectX9Renderer::CreateVFunction(MaterialShaderPara &MSPara,
unsigned int uiPassType, VSString & OutString)
{
    VSString FunctionBody;
    if (uiPassType == VSPass::PT_MATERIAL || uiPassType == VSPass::PT_INDIRECT)
    {
        CreateVFunctionPositionAndNormal(MSPara,FunctionBody);
        CreateVFunctionColor(MSPara,FunctionBody);
        CreateVFunctionTexCoord(MSPara,FunctionBody);
        CreateVFunctionLocalPosition(MSPara,FunctionBody);
    }
    …
    else if (uiPassType == VSPass::PT_PREZ)
    {
        CreateVFunctionPosition(MSPara,FunctionBody);
    }
    else if (uiPassType == VSPass::PT_LIGHT_FUNCTION)
    {
        CreateVFunctionPost(MSPara,FunctionBody);
    }
    OutString +=
      _T("VS_OUTPUT ") + ms_VShaderProgramMain + _T("( VS_INPUT Input)\n{\n
                        VS_OUTPUT Out = (VS_OUTPUT) 0; \n")
                        + FunctionBody + _T("return Out;\n};\n");
}
VS_OUTPUT VSMain(VS_INPUT Input)
{
    VS_OUTPUT Out = (VS_OUTPUT)0;
    //要生成的部分
    return Out;
};
```

还以 uiPassType == VSPass::PT_MATERIAL 为例，CreateVFunctionPosition-AndNormal 函数为生成顶点位置信息和法线的函数，代码如下。

```
void VSDirectX9Renderer::CreateVFunctionPositionAndNormal(
MaterialShaderPara &MSPara,VSString & FunctionBody)
{
    //先定义顶点位置和法线的临时变量
    VSVertexBuffer *pVBuffer = MSPara.pGeometry->GetMeshData()->GetVertexBuffer();
    FunctionBody +=_T("float3 Position;\n");
    if(pVBuffer->HaveNormalInfo(0))
    {
        FunctionBody +=_T("float3 Normal;\n");
    }
    if(pVBuffer->HaveTangentInfo())
    {
        FunctionBody +=_T("float4 Tangent;\n");
        FunctionBody +=_T("float3 Binormal;\n");
    }
    //判断是否有蒙皮信息
    if(MSPara.pGeometry->GetAffectBoneNum()
            && pVBuffer->HaveBlendWeightInfo()
            && pVBuffer->HaveBlendIndicesInfo())
    {
        //临时变量
        FunctionBody +=_T("float4 U = 0;\n");
        FunctionBody +=_T("float4 V = 0;\n");
        FunctionBody +=_T("float4 N = 0;\n");
```

```
//计算骨骼矩阵
VSRenderer::ms_pRenderer->ComputeBoneVector
            ("Input.BlendIndices","Input.BlendWeight",
            VSShaderStringFactory::ms_BoneMatrix,
            "U","V","N",FunctionBody);
FunctionBody +=_T(";\n");
//得到骨骼矩阵变换后的本地位置
FunctionBody += "Position = ";
VSRenderer::ms_pRenderer->BoneTranPos
            ("float4(Input.Position0,1)","U","V","N",FunctionBody);
FunctionBody +=_T(";\n");
//处理法线
if(pVBuffer->HaveNormalInfo(0))
{
    FunctionBody += "Normal = Input.Normal0;\n";
    //解压
    if (pVBuffer->NormalDataType(0) == VSDataBuffer::DT_UBYTE4N)
    {
        FunctionBody += "Normal = ";
        VSRenderer::ms_pRenderer->DecodeNormal1
                    ("Normal",FunctionBody);
        FunctionBody +=_T(";\n");
    }
}
//处理切线
if(pVBuffer->HaveTangentInfo())
{
    FunctionBody += "Tangent = Input.Tangent;\n";
    //解压
    if (pVBuffer->TangentDataType() == VSDataBuffer::DT_UBYTE4N)
    {
        FunctionBody += "Tangent = ";
        VSRenderer::ms_pRenderer->DecodeNormal1
                    ("Tangent",FunctionBody);
        FunctionBody +=_T(";\n");
    }
    //处理负法线
    if(pVBuffer->HaveBinormalInfo())
    {
        FunctionBody += "Binormal = Input.Binormal;\n";
        //解压
        if (pVBuffer->BinormalDataType() ==
            VSDataBuffer::DT_UBYTE4N)
        {
            FunctionBody += "Binormal = ";
            VSRenderer::ms_pRenderer->DecodeNormal1
                        ("Binormal",FunctionBody);
            FunctionBody +=_T(";\n");
        }
    }
    else
    {
        //若不存在负法线，则计算出负法线
        FunctionBody += "Binormal = ";
        VSRenderer::ms_pRenderer->DecodeNormal2
                    (_T("Normal"),_T("Tangent"),FunctionBody);
        FunctionBody +=_T(";\n");
    }
}
//根据骨骼矩阵变换法线
if(pVBuffer->HaveNormalInfo(0))
{
    FunctionBody += "Normal = ";
```

```
                VSRenderer::ms_pRenderer->BoneTranNormal
                            ("Normal","U","V","N",FunctionBody);
                FunctionBody +=_T(";\n");
            }
            if(pVBuffer->HaveTangentInfo())
            {
                FunctionBody += "Tangent.xyz = ";
                VSRenderer::ms_pRenderer->BoneTranNormal
                            ("Tangent.xyz","U","V","N",FunctionBody);
                FunctionBody +=_T(";\n");
                FunctionBody += "Binormal = ";
                VSRenderer::ms_pRenderer->BoneTranNormal
                            ("Binormal","U","V","N",FunctionBody);
                FunctionBody +=_T(";\n");
            }
        }
        else //没有蒙皮信息
        {
            FunctionBody +=_T("Position = Input.Position0;\n");
            //处理法线
            if(pVBuffer->HaveNormalInfo(0))
            {   //解压法线
                FunctionBody +=_T("Normal = Input.Normal0;\n");
                if (pVBuffer->NormalDataType(0) == VSDataBuffer::DT_UBYTE4N)
                {
                    FunctionBody += "Normal = ";
                    VSRenderer::ms_pRenderer->DecodeNormal1
                                ("Normal",FunctionBody);
                    FunctionBody +=_T(";\n");
                }
            }
            //处理切线
            if(pVBuffer->HaveTangentInfo())
            {
                FunctionBody +=_T("Tangent = Input.Tangent;\n");
                //解压切线
                if (pVBuffer->TangentDataType() == VSDataBuffer::DT_UBYTE4N)
                {
                    FunctionBody += "Tangent = ";
                    VSRenderer::ms_pRenderer->DecodeNormal1
                                ("Tangent",FunctionBody);
                    FunctionBody +=_T(";\n");
                }
                //处理负法线
                if(pVBuffer->HaveBinormalInfo())
                {
                    FunctionBody +=_T("Binormal = Input.Binormal;\n");
                }
                else
                {
                    FunctionBody += "Binormal = ";
                    VSRenderer::ms_pRenderer->DecodeNormal2
                                (_T("Normal"),_T("Tangent"),FunctionBody);
                    FunctionBody +=_T(";\n");
                }
            }
        }
        //把位置从本地空间转换到投影空间，并输出
        FunctionBody += _T("Out.Position = mul(float4(Position,1), ") +
            VSShaderStringFactory::ms_WorldViewProjectMatrix + _T(");\n");
        //输出法线
        if(pVBuffer->HaveNormalInfo(0))
        {
```

```
        FunctionBody +=_T("Out.Normal = Normal;\n");
    }
    if(pVBuffer->HaveTangentInfo())
    {
        FunctionBody +=_T("Out.Tangent = Tangent.xyz;\n");
        FunctionBody +=_T("Out.Binormal = Binormal;\n");
    }
}
```

这部分代码处理了顶点和骨骼矩阵变换、法线解压缩，分别对带骨骼和不带骨骼的模型做了不同处理。在法线不压缩的情况下，法线、负法线、切线都存在，并且是全精度的；在压缩的情况下，法线是 UBYTE4N，切线也是 UBYTE4N，切线最后一位表示负法线朝向，法线和切线叉乘可以算出负法线。

本地空间位置、颜色信息和纹理坐标信息直接生成即可，代码分别如下。

```
void VSDirectX9Renderer::CreateVFunctionLocalPosition(MaterialShaderPara &MSPara,
    VSString & FunctionBody)
{
    FunctionBody +=_T("Out.Pos = Position;\n");
}
void VSDirectX9Renderer::CreateVFunctionColor(MaterialShaderPara &MSPara,
VSString & FunctionBody)
{
    VSVertexBuffer *pVBuffer = MSPara.pGeometry->GetMeshData()->GetVertexBuffer();
    for(unsigned int i = 0 ; i < pVBuffer->GetColorLevel(); i++)
    {
        if(pVBuffer->HaveColorInfo(i))
        {
            VSString ColorID = IntToString(i);
            FunctionBody += _T("Out.Color") + ColorID +
                            _T(" = Input.Color") + ColorID + _T(";\n");
        }
    }
}
void VSDirectX9Renderer::CreateVFunctionTexCoord(MaterialShaderPara &MSPara,
VSString & FunctionBody)
{
    VSVertexBuffer *pVBuffer = MSPara.pGeometry->GetMeshData()->GetVertexBuffer();
    for(unsigned int i = 0 ; i < pVBuffer->GetTexCoordLevel(); i++)
    {
        if(pVBuffer->HaveTexCoordInfo(0))
        {
            VSString TextureID = IntToString(i);
            FunctionBody += _T("Out.TexCoord") + TextureID +
                            _T(" = Input.TexCoord") + TextureID + _T(";\n");
        }
    }
}
```

最后，生成带蒙皮信息的顶点着色器的代码如下。

```
VS_OUTPUT VSMain(VS_INPUT Input)
{
   VS_OUTPUT Out = (VS_OUTPUT)0;
   float3 Position;
   float3 Normal;
   float4 Tangent;
   float3 Binormal;
   float4 U = 0;
   float4 V = 0;
   float4 N = 0;
   ComputeBoneVector(Input.BlendIndices, Input.BlendWeight, BoneVector, U, V, N);
```

```
    Position = TransPos(float4(Input.Position0, 1), U, V, N);
    Normal = Input.Normal0;
    Normal = DecodeNormal1(Normal);
    Tangent = Input.Tangent;
    Tangent = DecodeNormal1(Tangent);
    Binormal = DecodeNormal2(Normal, Tangent);
    Normal = TransNormal(Normal, U, V, N);
    Tangent.xyz = TransNormal(Tangent.xyz, U, V, N);
    Binormal = TransNormal(Binormal, U, V, N);
    Out.Position = mul(float4(Position, 1), WorldViewProjectMatrix);
    Out.Normal = Normal;
    Out.Tangent = Tangent.xyz;
    Out.Binormal = Binormal;
    Out.TexCoord0 = Input.TexCoord0;
    Out.Pos = Position;
    return Out;
};
```

生成不带蒙皮信息的顶点着色器的代码如下。

```
VS_OUTPUT VSMain(VS_INPUT Input)
{
    VS_OUTPUT Out = (VS_OUTPUT)0;
    float3 Position;
    float3 Normal;
    float4 Tangent;
    float3 Binormal;
    Position = Input.Position0;
    Normal = Input.Normal0;
    Normal = DecodeNormal1(Normal);
    Tangent = Input.Tangent;
    Tangent = DecodeNormal1(Tangent);
    Binormal = DecodeNormal2(Normal, Tangent);
    Out.Position = mul(float4(Position, 1), WorldViewProjectMatrix);
    Out.Normal = Normal;
    Out.Tangent = Tangent.xyz;
    Out.Binormal = Binormal;
    Out.TexCoord0 = Input.TexCoord0;
    Out.Pos = Position;
    return Out;
};
```

ComputeBoneVector、DecodeNormal1、TransPos、TransNormal、DecodeNormal2等函数都在 Shader.txt 里。

这样就生成了整个顶点着色器的代码。要加入一个渲染通道特性（大部分已经集成在着色器代码里），可以先把着色器写好，把公共函数写到头文件中，然后在渲染器中加入这些函数的接口。常用变量的定义已经在 VSRenderer 中实现，直接调用相应函数即可，如创建 WorldMatrix、ViewMatrix、WorldViewProjectMatrix 的函数在游戏引擎里面已经写好，直接添加即可。同理，对于输入部分和输出部分，也是这样的。对于生成代码部分，将常用的部分也封装成函数；如果没有，可仿照本节内容自行实现。生成的着色器代码会保存到 Bin/Resource/Output/ShaderCode/路径下，并根据不同的渲染通道生成不同的文件名，代码如下。

```
if (uiPassType == VSPass::PT_MATERIAL || uiPassType == VSPass::PT_INDIRECT)
{
    VShaderTextName = VSResourceManager::ms_OutputShaderCodePath +
pMaterial->GetShowName().GetString() + ShaderID + _T("VShader.txt");
        …
else if (uiPassType == VSPass::PT_LIGHT_FUNCTION)
{
     VShaderTextName = VSResourceManager::ms_OutputShaderCodePath +
```

```
pMaterial->GetShowName().GetString() + _T("_LightFun") +
ShaderID + _T("VShader.txt");
}
```

8.2.7 像素着色器代码生成

像素着色器的组成也分成5部分，GetIncludeShader函数和GetDynamicShader函数这里不再介绍，它们和顶点着色器的对应函数一模一样。

CreatePShaderString函数生成像素着色器代码，代码如下。

```
bool VSShaderStringFactory::CreatePShaderString(VSPShader * pPShader,
MaterialShaderPara &MSPara,unsigned int uiPassType,unsigned
int uiShaderID,VSString & PShaderString)
{
    VSMaterial *pMaterial = MSPara.pMaterialInstance->GetMaterial();
    ClearAllString();
    ms_uiCreatePShaderNum++;
    VSString PInclude;
    VSString PDynamic;
    VSString PInputDeclare;
    VSString POutputDeclare;
    VSString PUserConstantstring;
    VSString PFunctionString;
    VSLog PShaderText;
    VSString PShaderTextName;
    VSString ShaderID = IntToString(uiShaderID);
    VSRenderer::ms_pRenderer->GetIncludeShader(PInclude);
    VSRenderer::ms_pRenderer->GetDynamicShader(PDynamic);
    VSRenderer::ms_pRenderer->CreatePInputDeclare(MSPara,uiPassType,PInputDeclare);
    VSRenderer::ms_pRenderer->CreatePOutputDeclare
                         (MSPara,uiPassType,POutputDeclare);
    //必须在创建自定义变量前调用，这样才知道有哪些自定义变量
    VSRenderer::ms_pRenderer->CreatePFunction(MSPara,uiPassType,PFunctionString);
    VSRenderer::ms_pRenderer->CreatePUserConstant
                         (pPShader,MSPara,uiPassType,PUserConstantstring);
    return 1;
}
```

CreatePInputDeclare函数生成像素着色器的输入代码，代码如下。

```
void VSDirectX9Renderer::CreatePInputDeclare(MaterialShaderPara &MSPara,
unsigned int uiPassType, VSString & OutString)
{
     VSString TempDeclare;
     unsigned int j = 0;
     VSVertexBuffer *pVBuffer = MSPara.pGeometry->GetMeshData()->GetVertexBuffer();
     if (uiPassType == VSPass::PT_MATERIAL ||
              uiPassType == VSPass::PT_INDIRECT)
     {
           CreatePInputDeclareTexCoord(pVBuffer,j,TempDeclare);
           CreatePInputDeclareNormal(pVBuffer,j,TempDeclare);
           CreatePInputDeclareColor(pVBuffer,TempDeclare);
           CreatePInputDeclareLocalPos(j,TempDeclare);
           OutString += _T("struct PS_INPUT \n{ \n"} + TempDeclare + _T(");\n");
     }
     …
     else if (uiPassType == VSPass::PT_LIGHT_FUNCTION)
     {
          CreatePInputDeclareTexCoord(pVBuffer,j,TempDeclare);
          OutString += _T("struct PS_INPUT \n{ \n"} + TempDeclare + _T(");\n");
     }
}
```

像素着色器的输入是根据顶点着色器的输出来定的，所以不同的渲染通道输入也不同。CreatePInputDeclareTexCoord 函数创建纹理坐标输入信息的代码，代码如下。

```
void VSDirectX9Renderer::CreatePInputDeclareTexCoord(VSVertexBuffer * pVBuffer,
    unsigned int& ID, VSString & OutString)
{
    for(unsigned int i = 0 ; i < pVBuffer->GetTexCoordLevel(); i++)
    {
        if(pVBuffer->HaveTexCoordInfo(i))
        {
             VSString TextureID = IntToString(ID);
             OutString += _T("float2 TexCoord") +
                                  TextureID + _T(":TEXCOORD") + TextureID + _T(";\n");
            VSShaderStringFactory::ms_PSTextureInputCoordValue[i] =
                                  _T("ps_Input.TexCoord") + TextureID;
            ID++;
        }
    }
}
```

法线、顶点色的创建和纹理坐标信息的创建大同小异，此处省略，读者可以自行查看具体代码。要创建本地空间位置信息的输入代码，代码如下。

```
void VSDirectX9Renderer::CreatePInputDeclareLocalPos(unsigned int& ID,
VSString & OutString)
{
     VSString TextureID = IntToString(ID);
     OutString += _T("float3 Pos:TEXCOORD") + TextureID + _T(";\n");
     ID++;
     VSShaderStringFactory::ms_PSInputLocalPos = _T("ps_Input.Pos");
}
```

它和顶点着色器的输入代码稍有些不同，这里定义了 VSShaderStringFactory 的几个字符串——ms_PSTextureInputCoordValue、ms_PSInputLocalNormal、ms_PSInput-LocalTangent、ms_PSInputLocalBinormal、ms_PSColor、ms_PSInputLocalPos。其实这些字符串可以和 ms_WorldViewProjectMatrix 字符串一样进行全局定义，不用动态改变。最后，生成像素着色器的输入代码，代码如下。

```
struct PS_INPUT
{
    float2 TexCoord0 : TEXCOORD0;
    float3 Normal : TEXCOORD1;
    float3 Tangent : TEXCOORD2;
    float3 Binormal : TEXCOORD3;
    float3 Pos : TEXCOORD4;
};
```

CreatePOutputDeclare 函数创建像素着色器的输出代码，代码如下。

```
void VSDirectX9Renderer::CreatePOutputDeclare(MaterialShaderPara &MSPara,
unsigned int uiPassType, VSString & OutString)
{
    VSString TempDeclare;
    TempDeclare += _T("float4 Color0:COLOR0;");
    VSShaderStringFactory::ms_PSOutputColorValue = _T("Out.Color0");
    OutString += _T("struct PS_OUTPUT \n{ \n"} + TempDeclare + _T("\n);\n");
}
```

现在所有渲染通道输出的都是一个渲染目标。读者若要集成延迟渲染，并要输出多个渲染目标，那么要用到多个 Out.Color，多定义几个 ms_PSOutputColorValue。要生成像素着色器的输出代码，代码如下。

```
struct PS_OUTPUT
{
    float4 Color0 : COLOR0;
};
```

像素着色器和顶点着色器有些不同——构建主函数部分和创建变量声明部分颠倒了。这是因为像素着色器只有通过主函数遍历图形节点树，才能知道用户自定义的变量，而在顶点着色器里没有用户自定义的变量。

CreatePFunction 函数生成像素着色器主函数代码，代码如下。

```
void VSDirectX9Renderer::CreatePFunction(MaterialShaderPara &MSPara,
unsigned int uiPassType, VSString & OutString)
{
    if (uiPassType == VSPass::PT_MATERIAL)
    {
        VSString FunctionBody;
        VSMaterial *pMaterial = MSPara.pMaterialInstance->GetMaterial();
        pMaterial->GetShaderTreeString(FunctionBody,MSPara,
                VSShaderMainFunction::OST_MATERIAL,MSPara.uiPassId);
        OutString += _T("PS_OUTPUT ") + ms_PShaderProgramMain +
            _T("(PS_INPUT ps_Input)\n{\nPS_OUTPUT Out = (PS_OUTPUT) 0;\n"} +
                FunctionBody + _T("return Out;\n};\n");
    }
    …
    else if (uiPassType == VSPass::PT_PREZ)
    {
        OutString = _T("PS_OUTPUT ") + ms_PShaderProgramMain +
            _T("(PS_INPUT ps_Input)\n{\n PS_OUTPUT Out = (PS_OUTPUT) 0;
                \nOut.Color0 = float4(0.0f,0.0f,0.0f,1.0f);\nreturn Out;\n};");
    }
}
```

这里只介绍 uiPassType == VSPass::PT_MATERIAL。VSShaderMainFunction::OST_MATERIAL 的含义与渲染通道中的 VSPass::PT_MATERIAL 相同，只不过是在 VSShader-Function 类里用的。进入 VSMaterial::GetShaderTreeString 函数，要生成主函数代码，代码如下。

```
bool VSMaterial::GetShaderTreeString(VSString & OutString,
MaterialShaderPara &MSPara,unsigned int uiOST,unsigned char uPassId)
{
    VSShaderStringFactory::ms_ShaderValueIndex = 0;
    //重置临时变量名字
    for (unsigned int i = 0 ; i < m_pShaderFunctionArray.GetNum() ; i++)
    {
        m_pShaderFunctionArray[i]->ResetInShaderName();
    }
    //检查节点连接是否有错误
    bool Temp = m_pShaderMainFunction[uPassId]->CheckChildNodeValidAll(
            NoValidMap);
    if (!Temp)
    {
        return false;
    }
    //设置参数
    m_pShaderMainFunction[uPassId]->SetMaterialShaderPara(MSPara);
    //情况访问标记
    m_pShaderMainFunction[uPassId]->ClearShaderTreeStringFlag();
    return m_pShaderMainFunction[uPassId]->GetShaderTreeString(OutString,uiOST);
}
```

临时变量是根据节点输入名字和输出名字加上 ms_ShaderValueIndex 组成的，每一个临时变量生成后，ms_ShaderValueIndex 都会加 1。当材质需要重新编译生成代码时，ms_Shader-

ValueIndex 就要重置为 0，同样输入/输出名字也会刷新。

和动画树一样，每个节点都有一个表示是否访问过的标记。ClearShaderTreeStringFlag 函数首先清除访问记录，然后开始遍历整棵树。CheckChildNodeValidAll 函数判断节点连接是否合法。VSShaderMainFunction::GetShaderTreeString 函数遍历整棵材质树并生成像素着色器代码，代码如下。

```
bool VSShaderMainFunction::GetShaderTreeString(VSString &OutString,
unsigned int uiOutPutStringType)
{
    //如果访问过，则直接返回
    if(m_bIsVisited == 1)
        return 1;
    else
    {
        m_bIsVisited = 1; //设置访问标记
        if (uiOutPutStringType == OST_MATERIAL)
        {
              //声明非用户自定义变量
              GetValueUseDeclareString(OutString, VUS_ALL);
              //得到法线的着色器代码
              GetNormalString(OutString);
              //得出非用户自定义变量的代码
              GetValueUseString(OutString, VUS_ALL);
              //得到其他输入的着色器代码
              for(unsigned int i = 0 ; i < m_pInput.GetNum(); i++)
              {
                  if(m_pInput[i]->GetOutputLink() == NULL)
                       continue;
                  else if (m_pInput[i] == GetNormalNode())
                  {
                       continue;
                  }
                  else
                  {
                       ((VSShaderFunction *)m_pInput[i]->
                                             GetOutputLink()->GetOwner())->
                                             GetShaderTreeString(OutString);
                  }
              }
        }
        …
        //得到输入变量等于生成代码的临时变量
        if(!GetInputValueString(OutString,uiOutPutStringType))
             return 0;
        //得到输出变量
        if(!GetOutPutValueString(OutString))
             return 0;
        //得到输出对应的主函数代码
        if (uiOutPutStringType == OST_MATERIAL)
        {
             if(!GetFunctionString(OutString))
                  return 0;
        }
        …
        return 1;
    }
}
```

遍历整棵材质树是从主函数开始的，然后调用其他 VSShaderFunction 的 GetShaderTreeString 函数，一般分成 4 个步骤。

（1）遍历连接它的输入节点。

（2）得到输入变量。

（3）得到输出变量。

（4）得到此节点的函数代码。

主函数的GetShaderTreeString函数比其他节点多了GetValueUseDeclareString函数、GetValueUseString函数和处理不同渲染通道分支的过程。

GetValueUseDeclareString函数和GetValueUseString函数的作用是生成非用户自定义变量的代码。回到主函数的GetShaderTreeString函数，作者还以uiOutPutStringType == OST_MATERIAL为例来讲解，其他分支的渲染通道将在后面陆续介绍。

首先，要得到非用户自定义变量的声明，代码如下。

```
void VSShaderMainFunction::GetValueUseDeclareString(VSString &OutString,
unsigned int uiValueUseString)
{
    VSString DefaultValue =
            VSRenderer::ms_pRenderer->Float3Const(_T("0"), _T("0"), _T("0"));
    if ((uiValueUseString & VUS_WORLD_POS) == VUS_WORLD_POS)
            OutString += VSRenderer::ms_pRenderer->Float3() +
              VSShaderStringFactory::ms_WorldPos +
                 _T(" = ") + DefaultValue + _T(";\n");
    …
    if ((uiValueUseString & VUS_VIEW_WORLD_DIR) == VUS_VIEW_WORLD_DIR)
          OutString += VSRenderer::ms_pRenderer->Float3() +
                    VSShaderStringFactory::ms_ViewWorldDir +
                    _T(" = ") + DefaultValue + _T(";\n");
}
```

这段代码根据不同渲染通道得到用户可能用到的变量。如果所有的条件都满足，那么生成的代码如下。

```
float3 ViewPos;
float3 WorldPos;
float3 ProjectPos
float3 ViewNormal;
float3 WorldNormal;
float3 ViewWorldDir;
```

不过，并不是所有渲染通道都需要满足条件，所以要按需分配。例如，在阴影渲染通道（shadow render pass）下，透明度（alpha）输入是禁止连接VSViewPos和VSProjectPos的（如果游戏中存在多个相机，那么当影子算法与视角无关时，就无法确定用哪一个相机下的相机空间位置和投影空间位置，所以要物体在透明度混合（alpha blend）模式下投影，就不能使用VSViewPos和VSProjectPos来计算物体的透明值）。下面的枚举类型表示本次渲染通道需要的空间位置信息。

```
enum ValueUseString
{
   VUS_WORLD_POS = BIT(1),
   VUS_VIEW_POS = BIT(2) | VUS_WORLD_POS,
   VUS_PROJ_POS = BIT(3) | VUS_VIEW_POS,
   VUS_WORLD_NORMAL = BIT(4),
   VUS_VIEW_NORMAL = BIT(5) | VUS_WORLD_NORMAL,
   VUS_VIEW_WORLD_DIR = BIT(6),
   VUS_ALL = VUS_PROJ_POS | VUS_VIEW_NORMAL |
   VUS_VIEW_WORLD_DIR,
};
```

如果需要相机空间位置，那么世界空间位置也可以一起计算出来。如果需要投影空间位置，那么相机空间位置和世界空间位置也可以一起计算出来。VUS_ALL 表示所有的都需要。

因为其他输入节点可能用到和法线有关的非用户自定义变量，如世界空间法线和相机空间法线，所以法线的相关代码必须提前得到。同时，法线的输入后不能有连接 VSWorldNormal 类和 VSViewNormal 类的节点。

下面是得到法线的代码。

```
void VSShaderMainFunction::GetNormalString(VSString &OutString)const
{
    if (GetNormalNode()->GetOutputLink())
    {
        ((VSShaderFunction *)GetNormalNode()->GetOutputLink()->
GetOwner())->GetShaderTreeString(OutString);
    }
}
```

同理，下面是得到透明度输入、自发光输入、漫反射输入的代码。

```
void GetAlphaString(VSString &OutString)const;
void GetEmissiveString(VSString &OutString)const;
void GetDiffuseString(VSString &OutString)const;
```

IsValidNodeToThis 函数判断 VSWorldNormal 类和 VSViewNormal 类是否连接法线的输入，代码如下。

```
bool VSShaderMainFunction::IsValidNodeToThis(VSShaderFunction *pShaderFunction)
{
    if(pShaderFunction->GetType().IsSameType(VSWorldNormal::ms_Type) ||
        pShaderFunction->GetType().IsSameType(VSViewNormal::ms_Type))
    {
        if(GetNormalNode()->GetOutputLink())
        {
            VSShaderFunction *pOwner = (VSShaderFunction *)
                GetNormalNode()->GetOutputLink()->GetOwner();
            if (pOwner == pShaderFunction)
            {
                return false;
            }
            if (pOwner->HaveThisChild(pShaderFunction) ==  true)
            {
                return false;
            }
        }
    }
    return true;
}
```

最后，要得到非用户自定义变量，代码如下。

```
void VSShaderMainFunction::GetValueUseString(VSString &OutString)
{
    if ((uiValueUseString & VUS_WORLD_NORMAL) == VUS_WORLD_NORMAL)
    {
        //如果像素着色器输入没有法线，那么世界空间法线为0
        if(VSShaderStringFactory::ms_PSInputLocalNormal.GetLength() == 0)
        {
            OutString += VSShaderStringFactory::ms_WorldNormal + _T(" = ") +
             VSRenderer::ms_pRenderer->Float3Const(
                _T("0"),_T("0"),_T("0")) + _T(";\n");
        }
        //如果像素着色器输入有法线，但材质树法线输入为空，或者
```

```
        //像素着色器输入没有切线，那么直接计算世界空间法线
        else if(!GetNormalNode()->GetOutputLink() ||
            VSShaderStringFactory::ms_PSInputLocalTangent.GetLength() == 0)
        {
            OutString += VSShaderStringFactory::ms_WorldNormal + _T(" = ");
            VSRenderer::ms_pRenderer->LocalToWorldNormal(
                    VSShaderStringFactory::ms_PSInputLocalNormal,OutString);
            OutString += _T(";\n");
        }
        else
        {
            GetNormalInputValueString(OutString);
            //用 TBN 计算本地空间法线
            OutString += VSRenderer::ms_pRenderer->Float3() +
                    _T("LocalNormal = ");
            VSRenderer::ms_pRenderer->BumpNormal(
                    GetNormalNode()->GetNodeName().GetString(),OutString);
            OutString += _T(";\n");
            //计算世界空间法线
            OutString += VSShaderStringFactory::ms_WorldNormal + _T(" = ");
            VSRenderer::ms_pRenderer->LocalToWorldNormal(
                    _T("LocalNormal"),OutString);
            OutString += _T(";\n");
        }
    }
    if ((uiValueUseString & VUS_VIEW_NORMAL) == VUS_VIEW_NORMAL)
    {
        //计算相机空间法线
        OutString += VSShaderStringFactory::ms_ViewNormal + _T(" = ");
        VSRenderer::ms_pRenderer->WorldToViewNormal (
            VSShaderStringFactory::ms_WorldNormal,OutString);
        OutString += _T(";\n");
    }
    if ((uiValueUseString & VUS_WORLD_POS) == VUS_WORLD_POS)
    {
        //计算世界空间位置
        OutString += VSShaderStringFactory::ms_WorldPos + _T(" = ");
        VSRenderer::ms_pRenderer->LocalToWorldPos(
            VSShaderStringFactory::ms_PSInputLocalPos,OutString);
        OutString += _T(";\n");
    }
    if ((uiValueUseString & VUS_VIEW_POS) == VUS_VIEW_POS)
    {
        //计算相机空间位置
        OutString += VSShaderStringFactory::ms_ViewPos + _T(" = ");
        VSRenderer::ms_pRenderer->WorldToViewPos(
            VSShaderStringFactory::ms_WorldPos,OutString);
        OutString += _T(";\n");
    }
    //计算投影空间位置
    if ((uiValueUseString & VUS_PROJ_POS) == VUS_PROJ_POS)
    {
        OutString += VSShaderStringFactory::ms_ProjectPos + _T(" = ");
        VSRenderer::ms_pRenderer->TransProjPos(
            VSShaderStringFactory::ms_ViewPos,
            VSShaderStringFactory::ms_ProjectMatrix, OutString);
        OutString += _T(";\n");
    }
    if ((uiValueUseString & VUS_VIEW_WORLD_DIR) == VUS_VIEW_WORLD_DIR)
    {
        //计算相机的世界空间朝向
        VSString ViewWorldDir;
```

```
            VSRenderer::ms_pRenderer->GetWorldViewDir(ViewWorldDir);
            OutString += VSShaderStringFactory::ms_ViewWorldDir + _T(" = ")
                + ViewWorldDir;
            OutString += _T(";\n");
        }
    }
bool VSShaderMainFunction::GetNormalInputValueString(VSString &OutString)const
{
    VSString Temp;
    //法线的输入必须是 float4 类型
    unsigned int uiNormalValueType = GetNormalNode()->GetValueType()
    if(uiNormalValueType == VSPutNode::VT_4)
    {
        OutString +=VSRenderer::ms_pRenderer->Float4() + _T(" ");
        Temp = VSRenderer::ms_pRenderer->Float4Const(
                _T("0"),_T("0"),_T("0"),_T("1"))
    }
    else
    {
        VSMAC_ASSERT(0);
    }
    //如果法线的输入为空值，那么由法线输入的临时变量为 0
    if(!GetNormalNode()->GetOutputLink())
    {
        OutString += GetNormalNode()->GetNodeName().GetString() +
            _T(" = ") + Temp + _T(";\n");
    }
    //否则法线输入的临时变量为连接它的着色器节点代码
    else
    {
        OutString += GetValueEqualString(
                GetNormalNode()->GetOutputLink(),GetNormalNode());
    }
}
```

首先，要保证顶点里面包含法线、切线、负法线。有以下 4 种情况。第 1 种情况是如果顶点没有法线，那么世界空间中的法线为 0。第 2 种情况是如果法线的输入是空值，则说明没有提供切空间法线（tangent space normal），本地空间法线就是顶点法线。第 3 种情况是如果顶点没有切线和负法线，则说明本地空间法线就是顶点法线。第 4 种情况是若没有任何信息缺失，则直接通过法线节点得到的就是切空间法线的代码，然后再用 TBN 矩阵将其转换成本地空间法线，并转换成世界空间法线。

第 1 种情况下，顶点没有法线，生成如下代码。

```
struct PS_INPUT
{
    float2 TexCoord0 : TEXCOORD0;
    …
};
float3 WorldNormal;
WorldNormal = float3(0.0f,0.0f,0.0f);
```

第 2 种情况下，法线的输入为空值，生成如下代码。

```
struct PS_INPUT
{
    float2 TexCoord0 : TEXCOORD0;
    float3 Normal : TEXCOORD1;
    float3 Tangent : TEXCOORD2;
    float3 Binormal : TEXCOORD3;
    …
};
```

```
float3 WorldNormal;
WorldNormal = TransNormal(ps_Input.Normal, WorldMatrix);
```

第3种情况下，顶点没有切线，生成如下代码。

```
struct PS_INPUT
{
     float2 TexCoord0 : TEXCOORD0;
     float3 Normal : TEXCOORD1;
     …
};
float3 WorldNormal;
WorldNormal = TransNormal(ps_Input.Normal, WorldMatrix);
```

第4种情况下，没有任何信息缺失，生成如下代码。

```
struct PS_INPUT
{
     float2 TexCoord0 : TEXCOORD0;
     float3 Normal : TEXCOORD1;
     float3 Tangent : TEXCOORD2;
     float3 Binormal : TEXCOORD3;
     …
};
float4  Normal = 连接法线节点产生的代码
float3 LocalNormal =
       BumpNormal(ps_Input.Tangent, ps_Input.Binormal, ps_Input.Normal, Normal);
WorldNormal = TransNormal(LocalNormal, WorldMatrix);
```

下面是其他的非用户自定义变量生成的代码。

```
WorldPos = TransPos(ps_Input.Pos, WorldMatrix);
ViewPos = TransPos(WorldPos, ViewMatrix);
ProjectPos = TransPos(WorldPos, ProjectMatrix);
ViewNormal = TransNormal(WorldNormal, WorldMatrix);
ViewWorldDir = GetZDir(ViewMatrix);
```

所有用到的设备 API 函数都定义在 Shader.txt 文件中，代码如下。

```
void VSDirectX9Renderer::LocalToWorldPos(const VSString & LocalPos,
VSString &OutString)const
{
     OutString += _T("TransPos(") + LocalPos + _T(",") +
         VSShaderStringFactory::ms_WorldMatrix + _T(")");
}
void VSDirectX9Renderer::WorldToViewPos(const VSString & WorldPos,
VSString &OutString)const
{
     OutString += _T("TransPos(") + WorldPos + _T(",") +
         VSShaderStringFactory::ms_ViewMatrix + _T(")");
}
void VSDirectX9Renderer::LocalToWorldNormal(const VSString & LocalNormal,
VSString &OutString)const
{
     OutString += _T("TransNormal(") + LocalNormal + _T(",") +
         VSShaderStringFactory::ms_WorldMatrix + _T(")");
}
void VSDirectX9Renderer::GetWorldViewDir(VSString &OutString)const
{
     OutString += VSShaderStringFactory::ms_ViewWorldDir + _
         T(" = ") + _T("GetZDir(") + VSShaderStringFactory::ms_ViewMatrix + _T(")");
}
void VSDirectX9Renderer::WorldToViewNormal(const VSString & WorldNormal,
VSString &OutString)const
{
```

```
        OutString += _T("TransNormal(") + WorldNormal + _T(",") +
            VSShaderStringFactory::ms_ViewMatrix + _T(")");
}
void VSDirectX9Renderer::BumpNormal(const VSString &TexNormal,
VSString &OutString)const
{
        OutString +=
            _T("BumpNormal(") + VSShaderStringFactory::ms_PSInputLocalTangent + _T(",")
 + VSShaderStringFactory::ms_PSInputLocalBinormal + _T(",")
            + VSShaderStringFactory::ms_PSInputLocalNormal + _T(",")
            + TexNormal + _T(")");
}
```

除通过 GetNormalInputValueString 函数处理法线输入外，还需要通过其他函数处理对应输入，代码如下。

```
bool GetAlphaInputValueString(VSString &OutString)const;
bool GetEmissiveInputValueString(VSString &OutString)const;
bool GetDiffuseInputValueString(VSString &OutString)const;
```

接着，遍历主函数的所有输入，再分别得到输入的临时变量和输出的临时变量，代码如下。

```
bool VSShaderMainFunction::GetInputValueString(VSString &OutString,
unsigned int uiOutPutStringType)const
{
    if(!VSRenderer::ms_pRenderer)
        return 0;
    VSString Temp;
    if (uiOutPutStringType == OST_MATERIAL)
    {
        for(unsigned int i = 0 ; i < m_pInput.GetNum() ; i++)
        {
            if (m_pInput[i] == GetNormalNode())
            {
                continue;
            }
            if(m_pInput[i]->GetValueType() == VSPutNode::VT_1)
            {
                OutString +=VSRenderer::ms_pRenderer->Float() + _T(" ");
                if (m_pInput[i] == GetAlphaNode())
                {
                    Temp = VSRenderer::ms_pRenderer->FloatConst(
                                _T("1"));
                }
                else
                {
                    Temp = VSRenderer::ms_pRenderer->FloatConst(
                                _T("0"));
                }
            }
            …
            else if(m_pInput[i]->GetValueType() == VSPutNode::VT_4)
            {
                OutString +=VSRenderer::ms_pRenderer->Float4() + _T(" ")
                Temp = VSRenderer::ms_pRenderer->
                            Float4Const(_T("0"),_T("0"),_T("0"),_T("1"));
            }
            else
                return 0;
            if(!m_pInput[i]->GetOutputLink())
            {
                OutString += m_pInput[i]->GetNodeName().GetString() +
                                _T(" = ") + Temp + _T(";\n");
```

```
                        continue;
                    }
                    OutString += GetValueEqualString(
                            m_pInput[i]->GetOutputLink(),m_pInput[i]);
                }
            }
            return 1;
        }
```

这段代码和 VSShaderFunction::GetInputValueString 稍有不同，法线的输入在非用户自定义变量里已经处理过了，所以跳过。在没有任何连接的情况下，透明度输入的默认值为 1，而其他输入的默认值为 0。

最后是 GetFunctionString 函数。对于不同的光照模型，其实现细节不同，这里以 Phong 光照模型为例来讲解代码生成。下面是 VSPhongShaderFunction 的构造函数。

```
VSPhongShaderFunction::VSPhongShaderFunction(const VSUsedName &ShowName,
VSMaterial *pMaterial):VSShaderMainFunction(ShowName,pMaterial)
{
    VSString InputName = _T("DiffuseColor");
    VSInputNode *pInputNode = NULL;

    pInputNode = VS_NEW VSInputNode(VSPutNode::VT_4,InputName,this);
    VSMAC_ASSERT(pInputNode);
    m_pInput.AddElement(pInputNode);

    InputName = _T("EmissiveColor");
    pInputNode = NULL;
    pInputNode = VS_NEW VSInputNode(VSPutNode::VT_4,InputName,this);
    VSMAC_ASSERT(pInputNode);
    m_pInput.AddElement(pInputNode);

    InputName = _T("SpecularColor");
    pInputNode = NULL;
    pInputNode = VS_NEW VSInputNode(VSPutNode::VT_4,InputName,this);
    VSMAC_ASSERT(pInputNode);
    m_pInput.AddElement(pInputNode);

    InputName = _T("SpecularPow");
    pInputNode = NULL;
    pInputNode = VS_NEW VSInputNode(VSPutNode::VT_1,InputName,this);
    VSMAC_ASSERT(pInputNode);
    m_pInput.AddElement(pInputNode);

    InputName = _T("Normal");
    pInputNode = NULL;
    pInputNode = VS_NEW VSInputNode(VSPutNode::VT_4,InputName,this);
    VSMAC_ASSERT(pInputNode);
    m_pInput.AddElement(pInputNode);

    InputName = _T("Alpha");
    pInputNode = NULL;
    pInputNode = VS_NEW VSInputNode(VSPutNode::VT_1,InputName,this);
    VSMAC_ASSERT(pInputNode);
    m_pInput.AddElement(pInputNode);

    InputName = _T("ReflectMip");
    pInputNode = NULL;
    pInputNode = VS_NEW VSInputNode(VSPutNode::VT_1,InputName,this);
    VSMAC_ASSERT(pInputNode);
    m_pInput.AddElement(pInputNode);
```

```
    InputName = _T("ReflectPow");
    pInputNode = NULL;
    pInputNode = VS_NEW VSInputNode(VSPutNode::VT_1,InputName,this);
    VSMAC_ASSERT(pInputNode);
    m_pInput.AddElement(pInputNode);

    VSString OutputName = _T("OutputColor");
    VSOutputNode *pOutputNode = NULL;
    pOutputNode = VS_NEW VSOutputNode(VSPutNode::VT_4,OutputName,this);
    VSMAC_ASSERT(pOutputNode);
    m_pOutput.AddElement(pOutputNode);

    m_uiSpecularType = ST_BlinnPhong;
}
```

在构造函数里创建所有的输入和输出。其中，高光类型分成两种。

```
enum SpecularType
{
      ST_BlinnPhong,
      ST_Phong,
      ST_MAX
};
Diffuse * LightColor * N * L + Specular * LightColor * Pow(R * V)
Diffuse * LightColor * N * L + Specular * LightColor * Pow(N * (V + L))
```

其中，N 表示法线的单位向量，L 表示光方向的单位向量，R 表示反射方向的单位向量，V 表示眼睛方向的单位向量。上面两段代码都实现了标准的 Phong 光照模型。

最后，得到 Phong 光照模型的主函数代码。

```
bool VSPhongShaderFunction::GetFunctionString(VSString &OutString)const
{
      //加入透明度测试
      GetAlphaTestString(OutString);
      //若漫反射和高光输入都为空，则输出颜色为 0
      if(!m_pInput[IN_DIFFUSE_COLOR]->GetOutputLink()
                  && !m_pInput[IN_SPECULAR_COLOR]->GetOutputLink())
      {
            OutString += m_pOutput[OUT_COLOR]->GetNodeName().GetString() +
                          _T(" = ") +
                  VSRenderer::ms_pRenderer->Float4Const(_T("0"),_T("0"),_T("0"),_T("1"));
      }
      else
      {
            //计算不同类别光源的个数
            int iLightNum[VSLight::LT_MAX] = { 0 };
            for (unsigned int i = 0 ; i < m_MSPara.LightArray.GetNum() ; i++)
            {
                  if (m_MSPara.LightArray[i])
                  {
                        for (unsigned int j = 0 ; j < VSLight::LT_MAX ; j++)
                        {
                              if (m_MSPara.LightArray[i]->GetLightType() == j)
                              {
                                    iLightNum[j]++;
                              }
                        }

                  }
            }
            //计算视点到顶点的方向
            OutString += VSRenderer::ms_pRenderer->Float3() +
               _T("WorldCameraDir = ");
```

```
VSRenderer::ms_pRenderer->ComputeDir(
        VSShaderStringFactory::ms_CameraWorldPos,
        VSShaderStringFactory::ms_WorldPos,OutString);
OutString += _T(";\n");
//把自定义光源变量转换成临时变量
VSRenderer::ms_pRenderer->TranLightToTemp(
         m_MSPara.LightArray,OutString);
//得到光源投射函数
VSRenderer::ms_pRenderer->GetLightFunction(m_MSPara.LightArray,
         VSShaderStringFactory::ms_WorldPos,OutString);
OutString +=  m_pOutput[OUT_COLOR]->GetNodeName().GetString() + _T(" = ") +
    VSRenderer::ms_pRenderer->Float4Const(
    _T("0"),_T("0"),_T("0"),_T("0"));
//得到阴影函数
VSArray<VSString> ShadowStringArray[VSLight::LT_MAX];
GetLightShadow(m_MSPara,ShadowStringArray);
//计算光照
for (unsigned int i = 0 ; i < VSLight::LT_MAX ; i++)
{
    if (!iLightNum[i])
    {
         continue;
    }
    if(i == VSLight::LT_DIRECTION)
    {
        VSRenderer::ms_pRenderer->DirectionalLight(
               iLightNum[i],
         m_pInput[IN_DIFFUSE_COLOR]->GetNodeName().GetString(),
         m_pInput[IN_SPECULAR_COLOR]->GetNodeName().GetString(),
         m_pInput[IN_SPECULAR_POW]->GetNodeName().GetString(),
              VSShaderStringFactory::ms_WorldNormal,
              _T("WorldCameraDir"),
              ShadowStringArray[i],
              OutString);
    }
    else if(i == VSLight::LT_POINT)
    {
        VSRenderer::ms_pRenderer->PointLight(
              iLightNum[i],
        m_pInput[IN_DIFFUSE_COLOR]->GetNodeName().GetString(),
        m_pInput[IN_SPECULAR_COLOR]->GetNodeName().GetString(),
        m_pInput[IN_SPECULAR_POW]->GetNodeName().GetString(),
             VSShaderStringFactory::ms_WorldPos,
             VSShaderStringFactory::ms_WorldNormal,
                _T("WorldCameraDir"),
             ShadowStringArray[i],
             OutString);
    }
    else if(i == VSLight::LT_SPOT)
    {
        VSRenderer::ms_pRenderer->SpotLight(
                iLightNum[i],
        m_pInput[IN_DIFFUSE_COLOR]->GetNodeName().GetString(),
        m_pInput[IN_SPECULAR_COLOR]->GetNodeName().GetString(),
        m_pInput[IN_SPECULAR_POW]->GetNodeName().GetString(),
             VSShaderStringFactory::ms_WorldPos,
             VSShaderStringFactory::ms_WorldNormal,
                _T("WorldCameraDir"),
             ShadowStringArray[i],
             OutString);

    }
}
```

```
        OutString += _T(";\n");
    }
    //开启 sRGB 写入
    GetSRGBWriteString(OutString);
    //得到透明度
    VSString NodeStringA = VSRenderer::ms_pRenderer->GetValueElement
            (m_pOutput[OUT_COLOR],VSRenderer::VE_A);
    OutString += NodeStringA + _T(" = ") +
            m_pInput[IN_ALPHA]->GetNodeName().GetString();
    OutString += _T(";\n");
    //最终输出
    OutString +=  VSShaderStringFactory::ms_PSOutputColorValue + _T(" = ") +
        m_pOutput[OUT_COLOR]->GetNodeName().GetString() + _T(";\n");
    return 1;
}
```

这段代码还是很容易理解的。其中，先进行透明度测试，然后收集传递进来的光源并分类，接着处理光源投射函数和阴影，最后处理整个光照。后文会介绍如何处理光源投射函数和阴影部分。

在 Shader.txt 中定义了下列光源结构体。

```
//方向光
struct DirLightType
{
    float4 LightDiffuse;
    float4 LightSpecular;
    float4 LightWorldDirection; //w 分量为影子纹理的分辨率
    float4 LightParam;          //x 分量为深度偏移值
    float4 LightFunParam;       //xy 分量为光源投射函数的缩放值，zw 分量为光源投射函数的偏移值
    row_major float4x4 WVP;
    row_major float4x4 ShadowMatrix[3];
};
//点光源
struct PointLightType
{
    float4 LightDiffuse;
    float4 LightSpecular;
    float4 LightWorldPos;         //w 分量为点光源照射范围
    float4 ShadowParam;   //x 分量为影子纹理的分辨率，y 分量为深度偏移值
    float4 LightFunParam;//xy 分量为光源投射函数的缩放值，zw 分量为光源投射函数的偏移值
    row_major float4x4 WVP;
    row_major float4x4 ShadowMatrix;
};
//聚光灯
struct SpotLightType
{
    float4 LightDiffuse;
    float4 LightSpecular;
    float4 LightWorldPos;         //w 分量为聚光灯照射范围
    float4 LightWorldDirection; //w 分量为影子纹理的分辨率
    //x 分量为衰减度（Falloff），yz 分量为内外角度
    //w 分量为深度偏移值
    float4 LightParam;
    float4 LightFunParam;//xy 分量为光源投射函数的缩放值，zw 分量为光源投射函数的偏移值
    row_major float4x4 WVP;
    row_major float4x4 ShadowMatrix;
};
//临时光源类型
struct LightTypeTemp
{
    float4 LightDiffuse;
    float4 LightSpecular;
};
```

TranLightToTemp 函数用临时变量转换光源变量，如定义了 DirLightType DirLight[1]。在着色器里进行了下列转换。

```
LightTypeTemp DirLightTemp[1];
DirLightTemp[0].LightDiffuse = DirLight[0].LightDiffuse;
DirLightTemp[0].LightSpecular = DirLight[0].LightSpecular;
```

进行这个转换的目的是处理光源投射函数，后文将详细讲解光源投射函数。

DirectionalLight 函数处理 iLightNum 个光源的叠加，同时加入影子处理，代码如下。

```
void VSDirectX9Renderer::DirectionalLight(int iLightNum,const VSString &Diffuse,
                                        const VSString &Specular ,
                                        const VSString &SpecularPow,
                                        const VSString &WorldNormal,
                                        const VSString &WorldCameraDir,
                                        VSArray<VSString> ShadowString,
                                        VSString & OutString)const
{
    for (int i = 0 ; i < iLightNum ; i++)
    {
          VSString ID = IntToString(i);
          OutString += _T(" + DirectionalLightFun(")+
                       Diffuse + _T(",") +
                       Specular + _T(",") +
                       SpecularPow + _T(",")+
                       WorldNormal + _T(",") +
                       WorldCameraDir + _T(",")+
                VSShaderStringFactory::ms_LightNameTemp[VSLight::LT_DIRECTION]
                       + _T("[") + ID + _T("].LightDiffuse,") +
                VSShaderStringFactory::ms_LightNameTemp[VSLight::LT_DIRECTION]
                       + _T("[") + ID + _T("].LightSpecular,") +
                       VSShaderStringFactory::ms_LightName[VSLight::LT_DIRECTION]
                        + _T("[") + ID + _T("].LightWorldDirection.xyz)"
                     ) + ShadowString[i];

    }
}
```

如果光源没有开启影子，则 ShadowString[i] 为空字符，得到以下代码。

```
OutputColor = float4(0, 0, 0, 0) +
   DirectionalLightFun(DiffuseColor,
                       SpecularColor,
                       SpecularPow,
                       WorldNormal,
                       WorldCameraDir,
                       DirLightTemp[0].LightDiffuse,
                       DirLightTemp[0].LightSpecular,
                       DirLight[0].LightWorldDirection.xyz);
```

DirectionalLightFun 函数定义在 Shader.txt 中。

最后，提取透明度，输出结果，代码如下。

```
OutputColor.a = Alpha;
Out.Color0 = OutputColor;
```

处理完材质树遍历，最重要的部分就是自定义变量，自定义变量在像素着色器和顶点着色器中的创建顺序不同。在遍历整棵材质树的时候，可以得到用户自定义变量，并且根据渲染通道和当前光照类型也可以得到要用到的自定义变量。代码如下。

```
void VSDirectX9Renderer::CreatePUserConstant(VSPShader *pPShader,
MaterialShaderPara &MSPara,unsigned int uiPassType,VSString & OutString)
{
```

```
    if (uiPassType == VSPass::PT_MATERIAL)
    {
          unsigned int uiRegisterID = 0;
          unsigned int uiLightNum = MSPara.LightArray.GetNum();
          VSMaterial *pMaterial = MSPara.pMaterialInstance->GetMaterial();
          //得到世界矩阵的定义
          CreateUserConstantWorldMatrix(pPShader,uiRegisterID,OutString);
          //得到相机矩阵的定义
          CreateUserConstantViewMatrix(pPShader,uiRegisterID,OutString);
          //得到投影矩阵的定义
          CreateUserConstantProjectMatrix(pPShader, uiRegisterID, OutString);
          //得到相机世界位置的定义
          CreateUserConstantCameraWorldPos(pPShader,uiRegisterID,OutString);
          //得到相机远裁剪面
          CreateUserConstantFarZ(pPShader,uiRegisterID,OutString);
          //定义光源
          if (uiLightNum)
          {
                CreateUserConstantLight(pPShader,MSPara,uiRegisterID,OutString);
          }
          //声明用户自定义变量
          pMaterial->CreateConstValueDeclare(OutString,uiRegisterID);
          //把用户自定义变量关联到着色器中
          pMaterial->CreateCustomValue(pPShader);
          unsigned uiTexRegisterID = 0;
          //定义用户采样器
                pMaterial->CreateTextureDeclare(OutString,uiTexRegisterID);
          pMaterial->CreateCustomTexture(pPShader);
    }
    …
    //标记这个着色器的所有自定义变量都已经创建
    pPShader->m_bCreatePara = true;
}
```

这里本来应该有阴影和光源投射函数处理，不过作者都省略了。几个矩阵的定义和顶点着色器中的一样，代码以下。

```
row_major float4x4 WorldMatrix : register(c0);
row_major float4x4 ViewMatrix : register(c4);
row_major float4x4 ProjectMatrix : register(c8);
float3 CameraWorldPos : register(c12);
float FarZ : register(c13);
```

下面的代码定义光源变量。

```
void VSDirectX9Renderer::CreateUserConstantLight(VSShader *pShader,
MaterialShaderPara &MSPara,unsigned int& uiRegisterID, VSString & OutString)
{
     //根据光源类型得到对应个数
     VSArray<VSLight*> & LightArray = MSPara.LightArray;
     int iLightNum[VSLight::LT_MAX] = { 0 };
     for (unsigned int i = 0 ; i < LightArray.GetNum() ; i++)
     {
          if (LightArray[i])
          {
               for (unsigned int j = 0 ; j < VSLight::LT_MAX ; j++)
               {
                    if (LightArray[i]->GetLightType() == j)
                    {
                         iLightNum[j]++;
                    }
               }
          }
     }
```

```
        //定义点光源
        CreateUserConstantPointLight(pShader,uiRegisterID,
        iLightNum[VSLight::LT_POINT],OutString);
        //定义聚光灯
        CreateUserConstantSpotLight(pShader,uiRegisterID,
        iLightNum[VSLight::LT_SPOT],OutString);
        //定义方向光
        CreateUserConstantDirectionLight(pShader,uiRegisterID,
            iLightNum[VSLight::LT_DIRECTION],OutString);
}
void VSDirectX9Renderer::CreateUserConstantDirectionLight(VSShader * pShader,
unsigned int& ID,unsigned int uiLightNum, VSString & OutString)
{
    if (uiLightNum > 0)
    {
        //定义方向光
        VSString TypeString;
        GetLightType(VSLight::LT_DIRECTION,TypeString);
        VSString RegisterID = IntToString(ID);
        OutString += TypeString + _T(" ") +
                    VSShaderStringFactory::ms_LightName[VSLight::LT_DIRECTION]
            + _T("[") + IntToString(uiLightNum) + _T(") : register(c") +
                    RegisterID + _T(");\n");
        //加入着色器
        VSUserConstant *pUserConstant = VS_NEW VSUserConstant(
                VSShaderStringFactory::ms_LightName[VSLight::LT_DIRECTION],
                NULL,sizeof(VSREAL) * 84 * uiLightNum,ID,21 * uiLightNum);
        pShader->m_pUserConstant.AddElement(pUserConstant);
        ID += pUserConstant->GetRegisterNum();
    }
}
```

定义方向光的结构占 84 字节，在着色器中共占用 21 个寄存器。如果只有一盏方向光，那么得到的代码如下。

```
DirLightType DirLight[1] : register(c14);
```

要得到用户自定义变量，只需找到 VSConstValue 类的节点并使 IsCustom 函数返回值为 true 即可，代码如下。

```
void VSMaterial::CreateCustomValue(VSPShader *pShader)
{
    for(unsigned int i = 0 ; i < m_pShaderFunctionArray.GetNum(); i++)
    {
        VSConstValue *Temp =
                DynamicCast<VSConstValue>(m_pShaderFunctionArray[i]);
        if(!Temp || !Temp->IsCustom() || !Temp->m_bIsVisited)
            continue;
        VSUserConstant *UserConstantTemp = NULL;
        unsigned int uiRegisterIndex = 0;
        if (pShader->m_pUserConstant.GetNum())
        {
            //从最后一个寄存器算起
            VSUserConstant *Last = pShader->
                    m_pUserConstant[pShader->m_pUserConstant.GetNum() - 1];
            //它的起始寄存器加上它占用的寄存器个数就是下一个变量的起始寄存器
            if (Last)
            {
                uiRegisterIndex = Last->GetRegisterIndex()
                                + Last->GetRegisterNum();
            }
        }
        UserConstantTemp = VS_NEW VSUserConstant(
```

```
                    Temp->GetShowName(),NULL,Temp->GetSize(),
                    uiRegisterIndex,1,Temp->GetType());
        pShader->m_pUserConstant.AddElement(UserConstantTemp);
    }
}
```

像素着色器中生成自定义变量的代码如下。

```
void VSMaterial::CreateConstValueDeclare(VSString & OutString,
unsigned int uiRegisterID)
{
    for(unsigned int i = 0 ; i < m_pShaderFunctionArray.GetNum() ; i++)
    {
        VSConstValue *Temp =
           DynamicCast<VSConstValue>(m_pShaderFunctionArray[i]);
        if(!Temp || !Temp->m_bIsVisited)
            continue;
        Temp->GetDeclareString(OutString,uiRegisterID);
        uiRegisterID++;
    }
}
```

自定义纹理采样器和上述过程类似，不再重复。得到的代码如下。

```
float  ConstFloatValue8 : register(c35);
sampler2D  Tex_DiffuseTexture : register(s0);
sampler2D  Tex_NormalTexture : register(s1);
sampler2D  Tex_SpecularTexture : register(s2);
sampler2D  Tex_EmissiveTexture : register(s3);
```

8.2.8 着色器中自定义变量设置

在顶点着色器和像素着色器代码生成中，所有的变量都要通过寄存器传递到着色器，每个着色器都绑定了这些变量，这些变量也绑定了寄存器。把用户自定义变量的数值直接传入这些变量里即可，而非用户自定义变量则需要游戏引擎自动完成设置。

SetMaterialVShaderConstant 函数在顶点着色器中设置非用户自定义变量，代码如下。

```
void VSDirectX9Renderer::SetMaterialVShaderConstant(MaterialShaderPara &MSPara,
    unsigned int uiPassType,VSVShader *pVShader)
{
    unsigned int ID = 0;
    if (uiPassType == VSPass::PT_MATERIAL || uiPassType == VSPass::PT_PREZ)
    {
          SetUserConstantWorldViewProjectMatrix(MSPara,pVShader,ID);
          SetUserConstantSkin(MSPara,pVShader,ID);
    }
    …
    else if (uiPassType == VSPass::PT_LIGHT_FUNCTION)
    {
         SetUserConstantInvRTWidth(MSPara,pVShader,ID);
    }
}
```

仍以 uiPassType == VSPass::PT_MATERIAL 为例。前文已经讲过，在创建顶点着色器时，非用户自定义参数如下。

```
row_major float4x4 WorldViewProjectMatrix : register(c0);
float4 BoneVector[210] : register(c4);
```

所以，只需要设置这两个参数即可。设置世界矩阵、相机矩阵、投影矩阵的代码如下。

```
Void VSDirectX9Renderer::SetUserConstantWorldViewProjectMatrix(
MaterialShaderPara &MSPara,VSShader *pShader,unsigned int& ID)
{
    VSMatrix3X3W WorldViewProjectMat;
    VSTransform World = MSPara.pGeometry->GetWorldTransform();
    //世界矩阵 × 相机矩阵 × 投影矩阵
    WorldViewProjectMat = World.GetCombine() *MSPara.pCamera->GetViewMatrix()
        *MSPara.pCamera->GetProjMatrix();
    //设置参数
    VSMatrix3X3W  *TempMatrix  = (VSMatrix3X3W  *)
            pShader->m_pUserConstant[ID]->GetData();
    *TempMatrix = WorldViewProjectMat;
    ID++;
}
```

传递的ID值等于0。根据之前的创建顺序，pShader->m_pUserConstant[0]正好表示世界矩阵、相机矩阵、投影矩阵，不过也可以用如下代码。

```
pShader->SetParam(VSShaderStringFactory::ms_WorldViewProjectMatrix,
        (void *)&WorldViewProjectMat);
```

设置BoneVector信息的代码如下。

```
void VSDirectX9Renderer::SetUserConstantSkin(MaterialShaderPara &MSPara,
VSShader *pShader,unsigned int& ID)
{
    VSVertexBuffer *pVBuffer = MSPara.pGeometry->GetMeshData()->GetVertexBuffer();
    //是否有蒙皮信息
    if(MSPara.pGeometry->GetAffectBoneNum()
            && pVBuffer->GetBlendWeightData() &&
            pVBuffer->GetBlendIndicesData())
    {
        VSVector3W  *TempVector  =
                (VSVector3W  *)pShader->m_pUserConstant[ID]->GetData();
        VSArray<VSVector3W> & Buffer =
                MSPara.pGeometry->GetSkinWeightBuffer();
        VSMemcpy(TempVector, Buffer.GetBuffer(),
                Buffer.GetNum() * sizeof(VSVector3W));
        ID++;
    }
}
```

骨骼信息都存储在VSGeometry的m_SkinWeightBuffer中。通过UpdateOther函数来更新蒙皮矩阵和骨骼信息，代码如下。

```
void VSGeometry::UpdateOther(double dAppTime)
{
    if (!m_pMeshData)
    {
        return;
    }
    VSVertexBuffer *pVBuffer = GetMeshData()->GetVertexBuffer();
    if(GetAffectBoneNum() && pVBuffer->GetBlendWeightData() &&
            pVBuffer->GetBlendIndicesData())
    {
        VSTransform World  = m_pParent->GetWorldTransform();
        for (unsigned int i = 0 ; i < GetAffectBoneNum() ; i++)
        {
            VSBoneNode *pBone = GetAffectBone(i);
            if(pBone)
            {
                VSTransform BoneWorld = pBone->GetWorldTransform();
                //我们需要给着色器传递的骨骼矩阵是在本地空间的
```

```
                    //所以需要用骨骼的世界矩阵 × 世界矩阵的逆矩阵
                    VSMatrix3X3W TempBone = pBone->GetBoneOffsetMatrix() *
                        BoneWorld.GetCombine() *World.GetCombineInverse();
                    //得到的矩阵是4×4的，最后一列分量(0,0,0,1)会被舍去，
                    //只保存前3列分量并传递到着色器，这样可以用较少的寄存器支持更多的骨骼
                    VSVector3W ColumnVector[4];
                    TempBone.GetColumnVector(ColumnVector);
                    m_SkinWeightBuffer[i * 3] = ColumnVector[0];
                    m_SkinWeightBuffer[i * 3 + 1] = ColumnVector[1];
                    m_SkinWeightBuffer[i * 3 + 2] = ColumnVector[2];
                }
                else
                {
                    m_SkinWeightBuffer[i * 3].Set(1.0f,0.0f,0.0f,0.0f);
                    m_SkinWeightBuffer[i * 3 + 1].Set(0.0f,1.0f,0.0f,0.0f);
                    m_SkinWeightBuffer[i * 3 + 2].Set(0.0f,0.0f,1.0f,0.0f);
                }
            }
        }
    }
```

下面的函数设置像素着色器的参数。在像素着色器的参数中，一部分是用户设置的，另一部分是游戏引擎设置的，代码如下。

```
void VSDirectX9Renderer::SetMaterialPShaderConstant(MaterialShaderPara &MSPara,
    unsigned int uiPassType,VSPShader *pPShader)
{
    unsigned int ID = 0;
    if (uiPassType == VSPass::PT_MATERIAL)
    {
        SetUserConstantWorldMatrix(MSPara,pPShader,ID);
        SetUserConstantViewMatrix(MSPara,pPShader,ID);
        SetUserConstantProjectMatrix(MSPara, pPShader, ID);
        SetUserConstantCameraPos(MSPara,pPShader,ID);
        SetUserConstantFarZ(MSPara,pPShader,ID);
        //设置光源参数
        if (MSPara.LightArray.GetNum() > 0)
        {
            SetUserConstantLight(MSPara,pPShader,ID);
        }
        //设置光源的阴影纹理
        unsigned int uiTexSamplerID = 0;
        SetUserConstantShadowSampler(MSPara,pPShader,uiTexSamplerID);
        //设置用户自定义变量
        MSPara.pMaterialInstance->SetPShaderValue(pPShader);
    }
    …
    else if (uiPassType == VSPass::PT_POINT_CUBE_SHADOW)
    {
        SetUserConstantWorldMatrix(MSPara,pPShader,ID);
        SetUserConstantCameraPos(MSPara,pPShader,ID);
        SetUserConstantPointLightRange(MSPara,pPShader,ID);
        MSPara.pMaterialInstance->SetPShaderValue(pPShader);
    }
}
```

仍以 uiPassType == VSPass::PT_MATERIAL 为例，游戏引擎内部的参数设置和顶点着色器中的差不多，后文将单独讲解光源参数设置和光源的阴影纹理参数设置。

设置自定义参数很简单，按照名字匹配材质实例的参数与着色器里的参数即可，代码如下。

```
void VSMaterialInstance::SetPShaderValue(VSPShader *pPShader)
{
```

```
    if (!pPShader)
    {
        return ;
    }
    for (unsigned int i = 0 ; i < m_PShaderCustomValue.GetNum() ; i++)
    {
        pPShader->SetParam(m_PShaderCustomValue[i].ConstValueName,
                m_PShaderCustomValue[i].Value.GetBuffer());
    }
    for (unsigned int i = 0 ; i < m_PShaderCustomTex.GetNum() ; i++)
    {
        if (m_PShaderCustomTex[i].m_pTexture)
        {
            pPShader->SetParam(m_PShaderCustomTex[i].ConstValueName,
                    m_PShaderCustomTex[i].m_pTexture->GetResource());
        }
        else
        {
            pPShader->SetParam(m_PShaderCustomTex[i].ConstValueName,
                    (VSTexAllState *)NULL);
        }
    }
}
```

「练习」

1. 以自定义着色器函数作为资源，在其他材质树中使用。

第 9 章

流程渲染架构

如果用户想开发写实类游戏，那么使用 Unreal Engine 4 就可以轻松实现极好的渲染效果。但 Unreal Engine 4 的架构比较封闭，在其中自定义光照模型比较难。Unity 渲染架构比较开放，但默认渲染效果一般，用户要按照 Unity 的规则自己去实现好的渲染效果。对于渲染流程和材质上的设计，两个游戏引擎都有优缺点，但要得到希望的结果，还要看用户对游戏引擎的掌握程度。如果着色器中的光照算法被更改，那么 C++里的渲染流程也会被更改。为了让用户可以轻松定义自己的光照模型，商业游戏引擎需要一个很完美的流程渲染架构。作者以提供高效可扩展的渲染方式为目标去设计这套流程渲染架构，这套架构虽谈不上完美，但还是希望给读者一些启发。至于如何实现光照算法、延迟渲染、屏幕空间环境遮挡、光华（bloom）效果等，本书不会涉及，因为有太多的书和文章讲述了这些内容，所以作者要做的就是让这些内容很轻松地集成到游戏引擎中。

9.1 渲染队列

为了有效地渲染物体，需要把物体归类：把透明的放在一起，把不透明的放在一起，把材质相同的放在一起，把几何体相同的放在一起。这样能尽量减少渲染状态切换的开销，提高运行效率。

VSRenderContext 类表示渲染队列的内容，代码如下。

```
class VSRenderContext
{
    static VSRenderContext ms_RenderContextNULL;
    VSGeometry *m_pGeometry;
    VSMaterialInstance *m_pMaterialInstance;
    VSMaterial *m_pMaterial;
    unsigned int m_uiPassId;
    VSArray<VSLight *> m_pInDirectLight;
    VSArray<VSLight *> m_pDirectLight;
};
```

VSRenderContext 类包括模型几何体信息（m_pGeometry）、材质实例（m_pMaterial-Instance）、材质（m_pMaterial，也可以从材质实例里取得）、通道 ID（m_uiPassId）。本游戏引擎的材质系统支持多通道渲染。ms_RenderContextNULL 表示空的内容，m_pInDirectLight 表示与几何体相关的间接光，m_pDirectLight 表示与几何体相关的局部光。

渲染队列分成前、中、后 3 个层级。3 层共用同一个颜色缓存（color buffer），但是深度缓存不同。先渲染后层物体，再渲染中层物体。无论后层物体的深度如何，都会被中层物体覆盖，最后渲染前层物体。同理，无论中层物体的深度如何，也都会被前层物体覆盖。

RenderGroup 是表示层级的枚举类型，对应变量为 m_uiRenderGroup，用来设置渲染的层。每一层又分成 4 个列表。代码如下。

```
enum RenderGroup
{
    RG_BACK,
    RG_NORMAL,
    RG_FRONT,
    RG_MAX
};
class VSGRAPHIC_API VSMeshNode : public VSNode,public VSResource
{
    unsigned int m_uiRenderGroup
}
```

VST_BASE 表示常规的不透明物体，VST_ALPHATEST 表示透明度测试物体，VST_ALPHABLEND 表示透明度混合物体，VST_COMBINE 表示特殊物体，特殊物体需要两个或者以上通道才能渲染出最终效果，而且这些通道必须连续渲染，不能分开。

```
enum VisibleSetType
{
    VST_BASE,
    VST_ALPHATEST,
    VST_ALPHABLEND,
    VST_COMBINE,
    VST_MAX
};
```

卷1介绍了 VSCuller 类的部分内容，为了把与渲染相关的内容列出来，代码如下。

```
class VSGRAPHIC_API VSCuller : public VSMemObject
{
    enum VisibleSet Type
    {
        VST_BASE,
        VST_ALPHATEST,
        VST_ALPHABLEND,
        VST_COMBINE,
        VST_MAX
    };
    enum Render Group
    {
        RG_BACK,
        RG_NORMAL,
        RG_FRONT,
        RG_MAX
    };
    bool InsertObject(VSRenderContext &VisibleContext,
        unsigned int uiVisibleSetType = VST_BASE,
        unsigned int uiRenderGroup = RG_NORMAL);
    class RenderPriority
    {
        bool operator()(VSRenderContext & p1,VSRenderContext & p2);
    };
    class AlphaPriority
    {
        bool operator()(VSRenderContext & p1,VSRenderContext & p2);
        VSCamera *m_pCamera;
    };
    void Sort();
    VSArray<VSRenderContext> m_VisibleSet[RG_MAX][VST_MAX];
}
```

可见的几何体都会通过 InsertObject 函数进入 m_VisibleSet 队列，代码如下。

```
bool VSCuller::InsertObject(VSRenderContext &VisibleContext,
unsigned int uiVisibleSetType,unsigned int uiRenderGroup)
```

```
{
    if(uiVisibleSetType >= VST_MAX || uiRenderGroup >= RG_MAX)
        return 0;
    m_VisibleSet[uiRenderGroup][uiVisibleSetType].AddElement(VisibleContext);
    return 1;
}
```

所有几何体都会通过下面的可见性检测函数进入渲染队列，代码如下。

```
void VSGeometry::ComputeNodeVisibleSet(VSCuller & Culler,bool bNoCull,double dAppTime)
{
    UpDateView(Culler,dAppTime); //更新视点的相关逻辑
    VSMeshNode *pMeshNode = GetMeshNode();
    if (!pMeshNode)
    {
         return;
    }
    //得到渲染层组
    unsigned int uiRenderGroup = pMeshNode->GetRenderGroup();
    if (uiRenderGroup >= VSCuller::RG_MAX)
    {
         return ;
    }
    //得到当前渲染材质
    VSMaterialInstance *pMaterialInstance = NULL;
    if (Culler.GetUseMaterialIndex() == -1 )
    {
        pMaterialInstance = GetUseMaterialInstance();
        if (!pMaterialInstance)
        {
              AddMaterialInstance(
                         VSResourceManager::ms_DefaultMaterialResource);
              pMaterialInstance = GetUseMaterialInstance();
        }
    }
    else
    {
        pMaterialInstance = GetMaterialInstance(Culler.GetUseMaterialIndex());
    }
    if (!pMaterialInstance)
    {
         return;
    }
    //遍历材质的所有通道
    VSMaterial *pMaterial = pMaterialInstance->GetMaterial();
    for (unsigned int i = 0 ; i < pMaterial->GetShaderMainFunctionNum() ;i++)
    {
        VSRenderContext VisibleContext;
        VisibleContext.m_pGeometry = this;
        VisibleContext.m_pMaterialInstance = pMaterialInstance;
        VisibleContext.m_uiPassId = i;
        VisibleContext.m_pMaterial = pMaterial;
        const VSBlendDesc & BlendDest =
              pMaterial->GetRenderState(i).GetBlendState()->GetBlendDesc();
        //分别进入对应队列
        if (pMaterial->GetCombine())
        {
             Culler.InsertObject(VisibleContext,
                               VSCuller::VST_COMBINE,uiRenderGroup);
        }
        else
        {
             if (BlendDest.IsBlendUsed())
```

```
            {
                Culler.InsertObject(VisibleContext,
                                VSCuller::VST_ALPHABLEND,uiRenderGroup);
            }
            else
                Culler.InsertObject(VisibleContext,
                                VSCuller::VST_BASE,uiRenderGroup);
        }
    }
}
```

几何体可以绑定多个材质实例，使用哪个材质实例是由 VSCuller 类决定的。VSCuller 类表示不同的渲染流程，不同的渲染流程对应不同的 VSCuller 类。这个过程类似于高阶着色器语言中的“技术”（即效果），“技术”又可以包含多个通道。创建 VSCull 类时设置 ID（对应材质实例数组下标），用来获取材质实例。如果 ID 默认为-1，就用 VSGeometry::GetUseMaterialIndex 函数来获取使用的 ID，代码如下。

```
class VSGRAPHIC_API VSCuller : public VSMemObject
{
public:
    VSCuller(int iUseMaterialIndex = -1);
}
class VSGRAPHIC_API VSGeometry : public VSSpatial
{
    VSArray<VSMaterialInstancePtr> m_pMaterialInstance;
    unsigned int m_uiCurUseMaterial;
}
VSMaterialInstance *VSGeometry::GetUseMaterialInstance()const
{
    VSMaterialInstance *pMaterialInstance = NULL;
    if (m_uiCurUseMaterial < m_pMaterialInstance.GetNum())
    {
        pMaterialInstance = m_pMaterialInstance[m_uiCurUseMaterial];
    }
    return pMaterialInstance;
}
VSMaterialInstance *VSGeometry::GetMaterialInstance(unsigned int i)const
{
    if (i >= m_pMaterialInstance.GetNum())
        return NULL;
    return m_pMaterialInstance[i];
}
```

例如，正常渲染物体的材质和渲染水面反射物体的材质不同，因此创建两个 VSCuller，一个 ID 对应正常物体渲染的材质，另一个 ID 对应渲染水面反射物体的材质，就可以得到两个渲染队列。一旦得到渲染队列，就要对所有物体进行排序，代码如下。

```
void VSCuller::Sort()
{
    VSCamera *pCamera = m_pCamera;
    for (unsigned int j = 0 ; j < RG_MAX ; j++)
    {
        if (m_VisibleSet[j][VST_BASE].GetNum() > 0)
        {
            m_VisibleSet[j][VST_BASE].Sort(0,
              m_VisibleSet[j][VST_BASE].GetNum() - 1,RenderPriority());
        }

        if (m_VisibleSet[j][VST_ALPHABLEND].GetNum() > 0 && pCamera)
        {
            m_VisibleSet[j][VST_ALPHABLEND].Sort(0,
```

```
                                  m_VisibleSet[j][VST_BASE].GetNum() - 1,
                                  AlphaPriority(pCamera));
            }
            if (m_VisibleSet[j][VST_ALPHATEST].GetNum() > 0)
            {
                 m_VisibleSet[j][VST_ALPHATEST].Sort(0,
                                  m_VisibleSet[j][VST_ALPHATEST].GetNum() - 1,
                                  RenderPriority());
            }
      }
}
```

VST_BASE 和 VST_ALPHATEST 的排序方法相同，代码如下。

```
bool VSCuller::RenderPriority::operator()(VSRenderContext & p1,VSRenderContext & p2)
{
    unsigned int uiMaterialAddr1 = 0;
    unsigned int uiMaterialAddr2 = 0;
    unsigned int uiMeshDataAddr1 = 0;
    unsigned int uiMeshDataAddr2 = 0;
    VSMaterial *pMaterial1 = p1.m_pMaterialInstance->GetMaterial();
    VSMaterial *pMaterial2 = p2.m_pMaterialInstance->GetMaterial();
    uiMaterialAddr1 = (unsigned int)pMaterial1;
    uiMaterialAddr2 = (unsigned int)pMaterial2;
    uiMeshDataAddr1 = (unsigned int)(p1.m_pGeometry->GetMeshData());
    uiMeshDataAddr2 = (unsigned int)(p2.m_pGeometry->GetMeshData());
    //先根据材质层排序
    if (pMaterial1->m_uiCustomLayer == pMaterial2->m_uiCustomLayer)
    {
         //再根据材质排序
         if (uiMaterialAddr1 > uiMaterialAddr2)
         {
               return 1;
         }
         else if (uiMaterialAddr1 < uiMaterialAddr2)
         {
              return 0;
         }
         else
         {    //后根据模型排序
              if (uiMeshDataAddr1 > uiMeshDataAddr2)
              {
                    return 1;
              }
              else if (uiMeshDataAddr1 < uiMeshDataAddr2)
              {
                   return 0;
              }
              else
              {
                   return 1;
              }
         }
    }
    else if (pMaterial1->m_uiCustomLayer > pMaterial2->m_uiCustomLayer)
    {
         return 0;
    }
    else
    {
         return 1;
    }
}
```

m_uiCustomLayer专门用于对材质进行排序。如果要求一个物体先于另一个物体渲染，那么可以更改m_uiCustomLayer的值。

VST_ALPHABLEND直接根据视点距离排序，代码如下。

```
bool VSCuller::AlphaPriority::operator()(VSRenderContext & p1,VSRenderContext & p2)
{
    if (!m_pCamera)
    {
        return 1;
    }
    VSVector3 vLength1 = m_pCamera->GetWorldTranslate() -
            p1.m_pGeometry->GetWorldTranslate();
    VSVector3 vLength2 = m_pCamera->GetWorldTranslate() -
            p2.m_pGeometry->GetWorldTranslate();
    if (vLength1.GetSqrLength() > vLength2.GetSqrLength())
    {
        return 0;
    }
    return 1;
}
```

VST_COMBINE表示不需要排序。

9.2 VSSceneRender

从本节开始读者将逐渐接触到整个渲染架构。先介绍VSSceneRender类，它负责相同效果的模型渲染，它的一个显著特点就是以SetRenderTargets函数与EndRenderTargets函数为开始和结束。

SetRenderTargets函数用于设置渲染的目标，渲染完希望的网格集合之后，会调用EndRenderTargets函数结束整个渲染过程。这个渲染过程可以抽象出很多共用操作。

VSSceneRenderInterface类是基类，它的功能很简单，负责设置渲染目标、清理缓存和设置渲染状态等。这里的设置渲染状态和之前讲的一样，它可以继承渲染状态的一些功能，代码如下。

```
class VSGRAPHIC_API VSSceneRenderInterface :
        public VSReference,public VSMemObject
{
    virtual VSRenderTarget *GetRenderTarget(unsigned int uiIndex);
    inline void SetParam(unsigned int uiClearFlag,
                VSColorRGBA ClearColorRGBA,VSREAL fClearDepth,
                unsigned int uiClearStencil,bool bUseViewClear = false)
    {
        m_uiClearFlag = uiClearFlag;
        m_ClearColorRGBA = ClearColorRGBA;
        m_fClearDepth = fClearDepth;
        m_uiClearStencil = uiClearStencil;
        m_bUseViewPortClear = bUseViewClear;
    }
    virtual bool AddRenderTarget(VSRenderTarget *pTarget);
    void SetUseState(VSRenderState & RenderState,
              unsigned int uiRenderStateInheritFlag);
    void ClearUseState();
    void SetRenderTargets();
    void EndRenderTargets();
    virtual void ClearRTAndDepth() = 0;
    VSArray<VSRenderTargetPtr> m_pTargetArray;  //渲染目标
```

```
        VSRenderState m_SaveRenderState;              //保存渲染之前的状态
        unsigned int m_uiClearFlag;                   //清除颜色缓存标志位
        VSColorRGBA m_ClearColorRGBA;                 //清除颜色
        VSREAL m_fClearDepth;                         //清除深度
        unsigned int m_uiClearStencil;                //清除模板值
        bool  m_bUseViewPortClear;                    //多视口模式下，是否清除视口
        VSRenderState m_UseState;                     //继承的渲染状态
        unsigned int m_uiRenderStateInheritFlag;      //渲染状态继承标志位
        unsigned int m_uiRTWidth;                     //渲染目标的宽度和高度
        unsigned int m_uiRTHeight;
};
```

用 AddRenderTarget 函数添加渲染目标，最多支持 16 个，第 1 个添加的表示第 0 个渲染目标，以此类推。必须保证所有渲染目标的宽度和高度相同，代码如下。

```
bool VSSceneRenderInterface::AddRenderTarget(VSRenderTarget *pTarget)
{
    for (unsigned int i = 0 ; i < m_pTargetArray.GetNum() ; i++)
    {
         if (pTarget == m_pTargetArray[i])
         {
              return false;
         }
    }
    if (!pTarget)
    {
         return false;
    }
    if (!pTarget->GetWidth() || !pTarget->GetHeight())
    {
         return false;
    }
    if (!m_uiRTWidth && !m_uiRTHeight)
    {
         m_uiRTWidth = pTarget->GetWidth();
         m_uiRTHeight = pTarget->GetHeight();
         m_uiMulSample = pTarget->GetMulSample();
    }
    else if (m_uiRTHeight && m_uiRTWidth)
    {
        if (m_uiRTWidth != pTarget->GetWidth() ||
            m_uiRTHeight != pTarget->GetHeight() ||
            m_uiMulSample != pTarget->GetMulSample())
        {
            VSMAC_ASSERT(false);
            return false;
        }
    }
    else
    {
        VSMAC_ASSERT(false);
        return false;
    }
    m_pTargetArray.AddElement(pTarget);
    return true;
}
```

SetRenderTargets 函数和 EndRenderTargets 函数的实现代码如下。

```
void VSSceneRenderInterface::SetRenderTargets()
{
    VSRenderTarget *pRenderTarget[16] = { NULL };
    unsigned int uiRTNum =
```

```
m_pTargetArray.GetNum() > VSRenderer::ms_pRenderer->GetMaxRTNum() ?
VSRenderer::ms_pRenderer->GetMaxRTNum() : m_pTargetArray.GetNum();

    for (unsigned int i = 0; i < uiRTNum; i++)
    {
        pRenderTarget[i] = m_pTargetArray[i];
    }
    if (uiRTNum > 0)
    {
        VSRenderer::ms_pRenderer->SetRenderTargets(pRenderTarget, uiRTNum);
    }
}
void VSSceneRenderInterface::EndRenderTargets()
{
     VSRenderTarget *pRenderTarget[16] = { NULL };
     unsigned int uiRTNum =
m_pTargetArray.GetNum() > VSRenderer::ms_pRenderer->GetMaxRTNum() ?
VSRenderer::ms_pRenderer->GetMaxRTNum() : m_pTargetArray.GetNum();
    for (unsigned int i = 0; i < uiRTNum; i++)
    {
        pRenderTarget[i] = m_pTargetArray[i];
    }
    if (uiRTNum > 0)
    {
        VSRenderer::ms_pRenderer->EndRenderTargets(pRenderTarget, uiRTNum);
    }
}
```

VSSceneRenderInterface 类按用途一般可以分成两种：一种是供渲染模型网格用的；另一种是供后期效果用的，后期效果不会用到深度缓存。

VSSceneRender 类适合模型网格的渲染，它管理深度缓存和视口信息等。用户只需要重载 OnDraw 函数即可。VSSceneRender 类的代码如下。

```
class VSGRAPHIC_API VSSceneRender : public VSSceneRenderInterface
{
    virtual bool SetDepthStencil(VSDepthStencil *pDepthStencil,
                unsigned int uiRenderGroup);
    virtual bool Draw(VSCuller & Culler,double dAppTime);
    virtual void ClearRTAndDepth();
    virtual void DrawUseCurView(VSCuller & Culler,double dAppTime);
    virtual void DisableUseCurView(VSCuller & Culler,double dAppTime);
protected:
    virtual bool OnDraw(VSCuller & Culler,unsigned int uiRenderGroup,
                double dAppTime) = 0;
    VSDepthStencilPtr m_pDepthStencil[VSCuller::RG_MAX];
};
```

最多可以设置 3 个深度缓存。前景渲染可以覆盖中景渲染，中景渲染可以覆盖后景渲染，它们分别对应 VSCuller 类的 uiRenderGroup，且共用渲染目标。下面是实现整个渲染过程的代码。

```
bool VSSceneRender::Draw(VSCuller & Culler,double dAppTime)
{
    if (m_uiClearFlag <= VSRenderer::CF_USE_MAX)
    {
        //保存当前颜色、深度、渲染状态信息
        VSColorRGBA ClearColorRGBA = VSRenderer::ms_pRenderer->GetClearColor();
        VSREAL fClearDepth = VSRenderer::ms_pRenderer->GetClearDepth();
        unsigned int uiClearStencil =
            VSRenderer::ms_pRenderer->GetClearStencil();
        m_SaveRenderState = VSRenderer::ms_pRenderer->GetUseState();
        unsigned int uiSaveRenderStateInheritFlag =
            VSRenderer::ms_pRenderer->GetRenderStateInheritFlag();
```

```
//设置清除的颜色、深度
VSRenderer::ms_pRenderer->SetClearColor(m_ClearColorRGBA);
VSRenderer::ms_pRenderer->SetClearDepth(m_fClearDepth);
VSRenderer::ms_pRenderer->SetClearStencil(m_uiClearStencil);
//设置渲染状态
if (m_uiRenderStateInheritFlag)
{
    VSRenderer::ms_pRenderer->SetUseState(
    m_UseState,m_uiRenderStateInheritFlag);
//如果相机内设置了视口
if (Culler.GetCamera()->GetViewPortNum())
{
    //如果不需要单独清除视口，则全屏清除
    if (!m_bUseViewPortClear)
    {
         SetRenderTargets();
         VSRenderer::ms_pRenderer->ClearBuffers(m_uiClearFlag &
             VSRenderer::CF_COLOR);
         EndRenderTargets();
    }
    //遍历所有视口
    for (unsigned int i = 0 ; i< Culler.GetCamera()->GetViewPortNum()
          ;i++)
    {
         VSViewPort *pViewPort = Culler.GetCamera()->GetViewPort(i);
         //计算视口坐标
         unsigned int uiRtWidth = m_pTargetArray[0]->GetWidth();
         unsigned int uiRtHeight = m_pTargetArray[0]->GetHeight();
         unsigned int X = Rounding(pViewPort->XMin * uiRtWidth);
         unsigned int Y = Rounding(pViewPort->YMin * uiRtHeight);
         unsigned int Width =
             Rounding(pViewPort->XMax * uiRtWidth) - X;
         unsigned int Height =
             Rounding(pViewPort->YMax * uiRtHeight) - Y;
         //修改宽高比
         VSREAL fAspect = Culler.GetCamera()->GetAspect();
         if (pViewPort && pViewPort->bChangeAspect)
         {
             VSREAL NewRatio = (Width * 1.0f) / (Height) ;
             Culler.GetCamera()->SetAspect(NewRatio);
         }
         //和当前镜头有关的渲染
         DrawUseCurView(Culler,dAppTime);
         SetRenderTargets();
         VSRenderer::ms_pRenderer->SetViewPort(pViewPort);
         //清除视口
         if (m_bUseViewPortClear)
         {
             VSRenderer::ms_pRenderer->ClearBuffers(
                   m_uiClearFlag & VSRenderer::CF_COLOR,X,Y,Width,Height);
         }
         //分别访问前、中、后渲染队列
         for (unsigned int uiRenderGroup = 0 ;
              uiRenderGroup < VSCuller::RG_MAX ;uiRenderGroup++)
         {
             if (!Culler.GetRenderGroupVisibleNum(uiRenderGroup))
             {
                 continue;
             }
             //如果有对应的深度
             if (m_pDepthStencil[uiRenderGroup])
             {
                 //设置深度缓存
```

```
                    VSRenderer::ms_pRenderer->SetDepthStencilBuffer
                        (m_pDepthStencil[uiRenderGroup]);
                    //清理深度缓存
                    if (!m_bUseViewPortClear)
                    {
                        VSRenderer::ms_pRenderer->ClearBuffers(
                            (m_uiClearFlag & VSRenderer::CF_DEPTH)
                            | (m_uiClearFlag & VSRenderer::CF_STENCIL));
                    }
                    else
                    {
                        VSRenderer::ms_pRenderer->ClearBuffers(
                            (m_uiClearFlag & VSRenderer::CF_DEPTH)
                             | (m_uiClearFlag & VSRenderer::CF_STENCIL),
                            X,Y,Width,Height);
                    }
                    //渲染
                    OnDraw(Culler,uiRenderGroup,dAppTime);
                    //还原深度缓存
                    VSRenderer::ms_pRenderer->EndDepthStencilBuffer
                        (m_pDepthStencil[uiRenderGroup]);
                }
                else
                {
                    //清理深度缓存
                    if (!m_bUseViewPortClear)
                    {
                        VSRenderer::ms_pRenderer->ClearBuffers(
                        (m_uiClearFlag & VSRenderer::CF_DEPTH)
                            |(m_uiClearFlag & VSRenderer::CF_STENCIL));
                    }
                    else
                    {
                        VSRenderer::ms_pRenderer->ClearBuffers(
                            (m_uiClearFlag & VSRenderer::CF_DEPTH)
                            | (m_uiClearFlag & VSRenderer::CF_STENCIL),
                            X,Y,Width,Height);
                    }
                    //渲染
                    OnDraw(Culler,uiRenderGroup,dAppTime);
                }
            }
            //还原渲染目标
            EndRenderTargets();
            DisableUseCurView(Culler,dAppTime);
            //还原屏幕宽高比
            if (pViewPort && pViewPort->bChangeAspect)
            {
                Culler.GetCamera()->SetAspect(fAspect);
            }
        }
    }
    else
    {
        DrawUseCurView(Culler,dAppTime);
        SetRenderTargets();
        VSRenderer::ms_pRenderer->SetViewPort(NULL);
        VSRenderer::ms_pRenderer->ClearBuffers(m_uiClearFlag);
        for (unsigned int uiRenderGroup = 0 ;
            uiRenderGroup < VSCuller::RG_MAX ;uiRenderGroup++)
        {
            if (!Culler.GetRenderGroupVisibleNum(uiRenderGroup))
            {
```

```
                        continue;
                    }
                    if (m_pDepthStencil[uiRenderGroup])
                    {
                        VSRenderer::ms_pRenderer->SetDepthStencilBuffer
                                (m_pDepthStencil[uiRenderGroup]);
                        VSRenderer::ms_pRenderer->ClearBuffers(
                                (m_uiClearFlag & VSRenderer::CF_DEPTH)
                                | (m_uiClearFlag & VSRenderer::CF_STENCIL));
                        OnDraw(Culler,uiRenderGroup,dAppTime);
                        VSRenderer::ms_pRenderer->EndDepthStencilBuffer
                                (m_pDepthStencil[uiRenderGroup]);
                    }
                    else
                    {
                        VSRenderer::ms_pRenderer->ClearBuffers(
                               (m_uiClearFlag & VSRenderer::CF_DEPTH)
                               | (m_uiClearFlag & VSRenderer::CF_STENCIL));
                        OnDraw(Culler,uiRenderGroup,dAppTime);
                    }
                }
                EndRenderTargets();
                DisableUseCurView(Culler,dAppTime);
            }
            //还原颜色、深度、渲染状态信息
            VSRenderer::ms_pRenderer->SetClearColor(ClearColorRGBA);
            VSRenderer::ms_pRenderer->SetClearDepth(fClearDepth);
            VSRenderer::ms_pRenderer->SetClearStencil(uiClearStencil);
            if (m_uiRenderStateInheritFlag)
            {
                VSRenderer::ms_pRenderer->SetUseState (m_SaveRenderState,
                    uiSaveRenderStateInheritFlag);
            }
        }
        return true;
    }
```

上面的代码判断相机是否带有视口信息。如果带有视口信息，那么就要渲染在当前视口上，并需要判断是否清除视口缓存和是否保留屏幕宽高比。如果没有视口信息，那么渲染代码很简单。无论有没有视口信息，最后都会调用 OnDraw 函数，这是一个虚函数，需要子类实现真正的渲染内容。

为了让读者有清楚的认识，下面以渲染深度和法线的 VSNormalDepthSceneRender 类来举例，看看 VSSceneRender 类怎么用。后文还会介绍其他 VSSceneRender 类。

VSNormalDepthSceneRender 类用来渲染法线和深度，代码如下。

```
class VSGRAPHIC_API VSNormalDepthSceneRender : public VSSceneRender
{
    virtual bool OnDraw(VSCuller & Culler,unsigned int uiRenderGroup,double dAppTime);
};
DECLARE_Ptr(VSNormalDepthSceneRender);
```

VSNormalDepthSceneRender 类只需要重载一个 OnDraw 函数即可，代码如下。

```
bool VSNormalDepthSceneRender::OnDraw(VSCuller & Culler,unsigned int uiRenderGroup,
double dAppTime)
{
    for (unsigned int t = 0 ; t < VSCuller::VST_MAX ; t++)
    {
        //VST_ALPHABLEND 和 VST_COMBINE 的物体都不渲染深度
        if (t == VSCuller::VST_ALPHABLEND || t == VSCuller::VST_COMBINE)
        {
            continue;
```

```
        }
        //遍历所有可见物体
        for(unsigned int j = 0; j < Culler.GetVisibleNum(t,uiRenderGroup) ;
            j++)
        {
            VSRenderContext& VisibleContext =
            Culler.GetVisibleSpatial(j,t,uiRenderGroup);
            if (!VisibleContext.m_pGeometry ||
                !VisibleContext.m_pMaterialInstance)
            {
                continue;
            }
            VSMaterial *pMaterial =
                    VisibleContext.m_pMaterialInstance->GetMaterial();
            if (!pMaterial)
            {
                continue;
            }
            const VSDepthStencilDesc & DepthStencilDest =
                    pMaterial->GetRenderState(VisibleContext.m_uiPassId).
                    GetDepthStencilState()->GetDepthStencilDesc();
            VSGeometry *pGeometry =
            DynamicCast<VSGeometry>(VisibleContext.m_pGeometry);
            if (!pGeometry)
            {
                continue;
            }
            unsigned int uiNormalLevel =
                pGeometry->GetMeshData()->GetVertexBuffer()->GetNormalLevel();
            //没写入深度和没有法线的不渲染
            if (!DepthStencilDest.m_bDepthWritable || !uiNormalLevel)
            {
                continue;
            }
            //取得渲染通道信息
            VSMaterialInstance *pMaterialInstance =
                VisibleContext.m_pMaterialInstance;
            VSNormalDepthPass *pNormalDepthPass =
                pMaterialInstance->GetMaterial()->GetNormalDepthPass();
            pNormalDepthPass->SetPassId(VisibleContext.m_uiPassId);
            pNormalDepthPass->SetSpatial(pGeometry);
            pNormalDepthPass->SetMaterialInstance(pMaterialInstance);
            pNormalDepthPass->SetCamera(Culler.GetCamera());
            //进行渲染
            pNormalDepthPass->Draw(VSRenderer::ms_pRenderer);
        }
    }
    return true;
}
```

9.3 渲染目标和深度模板管理

渲染目标和深度模板是经常用到的资源。为了减少显存开销，游戏引擎里提供了池的功能，用渲染目标和深度模板的时候从池中申请，用完归还给池。

下面的代码负责管理渲染目标和深度模板。

```
class VSGRAPHIC_API VSResourceManager
{
    static VSRenderTarget *Get2DRenderTarget(unsigned int uiWidth,
```

```
unsigned int uiHeight,unsigned int uiFormatType,
unsigned int uiMulSample);
    static void Release2DRenderTarget(VSRenderTarget *pRenderTarget);
    static void Disable2DRenderTarget(VSRenderTarget *&pRenderTarget);
    static void Disable2DRenderTarget(VSRenderTargetPtr &pRenderTarget);
    static bool GetCubRenderTarget(unsigned int uiWidth, unsigned int uiFormatType,
    unsigned int uiMulSample,VSRenderTarget *OutRT[VSCubeTexture::F_MAX]);
    static void ReleaseCubRenderTarget(VSRenderTarget *RT[VSCubeTexture::F_MAX]);
    static void DisableCubRenderTarget(VSRenderTarget *RT[VSCubeTexture::F_MAX]);
    static VSDepthStencil *GetDepthStencil(unsigned int uiWidth,
        unsigned int uiHeight,unsigned int uiFormatType,
        unsigned int uiMulSample);
    static void ReleaseDepthStencil(VSDepthStencil *pDepthStencil);
    static void DisableDepthStencil(VSDepthStencil *&pDepthStencil);
    static void DisableDepthStencil(VSDepthStencilPtr &pDepthStencil);
}
```

这里支持2D渲染目标、立方体渲染目标（cube render target）、深度模板。渲染目标可以和纹理绑定。下面以2D渲染目标为例进行说明，其他的基本类似，代码如下。

```
VSRenderTarget *VSResourceManager::Get2DRenderTarget(unsigned int uiWidth,
unsigned int uiHeight,unsigned int uiFormatType,unsigned int uiMulSample)
{
   VSResourceArrayControll<VSRenderTargetPtr> & RenderTargetArray =
      GetRenderTargetBufferArray();
   //遍历所有资源
   for (unsigned int i = 0 ; i < RenderTargetArray.GetResourceNum() ; i++)
   {
       VSRenderTargetPtr pRt = RenderTargetArray.GetResource(i);
       //是否正在使用
       if (pRt->m_bUsed)
       {
            continue;
       }
       //必须是由纹理关联创建的
       if (pRt->GetCreateBy() &&
                  pRt->GetCreateBy()->GetTexType() == VSTexture::TT_2D)
       {
           VS2DTexture *p2DTex = (VS2DTexture *)pRt->GetCreateBy();
           //当前纹理没有被使用
           if (p2DTex->HasAnySlot())
           {
               continue;
           }
           //属性信息都要相同
           if (pRt->m_uiWidth == uiWidth &&
                        pRt->m_uiHeight == uiHeight &&
                        pRt->m_uiFormatType == uiFormatType &&
                        pRt->m_uiMulSample == uiMulSample)
           {
               //标记被使用
               pRt->m_bUsed = true;
               //清除垃圾回收的时间
               RenderTargetArray.ClearTimeCount(i);
               return pRt;
           }
       }
   }
   //如果没有找到，则创建
   VS2DTexture *pTexture = VS_NEW VS2DTexture(uiWidth,uiHeight,uiFormatType);
   VSMAC_ASSERT(uiMulSample < VSRenderer::MS_MAX)
   if (uiMulSample >= VSRenderer::MS_MAX)
   {
```

```
        return NULL;
    }
    VSRenderTarget *pNewRt = VS_NEW VSRenderTarget(pTexture,uiMulSample);
    GetRenderTargetBufferArray().AddResource(pNewRt);
    pNewRt->m_bUsed = true;
    return pNewRt;
}
```

VSRenderTarget 类中的 m_bUsed 变量表示渲染目标是否可用，如果 m_bUsed 为 false 并且关联这个渲染目标的纹理没有被使用，则可以从资源队列里取出这个渲染目标。SetTexture 函数通过调用 SetPSTextureRTTextureUsed 函数、SetVSTextureRTTextureUsed 函数、SetGSTextureRTTextureUsed 函数来标记当前纹理的使用权限，代码如下。

```
void VSRenderer::SetVSTextureRTTextureUsed(VSTexture *pTexture,
unsigned int uiSlot, bool b)
{
    if (!pTexture)
    {
        return;
    }
    pTexture->m_VSTexSlot.Set(uiSlot, b);
}
void VSRenderer::SetPSTextureRTTextureUsed(VSTexture *pTexture,
unsigned int uiSlot, bool b)
{
    if (!pTexture)
    {
        return;
    }
    pTexture->m_PSTexSlot.Set(uiSlot, b);
}
void VSRenderer::SetGSTextureRTTextureUsed(VSTexture *pTexture,
unsigned int uiSlot, bool b)
{
    if (!pTexture)
    {
        return;
    }
    pTexture->m_GSTexSlot.Set(uiSlot, b);
}
```

通过 VSRenderer 类的 SetRenderTargets 函数和 EndRenderTargets 函数来标记 VSTexture 类中的 m_bRtUsed 变量，该变量表示纹理是否正在使用。VSTexture 类的 m_bRtUsed 变量和 VSRenderTarget 类的 m_bRtUsed 变量的含义不同，前一个表示和这个纹理关联的渲染目标是否正在被使用，后一个表示渲染目标在资源列表里是否被占用。EnableTextureRTUsed 函数和 DisableTextureRTUsed 函数用来设置 VSTexture 类的 m_bRtUsed 变量，代码如下。

```
void VSRenderer::EnableTextureRTUsed(VSTexture *pTexture)
{
    if (!pTexture)
    {
        return;
    }
    if (pTexture->GetTexType() == VSTexture::TT_2D)
    {
        ((VS2DTexture *)pTexture)->m_bRtUsed = true;
    }
    else if (pTexture->GetTexType() == VSTexture::TT_CUBE)
    {
        ((VS2DTexture *)pTexture)->m_bRtUsed = true;
    }
}
```

```
void VSRenderer::DisableTextureRTUsed(VSTexture *pTexture)
{
    if (!pTexture)
    {
        return;
    }
    if (pTexture->GetTexType() == VSTexture::TT_2D)
    {
        ((VS2DTexture *)pTexture)->m_bRtUsed = false;
    }
    else if (pTexture->GetTexType() == VSTexture::TT_CUBE)
    {
        ((VS2DTexture *)pTexture)->m_bRtUsed = false;
    }
}
```

VSRenderer 的 SetTexture 函数调用 CheckIsTextureCanSet 函数来判断与纹理关联的渲染目标是否正在使用。如果正在使用，则无法设置。代码如下。

```
bool VSRenderer::CheckIsTextureCanSet(VSTexture *pTexture)
{
    if (!pTexture)
    {
        return true;
    }
    if (pTexture->GetTexType() == VSTexture::TT_2D)
    {
        if(((VS2DTexture*)pTexture)->IsRenderTarget())
        {
            if(((VS2DTexture*)pTexture)->m_bRtUsed == true)
            {
                VSMAC_ASSERT(0);
                return false;
            }
            else
            {
                return true;
            }
        }
    }
    else if(pTexture->GetTexType() == VSTexture::TT_CUBE)
    {
        if(((VSCubeTexture*)pTexture)->m_bRtUsed == true)
        {
            VSMAC_ASSERT(0);
            return false;
        }
        else
        {
            return true;
        }
    }
    return true;
}
```

关于纹理与其相关联渲染目标，有严格的规范。在用渲染目标的时候，通过 Get2DrenderTarget 申请；在不用的时候，通过 Disable2DRenderTarget 函数释放。代码如下。

```
void VSResourceManager::Release2DRenderTarget(VSRenderTarget *pRenderTarget)
{
    if (pRenderTarget)
```

```
    {
        VSMAC_ASSERT(pRenderTarget->m_bUsed == true);
        pRenderTarget->m_bUsed = false;
    }
}
void VSResourceManager::Disable2DRenderTarget(VSRenderTarget * &pRenderTarget)
{
    Release2DRenderTarget(pRenderTarget);
    VS2DTexture *p2DTexture = DynamicCast<VS2DTexture>(pRenderTarget->GetCreateBy());
    VSMAC_ASSERT(p2DTexture);
    p2DTexture->m_bRTTextureUsed = false;
    pRenderTarget = NULL;
}
```

下面的代码用阴影体为点光源渲染阴影，读者应注意观察这里对渲染目标与深度模板的申请和释放。

```
void VSPointLight::DrawShadowMap(VSCuller & CurCuller,double dAppTime)
{
    …
    //第1个通道申请深度模板和渲染目标
    VSDepthStencil *pDepthStencil = VSResourceManager::GetDepthStencil(
            m_uiRTWidth,uiRTHeight,VSRenderer::SFT_D24S8,0);
    m_pVolumeShadowFirstPassRenderTarget = VSResourceManager::
            Get2DRenderTarget(m_uiRTWidth,uiRTHeight,VSRenderer::SFT_R16F,0);
    //设置清理参数
    m_pShadowMapSceneRender->SetParam(
          VSRenderer::CF_USE_MAX,VSColorRGBA(0.0f,0.0f,0.0f,0.0f),1.0f,15);
    m_pShadowMapSceneRender->ClearRTAndDepth();
    //设置深度模板和渲染目标
    m_pShadowMapSceneRender->AddRenderTarget(
           m_pVolumeShadowFirstPassRenderTarget);
    m_pShadowMapSceneRender->SetDepthStencil(
           pDepthStencil,VSCuller::RG_NORMAL);
    //渲染
    m_pShadowMapSceneRender->Draw(m_VSMCuller,dAppTime);
    //第2个通道申请渲染目标
    m_pVolumeShadowRenderTarget = VSResourceManager::Get2DRenderTarget
           (m_uiRTWidth,uiRTHeight,VSRenderer::SFT_R16F,0);
    //设置清理参数
    m_pPEVolumeSMSceneRender->SetParam(
           VSRenderer::CF_COLOR,VSColorRGBA(1.0f,1.0f,1.0f,1.0f),1.0f,0);
    m_pPEVolumeSMSceneRender->ClearRTAndDepth();
    //设置深度模板和渲染目标
    m_pPEVolumeSMSceneRender->SetDepthStencil(pDepthStencil);
    m_pPEVolumeSMSceneRender->AddRenderTarget(
           m_pVolumeShadowRenderTarget);
    //设置第1个通道中渲染目标的纹理
    m_pPEVolumeSMSceneRender->SetSourceTarget(
           m_pVolumeShadowFirstPassRenderTarget->GetCreateBy());
    //渲染
    m_pPEVolumeSMSceneRender->Draw(CurCuller,dAppTime);
    //设置阴影纹理
    m_pShadowTexture[0]->m_pTex =
            m_pVolumeShadowRenderTarget->GetCreateBy();
    //释放渲染目标和深度模板
    VSResourceManager::Disable2DRenderTarget(
           m_pVolumeShadowFirstPassRenderTarget);
    VSResourceManager::DisableDepthStencil(pDepthStencil);
}
```

阴影体需要两个通道，我们先不用明白它的原理。这里共申请了两个渲染目标和一个深度模板，前后两个通道共用这个深度模板。在两个通道渲染完后，释放了深度模板。第 2 个通道以第 1 个通道中与渲染目标关联的纹理作为输入，所以要在第 2 个通道结束后这个渲染目标才能释放；而第 2 个通道申请的渲染目标保存着影子信息，所以要在物体渲染光照之后才可以释放。下面是释放第 2 个通道时用到的渲染目标。

当整个渲染流程结束时，会调用 DisableUseCurView 函数与 DisableShadowMap 函数，代码如下。

```
void VSMaterialSceneRender::DisableUseCurView(VSCuller & Culler,double dAppTime)
{
    for (unsigned int i = 0 ;i < Culler.GetLightNum() ; i++)
    {
        VSLocalLight *pLocalLight =
            DynamicCast<VSLocalLight>(Culler.GetLight(i));
        if (pLocalLight)
        {
            pLocalLight->DisableShadowMap(Culler,dAppTime);
        }
    }
}
void VSPointLight::DisableShadowMap(VSCuller & CurCuller,double dAppTime)
{
    if (m_pVolumeShadowRenderTarget)
    {
        VSResourceManager::Disable2DRenderTarget(m_pVolumeShadowRenderTarget);
    }
    for (unsigned int i = 0 ; i < m_pShadowTexture.GetNum() ; i++)
    {
        m_pShadowTexture[i]->m_pTex = NULL;
    }
}
```

9.4 VSRenderMethod 与 VSViewFamily

网格通过材质实例关联材质，材质的每个渲染通道负责找到合适的着色器并渲染网格，这个过程包括创建着色器和给着色器传递参数。VSSceneRender 类用相应的渲染通道渲染可见并分组过的网格集合到渲染目标上。例如，如果渲染某个效果时切换了多次渲染目标，那么它就有多个渲染通道，需要多个 VSSceneRender 类来完成。如果实现某个效果需要很多步骤，那么多个 VSSceneRender 类要怎么组织？渲染目标要怎么组织？可见并分组过的网格集合要怎么与 VSSceneRender 类、渲染目标关联呢？接下来就引出 VSSceneRenderMethod 类和 VSViewFamily 类两个类。

VSSceneRenderMethod 类是渲染方法的基类，它负责管理整个渲染过程，也就是管理多个 VSSceneRender 类（包括后期效果）和渲染目标，代码如下。

```
class VSGRAPHIC_API VSSceneRenderMethod : public VSObject
{
    //设置后期效果
    void SetPostEffect(VSPostEffectSetRPtr pPostEffectSet);
    //渲染
    virtual void Draw(VSCuller & Culler,double dAppTime);
    //从渲染目标池中得到渲染目标
    virtual void GetRT(unsigned int uiWidth,unsigned int uiHeight);
    //释放渲染目标
```

```
    virtual void DisableRT();
    //是否渲染调试信息
    inline void SetDebugDrawInfo(bool bDrawDebugInfo,
                bool bBeforePostDebugDraw = true)
    {
         m_bBeforePostDebugDraw = bBeforePostDebugDraw;
         m_bDrawDebugInfo = bDrawDebugInfo;
    }
    //异步处理后期效果的加载
    virtual void LoadedEvent(VSResourceProxyBase *pResourceProxy);
    VSRenderTarget *GetFinalColorRT();
    //得到后期效果
    VSPostEffectSet *GetPostEffectSet()const
    {
       return m_pPostEffectInstance;
    }
    //得到渲染调试信息的渲染器
    VSDebugDraw *GetDebugDraw(unsigned int uiRenderGroup);
    //设置渲染状态
    virtual void SetUseState(VSRenderState & RenderState,
                      unsigned int uiRenderStateInheritFlag) = 0;
    //清除渲染状态
    virtual void ClearUseState() = 0;
    //设置最后的输出颜色渲染目标
    virtual void SetColorRT(VSRenderTarget *pFinalColorRT,
               unsigned int uiWidth,unsigned int uiHeight);
    VSPostEffectSetRPtr m_pPostEffectSet;          //后期效果资源
    VSPostEffectSetPtr  m_pPostEffectInstance; //后期效果实例
    //调试渲染器
    VSDebugDrawSceneRenderPtr m_pDebugDrawSceneRender;
    bool m_bBeforePostDebugDraw;                   //是否在后期效果前渲染调试信息
    bool m_bDrawDebugInfo;                         //是否渲染调试信息
    VSDepthStencilPtr m_pDepthStencil[VSCuller::RG_MAX]; //深度模板缓存
    VSRenderTargetPtr m_pColorRT;                  //最后输出的颜色渲染目标
    bool ColorRTIsOutSet;
};
```

VSSceneRenderMethod类还可以渲染一些调试信息，调试信息可以选择是在后期效果之前渲染还是在后期效果之后渲染。

后期效果也是资源，所以设置后期效果时会创建资源实例，代码如下。

```
void VSSceneRenderMethod::SetPostEffect(VSPostEffectSetR *pPostEffectSet)
{
    m_pPostEffectSet = pPostEffectSet;
    m_pPostEffectInstance = NULL;
    if (m_pPostEffectSet)
    {
         m_pPostEffectSet->AddLoadEventObject(this);
    }
}
void VSSceneRenderMethod::LoadedEvent(VSResourceProxyBase *pResourceProxy, int Data)
{
    VSPostEffectSet *pPostEffectInstance = m_pPostEffectSet->GetResource();
    m_pPostEffectInstance = (VSPostEffectSet *)
            VSObject::CloneCreateObject(pPostEffectInstance);
}
```

渲染每帧之前都需要调用GetRT函数获得需要的渲染目标，渲染之后调用DisableRT函数释放使用的渲染目标，代码如下。

```
void VSSceneRenderMethod::GetRT(unsigned int uiWidth,unsigned int uiHeight)
{
```

```
        m_pColorRT = NULL;
        m_pColorRT = VSResourceManager::Get2DRenderTarget
                        (uiWidth,uiHeight,VSRenderer::SFT_X8R8G8B8,0);
        ColorRTIsOutSet = false;
        for (unsigned int i = 0 ; i < VSCuller::RG_MAX ; i++)
        {
            m_pDepthStencil[i] = NULL;
            m_pDepthStencil[i] = VSResourceManager::GetDepthStencil
                        (uiWidth,uiHeight,VSRenderer::SFT_D24S8,0);
        }
        if (m_pDebugDrawSceneRender)
        {
            m_pDebugDrawSceneRender->ClearRTAndDepth();
            //在后期效果之前渲染调试信息
            if (m_bBeforePostDebugDraw)
            {
                //把输入的颜色信息设置为渲染目标
                m_pDebugDrawSceneRender->AddRenderTarget(m_pColorRT);
            }
            else
            {
                //否则寻找最后的渲染目标
                m_pDebugDrawSceneRender->AddRenderTarget(
                            GetFinalColorRT());
            }
            //设置深度
            for (unsigned int i = 0 ; i < VSCuller::RG_MAX ; i++)
            {
                 m_pDebugDrawSceneRender->SetDepthStencil(
                            m_pDepthStencil[i],i);
            }
        }
        //如果有后期效果
        if (m_pPostEffectInstance)
        {
            static VSArray<VSRenderTarget *> Temp;
            Temp.Clear();
            Temp.AddElement(m_pColorRT);
            //把输入的颜色信息设置到后期效果中
            m_pPostEffectInstance->SetBeginTargetArray(&Temp);
            m_pPostEffectInstance->GetRT(uiWidth,uiHeight);
        }
    }
    void VSSceneRenderMethod::DisableRT()
    {
        //ColorRTIsOutSet 表示 m_pColorRT 是外部设置的
        if (m_pColorRT && !ColorRTIsOutSet)
        {
            VSResourceManager::Disable2DRenderTarget(m_pColorRT);
        }
        for (unsigned int i = 0 ; i < VSCuller::RG_MAX ; i++)
        {
            if(m_pDepthStencil[i])
            {
                VSResourceManager::DisableDepthStencil(m_pDepthStencil[i]);
            }
        }
        if (m_pPostEffectInstance)
        {
            m_pPostEffectInstance->DisableRT();
        }
    }
```

m_pDebugDrawSceneRender 在后文再详细介绍。GetRT 函数判断 m_pDebugDrawSceneRender 和 m_pPostEffectInstance 这两个变量是否有效。

GetFinalColorRT 函数返回最后使用的渲染目标，代码如下。

```
VSRenderTarget * VSSceneRenderMethod::GetFinalColorRT()
{
    if (m_pPostEffectInstance)
    {
        return m_pPostEffectInstance->GetEndTarget(0);
    }
    else
    {
        return m_pColorRT;
    }
}
```

图 9.1 把上面的代码逻辑说明得更加清楚。

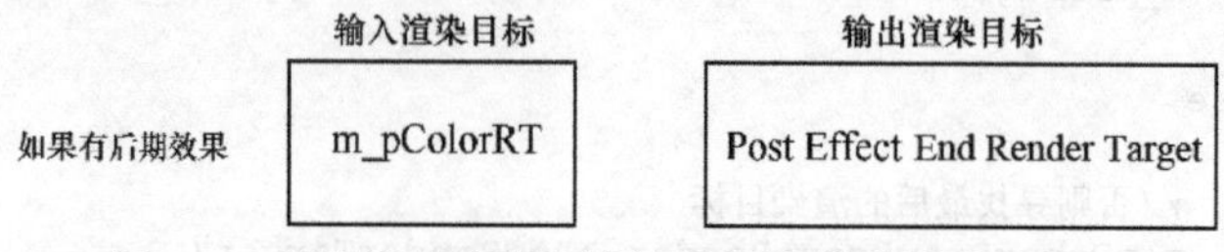

图 9.1 后期效果的输入渲染目标和输出渲染目标

如果没有后期效果，m_pColorRT 将为最后使用的渲染目标；否则，m_pColorRT 会作为后期效果的输入。后期效果最终的渲染目标（Post Effect End Render Target）作为整个渲染流程的最后渲染目标。

如图 9.2 所示，如果调试信息在后期效果之前渲染，那么 m_pDebugDrawSceneRender 的输入渲染目标为m_pColorRT；否则，输入渲染目标为后期效果最终的渲染目标。

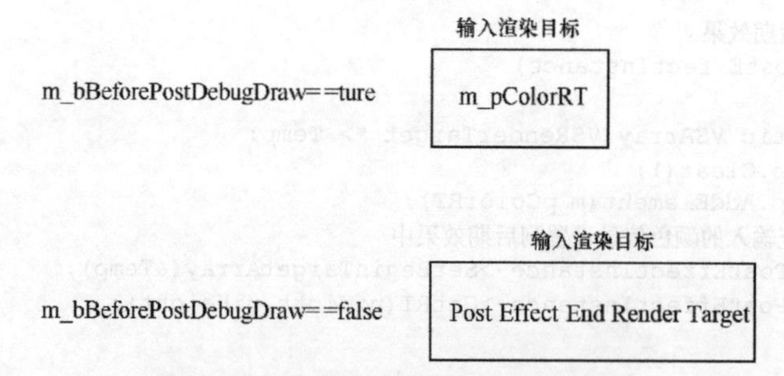

图 9.2 渲染调试信息的输入渲染目标

Draw 函数在这里只负责渲染后期效果和调试信息。根据调试信息是否在后期效果前渲染，渲染顺序也会不同，代码如下。

```
void VSSceneRenderMethod::Draw(VSCuller & Culler,double dAppTime)
{
    if (m_bBeforePostDebugDraw && m_bDrawDebugInfo)
    {
        m_pDebugDrawSceneRender->Draw(Culler,dAppTime);
    }
    if (m_pPostEffectInstance)
    {
        m_pPostEffectInstance->Draw(Culler,dAppTime);
    }
    if (!m_bBeforePostDebugDraw && m_bDrawDebugInfo)
    {
        m_pDebugDrawSceneRender->Draw(Culler,dAppTime);
    }
}
```

如果要手动设置最后的输出渲染目标，则需要调用下面的函数，代码如下。

```
void VSSceneRenderMethod::SetColorRT(VSRenderTarget * pFinalColorRT,
unsigned int uiWidth,unsigned int uiHeight)
{
    if (m_pPostEffectInstance)
    {
        if (!m_pPostEffectInstance->SetEndTarget(pFinalColorRT))
        {
            if (m_pColorRT)
            {
                VSResourceManager::Disable2DRenderTarget(m_pColorRT);
            }
            ColorRTIsOutSet = true;
            m_pColorRT = pFinalColorRT;
        }
    }
    else
    {
        if (m_pColorRT)
        {
            VSResourceManager::Disable2DRenderTarget(m_pColorRT);
        }
        ColorRTIsOutSet = true;
        m_pColorRT = pFinalColorRT;
    }
}
```

根据是否有后期效果，pFinalColorRT 设置的目标也不同。如果 SetEndTarget 函数设置失败，则表示后期效果里的所有节点都被关闭或者没有任何节点，这和没有后期效果是一样的。然后释放 m_pColorRT，设置 ColorRTIsOutSet 为 true，表示最终输出为外部设置的。在 DisableRT 函数里也会判断是否需要释放 m_pColorRT。

后文会详细介绍后期效果，等你学完后期效果后再回到此部分内容，理解就会更深刻。

之前所有演示的示例都使用 VSForwardEffectSceneRenderMethod 类，它是前向渲染方法，并继承自 VSSceneRenderMethod 类，代码如下。

```
class VSGRAPHIC_API VSForwardEffectSceneRenderMethod :
        public VSSceneRenderMethod
{
    virtual void Draw(VSCuller & Culler, double dAppTime);
    virtual void GetRT(unsigned int uiWidth, unsigned int uiHeight);
    virtual void DisableRT();
    virtual void SetUseState(VSRenderState & RenderState,
       unsigned int uiRenderStateInheritFlag);
    virtual void ClearUseState();
    //物体材质光照渲染
    VSMaterialSceneRenderPtr m_pMaterialSceneRenderder;
    //伽马校正
    VSGammaCorrectSceneRenderPtr m_pGammaCorrectSceneRender;
    //材质光照渲染结果
    VSRenderTargetPtr m_pMaterialRT;
};
```

构造函数中有两个 VSSceneRender 类，m_pMaterialSceneRenderder 用来渲染物体材质光照，m_pGammaCorrectSceneRender 用来进行伽马校正，代码如下。所有的光照都在非线性空间中计算，最后呈现的颜色要校正。要详细了解伽马校正的读者可以自行搜索相关文章。

```
VSForwardEffectSceneRenderMethod::VSForwardEffectSceneRenderMethod()
{
    m_pMaterialSceneRenderder = VS_NEW VSMaterialSceneRender();
    m_pMaterialSceneRenderder->SetParam(
            VSRenderer::CF_USE_MAX, VSColorRGBA(0.0f, 0.0f, 0.0f, 1.0f), 1.0f, 0);
    m_pGammaCorrectSceneRender = VS_NEW VSGammaCorrectSceneRender()
    m_pMaterialRT = NULL;
}
```

VSGammaCorrectSceneRender 类负责对全屏的颜色进行校正，代码如下。

```
class VSGRAPHIC_API VSGammaCorrectSceneRender : public VSPostEffectSceneRender
{
    virtual void SetSourceTarget(VSTexture *pTexture);
};

VSGammaCorrectSceneRender::VSGammaCorrectSceneRender()
{
    m_pCustomMaterial = VSCustomMaterial::GetGammaCorrect();
};
void VSGammaCorrectSceneRender::SetSourceTarget(VSTexture *pTexture)
{
    VSPostEffectSceneRender::SetSourceTarget(pTexture);
    m_pCustomMaterial->SetPShaderTexture(
            VSUsedName::ms_cPostInputTexture,m_pTexAllState);
}
bool VSCustomMaterial::LoadDefault()
{
    ms_pGammaCorrect->PreLoad(VSUsedName::ms_cGammaCorrect,
            _T("PostEffectVShader.txt"),_T("VSMain"),
            _T("GammaCorrectPShader.txt"),_T("PSMain"));
    return 1;
}
```

VSGammaCorrectSceneRender 从 VSCustomMaterial::GetGammaCorrect()函数中获取，这个材质是游戏引擎加载的时候在 VSCustomMaterial::LoadDefault 函数中创建的，着色器代码存储在 GammaCorrectPShader.txt 中。

```
#include"Shader.txt"
sampler PostInputTexture;
float4 PSMain(float2 texCoord : TEXCOORD0) : COLOR
{
    float4 OutputColor = tex2D(PostInputTexture, texCoord);
    OutputColor.rgb = GreaterZeroPow(OutputColor.rgb, 0.454545);
    return OutputColor;
}
```

下面是释放和得到渲染目标的函数。

```
void VSForwardEffectSceneRenderMethod::DisableRT()
{
    VSSceneRenderMethod::DisableRT();
    if (m_pMaterialRT)
    {
        VSResourceManager::Disable2DRenderTarget(m_pMaterialRT);
    }
}
void VSForwardEffectSceneRenderMethod::GetRT(unsigned int uiWidth,
unsigned int uiHeight)
{
    VSSceneRenderMethod::GetRT(uiWidth, uiHeight);
    m_pMaterialRT = NULL;
```

```
    m_pMaterialRT = VSResourceManager::Get2DRenderTarget(
            uiWidth, uiHeight, VSRenderer::SFT_A16B16G16R16F, 0);
    m_pMaterialSceneRenderder->ClearRTAndDepth();
    m_pMaterialSceneRenderder->AddRenderTarget(m_pMaterialRT);
    for (unsigned int i = 0; i < VSCuller::RG_MAX; i++)
    {
        m_pMaterialSceneRenderder->SetDepthStencil(m_pDepthStencil[i], i);
    }
    m_pGammaCorrectSceneRender->ClearRTAndDepth();
    m_pGammaCorrectSceneRender->AddRenderTarget(m_pColorRT);
}
```

材质和光照渲染用的渲染目标是 16 位浮点数类型的，它可以存储足够的光照信息。进行完伽马校正之后，就可以得到正确的色彩信息。

注意：用 RGBA8 格式的渲染目标难以存储足够多的光照信息，经过伽马校正后的色彩信息是错误的。

伽马校正最终的渲染代码如下。

```
void VSForwardEffectSceneRenderMethod::Draw(VSCuller & Culler, double dAppTime)
{
    //渲染光照材质
    m_pMaterialSceneRenderder->Draw(Culler, dAppTime);
    //对光照结果进行伽马校正
    m_pGammaCorrectSceneRender->SetSourceTarget(
            m_pMaterialRT->GetCreateBy());
    m_pGammaCorrectSceneRender->Draw(Culler, dAppTime);
    //渲染后期效果和调试信息
    VSSceneRenderMethod::Draw(Culler, dAppTime);
}
```

可以定义自己的 VSRenderMethod 类，增加自己的渲染方法，后文还会讲解其他的渲染方法。

VSRenderMethod 类只管理 VSSceneRender 类和 VSRenderTarget 类，它通过 VSViewFamily 类来管理 VSRenderMethod 类和可见物体。VSViewFamily 类的代码如下。

```
class VSGRAPHIC_API VSViewFamily : public VSObject
{
    VSViewFamily(const VSString &ViewFamilyName, VSCamera *pCamera,
        VSPostEffectSetR *pPostEffectSet, const TCHAR *RenderMethodRTTIName);
    VSViewFamily(const VSString &ViewFamilyName,VSCamera *pCamera);
    //添加和删除可见的场景
    inline void AddScene(VSScene *pScene);
    inline VSScene *GetScene(unsigned int i)const;
    inline void ClearAllScene();
    inline void DeleteScene(unsigned int i);
    inline void DeleteScene(VSScene *pScene);
    inline unsigned int GetSceneNum()const;
    //渲染
    virtual void Draw(double dAppTime);
    virtual void OnDraw(double dAppTime);
    //更新
    virtual void Update(double dAppTime);
    //创建 VSSceneMethod 所需的渲染目标
    virtual void CreateRenderTargetBuffer(unsigned int uiWidth,unsigned int uiHeight);
    //是否改变渲染目标大小
    bool IsReCreate(unsigned int uiWidth,unsigned int uiHeight);
    //名字
    VSString m_ViewFamilyName;
    bool m_bEnable;
    //渲染方法
    VSSceneRenderMethodPtr m_pSceneRenderMethod;
    //得到最终输出
```

```
    virtual VSRenderTarget *GetFinalColorRT();
    //相机
    VSCamera* m_pCamera;
    VSArray<VSScene *> m_pScene;
    //裁剪
    VSCuller m_Culler;
    //渲染目标的宽和高
    unsigned int m_uiWidth;
    unsigned int m_uiHeight;
};
```

VSViewFamily 类负责得到可见物体并把这些可见物体提交给 VSRenderMethod 类，以进行渲染。该类还把相机和场景关联在了一起，在构造函数里输入渲染方法 RTTI（Run-Time Type Identification，参见卷 1）的名字就可以创建对应渲染方法的实例。可以通过同一个相机绑定不同的场景，用不同的渲染方法处理该场景，大大地提高渲染的灵活性。

注意：最有说服力的例子就是水面的反射渲染。水面的反射不需要那么精确，所以简单的光照处理就可以实现很好的效果（《刀塔2》游戏中的水面反射的都是黑色的倒影，这样处理更加简单）。如果我们需要用不同的渲染方法来渲染同样的场景，那么用 VSViewFamily 类就很容易处理这样的问题。

下面是 VSViewFamily 类的构造函数，代码如下。

```
VSViewFamily::VSViewFamily(const VSString &ViewFamilyName, VSCamera *pCamera,
VSPostEffectSetR *pPostEffectSet, const TCHAR *RenderMethodRTTIName)
{
    m_pCamera = pCamera;
    m_pCamera->AddViewFamily(this);
    m_uiWidth = 0;
    m_uiHeight = 0;
    m_ViewFamilyName = ViewFamilyName;
    m_bEnable = true;
    VSString RMName = RenderMethodRTTIName;
    m_pSceneRenderMethod = DynamicCast<VSSceneRenderMethod>
         (VSObject::GetNoGCInstance(RMName));
    if (m_pSceneRenderMethod)
    {
         m_pSceneRenderMethod->SetPostEffect(pPostEffectSet);
    }
}
```

相机可以绑定多个 VSViewFamily 类来提供多种渲染效果，通过 AddViewFamily 函数添加 VSViewFamily 类，通过 DeleteViewFamily 函数删除 VSViewFamily 类。场景管理器（scene manager，参见卷 1）用来管理 VSViewFamily 类，代码如下。

```
class VSGRAPHIC_API VSCamera : public VSNodeComponent
{
    VSArrayOrder<VSViewFamily *> m_ViewFamilyArray;
    void AddViewFamily(VSViewFamily *pViewFamily);
    void DeleteViewFamily(VSViewFamily *pViewFamily);
}
void VSCamera::AddViewFamily(VSViewFamily *pViewFamily)
{
    if (pViewFamily)
    {
         m_ViewFamilyArray.AddElement(pViewFamily);
         VSSceneManager::ms_pSceneManager->AddViewFamily(pViewFamily);
    }
}
void VSCamera::DeleteViewFamily(VSViewFamily *pViewFamily)
{
```

```
    if (pViewFamily)
    {
        unsigned int uiID = m_ViewFamilyArray.FindElement(pViewFamily);
        if (uiID >= m_ViewFamilyArray.GetNum())
        {
            return ;
        }
        m_ViewFamilyArray.Erase(uiID);
        VSSceneManager::ms_pSceneManager->DeleteViewFamily(pViewFamily);
        VSMAC_DELETE(pViewFamily);
    }
}
```

VSViewFamily 类通过 Draw 函数和 OnDraw 函数来管理 m_pSceneRenderMethod 的渲染，也可以重载 Draw 函数和 OnDraw 函数，代码如下。

```
void VSViewFamily::Draw(double dAppTime)
{
    if (m_pCamera)
    {
        if (!m_pCamera->m_bEnable)
        {
            return ;
        }
        if (m_pSceneRenderMethod)
        {
            m_pSceneRenderMethod->GetRT(m_uiWidth,m_uiHeight);
        }
        OnDraw(dAppTime);
        if (m_pSceneRenderMethod)
        {
            m_pSceneRenderMethod->DisableRT();
        }
    }
}
void VSViewFamily::OnDraw(double dAppTime)
{
    if (m_pSceneRenderMethod)
    {
        m_pSceneRenderMethod->Draw(m_Culler,dAppTime);
    }
}
```

IsReCreate 函数和 CreateRenderTargetBuffer 函数为虚函数，需要通过子类来实现希望的效果，代码如下。

```
bool VSViewFamily::IsReCreate(unsigned int uiWidth,unsigned int uiHeight)
{
    if (m_uiWidth == uiWidth && m_uiHeight == uiHeight)
    {
        return false;
    }
    return true;
}
void VSViewFamily::CreateRenderTargetBuffer(unsigned int uiWidth,unsigned int uiHeight)
{
    m_uiHeight = uiHeight;
    m_uiWidth = uiWidth;
}
```

Update 函数裁剪所有关联的场景，并得到可见物体和可见光源。然后渲染方法通过 VSCuller 类对可见物体进行渲染。代码如下。

```
void VSViewFamily::Update(double dAppTime)
{
    VSArray<VSScene *> Temp ;
    if (!m_pCamera)
    {
        return ;
    }
    if (!m_pCamera->m_bEnable)
    {
         return ;
    }
    Temp.Clear();
    Temp.AddElement(m_pScene,0,m_pScene.GetNum() - 1);
    //裁剪场景，得到可见物体
    if (Temp.GetNum() > 0)
    {
        m_Culler.ClearPlaneState();
        m_Culler.ClearAllPlane();
        m_Culler.ClearVisibleSet();
        m_Culler.ClearLight();
        m_Culler.PushCameraPlane(*m_pCamera);
        for (unsigned int i = 0 ; i < Temp.GetNum() ;i++)
        {
            VSScene *pScene = Temp[i];
            if (!pScene)
            {
                continue;
            }
            pScene->ComputeVisibleSet(m_Culler,false,dAppTime);
        }
        if(m_Culler.GetAllVisibleNum() == 0)
            return ;
        //对可见物体排序
        m_Culler.Sort();
        //对光源进行裁剪，得到影响物体的可见光源
        for (unsigned int i = 0 ; i < Temp.GetNum() ;i++)
        {
            VSScene *pScene = Temp[i];
            if (!pScene)
            {
                continue;
            }
            for (unsigned int i = 0 ; i < pScene->GetAllLightNum() ; i++)
            {
                VSLight *pLight = pScene->GetAllLight(i);
                if (pLight)
                {
                    pLight->Cullby(m_Culler);
                }
            }
        }
        m_Culler.GetAndSortLight();
    }
}
```

根据光源形状，裁剪方式也不同。如果光源的光照范围不在可见空间内，就没有必要渲染它对物体的光照。裁剪不同光源的代码如下。

```
bool VSIndirectLight::Cullby(VSCuller & Culler)
{
    unsigned int uiVSF = Culler.IsVisible(m_WorldRenderBV, true);
    if (uiVSF == VSCuller::VSF_ALL || uiVSF == VSCuller::VSF_PARTIAL)
    {
```

```
        if (!m_bEnable)
        {
            m_bIsChanged = true;
        }
        m_bEnable = true;
        Culler.InsertLight(this);
    }
    return true;
}
bool VSSpotLight::Cullby(VSCuller & Culler)
{
    unsigned int uiVSF = Culler.IsVisible(m_WorldRenderBV,true);
    if (uiVSF == VSCuller::VSF_ALL || uiVSF == VSCuller::VSF_PARTIAL)
    {
        if (!m_bEnable)
        {
            m_bIsChanged = true;
        }
        m_bEnable = true;
        Culler.InsertLight(this);
    }
    return true;
}
bool VSPointLight::Cullby(VSCuller & Culler)
{
    unsigned int uiVSF = Culler.IsVisible(m_WorldRenderBV,true);
    if (uiVSF == VSCuller::VSF_ALL || uiVSF == VSCuller::VSF_PARTIAL)
    {
        if (!m_bEnable)
        {
            m_bIsChanged = true;
        }
        m_bEnable = true;
        Culler.InsertLight(this);
    }
    return true;
}
bool VSDirectionLight::Cullby(VSCuller & Culler)
{
    if (HaveLightFun())
    {
        unsigned int uiVSF = Culler.IsVisible(m_WorldRenderBV, true);
        if (uiVSF == VSCuller::VSF_ALL || uiVSF == VSCuller::VSF_PARTIAL)
        {
            if (!m_bEnable)
            {
                m_bIsChanged = true;
            }
            m_bEnable = true;
            Culler.InsertLight(this);
        }
    }
    return true;
}
```

GetAndSortLight 函数会收集影响每个网格的光源信息，代码如下。

```
void VSCuller::GetAndSortLight()
{
    if (GetLightNum() == 0)
    {
        return;
    }
```

```
    for (unsigned int uiRenderGroup = 0; uiRenderGroup < RG_MAX;
         uiRenderGroup++)
    {
         for (unsigned int t = 0; t <= VST_MAX; t++)
         {
              for (unsigned int j = 0; j < GetVisibleNum(t, uiRenderGroup); j++)
              {
                   //得到 VSRenderContext
                   VSRenderContext& VisibleContext =
                                  GetVisibleSpatial(j, t, uiRenderGroup);
                   //得到渲染网格
                   VSGeometry *pGeometry = VisibleContext.m_pGeometry;
                   //遍历光源，得到受影响的光源
                   for (unsigned int l = 0; l < GetLightNum(); l++)
                   {
                        VSLight *pLight = GetLight(l);
                        if (pLight->IsRelative(pGeometry))
                        {
                             if (pLight->GetLightType() ==
                                  VSLight::LT_SKY)
                             {
                                  VisibleContext.m_pInDirectLight.AddElement
                                       (pLight);
                             }
                             else
                             {
                                  VisibleContext.m_pDirectLight. AddElement
                                       (pLight);
                             }
                        }
                   }
                   //给光源排序，这样容易生成唯一的着色器键
                   VisibleContext.m_pInDirectLight.Sort(0,
                        VisibleContext.m_pInDirectLight.GetNum() - 1,
                        LightPriority());
                   VisibleContext.m_pDirectLight.Sort(0,
                                VisibleContext.m_pDirectLight.GetNum() - 1,
                               LightPriority());
              }
         }
    }
}
```

VSViewFamily类是基类，可以根据不同功能实现不同子类。到目前为止，所有的演示都基于Windows操作系统中窗口的应用程序（VSWindowViewFamily 类），把渲染的最后结果都输出到屏幕颜色缓存中，代码如下。

```
class VSGRAPHIC_API VSWindowViewFamily : public VSViewFamily
{
    enum
    {
        VT_WINDOW_NORMAL,
        VT_WINDOW_MAX
    };
    VSWindowViewFamily(const VSString &ViewFamilyName,
              VSCamera *pCamera, VSPostEffectSetR *pPostEffectSet,
              const TCHAR *RenderMethodRTTIName, int iWindowID = -1);
    VSWindowViewFamily(const VSString &ViewFamilyName,
              VSCamera *pCamera,int iWindowID = -1);
    virtual void Draw(double dAppTime);
    virtual void OnDraw(double dAppTime);
    virtual void CreateRenderTargetBuffer(unsigned int uiWidth,unsigned int uiHeight);
```

```
    int m_iWindowID;
    VSPEScreenQuadSceneRenderPtr  m_pScreenQuadRenderer;
};
```

m_iWindowID 表示窗口句柄 ID，Windows 操作系统中的应用程序可以有多个子窗口，每个子窗口都有一个 ID。如果只有一个窗口，设置为-1 即可，VSWindowViewFamily 类的构造函数的代码如下。

```
VSWindowViewFamily::VSWindowViewFamily(const VSString &ViewFamilyName,
                    VSCamera *pCamera, VSPostEffectSetR *pPostEffectSet,
                    const TCHAR *RenderMethodRTTIName,
                    int iWindowID):VSViewFamily(ViewFamilyName,pCamera,
                    pPostEffectSet,RenderMethodRTTIName)
{
    m_iWindowID = iWindowID;
    m_pScreenQuadRenderer = VS_NEW VSPEScreenQuadSceneRender();
}
```

Draw 函数主要用于获得当前颜色缓存的大小。只有在窗口模式下，才可以指定多个窗口，并根据 m_iWindowID 确定对应窗口的宽度和高度，将其作为整个渲染流程中渲染目标的宽度和高度，代码如下。

```
void VSWindowViewFamily::Draw(double dAppTime)
{
     unsigned int uiHeight = VSRenderer::ms_pRenderer->GetScreenHeight();
     unsigned int uiWidth = VSRenderer::ms_pRenderer->GetScreenWith();
     VSRenderer::ms_pRenderer->UseWindow(m_iWindowID);
     if (VSRenderer::ms_pRenderer->IsWindowed())
     {
          VSRenderer::ChildWindowInfo *pChildInfo =
                    VSRenderer::ms_pRenderer->GetChildWindowInfo(m_iWindowID);
          if (pChildInfo)
          {
               uiHeight = pChildInfo->m_uiHeight;
               uiWidth = pChildInfo->m_uiWidth;
          }
     }
     if (IsReCreate(uiWidth,uiHeight))
     {
          CreateRenderTargetBuffer(uiWidth,uiHeight);
     }
     VSViewFamily::Draw(dAppTime);
}

void VSWindowViewFamily::CreateRenderTargetBuffer(unsigned int uiWidth,
unsigned int uiHeight)
{
     VSViewFamily::CreateRenderTargetBuffer(uiWidth,uiHeight);
     m_pScreenQuadRenderer->SetNoUseRTRenderSize(uiWidth,uiHeight);
}
```

m_pScreenQuadRenderer 把 VSRenderMethod 类渲染的结果输出到屏幕颜色缓存中。

```
void VSWindowViewFamily::OnDraw(double dAppTime)
{
     VSViewFamily::OnDraw(dAppTime);
     VSRenderTarget *pRenderTarget = GetFinalColorRT();
     VSMAC_ASSERT(pRenderTarget);
     m_pScreenQuadRenderer->SetSourceTarget(pRenderTarget->GetCreateBy());
     m_pScreenQuadRenderer->Draw(m_Culler, dAppTime);
}
```

用户用游戏引擎的时候一般很少会直接使用 VSWindowViewFamily 类，用得最多的是把渲染（例如镜子反射、摄像机直播、水面反射等）结果输出到纹理中。

VSCaptureViewFamily 类是输出渲染结果到指定纹理的类。它有两个子类，分别输出渲染结果到2D纹理上和输出渲染结果到立方体纹理上。代码如下。

```
class VSGRAPHIC_API VSCaptureViewFamily : public VSViewFamily
{
    enum //ViewFamily Type
    {
       VT_CAPTURE_2D_CAPTURE_NORMAL,
       VT_CAPTURE_CUB_CAPTURE_NORMAL,
       VT_MAX
    };
    VSCaptureViewFamily(const VSString &ViewFamilyName, unsigned int uiWidth,
        unsigned int uiHeight, VSCamera *pCamera,
        VSPostEffectSetR *pPostEffectSet, const TCHAR *RenderMethodRTTIName);
    VSCaptureViewFamily(const VSString &ViewFamilyName,unsigned int uiWidth,
        unsigned int uiHeight,VSCamera *pCamera);
    virtual void OnDraw(double dAppTime);
    void SetSize(unsigned int uiWidth,unsigned int uiHeight);
    virtual void CreateRenderTargetBuffer(unsigned int uiWidth,
        unsigned int uiHeight);
    virtual VSTexture *GetTexture()const = 0;
    virtual void Draw(double dAppTime);
    VSPEScreenQuadSceneRenderPtr  m_pScreenQuadRenderer;
    VSCaptureTexAllState *m_pTexOwner;
    bool m_OnlyUpdateOneTime;
};
```

渲染过程分为一次性渲染和实时渲染。当m_OnlyUpdateOneTime为true时，表示一次性渲染，渲染之后结果不再改变，一般用于得到静态环境；当m_OnlyUpdateOneTime为false时，表示实时渲染。

m_pScreenQuadRenderer负责把VSRenderMethod类的渲染结果输出到纹理上(m_pTexOwner)。用户要把m_pTexOwner设置到材质中。m_pTexOwner是VSCaptureTexAllState类的指针，VSCaptureTexAllState类继承自VSTexAllState类，所以它也是资源，可以存取。VSCaptureTexAllState类的代码如下。

```
class VSGRAPHIC_API VSCaptureTexAllState : public VSTexAllState
{
    bool SetViewCapture(const VSString & ViewCaptureName);
    virtual bool PostLoad(void *pData = NULL);
    virtual bool PostClone(VSObject *pObjectSrc);
    virtual void ForceUpdate(bool OnlyUpdateOneTime);
    virtual void NotifyEndDraw();
    virtual bool BeforeSave( void *pData = NULL);
    virtual bool PostSave( void *pData = NULL);
    void SetMipLevel(unsigned int uiMipLevel);
    VSCaptureViewFamily *GetViewFamily();
    VSString  m_ViewCaptureName;
    bool m_bDynamic;
    VSTexturePtr m_pStaticTexture;
    unsigned int m_uiMipLevel;
    void CreateStaticTexture();
};
```

首先，要把VSCaptureTexAllState类和VSCaptureViewFamily类关联起来。通过名字在场景管理器中找到对应的VSCaptureViewFamily类，然后把VSCaptureViewFamily类渲染的纹理赋值给VSCaptureTexAllState类里的m_pTex，代码如下。

```
bool VSCaptureTexAllState::SetViewCapture(const VSString & ViewCaptureName)
{
```

```
    m_ViewCaptureName = ViewCaptureName;
    VSCaptureViewFamily *pCaptureViewFamily =
        DynamicCast<VSCaptureViewFamily>(
        VSSceneManager::ms_pSceneManager->GetViewFamily(ViewCaptureName));
    if (!pCaptureViewFamily)
    {
        return false;
    }
    VSTexture *pTexture =  pCaptureViewFamily->GetTexture();
    VSMAC_ASSERT(pTexture);
    m_pTex = pTexture;
    ForceUpdate(!m_bDynamic);
    return true;
}

void VSCaptureTexAllState::ForceUpdate(bool OnlyUpdateOneTime)
{
    VSCaptureViewFamily *pCaptureViewFamily =
        DynamicCast<VSCaptureViewFamily>(
        VSSceneManager::ms_pSceneManager->GetViewFamily(m_ViewCaptureName));
    if (!pCaptureViewFamily)
    {
        return ;
    }
    m_bDynamic = !OnlyUpdateOneTime;
    pCaptureViewFamily->m_OnlyUpdateOneTime = OnlyUpdateOneTime;
    pCaptureViewFamily->m_bEnable = true;
    pCaptureViewFamily->m_pTexOwner = this;
}
```

每一个 VSCaptureViewFamily 只可以和一个 VSCaptureTexAllState 绑定。如果 VSCaptureTexAllState 的m_bDynamic 为true，表明 VSCaptureTexAllState 用于动态更新纹理，VSCaptureTexAllState 对应的 VSCaptureViewFamily 用于动态实时渲染。

如果m_bDynamic 为false，表明 VSCaptureTexAllState 的作用是只更新一次纹理，不需要实时更新，所以 VSCaptureViewFamily 只需要渲染一次即可。这种纹理数据最后是可以存放成文件并再次加载、使用的。

当 VSCaptureViewFamily 类只渲染一次（m_OnlyUpdateOneTime 为 true）时，VSCaptureViewFamily::Draw 函数只会调用一次，之后 VSCaptureViewFamily 类的 bEnable 为 false，不再更新。这个时候会调用 NotifyEndDraw 函数。相关代码如下。

```
void VSCaptureViewFamily::Draw(double dAppTime)
{
    VSViewFamily::Draw(dAppTime);
    if (m_pTexOwner)
    {
        m_pTexOwner->NotifyEndDraw();
        m_pTexOwner = NULL;
    }
    if (m_OnlyUpdateOneTime)
    {
        m_bEnable = false;
    }
}
```

NotifyEndDraw 函数只对静态纹理起作用，它先创建 m_pStaticTexture，然后把 pCaptureViewFamily->GetTexture()的内容复制到m_pStaticTexture 中，代码如下。

```
void VSCaptureTexAllState::NotifyEndDraw()
{
    CreateStaticTexture();
    VSCaptureViewFamily *pCaptureViewFamily = DynamicCast<VSCaptureViewFamily>
```

```
(VSSceneManager::ms_pSceneManager->GetViewFamily(m_ViewCaptureName));
    VSMAC_ASSERT(pCaptureViewFamily);
    if (!m_bDynamic)
    {
        VSTexture *pSourceTexture =  pCaptureViewFamily->GetTexture();
        VSTexture *pDestTexture = m_pStaticTexture;
        //复制 pSourceTexture 数据到 pDestTexture 中
        …
    }
}
```

CreateStaticTexture 函数会根据 pCaptureViewFamily->GetTexture()的类型创建对应纹理，最后让 m_pTex = m_pStaticTexture，这样渲染的内容才能保存起来，代码如下。

```
void VSCaptureTexAllState::CreateStaticTexture()
{
    VSCaptureViewFamily *pCaptureViewFamily = DynamicCast<VSCaptureViewFamily>
(VSSceneManager::ms_pSceneManager->GetViewFamily(m_ViewCaptureName));
    VSMAC_ASSERT(pCaptureViewFamily);
    if (!m_bDynamic)
    {
        VSTexture *pTexture =  pCaptureViewFamily->GetTexture();
        unsigned int uiTextureType = pTexture->GetTexType();
        if (uiTextureType == VSTexture::TT_2D)
        {
            m_pStaticTexture = VS_NEW VS2DTexture(
                            pTexture->GetWidth(0),pTexture->GetHeight(0),
                            pTexture->GetFormatType(),m_uiMipLevel,1);
        }
        else if (uiTextureType == VSTexture::TT_CUBE)
        {
            m_pStaticTexture = VS_NEW VSCubeTexture(
                            pTexture->GetWidth(0),pTexture->GetFormatType(),
                            m_uiMipLevel,1);
        }
        m_pStaticTexture->CreateRAMData();
        m_uiMipLevel = m_pStaticTexture->GetMipLevel();
        m_pTex = m_pStaticTexture;
    }
}
```

在保存渲染的内容之前需要进行判断。如果资源是动态的，那么实际渲染内容不需要保存，把 m_pTex 设置为 NULL。保存完毕之后，要恢复 m_pTex 并使它指向 pCaptureViewFamily->GetTexture()，代码如下。

```
bool VSCaptureTexAllState::BeforeSave( void *pData)
{
    VSTexAllState::BeforeSave(pData);
    if (m_bDynamic)
    {
        m_pTex = NULL;
    }
    return true;
}

bool VSCaptureTexAllState::PostSave( void *pData)
{
    VSTexAllState::PostSave(pData);
    if (m_bDynamic)
    {
        SetViewCapture(m_ViewCaptureName);
    }
```

```
        return true;
    }
```

在加载之后，如果 m_pTex 为 NULL，则说明 VSCaptureTexAllState 用于动态更新纹理（判断 m_bDynamic 也可以），因此应恢复 pCaptureViewFamily->GetTexture() 的内容，代码如下。

```
    bool VSCaptureTexAllState::PostLoad(void *pData)
    {
        VSTexAllState::PostLoad(pData);
        if (!m_pTex)
        {
            SetViewCapture(m_ViewCaptureName);
        }
        return true;
    }
```

上面就是将 VSTextureAllState 类和 VSCaptureViewFamily 类进行关联的整个过程。如果需要更新每帧，可以做镜子或者水面效果；如果只更新一次，可以模拟环境反射或者环境光照。

下面是 VS2DCaptureViewFamily 类的关键代码，它创建一个 2D 纹理，并根据这个 2D 纹理创建 m_pRenderTarget。

```
void VS2DCaptureViewFamily::CreateRenderTargetBuffer(unsigned int uiWidth,
unsigned int uiHeight)
{
    VSCaptureViewFamily::CreateRenderTargetBuffer(uiWidth,uiHeight);
    VS2DTexture *pTexture = VS_NEW
        VS2DTexture(m_uiWidth,m_uiHeight,VSRenderer::SFT_X8R8G8B8);
    m_pRenderTarget = VSResourceManager::CreateRenderTarget(
            pTexture,VSRenderer::ms_pRenderer->GetCurMultisample());
}
```

把所有信息都渲染到 m_pRenderTarget 中，代码如下。

```
void VS2DCaptureViewFamily::OnDraw(double dAppTime)
{
    VSViewFamily::OnDraw(dAppTime);
    VSRenderTarget *pRenderTarget = GetFinalColorRT();
    VSMAC_ASSERT(pRenderTarget);
    m_pScreenQuadRenderer->ClearRTAndDepth();
    m_pScreenQuadRenderer->AddRenderTarget(m_pRenderTarget);
    m_pScreenQuadRenderer->SetSourceTarget(pRenderTarget->GetCreateBy());
    m_pScreenQuadRenderer->Draw(m_Culler,dAppTime);
}
```

得到渲染结果纹理的代码如下。

```
VSTexture *VS2DCaptureViewFamily::GetTexture()const
{
   return m_pRenderTarget->GetCreateBy();
}
```

下面是 VSCubCaptureViewFamily 类的关键代码。因为立方体纹理有 6 个面，所以要渲染 6 次，VSCubCaptureViewFamily 类里有 6 个 VSCuller 类和 6 个相机，分别对相关的场景进行渲染。

```
void VSCubCaptureViewFamily::Update(double dAppTime)
{
    VSArray<VSScene *> Temp ;
    if (!m_pCamera)
    {
        return ;
    }
```

```
		if (!m_pCamera->m_bEnable)
		{
			return ;
		}
		Temp.Clear();
		Temp.AddElement(m_pScene,0,m_pScene.GetNum() - 1);
		VSMatrix3X3 MatTemp[VSCubeTexture::F_MAX] = {
								VSMatrix3X3::ms_CameraViewRight,
								VSMatrix3X3::ms_CameraViewLeft,
								VSMatrix3X3::ms_CameraViewUp,
								VSMatrix3X3::ms_CameraViewDown,
								VSMatrix3X3::ms_CameraViewFront,
								VSMatrix3X3::ms_CameraViewBack};

		if (Temp.GetNum() > 0)
		{
			for (unsigned int Index = 0 ; Index < VSCubeTexture::F_MAX ;Index++)
			{
				m_CubCuller[Index].ClearPlaneState();
				m_CubCuller[Index].ClearAllPlane();
				m_CubCuller[Index].ClearVisibleSet();
				m_CubCuller[Index].ClearLight();
				CubCameraPtr[Index] = VS_NEW VSCamera();
				CubCameraPtr[Index]->CreateFromEuler(
						m_pCamera->GetWorldTranslate(),0.0f,0.0f,0.0f);
				CubCameraPtr[Index]->SetLocalRotate(MatTemp[Index]);
				CubCameraPtr[Index]->SetPerspectiveFov(
						AngleToRadian(90.0f),1.0f,1.0f,m_pCamera->GetZFar());
				CubCameraPtr[Index]->UpdateAll(0);
				m_CubCuller[Index].PushCameraPlane(*CubCameraPtr[Index]);
				for (unsigned int i = 0 ; i < Temp.GetNum() ;i++)
				{
					VSScene *pScene = Temp[i];
					if (!pScene)
					{
						continue;
					}
					pScene->ComputeVisibleSet(m_CubCuller[Index],false,dAppTime);
				}
				if(m_CubCuller[Index].GetAllVisibleNum() == 0)
					continue ;
				m_CubCuller[Index].Sort();
				for (unsigned int i = 0 ; i < Temp.GetNum() ;i++)
				{
					VSScene *pScene = Temp[i];
					if (!pScene)
					{
						continue;
					}
					for (unsigned int i = 0 ; i < pScene->GetAllLightNum() ; i++)
					{
						VSLight *pLight = pScene->GetAllLight(i);
						if (pLight)
						{
							pLight->Cullby(m_CubCuller[Index]);
						}
					}
				}
			}
		}
	}
```

根据立方体纹理创建对应6个面的m_pCubRenderTarget的代码如下。

```
void VSCubCaptureViewFamily::CreateRenderTargetBuffer(unsigned int uiWidth,
unsigned int uiHeight)
{
     VSCaptureViewFamily::CreateRenderTargetBuffer(uiWidth,uiHeight);
     VSCubeTexture *pTexture = VS_NEW
        VSCubeTexture(m_uiWidth,VSRenderer::SFT_X8R8G8B8);
     for (unsigned int i = 0 ; i < VSCubeTexture::F_MAX ;i++)
     {
          VSRenderTarget *pRenderTarget =
VSResourceManager::CreateRenderTarget(pTexture,
VSRenderer::ms_pRenderer->GetCurMultisample(),0,i);
          m_pCubRenderTarget[i] = pRenderTarget;
     }
}
```

渲染的代码如下。

```
void VSCubCaptureViewFamily::OnDraw(double dAppTime)
{
    for (unsigned int Index = 0 ; Index < VSCubeTexture::F_MAX ;Index++)
    {
         m_pSceneRenderMethod->Draw(m_CubCuller[Index],dAppTime);
         VSRenderTarget *pRenderTarget = GetFinalColorRT();
         VSMAC_ASSERT(pRenderTarget);
         m_pScreenQuadRenderer->ClearRTAndDepth();
         m_pScreenQuadRenderer->AddRenderTarget(
                   m_pCubRenderTarget[Index]);
         m_pScreenQuadRenderer->SetSourceTarget(
                   pRenderTarget->GetCreateBy());
         m_pScreenQuadRenderer->Draw(m_Culler,dAppTime);
    }
}
```

得到渲染结果纹理的代码如下。

```
VSTexture *VSCubCaptureViewFamily::GetTexture()const
{
   return m_pCubRenderTarget[0]->GetCreateBy();}
}
```

第10章 光照与材质

光照和材质是密不可分的，它们是一个整体，不同的光照算法下，物体材质拥有的属性也不同。本章不讲具体的光照算法，只告诉读者如何把不同的光照算法集成到游戏引擎里。本章基于3个光照模型讲解，只简单介绍其他几种光照模型。通过学习本章，读者将能够理解其他几种光照模型的集成过程。如果读者想要集成“基于物理的渲染”，也将是轻而易举的。

目前游戏引擎里没有实现静态光源对静态物体的影响（离线烘焙静态光照信息到光照纹理里），场景里如果存在大量的动态光源（或者静态光源照射动态物体），那么用延迟渲染解决效率不足问题是一种很好的办法，而延迟渲染的最大问题是不同光照模型的实现难度不同，带宽的要求也不同。Unreal Engine 3中的实现方式是基于天光（skylight）的前向渲染模式，基于光照纹理与静态间接光（light environment）的前向渲染模式，基于动态光（dynamic light）的前向渲染模式。静态间接光是球谐光照（spherical harmonic lighting）的一个变种版本。Unreal Engine 3中的光照分两步实现。

首先，渲染受到天光、光照纹理、静态间接光影响的物体。

然后，通过多通道叠加的方式渲染受到动态光影响的物体。如果同样的模型受到一盏动态光的影响，它就要多渲染一次。如果一个物体受到两盏动态光的影响，那么它总共渲染3次。

本游戏引擎的实现方式为通过天光与动态光。和Unreal Engine 3不同的是，在渲染动态光上，如果一个物体受到多盏动态光影响，我们不希望一次一次渲染它，而是减少渲染它的批次。再三考虑，作者将3盏动态光划分为一个批次，也就是说，如果物体受到*n*盏动态光的影响，除了渲染天光1次外，还要渲染动态光（*n*/3）次，渲染一次物体最多传入3盏动态光的信息。

10.1 VSMaterialSceneRender

VSMaterialSceneRender类目前负责渲染整个光照过程，也可以定义自己的光照过程，代码如下。

```
class VSGRAPHIC_API VSMaterialSceneRender : public VSSceneRender
{
    virtual void DrawUseCurView(VSCuller & Culler,double dAppTime);
    virtual void DisableUseCurView(VSCuller & Culler,double dAppTime);
    //设置带法线和深度的纹理
    void SetNormalDepthTexture(VS2DTexture * pNormalDepthTexture)
    {
         m_pNormalDepthTexture = pNormalDepthTexture;
    }
    virtual bool OnDraw(VSCuller & Culler,unsigned int uiRenderGroup,
               double dAppTime);
```

```
    VS2DTexturePtr m_pNormalDepthTexture;
    //渲染有法线和深度的模型
    VSArray<VSRenderContext *> m_NormalAndDepth;
    //渲染没有法线或者深度的模型
    VSArray<VSRenderContext *> m_NoNormalOrDepth;
    //渲染混合模式的模型
    VSArray<VSRenderContext *> m_Combine;
    //渲染透明模型
    VSArray<VSRenderContext *> m_AlphaBlend;
    void GetGroup(VSCuller & Culler, unsigned int uiRenderGroup);
    void DrawGroup(VSCuller & Culler,
            VSArray<VSRenderContext *> & Group);
    void DrawProjectShadow(VSCuller & Culler,
            unsigned int uiRenderGroup, double dAppTime);
};
```

OnDraw 函数实现了光照过程，它首先把模型归类并分组，这样可以快速渲染物体，代码如下。

```
bool VSMaterialSceneRender::OnDraw(VSCuller & Culler,unsigned int uiRenderGroup,
double dAppTime)
{
    GetGroup(Culler, uiRenderGroup);                          //分组
    //渲染有法线和深度的模型
    DrawGroup(Culler, uiRenderGroup, m_NormalAndDepth, dAppTime);
    DrawProjectShadow(Culler, uiRenderGroup, dAppTime);      //渲染阴影投射体
    //渲染没有法线和深度的模型
    DrawGroup(Culler, uiRenderGroup, m_NoNormalOrDepth, dAppTime);
    //渲染混合模式的模型
    DrawGroup(Culler, uiRenderGroup, m_Combine, dAppTime);
    DrawGroup(Culler, uiRenderGroup, m_AlphaBlend, dAppTime); //渲染透明模型
    return true;
}
```

在 VSCuller 类里把模型划分成 4 类，VST_ALPHABLEND 和 VST_COMBINE 模式下的模型单独为一类。根据是否带有法线和是否写入深度，GetGroup 函数又重新划分 VST_ALPHATEST 和 VST_BASE 模式下的模型。之所以这么做，是为了完成阴影投射体渲染（DrawProjectShadow 函数），该方法会在第 12 章详细介绍。GetGroup 函数的代码如下。

```
void VSMaterialSceneRender::GetGroup(VSCuller & Culler, unsigned int uiRenderGroup)
{
    m_NormalAndDepth.Clear();
    m_NoNormalOrDepth.Clear();
    m_Combine.Clear();
    m_AlphaBlend.Clear();
    for (unsigned int t = 0; t <= VSCuller::VST_COMBINE; t++)
    {
        for(unsigned int j = 0; j < Culler.GetVisibleNum(t,uiRenderGroup) ; j++)
        {
            VSRenderContext& VisibleContext =
                    Culler.GetVisibleSpatial(j, t, uiRenderGroup);
            VSGeometry *pGeometry = VisibleContext.m_pGeometry;
            VSMaterialInstance *pMaterialInstance =
                    VisibleContext.m_pMaterialInstance;
            VSMaterial *pMaterial = pMaterialInstance->GetMaterial();
            //非VST_ALPHABLEND和VST_COMBINE物体
            if (t < VSCuller::VST_ALPHABLEND)
            {
                //得到深度渲染状态
                const VSDepthStencilDesc & DepthStencilDest = pMaterial->
                        GetRenderState(VisibleContext.m_uiPassId).
                        GetDepthStencilState()->GetDepthStencilDesc();
                //查看模型中顶点的法线情况
```

```
                    unsigned int uiNormalLevel = pGeometry->GetMeshData()->
                                            GetVertexBuffer()->GetNormalLevel();
                    //未写入深度和没有法线的物体需要裁剪掉，加入对应队列
                    if (!DepthStencilDest.m_bDepthWritable || !uiNormalLevel)
                    {
                        m_NoNormalOrDepth.AddElement(&VisibleContext);
                        continue;
                    }
                    else
                    {
                        m_NormalAndDepth.AddElement(&VisibleContext);
                    }
                }
                else if (t == VSCuller::VST_ALPHABLEND)
                {
                    m_AlphaBlend.AddElement(&VisibleContext);
                }
                else if (t == VSCuller::VST_COMBINE)
                {
                    m_Combine.AddElement(&VisibleContext);
                }
            }
        }
    }
```

VSMaterialSceneRender::DrawGroup 要完成渲染环境光和渲染动态光两个过程，代码如下。

```
void VSMaterialSceneRender::DrawGroup(VSCuller & Culler,
VSArray<VSRenderContext *> & Group)
{
    //渲染环境光
    for (unsigned int i = 0; i < Group.GetNum(); i++)
    {
        VSRenderContext& VisibleContext = *Group[i];
        VSGeometry *pGeometry = VisibleContext.m_pGeometry;
        VSMaterialInstance *pMaterialInstance =
           VisibleContext.m_pMaterialInstance;
        VSIndirectRenderPass *pIndirectRenderPass =
                 pMaterialInstance->GetMaterial()->GetIndirectRenderPass();
        for (unsigned int l = 0; l < VisibleContext.m_pInDirectLight.GetNum(); l++)
        {
            pIndirectRenderPass->AddLight(VisibleContext.m_pInDirectLight[l]);
        }
        pIndirectRenderPass->SetPassId(VisibleContext.m_uiPassId);
        pIndirectRenderPass->SetSpatial(pGeometry);
        pIndirectRenderPass->SetMaterialInstance(pMaterialInstance);
        pIndirectRenderPass->SetCamera(Culler.GetCamera());
        pIndirectRenderPass->Draw(VSRenderer::ms_pRenderer);
    }
    //渲染动态光
    for (unsigned int i = 0; i < Group.GetNum(); i++)
    {
        VSRenderContext& VisibleContext = *Group[i];
        VSGeometry *pGeometry = VisibleContext.m_pGeometry;
        VSMaterialInstance *pMaterialInstance =
           VisibleContext.m_pMaterialInstance;
        VSMaterialPass *pMaterialPass =
                 pMaterialInstance->GetMaterial()->GetMaterialPass();
        for (unsigned int l = 0; l < VisibleContext.m_pDirectLight.GetNum(); l++)
        {
            pMaterialPass->AddLight(VisibleContext.m_pDirectLight[l]);
        }
        pMaterialPass->SetPassId(VisibleContext.m_uiPassId);
```

```
            pMaterialPass->SetSpatial(pGeometry);
            pMaterialPass->SetMaterialInstance(pMaterialInstance);
            pMaterialPass->SetCamera(Culler.GetCamera());
            pMaterialPass->Draw(VSRenderer::ms_pRenderer);
        }
    }
```

下面先介绍 VSIndirectRenderPass 类，游戏引擎里用 VSIndirectRenderPass 类来模拟环境光。

10.2 VSIndirectRenderPass

VSIndirectRenderPass 类用来渲染全局光照效果、光照纹理和自发光效果，目前只实现了天光和自发光，代码如下。

```
bool VSIndirectRenderPass::Draw(VSRenderer *pRenderer)
{
    VSMaterial *pMaterial = m_pMaterialInstance->GetMaterial();
    VSColorRGBA SkyLightUpColor = VSColorRGBA(0.0f,0.0f,0.0f,0.0f);
    VSColorRGBA SkyLightDownColor = VSColorRGBA(0.0f,0.0f,0.0f,0.0f);
    //得到所有的天光颜色
    for (unsigned int i = 0 ; i < m_Light.GetNum() ; i++)
    {
        if (m_Light[i]->GetLightType() == VSLight::LT_SKY)
        {
            SkyLightUpColor += ((VSSkyLight *)m_Light[i])->m_UpColor;
            SkyLightDownColor +=((VSSkyLight *)m_Light[i])->m_DownColor;
        }
    }
    MSPara.pCamera = m_pCamera;
    MSPara.pGeometry = (VSGeometry *)m_pSpatial;
    MSPara.LightArray = m_Light;
    MSPara.pMaterialInstance = m_pMaterialInstance;
    MSPara.uiPassId = m_uiPassId;
    MSPara.m_SkyLightUpColor = SkyLightUpColor;
    MSPara.m_SkyLightDownColor = SkyLightDownColor;
    m_VShaderkey.Clear();
    m_PShaderkey.Clear();
    if (!GetVShader(MSPara,VSResourceManager::GetInnerVertexShaderMap(),
            VSUsedName::ms_cMaterialVertex))
    {
        m_Light.Clear();
        return 0;
    }
    if (!GetPShader(MSPara,VSResourceManager::GetIndirectShaderMap(),
            pMaterial->GetResourceName()))
    {
        m_Light.Clear();
        return 0;
    }
    pRenderer->SetMaterialVShaderConstant(MSPara,GetPassType(),
            m_pMaterialInstance->m_pCurVShader[GetPassType()]);
    pRenderer->SetMaterialPShaderConstant(MSPara,GetPassType(),
            m_pMaterialInstance->m_pCurPShader[GetPassType()]);
    pMaterial->SetGlobalValue(this,m_uiPassId,
            m_pMaterialInstance->m_pCurVShader[GetPassType()],
            m_pMaterialInstance->m_pCurPShader[GetPassType()]);
    if(!pRenderer->DrawMesh((VSGeometry *)m_pSpatial,
            &pMaterial->GetRenderState(m_uiPassId),
```

```
            m_pMaterialInstance->m_pCurVShader[GetPassType()],
            m_pMaterialInstance->m_pCurPShader[GetPassType()],
            m_pMaterialInstance->m_pCurGShader[GetPassType()]))
        {
            return false;
        }
        m_Light.Clear();
        return 1;
}
```

VSIndirectRenderPass 类会收集影响这个物体的所有天光，然后对颜色进行叠加。

SetGlobalValue 函数主要设置和材质实例无关的全局材质参数。不同的光照模型的渲染通道可能有不同的全局参数，需要不同光照模型的 VSShaderMainFunction 类自己实现，后文会结合示例详细介绍。SetGlobalValue 函数的代码如下。

```
void VSMaterial::SetGlobalValue(VSPass *pPass, unsigned int uiPassId,
VSVShader *pVShader , VSPShader *pPShader)
{
    if (pPass == m_pPass[VSPass::PT_MATERIAL])
    {
        m_pShaderMainFunction[uiPassId]->SetGlobalValue
                (VSShaderMainFunction::OST_MATERIAL,pVShader,pPShader);
    }
    else if (pPass == m_pPass[VSPass::PT_NORMALDEPTH])
    {
        m_pShaderMainFunction[uiPassId]->SetGlobalValue
            (VSShaderMainFunction::OST_NORMAL_DEPTH,pVShader,pPShader);
    }
}
```

在 VSIndirectRenderPass 类生成像素着色器的过程中，着色器键有两个成员，分别是 ms_cLighted = _T("bLighted")和 ms_cMaterialVertexFormat = _T("MaterialVertexFormat")。bLighted 用来区分是否接收光照，MaterialVertexFormat 是用来区分法线来源的。因为 SkyLight 函数需要世界空间法线，而不同的顶点格式的法线来源不同，所以分成无法线、只有顶点法线和切空间法线这 3 种。代码如下。

```
void VSShaderKey::SetMaterialPShaderKey(VSShaderKey *pKey,
MaterialShaderPara & MSPara,unsigned int uiPassType)
{
…
    else if (uiPassType == VSPass::PT_INDIRECT)
    {
        bool bLighted = false;
        VSMeshNode *pMeshNode = MSPara.pGeometry->GetMeshNode();
        if (pMeshNode && pMeshNode->m_bLighted)
        {
            bLighted = true;
        }
        pKey->SetTheKey(VSUsedName::ms_cLighted,bLighted);
        unsigned int uiVertexFormatCode = 0;
        if (MSPara.pGeometry)
        {
            if (MSPara.pGeometry->GetMeshData())
            {
                VSVertexFormat *pVertexFormat =
                        VSResourceManager::LoadVertexFormat(
                        MSPara.pGeometry->GetMeshData()->GetVertexBuffer());
                if (pVertexFormat)
                {
                    uiVertexFormatCode = pVertexFormat->m_uiVertexFormatCode;
```

```
                    }
                }
            }
            pKey->SetTheKey(VSUsedName::ms_cMaterialVertexFormat,
                uiVertexFormatCode);
        }
}
```

读者可以查看 Bin/Resource/Shader/Dx9/shader.txt 和 Bin/Resource/Shader/DirectX11/shader.txt 文件，里面有如下函数。

```
float4 SkyLight(float3 WorldNormal, float4 UpColor, float4 DownColor)
{
    #if bLighted > 0
        float t = dot(WorldNormal, float3(0.0f, 1.0f, 0.0f));
        float2 v = float2(0.5, 0.5f) + float2(0.5f, -0.5f) * t;
        return UpColor * v.x + DownColor * v.y;
    #else
        return float4(0.0f, 0.0f, 0.0f, 0.0f);
    #endif
}
```

SkyLight 函数计算环境光，其中有 bLighted 宏。如果物体不受光照影响，那么 bLighted 就为 0。

环境光颜色分为上天光颜色（UpColor）和下天光颜色（DownColor）。根据世界空间中的法线和上向量（即方向朝上的向量）夹角，计算环境光。若世界空间中的法线越靠近上向量，颜色就越靠近上天光颜色；否则，越靠近下天光颜色。

下面着重介绍 VSIndirectRenderPass 类的像素着色器生成。

生成像素着色器输入部分的代码如下。

```
void VSDirectX9Renderer::CreatePInputDeclare(MaterialShaderPara &MSPara,
unsigned int uiPassType, VSString & OutString)
{
    VSString TempDeclare;
    unsigned int j = 0;
    VSVertexBuffer * pVBuffer = MSPara.pGeometry->GetMeshData()->GetVertexBuffer();
    if (uiPassType == VSPass::PT_MATERIAL || uiPassType == VSPass::PT_INDIRECT)
    {
        //纹理坐标
        CreatePInputDeclareTexCoord(pVBuffer,j,TempDeclare);
        //法线
        CreatePInputDeclareNormal(pVBuffer,j,TempDeclare);
        //顶点色
        CreatePInputDeclareColor(pVBuffer,TempDeclare);
        //物体本地位置
        CreatePInputDeclareLocalPos(j,TempDeclare);
        OutString += _T("struct PS_INPUT \n{ \n"} + TempDeclare + _T(");\n");
    }
    …
}
```

生成像素着色器输出部分的代码如下。

```
void VSDirectX9Renderer::CreatePOutputDeclare(MaterialShaderPara &MSPara,
unsigned int uiPassType, VSString & OutString)
{
    VSString TempDeclare;
    TempDeclare += _T("float4 Color0:COLOR0;");
    VSShaderStringFactory::ms_PSOutputColorValue = _T("Out.Color0");
    OutString += _T("struct PS_OUTPUT \n{ \n"} + TempDeclare + _T("\n);\n");
}
```

所有渲染通道的输出部分都是一样的，后面不再重复给出代码。

生成像素着色器主函数部分的代码如下。

```
void VSDirectX9Renderer::CreatePFunction(MaterialShaderPara &MSPara,
unsigned int uiPassType,VSString & OutString)
{
    …
    else if (uiPassType == VSPass::PT_INDIRECT)
    {
        VSString FunctionBody;
        VSMaterial *pMaterial = MSPara.pMaterialInstance->GetMaterial();
        pMaterial->GetShaderTreeString(FunctionBody,MSPara,
                    VSShaderMainFunction::OST_INDIRECT,MSPara.uiPassId);
        OutString += _T("PS_OUTPUT ") + ms_PShaderProgramMain +
            _T("(PS_INPUT ps_Input)\n{\nPS_OUTPUT Out = (PS_OUTPUT) 0;\n")
             +FunctionBody + _T("return Out;\n};\n");
    }
}
bool VSMaterial::GetShaderTreeString(VSString & OutString,
MaterialShaderPara &MSPara,unsigned int uiOST,unsigned char uPassId)
{
    VSMap<VSShaderFunction *, VSArray<VSShaderFunction *>> NoValidMap;
    VSShaderStringFactory::ms_ShaderValueIndex = 0;
    …
    else
    {
        //检测材质树连接合法性
        bool Temp =
              m_pShaderMainFunction[uPassId]->CheckChildNodeValidAll(NoValidMap);
        if (!Temp)
        {
              return false;
        }
        //设置生成代码的信息
        m_pShaderMainFunction[uPassId]->SetMaterialShaderPara(MSPara);
        //清除访问标志位
        m_pShaderMainFunction[uPassId]->ClearShaderTreeStringFlag();
        …
        return m_pShaderMainFunction[uPassId]->
                    GetShaderTreeString(OutString,uiOST);
    }
}
bool VSShaderMainFunction::GetShaderTreeString(VSString &OutString,
unsigned int uiOutPutStringType)
{
    if(m_bIsVisited == 1)
        return 1;
    else
    {
        m_bIsVisited = 1;
        …
        //声明非用户自定义变量
        else if (uiOutPutStringType == OST_INDIRECT)
        {
            GetValueUseDeclareString(OutString, VUS_ALL);
            GetNormalString(OutString);
            GetValueUseString(OutString, VUS_ALL);
            GetEmissiveString(OutString);
            GetAlphaString(OutString);
            GetDiffuseString(OutString);
        }
        …
        //生成临时变量，用等号连接上面的代码
        if(!GetInputValueString(OutString,uiOutPutStringType))
```

```
            return 0;
        //声明输出的临时变量
        if(!GetOutPutValueString(OutString))
            return 0;
        …
        else if (uiOutPutStringType == OST_INDIRECT)
        {
            //得到主要代码
            if (!GetIndirectRenderString(OutString))
            {
                return 0;
            }
        }
        …
        return 1;
    }
}
```

上面的所有过程在前文基本上讲过，这里不再重复。下面主要讲解 GetIndirectRenderString 函数，代码如下。

```
bool VSShaderMainFunction::GetIndirectRenderString(VSString &OutString)const
{
    //透明度测试
    GetAlphaTestString(OutString);
    //输出变量等于最后结果——自发光+环境光
    OutString +=  m_pOutput[OUT_COLOR]->GetNodeName().GetString() + _T(" = ")
        +GetEmissiveNode()->GetNodeName().GetString();
    //环境光
    VSRenderer::ms_pRenderer->SkyLight(
            VSShaderStringFactory::ms_WorldNormal,
            VSShaderStringFactory::ms_SkyLightUpColor,
            VSShaderStringFactory::ms_SkyLightDownColor,
            GetDiffuseNode()->GetNodeName().GetString(),OutString);
    OutString += _T(";\n");
    //处理 SRGB
    GetSRGBWriteString(OutString);
    //得到透明度
    VSString NodeStringA = VSRenderer::ms_pRenderer->GetValueElement
            (m_pOutput[OUT_COLOR],VSRenderer::VE_A);
    OutString += NodeStringA + _T(" = ") +
            GetAlphaNode()->GetNodeName().GetString();
    OutString += _T(";\n");
    //得到最后结果
    OutString +=  VSShaderStringFactory::ms_PSOutputColorValue + _T(" = ") +
        m_pOutput[OUT_COLOR]->GetNodeName().GetString() + _T(";\n");
    return true;
}
```

通过仔细阅读，你会发现代码其实很简单，GetIndirectRenderString 生成的代码如下（没有考虑透明度测试和处理 SRGB 的情况）。

```
float4  OutputColor = float4(0, 0, 0, 1);
OutputColor = EmissiveColor +
SkyLight(WorldNormal, SkyLightUpColor, SkyLightDownColor) *DiffuseColor;
OutputColor.a = Alpha;
Out.Color0 = OutputColor
```

可以在生成着色器代码的文件夹下查看生成的内容，带“Indirect”的文件表示间接光像素着色器代码。

生成像素着色器变量声明部分的代码如下。

```
void VSDirectX9Renderer::CreatePUserConstant(VSPShader *pPShader,
MaterialShaderPara &MSPara,unsigned int uiPassType, VSString & OutString)
```

```
{
    ...
    else if (uiPassType == VSPass::PT_INDIRECT)
    {
        unsigned int uiRegisterID = 0;
        VSMaterial *pMaterial = MSPara.pMaterialInstance->GetMaterial();
        CreateUserConstantWorldMatrix(pPShader,uiRegisterID,OutString);
        CreateUserConstantViewMatrix(pPShader,uiRegisterID,OutString);
        CreateUserConstantProjectMatrix(pPShader, uiRegisterID, OutString);
        CreateUserConstantCameraWorldPos(pPShader,uiRegisterID,OutString);
        CreateUserConstantSkyLightUpColor(pPShader,uiRegisterID,OutString);
        CreateUserConstantSkyLightDownColor(pPShader,uiRegisterID,OutString);
        pMaterial->CreateConstValueDeclare(OutString,uiRegisterID);
        pMaterial->CreateCustomValue(pPShader);
        unsigned int uiTexRegisterID = 0;
        pMaterial->CreateTextureDeclare(OutString,uiTexRegisterID);
        pMaterial->CreateCustomTexture(pPShader);
    }
}
```

设置像素着色器中变量的代码如下。

```
void VSDirectX9Renderer::SetMaterialPShaderConstant(MaterialShaderPara &MSPara,
unsigned int uiPassType,VSPShader *pPShader)
{
    ...
    else if (uiPassType == VSPass::PT_INDIRECT)
    {
        SetUserConstantWorldMatrix(MSPara,pPShader,ID);
        SetUserConstantViewMatrix(MSPara,pPShader,ID);
        SetUserConstantProjectMatrix(MSPara, pPShader, ID);
        SetUserConstantCameraPos(MSPara,pPShader,ID);
        SetUserConstantSkyUpColor(MSPara,pPShader,ID);
        SetUserConstantSkyDownColor(MSPara,pPShader,ID);
        unsigned int uiTexSamplerID = 0;
        MSPara.pMaterialInstance->SetPShaderValue(pPShader);
    }
}
void VSDirectX9Renderer::SetUserConstantSkyUpColor(MaterialShaderPara &MSPara,
VSShader *pShader,unsigned int& ID)
{
    VSColorRGBA *pColor = (VSColorRGBA *) pShader->m_pUserConstant[ID]->GetData();
    *pColor= MSPara.m_SkyLightUpColor;
    ID++;
}
void VSDirectX9Renderer::SetUserConstantSkyDownColor(MaterialShaderPara &MSPara,
VSShader *pShader,unsigned int& ID)
{
    VSColorRGBA *pColor = (VSColorRGBA *) pShader->m_pUserConstant[ID]->GetData();
    *pColor= MSPara.m_SkyLightDownColor;
    ID++;
}
```

10.3 VSMaterialPass

VSMaterialPass 渲染动态光，渲染结果会和之前渲染环境光的结果进行叠加，并将透明度混合设置为叠加状态。MAX_DYNAMIC_LIGHT 宏设置为3，也就是说，一次最多渲染3盏动态光。我们也可以更改这个宏，不过要删除着色器缓存并重新编译着色器，代码如下。

```
bool VSMaterialPass::Draw(VSRenderer *pRenderer)
{
    VSMaterial *pMaterial = m_pMaterialInstance->GetMaterial();
    MSPara.pCamera = m_pCamera;
    MSPara.pGeometry = (VSGeometry *)m_pSpatial;
    MSPara.LightArray = m_Light;
    MSPara.pMaterialInstance = m_pMaterialInstance;
    MSPara.uiPassId = m_uiPassId;
    VSArray<VSLight*> LightTemp;
    //获取渲染状态
    m_RenderSceondPassUsed = pMaterial->GetRenderState(m_uiPassId);
    //根据是否透明度混合改变渲染状态
    VSBlendDesc BlendDesc =
            m_RenderSceondPassUsed.GetBlendState()->GetBlendDesc();
    if (BlendDesc.bBlendEnable[0] == true)
    {
          BlendDesc.ucDestBlend[0] = VSBlendDesc::BP_ONE;
    }
    else
    {
          BlendDesc.ucSrcBlend[0] = VSBlendDesc::BP_ONE;
          BlendDesc.ucDestBlend[0] = VSBlendDesc::BP_ONE;
    }
    BlendDesc.bBlendEnable[0] = true;
    BlendDesc.bAlphaBlendEnable[0] = false;
    //得到改变后的渲染状态
    VSBlendState *pBlendState = VSResourceManager::CreateBlendState(BlendDesc);
    m_RenderSceondPassUsed.SetBlendState(pBlendState);
    //渲染这个物体的所有光照效果，遍历所有光源
    for (unsigned int i = 0 ; i < m_Light.GetNum() ; i++)
    {
        //LightTemp 里装入不超过 3 个光源，MAX_DYNAMIC_LIGHT 为 3
        LightTemp.AddElement(m_Light[i]);
        if (LightTemp.GetNum() >= MAX_DYNAMIC_LIGHT ||
                i == m_Light.GetNum() - 1)
        {
              MSPara.LightArray = LightTemp;
              //清空着色器键，准备获取对应的着色器
              m_VShaderkey.Clear();
              m_PShaderkey.Clear();
              //获取 VSShader
              if (!GetVShader(
                    MSPara,VSResourceManager::GetInnerVertexShaderMap(),
                         VSUsedName::ms_cMaterialVertex))
              {
                    m_Light.Clear();
                    return 0;
              }
              if (!GetPShader(
                        MSPara,VSResourceManager::GetMaterialShaderMap(),
                             pMaterial->GetResourceName()))
              {
                  m_Light.Clear();
                  return 0;
              }
              //设置材质参数
              pRenderer->SetMaterialVShaderConstant
                          (MSPara,GetPassType(),
                          m_pMaterialInstance->m_pCurVShader[GetPassType()]);
```

```
            pRenderer->SetMaterialPShaderConstant(
                    MSPara,GetPassType(),
                    m_pMaterialInstance->m_pCurPShader[GetPassType()]);
            //设置全局内部使用的材质参数
            pMaterial->SetGlobalValue(this,m_uiPassId,
                    m_pMaterialInstance->m_pCurVShader[GetPassType()],
                    m_pMaterialInstance->m_pCurPShader[GetPassType()]);
            //渲染
            if(!pRenderer->DrawMesh((VSGeometry *)m_pSpatial,
                    &m_RenderSceondPassUsed,
                m_pMaterialInstance->m_pCurVShader[GetPassType()],
                m_pMaterialInstance->m_pCurPShader[GetPassType()],
                m_pMaterialInstance->m_pCurGShader[GetPassType()]))
            {
                return false;
            }
            LightTemp.Clear();
        }
    }
    m_Light.Clear();
    return 1;
}
```

在取得像素着色器键的时候，以通道ID、顶点格式、光源信息、阴影信息、不同光照模型等信息作为宏。其中，顶点格式主要用来区分法线，后文再讲解阴影信息，代码如下。

```
void VSShaderKey::SetMaterialPShaderKey(VSShaderKey *pKey,
MaterialShaderPara & MSPara,unsigned int uiPassType)
{
    if (!pKey)
    {
        return;
    }
    //设置通道ID
    pKey->SetTheKey(VSUsedName::ms_cPassID,MSPara.uiPassId);
    if (uiPassType == VSPass::PT_MATERIAL)
    {
        unsigned int uiVertexFormatCode = 0;
        if (MSPara.pGeometry)
        {
            if (MSPara.pGeometry->GetMeshData())
            {
                VSVertexFormat *pVertexFormat =
                    VSResourceManager::LoadVertexFormat(
                    MSPara.pGeometry->GetMeshData()->GetVertexBuffer());
                if (pVertexFormat)
                {
                    uiVertexFormatCode = pVertexFormat->m_uiVertexFormatCode;
                }
            }
        }
        //设置顶点格式
        pKey->SetTheKey(VSUsedName::ms_cMaterialVertexFormat,
                uiVertexFormatCode);
        ShadowKeyInfo ShadowInfo[VSLight::LT_MAX];
        unsigned int uiLightKey = 0;
        unsigned int uiLightFunKey = 0;
        if (MSPara.LightArray.GetNum() > 0)
        {
```

```
            uiLightKey = GenerateKey(MSPara.LightArray,
                            ShadowInfo,uiLightFunKey);
        }
        //区分光源投射函数
        pKey->SetTheKey(VSUsedName::ms_cLightFunKey,uiLightFunKey);
        //区分光源
        pKey->SetTheKey(VSUsedName::ms_cMaterialLightKey,uiLightKey);
        //处理阴影信息，省略
        …
        VSMaterial *pMaterial = MSPara.pMaterialInstance->GetMaterial();

        if (pMaterial->GetShaderMainFunction(MSPara.uiPassId)->GetSMType() ==
            VSShaderMainFunction::SM_PHONG)
        {
            VSPhongShaderFunction *pPhongShaderFunction =
                (VSPhongShaderFunction *)
                        pMaterial->GetShaderMainFunction(MSPara.uiPassId);
            if (pPhongShaderFunction->GetSpecularType() ==
                VSPhongShaderFunction::ST_BlinnPhong)
            {
                pKey->SetTheKey(VSUsedName::ms_cBlinnPhong,1);
            }
        }
    }
}
```

目前游戏引擎支持 4 种光源，排除环境光还剩下 3 种，分别为方向光、点光源、聚光灯。每次最多渲染 3 处光源，因此一共有 27 种可能，如方向光、点光源、聚光灯，方向光、聚光灯、点光源……聚光灯、聚光灯、聚光灯。但实际上方向光、点光源、聚光灯和方向光、聚光灯、点光源是一种情况，只不过点光源和聚光灯顺序不同，不考虑顺序的情况下，组合数会大大减少。如果每次最多渲染 4 处或者 4 处以上的光源，那么排列组合数将会更多。作者采用无序组合，并用 32 位整数来表示光源排列信息。

每种光源占 MAX_LIGTH_TYPE_MASK 位，当 MAX_LIGTH_TYPE_MASK 为 3 时，4 种光源一共占 12 位。因为环境光没有参与，所以实际上占 9 位，代码如下。

```
unsigned int uiKey = 0;
for (unsigned int i = 0 ; i < VSLight::LT_MAX ; i++)
{
    uiKey += uiLightNum[i] << (i *MAX_LIGTH_TYPE_MASK);
}
```

光源投射函数单独生成一个键值。其运算方法和通过光源信息生成键值一样，只是作者把代码展开了，代码如下。

```
uiLightFunctionKey  = (PointLightFunKey) |
(SpotLightFunKey << (1 << MAX_LIGTH_TYPE_MASK)) |
(DirLightFunKey << ((1 << MAX_LIGTH_TYPE_MASK) * 2 ));
```

详细代码请读者参见 VSShaderKey::GenerateKey 函数。

下面着重介绍 VSMaterialPass 类的像素着色器生成，代码如下。

```
void VSDirectX9Renderer::CreatePFunction(MaterialShaderPara &MSPara,
unsigned int uiPassType, VSString & OutString)
{
    if (uiPassType == VSPass::PT_MATERIAL)
    {
        VSString FunctionBody;
        VSMaterial *pMaterial = MSPara.pMaterialInstance->GetMaterial();
```

```
            pMaterial->GetShaderTreeString(FunctionBody,MSPara,
                    VSShaderMainFunction::OST_MATERIAL,MSPara.uiPassId);
            VSString VSCustomDeclareString;
            pMaterial->GetCustomDeclareString(
                    VSCustomDeclareString,MSPara.uiPassId);
            OutString += VSCustomDeclareString + _T("PS_OUTPUT ") +
                    ms_PShaderProgramMain +
                    _T("(PS_INPUT ps_Input)\n{\nPS_OUTPUT Out = (PS_OUTPUT) 0;\n") +
                        FunctionBody + _T("return Out;\n};\n");
    }
}
```

VSMaterialPass 比 VSIndirectRenderPass 类多了一个 GetCustomDeclareString 函数，这个函数是为自定义光照准备的，后文再讲解。仔细看 VSShaderMainFunction::GetShaderTreeString 函数的如下代码部分。

```
if (uiOutPutStringType == OST_MATERIAL)
{
    if(!GetFunctionString(OutString))
        return 0;
}
```

GetFunctionString 函数是虚函数，它根据不同的光照模型实现不同的效果。目前一共有 10 种光照模型，分别是 Phong、Oren_Nayar、Minnaert、Strauss、Shirley、Schlick、Cooktorrance、Isotropicward、Anisotropicward、Custom。相关代码如下。

```
Enum
{
    SM_PHONG,
    SM_OREN_NAYAR,
    SM_MINNAERT,
    SM_STRAUSS,
    SM_SHIRLEY,
    SM_SCHLICK,
    SM_COOKTORRANCE,
    SM_ISOTROPICWARD,
    SM_ANISOTROPICWARD,
    SM_CUSTOM,
    SM_MAX
};
```

用延迟渲染实现不同的光照模型的复杂度十分高。它需要考虑如何将与光照相关的参数有效地放进最少的渲染目标中，更困难的地方是如何用同一个延迟渲染框架实现多种光照模型。

前 9 种光照模型出自 *Advanced Lighting and Materials With Shaders* 和 *Programming Vertex, Geometry, and Pixel Shaders* 这两本书。书中有这 9 种光照模型的详细原理和实现过程。

Custom 是用户自定义光照模型。这里只介绍 Phong、Oren_Nayar 和 Custom 这 3 种光照模型。

首先，讲解我们熟悉的 Phong 光照模型。根据高光 Phong 光照模型的计算方法也不同。该光照模型分为 Phong 和 Blinn-Phong。

Phong 光照模型的计算公式如下。

$$I = D(\boldsymbol{N} \cdot \boldsymbol{L}) + S(\boldsymbol{R} \cdot \boldsymbol{V})^n$$
$$\boldsymbol{R} = 2\boldsymbol{N}(\boldsymbol{N} \cdot \boldsymbol{L}) - \boldsymbol{L}$$

式中，I 表示光照结果，D 表示漫反射颜色值，S 表示高光颜色值，$\boldsymbol{N}$ 表示法向量，$\boldsymbol{L}$ 表示光照方向，$\boldsymbol{R}$ 表示反射向量，$\boldsymbol{V}$ 表示视线方向。

Blinn-Phong 光照模型的计算公式如下。

$$I = \text{Diffuse}(\boldsymbol{N} \cdot \boldsymbol{L}) + \text{Specular}(\text{Half} \cdot \boldsymbol{N})^n$$

$$\text{Half} = \frac{\boldsymbol{L}+\boldsymbol{V}}{\|\boldsymbol{L}+\boldsymbol{V}\|}$$

式中，变量的含义与上式中相同。这里 Half 为光源方向和视线方向的求和结果。

下面讲解着色器光照代码的生成（后文再讲解影子代码的生成），代码如下。

```
bool VSPhongShaderFunction::GetFunctionString(VSString &OutString)const
{
    //透明度测试
    GetAlphaTestString(OutString);
    //如果漫反射和高光为 0
    if(!m_pInput[IN_DIFFUSE_COLOR]->GetOutputLink() &&
            !m_pInput[IN_SPECULAR_COLOR]->GetOutputLink())
    {
        OutString += m_pOutput[OUT_COLOR]->GetNodeName().GetString() + _T(" = ") +
            VSRenderer::ms_pRenderer->Float4Const(
            _T("0"),_T("0"),_T("0"),_T("1"));
        OutString += _T(";\n");
    }
    else
    {
        //计算每种光源的数量
        int iLightNum[VSLight::LT_MAX] = { 0 };
        for (unsigned int i = 0 ; i < m_MSPara.LightArray.GetNum() ; i++)
        {
            if (m_MSPara.LightArray[i])
            {
                for (unsigned int j = 0 ; j < VSLight::LT_MAX ; j++)
                {
                    if (m_MSPara.LightArray[i]->GetLightType() == j)
                    {
                        iLightNum[j]++;
                    }
                }
            }
        }
        //计算世界空间中的相机朝向
        OutString += VSRenderer::ms_pRenderer->Float3() +
                    _T("WorldCameraDir = ");
        VSRenderer::ms_pRenderer->ComputeDir(
                    VSShaderStringFactory::ms_CameraWorldPos,
                    VSShaderStringFactory::ms_WorldPos,OutString);
        OutString += _T(";\n");
        //生成光源临时变量，得到光源的漫反射输入和高光输入
        VSRenderer::ms_pRenderer->TranLightToTemp(
                    m_MSPara.LightArray,OutString);
        //得到光源的投射函数
        VSRenderer::ms_pRenderer->GetLightFunction(m_MSPara.LightArray,
                    VSShaderStringFactory::ms_WorldPos,OutString);
        //最终输出值
        OutString += m_pOutput[OUT_COLOR]->GetNodeName().GetString() + _T(" = ") +
            VSRenderer::ms_pRenderer->Float4Const(
            _T("0"),_T("0"),_T("0"),_T("0"));
        //得到不同光源的阴影的代码
        VSArray<VSString> ShadowStringArray[VSLight::LT_MAX];
        GetLightShadow(m_MSPara,ShadowStringArray);
        //根据不同光源光照并结合阴影生成代码
        for (unsigned int i = 0 ; i < VSLight::LT_MAX ; i++)
        {
            if (!iLightNum[i])
```

```
            {
                continue;
            }
            if(i == VSLight::LT_DIRECTION)
            {
                VSRenderer::ms_pRenderer->DirectionalLight(iLightNum[i],
                    m_pInput[IN_DIFFUSE_COLOR]->GetNodeName().GetString(),
                    m_pInput[IN_SPECULAR_COLOR]>GetNodeName().GetString(),
                    m_pInput[IN_SPECULAR_POW]->GetNodeName().GetString(),
                    VSShaderStringFactory::ms_WorldNormal,
                _T("WorldCameraDir"),ShadowStringArray[i],OutString);
            }
            else if(i == VSLight::LT_POINT)
            {
                VSRenderer::ms_pRenderer->PointLight(iLightNum[i],
                    m_pInput[IN_DIFFUSE_COLOR]->GetNodeName().GetString(),
                    m_pInput[IN_SPECULAR_COLOR]->GetNodeName().GetString(),
                    m_pInput[IN_SPECULAR_POW]->GetNodeName().GetString(),
                            VSShaderStringFactory::ms_WorldPos,
                            VSShaderStringFactory::ms_WorldNormal,
                            _T("WorldCameraDir"),
                            ShadowStringArray[i],OutString);
            }
            else if(i == VSLight::LT_SPOT)
            {
                VSRenderer::ms_pRenderer->SpotLight(iLightNum[i],
                    m_pInput[IN_DIFFUSE_COLOR]->GetNodeName().GetString(),
                    m_pInput[IN_SPECULAR_COLOR]->GetNodeName().GetString(),
                    m_pInput[IN_SPECULAR_POW]->GetNodeName().GetString(),
                            VSShaderStringFactory::ms_WorldPos,
                            VSShaderStringFactory::ms_WorldNormal,
                        _T("WorldCameraDir"),ShadowStringArray[i],OutString);
            }
        }
        OutString += _T(";\n");
    }
    GetSRGBWriteString(OutString);
    //得到透明度
    VSString NodeStringA =
            VSRenderer::ms_pRenderer->GetValueElement(m_pOutput[OUT_COLOR],
            VSRenderer::VE_A);
    OutString += NodeStringA + _T(" = ") +
             m_pInput[IN_ALPHA]->GetNodeName().GetString();
    OutString += _T(";\n");
    //最终结果
    OutString +=  VSShaderStringFactory::ms_PSOutputColorValue + _T(" = ") +
             m_pOutput[OUT_COLOR]->GetNodeName().GetString() + _T(";\n");
    return 1;
}
```

所有光照模型在生成着色器代码时相似，不同的是光照函数。Phong 光照模型中有方向光、点光源、聚光灯 3 种光源，分别对应下面 3 个函数。

```
void VSDirectX9Renderer::DirectionalLight(int iLightNum,const VSString &Diffuse,
            const VSString &Specular , const VSString &SpecularPow,
            const VSString &WorldNormal, const VSString &WorldCameraDir,
            VSArray<VSString> ShadowString,VSString & OutString)const
void VSDirectX9Renderer::PointLight(int iLightNum,const VSString &Diffuse,
            const VSString &Specular ,const VSString &SpecularPow,
            const VSString &WorldPos,const VSString &WorldNormal,
            const VSString &WorldCameraDir,VSArray<VSString> ShadowString,
            VSString & OutString)const
```

```
void VSDirectX9Renderer::SpotLight(int iLightNum,const VSString &Diffuse,
              const VSString &Specular ,const VSString &SpecularPow,
              const VSString &WorldPos,const VSString &WorldNormal,
              const VSString &WorldCameraDir,VSArray<VSString> ShadowString,
              VSString & OutString)const
```

这些光照函数里都封装了 Shader.txt 文件中的着色器光照代码，传进的参数也是着色器光照代码需要的。每个光源的结果乘以阴影信息，再把所有光照结果叠加。其他光照模型生成着色器光照代码的流程和 Phong 光照模型类似。下面是对应的着色器代码。

```
float4 DirectionalLightFun(float4 Diffuse, float4 Specular, float SpecularPow,
    float3 WorldNormal, float3 WorldCameraDir, float4 LightDiffuse,
float4 LightSpecular, float3 WorldLightDir)
{
    WorldLightDir = normalize(WorldLightDir);
    float4 vDiffuse = Diffuse * LightDiffuse *
                saturate(dot(-WorldLightDir, WorldNormal));
    #if  BlinnPhong > 0
        return vDiffuse + BlinnPhongSpec(Specular, SpecularPow,
        WorldNormal, WorldCameraDir, LightSpecular, WorldLightDir);
    #else
    return vDiffuse + PhongSpec(Specular, SpecularPow, WorldNormal,
        WorldCameraDir, LightSpecular, WorldLightDir);
    #endif
}

float4 SpotLightFun(float4 Diffuse, float4 Specular, float SpecularPow,
float3 WorldPos,float3 WorldNormal, float3 WorldCameraDir,
float4 LightDiffuse, float4 LightSpecular, float Range,
float Phi, float Theta, float Falloff,float3 LightWorldPos,
float3 LightWorldDirection)
{
    …
}
```

其中 GetLightFunction 函数和 GetLightShadow 函数将在后文讲解。TranLightToTemp 函数的目的是把着色器里声明的光源变量转换成临时变量。如果光源的漫反射不是固定颜色而是来自函数的输出（如光源投射函数），那么光源的漫反射就要改变。我们不能改变一个声明在函数外的寄存器变量，所以只能声明一个临时变量，让临时变量等于光源的漫反射输入，然后把临时变量传递到光照函数。

例如，若现在有一盏方向光，那么生成的光照代码如下。

```
float4 OutputColor = float4(0, 0, 0, 1);
float3 WorldCameraDir = ComputeDir(CameraWorldPos, WorldPos);
//光源临时变量
LightTypeTemp DirLightTemp[1];
//光源临时变量赋值
DirLightTemp[0].LightDiffuse = DirLight[0].LightDiffuse;
DirLightTemp[0].LightSpecular = DirLight[0].LightSpecular;
//以临时变量 LightDiffuse 和 LightSpecular 作为光照参数
OutputColor = float4(0, 0, 0, 0) + DirectionalLightFun(DiffuseColor, SpecularColor,
             SpecularPow, WorldNormal, WorldCameraDir,
             DirLightTemp[0].LightDiffuse, DirLightTemp[0].LightSpecular,
             DirLight[0].LightWorldDirection.xyz);
//得到透明度并输出
OutputColor.a = Alpha;
Out.Color0 = OutputColor;
```

如果存在光源投射函数光照，则代码如下。

```
float4 OutputColor = float4(0, 0, 0, 1);
float3 WorldCameraDir = ComputeDir(CameraWorldPos, WorldPos);
```

```
LightTypeTemp PointLightTemp[1];
PointLightTemp[0].LightDiffuse = PointLight[0].LightDiffuse;
PointLightTemp[0].LightSpecular = PointLight[0].LightSpecular;
//光源投射函数
PointLightTemp[0].LightDiffuse *=
    LightFunction(PointLight[0].WVP, WorldPos, PointLight[0].LightFunParam,
    PSConstantLightFunSampler0);
//以临时变量 LightDiffuse 和 LightSpecular 作为光照参数
OutputColor = float4(0, 0, 0, 0) + DirectionalLightFun(DiffuseColor, SpecularColor,
        SpecularPow, WorldNormal, WorldCameraDir,
        DirLightTemp[0].LightDiffuse, DirLightTemp[0].LightSpecular,
DirLight[0].LightWorldDirection.xyz);
Out.Color0 = OutputColor;
```

因为不止一个光源，所以要根据光源种类和个数生成多个临时变量，代码如下。

```
void VSDirectX9Renderer::TranLightToTemp(VSArray<VSLight *> LightArray,
VSString & OutString)const
{
    //统计光源个数
    unsigned int iLightNum[VSLight::LT_MAX] = { 0 };
    for (unsigned int i = 0 ; i < LightArray.GetNum() ; i++)
    {
        if (LightArray[i])
        {
            for (unsigned int j = 0 ; j < VSLight::LT_MAX ; j++)
            {
                if (LightArray[i]->GetLightType() == j)
                {
                    iLightNum[j]++;
                }
            }
        }
    }
    //得到着色器里临时变量类型的名字
    VSString LightTypeTempString;
    GetLightTypeTemp(LightTypeTempString);
    //声明临时变量
    for (unsigned int j = 0 ; j< VSLight::LT_MAX ; j++)
    {
        if (iLightNum[j] > 0)
        {
            OutString += LightTypeTempString + _T(" ") +
                VSShaderStringFactory::ms_LightNameTemp[j] +
                    _T("[") + IntToString(iLightNum[j]) + _T("];\n");
        }
    }
    //给临时变量赋值
    for (unsigned int j = 0 ; j < VSLight::LT_MAX ; j++)
    {
        for (unsigned int k = 0 ; k < iLightNum[j] ; k++)
        {
            OutString += VSShaderStringFactory::ms_LightNameTemp[j] +
                        _T("[") + IntToString(k) + _T("].LightDiffuse = ") +
                VSShaderStringFactory::ms_LightName[j] + _T("[") +
                IntToString(k) + _T("].LightDiffuse;\n");
            OutString += VSShaderStringFactory::ms_LightNameTemp[j] +
                        _T("[") + IntToString(k) + _T("].LightSpecular = ") +
                VSShaderStringFactory::ms_LightName[j] + _T("[") +
```

```
                IntToString(k) + _T(").LightSpecular;\n");
            }
        }
    }
```

LightTypeTemp 为着色器中的临时变量类型名字，GetLightTypeTemp 函数用于取得这个名称。代码如下。

```
struct LightTypeTemp
{
    float4 LightDiffuse;
    float4 LightSpecular;
};
```

LightTypeTemp 有两个成员，本游戏引擎只用到了 LightDiffuse，LightSpecluar 目前没有什么作用。

临时变量类型的名字为光源名字和“Temp”的结合。相关代码如下。

```
VSString VSShaderStringFactory::ms_LightNameTemp[VSLight::LT_MAX] =
  {_T("PointLightTemp"),_T("SpotLightTemp"),_T("DirLightTemp")};
```

最后，关于光源变量参数的设置是在 VSDirectX9Renderer::SetMaterialPShader-Constant (VSDirectX11Renderer::SetMaterialPShaderConstant) 函数中进行的，该函数调用 SetUserConstantLight 函数来设置动态光参数。这个函数的代码很长，作者就不全给出，但本质是很简单的。首先要统计光源种类和个数，然后得到对应着色器存放数据的地址，把光源参数复制到对应数据地址的缓存中，最后这个缓存的数据会根据寄存器 ID 提交到对应寄存器里。

首先，得到每个光源的数据地址，代码如下。

```
VSVector3W *pLightBuffer[VSLight::LT_MAX] = { NULL };
for(unsigned int i = 0 ; i < VSLight::LT_MAX ; i++)
{
    if (!iLightNum[i])
    {
        continue;
    }
    pLightBuffer[i] =
            (VSVector3W *) pShader->m_pUserConstant[ID]->GetData();
    ID++;
}
```

iLightNum 为不同种类的光源个数，m_pUserConstant 都是按照顺序声明的，对得到的数据地址也按照顺序读取就不会有任何问题。接着，复制光源参数，同种类的光源都是放在一起的，并且是连续的数组。

这里仅以方向光为例进行说明，设置漫反射和高光的代码如下。

```
*pLightBuffer[VSLight::LT_DIRECTION] = ((VSDirectionLight *)pLight)->m_Diffuse;
pLightBuffer[VSLight::LT_DIRECTION]++;
*pLightBuffer[VSLight::LT_DIRECTION] = ((VSDirectionLight *)pLight)->m_Specular;
pLightBuffer[VSLight::LT_DIRECTION]++;
```

设置光源方向和阴影纹理分辨率的代码如下。

```
VSVector3 U,V,N;
Rotator.GetUVN(U,V,N);
pLightBuffer[VSLight::LT_DIRECTION]->x = N.x;
pLightBuffer[VSLight::LT_DIRECTION]->y = N.y;
pLightBuffer[VSLight::LT_DIRECTION]->z = N.z;
pLightBuffer[VSLight::LT_DIRECTION]->w =
        ((VSDirectionLight *)pLight)->GetShadowResolution() * 1.0f;
pLightBuffer[VSLight::LT_DIRECTION]++;
```

后面的代码就不再给出，读者可自行查看。所做的一切都是把着色器中的 DirLightType 结构体填满。

```
//方向光
struct DirLightType
{
	float4 LightDiffuse;
	float4 LightSpecular;
	float4 LightWorldDirection; //w 为阴影纹理分辨率
	float4 LightParam;//深度偏移量
	float4 LightFunParam;//
	row_major float4x4 WVP;
	row_major float4x4 ShadowMatrix[3];
};
```

如果有 3 盏方向光，那么声明为 DirLightType DirLight[3]。

其次要介绍的就是 Oren-Nayar 光照模型，它生成着色器的过程基本上和 Phong 光照模型一致。Oren-Nayar 光照模型适合于表面粗糙的模型。

Oren-Nayar 光照模型的计算公式如下。

$$I = DL(\boldsymbol{N} \cdot \boldsymbol{L})(A + B\max[0,\gamma]\sin\alpha\tan\beta)$$

$$A = 1 - 0.5\frac{\sigma^2}{\sigma^2 + 0.33}$$

$$B = 0.45\frac{\sigma^2}{\sigma^2 + 0.09}$$

$$\alpha = \max[\arccos(\boldsymbol{V} \cdot \boldsymbol{N}), \arccos(\boldsymbol{L} \cdot \boldsymbol{N})]$$

$$\beta = \min[\arccos(\boldsymbol{V} \cdot \boldsymbol{N}), \arccos(\boldsymbol{L} \cdot \boldsymbol{N})]$$

$$\gamma = (\boldsymbol{V} - \boldsymbol{N}(\boldsymbol{V} \cdot \boldsymbol{N})) \cdot (\boldsymbol{L} - \boldsymbol{N}(\boldsymbol{L} \cdot \boldsymbol{N}))$$

其中，D 表示漫反射颜色值，S 表示高光颜色值；$\boldsymbol{L}$ 表示光照方向；I 为最终计算结果；σ 为参数，表示粗糙度；$\boldsymbol{V} \cdot \boldsymbol{N}$ 表示 $\boldsymbol{V}$ 与 $\boldsymbol{N}$ 的点积（dot($\boldsymbol{V}$, $\boldsymbol{N}$)），$\boldsymbol{L} \cdot \boldsymbol{N}$ 表示 $\boldsymbol{L}$ 与 $\boldsymbol{N}$ 的点积（dot($\boldsymbol{L}$, $\boldsymbol{N}$)）。将 $\sin\alpha\tan\beta$（$\sin\alpha\tan\beta$）的计算结果存放在纹理里面可以缩短 GPU 运算时间。dot($\boldsymbol{V}$, $\boldsymbol{N}$)和 dot($\boldsymbol{L}$, $\boldsymbol{N}$)的结果都介于−1～1，我们把 dot($\boldsymbol{V}$, $\boldsymbol{N}$)和 dot($\boldsymbol{L}$, $\boldsymbol{N}$)的反余弦都算出来，然后比较大小，就可以计算出 α 和 β，最后再计算 $\sin\alpha\tan\beta$。保存纹理后，把 dot($\boldsymbol{L}$, $\boldsymbol{N}$)和 dot($\boldsymbol{V}$, $\boldsymbol{N}$)变换到 0～1，并以其作为纹理坐标从纹理里查找对应的值，代码如下。

```
bool VSTexAllState::InitialDefaultState()
{
	VSSamplerDesc SamplerDesc;
	SamplerDesc.m_uiMag = VSSamplerDesc::FM_LINE;
	SamplerDesc.m_uiMin = VSSamplerDesc::FM_LINE;
	SamplerDesc.m_uiMip = VSSamplerDesc::FM_LINE;
	VSSamplerStatePtr pSamplerState =
		VSResourceManager::CreateSamplerState(SamplerDesc);
...
	//纹理是用 16 位还是 32 位浮点数
	#ifdef DEFAULT_16FLOAT_TEXTURE
		unsigned int uiTextureFormat = VSRenderer::SFT_R16F;
	#else
		unsigned int uiTextureFormat = VSRenderer::SFT_R32F;
	#endif
	//纹理大小为 128 位
	unsigned int uiOrenNayarTexSize = 128;
```

```
    #ifdef DEFAULT_16FLOAT_TEXTURE
        unsigned short *pBuffer = VS_NEW
                    unsigned short[uiOrenNayarTexSize * uiOrenNayarTexSize];
    #else
        VSREAL *pBuffer = VS_NEW VSREAL[uiOrenNayarTexSize * uiOrenNayarTexSize];
    #endif
    //分别离散地算出 dot(V,N)和 dot(L,N)
    for (unsigned int i = 0 ; i < uiOrenNayarTexSize ;i++)
    {
        //算出 dot(V,N)
        VSREAL VdotN = (i * 1.0f / (uiOrenNayarTexSize - 1)) * 2.0f - 1.0f;
        //算出 arccos(dot(V,N))
        VSREAL AngleViewNormal = acos(VdotN);
        for (unsigned int j = 0 ; j < uiOrenNayarTexSize ; j++)
        {
            //算出 dot(L,N)
            VSREAL LdotN = (j * 1.0f / (uiOrenNayarTexSize - 1)) * 2.0f - 1.0f;
            //算出 arccos(dot(L,N))
            VSREAL AngleLightNormal = acos(LdotN);
            //算出 α 和 β
            VSREAL Alpha = Max(AngleViewNormal,AngleLightNormal);
            VSREAL Beta = Min(AngleViewNormal,AngleLightNormal);
            //算出最后结果
            VSREAL fResult = ABS(SIN(Alpha) * TAN(Beta));
            #ifdef DEFAULT_16FLOAT_TEXTURE
                        pBuffer[i *uiOrenNayarTexSize + j] = FloatToHalf
                        (fResult);
            #else
                        pBuffer[i *uiOrenNayarTexSize + j] = fResult;
            #endif
        }
    }
    ms_pOrenNayarLookUpTable = VSResourceManager::Create2DTexture
          (uiOrenNayarTexSize,uiOrenNayarTexSize,uiTextureFormat,1,pBuffer);
    VSMAC_DELETEA(pBuffer);
    ms_pOrenNayarLookUpTable->SetSamplerState(pSamplerState);
    if (!ms_pOrenNayarLookUpTable)
    {
        return false;
    }
    …
}
```

读者可以查看 VSTexAllState::InitialDefaultState 函数的代码，里面还创建了其他光照模型的预计算纹理。

可以通过 GetCookTorranceTable 函数得到 Oren-Nayar 光照模型的预计算纹理。

```
static const VSTexAllState *GetCookTorranceTable()
{
    return ms_pCookTorranceLookUpTable;
}
```

这里说明一下，$\sin\alpha\tan\beta$ 的取值范围是$(-\infty,+\infty)$。无论是 32 位纹理还是 16 位纹理，实际上都无法满足最正确的结果。即使不用纹理，直接计算也是如此，只能说 32 位更接近。

VSOrenNayarShaderFunction 类对应 Oren-Nayar 光照模型，根据公式可以知道，这个光照模型只有一个参数——粗糙度，并且以平方的形式表示，所以作者在 VSOrenNayarShader-Function 主函数里用名字为 RoughnessSquared 的 VSInputNode 类来表示粗糙度的平方。

VSOrenNayarShaderFunction 的构造函数的代码如下。

```
VSOrenNayarShaderFunction::VSOrenNayarShaderFunction(const VSUsedName &ShowName,
    VSMaterial *pMaterial):VSShaderMainFunction(ShowName,pMaterial)
{
    VSString InputName = _T("DiffuseColor");
    VSInputNode *pInputNode = NULL;
    pInputNode = VS_NEW VSInputNode(VSPutNode::VT_4,InputName,this);
    VSMAC_ASSERT(pInputNode);
    m_pInput.AddElement(pInputNode);
    InputName = _T("EmissiveColor");
    pInputNode = NULL;
    pInputNode = VS_NEW VSInputNode(VSPutNode::VT_4,InputName,this);
    VSMAC_ASSERT(pInputNode);
    m_pInput.AddElement(pInputNode);
    InputName = _T("RoughnessSquared");
    pInputNode = NULL;
    pInputNode = VS_NEW VSInputNode(VSPutNode::VT_1,InputName,this);
    VSMAC_ASSERT(pInputNode);
    m_pInput.AddElement(pInputNode);
    InputName = _T("Normal");
    pInputNode = NULL;
    pInputNode = VS_NEW VSInputNode(VSPutNode::VT_4,InputName,this);
    VSMAC_ASSERT(pInputNode);
    m_pInput.AddElement(pInputNode);
    InputName = _T("Alpha");
    pInputNode = NULL;
    pInputNode = VS_NEW VSInputNode(VSPutNode::VT_1,InputName,this);
    VSMAC_ASSERT(pInputNode);
    m_pInput.AddElement(pInputNode);
    VSString OutputName = _T("OutputColor");
    VSOutputNode *pOutputNode = NULL;
    pOutputNode = VS_NEW VSOutputNode(VSPutNode::VT_4,OutputName,this);
    VSMAC_ASSERT(pOutputNode);
    m_pOutput.AddElement(pOutputNode);
}
```

在 VSOrenNayarShaderFunction::SetGlobalValue 函数中设置 Oren-Nayar 光照模型的预计算纹理，代码如下。

```
void VSOrenNayarShaderFunction::SetGlobalValue(unsigned int uiOutPutStringType ,
VSVShader *pVShader , VSPShader *pPShader)
{
    if (uiOutPutStringType == OST_MATERIAL)
    {
          if (pPShader && UseLookUpTable())
          {
               //根据名字设置查找表纹理
               VSTexAllState *pTex = (VSTexAllState*)
                         VSTexAllState::GetOrenNayarLookUpTable();
               static VSUsedName PSOrenNayarLookUpTableSampler =
               VSShaderStringFactory::ms_PSOrenNayarLookUpTableSampler;
               pPShader->SetParam(PSOrenNayarLookUpTableSampler,pTex);
          }
    }
}
```

在定义着色器键时加入了是否需要使用查找表中纹理的判断，代码如下。

```
void VSShaderKey::SetMaterialPShaderKey(VSShaderKey *pKey,
MaterialShaderPara & MSPara,unsigned int uiPassType)
{
    …
```

```
    else if (pMaterial->GetShaderMainFunction(MSPara.uiPassId)->GetSMType() ==
          VSShaderMainFunction::SM_OREN_NAYAR)
    {
          VSOrenNayarShaderFunction *pOrenNayarShaderFunction =
                    (VSOrenNayarShaderFunction *)
                    pMaterial->GetShaderMainFunction(MSPara.uiPassId);
          //区分是否要用查找表
          if (pOrenNayarShaderFunction->UseLookUpTable())
          {
               pKey->SetTheKey(VSUsedName::ms_cOrenNayarLookUpTable,1);
          }
    }
    ...
}
```

在生成着色器光照代码时，和 Phong 光照模型相比，Oren-Nayar 光照模型只是调用的光照函数不同，其他内容是一样的，代码如下。

```
bool VSOrenNayarShaderFunction::GetFunctionString(VSString &OutString)const
{
    ...
    for (unsigned int i = 0 ; i < VSLight::LT_MAX ; i++)
    {
         if (!iLightNum[i])
         {
              continue;
         }
         if(i == VSLight::LT_DIRECTION)
         {
              VSRenderer::ms_pRenderer->OrenNayarDirectionalLight(
                      iLightNum[i],
                      m_pInput[IN_DIFFUSE_COLOR]->GetNodeName().GetString(),
                      m_pInput[IN_ROUGHNESS_SQUARED]->GetNodeName().GetString(),
                      VSShaderStringFactory::ms_WorldNormal, _T("WorldCameraDir"),
                      UseLookUpTable(),ShadowStringArray[i],OutString);
         }
         else if(i == VSLight::LT_POINT)
         {
              VSRenderer::ms_pRenderer->OrenNayarPointLight(iLightNum[i],
                      m_pInput[IN_DIFFUSE_COLOR]->GetNodeName().GetString(),
                      m_pInput[IN_ROUGHNESS_SQUARED]->GetNodeName().GetString(),
                      VSShaderStringFactory::ms_WorldPos,
                      VSShaderStringFactory::ms_WorldNormal,
                      _T("WorldCameraDir"),UseLookUpTable(),
                      ShadowStringArray[i],OutString);
         }
         else if(i == VSLight::LT_SPOT)
         {
              VSRenderer::ms_pRenderer->OrenNayarSpotLight(iLightNum[i],
                      m_pInput[IN_DIFFUSE_COLOR]->GetNodeName().GetString(),
                      m_pInput[IN_ROUGHNESS_SQUARED]->GetNodeName().GetString(),
                      VSShaderStringFactory::ms_WorldPos,
                      VSShaderStringFactory::ms_WorldNormal,
                      _T("WorldCameraDir"),UseLookUpTable(),
                      ShadowStringArray[i],OutString);
              }
         }
         OutString += _T(";\n");
    }
    ...
}
```

GetFunctionString 函数分别调用了渲染器的 OrenNayarDirectionalLight、Oren-

NayarPointLight、OrenNayarSpotLight 这 3 个光照函数。因为 Oren-Nayar 光照模型可以用纹理创建查找表，所以多提供了一个带查找表参数的函数，代码如下。

```
void VSDirectX9Renderer::OrenNayarDirectionalLight(int iLightNum,
const VSString &Diffuse,const VSString &RoughnessSquared,
const VSString &WorldNormal,const VSString &WorldCameraDir,
bool bLookUpTable, VSArray<VSString> ShadowString,VSString & OutString)const
{
    for (int i = 0 ; i < iLightNum ; i++)
    {
        VSString ID = IntToString(i);
        if (bLookUpTable == false)
        {
            OutString += _T(" + OrenNayarDirectionalLightFun(") + Diffuse +
                    _T(",") + RoughnessSquared + _T(",")+ WorldNormal +
                    _T(",") + WorldCameraDir + _T(",") +
                    VSShaderStringFactory::ms_LightNameTemp[VSLight::LT_DIRECTION]
                    + _T("[") + ID + _T(").LightDiffuse,") +
                    VSShaderStringFactory::ms_LightName[VSLight::LT_DIRECTION]
                    + _T("[") + ID + _T(").LightWorldDirection.xyz)")
                    + ShadowString[i];
        }
        else
        {
            OutString += _T(" + OrenNayarDirectionalLightFun(") + Diffuse +
                    _T(",") + RoughnessSquared + _T(",") + WorldNormal +
                    _T(",") + WorldCameraDir + _T(",") +
                    VSShaderStringFactory::ms_LightNameTemp[VSLight::LT_DIRECTION]
                    + _T("[") + ID + _T(").LightDiffuse,") +
                    VSShaderStringFactory::ms_LightName[VSLight::LT_DIRECTION]
                    + _T("[") + ID + _T(").LightWorldDirection.xyz,") +
                    VSShaderStringFactory::ms_PSOrenNayarLookUpTableSampler +
                    _T(")") + ShadowString[i];
        }
    }
}
```

真正的着色器函数还在 Shader.txt 文件中，代码如下。

```
float4 OrenNayarDirectionalLightFun(float4 Diffuse, float RoughnessSquared,
float3 WorldNormal, float3 WorldCameraDir, float4 LightDiffuse, float3 WorldLightDir
#if OrenNayarLookUpTable >0,
    sampler2D OrenNayarLookUpTableSampler
#endif
    )
{
    WorldLightDir = normalize(WorldLightDir);
    float LdotN = dot(-WorldLightDir, WorldNormal);
    float VdotN = dot(WorldCameraDir, WorldNormal);
    float AngleDifference = max(0.0f, dot(
        normalize(WorldCameraDir - WorldNormal * VdotN),
        normalize((-WorldLightDir) - WorldNormal * LdotN)));
    float ST = 0.0f;
    //可以优化查找表
    #if OrenNayarLookUpTable >0
    //变成 0~1
        float2 Para = float2(VdotN, LdotN);
        Para = (Para + 1.0f) * 0.5f;
        ST = tex2D(OrenNayarLookUpTableSampler, Para).r;
    #else
        float AngleViewNormal = acos(VdotN);
        float AngleLightNormal = acos(LdotN);
        float Alpha = max(AngleViewNormal, AngleLightNormal);
```

```
        float Beta = min(AngleViewNormal, AngleLightNormal);
        ST = abs(sin(Alpha) * tan(Beta));
    #endif
        float A = 1.0f - (0.5f * RoughnessSquared) / (RoughnessSquared + 0.33f);
        float B = (0.45f * RoughnessSquared) / (RoughnessSquared + 0.09f);
        float4 vDiffuse = Diffuse * LightDiffuse * (A + B * AngleDifference * ST) *
    max(0.0f, LdotN);
    return vDiffuse;
}
```

点光源和聚光灯着色器的代码不再给出，读者可以自己查看。

读到这里，很多读者可能都有以下疑问。

（1）是不是所有的渲染通道都要这样生成着色器代码？

（2）具体要从哪个着色器映射表的着色器集合中获取着色器？

先说第 1 个问题。在渲染通道里也可以使用文件类型着色器（读者可参考 VSShadowVolume-RenderPass），但有些情况下不能这么做。以渲染阴影映射为例，因为像素着色器里要用裁剪指令做透明度测试，要获取透明度值，只能通过材质树，所以这种情况下需要生成着色器代码。

对于第 2 个问题，每个着色器映射表都存放着大量着色器集合，着色器集合也是一个映射，里面是着色器键和着色器。首先要从着色器映射表里通过名字得到着色器集合，然后通过着色器键得到着色器。顶点着色器键的区分简单，用顶点格式生成的循环冗余码就可以区分，每个着色器根据渲染通道不同是可以遍历、可以预测的；而像素着色器键的区分则很复杂，要判断光源和阴影，并且像素着色器是用户可以编辑的，几乎是无法预测的。

在生成顶点着色器时，所有渲染通道都可以共用同一个着色器映射表，因此用名字来区分着色器集合，再通过着色器键就能找到所需要的着色器。只要为对应的渲染通道赋予不同的名字即可。

例如，在 VSMaterialPass 类中，使用以下代码。

```
GetVShader(MSPara,VSResourceManager::GetInnerVertexShaderMap(),
    VSUsedName::ms_cMaterialVertex)
```

在 VSShadowPass 类中，使用以下代码。

```
GetVShader(MSPara,VSResourceManager::GetInnerVertexShaderMap(),
    VSUsedName::ms_cShadowVertex)
```

不同的渲染通道的着色器映射表（GetInnerVertexShaderMap）是一样的，只需要用不同的名字区分着色器集合即可。

在生成像素着色器时，不得不用材质的名字来区分着色器集合，但不能用同样的着色器映射表。同样名字的材质可以用 VSMaterialPass 类来渲染光照，也可以用 VSShadowPass 类来渲染阴影，所以根据渲染通道不同着色器映射表一定要做区分。不过也有一些特殊的渲染通道（VSPrezPass 类），它们不需要像素着色器输出什么，只是为了得到深度模板缓存（depth stencil buffer），它们的所有模型像素着色器都是一样的，和任何信息都无关，这种情况只需要使用内部着色器映射表——VSResourceManager::GetInnerPixelShaderMap()。

而用户自己写的着色器文件中，只能有一个渲染通道起作用，且共用 VSResourceManager::GetPixelShaderMap() 和 VSResourceManager::GetVertexShaderMap()，然后用文件名字进行区分，就可以得到希望的着色器。

因此，可以得知，GetInnerVertexShaderMap 函数、GetInnerPixelShaderMap 函数在材质树中使用，GetVertexShaderMap 函数和 GetVertexShaderMap 函数在着色器文件中使用。

10.4 自定义光照

Unreal Engine 3 可以让美术师用图形节点自定义光照模型。因为 Unreal Engine 4 使用延迟渲染，实现自定义光照的代价非常大，所以不得不去掉自定义光照。在 Unreal Engine 4 上只能用基于物理的光照，如果要实现一些奇特的光照效果，要么修改它的光照渲染流程，要么用一些"取巧"的方法。

自定义光照对于美术师来说是不可或缺的。如果有一天前向增强渲染可以在硬件上大范围地使用，那么自定义光照或将重新发挥重要作用。

自定义光照本质上基于一个自定义光照模型来实现方向光、点光源、聚光灯这 3 种光源的效果（一些游戏引擎中加入了区域光）。

本节中，仍以 Phong 光照模型来说明问题，它由漫反射和高光两部分组成。不同的光照模型中，最后都要对最终结果乘以一个系数，读者可以查看 Shader.txt 里 Phong 光照模型的代码。

用 Phong 光照模型计算方向光的光照结果的代码如下。

```
vDiffuse = Diffuse * LightDiffuse * saturate(dot(-WorldLightDir, WorldNormal));
FinalColor = (vDiffuse + PhongSpec(Specular, SpecularPow, WorldNormal,
        WorldCameraDir, LightSpecular, WorldLightDir)) * 1.0f;
```

用 Phong 光照模型计算点光源的光照结果的代码如下。

```
vDiffuse = Diffuse * LightDiffuse * saturate(dot(-WorldLightDir, WorldNormal));
//计算点光源系数
…
FinalColor = (vDiffuse + PhongSpec(Specular, SpecularPow, WorldNormal,
        WorldCameraDir, LightSpecular, WorldLightDir))
              * fLightAttenuationDiv;
```

用 Phong 光照模型计算聚光灯的光照结果的代码如下。

```
vDiffuse = Diffuse * LightDiffuse * saturate(dot(-WorldLightDir, WorldNormal));
   //计算聚光灯系数
…
FinalColor = (vDiffuse + PhongSpec(Specular, SpecularPow, WorldNormal,
        WorldCameraDir, LightSpecular, WorldLightDir))
              * fLightAttenuationDiv  * fLightEffect;
```

其中，vDiffuse 表示漫反射部分，PhongSpec 表示高光部分。仔细看这 3 段代码，它们的系数都不相同，方向光的系数为 1.0f，实际上可以省略。点光源的系数是 fLightAttenuationDiv，聚光灯的系数是 fLightAttenuationDiv * fLightEffect。这些系数和物体材质没有关系，只和光源与物体位置有关系。如果去掉这些系数，那么计算一种动态光光照需要的变量有 Diffuse、LightDiffuse、WorldLightDir、WorldNormal、Specular、SpecularPow、LightSpecular、WorldCameraDir。

其中 Diffuse、Specular、SpecularPow 是物体材质属性，需要用户提供。LightDiffuse、WorldLightDir（引擎可根据不同光源类型计算出来）、LightSpecular、WorldCameraDir 需要游戏引擎提供。最后 WorldNormal 需要用户提供切空间法线，并由游戏引擎帮助转换。

在环境光方面，需要提供自发光和漫反射去完成 VSIndirectPass 类。实际上，用户真正需要完成的是漫反射部分或高光部分，这两部分可能需要用到很多非用户自定义变量，必须将它们提供给用户。

下面是自定义光照的构造函数的代码。

```
VSCustomShaderFunction::VSCustomShaderFunction(const VSUsedName &ShowName,
VSMaterial *pMaterial):VSShaderMainFunction(ShowName,pMaterial)
{
    //给 VSIndirectRenderPass 提供自发光
    VSString InputName = _T("EmissiveColor");
    VSInputNode *pInputNode = NULL;
    pInputNode = VS_NEW VSInputNode(VSPutNode::VT_4,InputName,this);
    VSMAC_ASSERT(pInputNode);
    m_pInput.AddElement(pInputNode);
    //帮助游戏引擎提供非用户自定义世界空间中的法线和本地空间中的法线变量
    InputName = _T("Normal");
    pInputNode = NULL;
    pInputNode = VS_NEW VSInputNode(VSPutNode::VT_4,InputName,this);
    VSMAC_ASSERT(pInputNode);
    m_pInput.AddElement(pInputNode);
    //提供透明度
    InputName = _T("Alpha");
    pInputNode = NULL;
    pInputNode = VS_NEW VSInputNode(VSPutNode::VT_1,InputName,this);
    VSMAC_ASSERT(pInputNode);
    m_pInput.AddElement(pInputNode);
    //自定义光照部分并非最终的输出，引擎内部会加以处理
    InputName = _T("Custom");
    pInputNode = NULL;
    pInputNode = VS_NEW VSInputNode(VSPutNode::VT_4,InputName,this);
    VSMAC_ASSERT(pInputNode);
    m_pInput.AddElement(pInputNode);
    //给 VSIndirectRenderPass 提供漫反射
    InputName = _T("Diffuse");
    pInputNode = NULL;
    pInputNode = VS_NEW VSInputNode(VSPutNode::VT_4,InputName,this);
    VSMAC_ASSERT(pInputNode);
    m_pInput.AddElement(pInputNode);
    //输出最终结果
    VSString OutputName = _T("OutputColor");
    VSOutputNode *pOutputNode = NULL;
    pOutputNode = VS_NEW VSOutputNode(VSPutNode::VT_4,OutputName,this);
    VSMAC_ASSERT(pOutputNode);
    m_pOutput.AddElement(pOutputNode);
}
```

只要用户提供了漫反射输入、自发光输入和法线就可以计算出环境光，代码如下。

```
EmissiveColor + SkyLight(WorldNormal, SkyLightUpColor, SkyLightDownColor) * Diffuse
```

用户提供透明度并设置渲染状态就可以实现透明效果。用户提供法线，游戏引擎就可以提供世界空间中的法线和本地空间中的法线，游戏引擎会提供需要用到的非自定义变量。用户可以随意定义最后名字为“Custom”的输出。

先看 WorldLightDir，方向光可以直接提取光源方向。要计算点光源和聚光灯的光源方向，代码如下。

```
float3 WorldLightDir = Normalise(WorldPos - LightWorldPos);
```

注意：WorldLightDir 是顶点到光源点的方向。

WorldPos 为顶点位置，LightWorldPos 为光源位置。用户使用非自定义内置变量 WorldLightDir 可以定义漫反射部分。同理，用户也可以定义高光部分。这样，除系数之外，光照主体可以由用户自己定义。

在系数部分的计算中，对于点光源，Range 为点光源照射范围，WorldPos 为顶点的世界位置，LightWorldPos 为点光源的世界位置，代码如下。

```
float3 LightDir = WorldPos - LightWorldPos;
float  fDistance = length(LightDir);
LightDir = LightDir / fDistance;
float fLightAttenuationDiv = saturate(1.0f - fDistance / Range);
```

Phi、Theta、Falloff、Range 都为聚光灯系数。WorldPos 为顶点的世界位置，LightWorldPos 为聚光灯的世界位置，代码如下。

```
float3 LightDir = WorldPos - LightWorldPos;
float  fDistance = length(LightDir);
LightDir = LightDir / fDistance;
float fLightAttenuationDiv = saturate(1.0f - fDistance / Range);
float fSpotLightCos = dot(LightDir, LightWorldDirection);
float fLightIf = saturate((fSpotLightCos - cos(Phi / 2)) /
(cos(Theta / 2) - cos(Phi / 2)));
float fLightEffect = pow(fLightIf, Falloff);
```

注意：LightDir 是点到光源位置的方向，LightWorldDirection 是聚光灯投射方向。

通过上面的分析，自定义光照过程变得十分简单，把光照主体和每种光源的系数相结合就可以得到这种光源的光照函数。现在回到 VSMaterial::GetShaderTreeString 函数，代码如下。

```
bool VSMaterial::GetShaderTreeString(VSString & OutString,
MaterialShaderPara &MSPara,unsigned int uiOST,unsigned char uPassId)
{
    …
    VSCustomShaderFunction *pCustomShaderFunction =
       DynamicCast<VSCustomShaderFunction>(m_pShaderMainFunction[uPassId]);
    if (pCustomShaderFunction)
    {
         pCustomShaderFunction->CreatLightFunctionString(uiOST);
    }
    return m_pShaderMainFunction[uPassId]->GetShaderTreeString(OutString,uiOST);
    …
}
```

CreatLightFunctionString 函数能创建 3 种光源的光照函数。为了创建光照函数，首先要找到一种节点，它的所有子节点没有任何关于光源参数的节点。这种节点可以提取出来，不被封装到任何种类的光照函数中，而是作为参数传递到光照函数。

例如，Phong 方向光的函数声明如下。

```
float4 DirectionalLightFun(float4 Diffuse, float4 Specular, float SpecularPow,
   float3 WorldNormal, float3 WorldCameraDir, float4 LightDiffuse,
float4 LightSpecular, float3 WorldLightDir)
```

若改成自定义光照函数，声明（假设 Phong 光照主体是用户自己定义的）方式如下。

```
float4 DirectionalLightFun( CustomDeclareString
                            float4 LightDiffuse, float4 LightSpecular,
                            float3 WorldLightDir)
```

其中，关于 CustomDeclareString 的代码如下。

```
float4 Diffuse, float4 Specular, float SpecularPow, float3 WorldNormal,
float3 WorldCameraDir,
```

由于自定义光照的 VSShaderMainFunction 没有 Specular 和 SpecularPow 节点的接口，因此在“Custom”输入的接口中肯定有一个节点，它所有的子节点是用来计算 Specular 的，最后的 Specular 结果如下。

```
float4 ****SpecularString = 来自计算高光的节点字符串
```

其中，****SpecularString 是用户自定义的变量节点，名字是未知的，所以用****表示。下面出现的****都表示类似含义。

同理，SpecularPow、Diffuse 也是如此。这些变量必须在用户写的光照主体中出现。

WorldNormal 和 WorldCameraDir 是游戏引擎提供的非用户自定义变量，所以它们没有子节点，它们可以作为自定义光源函数的参数。

假如 SpecularPow、Diffuse、Specular 的所有子节点都没有和光源参数相关的节点，那么它们可以作为自定义光源函数的参数。

这么做是因为一个网格可以同时受到多个光源影响，这种类型的节点和光源参数没有任何关系，在计算中可以供任何种类的光源使用，避免了重复计算。而和光源参数有关的节点则不同，不同光源的参数不相同，计算结果不同，所以把和计算光照无关的节点先提取出来。

实际上，最后我们能看见类似于如下代码的结果。

```
float4 DirectionalLightFun(  float4 ****DiffuseString, float4 ****SpecularString,
                             float ****SpecularPowString, float3 ****WorldNormal,
                             float3 ****WorldCameraDir,
                             float4 LightDiffuse, float4 LightSpecular,
                             float3 WorldLightDir)
{
    WorldLightDir = normalize(WorldLightDir);
    float4 vDiffuse = ****DiffuseString * LightDiffuse *
                  saturate(dot(-WorldLightDir, ****WorldNormal));
    return vDiffuse + PhongSpec(****SpecularString, ****SpecularPowString,
                  ****WorldNormal, ****WorldCameraDir, LightSpecular, WorldLightDir);
}
```

带双下画线的部分对应代码所在的字符串为 CustomDeclareString，表示函数声明的参数；带单下画线的部分对应代码所在的字符串为 Custom，表示光照计算代码。

主函数代码如下。

```
float4 ****SpecularString = 来自计算 Specular 的节点字符串;
float4 ****DiffuseString = 来自计算 Diffuse 的节点字符串;
float ****SpecularPowString = 来自计算 SpecularPow 的节点字符串;
float3 ****WorldNormal =WorldNormal;
float3 ****WorldCameraDir= WorldCameraDir;
```

带虚下画线的部分对应代码所在的字符串为 CustomContentString，表示和光源无关的代码。

```
FinalColor = DirectionalLightFun (****DiffuseString, ****SpecularString,
****SpecularPowString, ****WorldNormal, ****WorldCameraDir,
LightDiffuse,LightSpecular, WorldLightDir);
```

带波浪线的部分对应的代码所在的字符串为 m_CustomDefine，表示函数参数变量。

于是，得到自定义光源函数并调用的具体步骤如下。

（1）得到子节点中没有与光源参数相关的节点。

（2）得到 CustomContentString。

（3）得到 CustomDeclareString、m_CustomDefine。

（4）得到 Custom。

（5）生成方向光、点光源、聚光灯 3 种光源的函数代码。

（6）得到调用函数的代码，并合成上面所有字符串，返回结果。

第（1）步中，从根节点开始遍历，得到所有子节点中没有与光源参数相关的节点，代码如下。

```
((VSShaderFunction *)m_pInput[IN_CUSTOM]->GetOutputLink()->GetOwner())->
    GetNoLightFunctionParentNode(NoLightFunctionParentNodeArray);

void VSShaderFunction::GetNoLightFunctionParentNode(
VSArray<VSShaderFunction *> & NoLightFunctionParentNodeArray)
{
    //得到所有子节点
    VSArray<VSShaderFunction *> ChildNodeArray;
    GetAllChildNode(ChildNodeArray);
    //遍历所有子节点，判断它们是否有关于光源参数的节点
    bool bHaveLightNode = false;
    for (unsigned int i = 0 ; i < ChildNodeArray.GetNum() ; i++)
    {
        VSShaderFunction *pShaderFunction = ChildNodeArray[i];
        if (pShaderFunction->GetType().IsSameType(VSLightDir::ms_Type) ||
            pShaderFunction->GetType().IsSameType(VSLightColor::ms_Type) ||
            pShaderFunction->GetType().IsSameType(VSLightSpecular::ms_Type))
        {
            bHaveLightNode = true;
            break;
        }
    }
    //如果子节点没有光源节点，再判断自己是不是光源节点
    if (!bHaveLightNode)
    {
        if (GetType().IsSameType(VSLightDir::ms_Type) ||
        GetType().IsSameType(VSLightColor::ms_Type) ||
        GetType().IsSameType(VSLightSpecular::ms_Type))
        {
            return;
        }
        else
        {
            //若不是，则加入列表
            NoLightFunctionParentNodeArray.AddElement(this);
        }
        return ;
    }
    //深度递归遍历其子节点并找到这种节点
    for (unsigned int i = 0 ; i < m_pInput.GetNum() ; i++)
    {
        if(m_pInput[i]->GetOutputLink())
        {
            VSShaderFunction *pOwner =(VSShaderFunction *)
                m_pInput[i]->GetOutputLink()->GetOwner();
            if (pOwner)
            {
                pOwner->GetNoLightFunctionParentNode
                        (NoLightFunctionParentNodeArray);
            }
        }
    }
}
```

如果节点*A*及其子节点都没有关于光源参数的节点，那么会把节点*A*添加到NoLightFunctionParentNodeArray列表中，然后再判断节点*A*的子节点。这个列表按深度递增，添加元素，所以父节点相对子节点在NoLightFunctionParentNodeArray列表中的位置要靠前。

第（2）步中，从NoLightFunctionParentNodeArray的第0个节点开始逐个执行GetShaderTreeString函数。GetShaderTreeString函数是一个深度递归函数，该节点的所有子节点都会被访问（m_bIsVisited＝1）。接着再顺序遍历NoLightFunctionParentNodeArray

的下一个节点，如果该节点是被访问过的，就不会再访问了，代码如下。

```
for (unsigned int i = 0 ; i < NoLightFunctionParentNodeArray.GetNum() ; i++)
{
    NoLightFunctionParentNodeArray[i]->GetShaderTreeString(
    m_CustomContentString);
}
```

第（3）步中，分别得到CustomDeclareString和CustomDefine，代码如下。

```
for (unsigned int i = 0 ; i < NoLightFunctionParentNodeArray.GetNum() ; i++)
{
    VSString NodeName = NoLightFunctionParentNodeArray[i]->
            GetOutputNode(0)->GetNodeName().GetString();
    unsigned int VTType =
            NoLightFunctionParentNodeArray[i]->GetOutputNode(0)->GetValueType();
    VSString TypeString;
    if(VTType == VSPutNode::VT_1)
    {
        TypeString +=VSRenderer::ms_pRenderer->Float() + _T(" ");
    }
    ...
    else if(VTType == VSPutNode::VT_4)
    {
         TypeString +=VSRenderer::ms_pRenderer->Float4() + _T(" ");
    }
    CustomDeclareString += TypeString + NodeName + _T(",");
    m_CustomDefine += NodeName + _T(",");
}
```

第（4）步中，得到Custom，代码如下。

```
unsigned int uiCustomValueType = m_pInput[IN_CUSTOM]->GetValueType();
VSString Temp;
//输入必须是float4类型
if(uiCustomValueType == VSPutNode::VT_4)
{
    //float4(0,0,0,0)
    CustomFunctionString +=VSRenderer::ms_pRenderer->Float4() + _T(" ");
    Temp = VSRenderer::ms_pRenderer->Float4Const(_T("0"),_T("0"),_T("0"),_T("1"));
}
//如果Custom Node没有连接，则等于float4(0,0,0,0)
if(!m_pInput[IN_CUSTOM]->GetOutputLink())
{
    CustomFunctionString += m_pInput[IN_CUSTOM]->GetNodeName().GetString() +
            _T(" = ") + Temp + _T(";\n");
}
else
{
    //等于Custom连接的字符串
    CustomFunctionString +=GetValueEqualString(
m_pInput[IN_CUSTOM]->GetOutputLink(),m_pInput[IN_CUSTOM]);
}
```

第（5）步中，得到3种光源的自定义光照函数，

得到自定义方向光光照函数的代码如下。

```
VSString DirectionLightString;
//函数名字
DirectionLightString = VSRenderer::ms_pRenderer->Float4() +
    //自定义函数名字 + 参数声明
    _T(" CustomDirectionLightFun(") + CustomDeclareString +
    //光源漫反射颜色
    VSRenderer::ms_pRenderer->Float4() +VSShaderStringFactory::ms_LightColor
```

```
            + _T(",") +
    //光源高光颜色
    VSRenderer::ms_pRenderer->Float4() + VSShaderStringFactory::ms_LightSpecular
            + _T(",") +
    //光源方向定义
    VSRenderer::ms_pRenderer->Float3() + VSShaderStringFactory::ms_LightDir
            + _T(")");
    //函数部分，自定义光照代码 + 返回值
    DirectionLightString += _T("\n{\n"} + CustomFunctionString +
            VSRenderer::ms_pRenderer->Return()
            + m_pInput[IN_CUSTOM]->GetNodeName().GetString() + _T(";}\n");
```

得到自定义点光源光照函数的代码如下。

```
VSString PointLightString;
//函数名字
PointLightString = VSRenderer::ms_pRenderer->Float4() +
//自定义函数名字 + 参数声明
   _T(" CustomPointLightFun(") + CustomDeclareString +
//世界空间中的位置
VSRenderer::ms_pRenderer->Float3() + VSShaderStringFactory::ms_WorldPos
            + _T(",") +
//光源漫反射颜色
VSRenderer::ms_pRenderer->Float4() + VSShaderStringFactory::ms_LightColor
            + _T(",") +
//光源高光颜色
VSRenderer::ms_pRenderer->Float4() + VSShaderStringFactory::ms_LightSpecular
            + _T(",") +
//光源照射范围
VSRenderer::ms_pRenderer->Float() +_T("Range")
            + _T(",") +
//光源在世界空间中的位置
VSRenderer::ms_pRenderer->Float3() + _T("LightWorldPos")
            + _T(")");
```

点光源和聚光灯还需要点到光源的方向与光照系数部分，代码如下。

```
//主函数部分
VSString  PointLightUseString ;
VSString  PointAttenuationDivString ;
VSRenderer::ms_pRenderer->CustomPointLightUseString(
PointLightUseString,PointAttenuationDivString);
```

其中，关于 PointLightUseString 的代码如下。

```
"float3 LightDir = WorldPos - LightWorldPos;
float  fDistance = length(LightDir);
LightDir = LightDir / fDistance;
float fLightAttenuationDiv = saturate(1.0f - fDistance / Range);"
```

关于 PointAttenuationDivString 的代码如下。

```
"*fLightAttenuationDiv"
```

最后得到主函数部分，代码如下：

```
//主函数部分，自定义光照代码 + 返回值
PointLightString += _T("\n{\n"} + PointLightUseString + CustomFunctionString +
                    VSRenderer::ms_pRenderer->Return() +
                    m_pInput[IN_CUSTOM]->GetNodeName().GetString() +
                    PointAttenuationDivString + _T(";}\n");
```

聚光灯部分省略了，读者可以自己查看代码。最后得到 3 种光源的光照函数的代码如下。

```
m_LightFunctionString = DirectionLightString + PointLightString + SpotLightString;
```

接下来就生成主函数代码。进入 VSCustomShaderFunction::GetShaderTreeString 函数，它比 VSShaderMainFunction::GetShaderTreeString 函数增加了 IN_CUSTOM 节点，主函数代码如下。

```
if (m_pInput[IN_CUSTOM]->GetOutputLink())
{
     OutString += m_CustomContentString;
}
```

由于使用自定义光照，光照函数已经定义，因此直接调用即可，代码如下。

```
bool VSCustomShaderFunction::GetFunctionString(VSString &OutString) const
{
     …
     for (unsigned int i = 0 ; i < VSLight::LT_MAX ; i++)
     {
          if (!iLightNum[i])
          {
               continue;
          }
          if(i == VSLight::LT_DIRECTION)
          {    //调用生成的自定义方向光光照函数
                VSRenderer::ms_pRenderer->CustomDirectionalLight(iLightNum[i],
                              m_CustomDefine,ShadowStringArray[i],OutString);
          }
          else if(i == VSLight::LT_POINT)
          {
               //调用生成的自定义点光源光照函数
               VSRenderer::ms_pRenderer->CustomPointLight(iLightNum[i],
                              m_CustomDefine,VSShaderStringFactory::ms_WorldPos,
                              ShadowStringArray[i],OutString);
          }
          else if(i == VSLight::LT_SPOT)
          {
               //调用生成的自定义聚光灯光照函数
               VSRenderer::ms_pRenderer->CustomSpotLight(iLightNum[i],
                              m_CustomDefine,VSShaderStringFactory::ms_WorldPos,
                              ShadowStringArray[i],OutString);
          }
          OutString += _T(";\n");
     }
…
}
void VSDirectX9Renderer::CreatePFunction(MaterialShaderPara &MSPara,
unsigned int uiPassType, VSString & OutString)
{
    if (uiPassType == VSPass::PT_MATERIAL)
    {
          //得到主函数
          VSString FunctionBody;
          VSMaterial *pMaterial = MSPara.pMaterialInstance->GetMaterial();
          pMaterial->GetShaderTreeString(FunctionBody,
                MSPara,VSShaderMainFunction::OST_MATERIAL,MSPara.uiPassId);
          //得到自定义光照函数
          VSString VSCustomDeclareString;
          pMaterial->GetCustomDeclareString(VSCustomDeclareString
                       ,MSPara.uiPassId);
          //一起合并生成着色器代码
          OutString += VSCustomDeclareString + _T("PS_OUTPUT ") +
                       ms_PShaderProgramMain +
                _T("(PS_INPUT ps_Input)\n{\nPS_OUTPUT Out = (PS_OUTPUT) 0;\n")
```

```
                + FunctionBody +
            _T("return Out;\n);\n");
    }
    …
}
```

10.5 光源投射函数

可能有许多读者不太了解光源投射函数，其实它的效果在现实生活中随处可见。它就像是一种投影灯，能投射在墙上并出现图案，商场或者门店常常用这种投影灯来制作广告或者警示效果。

Unreal Engine 中把光源表现出这种效果的函数称为光源投射函数。若先编辑一个材质，然后把材质和光源关联，那么这个光源照投出来的颜色不再是纯色，而是材质编辑出来的颜色，这样就可以投射出很多动态效果，如图 10.1 所示。

图 10.1 光源投射函数投射效果

这种函数也可以投射其他效果，既可以是静态的也可以是动态的。彩色玻璃投射效果如图 10.2 所示。

图 10.2 彩色玻璃投射效果

VSLightShaderFunction 里有两个输入和一个输出，输入表示要输入的颜色和透明度，输出表示最终的输出颜色。VSLightShaderFunction 并没有继承自 VSShaderMainFunction，所以它不算前文介绍的 10 种光照中的任何一种。本质上光源投射函数并没有改变光照模型，它只改变光源的颜色，所以它不能继承自 VSShaderMainFunction。VSLightShaderFunction 构造函数的代码如下。

```
VSLightShaderFunction::VSLightShaderFunction(const VSUsedName & ShowName,
VSMaterial *pMaterial):VSShaderFunction(ShowName,pMaterial)
{
    //输入颜色
    VSString InputName = _T("DiffuseColor");
    VSInputNode *pInputNode = NULL;
    pInputNode = VS_NEW VSInputNode(VSPutNode::VT_4,InputName,this);
    VSMAC_ASSERT(pInputNode);
```

```
    m_pInput.AddElement(pInputNode);
    //输入透明度
    InputName = _T("Alpha");
    pInputNode = NULL;
    pInputNode = VS_NEW VSInputNode(VSPutNode::VT_1,InputName,this);
    VSMAC_ASSERT(pInputNode);
    m_pInput.AddElement(pInputNode);
    //输出颜色
    VSString OutputName = _T("OutputColor");
    VSOutputNode *pOutputNode = NULL;
    pOutputNode = VS_NEW VSOutputNode(VSPutNode::VT_4,OutputName,this);
    VSMAC_ASSERT(pOutputNode);
    m_pOutput.AddElement(pOutputNode);
}
```

VSLightShaderFunction 类是纯屏幕空间渲染的类，也就是给屏幕矩形加上一个材质来渲染，所以任何和屏幕空间没有关系的节点都不可以使用，代码如下。

```
bool VSLightShaderFunction::IsValidNodeToThis(VSShaderFunction *pShaderFunction)
{
    if (pShaderFunction->GetType().IsSameType(VSLightDir::ms_Type)
        || pShaderFunction->GetType().IsSameType(VSLightColor::ms_Type)
        || pShaderFunction->GetType().IsSameType(VSLightSpecular::ms_Type)
        || pShaderFunction->GetType().IsSameType(VSWorldNormal::ms_Type)
        || pShaderFunction->GetType().IsSameType(VSViewNormal::ms_Type)
        || pShaderFunction->GetType().IsSameType(VSWorldPos::ms_Type)
        || pShaderFunction->GetType().IsSameType(VSViewPos::ms_Type))
    {
        return false;
    }
    return true;
}
```

大多数情况下纹理节点和时间节点（时间节点属于游戏引擎内部的全局变量，需要在 VSMaterial::SetGlobalValue 函数里设置参数）用得比较多，这样投射的颜色就可以动态变化。

下面是输出颜色的代码。

```
bool VSLightShaderFunction::GetFunctionString(VSString &OutString)const
{
    //得到输出颜色的 A 分量
    VSString NodeStringA = VSRenderer::ms_pRenderer->
            GetValueElement(m_pInput[IN_DIFFUSE_COLOR],VSRenderer::VE_A);
    //输出颜色的 A 分量等于透明度
    OutString += NodeStringA + _T(" = ") + m_pInput[IN_ALPHA]->
            GetNodeName().GetString();
    OutString += _T(";\n");
    //输出颜色
    OutString +=  VSShaderStringFactory::ms_PSOutputColorValue + _T(" = ") +
        m_pInput[IN_DIFFUSE_COLOR]->GetNodeName().GetString() + _T(";\n");
    return 1;
}
```

如果要把材质作为光源投射函数来使用，那么在创建材质的时候就要告诉游戏引擎，代码如下。

```
VSMaterial::VSMaterial(const VSUsedName &ShowName, unsigned int uiMUT)
{
    …
    m_pLightShaderFunction = NULL;
    …
    else if (uiMUT == MUT_LIGHT)
    {
```

```
        m_pLightShaderFunction =
                VS_NEW VSLightShaderFunction(_T("PSMain"),this);
    }
    …
    m_pPass[VSPass::PT_LIGHT_FUNCTION] = VS_NEW VSLightFunPass();
    …
}
```

如果 m_pLightShaderFunction 不为空，那么表示它是光源投射函数。连接材质和渲染的渲染通道是 VSLightFunPass 类，VSLightFunPass 类很简单，读者可以自己查看代码，这里不再详细说明。

在 VSMaterial::GetShaderTreeString 函数里先判断 m_pLightShaderFunction 是否为空，后面的流程和光照处理中是一样的，这里不再重复，代码如下。

```
bool VSMaterial::GetShaderTreeString(VSString & OutString,
    MaterialShaderPara &MSPara,unsigned int uiOST,unsigned char uPassId)
{
    VSMap<VSShaderFunction *, VSArray<VSShaderFunction *>> NoValidMap;
    VSShaderStringFactory::ms_ShaderValueIndex = 0;
    for (unsigned int i = 0 ; i < m_pShaderFunctionArray.GetNum() ; i++)
    {
        m_pShaderFunctionArray[i]->ResetInShaderName();
    }
    if (m_pLightShaderFunction)
    {
        bool Temp =
                m_pLightShaderFunction->CheckChildNodeValidAll(NoValidMap);
        if (!Temp)
        {
                return false;
        }
        m_pLightShaderFunction->ClearShaderTreeStringFlag();
        return m_pLightShaderFunction->GetShaderTreeString(OutString);
    }
    else if (m_pPostEffectShaderFunction)
    {
        //为后期效果添加自定义材质，后文再讲解
        …
    }
    else
    {
        //10 种光照模型
        …
    }

}
```

然后把这个材质保存成文件，接着再回到光源类，代码如下。

```
class VSGRAPHIC_API VSLocalLight : public VSLight
{
    VSColorRGBA m_Diffuse;
    VSColorRGBA m_Specular;
    //渲染光照投射材质到 m_pLightFunDiffuseTexture 中
    virtual void DrawLightMaterial(double dAppTime);
    //设置光照投射材质
    bool SetLightMaterial(VSMaterialR *pMaterial);
    //渲染光照时对纹理的缩放和偏移量
    VSVector2 m_LightFunScale;
    VSVector2 m_LightFunOffset;
    //存放光照投射结果的纹理
    VSTexAllStatePtr m_pLightFunDiffuseTexture;
    //光照投射材质实例
```

```
    VSMaterialInstancePtr     m_pLightMaterial;
    //纹理大小
    unsigned int m_uiLightMaterialRTWidth;
    //渲染光照投射材质到纹理的场景渲染器中
    VSLightMaterialSceneRenderPtr m_pLMSceneRender;
    //渲染光照投射材质到纹理的渲染目标中
    VSRenderTargetPtr m_pLightFunDiffuseRenderTarget;
    //把接收到这个光源光照的物体转换为投影空间的矩阵
    VSMatrix3X3W m_WVP;
};
```

光源投射函数的具体算法如下。

（1）用材质（m_pLightMaterial）渲染屏幕空间矩形到纹理上（m_pLightFunDiffuseTexture、m_pLightFunDiffuseRenderTarget 为 m_pLightFunDiffuseTexture 创建的渲染目标）。

（2）根据光源照射方向（作为相机方向）构建相机矩阵，然后再构建投影矩阵。方向光是正交投影，投影的长宽可以控制。聚光灯是透视投影，根据夹角大小构建透视投影矩阵。而点光源有些特殊，它是向四面八方投影的，正常情况下用立方体纹理比较合适，用点光源位置和模型顶点位置形成的法线作为纹理坐标，采样立方体纹理。但作者准备只用 2D 纹理来实现，这样控制丰富多样的效果非常容易。

（3）根据光源的相机矩阵和投影矩阵，把接收光照的物体位置变换到 $X[-1,1]$、$Y[-1,1]$、$Z[0,1]$ 区间，去掉 Z 分量，那么物体顶点位置[-1,1]对应的纹理（m_pLightFunDiffuseTexture）坐标为[0,0]，[1,-1]对应的纹理坐标为[1,1]（这里只针对方向光和聚光灯，后文再介绍点光源方法）。根据纹理坐标取出颜色值，和光源的漫反射颜色相乘作为最终的光源颜色。

第（1）步中，SetLightMaterial 函数设置材质资源，并创建渲染光源投影（light project）函数需要的所有信息，代码如下。

```
bool VSLocalLight::SetLightMaterial(VSMaterialR *pMaterial)
{
    if (pMaterial)
    {
        //创建材质实例
        m_pLightMaterial = VS_NEW VSMaterialInstance(pMaterial);
        //创建 VSTexAllState
        m_pLightFunDiffuseTexture = VS_NEW VSTexAllState();
        //设置采样方式
        m_pLightFunDiffuseTexture->SetSamplerState(
                (VSSamplerState*)VSSamplerState::GetDoubleLine());
        //创建 2D 采样纹理
        m_pLightFunDiffuseTexture->m_pTex = VS_NEW VS2DTexture(
                m_uiLightMaterialRTWidth,m_uiLightMaterialRTWidth,
                VSRenderer::SFT_A8R8G8B8);
        //根据纹理创建关联的渲染目标
        m_pLightFunDiffuseRenderTarget = VSResourceManager::
                CreateRenderTarget(m_pLightFunDiffuseTexture->m_pTex);
        //创建渲染光源投射函数的场景渲染器
        m_pLMSceneRender = VS_NEW VSLightMaterialSceneRender();
        //设置材质实例
        m_pLMSceneRender->m_pMaterialInstacne = m_pLightMaterial;
        //设置清空表面参数
        m_pLMSceneRender->SetParam
            (VSRenderer::CF_COLOR,VSColorRGBA(0.0f,0.0f,0.0f,0.0f),1.0f,0);
    }
    else
    {
        m_pLightFunDiffuseTexture = NULL;
```

```
        m_pLightMaterial = NULL;
        m_pLMSceneRender = NULL;
        m_pLightFunSpecularRenderTarget = NULL;
        m_pLightFunDiffuseRenderTarget = NULL;
    }
    m_bIsChanged = true;
    return true;
}
```

VSLightMaterialSceneRender 类是一个后期效果，它展示材质树模式的屏幕空间渲染。它本应该继承自 VSPostEffectSceneRender 类，但为了让读者知道如何实现自定义一个带深度的场景渲染器（scene render），作者让它继承自 VSSceneRenderInterface 类，代码如下。

```
class VSGRAPHIC_API VSLightMaterialSceneRender :
        public VSSceneRenderInterface
{
    VSMaterialInstance *m_pMaterialInstacne;
    virtual bool Draw(VSCuller & Culler,double dAppTime);
    VSLight *m_pLight;
protected:
    VSDepthStencilPtr m_pDepthStencil;
    virtual bool OnDraw(VSCuller & Culler);
};
```

后期效果的渲染处理不存在多个视口和多个层次深度的问题，代码如下。

```
bool VSLightMaterialSceneRender::Draw(VSCuller & Culler,double dAppTime)
{
    //设置渲染目标
    SetRenderTargets();
    //设置深度
    if (m_pDepthStencil)
    {
        if(!VSRenderer::ms_pRenderer->SetDepthStencilBuffer(m_pDepthStencil))
        {
            VSMAC_ASSERT(0);
            return false;
        }
    }
    if (m_uiClearFlag > 0 && m_uiClearFlag <= VSRenderer::CF_USE_MAX)
    {
        //保存渲染信息
        VSColorRGBA ClearColorRGBA =
                VSRenderer::ms_pRenderer->GetClearColor();
        VSREAL fClearDepth = VSRenderer::ms_pRenderer->GetClearDepth();
        unsigned int uiClearStencil =
                VSRenderer::ms_pRenderer->GetClearStencil();
        unsigned int uiSaveRenderStateInheritFlag =
                VSRenderer::ms_pRenderer->GetRenderStateInheritFlag();
        //设置新的渲染信息
        VSRenderer::ms_pRenderer->SetClearColor(m_ClearColorRGBA);
        VSRenderer::ms_pRenderer->SetClearDepth(m_fClearDepth);
        VSRenderer::ms_pRenderer->SetClearStencil(m_uiClearStencil);
        VSRenderer::ms_pRenderer->SetViewPort(NULL);
        VSRenderer::ms_pRenderer->ClearBuffers(m_uiClearFlag);
        OnDraw(Culler);
        //恢复渲染信息
        VSRenderer::ms_pRenderer->SetClearColor(ClearColorRGBA);
        VSRenderer::ms_pRenderer->SetClearDepth(fClearDepth);
        VSRenderer::ms_pRenderer->SetClearStencil(uiClearStencil);
    }
    //恢复深度
```

```
	if (m_pDepthStencil)
	{
		if(!VSRenderer::ms_pRenderer->EndDepthStencilBuffer(m_pDepthStencil))
		{
			VSMAC_ASSERT(0);
			return false;
		}
	}
	//恢复 RenderTarget
	EndRenderTargets();
	return true;
}

bool VSLightMaterialSceneRender::OnDraw(VSCuller & Culler)
{
	VSMaterial *pMaterial = m_pMaterialInstacne->GetMaterial();
	VSLightFunPass *pLightFunPass = pMaterial->GetLightFunPass();
	pLightFunPass->SetPassId(0);
	pLightFunPass->SetMaterialInstance(m_pMaterialInstance);
	pLightFunPass->SetCamera(NULL);
	pLightFunPass->SetSpatial(VSGeometry::GetDefaultQuad());
	pLightFunPass->m_pLight = m_pLight;
	pLightFunPass->Draw(VSRenderer::ms_pRenderer);
	return true;
}
```

DefaultQuad 是默认的屏幕矩形几何体，要创建它，代码如下。

```
void VSGeometry::LoadDefault()
{
	//Quad
	{
		VSArray<VSVector3> VertexArray;
		VSArray<VSVector2> m_TexCoordArray;
		VSArray<VSUSHORT_INDEX> IndexArray;
		//添加顶点
		VertexArray.AddElement(VSVector3(-1.0f,  1.0f, 0.0f));
		VertexArray.AddElement(VSVector3( 1.0f,  1.0f, 0.0f));
		VertexArray.AddElement(VSVector3( 1.0f, -1.0f, 0.0f));
		VertexArray.AddElement(VSVector3(-1.0f, -1.0f, 0.0f));
		//添加 UV 坐标
		m_TexCoordArray.AddElement(VSVector2(0.0f, 0.0f));
		m_TexCoordArray.AddElement(VSVector2(1.0f, 0.0f));
		m_TexCoordArray.AddElement(VSVector2(1.0f, 1.0f));
		m_TexCoordArray.AddElement(VSVector2(0.0f, 1.0f));
		//创建两个面的索引
		IndexArray.AddElement(0);
		IndexArray.AddElement(1);
		IndexArray.AddElement(2);
		IndexArray.AddElement(0);
		IndexArray.AddElement(2);
		IndexArray.AddElement(3);
		//位置数据
		VSDataBufferPtr  pVertexData = VS_NEW VSDataBuffer;
		pVertexData->SetData(&VertexArray[0],
				(unsigned int)VertexArray.GetNum(),VSDataBuffer::DT_FLOAT32_3);
		//UV 坐标数据
		VSDataBufferPtr pTexcoord = VS_NEW VSDataBuffer;
		pTexcoord->SetData(&m_TexCoordArray[0],
				(unsigned int)m_TexCoordArray.GetNum(),
				VSDataBuffer::DT_FLOAT32_2);
		//IndexBufferr 数据
		VSDataBufferPtr pIndex = VS_NEW VSDataBuffer;
```

```
            pIndex->SetData(&IndexArray[0],
                        (unsigned int)IndexArray.GetNum(),VSDataBuffer::DT_USHORT);
            //创建顶点缓存
            VSVertexBufferPtr pVertexBuffer = VS_NEW VSVertexBuffer(true);
            pVertexBuffer->SetData(pVertexData,VSVertexFormat::VF_POSITION);
            pVertexBuffer->SetData(pTexcoord,VSVertexFormat::VF_TEXCOORD);
            //创建索引缓存
            VSIndexBufferPtr pIndexBuffer = VS_NEW VSIndexBuffer();
            pIndexBuffer->SetData(pIndex);
            //创建三角形
            VSTriangleSetPtr pTriangleSetData = VS_NEW VSTriangleSet();
            pTriangleSetData->SetVertexBuffer(pVertexBuffer);
            pTriangleSetData->SetIndexBuffer(pIndexBuffer);

            ms_Quad->SetMeshData(pTriangleSetData);
            ms_Quad->m_GeometryName = _T("DefaultQuad");
        }
        …
}
```

光源投射函数用的是材质树方式，必须使用场景渲染器＋材质＋渲染通道的模式，渲染通道为 VSLightFunPass 类，读者可以自己查看代码。

取出的顶点着色器代码与 VSMaterialRenderPass 类、VSIndirectRenderPass 类不同，VSLightFunPass 只需要计算位置和纹理坐标即可，代码如下。

```
void VSDirectX9Renderer::CreateVFunction(MaterialShaderPara &MSPara,
unsigned int uiPassType, VSString & OutString)
{
    …
    else if (uiPassType == VSPass::PT_LIGHT_FUNCTION)
    {
        CreateVFunctionPost(MSPara,FunctionBody);
    }
    …
}
```

在 DirectX 9 中，渲染后期效果的矩形的纹理坐标需要加上一定的偏移量，偏移量为输入的纹理宽度的倒数，代码如下。

```
void VSDirectX9Renderer::CreateVFunctionPost(MaterialShaderPara &MSPara,
        VSString & FunctionBody)
{
    //直接输出顶点
    FunctionBody += _T("Out.Position = float4(Input.Position0.xy, 0, 1);\n");
    //顶点为(-1,1)，转换成纹理坐标(0,1)
    FunctionBody += _T("Out.TexCoord0.xy =
    0.5 * (1 + Input.Position0.xy * float2(1,-1) + ")
    + VSShaderStringFactory::ms_InvRTWidth + _T(");\n");
}
```

顶点着色器代码里以纹理宽度的倒数作为参数，所以要为它们创建非用户自定义变量，代码如下。

```
void VSDirectX9Renderer::CreateVUserConstant(VSVShader *pVShader,
    MaterialShaderPara &MSPara,unsigned int uiPassType, VSString & OutString)
{
    …
    else if (uiPassType == VSPass::PT_LIGHT_FUNCTION)
    {
        //创建表示纹理宽度倒数的参数
        CreateUserConstantInvRTWidth(pVShader,uiRegisterID,OutString);
    }
    …
}
```

```
void VSDirectX9Renderer::CreateUserConstantInvRTWidth(VSShader * pShader,
unsigned int& uiRegisterID, VSString & OutString)
{
     VSString RegisterID = IntToString(uiRegisterID);
     OutString += _T("float ") + VSShaderStringFactory::ms_InvRTWidth
               + _T(" : register(c") + RegisterID + _T(");\n");
     VSUserConstant * pUserConstant = VS_NEW VSUserConstant(
            VSShaderStringFactory::ms_InvRTWidth,NULL,
            sizeof(VSREAL) * 1,uiRegisterID,1);
     pShader->m_pUserConstant.AddElement(pUserConstant);
     uiRegisterID += pUserConstant->GetRegisterNum();
}
```

设置顶点着色器参数，代码如下。

```
void VSDirectX9Renderer::SetMaterialVShaderConstant(MaterialShaderPara &MSPara,
unsigned int uiPassType,VSVShader *pVShader)
{
     …
     else if (uiPassType == VSPass::PT_LIGHT_FUNCTION)
     {
          //传入纹理宽度的倒数
          SetUserConstantInvRTWidth(MSPara,pVShader,ID);
     }
}
void VSDirectX9Renderer::SetUserConstantInvRTWidth(MaterialShaderPara &MSPara,
VSShader *pShader,unsigned int& ID)
{
     VSREAL  *Temp  = (VSREAL *)pShader->m_pUserConstant[ID]->GetData();
     VSLocalLight *pLight = DynamicCast<VSLocalLight>(MSPara.pShadowLight);
     VSMAC_ASSERT(pLight);
     *Temp = 1.0f / pLight->GetLightMaterialRtWidth();
     ID++;
}
```

在 DirectX 11 中，纹理坐标不需要加上偏移量，偏移量参数既不用创建也不用设置。相关代码如下。

```
void VSDirectX11Renderer::CreateVFunctionPost(MaterialShaderPara &MSPara,
VSString & FunctionBody)
{
     FunctionBody += _T("Out.Position = float4(Input.Position0.xy, 0, 1);\n");
     FunctionBody += _T("Out.TexCoord0.xy =
     0.5 * (1 + Input.Position0.xy * float2(1,-1));\n");
}
```

实际上，后期效果的顶点着色器和材质树没有任何关系，用文件格式着色器也是可以的，只需在 `VSLightFunPass` 类里指明对应着色器路径即可。

像素着色器输入只需要纹理坐标，代码如下。

```
void VSDirectX9Renderer::CreatePInputDeclare(MaterialShaderPara &MSPara,
unsigned int uiPassType, VSString & OutString)
{
     …
     else if (uiPassType == VSPass::PT_LIGHT_FUNCTION
               || uiPassType == VSPass::PT_POSTEFFECT)
     {
          CreatePInputDeclareTexCoord(pVBuffer,j,TempDeclare);
          OutString += _T("struct PS_INPUT \n{ \n"} + TempDeclare + _T(");\n");
     }
}
```

让我们再回到 `VSLocalLight::DrawLightMaterial` 函数，代码如下。

```
void VSLocalLight::DrawLightMaterial(double dAppTime)
{
```

```
        if (m_pLightMaterial && m_bEnable)
        {
              VSMaterial *pMaterial = m_pLightMaterial->GetMaterial();
              VSLightShaderFunction *pLightShaderFunction =
                        pMaterial->GetLightShaderFunction();
              if (pLightShaderFunction)
              {
                    //得到深度
                    VSDepthStencil *pDepthStencil =
                    VSResourceManager::GetDepthStencil (m_uiLightMaterialRTWidth,
                    m_uiLightMaterialRTWidth, VSRenderer::SFT_D24S8,0);
                    m_pLMSceneRender->ClearRTAndDepth();
                    //添加渲染目标
                    m_pLMSceneRender->AddRenderTarget
                                (m_pLightFunDiffuseRenderTarget);
                    //添加深度
                    m_pLMSceneRender->SetDepthStencil(pDepthStencil);
                    m_pLMSceneRender->m_pLight = this;
                    VSCuller Temp;
                    //渲染
                    m_pLMSceneRender->Draw(Temp,dAppTime);
                    VSResourceManager::DisableDepthStencil(pDepthStencil);
              }
        }
}
```

这里深度缓存实际上没有任何作用，只是为了告诉读者要怎么使用而已。最后我们会得到一张 2D 纹理，下面就要把这张 2D 纹理用在光源上。

第（2）步中，把物体转换到以光源点作为虚拟相机的投影空间中的原理和相机投射原理一样，只不过相机朝向变成光源朝向，相机位置变成光源位置。

先以聚光灯为例，代码如下。

```
void VSSpotLight::UpdateTransform(double dAppTime)
{
     if(m_bIsChanged && HaveLightFun())
     {
          //取出方向
          VSVector3 Dir,Up,Right;
          GetWorldDir(Dir,Up,Right);
          VSCamera LightCamera;
          //构建相机矩阵
          LightCamera.CreateFromLookDir(GetWorldTranslate(),Dir);
          LightCamera.UpdateAll(0);
          //构建投影矩阵
          LightCamera.SetPerspectiveFov(m_Phi,1.0f,1.0f,m_Range);
          //计算最终变换矩阵
          m_WVP = LightCamera.GetViewMatrix() *LightCamera.GetProjMatrix();
     }
     VSLocalLight::UpdateTransform(dAppTime);
}
```

m_WVP 为物体到光源投影空间的变换矩阵，在 SetUserConstantLight 里设置这个矩阵到着色器中，而着色器里的 DriLightType 的 WVP 正对应 m_WVP。

第（3）步中，因为从着色器传进来的 Diffuse 变量是寄存器变量，所以我们不能修改它，必须创建 TranLightToTemp 临时变量做一次转换，转换代码如下。

```
VSRenderer::ms_pRenderer->TranLightToTemp(m_MSPara.LightArray,OutString);
```

如果当前只有一盏聚光灯，则生成如下代码。

```
LightTypeTemp SpotLightTemp[1];
SpotLightTemp[0].LightDiffuse = SpotLight[0].LightDiffuse;
SpotLightTemp[0].LightSpecular = SpotLight[0].LightSpecular;
```

然后调用 LightFunction 虚函数，将得到的结果和漫反射颜色相乘，代码如下。

```
VSRenderer::ms_pRenderer->GetLightFunction(
      m_MSPara.LightArray,VSShaderStringFactory::ms_WorldPos,OutString);
void VSDirectX9Renderer::GetLightFunction(VSArray<VSLight *> LightArray,
const VSString & WorldPos,VSString & OutString)const
{
  unsigned int iLightNum[VSLight::LT_MAX] = { 0 };
  unsigned int uiLightFunSampler = 0;
  for (unsigned int i = 0 ; i < LightArray.GetNum() ; i++)
  {
     VSLocalLight *pLocalLight = DynamicCast<VSLocalLight>(LightArray[i]);
     if (pLocalLight)
     {
         for (unsigned int j = 0 ; j < VSLight::LT_MAX ; j++)
         {
            if (LightArray[i]->GetLightType() == j)
            {
               if (pLocalLight->HaveLightFun())
               {
                  //定义 LightFunction 光照结果
                  OutString +=
                  _T("float4 FunReslut = float4(0.0f,0.0f,0.0f,1.0f);\n");
                  //后文再讲解点光源
                  if (j == VSLight::LT_POINT)
                  {
                    …
                  }
                  else
                  {
                     //计算 LightFunction 结果
                     OutString += _T("FunReslut = LightFunction(")
                           + VSShaderStringFactory::ms_LightName[j] + _T("[")
                           + IntToString(iLightNum[j]) + _T(").WVP,") + WorldPos
                           + _T(",")+ VSShaderStringFactory::ms_LightName[j]
                           + _T("[") + IntToString(iLightNum[j])
                           + _T(").LightFunParam,") +
                           VSShaderStringFactory::ms_PSConstantLightFunSampler
                           + IntToString(uiLightFunSampler) + _T(");\n");
                  }
                  //和光源中的 Diffuse 相乘
                  OutString += VSShaderStringFactory::ms_LightNameTemp[j]
                           + _T("[") + IntToString(iLightNum[j]) +
                           _T(").LightDiffuse *= FunReslut;\n");
                  //和光源中的高光相乘
                  OutString += VSShaderStringFactory::ms_LightNameTemp[j]
                           + _T("[") + IntToString(iLightNum[j]) +
                           _T(").LightSpecular*
                           dot(FunReslut,float4(0.299,0.587,0.184,0));\n");
                           uiLightFunSampler++;
               }
               iLightNum[j]++;
            }
         }
     }
  }
}
```

如果当前只有一盏聚光灯，则生成如下代码。

```
float4 FunReslut = float4(0.0f, 0.0f, 0.0f, 1.0f);
FunReslut = LightFunction(SpotLight[0].WVP, WorldPos,SpotLight[0].LightFunParam,
   PSConstantLightFunSampler0);
SpotLightTemp[0].LightDiffuse *= FunReslut;
SpotLightTemp[0].LightSpecular *= dot(FunReslut, float4(0.299, 0.587, 0.184, 0));
```

其中，高光部分相当于把结果灰度化，将得到的结果和光源中的高光相乘。

LightFunction 函数代码在 Shader.txt 中，如下所示。

```
float4 LightFunction(float4x4 WVP, float3 WorldPos, float4 LightFunParam,
         sampler2D LightFunSampler)
{
    float4 NewPos = mul(float4(WorldPos, 1), WVP);
    float2 TexCoord = NewPos.xy / NewPos.w;
    TexCoord = TexCoord * LightFunParam.xy + LightFunParam.zw;
    return tex2D(LightFunSampler, TexCoord);
}
```

VSLocalLight 的 m_LightFunScale、m_LightFunOffset 分别对应 LightFunParam.xy、LightFunParam.zw。m_LightFunScale 的默认值为 VSVector2(0.5f,-0.5f)，m_LightFunOffset 的默认值为 VSVector2(0.5f,0.5f)。

在着色器代码中，方向光和聚光灯的实现方式基本上是一样的，只不过方向光构建正交投影矩阵，所以方向光的光源投射函数只影响 OBB（Oriented Bounding Box，参见卷 1）内部的物体。

如图 10.3 所示，光照范围通过正交矩阵变换变成了一个 OBB 的立方体，只影响在立方体范围内的物体，不在立方体范围内的物体要裁剪掉，代码如下。

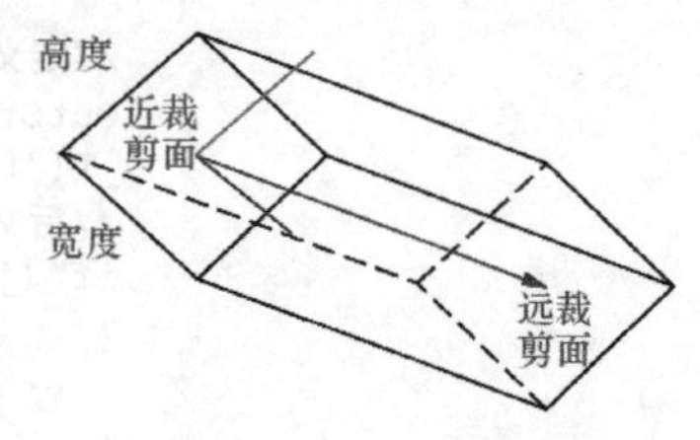

图 10.3 光照范围

```
class VSGRAPHIC_API VSDirectionLight : public VSLocalLight
{
    //宽度
    float m_fLightFunWidth;
    //高度
    float m_fLightFunHeight;
    //远裁剪面
    float m_fLightFunFar;
    //近裁剪面
    float m_fLightFunNear;
    FORCEINLINE void SetLightFuncParam(float fLightFunWidth,
       float fLightFunHeight,
       float fLightFunFar,
       float fLightFunNear = 1.0f)
    {
       m_fLightFunWidth = fLightFunWidth;
       m_fLightFunHeight = fLightFunHeight;
       m_fLightFunFar = fLightFunFar;
       m_fLightFunNear = fLightFunNear;
       GetLightRange();
    }
    virtual void GetLightRange();
    virtual bool Cullby(VSCuller & Culler);
};
```

下面只列出和光照投射函数相关的代码。

```
bool VSDirectionLight::Cullby(VSCuller & Culler)
{
   if (HaveLightFun())
```

```
        {
            unsigned int uiVSF = Culler.IsVisible(m_WorldRenderBV, true);
            if (uiVSF == VSCuller::VSF_ALL || uiVSF == VSCuller::VSF_PARTIAL)
            {
                if (!m_bEnable)
                {
                    m_bIsChanged = true;
                }
                m_bEnable = true;
                Culler.InsertLight(this);
            }
        }
        return true;
    }
    void VSDirectionLight::GetLightRange()
    {
        VSVector3 Point3 = GetWorldTranslate();
        VSVector3 Dir, Up, Right;
        GetWorldDir(Dir, Up, Right);
        //中点位置
        VSVector3 Middle = Point3 + Dir * (m_fLightFunFar + m_fLightFunNear) * 0.5;
        VSOBB3 OBB(Dir, Up, Right, (m_fLightFunFar - m_fLightFunNear) * 0.5f,
           m_fLightFunHeight * 0.5f, m_fLightFunWidth * 0.5f, Middle);
        m_WorldRenderBV = OBB.GetAABB();
        if (HaveLightFun())
        {
            VSCamera LightCamera;
            LightCamera.CreateFromLookDir(Point3, Dir);
            LightCamera.SetOrthogonal(m_fLightFunWidth, m_fLightFunHeight,
                m_fLightFunNear, m_fLightFunFar);
            LightCamera.UpdateAll(0);
            m_MVP = LightCamera.GetViewMatrix() *LightCamera.GetProjMatrix();
        }
    }
```

点光源是 3 种光源中最难处理的，这里要用到球体模型和纹理 UV 坐标之间的映射关系。球体一般有很多种三角形网格模式，不同的三角形网格模式展开的 UV 坐标也不相同，下面用球面（sphere）参数方程来对 UV 坐标进行映射，如图 10.4 和图 10.5 所示。

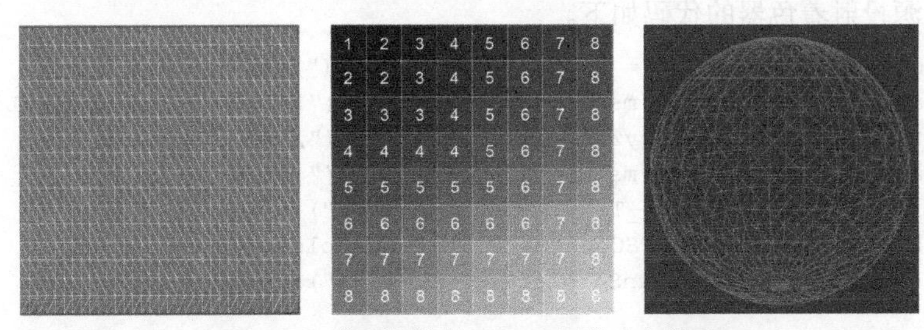

图 10.4 球面网格的 UV 坐标分布与纹理

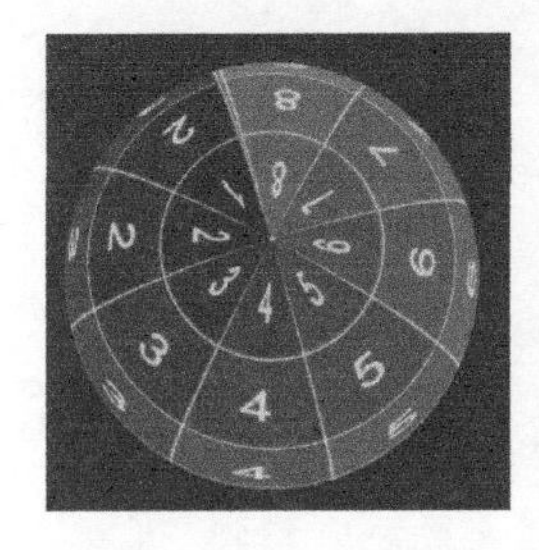
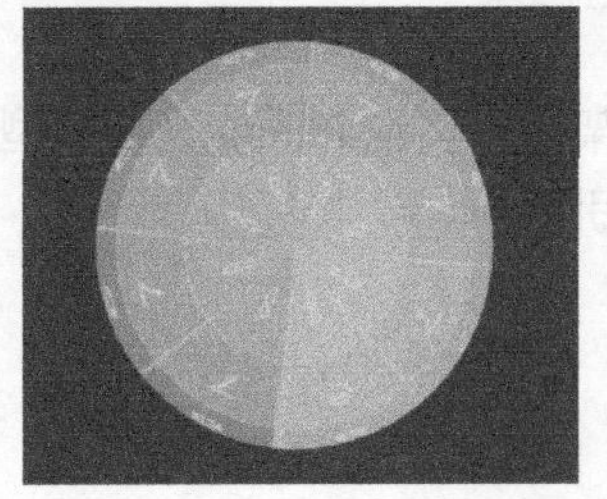
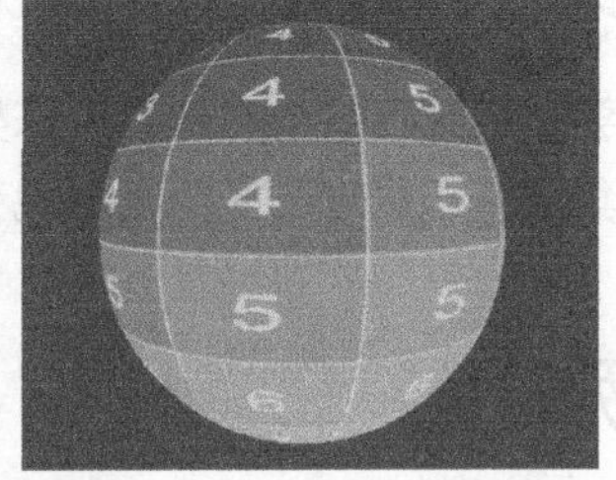

图 10.5 纹理贴在球上的球面映射

球坐标系如图 10.6 所示。这里，R 为球的半径，P 为球面上一点，O 为球心。为了简化问题，假设半径为 1，球心为原点，那么球面的参数方程如下。

$$x = \sin\alpha\cos\beta$$
$$z = \sin\alpha\sin\beta$$
$$y = \cos\alpha$$

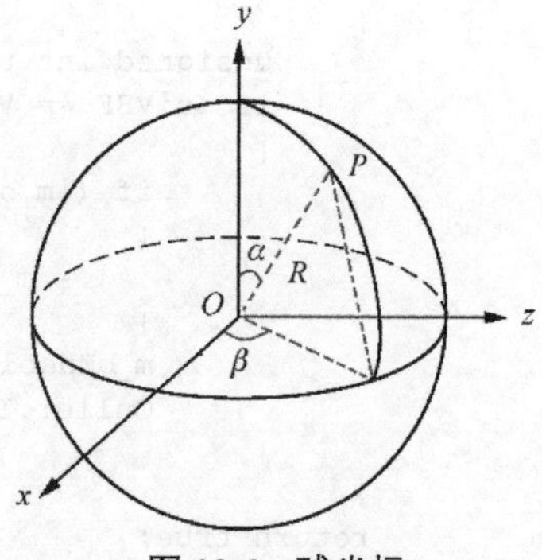

图 10.6 球坐标

其中，$\alpha\in[0, \pi]$；$\beta\in[0, 2\pi]$。$\alpha/\pi\in[0, 1]$，而 $\beta/(2\pi)\in[0, 1]$。

首先，$\arccos y$ 为 α，$\alpha\in[0, \pi]$，正是作者希望得到的结果。这样可以算出 $\cos\beta$ 和 $\sin\beta$，$\cos\beta = x / \sin\alpha$，$\sin\beta = z / \sin\alpha$。不过由 $A = \arccos(x / \sin\alpha)$得出的 $\beta\in[0, \pi]$，由 $B = \arcsin(x / \sin\alpha)$得出的 $\beta\in[-\pi/2 , \pi/ 2]$。

如果 $A>0$ 且 $B > 0$，那么 $\beta\in[0, \pi/2]$，等于 A 或者 B 都可以。

如果 $A>0$ 且 $B < 0$，那么 $\beta\in[3\pi/2, 2\pi]$，等于 $2\pi + B$。

如果 $A<0$ 且 $B > 0$，那么 $\beta\in[\pi/2, \pi]$，等于 A。

如果 $A<0$ 且 $B < 0$，那么 $\beta\in[\pi, 3\pi/2,]$，等于 $\pi - B$。

着色器中 PointLightFunction 的代码如下。

```
float4 PointLightFunction(float3 LightPos, float3 WorldPos, float4 LightFunParam,
sampler2D LightFunSampler)
{
    float3 Dir = normalize(WorldPos - LightPos);
    float Alpha = 0.0f;
    float Beta = 0.0f;
    Alpha = acos(Dir.y);
    float InvSinAlpha = 1.0f / sin(Alpha);
    float Beta1 = acos(Dir.x * InvSinAlpha);
    float Beta2 = asin(Dir.z * InvSinAlpha);
    Beta = Beta2 < 0.0f ? ((Beta1 > PI_INV2) ?
(PI2 + Beta2) : (PI - Beta2)) : Beta1;
    float x = Beta * INV_PI2;
    float y = Alpha * INV_PI;
    return tex2D(LightFunSampler, float2(x, y));
}
```

生成点光源投射着色器的代码如下。

```
OutString += _T("FunReslut = PointLightFunction(") +
    VSShaderStringFactory::ms_LightName[j] + _T("[") + IntToString(iLightNum[j])
    + _T("].LightWorldPos.xyz,")+ WorldPos + _T(",")+
    VSShaderStringFactory::ms_LightName[j] + _T("[") +
IntToString(iLightNum[j]) +_T("].LightFunParam,") +
VSShaderStringFactory::ms_PSConstantLightFunSampler
    + IntToString(uiLightFunSampler) + _T(");\n");
```

「练习」

1. 尝试用延迟渲染在游戏引擎架构中实现 Phong 光照模型。
2. 集成基于物理的光照到游戏引擎中。

「示例」

示例 10.1

创建自定义材质，用于演示反射效果，下面是构建材质树的代码。

```
VSMaterialNoLight::VSMaterialNoLight(const VSUsedName &ShowName)
:VSMaterial(ShowName)
{
   //float One = 1.0f;
   VSConstFloatValue *pOne =
            VS_NEW VSConstFloatValue(_T("One"), this, 1, false);
   pOne->SetValue(0, 1.0f);
   //WorldPos
   VSWorldPos *pWorldPos = VS_NEW VSWorldPos(_T("WorldPos"), this);
   //WorldPos_One = float4(WorldPos,1.0f);
   VSMakeValue *pWorldPos_One =
            VS_NEW VSMakeValue(_T("WorldPos_One"), this, 2);
   pWorldPos_One->GetInputNode(VSMakeValue::IN_A)->Connection(
pWorldPos->GetOutputNode(VSAdd::OUT_VALUE));
   pWorldPos_One->GetInputNode(VSMakeValue::IN_B)->Connection(
pOne->GetOutputNode(VSAdd::OUT_VALUE));
     //float4X4 ReflectViewProject;
   VSConstFloatValue *pReflectViewProject_1 = VS_NEW
      VSConstFloatValue(_T("ReflectViewProject_1 "), this, 4, true);
   VSConstFloatValue *pReflectViewProject_2 = VS_NEW
      VSConstFloatValue(_T("ReflectViewProject_2 "), this, 4, true);
   VSConstFloatValue *pReflectViewProject_3 = VS_NEW
      VSConstFloatValue(_T("ReflectViewProject_3 "), this, 4, true);
   VSConstFloatValue *pReflectViewProject_4 = VS_NEW
      VSConstFloatValue(_T("ReflectViewProject_4 "), this, 4, true);
   //float Dot_1 = dot(WorldPos_One,ReflectViewProject_1);
   VSDot *pDot_1 = VS_NEW VSDot(_T("Dot_1"), this);
   pDot_1->GetInputNode(VSDot::IN_A)->Connection(
pWorldPos_One->GetOutputNode(VSWorldPos::OUT_VALUE));
   pDot_1->GetInputNode(VSDot::IN_B)->Connection(
pReflectViewProject_1->GetOutputNode(VSWorldPos::OUT_VALUE));
   //float Dot_2 = dot(WorldPos_One,ReflectViewProject_2);
   VSDot *pDot_2 = VS_NEW VSDot(_T("Dot_2"), this);
   pDot_2->GetInputNode(VSDot::IN_A)->Connection(
pWorldPos_One->GetOutputNode(VSWorldPos::OUT_VALUE));
   pDot_2->GetInputNode(VSDot::IN_B)->Connection(
pReflectViewProject_2->GetOutputNode(VSWorldPos::OUT_VALUE));
   //float Dot_3 = dot(WorldPos_One,ReflectViewProject_3);
   VSDot *pDot_3 = VS_NEW VSDot(_T("Dot_3"), this);
   pDot_3->GetInputNode(VSDot::IN_A)->Connection(
pWorldPos_One->GetOutputNode(VSWorldPos::OUT_VALUE));
   pDot_3->GetInputNode(VSDot::IN_B)->Connection(
pReflectViewProject_3->GetOutputNode(VSWorldPos::OUT_VALUE));
   //float Dot_4 = dot(WorldPos_One,ReflectViewProject_4);
   VSDot *pDot_4 = VS_NEW VSDot(_T("Dot_4"), this);
   pDot_4->GetInputNode(VSDot::IN_A)->Connection(
pWorldPos_One->GetOutputNode(VSWorldPos::OUT_VALUE));
   pDot_4->GetInputNode(VSDot::IN_B)->Connection(
pReflectViewProject_4->GetOutputNode(VSWorldPos::OUT_VALUE));
   //float2 Dot_12 = float2(Dot_1,Dot_2);
   VSMakeValue *pDot_12 = VS_NEW VSMakeValue(_T("Dot_12"), this, 2);
   pDot_12->GetInputNode(VSMakeValue::IN_A)->Connection(
pDot_1->GetOutputNode(VSDot::OUT_VALUE));
   pDot_12->GetInputNode(VSMakeValue::IN_B)->Connection(
pDot_2->GetOutputNode(VSDot::OUT_VALUE));
   //float2 Dot_44 = float2(Dot_4,Dot_4);
   VSMakeValue *pDot_44 = VS_NEW VSMakeValue(_T("Dot_44"), this, 2);
   pDot_44->GetInputNode(VSMakeValue::IN_A)->Connection(
pDot_4->GetOutputNode(VSDot::OUT_VALUE));
   pDot_44->GetInputNode(VSMakeValue::IN_B)->Connection(
pDot_4->GetOutputNode(VSDot::OUT_VALUE));
   //float2 Div = Dot_12 / Dot_44;
```

```
    VSDiv *pDiv = VS_NEW VSDiv(_T("Div"), this);
    pDiv->GetInputNode(VSDiv::IN_A)->Connection(
pDot_12->GetOutputNode(VSMakeValue::OUT_VALUE));
    pDiv->GetInputNode(VSDiv::IN_B)->Connection(
pDot_44->GetOutputNode(VSMakeValue::OUT_VALUE));
    VSConstFloatValue *pPointFive =
            VS_NEW VSConstFloatValue(_T("PointFive"), this, 1, false);
    pPointFive->SetValue(0, 0.5f);
    VSConstFloatValue *pNegPointFive =
            VS_NEW VSConstFloatValue(_T("NegPointFive"), this, 1, false);
    pNegPointFive->SetValue(0, -0.5f);
    //float2 FiveNegFive = float2(0.5f,-0.5f);
    VSMakeValue *pFiveNegFive = VS_NEW VSMakeValue(
_T("FiveNegFive"), this, 2);
    pFiveNegFive->GetInputNode(VSMakeValue::IN_A)->Connection(
pPointFive->GetOutputNode(VSConstFloatValue::OUT_VALUE));
    pFiveNegFive->GetInputNode(VSMakeValue::IN_B)->Connection(
pNegPointFive->GetOutputNode(VSConstFloatValue::OUT_VALUE));
    //Div *FiveNegFive + FiveFive
    VSMul *pMul = VS_NEW VSMul(_T("Mul"), this);
    pMul->GetInputNode(VSMul::IN_A)->Connection(
pDiv->GetOutputNode(VSDiv::OUT_VALUE));
    pMul->GetInputNode(VSMul::IN_B)->Connection(
pFiveNegFive->GetOutputNode(VSMakeValue::OUT_VALUE));
    //float2 FiveFive = float2(0.5f,0.5f);
    VSMakeValue *pFiveFive = VS_NEW VSMakeValue(_T("FiveFive"), this, 2);
    pFiveFive->GetInputNode(VSMakeValue::IN_A)->Connection(
pPointFive->GetOutputNode(VSConstFloatValue::OUT_VALUE));
    pFiveFive->GetInputNode(VSMakeValue::IN_B)->Connection(
pPointFive->GetOutputNode(VSConstFloatValue::OUT_VALUE));
    VSAdd *pAdd = VS_NEW VSAdd(_T("Add"), this);
    pAdd->GetInputNode(VSAdd::IN_A)->Connection(
pMul->GetOutputNode(VSMul::OUT_VALUE));
    pAdd->GetInputNode(VSAdd::IN_B)->Connection(
pFiveFive->GetOutputNode(VSMakeValue::OUT_VALUE));
    VS2DTexSampler *p2DTexSamplerNode = VS_NEW VS2DTexSampler(
_T("EmissiveTexture"), this);
    p2DTexSamplerNode->GetInputNode(VS2DTexSampler::IN_TEXCOORD)->Connection(
pAdd->GetOutputNode(VSAdd::OUT_VALUE));
    m_pShaderMainFunction[0]->GetInputNode(
VSPhongShaderFunction::IN_EMISSIVE_COLOR)->Connection(
p2DTexSamplerNode->GetOutputNode(VS2DTexSampler::OUT_COLOR));
    m_ResourceName = _T("NoLight");
}
```

上面的代码中加入了伪代码注释，观察图10.7所示的反射材质树比较直观。

代码的原理很简单。首先，需要传递当前相机相对于反射面的反射相机矩阵，然后将其变换到对应的投影空间中，坐标范围为-1～1，再转换成0～1，把反射相机渲染画面设置到EmissiveTexture中，一个镜面反射材质就做好了。

然后，把材质给平面模型，并将平面模型重新存放成另一个模型，代码如下。

```
VSStaticMeshNodeRPtr pModel = VSResourceManager::LoadASYNStaticMesh(
_T("OceanPlane.STMODEL"), false);
VSStaticMeshNode *pStaticMeshNode = pModel->GetResource();
VSGeometryNode *pGeometryNode = pStaticMeshNode->GetGeometryNode(0);
for (unsigned int i = 0; i < pGeometryNode->GetNormalGeometryNum(); i++)
{
    VSGeometry *pGeometry = pGeometryNode->GetNormalGeometry(i);
    pGeometry->AddMaterialInstance(pMaterialR);
}
VSResourceManager::NewSaveStaticMesh(pStaticMeshNode, _T("ReflectPlane"), true);
```

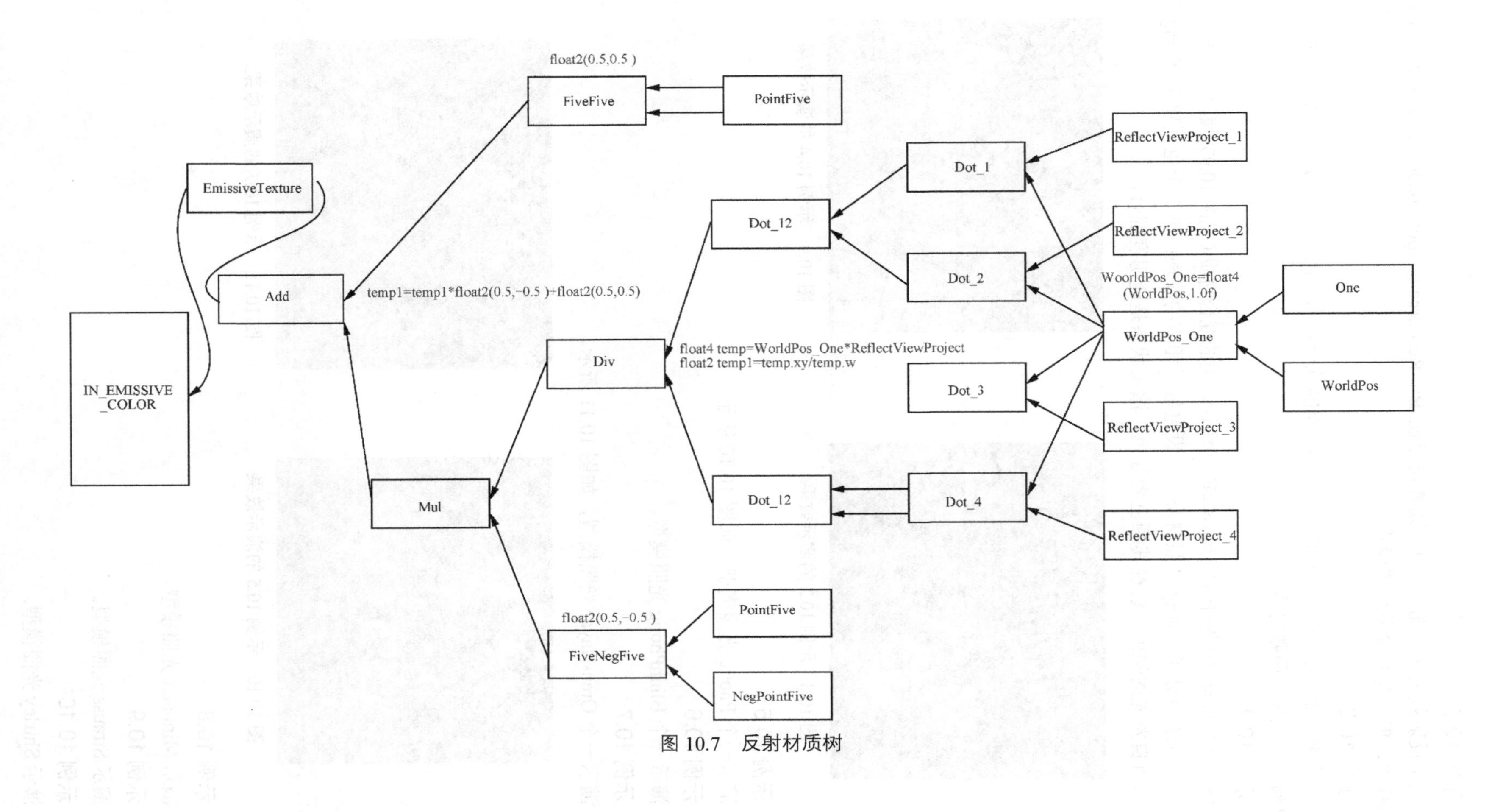
float2(0.5,0.5)
FiveFive
PointFive
EmissiveTexture
ReflectViewProject_1
Dot_1
Dot_12
ReflectViewProject_2
Dot_2
WoorldPos_One=float4
(WorldPos,1.0f)
One
Add
temp1=temp1*float2(0.5,−0.5)+float2(0.5,0.5)
WorldPos_One
IN_EMISSIVE
_COLOR
Div
float4 temp=WorldPos_One*ReflectViewProject
float2 temp1=temp.xy/temp.w
Dot_3
WorldPos
ReflectViewProject_3
Mul
Dot_12
Dot_4
ReflectViewProject_4
PointFive
float2(0.5,−0.5)
FiveNegFive
NegPointFive

图 10.7 反射材质树

示例 10.2

演示反射效果（见图 10.8）。读者可以在 Bin\Resource\Output\ShaderCode 中查看生成的着色器代码，但要先删除着色器缓存。

示例 10.3

创建和存储两个 `VSShaderFunction` 类的混合材质、10 种光照模型材质、一种自定义光照材质、光源投射函数材质。

示例 10.4

演示一个材质中的两个 `VSShaderFunction` 类的混合材质（见图 10.9）。第 1 个 `VSShaderFunction` 类创建了 Phong 光照材质，并设置好了相应的纹理；第 2 个也创建了 Phong 光照材质，只有自发光的颜色，设置其颜色为红色，渲染状态是透明度混合。

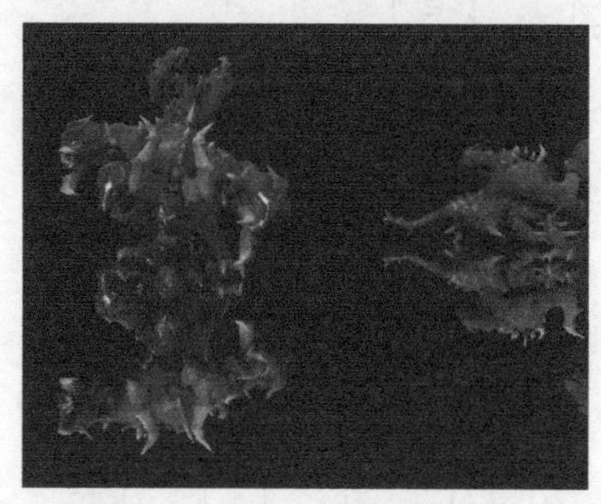

图 10.8　示例 10.2 的演示效果

图 10.9　示例 10.4 的演示效果

示例 10.5

演示一个 Phong 光照模型，如图 10.10 所示。

示例 10.6

演示一个 BlinnPhong 光照模型。

示例 10.7

演示一个 Oren-Nayar 光照模型，如图 10.11 所示。

图 10.10　示例 10.5 的演示效果

图 10.11　示例 10.7 的演示效果

示例 10.8

演示 Minnaert 光照模型。

示例 10.9

演示 Strauss 光照模型。

示例 10.10

演示 Shirley 光照模型。

示例 10.11

演示 Schlick 光照模型。

示例 10.12

演示 CookTorrance 光照模型。

示例 10.13

演示 Isotrapicward 光照模型。

示例 10.14

演示 Anisotrapicward 光照模型。

示例 10.15

演示一个自定义光照模型，如图 10.12 所示，它通过光源方向和法线的点乘得到光照系数，代码如下。

```
VSLightDir *pLightDir = VS_NEW VSLightDir(_T("LightDir"), this);
VSConstFloatValue *pValue = VS_NEW VSConstFloatValue(_T("ValueTest"), this, 1, false);
pValue->SetValue(0, -1.0f);
//反转光源方向
VSMul *pMul1 = VS_NEW VSMul(_T("Mul1"), this);
pMul1->GetInputNode(0)->Connection(pLightDir->GetOutputNode(0));
pMul1->GetInputNode(1)->Connection(pValue->GetOutputNode(0));
//和法线点乘
VSWorldNormal *pWorldNormal = VS_NEW VSWorldNormal(_T("WorldNormal"), this);
VSDot *pDot = VS_NEW VSDot(_T("Dot"), this);
pDot->GetInputNode(0)->Connection(pWorldNormal->GetOutputNode(0));
pDot->GetInputNode(1)->Connection(pMul1->GetOutputNode(0));
//转换到 0~1
VSSaturate *pSaturate = VS_NEW VSSaturate(_T("Saturate"), this);
pSaturate->GetInputNode(0)->Connection(pDot->GetOutputNode(0));
//得到漫反射
VS2DTexSampler *p2DTexSamplerNode = VS_NEW VS2DTexSampler(_T("DiffuseTexture"), this);
p2DTexSamplerNode->SetTexture(pDiffuseTexture);
//得到法线
VS2DTexSampler *pNormalNode = VS_NEW VS2DTexSampler(_T("NormalTexture"), this);
pNormalNode->SetTexture(pNormalTexture);
pNormalNode->SetVEDecode(VSRenderer::VE_R | VSRenderer::VE_G | VSRenderer::VE_B);
//得到自发光
VS2DTexSampler *pEmissiveNode = VS_NEW VS2DTexSampler(_T("EmissiveTexture"), this);
pEmissiveNode->SetTexture(pEmissiveTexture);
//点乘结果
VSMul *pMul = VS_NEW VSMul(_T("Mul"), this);
pMul->GetInputNode(0)->Connection(pSaturate->GetOutputNode(0));
pMul->GetInputNode(1)->Connection(p2DTexSamplerNode->GetOutputNode(0));
m_pShaderMainFunction[0]->GetInputNode(_T("Normal"))->Connection(
pNormalNode->GetOutputNode(0));
m_pShaderMainFunction[0]->GetInputNode(_T("Custom"))->Connection(
pMul->GetOutputNode(0));
m_pShaderMainFunction[0]->GetInputNode(_T("EmissiveColor"))->Connection(
pEmissiveNode->GetOutputNode(0));
m_pShaderMainFunction[0]->GetInputNode(_T("Diffuse"))->Connection(
p2DTexSamplerNode->GetOutputNode(0));
```

示例 10.16

演示聚光灯光源的投射函数，如图 10.13 所示。这里只设置一张纹理，虽然设置了透明度，但没有设置渲染状态，实际上没有任何效果。

图 10.12 示例 10.15 的演示效果

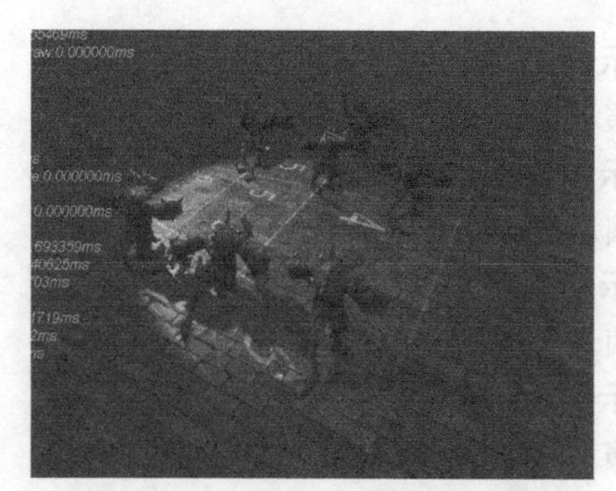

图 10.13 示例 10.16 的演示效果

示例 10.17

演示方向光的光源投射函数，如图 10.14 所示。

示例 10.18

演示点光源的光源投射函数，如图 10.15 所示。

图 10.14 示例 10.17 的演示效果

图 10.15 示例 10.18 的演示效果

第11章

后期效果

后期效果是游戏的重要组成部分，后期效果是屏幕空间效果（screen space effect）的一种，一般指渲染完光照之后不再涉及任何物体渲染的屏幕空间处理。屏幕空间环境遮挡、屏幕空间反射（Screen Space Reflection，SSR）、屏幕空间阴影（Screen Space Shadow）等屏幕空间效果最后要和光照合成，所以它们不属于后期效果。而光华效果、景深（Depth of Field，DoF）、快速近似抗锯齿（Fast Approximate Anti-Aliasing，FXAA）、颜色查找表（Look Up Table，LUT）、模糊（blur）效果、高动态范围等完全属于后期效果。

只要知道足够详细的信息，就可以在屏幕空间中完成大部分操作。不过哪些应该在屏幕空间中做，哪些不应该在屏幕空间中做，是一个渲染流程的问题。当然，耦合性越低越好。在延迟渲染的整个流程（它也是屏幕空间中计算的）中，因为已经知道屏幕空间环境遮挡、屏幕空间反射、屏幕空间阴影等屏幕空间效果所需要的数据，所以这些效果在屏幕空间中实现很方便。

随着游戏的发展，低耦合的效果都通过屏幕空间来做，导致出现越来越多的后期效果，有效地组织它们是一个很大的问题。不同的游戏引擎中有不同的组织方式，一般自研游戏引擎中由程序员自己来组织后期效果，而许多商业游戏引擎内部集成了大部分主流效果，用户可以选择性地开关这些效果，能力强的团队甚至可以修改源码，集成希望实现的效果。对比Unity和Unreal Engine，Unity中，由程序员自己来组织后期效果，Unreal Engine中集成了大部分主流效果。美术师也可以通过材质树实现自己希望的效果，程序员也是可以修改源码的。

作者还是向往做成Unreal Engine的形式，复杂的效果由内部集成，并开放接口让美术师可以实现自己的效果。水下扭曲效果、人的模糊效果、一些动态UI标记效果、雨水划过屏幕的效果、卷屏效果等是可以独立完成的。这些效果不需要深度和法线等信息，美术师可以很好地完成。

本章用图形节点的架构来实现整个后期效果。每个节点就是一个后期效果，每个节点既有输入也有输出，它需要以上一个后期效果节点的输出作为输入，同时它的输出为下一个节点的输入做准备。作者准备提供两种节点：一种是程序员已经实现的节点，如泛光、模糊、高动态范围等需要高复杂的运算甚至多个通道才可以实现的效果，这种节点可以直接使用；另一种是美术师通过材质树生成的节点。至于非后期效果的屏幕空间效果，则完全要由游戏引擎内部实现，这种强依赖于渲染流程的就不能作为节点形式开放出来。但如果用延迟渲染流程，则可以让深度、法线等有用的信息“暴露”出来，供美术师以编辑材质的方式来处理这些信息，这样可以实现更多更丰富的后期效果。

11.1 VSPostEffectSceneRender

VSPostEffectSceneRender类是渲染后期效果的基类，m_pTexAllState作为着色器中

的贴图和采样器，通过 SetSourceTarget 函数来设置自己的贴图属性。m_pCustomMaterial 为渲染用的材质，使用的着色器都在它里面。VSPostEffectSceneRender 的代码如下。

```
class VSGRAPHIC_API VSPostEffectSceneRender : public VSSceneRenderInterface
{
    VSTexAllStatePtr m_pTexAllState;                    //使用的贴图
    virtual bool OnDraw(VSCuller & Culler);
    VSDepthStencilPtr m_pDepthStencil;                  //深度模板缓存
    VSCustomMaterialPtr m_pCustomMaterial;              //使用的材质
    virtual bool SetDepthStencil(VSDepthStencil *pDepthStencil);
    //获得渲染目标
    virtual void GetRT(unsigned int uiWidth,unsigned int uiHeight);
    virtual void DisableRT();                           //释放渲染目标
    virtual void SetSourceTarget(VSTexture *pTexture);  //设置使用的贴图
    virtual bool Draw(VSCuller & Culler,double dAppTime);
    virtual void ClearRTAndDepth();                     //清除渲染目标
    virtual void SetNoUseRTRenderSize(unsigned int uiWidth,unsigned int uiHeight);
};
```

GetRT 函数用于找到一个闲置并符合要求的渲染目标，代码如下。

```
void VSPostEffectSceneRender::GetRT(unsigned int uiWidth,unsigned int uiHeight)
{
    m_pTargetArray.Clear();
    m_pDepthStencil = NULL;
    VSRenderTarget *pRenderTarget = VSResourceManager::Get2DRenderTarget
            (uiWidth,uiHeight,VSRenderer::SFT_X8R8G8B8,0);
    AddRenderTarget(pRenderTarget);
    m_uiRTHeight = uiHeight;
    m_uiRTWidth = uiWidth;
}
```

释放使用的渲染目标，代码如下。

```
void VSPostEffectSceneRender::DisableRT()
{
    for (unsigned int i = 0 ; i < m_pTargetArray.GetNum() ;i++)
    {
        if (m_pTargetArray[i])
        {
            VSResourceManager::Disable2DRenderTarget(m_pTargetArray[i]);
        }
    }
}
```

如果渲染目标在后期效果流程外设置，那么通过 SetNoUseRTRenderSize 函数可以知道渲染目标的高度和宽度，代码如下。

```
void VSPostEffectSceneRender::SetNoUseRTRenderSize(unsigned int uiWidth,
unsigned int uiHeight)
{
    m_uiRTHeight = uiHeight;
    m_uiRTWidth = uiWidth;
}
```

因为后期效果不存在多个视口和多个层次深度的问题，所以 Draw 函数比较简单，代码如下。

```
bool VSPostEffectSceneRender::Draw(VSCuller & Culler,double dAppTime)
{
    //设置渲染目标
    SetRenderTargets();
    if (m_pDepthStencil)
    {
    if(!VSRenderer::ms_pRenderer->SetDepthStencilBuffer(m_pDepthStencil))
    {
```

```
            VSMAC_ASSERT(0);
            return false;
        }
        }
        if (m_uiClearFlag > 0 && m_uiClearFlag <= VSRenderer::CF_USE_MAX)
        {
        //保留渲染状态信息
        VSColorRGBA ClearColorRGBA = VSRenderer::ms_pRenderer->GetClearColor();
        VSREAL fClearDepth = VSRenderer::ms_pRenderer->GetClearDepth();
        unsigned int uiClearStencil = VSRenderer::ms_pRenderer->GetClearStencil();
        m_SaveRenderState = VSRenderer::ms_pRenderer->GetUseState();
        unsigned int uiSaveRenderStateInheritFlag =
                  VSRenderer::ms_pRenderer->GetRenderStateInheritFlag();
        //设置渲染状态
        VSRenderer::ms_pRenderer->SetClearColor(m_ClearColorRGBA);
        VSRenderer::ms_pRenderer->SetClearDepth(m_fClearDepth);
        VSRenderer::ms_pRenderer->SetClearStencil(m_uiClearStencil);
        if (m_uiRenderStateInheritFlag)
        {
            VSRenderer::ms_pRenderer->SetUseState
                          (m_UseState,m_uiRenderStateInheritFlag);
        }
        //设置视口，清除缓存，渲染
        VSRenderer::ms_pRenderer->SetViewPort(NULL);
        VSRenderer::ms_pRenderer->ClearBuffers(m_uiClearFlag);
        OnDraw(Culler);
        //恢复渲染信息
        VSRenderer::ms_pRenderer->SetClearColor(ClearColorRGBA);
        VSRenderer::ms_pRenderer->SetClearDepth(fClearDepth);
        VSRenderer::ms_pRenderer->SetClearStencil(uiClearStencil);
        if (m_uiRenderStateInheritFlag)
        {
            VSRenderer::ms_pRenderer->SetUseState
                          (m_SaveRenderState,uiSaveRenderStateInheritFlag);
        }
        }
        //恢复渲染目标
        if (m_pDepthStencil)
        {
        if(!VSRenderer::ms_pRenderer->EndDepthStencilBuffer(m_pDepthStencil))
        {
            VSMAC_ASSERT(0);
            return false;
        }
        }
        EndRenderTargets();
        return true;
}
```

对于 OnDraw 函数，不同后期效果的实现方式可能不同，但大部分实现方式比较类似，所以基类提供了一个公共接口，代码如下。

```
bool VSPostEffectSceneRender::OnDraw(VSCuller & Culler)
{
        VSMAC_ASSERT(m_pCustomMaterial);
        if (!m_uiRTWidth || !m_uiRTHeight)
        {
            return false;
        }
        //设置宽与高的倒数
        VSREAL Inv_Width = 1.0f / m_uiRTWidth;
        VSREAL Inv_Height = 1.0f / m_uiRTHeight;
        m_pCustomMaterial->SetVShaderValue
```

```
        (VSUsedName::ms_cPostInv_Width,&Inv_Width);
    m_pCustomMaterial->SetVShaderValue
        (VSUsedName::ms_cPostInv_Height,&Inv_Height);
    //设置着色器以及参数和渲染状态
    if(!m_pCustomMaterial->UseMaterial())
        return false;
    //渲染屏幕矩形
    VSRenderer::ms_pRenderer->DrawScreen(NULL);
    m_pTexAllState->m_pTex = NULL;
    return true;
}
```

对于大部分后期效果来说，只存在一张输入纹理，可以通过 SetSourceTarget 函数把纹理和 TexAllState 关联起来，代码如下。

```
void VSPostEffectSceneRender::SetSourceTarget(VSTexture *pTexture)
{
    m_pTexAllState->m_pTex = pTexture;
}
```

要实现图 11.1 所示的灰屏效果，就非常简单了，只需要继承 VSPostEffectSceneRender，代码如下。

```
class VSGRAPHIC_API VSPEGraySceneRender : public VSPostEffectSceneRender
{
      virtual void SetSourceTarget(VSTexture *pTexture);
};
VSPEGraySceneRender::VSPEGraySceneRender()
{
      m_pCustomMaterial = VSCustomMaterial::GetPostGray();
};
VSPEGraySceneRender::~VSPEGraySceneRender()
{
};
void VSPEGraySceneRender::SetSourceTarget(VSTexture *pTexture)
{
    VSPostEffectSceneRender::SetSourceTarget(pTexture);
    m_pCustomMaterial->SetPShaderTexture(
            VSUsedName::ms_cPostInputTexture,m_pTexAllState);
}
```

图 11.1 灰屏效果

VSCustomMaterial::GetPostGray 函数在前文已经介绍过了，这里不再解释。ms_cPost-InputTexture 对应着色器里的贴图参数变量。

11.2 后期效果集合

本章一开始已经明确表示了目的，即把后期效果也做成可以编辑的方式。像屏幕空间环境遮挡这种需要结合光照信息才能实现的效果留给游戏引擎程序员来实现，游戏引擎内部也提供了可以扩展的接口。通过前文对动画树和材质树的讲解，相信读者对后期效果集合（post effect set）不陌生了。动画树数据流是动画数据，材质树数据流是着色器代码，而后期效果集合数据流就是可用于渲染目标的纹理。大部分情况下，后期效果都只有一个输入和输出，输入是上一个后期效果的输出，输出是它处理后的结果。

图 11.2 所示是某个 FPS 类游戏所用到的后期效果。颜色缓冲区是光照后输出的结果；Flash 效果是当玩家被闪光弹击中时出现的屏幕全白效果，Flash 效果是美术师自己制作的屏幕空间效果；DoF 效果是当出现过场动画时，相机聚焦某个地方并开启特写的景深效果；Gray 效果是玩家被击败后屏幕呈现灰色的效果；LUT、Bloom、FXAA 等效果可以根据游戏画面配置的高低开启或者关闭。根据 FPS 类游戏的特性，这 6 个后期效果不可能同时存在。当某个效果被关闭时，它没有输出，它的下一个节点就要从它开始一直向前查找，找到开启的节点作为输入。如果玩家关闭了 FXAA 和 Bloom 效果，玩家这个时候被闪光弹击中，玩家没有被击败，那么 Gray 效果不会开启。此时没有出现过场动画，所以 DoF 效果也不会开启。这个时候整个流程就变成了图 11.3 所示的流程，对于 LUT 效果，要计算最后结果，它的输入就不再是 Bloom 效果的输出，而是 Flash 效果的输出。

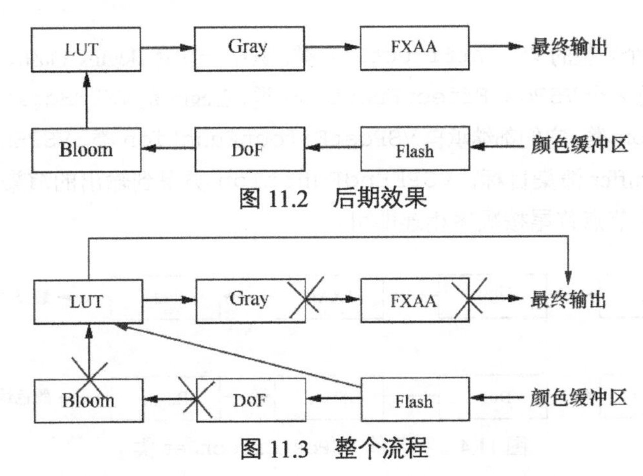

图 11.2 后期效果

图 11.3 整个流程

VSPostEffectSet 类继承自 VSResource 类，所以它也是一种资源。它里面的每个后期效果节点都称为 VSPostEffectFunction，其中起始节点 VSPEBeginFunction 和终节点 VSPEEndFunction 是在创建 VSPostEffectSet 时就已经创建好的。输入数据从 VSPEBeginFunction 流入，最后从 VSPEEndFunction 流出。VSPostEffectSet 的代码如下。

```
class VSGRAPHIC_API VSPostEffectSet : public VSObject , public VSResource
{
	//添加后期效果节点
	void AddPostEffectFunction(VSPostEffectFunction *pPostEffectFunction);
	//删除后期效果节点
	void DeletePostEffectFunction(VSPostEffectFunction *pPostEffectFunction);
	//资源类型
	virtual unsigned int GetResourceType()const
	{
		return RT_POSTEFFECT;
	}
	//渲染整个后期效果集合
	void Draw(VSCuller & Culler,double dAppTime);
	//得到最后渲染的渲染目标
	VSRenderTarget *GetEndTarget(unsigned int i);
	//设置输入数据
```

```
    void SetBeginTargetArray(VSArray<VSRenderTarget *> *pBeginTargetArray);
    //为所有的后期效果节点找到渲染目标
    void GetRT(unsigned int uiWidth,unsigned int uiHeight);
    //为所有的后期效果节点释放渲染目标
    void DisableRT();
    //默认资源
    //根据名称得到后期效果节点
    VSPostEffectFunction *GetPEFunction(const VSString & Name);
    //设置输出的数据
    bool SetEndTarget(VSRenderTarget *pEndTarget);
    VSArray<VSPostEffectFunction *> m_pPostEffectFunctionArray;
    VSPEBeginFunction *m_pPEBeginFunc;
    VSPEEndFunction *m_pPEEndFunc;
    VSUsedName m_ShowName;
    static VSPointer<VSPostEffectSet> Default;
};
VSPostEffectSet::VSPostEffectSet(const VSUsedName &ShowName)
{
    m_pPostEffectFunctionArray.Clear();
    m_ShowName = ShowName;
    m_pPEBeginFunc = VS_NEW VSPEBeginFunction(_T("Begin"),this);
    m_pPEEndFunc = VS_NEW VSPEEndFunction(_T("End"),this);
}
```

图 11.4 所示是一个完整的 VSPostEffectSet 类，其中一共有 Begin、Flash、DoF、Bloom、LUT、Gray、FXAA、End 这 8 个 VSPostEffectFunction 类。Begin 是 VSPEBeginFunction 类，End 是 VSPEEndFunction 类，它们都继承自 VSPostEffectFunction 类。VSPEBeginFunction 类接收输入的 Color Buffer 渲染目标，VSPEEndFunction 类得到输出的渲染目标，用户只需要把其他 6 个后期效果节点首尾按顺序相连即可。

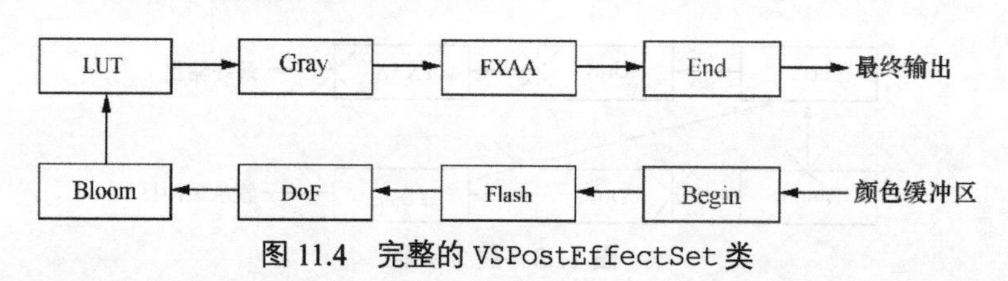

图 11.4 完整的 VSPostEffectSet 类

整个 VSPostEffectSet 类的渲染流程如下。

（1）设置输入渲染目标（SetBeginTargetArray），为整个链提供输入（可选的 SetEndTarget 为整个链提供输出）。

（2）调用 GetRT 函数。从渲染目标池中为所有的后期效果节点找到合适的渲染目标。

（3）调用 Draw 函数。渲染所有的后期效果。

（4）调用 DisableRT 函数。释放整个后期效果节点中所有用到的渲染目标。

这个过程中，每帧都要运行。这里唯一要说的是最后输出的渲染目标。VSPostEffectSet 类提供两种机制：一种机制是指定最后输出的渲染目标 A（SetEndTarget），最后一个有效的后期效果节点渲染的结果都会渲染到渲染目标 A 上，因此最后的输出（GetEndTarget(0)）为渲染目标 A；另一种机制是不指定最后输出的渲染目标，最后一个有效的后期效果节点渲染的结果都会渲染到这个节点所申请的渲染目标 B 上，因此最后的输出（GetEndTarget(0)）为渲染目标 B。

根据后期效果渲染流程，如果不指定最后输出的渲染目标，那么最后的输出的渲染目标是最后一个有效的后期效果节点动态申请的（GetRT），它会在 DisableRT 函数里归还使用权。如果后面要使用这个渲染目标的纹理数据，要么把它的纹理数据复制出来，要么通过 SetTexture 函数锁定它以避免被其他流程申请；否则，就需要为最后一个有效的后期效果节点指定渲染目标（SetEndTarget）。

对于后期效果节点的基类，代码如下。

```
class VSGRAPHIC_API VSPostEffectFunction : public VSObject
{
    VSUsedName m_ShowName;                  //名称
    VSPostEffectFunction(const VSUsedName & ShowName,
            VSPostEffectSet *pPostEffectSet);
    VSArray<VSInputNode *>m_pInput;         //输入
    VSArray<VSOutputNode *>m_pOutput;       //输出
    VSPostEffectSet *m_pOwner;              //拥有者
    bool m_bIsVisited;                      //遍历的时候是否被访问过
    bool m_bLastOne;                        //是否是最后一个
    //虚函数，创建对应的 PostEffectSceneRender 并渲染后期效果
    virtual VSPostEffectSceneRender *CreateSceneRender() = 0;
    virtual void OnDraw(VSCuller & Culler,double dAppTime) = 0;
    //清空访问标记
    bool ClearFlag();
    //得到输入
    VSInputNode *GetInputNode(unsigned int uiNodeID)const;
    VSInputNode *GetInputNode(const VSString & NodeName)const;
    //得到输出
    VSOutputNode *GetOutputNode(unsigned int uiNodeID)const;
    VSOutputNode *GetOutputNode(const VSString & NodeName)const;
    //设置输出渲染目标
    virtual bool SetEndTarget(VSRenderTarget *pEndTarget);
    //根据自己的输出，得到自己的输出渲染目标
    virtual VSRenderTarget *GetRenderTarget(const VSOutputNode *pPutNode);
    //根据自己的输入，取相连接的 VSPostEffectFunction 的输出渲染目标
    virtual VSRenderTarget *GetRenderTarget(const VSInputNode *pPutNode);
    //递归得到渲染目标
    virtual void GetRT(unsigned int uiWidth,unsigned int uiHeight);
    //递归释放渲染目标
    virtual void DisableRT();
    //递归渲染，当前节点和前面节点的 Draw 函数都会被调用
    virtual void Draw(VSCuller & Culler,double dAppTime);
    //根据自己的第 0 个输出，得到自己的输出渲染目标
    virtual VSRenderTarget *GetMainColorOutPutRenderTarget();
    //根据自己的第 0 个输入，取相连接的 VSPostEffectFunction 的输出渲染目标
    virtual VSRenderTarget *GetMainColorInputRenderTarget();
    bool m_bEnable; //开关
};
```

下面声明的属性与函数都和动画树中的VSAnimFunction类、材质树中的VSShaderFunction类一样，具体作用不再重复。

```
VSUsedName m_ShowName;                      //名称
VSArray<VSInputNode *> m_pInput;            //输入
VSArray<VSOutputNode *> m_pOutput;          //输出
VSPostEffectSet *m_pOwner;                  //拥有者
bool m_bIsVisited;                          //遍历的时候是否被访问过
//清空访问标记
bool ClearFlag();
//得到输入
VSInputNode *GetInputNode(unsigned int uiNodeID)const;
VSInputNode *GetInputNode(const VSString & NodeName)const;
//得到输出
VSOutputNode *GetOutputNode(unsigned int uiNodeID)const;
VSOutputNode *GetOutputNode(const VSString & NodeName)const;
```

下面的函数设置输出的渲染目标，从 VSPostEffectSet::SetEndTarget 出发，递归调用 m_pPEEndFunc，直到找到最后一个开启的后期效果节点，并把它标记为 m_bLastOne =

true。这个后期效果节点不会在每帧都调用 GetRenderTarget 函数。

```
bool VSPostEffectSet::SetEndTarget(VSRenderTarget *pEndTarget)
{
    for (unsigned int i = 0 ; i < m_pPostEffectFunctionArray.GetNum() ;i++)
    {
        m_pPostEffectFunctionArray[i]->m_bLastOne = false;
    }
    return m_pPEEndFunc->SetEndTarget(pEndTarget);
}
virtual bool SetEndTarget(VSRenderTarget *pEndTarget)
{
    for (unsigned int i = 0 ; i < m_pInput.GetNum() ; i++)
    {
        if(m_pInput[i]->GetOutputLink())
        {
            VSPostEffectFunction *pPostEffectFunc =
                (VSPostEffectFunction *)m_pInput[i]->GetOutputLink()->GetOwner();
            if (pPostEffectFunc)
            {
                if (pPostEffectFunc->m_bEnable)
                {
                    //创建 VSPosetEffectSceneRender
                    pPostEffectFunc->CreateSceneRender();
                    pPostEffectFunc->m_pPostEffectRender->AddRenderTarget(
                        pEndTarget);
                    pPostEffectFunc->m_bLastOne = true;
                    return true;
                }
                else
                {
                    return pPostEffectFunc->SetEndTarget(pEndTarget);
                }
            }
        }
    }
    return false;
}
```

下面的函数根据自己的输出获取对应的渲染目标。

```
virtual VSRenderTarget *GetRenderTarget(const VSOutputNode *pPutNode)
{
    for (unsigned int i = 0 ; i < m_pOutput.GetNum() ;i++)
    {
        if (pPutNode == m_pOutput[i])
        {
            return m_pPostEffectRender->GetRenderTarget(i);
        }
    }
    return NULL;
}
```

下面的函数根据输入找到对应的输出，根据输出的后期效果节点取得渲染目标。如果这个后期效果节点被关闭，则继续沿着链查找，递归这个过程。

```
virtual VSRenderTarget *GetRenderTarget(const VSInputNode *pPutNode)
{
    if(pPutNode->GetOutputLink())
    {
        VSPostEffectFunction *pPostEffectFunc =
                        (VSPostEffectFunction *)pPutNode->GetOutputLink()->GetOwner();
        //得到连接的后期效果节点
```

```
            if (pPostEffectFunc)
            {
                //如果节点打开，则直接取出连接的渲染目标
                if (pPostEffectFunc->m_bEnable)
                {
                    VSRenderTarget *pRenderTarget =
                        pPostEffectFunc->GetRenderTarget(pPutNode->GetOutputLink());
                    return pRenderTarget;
                }
                else
                {
                    //否则，取出 pPostEffect 的下一个有效节点
                    return pPostEffectFunc->GetMainColorInputRenderTarget();
                }
            }
            else
            {
                return NULL;
            }
        }
        else
        {
            return NULL;
        }
    }
    virtual VSRenderTarget *GetMainColorInputRenderTarget()
    {
        if (m_pInput.GetNum() > 0)
        {
            if (m_pInput[0])
            {
                return GetRenderTarget(m_pInput[0]);
            }
        }
        return NULL;
    }
```

后期效果集合如图 11.5 所示，如果 *A* 节点调用 GetRenderTarget(a_o_0)，那么取到的就是 *A* 节点的渲染目标 0；如果 *A* 节点调用 GetRenderTarget(a_i_0)，那么取到的是 *B* 节点的渲染目标 0，等价于 *B* 节点调用 GetRenderTarget(b_o_0)。同样，如果 *A* 节点调用 GetRenderTarget(a_i_1)，那么取到的是 *B* 节点的渲染目标 1。如果 *B* 节点的 Eanble == false，那么 *A* 节点调用 GetRenderTarget(a_i_0) 和 *A* 节点调用 GetRenderTarget(a_i_1) 都会越过 *B* 节点，直接取得 *C* 节点的渲染目标 0。

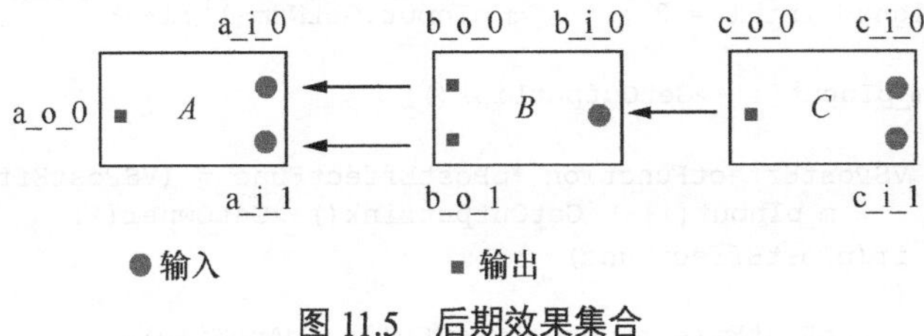

图 11.5 后期效果集合

下面分别是得到渲染目标和释放渲染目标的代码。

```
virtual void GetRT(unsigned int uiWidth,unsigned int uiHeight)
{
    for (unsigned int i = 0 ; i < m_pInput.GetNum() ;i++)
    {
        if(m_pInput[i]->GetOutputLink())
        {
```

```
                VSPostEffectFunction *pPostEffectFunc =
                 (VSPostEffectFunction *)m_pInput[i]->GetOutputLink()->GetOwner();
                if(pPostEffectFunc)
                {
                    pPostEffectFunc->GetRT(uiWidth,uiHeight);
                }
            }
        }
        CreateSceneRender();
        //m_bEnable 为 false 表示跳过并得到渲染目标，若 m_bLastOne 为 true，表示即使设置了
        //渲染目标，也跳过
        if (m_pPostEffectRender && !m_bLastOne && m_bEnable)
        {
            m_pPostEffectRender->GetRT(uiWidth,uiHeight);
        }
    }
    virtual void DisableRT()
    {
        for (unsigned int i = 0 ; i < m_pInput.GetNum() ;i++)
        {
            if(m_pInput[i]->GetOutputLink())
            {
                VSPostEffectFunction *pPostEffectFunc =
                 (VSPostEffectFunction *)m_pInput[i]->GetOutputLink()->GetOwner();
                if(pPostEffectFunc)
                {
                    pPostEffectFunc->DisableRT();
                }
            }
            CreateSceneRender();
            if (m_pPostEffectRender && !m_bLastOne && m_bEnable)
            {
                m_pPostEffectRender->DisableRT();
            }
        }
    }
```

下面是递归渲染的代码。

```
    virtual void Draw(VSCuller & Culler,double dAppTime)
    {
        if (m_bIsVisited == 1)
        {
            return ;
        }
        m_bIsVisited = 1;
        for (unsigned int i = 0 ; i < m_pInput.GetNum() ;i++)
        {
            if(m_pInput[i]->GetOutputLink())
            {
                VSPostEffectFunction *pPostEffectFunc = (VSPostEffectFunction *)
                    m_pInput[i]-> GetOutputLink()->GetOwner();
                if(pPostEffectFunc)
                {
                    pPostEffectFunc->Draw(Culler,dAppTime);
                }
            }
        }
        if (m_bEnable)
        {
            CreateSceneRender();
            OnDraw(Culler,dAppTime);
        }
    }
```

可以看到 GetRT、DisableRT、Draw 这 3 个函数里都有 CreateSceneRender 函数，一定要创建 VSPostEffectSceneRender 类才能运行下去。下面是实现屏幕灰色效果的 CreateSceneRender 函数和 OnDraw 函数的代码。

```
VSPostEffectSceneRender *VSPEGray::CreateSceneRender()
{
   if (!m_pPostEffectRender)
   {
        m_pPostEffectRender = VS_NEW VSPEGraySceneRender();
   }
   return m_pPostEffectRender;
}
void VSPEGray::OnDraw(VSCuller & Culler,double dAppTime)
{
     VSRenderTarget *pTarget = GetRenderTarget(m_pInput[INPUT_COLOR]);
     if (!pTarget)
     {
          return ;
     }
     if (m_pPostEffectRender)
     {
          VSPostEffectSceneRender *pTemp = m_pPostEffectRender;
         ((VSPEGraySceneRender*) pTemp)->SetSourceTarget(
         pTarget->GetCreateBy());
         m_pPostEffectRender->Draw(Culler,dAppTime);
     }
}
```

下面着重介绍 VSPEBeginFunction 类和 VSPEEndFunction 类两个后期效果节点，VSPEBeginFunction 类的代码如下。

```
class VSPEBeginFunction : public VSPostEffectFunction
{
     enum
     {
         OUT_COLOR
     };
     virtual VSRenderTarget *GetMainColorOutPutRenderTarget()
     {
          if (m_pBeginTargetArray && m_pBeginTargetArray->GetNum() > 0)
          {
               return (*m_pBeginTargetArray)[0];
          }
          return NULL;
     }
     virtual VSRenderTarget *GetMainColorInputPutRenderTarget()
     {
          if (m_pBeginTargetArray && m_pBeginTargetArray->GetNum() > 0)
          {
               return (*m_pBeginTargetArray)[0];
          }
          return NULL;
     }
     virtual VSRenderTarget *GetRenderTarget(const VSOutputNode *pPutNode)
     {
          for (unsigned int i = 0 ; i < m_pOutput.GetNum() ;i++)
          {
               if (pPutNode == m_pOutput[i])
               {
                    if (m_pBeginTargetArray &&
                        i < m_pBeginTargetArray->GetNum())
                    {
```

```
                    return (*m_pBeginTargetArray)[i];
                }
                else
                {
                    return NULL;
                }
            }
        }
        return NULL;
    }
    inline void SetPara(VSArray<VSRenderTarget *> *pBeginTargetArray)
    {
        m_pBeginTargetArray = pBeginTargetArray;
    }
    virtual bool SetEndTarget(VSRenderTarget *pEndTarget)
    {
        return false;
    }
    //输入的渲染目标
    VSArray<VSRenderTarget *> *m_pBeginTargetArray;
    virtual VSPostEffectSceneRender *CreateSceneRender(){};
    virtual void OnDraw(VSCuller & Culler,double dAppTime){};
};
VSPEBeginFunction::VSPEBeginFunction(const VSUsedName & ShowName,
VSPostEffectSet *pPostEffectSet)
:VSPostEffectFunction(ShowName,pPostEffectSet)
{
    VSOutputNode *pOutNode = NULL;
    pOutNode = VS_NEW VSOutputNode(VSPutNode::PET_OUT,_T("OutColor"),this);
    VSMAC_ASSERT(pOutNode);
    m_pOutput.AddElement(pOutNode);
    m_pBeginTargetArray = NULL;
}
```

VSPEBeginFunction类是后期效果链的开始节点，它的输入渲染目标也是它输出的渲染目标，它只提供渲染目标，没有任何渲染处理，所以CreateSceneRender函数和OnDraw函数都是空的。接着是VSPEEndFunction节点，代码如下。

```
class VSPEEndFunction : public VSPostEffectFunction
{
    enum
    {
      INPUT_COLOR
    };
    virtual VSPostEffectSceneRender *CreateSceneRender(){};
    virtual void OnDraw(VSCuller & Culler,double dAppTime){};
};
VSPEEndFunction::VSPEEndFunction(const VSUsedName & ShowName,
VSPostEffectSet *pPostEffectSet)
:VSPostEffectFunction(ShowName,pPostEffectSet)
{
    VSInputNode *pInputNode = NULL;
    pInputNode = VS_NEW VSInputNode(VSPutNode::PET_OUT,_T("InputColor"),this);
    VSMAC_ASSERT(pInputNode);
   m_pInput.AddElement(pInputNode);
}
```

VSPEBeginFunction类和VSPEEndFunction类的所有接口调用都是通过VSPost-EffectSet类的接口调用实现并递归的。在VSPostEffectSet类的构造函数里，默认创建这两个类的实例，所有代码如下。

```
VSPostEffectSet::VSPostEffectSet(const VSUsedName &ShowName)
{
```

```
    m_pPostEffectFunctionArray.Clear();
    m_ShowName = ShowName;
    m_pPEBeginFunc = VS_NEW VSPEBeginFunction(_T("Begin"),this);
    m_pPEEndFunc = VS_NEW VSPEEndFunction(_T("End"),this);
}
void VSPostEffectSet::Draw(VSCuller & Culler,double dAppTime)
{
     m_pPEEndFunc->ClearFlag();
     m_pPEEndFunc->Draw(Culler,dAppTime);
}
void VSPostEffectSet::SetBeginTargetArray(
VSArray<VSRenderTarget *> *pBeginTargetArray)
{
     m_pPEBeginFunc->SetPara(pBeginTargetArray);
}
void VSPostEffectSet::GetRT(unsigned int uiWidth,unsigned int uiHeight)
{
     m_pPEEndFunc->GetRT(uiWidth,uiHeight);
}
void VSPostEffectSet::DisableRT()
{
     m_pPEEndFunc->DisableRT();
}
VSRenderTarget *VSPostEffectSet::GetEndTarget(unsigned int i)
{
    if (i < m_pPEEndFunc->m_pInput.GetNum())
    {
          VSRenderTarget *pTexture =
                    m_pPEEndFunc->GetRenderTarget(m_pPEEndFunc->m_pInput[i]);
          return pTexture;
    }
    return NULL;
}
bool VSPostEffectSet::SetEndTarget(VSRenderTarget *pEndTarget)
{
     for (unsigned int i = 0 ; i < m_pPostEffectFunctionArray.GetNum() ;i++)
     {
          m_pPostEffectFunctionArray[i]->m_bLastOne = false;
     }
     return m_pPEEndFunc->SetEndTarget(pEndTarget);
}
```

本质上所有的后期效果节点都封装了对应的 VSPostEffectSceneRender 类，后期效果集合把这些后期效果节点链接起来，使这些 VSPostEffectSceneRender 类可以协同工作。

11.3 后期材质效果

VSPEMaterial 节点类表示后期材质效果，它允许用户为渲染后期效果提供自定义材质。它有一个输入和一个输出，代码如下。

```
class VSPEMaterial : public VSPostEffectFunction
{
     VSPEMaterial(const VSUsedName & ShowName, VSPostEffectSet * pPostEffectSet);
     ~VSPEMaterial();
     virtual VSPostEffectSceneRender *CreateSceneRender();
     virtual void OnDraw(VSCuller & Culler, double dAppTime);
     void SetMaterial(VSMaterialR *pMaterial);
     enum
     {
         INPUT_COLOR
```

```
    };
    enum
    {
        OUT_COLOR
    };
    VSMaterialInstancePtr      m_pMaterialInstance;
};

VSPEMaterial::VSPEMaterial(const VSUsedName & ShowName,
VSPostEffectSet *pPostEffectSet)
:VSPostEffectFunction(ShowName, pPostEffectSet)
{
    VSInputNode *pInputNode = NULL;
    pInputNode = VS_NEW VSInputNode(VSPutNode::PET_OUT, _T("InputColor"), this);
    VSMAC_ASSERT(pInputNode);
    m_pInput.AddElement(pInputNode);
    VSOutputNode *pOutNode = NULL;
    pOutNode = VS_NEW VSOutputNode(VSPutNode::PET_OUT, _T("OutColor"), this);
    VSMAC_ASSERT(pOutNode);
    m_pOutput.AddElement(pOutNode);
    m_pMaterialInstance = NULL;
}
```

通过 VSPEMaterial::CreateSceneRender 创建 VSPEMaterialSceneRender 类来处理最终渲染过程，代码如下。

```
VSPostEffectSceneRender *VSPEMaterial::CreateSceneRender()
{
   if (!m_pPostEffectRender)
   {
        m_pPostEffectRender = VS_NEW VSPEMaterialSceneRender();
   }
   return m_pPostEffectRender;
}
```

用户只需要把编辑好的材质赋予这个节点，就会自动创建这个材质的实例，最后通过材质实例把参数设置进去，代码如下。

```
void VSPEMaterial::SetMaterial(VSMaterialR *pMaterial)
{
    m_pMaterialInstance = VS_NEW VSMaterialInstance(pMaterial);
}
```

渲染会调用 VSPEMaterialSceneRender 类，并通过材质调用 VSPostEffectPass 类，代码如下。

```
void VSPEMaterial::OnDraw(VSCuller & Culler, double dAppTime)
{
    VSRenderTarget *pTarget = GetRenderTarget(m_pInput[INPUT_COLOR]);
    if (!pTarget || !m_pMaterialInstance)
    {
        return;
    }
    if (m_pPostEffectRender)
    {
        VSPostEffectSceneRender *pTemp = m_pPostEffectRender;
        ((VSPEMaterialSceneRender*)pTemp)->SetSourceTarget(
                pTarget->GetCreateBy());
        ((VSPEMaterialSceneRender*)pTemp)->m_pMaterialInstacne =
            m_pMaterialInstance;
        m_pPostEffectRender->Draw(Culler, dAppTime);
    }
}
```

```
bool VSPEMaterialSceneRender::OnDraw(VSCuller & Culler)
{
     VSMaterial *pMaterial = m_pMaterialInstacne->GetMaterial();
     VSPostEffectPass *pPostEffectPass = pMaterial->GetPostEffectPass();
     pPostEffectPass->SetPassId(0);
     pPostEffectPass->SetMaterialInstance(m_pMaterialInstacne);
     pPostEffectPass->SetCamera(NULL);
     pPostEffectPass->SetSpatial(VSGeometry::GetDefaultQuad());
     //屏幕矩形的宽和高
     pPostEffectPass->m_uiRTWidth = m_uiRTWidth;
     pPostEffectPass->m_uiRTHeight = m_uiRTHeight;
     //后期效果输入的纹理
     pPostEffectPass->m_PColorBuffer = m_pTexAllState;
     pPostEffectPass->Draw(VSRenderer::ms_pRenderer);
     m_pTexAllState->m_pTex = NULL;
     return true;
}
```

创建材质的时候要告诉游戏引擎这个材质为后期效果所用，这个材质可以让用户访问这个后期效果输入的纹理，代码如下。

```
VSMaterial::VSMaterial(const VSUsedName &ShowName, unsigned int uiMUT)
{
   …
   else if (uiMUT == MUT_POSTEFFECT)
   {
        m_pPostEffectShaderFunction =
VS_NEW VSPostEffectShaderFunction(_T("PSMain"), this);
   }
   …
}
```

VSPostEffectPass 和其他渲染通道的区别在于它的顶点着色器来自文件，通过底层 API 来解析着色器里的参数信息和寄存器分配情况，通过参数名来设置参数，代码如下。

```
VSPostEffectPass::VSPostEffectPass()
{
   m_pMaterialInstance = NULL;
   m_pVShaderSet = NULL;
   m_pPShaderSet = NULL;
   MSPara.m_VSShaderPath = _T("PostEffectVShader.txt");
   MSPara.m_VMainFunName = _T("VSMain");
}
bool VSPostEffectPass::Draw(VSRenderer *pRenderer)
{
    if (!pRenderer || !m_pSpatial || !m_pMaterialInstance)
          return 0;
    VSMaterial *pMaterial = m_pMaterialInstance->GetMaterial();
    if (!pMaterial)
    {
          return 0;
    }
    MSPara.pCamera = m_pCamera;
    MSPara.pGeometry = (VSGeometry *)m_pSpatial;
    MSPara.pMaterialInstance = m_pMaterialInstance;
    MSPara.uiPassId = m_uiPassId;
    m_VShaderkey.Clear();
    m_PShaderkey.Clear();
    //生成顶点着色器
    if (!GetVShader(MSPara, VSResourceManager::GetVertexShaderMap(),
             VSUsedName::ms_cPostEffectVertex))
    {
          return 0;
```

```
    }
    //生成像素着色器
    if (!GetPShader(MSPara, VSResourceManager::GetMaterialShaderMap(),
              pMaterial->GetResourceName()))
    {
          return 0;
    }
    //设置顶点着色器参数
    pRenderer->SetMaterialVShaderConstant(MSPara, GetPassType(),
              m_pMaterialInstance->m_pCurVShader[GetPassType()]);
    //设置像素参数
    pRenderer->SetMaterialPShaderConstant(MSPara, GetPassType(),
              m_pMaterialInstance->m_pCurPShader[GetPassType()]);
    //设置其他参数
    SetCustomConstant(MSPara,
              m_pMaterialInstance->m_pCurVShader[GetPassType()],
              m_pMaterialInstance->m_pCurPShader[GetPassType()]);
    if (!pRenderer->DrawMesh((VSGeometry *)m_pSpatial, &m_RenderState,
          m_pMaterialInstance->m_pCurVShader[GetPassType()],
          m_pMaterialInstance->m_pCurPShader[GetPassType()]))
    {
          return false;
    }
    return 1;
}
void VSPostEffectPass::SetCustomConstant(MaterialShaderPara &MSPara,
VSVShader * pVShader, VSPShader *pPShader)
{
    //顶点着色器源自自定义文件，通过名字设置参数
    VSREAL Inv_Width = 1.0f / m_uiRTWidth;
    VSREAL Inv_Height = 1.0f / m_uiRTHeight;
    pVShader->SetParam(VSUsedName::ms_cPostInv_Width, &Inv_Width);
    pVShader->SetParam(VSUsedName::ms_cPostInv_Height, &Inv_Height);
    //这个参数没有在 SetMaterialPShaderConstant 函数中设置
    static VSUsedName PSColorBufferSampler =
              VSShaderStringFactory::ms_PSColorBufferSampler;
    pPShader->SetParam(PSColorBufferSampler, m_PColorBuffer);
}
```

通过在材质里使用 VSColorBuffer 节点，用户可以访问绑定的输入纹理。这个节点属于非用户自定义节点。该节点的输入是纹理坐标，如果输入为空，就使用游戏引擎默认的全屏矩形的纹理坐标，代码如下。

```
class VSGRAPHIC_API VSColorBuffer : public VSShaderFunction
{
     virtual bool GetFunctionString(VSString &OutString)const;
     virtual void ResetInShaderName();
     virtual bool GetInputValueString(VSString &InputString)const;
     virtual bool GetOutPutValueString(VSString &OutString)const;
     enum
     {
        IN_TEXCOORD,
        IN_MAX
     };
     enum
     {
        OUT_COLOR,
        OUT_COLOR_R,
        OUT_COLOR_G,
        OUT_COLOR_B,
        OUT_MAX
     };
};
```

GetFunctionString 函数会调用 API 层的 TexColorBuffer 函数，这里通过 VSShaderStringFactory::ms_PSColorBufferSampler 绑定了输入纹理，代码如下。

```
bool VSColorBuffer::GetFunctionString(VSString &OutString)const
{
    if (VSRenderer::ms_pRenderer)
         OutString += VSRenderer::ms_pRenderer->TexColorBuffer(this);
    return 1;
}
VSString VSDirectX9Renderer::TexColorBuffer(
const VSColorBuffer *pColorBuffer) const
{
   if (!pColorBuffer)
         return VSString();
   return pColorBuffer->GetOutputNode(
VSColorBuffer::OUT_COLOR)->GetNodeName().GetString() + _T(" = tex2D(") +
VSShaderStringFactory::ms_PSColorBufferSampler + _T(",") +
pColorBuffer->GetInputNode(
VSColorBuffer::IN_TEXCOORD)->GetNodeName().GetString() + _T(");\n");
}
```

ms_PSColorBufferSampler 是非用户自定义节点。在生成的着色器代码中，它是通过游戏引擎解析的，但游戏引擎并没有在 SetMaterialPShaderConstant 里设置相关信息，而是在外部通过名称设置的。它定义在下面的代码中。

```
void VSDirectX9Renderer::CreatePUserConstant(VSPShader *pPShader,
MaterialShaderPara &MSPara,unsigned int uiPassType,VSString & OutString)
{
    …
    else if (uiPassType == VSPass::PT_POSTEFFECT)
    {
         unsigned int uiRegisterID = 0;
         VSMaterial *pMaterial = MSPara.pMaterialInstance->GetMaterial();
         //在代码中声明
         pMaterial->CreateConstValueDeclare(OutString, uiRegisterID);
         //解析参数
         pMaterial->CreateCustomValue(pPShader);
         unsigned uiTexRegisterID = 0;
         CreateGBufferSampler(pPShader, MSPara, uiTexRegisterID, OutString);
         //在代码中声明
         pMaterial->CreateTextureDeclare(OutString, uiTexRegisterID);
         //解析参数
         pMaterial->CreateCustomTexture(pPShader);
    }
    pPShader->m_bCreatePara = true;
}
```

CreateGBufferSampler 函数除了关联颜色缓存以外，还列举了关联的深度法线缓存（depth normal buffer）。如果使用延迟渲染流程，用户就可以访问深度和法线，实现一些更好的效果，代码如下。

```
void VSDirectX9Renderer::CreateGBufferSampler(VSPShader *pPShader,
MaterialShaderPara &MSPara, unsigned int &uiTexRegisterID,
VSString & OutString)
{
    VSMaterial *pMaterial = MSPara.pMaterialInstance->GetMaterial();
    if (pMaterial->GetPostEffectShaderFunction())
    {
         //在代码中声明
         OutString +=
                  VSRenderer::ms_pRenderer->Sampler(VSTexture::TT_2D) + _T(" ");
```

```
        OutString += VSShaderStringFactory::ms_PSColorBufferSampler
            + VSRenderer::ms_pRenderer->SetRegister(VSRenderer::RT_S,
                    uiTexRegisterID) + _T(";\n");
        //解析参数
        VSUserSampler *pSampler = VS_NEW VSUserSampler(
                VSShaderStringFactory::ms_PSColorBufferSampler,
                VSTexture::TT_2D, uiTexRegisterID, 1);
        pPShader->m_pUserSampler.AddElement(pSampler);
        uiTexRegisterID++;
        //在代码中声明
        OutString +=
                VSRenderer::ms_pRenderer->Sampler(VSTexture::TT_2D) + _T(" ");
        OutString += VSShaderStringFactory::ms_PSDepthNormalBufferSampler
            + VSRenderer::ms_pRenderer->SetRegister(VSRenderer::RT_S,
            uiTexRegisterID) + _T(";\n");
        //解析参数
        pSampler = VS_NEW VSUserSampler(
                VSShaderStringFactory::ms_PSDepthNormalBufferSampler,
                VSTexture::TT_2D, uiTexRegisterID, 1);
        pPShader->m_pUserSampler.AddElement(pSampler);
        uiTexRegisterID++;
    }
}
```

示例

示例 11.1

创建和存储后期效果集合，分别为屏幕灰色后期效果集合和屏幕灰色加自定义材质后期效果集合。

VSPESetGray 类继承自 VSPostEffectSet 类，这里创建了一个使屏幕变灰色的节点，代码如下。

```
VSPESetGray::VSPESetGray(const VSUsedName &ShowName) : VSPostEffectSet(ShowName)
{
    VSPEGray *pPEGray = VS_NEW VSPEGray(_T("Gray"),this);
    m_pPEEndFunc->GetInputNode(VSPEEndFunction::INPUT_COLOR)->Connection(
pPEGray->GetOutputNode(VSPEGray::OUT_COLOR));
    pPEGray->GetInputNode(VSPEGray::INPUT_COLOR)->Connection(
m_pPEBeginFunc->GetOutputNode(VSPEBeginFunction::OUT_COLOR));
}
```

m_pPEEndFunc 的输入来自 pPEGray 节点，而 pPEGray 的输入来自 m_pPEBeginFunc 的输出。屏幕后期效果集合如图 11.6 所示。

图 11.6 屏幕后期效果集合

要创建屏幕灰色后期效果集合，代码如下。

```
VSPESetMaterialAndGray::VSPESetMaterialAndGray(const VSUsedName &ShowName,
VSMaterialR *pMaterial) : VSPostEffectSet(ShowName)
{
    VSPEGray *pPEGray = VS_NEW VSPEGray(_T("Gray"), this);
    VSPEMaterial *pPEMaterial = VS_NEW VSPEMaterial(_T("Material"),this);
    pPEMaterial->SetMaterial(pMaterial);
    m_pPEEndFunc->GetInputNode(VSPEEndFunction::INPUT_COLOR)->Connection(
```

```
pPEMaterial->GetOutputNode(VSPEMaterial::OUT_COLOR));
   pPEMaterial->GetInputNode(VSPEMaterial::INPUT_COLOR)->Connection(
pPEGray->GetOutputNode(VSPEGray::OUT_COLOR));
   pPEGray->GetInputNode(VSPEGray::INPUT_COLOR)->Connection(
m_pPEBeginFunc->GetOutputNode(VSPEBeginFunction::OUT_COLOR));
}
```

如图 11.7 所示，加入后期材质效果。

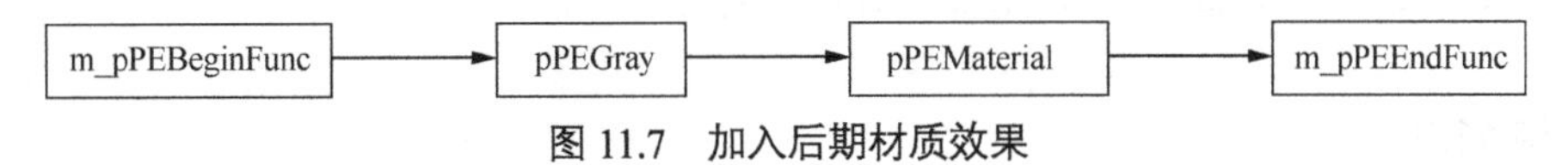

图 11.7 加入后期材质效果

代码如下。

```
VSPostEffectMaterial::VSPostEffectMaterial(const VSUsedName &ShowName)
:VSMaterial(ShowName, MUT_POSTEFFECT)
{
   VSColorBuffer *pColorBuffer = VS_NEW VSColorBuffer(_T("ColorBuffer"), this);
   VSConstFloatValue *pMulColor = VS_NEW VSConstFloatValue(_T("Color"),
       this, 4, false);
   pMulColor->SetValue(0, 1.0f);
   pMulColor->SetValue(1, 0.0f);
   pMulColor->SetValue(2, 0.0f);
   pMulColor->SetValue(3, 1.0f);
   VSMul *pMul = VS_NEW VSMul(_T("Mul"), this);
   pMul->GetInputNode(0)->Connection(pColorBuffer->GetOutputNode(0));
   pMul->GetInputNode(1)->Connection(pMulColor->GetOutputNode(0));
   m_pPostEffectShaderFunction->GetInputNode(VSPostEffectShaderFunction::IN_COLOR)->
         Connection(pMul->GetOutputNode(0));
   m_ResourceName = _T("_PostEffectMaterial");
}
```

后期材质效果的材质树如图 11.8 所示。VSPostEffectMaterial 类输出的颜色为颜色缓存的数值乘以红色 RGBA 数值。

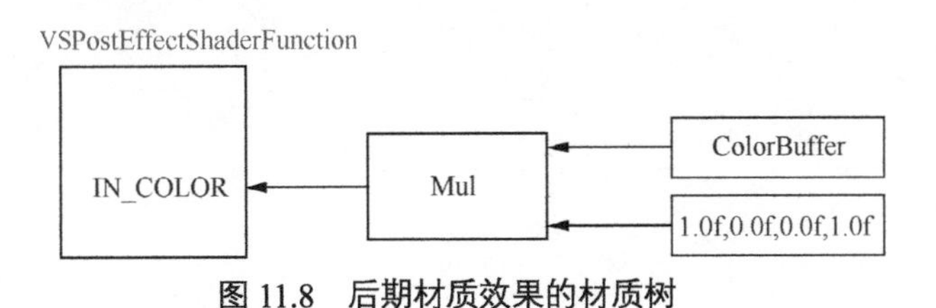

图 11.8 后期材质效果的材质树

示例 11.2

演示使屏幕灰色的后期效果集合（见图 11.9），代码如下。

```
//加载后期效果集合
VSPostEffectSetR *pGray = VSResourceManager::LoadASYNPostEffect(
_T("PostEffect_Gray.POSTEFFECT"), false);
//把后期效果集合添加到 VSViewFamily
VSWorld::ms_pWorld->AttachWindowViewFamilyToCamera(m_pCameraActor,
VSWindowViewFamily::VT_WINDOW_NORMAL,_T("WindowUse"), SceneMap,
VSForwardEffectSceneRenderMethod::ms_Type.GetName().GetBuffer(), -1, pGray);

//按键开关
else if (uiKey == VSEngineInput::BK_P)
{
     //得到默认 VSWindowViewFamily
     VSViewFamily *pViewFamily =
VSSceneManager::ms_pSceneManager->GetViewFamily(_T("WindowUse"));
```

```
    //得到 VSSceneRenderMethod
    VSSceneRenderMethod *pRM = pViewFamily->m_pSceneRenderMethod;
    //得到后期效果集合
    VSPostEffectSet *pPESet = pRM->GetPostEffectSet();
    static VSUsedName PEGrayName = _T("Gray");
    //得到对应的节点
    VSPostEffectFunction *PEGray =
            pPESet->GetPEFunctionFromShowName(PEGrayName);
    PEGray->m_bEnable = !PEGray->m_bEnable;
}
```

示例 11.3

演示屏幕灰色加后期材质效果的后期效果集合（见图 11.10）。

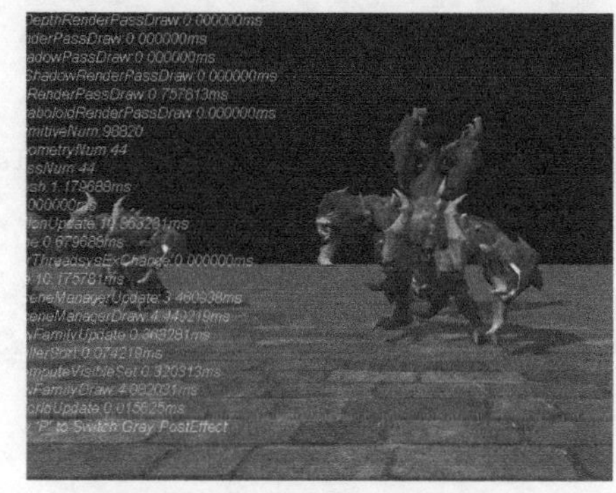

图 11.9 示例 11.2 的演示效果

图 11.10 示例 11.3 的演示效果

第12章

阴　　影

阴影和光照是一体的，光源达不到的地方，就应该是此光源的阴影区域。阴影算法十分多，例如阴影映射、阴影体、透视阴影映射（Perspective Shadow Map，PSM）、光源空间阴影映射（Light Space Shadow Map，LSSM）、梯形阴影映射（Trapezoidal Shadow Map，TSM）、扩展透视阴影映射（Extended Perspective Shadow Map，EPSM）、双剖面阴影映射（Dual Paraboloid Shadow Map，DPSM）、多层阴影映射（Cascaded Shadow Map，CSM）、差额阴影映射（Variance Shadow Map，VSM）等。由于物体可以在当前相机的深度写入渲染目标，因此后面又出现了许多屏幕空间阴影的算法。

阴影映射、阴影体、CSM 算法在 Direct X SDK Sampler 里都已实现，读者可以去查看。在 NVIDIA Sampler 里，有一个示例包含了 PSM、TSM、EPSM、LSSM 完整的实现代码。PSM 算法在《游戏编程精粹 4》和《GPU Gem 1》里都有介绍，其他算法在网络上也可以找到。

抛开阴影体算法，所有名字带“阴影映射”的算法执行过程如下。

（1）在“特殊空间”中，以光源作为虚拟相机，找到那些阴影在主相机内可见的物体，并把深度值写入渲染目标中。

（2）在主相机的像素着色器中，把像素点先转换到特殊空间，再转换到光源虚拟相机空间，求出像素深度，并和渲染目标中的深度值进行比较。

（3）如果像素深度大于渲染目标中的深度值，那么像素点就在阴影里；否则，像素点就不在阴影里。

这个特殊空间在传统的阴影映射中就是世界空间。为了有效利用渲染目标空间，使阴影的表现力更好，前面提到的许多变种的阴影映射算法都经过特殊矩阵转换到特殊空间，然后再进行传统阴影映射算法，如 PSM 就是在主相机透视投影空间下进行的。“渲染影子可投射到视野范围内的物体”这句话要分两方面进行分析：一方面，不投影的物体不需要渲染；另一方面，主相机可能对物体不可见，但这个物体的投影是可见的，所以要经过必要的处理。最后要说的是“深度”。深度不一定是在投影空间（透视投影或者正交投影）中的 z 值，也可以是相机空间的 z 值或者光源点到渲染点的距离。

前面所涉及的阴影算法都可以在网上找到相应的文章和代码，本章只介绍一些在游戏引擎中常用的算法。

本章的主要内容如下。

- 方向光、点光源、聚光灯的传统阴影映射的实现。虽然传统的阴影映射有缺陷，但对于点光源和聚光灯，游戏引擎中还在使用。点光源和聚光灯的照射范围有限，所以投射阴影的物体也有限，这样在同样大小的渲染目标下存放的信息也就越多。
- CSM。因为方向光照射范围大，所以较多游戏引擎中使用 CSM。不过 CSM 也有许多变种算法，作者只介绍传统的算法。
- 阴影体。本章主要讲解 GPU 的实现。
- 投射体阴影（Project Volume Shadow）。这种算法对光照和阴影单独进行处理，降低它们的耦合性，这类似于阴影体和延迟贴花（deferred decal）。Unreal Engine 通过它不仅实现了调制阴影（modulated shadow），还只用一个渲染目标就实现了 CSM。

- 点光源的双剖面阴影映射，以及实时的球形反射。

注意：关于 CPU 的阴影体算法和实现，读者可以在网上搜索作者的《地形制作全攻略》这篇博客文章。

关于所有阴影映射算法，读者只要记住几点核心内容就可以。

（1）把物体以光源为虚拟相机的“相关深度”有效渲染到渲染目标上。

（2）算出转换矩阵——光源阴影矩阵（light shadow matrix）（就是作者前面说的转换到特殊空间的矩阵，然后再乘以这个空间下光源虚拟相机的相机投影矩阵（view project matrix））。

（3）大部分算法和当前主相机视角（Field of View，FoV）有关联，所以更换视角后就要重新渲染。

注意：以光源为虚拟相机的相关深度称为光源深度。

12.1 引言

在介绍算法前需要明确两个概念——投射阴影的物体和接收阴影的物体。找出投射阴影的物体和通过相机裁剪物体的流程大同小异，唯一不同的是裁剪条件，要去除那些不投影的物体。前文介绍过 VSCuller 类，VSCuller 类的作用是收集可见物体和光源，然后进行分类。

下面 4 个类都继承自 VSCuller 类，根据不同的阴影算法，得到的投射阴影的物体也不同。

```
class VSVolumeShadowMapCuller : public VSShadowCuller
class VSDirShadowMapCuller : public VSShadowCuller
class VSCSMDirShadowMapCuller : public VSDirShadowMapCuller
class VSDualParaboloidCuller : public VSShadowCuller
```

许多阴影算法都有相机依赖性，也就是针对相机中的每一次成像都要渲染一次光源深度。例如，停车场管理室中有多个屏幕的监控画面，每一个屏幕的监控画面都对应一个相机，如果算法依赖于相机视角，那么在每一个相机视角下都要计算一次光源深度。如果阴影算法没有依赖性，那么计算一次即可。在本章介绍的影子算法中，方向光传统阴影映射和 CSM 都有相机依赖性，每次成像都要渲染一次光源深度，而聚光灯、点光源的传统阴影映射都无相机依赖性，后文会给出详细实现和讨论。

现在重新回到光源基类，代码如下。

```
class VSGRAPHIC_API VSLocalLight : public VSLight
{
    //渲染相机无关的光源深度
    virtual void DrawNoDependenceShadowMap(VSCuller & CurCuller,
                                            double dAppTime);
    //结束渲染相机无关的光源深度
    virtual void DisableNoDependenceShadowMap(double dAppTime);
    //渲染相机相关的光源深度
    virtual void DrawDependenceShadowMap(VSCuller & CurCuller,
                                            double dAppTime);
    //结束渲染相机相关的光源深度
    virtual void DisableDependenceShadowMap(double dAppTime);
    //深度偏差
    VSREAL m_ZBias;
    //是否重新计算潜在的可见的投影物体
    bool m_bBackObjectShadow;
    //把物体从世界空间转换到光源渲染对应的深度空间的矩阵
```

```
        VSMatrix3X3W m_LightShadowMatrix;
        //是否投射阴影
        bool m_bIsCastShadow;
        //阴影深度渲染目标大小
        unsigned int m_uiRTWidth;
        //起作用的场景
        VSArray<VSScene *> m_pScene;
        //最后生成的深度纹理
        VSArray<VSTexAllStatePtr> m_pShadowTexture;
        //不依赖相机的标记，为了避免多次渲染
        bool m_bShadowMapDrawEnd;
};
```

在 DrawNoDependenceShadowMap 函数和 DrawDependenceShadowMap 函数中，会在池中申请渲染目标并完成光源深度渲染，先得到光源深度纹理（m_pShadowTexture），再得到光源阴影矩阵（m_LightShadowMatrix）。在 DisableNoDependenceShadowMap 函数和 DisableDependenceShadowMap 函数中释放渲染目标。

VSSceneRender::Draw 函数的详细代码在前文已经讲过，这里大部分用伪代码来表示。

```
bool VSSceneRender::Draw(VSCuller & Culler,double dAppTime)
{
        设置 ClearColor、ClearDepth、ClearStencilBuffer
        if(n 个 ViewPort)
        {
            for (0 to n-1 ViewPort)
            {
                        设置 ViewPort
                        DrawUseCurView(Culler,dAppTime);
                        SetRenderTarget SetDepthStencil
                        Draw
                        EndRenderTarget EndDepthStencil
                        DisableUseCurView(Culler,dAppTime);
            }
        }
        else
        {
                    设置 ViewPort
                    DrawUseCurView(Culler,dAppTime);
                    SetRenderTarget SetDepthStencil
                    Draw
                    EndRenderTarget EndDepthStencil
                    DisableUseCurView(Culler,dAppTime);
        }
        设置回原来的 ClearColor、ClearDepth、ClearStencilBuffer
        return true;
}
```

无论当前相机是否有多个视口，都会在 SetRenderTarget 函数之前调用 DrawUseCurView 函数，然后在 EndRenderTarget 函数之后调用 DisableUseCurView 函数，DrawUseCurView 函数与 DisableUseCurView 函数处理和当前相机有关的事情，代码如下。

```
void VSSceneRender::DrawUseCurView(VSCuller & Culler,double dAppTime)
{
}
void VSSceneRender::DisableUseCurView(VSCuller & Culler,double dAppTime)
{
}
```

VSSceneRender 类是虚基类，这两个函数现在没做任何事情。而 VSMaterialSceneRender 子类进行了渲染光源深度的处理，代码如下。

```
void VSMaterialSceneRender::DrawUseCurView(VSCuller & Culler,double dAppTime)
{
    for (unsigned int i = 0 ;i < Culler.GetLightNum() ; i++)
    {
        VSLocalLight *pLocalLight =
                    DynamicCast<VSLocalLight>(Culler.GetLight(i));
        if (pLocalLight)
        {
            pLocalLight->DrawDependenceShadowMap(Culler,dAppTime);
            pLocalLight->DrawNoDependenceShadowMap(Culler, dAppTime);
        }
    }
}
void VSMaterialSceneRender::DisableUseCurView(VSCuller & Culler,double dAppTime)
{
    for (unsigned int i = 0 ;i < Culler.GetLightNum() ; i++)
    {
        VSLocalLight *pLocalLight =
            DynamicCast<VSLocalLight>(Culler.GetLight(i));
        if (pLocalLight)
        {
            pLocalLight->DisableDependenceShadowMap(Culler,dAppTime);
        }
    }
}
```

这两个函数都处理了可见光源中关于渲染光源深度的事情，VSMaterialSceneRender::DrawUseCurView 函数分别负责相机相关（DrawDependenceShadowMap）和无关（DrawNo-DependenceShadowMap）的处理，而 VSMaterialSceneRender::DisableUseCurView 只负责相机相关（DisableDependenceShadowMap）的处理。对于相机无关的函数调用，要通过 m_bShadowMapDrawEnd 变量来标记，这样无论有多少台相机，每帧都只渲染一次，代码如下。

```
void XXX::DrawNoDependenceShadowMap(VSCuller & CurCuller, double dAppTime)
{
    if (m_bEnable && m_bIsCastShadow)
    {
        if (m_bShadowMapDrawEnd == false)
        {
            m_bShadowMapDrawEnd = true;
        }
        else
        {
            return;
        }
        DrawShadowMap(CurCuller, dAppTime);
    }
}
```

如果 m_bShadowMapDrawEnd 为 false，则标记为 true，并渲染光源深度；否则，直接跳出 DrawNoDependenceShadowMap 函数。因为算法与相机无关，所以 m_bShadowMapDrawEnd 每帧重置一次，并释放相应的渲染目标，代码如下。

```
void VSSceneManager::Draw(double dAppTime)
{
     ViewFamilyUpdate And Draw
     for (unsigned int i = 0 ;i < m_pScene.GetNum() ; i++)
     {
          for (unsigned int j = 0 ; j < m_pScene[i]->GetAllLightNum() ;j++)
          {
               VSLocalLight *pLight =
                         DynamicCast<VSLocalLight>(m_pScene[i]->GetAllLight(j));
               if (pLight)
```

```
            {
                pLight->DrawLightMaterial(dAppTime);
                pLight->DisableNoDependenceShadowMap(dAppTime);
            }
        }
    }
}
void VSLocalLight::DisableNoDependenceShadowMap(double dAppTime)
{
    m_bShadowMapDrawEnd = false;
}
```

大部分时间相机只有一个视口，几乎很少在游戏中出现多个视口。一旦出现多个视口，值得商榷的问题就是把光源深度的渲染放到视口的 for 循环之外还是之内。因为一旦出现多个视口，就涉及改变相机视角的情况。如果不改变相机视角，那么这时候依赖于相机的光源深度渲染完全可以放到 for 循环之外；如果改变了相机视角，就改变了相机投影矩阵，当光源深度渲染依赖相机的投影矩阵时，相关渲染（如透视阴影映射）要放到 for 循环之内。

12.2 阴影映射

本节介绍的都是传统的阴影映射算法，所以算法相对简单。

如图 12.1 所示，点 *A* 在相机下可见，光源和相机类似，也是有方向的，所以光源也有自己的空间（光源空间）。从光源的方向看去，点 *A* 是看不到的（被物体遮挡住），和点 *A* 在同一条光线上的点 *B* 比点 *A* 距离光源更近。把点 *B* 到光源的距离存放到渲染目标中，这个距离就是光源深度。

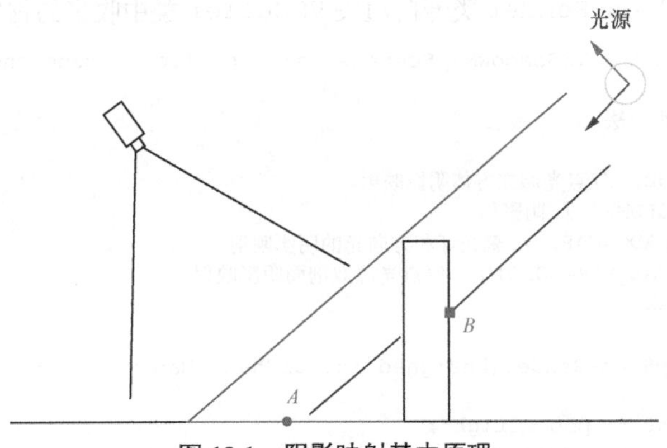

图 12.1 阴影映射基本原理

在方向光、点光源、聚光灯这 3 种光源中，方向光没有光源位置信息，而点光源和聚光灯有光源位置信息；方向光和聚光灯都有光照的方向，而点光源是向四面八方投射的。

VSShadowCuller 类是由投影光源构成的 Culler，通过裁剪得到投影的物体，代码如下。

```
class VSGRAPHIC_API VSShadowCuller : public VSCuller
{
    virtual unsigned int GetCullerType()const
    {
        return CUT_SHADOW;
    }
    //投影的光源
    VSLocalLight *m_pLocalLight;
    //即使对光源虚拟相机可见，也要再进一步裁剪模型，查看是否投影
    virtual bool CullConditionNode(VSMeshNode *pMeshNode);
    //从 Culler 里对可见物体进行裁剪，得到对 VSShadowCuller 可见的物体
```

```
        virtual void GetOnlyVisibleSetFrom(VSCuller & Culler);
}
```

进入裁剪流程后，如果判断为可见，则会进入 VSNode 节点的 ComputeNodeVisibleSet 函数。凡是从 VSMeshNode 类继承的节点都要调用 CullConditionNode 函数。ComputeNode-VisibleSet 函数的代码如下。

```
void VSMeshNode::ComputeNodeVisibleSet(VSCuller & Culler,bool bNoCull,
double dAppTime)
{
    if (!Culler.CullConditionNode(this))
    {
        VSNode::ComputeNodeVisibleSet(Culler,bNoCull,dAppTime);
    }
}
```

VSCuller 类没做任何处理，VSShadowCuller 类判断模型是否投影，代码如下。

```
bool VSCuller::CullConditionNode(VSMeshNode *pMeshNode)
{
    return false;
}
bool VSShadowCuller::CullConditionNode(VSMeshNode *pMeshNode)
{
    if (pMeshNode->m_bCastShadow == true)
    {
        return false;
    }
    return true;
}
```

VSShadowMapSceneRender 类专门渲染 VSCuller 类中收集的物体，代码如下。

```
class VSGRAPHIC_API VSShadowMapSceneRender : public VSSceneRender
{
     enum //阴影算法
     {
         SMT_CUB, //点光源立方体阴影映射
         SMT_VOLUME, //阴影体
         SMT_SHADOWMAP, //聚光灯和方向光的阴影映射
         SMT_DUAL_PARABOLOID, //点光源双剖面阴影映射
         SMT_MAX
    };
    VSShadowMapSceneRender(unsigned int uiShadowMapType);
    //对应光源
    VSLocalLight *m_pLocalLight;
    virtual bool Draw(VSCuller & Culler,double dAppTime);
    virtual bool OnDraw(VSCuller & Culler,unsigned int uiRenderGroup,
            double dAppTime);
    unsigned int m_uiShadowMapType;
};
```

这里有 4 种渲染方法，具体怎么得到光源深度也是后文要讲解的，算法都集中写在 OnDraw 函数里。

有些物体的材质是多通道的，渲染光源深度的时候只渲染一次即可。作者在 VSGeometry::ComputeNodeVisibleSet 函数里添加了对阴影类型的 VSCuller 类处理，当此通道的渲染状态为透明度混合时，模型就要被剔除，直到遇到渲染状态为非透明度混合的模型，代码如下。

```
void VSGeometry::ComputeNodeVisibleSet(VSCuller & Culler,bool bNoCull,
double dAppTime)
{
    …
    VSMaterial *pMaterial = pMaterialInstance->GetMaterial();
```

```
    for (unsigned int i = 0 ; i < pMaterial->GetShaderMainFunctionNum() ;i++)
    {
        VSRenderContext VisibleContext;
        VisibleContext.m_pGeometry = this;
        VisibleContext.m_pMaterialInstance = pMaterialInstance;
        VisibleContext.m_uiPassId = i;
        VisibleContext.m_pMaterial = pMaterial;
        const VSBlendDesc & BlendDest =
                    pMaterial->GetRenderState(i).GetBlendState()->GetBlendDesc();
        if (Culler.GetCullerType() == VSCuller::CUT_SHADOW)
        {
            if (BlendDest.IsBlendUsed())
            {
                return;
            }
            else
            {
                Culler.InsertObject(VisibleContext, VSCuller::VST_BASE,
                    uiRenderGroup);
                return;
            }
        }
        else
        {
            …
        }
    }
}
```

1. 聚光灯

VSSpotLight 类为聚光灯类，它具备方向性和位置信息，所以用它构建虚拟相机是最容易的。它可以算出相机矩阵和投影矩阵，而普通的阴影映射是相机无关的。VSSpotLight 类的代码如下。

```
class VSGRAPHIC_API VSSpotLight : public VSLocalLight
{
    enum
    {
        ST_NORMAL, //阴影映射
        ST_VOLUME, //阴影体
        ST_PROJECT, //投射体阴影
        ST_MAX
    };
    //清空阴影相关设置
    void ResetShadow();
    //设置阴影类型
    void SetShadowType(unsigned int uiShadowType);
    virtual void DrawDependenceShadowMap(VSCuller & CurCuller,
                double dAppTime);
    virtual void DisableDependenceShadowMap(VSCuller & CurCuller,
                double dAppTime);
    virtual void DrawNoDependenceShadowMap(VSCuller & CurCuller,
                double dAppTime);
    virtual void DisableNoDependenceShadowMap(double dAppTime);
    //渲染影子的场景渲染器
    VSShadowMapSceneRenderPtr m_pShadowMapSceneRender;
    //阴影类型
    unsigned int m_uiShadowType;
    //渲染阴影
    void DrawNormalShadowMap(VSCuller & CurCuller,double dAppTime);
    //存放深度的渲染目标
    VSRenderTargetPtr m_pShadowRenderTarget;
};
```

本节只介绍普通的阴影映射算法（ST_NORMAL），作者只把相关的信息“暴露”出来，以便读者查看。下面是设置使用哪种阴影方法的代码。

```
//清空纹理和m_pShadowMapSceneRender
void VSSpotLight::ResetShadow()
{
    m_pShadowTexture.Clear();
    m_pShadowMapSceneRender = NULL;
}
void VSSpotLight::SetShadowType(unsigned int uiShadowType)
{
    ResetShadow();
    if (uiShadowType == ST_NORMAL)
    {
        //创建存放阴影的纹理
        m_pShadowTexture.AddElement(VS_NEW VSTexAllState());
        m_pShadowTexture[0]->SetSamplerState(
                (VSSamplerState*)VSSamplerState::GetShadowMapSampler());
        //创建VSShadowMapSceneRender
        m_pShadowMapSceneRender = VS_NEW VSShadowMapSceneRender(
                VSShadowMapSceneRender::SMT_SHADOWMAP);
        m_pShadowMapSceneRender->m_pLocalLight = this;
    }
    m_bShadowMapDrawEnd = false;
    m_uiShadowType = uiShadowType;
}
```

普通的阴影映射使用的采样方法如下。

```
VSSamplerDesc ShadowSamplerDesc;
ShadowSamplerDesc.m_uiMag = VSSamplerDesc::FM_LINE;
ShadowSamplerDesc.m_uiMin = VSSamplerDesc::FM_LINE;
ShadowSamplerDesc.m_uiCoordU = VSSamplerDesc::CM_BORDER;
ShadowSamplerDesc.m_uiCoordV = VSSamplerDesc::CM_BORDER;
ShadowSamplerDesc.m_BorderColor = VSColorRGBA(1.0f,1.0f,1.0f,1.0f);
ShadowMapSampler = VSResourceManager::CreateSamplerState(ShadowSamplerDesc);
```

对于存放深度的渲染目标所关联的纹理，若超出采样范围，得到的值为1.0，表示没有遮挡。DrawNoDependenceShadowMap函数用于渲染与视觉无关的阴影，代码如下。

```
void VSSpotLight::DrawNoDependenceShadowMap(VSCuller & CurCuller, double dAppTime)
{
    //如果光源点亮并投影
    if (m_bEnable && m_bIsCastShadow)
    {
        //因为与相机无关，所以第1次进入会被标记
        if (m_bShadowMapDrawEnd == false)
        {
            m_bShadowMapDrawEnd = true;
        }
        else
        {
            return;
        }
        if (m_uiShadowType == ST_NORMAL)
        {
            //渲染普通的阴影映射
            DrawNormalShadowMap(CurCuller, dAppTime);
        }
    }
}
```

下面进入 DrawNormalShadowMap 函数，代码如下。

```
void VSSpotLight::DrawNormalShadowMap(VSCuller & CurCuller,double dAppTime)
{
    //判断光源是否可见
    if (CurCuller.HasLight(this) == false)
    {
        return;
    }
    VSVector3 Dir,Up,Right;
    GetWorldDir(Dir,Up,Right);
    //光源的 Culler
    VSShadowCuller    TempCuller;
    //构建光源的虚拟相机
    VSCamera LightCamera;
    LightCamera.CreateFromLookDir(GetWorldTranslate(),Dir);
    LightCamera.SetPerspectiveFov(m_Phi,1.0f,1.0f,m_Range);
    if (m_pScene.GetNum() > 0)
    {
        TempCuller.ClearPlaneState();
        TempCuller.ClearAllPlane();
        TempCuller.ClearVisibleSet();
        TempCuller.ClearLight();
        TempCuller.m_pLocalLight = this;
        TempCuller.PushCameraPlane(LightCamera);
        //裁剪
        for (unsigned int i = 0 ; i < m_pScene.GetNum() ;i++)
        {
            VSScene *pScene = m_pScene[i];
            if (!pScene)
            {
                continue;
            }
            pScene->ComputeVisibleSet(TempCuller,false,dAppTime);
        }
        TempCuller.Sort();
    }
    //得到将物体转换到光源投影空间的矩阵
    m_LightShadowMatrix =
            LightCamera.GetViewMatrix() *LightCamera.GetProjMatrix();
    //得到渲染目标和深度缓存
    m_pShadowRenderTarget = VSResourceManager::Get2DRenderTarget(
            m_uiRTWidth, m_uiRTWidth, VSRenderer::SFT_R32F, 0);
    VSDepthStencil *pDepthStencil = VSResourceManager::GetDepthStencil(
            m_uiRTWidth, m_uiRTWidth, VSRenderer::SFT_D24S8, 0);
    //设置清空参数，默认颜色为白色
    m_pShadowMapSceneRender->SetParam(VSRenderer::CF_USE_MAX,
        VSColorRGBA(1.0f, 1.0f, 1.0f, 1.0f), 1.0f, 0);
    m_pShadowMapSceneRender->ClearRTAndDepth();
    //设置渲染目标和深度缓存
    m_pShadowMapSceneRender->SetDepthStencil(pDepthStencil,
        VSCuller::RG_NORMAL);
    m_pShadowMapSceneRender->AddRenderTarget(m_pShadowRenderTarget);
    //渲染
    m_pShadowMapSceneRender->Draw(TempCuller, dAppTime);
    //得到对应的纹理
    m_pShadowTexture[0]->m_pTex = m_pShadowRenderTarget->GetCreateBy();
    //释放深度缓存
    VSResourceManager::DisableDepthStencil(pDepthStencil);
}
```

在 VSShadowMapSceneRender::OnDraw 函数里，作者只给出了通过普通阴影映射渲染光源深度的相关代码。

```
bool VSShadowMapSceneRender::OnDraw(VSCuller & Culler,unsigned int uiRenderGroup,
double dAppTime)
{
    //只处理VSCuller::RG_NORMAL
    if (uiRenderGroup != VSCuller::RG_NORMAL)
    {
        return true;
    }
    …
    if (m_uiShadowMapType == SMT_SHADOWMAP)
    {
        for (unsigned int t = 0 ; t < VSCuller::VST_MAX ; t++)
        {
            for(unsigned int j = 0; j < Culler.GetVisibleNum(t,uiRenderGroup) ;
                j++)
            {
                VSRenderContext& VisibleContext =
                   Culler.GetVisibleSpatial(j,t,uiRenderGroup);
                if (!VisibleContext.m_pGeometry ||
                        !VisibleContext.m_pMaterialInstance)
                {
                    continue ;
                }
                VSMaterial *pMaterial =
                        VisibleContext.m_pMaterialInstance->GetMaterial();
                if (!pMaterial)
                {
                    continue;
                }
                VSGeometry *pGeometry = VisibleContext.m_pGeometry;
                VSMaterialInstance *pMaterialInstance =
                        VisibleContext.m_pMaterialInstance;
                VSShadowPass *pShadowPass =
                          pMaterialInstance->GetMaterial()->GetShadowMapPass();
                pShadowPass->m_pLocalLight = m_pLocalLight;
                pShadowPass->SetPassId(VisibleContext.m_uiPassId);
                pShadowPass->SetSpatial(pGeometry);
                pShadowPass->SetMaterialInstance(pMaterialInstance);
                pShadowPass->SetCamera(Culler.GetCamera());
                pShadowPass->Draw(VSRenderer::ms_pRenderer);
            }
        }
    }
}
```

以上代码只遍历非透明物体，对透明度混合物体没有处理。

注意：读者可以尝试处理透明混合物体投影，根据透明度，阴影的深浅也不同。这种方法需要在渲染目标中记录表示阴影深浅的值。

下面重点介绍VSShadowPass，它表示专门渲染阴影的通道，代码如下。

```
class VSGRAPHIC_API VSShadowPass : public VSPass
{
    VSRenderState m_RenderState;
    virtual bool Draw(VSRenderer *pRenderer);
    virtual unsigned int GetPassType()
    {
        return PT_SHADOW;
    }
    VSLocalLight *m_pLocalLight;
};
```

VSShadowPass 继承自 VSPass，m_pLocalLight 为投射阴影的光源。m_RenderState 是渲染阴影时用的渲染状态。

VSShadowPass::Draw 函数并不复杂，前文已经讲过大体流程。阴影映射的顶点着色器都存放在名字为 VSUsedName::ms_cShadowVertex 的着色器集合里，只要顶点格式一致就可以共用顶点着色器。而像素着色器为每一个材质都创建了一个着色器集合，所有的着色器集合都存放在 VSResourceManager::GetShadowShaderMap 函数中，Draw 函数的代码如下。

```
bool VSShadowPass::Draw(VSRenderer *pRenderer)
{
     MSPara.pCamera = m_pCamera;
     MSPara.pGeometry = (VSGeometry *)m_pSpatial;
     MSPara.pMaterialInstance = m_pMaterialInstance;
     MSPara.uiPassId = m_uiPassId;
     MSPara.pShadowLight = (VSLight*)m_pLocalLight;
     m_VShaderkey.Clear();
     m_PShaderkey.Clear();
     if (!GetVShader(MSPara, VSResourceManager::GetInnerVertexShaderMap(),
               VSUsedName::ms_cShadowVertex))
     {
          return 0;
     }
     if (!GetPShader(MSPara,VSResourceManager::GetShadowShaderMap(),
               pMaterial->GetResourceName()))
     {
          return 0;
     }
     pRenderer->SetMaterialVShaderConstant(MSPara,GetPassType(),
            m_pMaterialInstance->m_pCurVShader[GetPassType()]);
     pRenderer->SetMaterialPShaderConstant(MSPara,GetPassType(),
            m_pMaterialInstance->m_pCurPShader[GetPassType()]);
     if(!pRenderer->DrawMesh((VSGeometry *)m_pSpatial,&m_RenderState,
          m_pMaterialInstance->m_pCurVShader[GetPassType()],
          m_pMaterialInstance->m_pCurPShader[GetPassType()]))
     {
          return false;
     }
     return 1;
}
```

下面是生成顶点着色器和像素着色器的过程。基本原理同前文讲过的渲染通道一样，作者用带骨架的模型来举例。

创建变量声明部分的代码如下。

```
void VSDirectX9Renderer::CreateVUserConstant(VSVShader * pVShader,
       MaterialShaderPara &MSPara,unsigned int uiPassType,VSString & OutString)
{
     unsigned int uiRegisterID = 0;
     …
     else if (uiPassType == VSPass::PT_SHADOW)
     {
          CreateUserConstantLightShadowMatrix(pVShader,uiRegisterID,OutString);
          CreateUserConstantSkin(MSPara.pGeometry,pVShader,uiRegisterID,
                    OutString);
     }
}
```

只需要物体的世界矩阵、光源相机矩阵和投影矩阵，3 个矩阵相乘构成光源阴影矩阵。如果带蒙皮，就要加入骨骼矩阵。CreateUserConstantLightShadowMatrix 函数的代码如下。

```
void VSDirectX9Renderer::CreateUserConstantLightShadowMatrix(VSShader * pShader,
    unsigned int& ID, VSString & OutString)
```

```
{
    VSString RegisterID = IntToString(ID);
    OutString += _T("row_major float4x4 ") +
            VSShaderStringFactory::ms_LightShadowMatrix + _T(" : register(c") +
            RegisterID + _T(");\n");
    VSUserConstant *pUserConstant = VS_NEW
            VSUserConstant(VSShaderStringFactory::ms_LightShadowMatrix, NULL,
            sizeof(VSREAL)*16, ID, 4);
    pShader->m_pUserConstant.AddElement(pUserConstant);
    ID += pUserConstant->GetRegisterNum();
}
#define ms_LightShadowMatrix ms_WorldViewProjectMatrix
```

这里以光源为虚拟相机创建的空间变换矩阵（ms_LightShadowMatrix）和实际相机创建的空间变换矩阵（ms_WorldViewProjectMatrix）的功能一样，所以两者在Shader代码中名字一样，都为WorldViewProjectMatrix。

生成的代码如下。

```
row_major float4x4 WorldViewProjectMatrix : register(c0);
float4 BoneVector[210] : register(c4);
```

顶点声明没有区分渲染通道，所有的渲染通道都是一样的，生成的代码如下。

```
struct VS_INPUT
{
    float3 Position0 : POSITION0;
    float2 TexCoord0 : TEXCOORD0;
    float3 Normal0 : NORMAL0;
    float4 Tangent : TANGENT;
    float4 BlendWeight : BLENDWEIGHT;
    int4 BlendIndices : BLENDINDICES;
};
```

创建顶点着色器的输出部分的代码如下。

```
void VSDirectX9Renderer::CreateVOutputDeclare(MaterialShaderPara &MSPara,
    unsigned int uiPassType, VSString & OutString)
{
    VSString TempDeclare;
    VSVertexBuffer *pVBuffer =
            MSPara.pGeometry->GetMeshData()->GetVertexBuffer();
    unsigned int ID = 0;
    CreateVOutputDeclarePosition(TempDeclare);
    CreateVOutputDeclareTexCoord(pVBuffer,ID,TempDeclare);
    CreateVOutputDeclareNormal(pVBuffer,ID,TempDeclare);
    CreateVOutputDeclareColor(pVBuffer,TempDeclare);
    …
    else if (uiPassType == VSPass::PT_SHADOW)
    {
        CreateVOutputDeclareLocalPos(ID,TempDeclare);
    }
}
```

VSShadowPass类中添加了顶点的本地位置。最后生成的代码如下。

```
struct VS_OUTPUT
{
    float4 Position : POSITION;
    float2 TexCoord0 : TEXCOORD0;
    float3 Normal : TEXCOORD1;
    float3 Tangent : TEXCOORD2;
    float3 Binormal : TEXCOORD3;
    float3 Pos : TEXCOORD4;
};
```

创建顶点着色器主函数部分的代码如下。

```
void VSDirectX9Renderer::CreateVFunction(MaterialShaderPara &MSPara,
      unsigned int uiPassType, VSString & OutString)
{
     VSString FunctionBody;
     …
     else if (uiPassType == VSPass::PT_SHADOW)
     {
          CreateVFunctionPositionAndNormal(MSPara,FunctionBody);
          CreateVFunctionColor(MSPara,FunctionBody);
          CreateVFunctionTexCoord(MSPara,FunctionBody);
          CreateVFunctionLocalPosition(MSPara,FunctionBody);
     }

     OutString += _T("VS_OUTPUT ") + ms_VShaderProgramMain +
            _T("( VS_INPUT Input)\n{\nVS_OUTPUT Out = (VS_OUTPUT) 0; \n"} +
            FunctionBody + _T("return Out;\n);\n");
}
```

得到的代码如下。

```
VS_OUTPUT VSMain(VS_INPUT Input)
{
   VS_OUTPUT Out = (VS_OUTPUT)0;
   float3 Position;
   float3 Normal;
   float4 Tangent;
   float3 Binormal;
   float4 U = 0;
   float4 V = 0;
   float4 N = 0;
   ComputeBoneVector(Input.BlendIndices, Input.BlendWeight, BoneVector, U, V, N);
   Position = TransPos(float4(Input.Position0, 1), U, V, N);
   Normal = Input.Normal0;
   Normal = DecodeNormal1(Normal);
   Tangent = Input.Tangent;
   Tangent = DecodeNormal1(Tangent);
   Binormal = DecodeNormal2(Normal, Tangent);
   Normal = TransNormal(Normal, U, V, N);
   Tangent.xyz = TransNormal(Tangent.xyz, U, V, N);
   Binormal = TransNormal(Binormal, U, V, N);
   Out.Position = mul(float4(Position, 1), WorldViewProjectMatrix);
   Out.Normal = Normal;
   Out.Tangent = Tangent.xyz;
   Out.Binormal = Binormal;
   Out.TexCoord0 = Input.TexCoord0;
   Out.Pos = Position;
   return Out;
};
```

这里把本地位置传入像素着色器，一是为了得到光源深度，二是为了进行透明度测试。用户很可能用本地位置或者世界空间位置计算出透明度。

注意：如果不考虑透明度测试情况，那么是可以在顶点着色器里计算出光源深度的，并可以将光源深度传入像素着色器。这该怎么做呢？直接传入光源深度是不行的，因为光源深度不满足线性插值。

略过像素着色器输入部分，直接讲解生成像素着色器主函数的代码，代码如下。

```
void VSDirectX9Renderer::CreatePFunction(MaterialShaderPara &MSPara,
      unsigned int uiPassType, VSString & OutString)
{
```

```
    …
    else if (uiPassType == VSPass::PT_SHADOW)
    {
        VSString FunctionBody;
        VSMaterial *pMaterial = MSPara.pMaterialInstance->GetMaterial();
        pMaterial->GetShaderTreeString(FunctionBody,MSPara,
                    VSShaderMainFunction::OST_SHADOW,MSPara.uiPassId);
        OutString += _T("PS_OUTPUT ") + ms_PShaderProgramMain +
         _T("(PS_INPUT ps_Input)\n{\nPS_OUTPUT Out = (PS_OUTPUT) 0;\n"} +
              FunctionBody + _T("return Out;\n);\n");
    }
}
```

材质的 GetShaderTreeString 函数调用 VSShaderMainFunction 的 GetShaderTreeString 函数，代码如下。

```
bool VSMaterial::GetShaderTreeString(VSString & OutString,
      MaterialShaderPara &MSPara,unsigned int uiOST,unsigned char uPassId)
{
    …
    return m_pShaderMainFunction[uPassId]->
           GetShaderTreeString(OutString,uiOST);
}
```

当渲染相机无关的阴影时，和相机相关的位置和法线已经没有实际意义了。所以 GetValueUseDeclareString 函数与 GetValueUseString 函数只获取世界空间中的位置和法线，代码如下。

```
bool VSShaderMainFunction::GetShaderTreeString(VSString &OutString,
unsigned int uiOutPutStringType)
{
    if(m_bIsVisited == 1)
       return 1;
    else
    {
       m_bIsVisited = 1;
       …
       else if (uiOutPutStringType == OST_SHADOW)
       {
           GetValueUseDeclareString(OutString,
                        VUS_WORLD_POS | VUS_WORLD_NORMAL);
           GetNormalString(OutString);
           GetValueUseString(OutString,
                        VUS_WORLD_POS | VUS_WORLD_NORMAL);
           GetAlphaString(OutString);
       }
       if(!GetInputValueString(OutString,uiOutPutStringType))
           return 0;
       if(!GetOutPutValueString(OutString))
           return 0;
       …
       else if (uiOutPutStringType == OST_SHADOW)
       {
           if (!GetShadowString(OutString))
           {
                 return 0;
           }
       }
       return 1;
    }
}
```

先处理透明度测试。为了得到光源深度，需要先把本地位置变换到光源投影空间下（把 TransProjPos 函数的结果除以 *w* 分量），最后把光源深度输出到颜色的 *R* 分量中，代码如下。

```
bool VSShaderMainFunction::GetShadowString(VSString &OutString)const
{
    GetAlphaTestString(OutString);
    OutString += VSRenderer::ms_pRenderer->Float3() + _T("LightProj = ");
    VSRenderer::ms_pRenderer->TransProjPos(
            VSShaderStringFactory::ms_PSInputLocalPos,
            VSShaderStringFactory::ms_LightShadowMatrix, OutString);
    OutString += _T(";\n");
    VSString NodeStringR = VSRenderer::ms_pRenderer->GetValueElement(
             m_pOutput[OUT_COLOR], VSRenderer::VE_R);
    OutString += NodeStringR + _T(" = ") +
        VSRenderer::ms_pRenderer->GetValueElement(
           _T("LightProj"), VSRenderer::VE_B);
    OutString += _T(";\n");
    OutString += VSShaderStringFactory::ms_PSOutputColorValue + _T(" = ")
              + m_pOutput[OUT_COLOR]->GetNodeName().GetString() + _T(";\n");
    return true;
}
```

生成的代码如下。

```
float3 LightProj = TransProjPos(ps_Input.Pos, WorldViewProjectMatrix);
OutputColor.r = LightProj.b;
```

处理变量声明部分的代码如下。

```
void VSDirectX9Renderer::CreatePUserConstant(VSPShader* pPShader,MaterialShaderPara
    &MSPara,unsigned int uiPassType,VSString & OutString)
{
    …
    else if (uiPassType == VSPass::PT_SHADOW)
    {
        unsigned int uiRegisterID = 0;
        VSMaterial *pMaterial = MSPara.pMaterialInstance->GetMaterial();
        CreateUserConstantLightShadowMatrix(
                pPShader, uiRegisterID, OutString);
        CreateUserConstantWorldMatrix(pPShader, uiRegisterID, OutString);
        CreateUserConstantCameraWorldPos(pPShader, uiRegisterID, OutString);
        pMaterial->CreateConstValueDeclare(OutString, uiRegisterID);
        pMaterial->CreateCustomValue(pPShader);
        unsigned uiTexRegisterID = 0;
        pMaterial->CreateTextureDeclare(OutString, uiTexRegisterID);
        pMaterial->CreateCustomTexture(pPShader);
    }
}
```

为了得到光源深度，需要传入光源相机和投影变换矩阵（CreateUserConstantLight-ShadowMatrix 函数）；为了得到世界空间中的位置和法线，需要传入世界矩阵（CreateUser-ConstantWorldMatrix 函数）。用户还可能需要相机在世界空间中的位置（CreateUser-ConstantCameraWorldPos 函数）。得到的代码如下。

```
row_major float4x4 WorldViewProjectMatrix : register(c0);
row_major float4x4 WorldMatrix : register(c4);
float3 CameraWorldPos : register(c8);
```

设置变量部分的代码如下。

```
void VSDirectX9Renderer::SetMaterialPShaderConstant(MaterialShaderPara &MSPara,
    unsigned int uiPassType,VSPShader *pPShader)
```

```
{
    unsigned int ID = 0;
    …
    else if (uiPassType == VSPass::PT_SHADOW)
    {

        SetUserLightShadowMatrix(MSPara, pPShader, ID);
        SetUserConstantWorldMatrix(MSPara, pPShader, ID);
        SetUserConstantCameraPos(MSPara, pPShader, ID);
        MSPara.pMaterialInstance->SetPShaderValue(pPShader);
    }
}
void VSDirectX9Renderer::SetUserLightShadowMatrix(MaterialShaderPara &MSPara,
    VSShader *pShader,unsigned int& ID)
{
    VSLocalLight *pLocalLight =
      DynamicCast<VSLocalLight>(MSPara.pShadowLight);
    if (pLocalLight)
    {
        VSTransform World = MSPara.pGeometry->GetWorldTransform();
        VSMatrix3X3W  *TempMatrix  =
                (VSMatrix3X3W  *)pShader->m_pUserConstant[ID]->GetData();
        *TempMatrix = World.GetCombine() *pLocalLight->m_LightShadowMatrix;
        ID++;
    }
    else
    {
        VSMAC_ASSERT(0);
    }
}
```

最后传入把本地位置变换到光源投影空间的矩阵（WorldMatrix * m_LightShadowMatrix）。

2. 方向光

方向光的传统阴影映射和聚光灯稍微有些不一样，聚光灯是自带范围的，而方向光是全局的，整个场景都要受到影响。所以这里就出现了一个难点：渲染目标的大小毕竟有限，不可能把全局的所有物体光源深度都写进去；场景越大，每个物体在渲染目标中占用的平均像素就越少，这样就导致存放的深度不够，使阴影非常模糊。如图 12.2 所示，把所有场景物体都映射到渲染目标上。

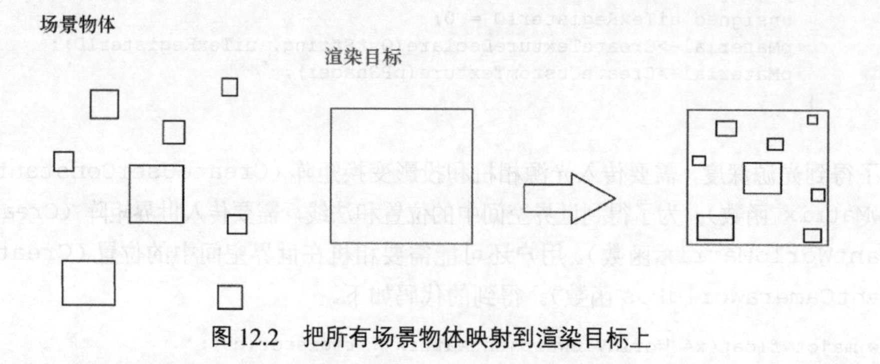

图 12.2　把所有场景物体映射到渲染目标上

近处的物体占用的像素信息多于远处的物体，这样才能有效利用渲染目标。PSM、LSSM、TSM、EPSM 这些算法都是通过这种思路来解决这个问题的。

如果只关注相机可见范围，可以让每个可见物体在渲染目标中的占比都提高。如图 12.3 所示，只映射可见物体到渲染目标上。

如果有一个非常高的物体，虽然相机不可见，但阴影是可见的，那么上面的做法会导致这个物体无法投影。如图 12.4 所示，必须把所有投影可见的物体都映射到渲染目标上。

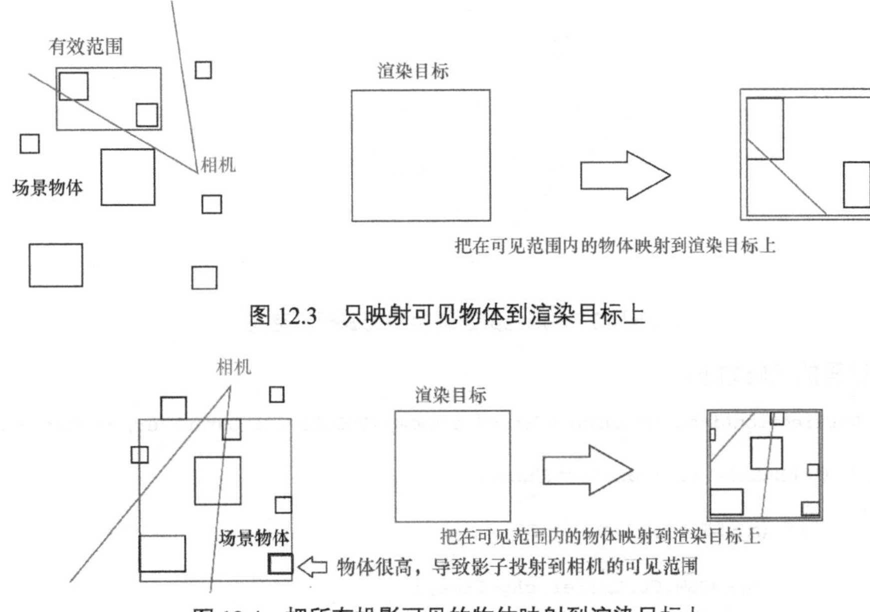

图 12.3 只映射可见物体到渲染目标上

图 12.4 把所有投影可见的物体映射到渲染目标上

方向光是光源在无穷远处的平行光，没有阴影近大远小之说，所以它的投影矩阵是正交投影矩阵。核心问题在于如何求得以无穷远为光源点的相机矩阵和投影矩阵，得到这两个矩阵之后，所有的过程都和聚光灯阴影的处理一样。

首先，得到投射阴影的可见物体的包围盒，并确定投射阴影的范围。然后，以包围盒的中心为起点，朝光源相反的方向定义一条射线，求得射线和包围盒的交点 t。

这个时候如果以 t 点作为光源的虚拟相机位置（见图 12.5），那么无论怎么构建光源相机，包围盒都不能完全在光源相机可见范围内，不能把所有投射阴影的物体范围都涵盖。所以要在 t 点的基础上再沿着光源逆方向找到一个可以让包围盒完全在光源相机可见范围内的点。那么要延长多少呢？最保险的方法是延长包围盒中心点到每个点的最大距离，如图 12.6 所示。但实际上延长 t 到包围盒中心这段长度的距离就足够了（这个留给读者作为练习）。以上两种方法都可以。

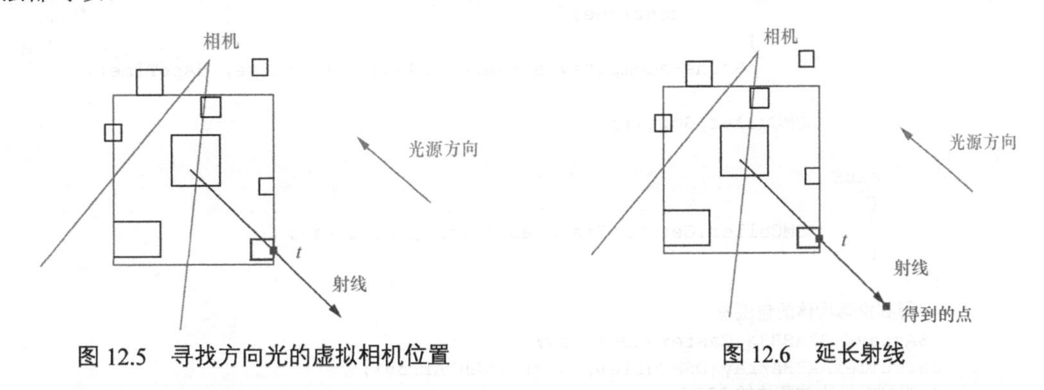

图 12.5 寻找方向光的虚拟相机位置

图 12.6 延长射线

用光源方向和得到的点构建光源相机矩阵，把包围盒转换到光源相机空间，如图 12.7 所示。

在光源相机空间中，包围盒的最小 Z 值和最大 Z 值分别为远、近裁剪面的 Z 值，包围盒的近裁剪面的长与宽为正交投影所需的渲染目标的长和宽，这样就构建出了光源投影矩阵。

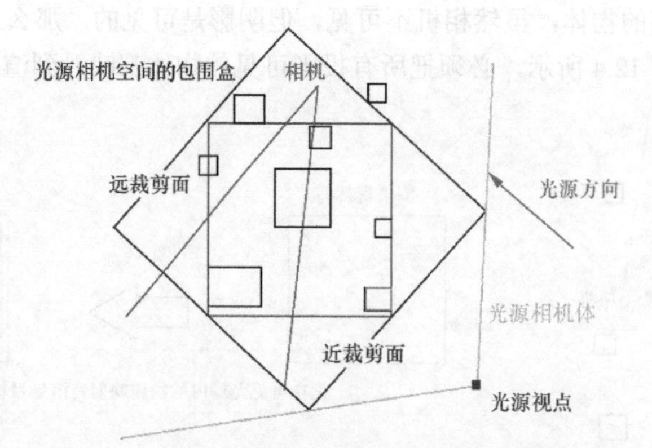

图 12.7 把包围盒转换到光源相机空间

整个过程的代码如下。

```
void VSDirectionLight::DrawDependenceShadowMap(VSCuller & CurCuller, double dAppTime)
{
    if (m_bEnable && m_bIsCastShadow)
    {
        if (m_uiShadowType == ST_OSM)
        {
            DrawOSM(CurCuller,dAppTime);
        }
    }
}
void VSDirectionLight::DrawOSM(VSCuller & CurCuller,double dAppTime)
{
    //根据当前相机，得到可见投影物体
    VSDirShadowMapCuller    DSMCuller;
    DSMCuller.m_pLocalLight = this;
    if (m_pScene.GetNum() > 0)
    {
        DSMCuller.PushCameraPlane(*CurCuller.GetCamera());
        if (m_bBackObjectShadow)
        {
            for (unsigned int i = 0; i < m_pScene.GetNum(); i++)
            {
                VSScene *pScene = m_pScene[i];
                if (!pScene)
                {
                    continue;
                }
                pScene->ComputeVisibleSet(DSMCuller, false, dAppTime);
            }
            DSMCuller.Sort();
        }
        else
        {
            DSMCuller.GetOnlyVisibleSetFrom(CurCuller);
        }
    }
    //得到投影物体的包围盒
    VSArray<VSAABB3> CasterAABBArray;
    GetCullerAABBArray(DSMCuller, CasterAABBArray);
    //得到投影物体整体的 AABB
    VSAABB3 CasterAABB = GetMaxAABB(CasterAABBArray);
    //取中心点
    VSVector3 Center = CasterAABB.GetCenter();
    //得到方向
```

```
    VSVector3 Dir, Up, Right;
    GetWorldDir(Dir, Up, Right);
    //反方向定义射线
    VSRay3 Ray(Center,Dir * (-1.0f));
    //求得交点
    unsigned int Q;
    VSREAL tN,tF;
    CasterAABB.RelationWith(Ray,Q,tN,tF);
    //得到光源视点
    VSVector3 LigthPT = Center - Dir * tN * 2.0f;
    //得到光源相机矩阵
    VSCamera LightCamera;
    LightCamera.CreateFromLookAt(LigthPT,Center);
    VSMatrix3X3W LightView = LightCamera.GetViewMatrix();
    //把投影物体包围盒和接收投影物体包围盒转换到光源相机空间
    VSAABB3 NewCasterAABB;
    NewCasterAABB.Transform(CasterAABB,LightView);
    //得到远近裁剪面
    VSREAL NewNear = NewCasterAABB.GetMinPoint().z;
    VSREAL NewFar = NewCasterAABB.GetMaxPoint().z;
    //得到正交矩阵
    LightCamera.SetOrthogonal(NewCasterAABB.GetMaxPoint().x -
        NewCasterAABB.GetMinPoint().x,
        NewCasterAABB.GetMaxPoint().y - NewCasterAABB.GetMinPoint().y,
        NewNear,NewFar);
    //得到光源投影空间矩阵
    m_LightShadowMatrix = LightCamera.GetViewMatrix() * LightCamera.GetProjMatrix();
    //渲染深度
    ...
}
class VSGRAPHIC_API VSDirShadowMapCuller : public VSShadowCuller
{
    virtual bool ForceNoCull(VSSpatial *pSpatial);
};
bool VSDirShadowMapCuller::ForceNoCull(VSSpatial * pSpatial)
{
    VSAABB3  aabb = pSpatial->GetWorldAABB();
    VSVector3 Center = aabb.GetCenter();
    VSVector3 Temp = aabb.GetMaxPoint() - Center;
    VSSphere3 TempSphere(Center,Temp.GetLength());
    VSDirectionLight *pDirLight = (VSDirectionLight *)m_pLocalLight;
    VSVector3 Dir, Up, Right;
    pDirLight->GetWorldDir(Dir, Up, Right);
    if (TestSweptSphere(TempSphere, Dir))
        return true;
    return false;
}
```

VSDirShadowMapCuller 类重载 ForceNoCull 函数。方向光阴影属于视点（主相机的位置）相关的，有必要把当前相机不可见但投影在可见范围的物体也找出来。物体不可见后，会调用 ForceNoCull 函数，TestSweptSphere 函数根据光照方向和物体的包围球来判断投影是否可见。

如图 12.8 所示，这个算法的本质是计算球体 S 根据光源方向投射出的球体 S_a 和 S_b（S_a 和 S_b 与平面相切），这样最多得出 12 个球体（相机体包含 6 个面，如果物体不在可见范围内，那么实际上得不到这么多）。如果这些球体中有一个在相机可见范围内，则表明投影可见。

3. 点光源

基于上面的讲解，点光源阴影映射算法理解起来会更简单。点光源阴影映射算法和聚光灯的有些类似，只是前者变成了夹角为 90° 的 6 个聚光灯，需要渲染上下左右前后 6 次。点光源是相机无关的。无论有多少部相机，在每帧都只渲染这6次即可，如图12.9所示。

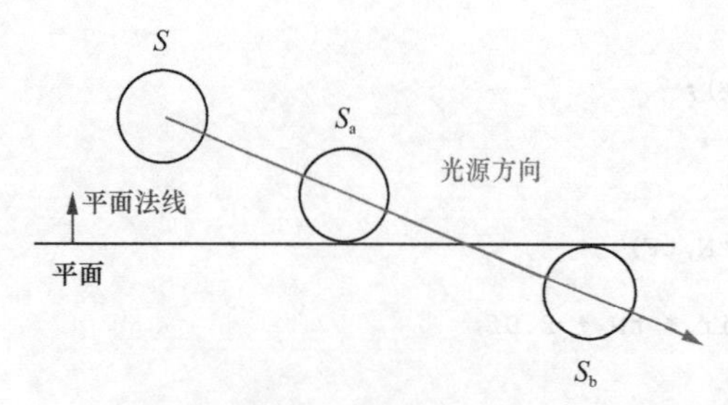

图12.8 算法的本质

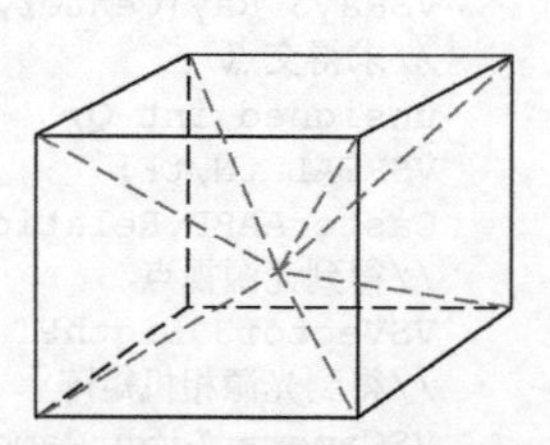

图12.9 6个朝向的相机

如果用聚光灯的方法来处理，那么在着色器中确定用哪个渲染目标来比较光源深度会很不方便。立方体纹理有着很好的优势，它根据点光源范围把点到光源的距离归一化，以它作为光源深度，并将光源深度渲染到立方体纹理的上下左右前后6个渲染目标上；或者沿从光源点到顶点的方向归一化，以得到的值作为纹理坐标（3个分量，满足对立方体纹理采样的要求），直接采样得到光源深度，然后比较大小。

设置阴影类型的时候，我们创建了一个立方体纹理，立方体纹理的6个面的渲染目标为m_pCubRenderTarget。代码如下。

```
void VSPointLight::SetShadowType(unsigned int uiShadowType)
{
    ResetShadow();
    if (uiShadowType == ST_VOLUME)
    {
        …
    }
    else if (uiShadowType == ST_CUB)
    {
        m_pShadowTexture.AddElement(VS_NEW VSTexAllState());
        m_pShadowTexture[0]->m_pTex = VS_NEW
            VSCubeTexture(m_uiRTWidth,VSRenderer::SFT_R16F);
        m_pShadowTexture[0]->SetSamplerState(
                    (VSSamplerState*)VSSamplerState::GetShadowMapSampler());
        for (unsigned int i = 0 ; i < VSCubeTexture::F_MAX ; i++)
        {
            m_pCubRenderTarget[i] = VSResourceManager::
                        CreateRenderTarget(m_pShadowTexture[0]->m_pTex,0,0,i);
        }
        m_pShadowMapSceneRender = VS_NEW VSShadowMapSceneRender(
                VSShadowMapSceneRender::SMT_CUB);
        m_pShadowMapSceneRender->m_pLocalLight = this;
    }
    else if (uiShadowType == ST_DUAL_PARABOLOID)
    {
        …
    }
    else if (uiShadowType == ST_PROJECT)
    {
        …
    }
    m_uiShadowType = uiShadowType;
}
```

分别渲染6个面，把最后的结果渲染到m_pCubRenderTarget中，光源深度等于顶点到点光源的距离除以点光源的半径，代码如下。

```
void VSPointLight::DrawNormalCubShadow(VSCuller & CurCuller,double dAppTime)
{
    VSMatrix3X3 MatTemp[VSCubeTexture::F_MAX] =
    {
        VSMatrix3X3::ms_CameraViewRight,
        VSMatrix3X3::ms_CameraViewLeft,
        VSMatrix3X3::ms_CameraViewUp,
        VSMatrix3X3::ms_CameraViewDown,
        VSMatrix3X3::ms_CameraViewFront,
        VSMatrix3X3::ms_CameraViewBack
    };
    VSCameraPtr CubCameraPtr[VSCubeTexture::F_MAX];
    VSVector3 WorldPos = GetWorldTranslate();
    VSShadowCuller ShawdowCuller[VSCubeTexture::F_MAX];
    if (m_pScene.GetNum() > 0)
    {
        for (unsigned int Index = 0 ; Index < VSCubeTexture::F_MAX ;Index++)
        {
            CubCameraPtr[Index] = VS_NEW VSCamera();
            CubCameraPtr[Index]->CreateFromEuler(WorldPos,0.0f,0.0f,0.0f);
            CubCameraPtr[Index]->SetLocalRotate(MatTemp[Index]);
            CubCameraPtr[Index]->SetPerspectiveFov(
                        AngleToRadian(90.0f),1.0f,1.0f,m_Range);
            m_ShawdowCuller[Index].PushCameraPlane(*CubCameraPtr[Index]);
            for (unsigned int i = 0 ; i < m_pScene.GetNum() ;i++)
            {
                VSScene *pScene = m_pScene[i];
                if (!pScene)
                {
                    continue;
                }
                pScene->ComputeVisibleSet(
                        m_ShawdowCuller[Index],false,dAppTime);
            }
            m_ShawdowCuller[Index].Sort();
        }
    }
    VSDepthStencil *pDepthStencil = VSResourceManager::GetDepthStencil(
            m_uiRTWidth,m_uiRTWidth,VSRenderer::SFT_D24S8,0);
    m_pShadowMapSceneRender->SetParam(VSRenderer::CF_USE_MAX,
          VSColorRGBA(1.0f,1.0f,1.0f,1.0f),1.0f,0);
    for (unsigned int k = 0 ; k < VSCubeTexture::F_MAX ;k++)
    {
        m_pShadowMapSceneRender->ClearRTAndDepth();
        m_pShadowMapSceneRender->AddRenderTarget(
                m_pCubRenderTarget[k]);
        m_pShadowMapSceneRender->SetDepthStencil(
                pDepthStencil,VSCuller::RG_NORMAL);
        m_pShadowMapSceneRender->Draw(ShawdowCuller[k], dAppTime);
    }
    VSResourceManager::DisableDepthStencil(pDepthStencil);
}
```

在 VSShadowMapSceneRender 里会得到每个材质的 VSCubeShadowPass，通过它来得到着色器并渲染。作者不打算详细讲解这个流程，毕竟所有渲染通道的架构都是类似的，下面只介绍细节。

在顶点着色器里，和其他阴影映射的原理一样，代码如下。

```
CreateVFunctionPositionAndNormal(MSPara,FunctionBody);
CreateVFunctionColor(MSPara,FunctionBody);
```

```
CreateVFunctionTexCoord(MSPara,FunctionBody);
CreateVFunctionLocalPosition(MSPara,FunctionBody);
```

在像素着色器的变量声明中，加入了点光源的照射范围，代码如下。

```
VSMaterial * pMaterial = MSPara.pMaterialInstance->GetMaterial();
unsigned int uiRegisterID = 0;
CreateUserConstantWorldMatrix(pPShader,uiRegisterID,OutString);
CreateUserConstantCameraWorldPos(pPShader,uiRegisterID,OutString);
CreateUserConstantPointLightRange(pPShader,uiRegisterID,OutString);
pMaterial->CreateConstValueDeclare(OutString,uiRegisterID);
pMaterial->CreateCustomValue(pPShader);
unsigned uiTexRegisterID = 0;
pMaterial->CreateTextureDeclare(OutString,uiTexRegisterID);
pMaterial->CreateCustomTexture(pPShader);
```

生成像素着色器代码的函数如下。

```
bool VSShaderMainFunction::GetCubShadowString(VSString &OutString)const
{
    GetAlphaTestString(OutString);
    OutString += VSShaderStringFactory::ms_WorldPos + _T(" = ");
    VSRenderer::ms_pRenderer->LocalToWorldPos(
            VSShaderStringFactory::ms_PSInputLocalPos,OutString);
    OutString += _T(";\n");
    OutString += VSRenderer::ms_pRenderer->Float() + _T("WorldCameraLength = ");
    VSRenderer::ms_pRenderer->ComputeLength(
             VSShaderStringFactory::ms_CameraWorldPos,
             VSShaderStringFactory::ms_WorldPos,OutString);
    OutString += _T(";\n");
    VSString NodeStringR = VSRenderer::ms_pRenderer->GetValueElement(
              m_pOutput[OUT_COLOR],VSRenderer::VE_R);
    VSString SaturateString;
    VSRenderer::ms_pRenderer->Saturate(_T("WorldCameraLength /") +
       VSShaderStringFactory::ms_PointLightRange,SaturateString);
    OutString += NodeStringR + _T(" = ") + SaturateString;
    OutString += _T(";\n");
    OutString +=  VSShaderStringFactory::ms_PSOutputColorValue + _T(" = ") +
        m_pOutput[OUT_COLOR]->GetNodeName().GetString() + _T(";\n");
    return true;
}
```

生成的像素着色器代码如下。

```
WorldPos = TransPos(ps_Input.Pos,WorldMatrix);
float WorldCameraLength = ComputeLength(CameraWorldPos,WorldPos);
OutputColor.r = saturate(WorldCameraLength /PointLightRange);
```

不过，点光源的阴影还可以进行优化。如果当前相机的视角小于或等于 90°，那么并不用把 6 个面都渲染一遍。作者以当前相机视角正好等于 90° 的情况举例，之后，如果相机视角大于或者小于这个值，读者也会理解了。

现在大部分游戏中的相机视角都小于或等于 90°（VR 游戏中要在 120° 左右）。如果把点光源阴影的计算从世界空间转换到相机空间（6 个面为相机空间的面），那么上下左右前后不再是相对于世界空间，而是相对于相机空间。

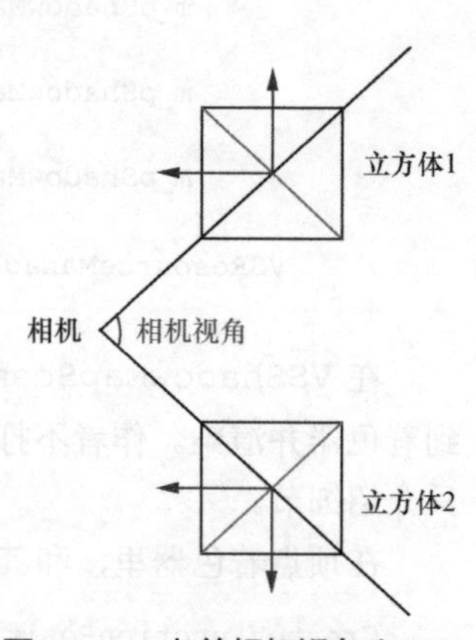

图 12.10　当前相机视角为 90°

如图 12.10 所示，当前相机视角正好为 90°。场景有两个点光源——立方体 1 和立方体 2，它们按照在相机空间中的模式进行 6 个面的渲染，因此构建的 6 个相机的朝向也在相机空间中。选择临界情况，使点光源的位置正好在裁剪面上，箭头朝向的虚拟相机是不需要渲染光源深度的，这个朝向的阴影投射到相机体外面。

读者可以按照图 12.10 所示进行实验。当相机视角减小时，这个方法仍然适用；当相机视角变大时，点光源就在相机体里，箭头朝向的虚拟相机会在相机可见范围内，它的投影也是可见的。

若尝试移动点光源的位置，你会发现一个规律：**如果点光源相对于相机裁剪面被剔除，那么对应这个裁剪面方向的光源深度不需要渲染**。如果点光源的位置被相机左侧裁剪面剔除，那么点光源左侧的光源深度不需要渲染。

移动光源后的情况如图 12.11 所示，立方体 1 在左侧裁剪面外，所以立方体 1 的上箭头方向的光源深度不需要渲染；同理，立方体 2 的下箭头方向的光源深度也不需要渲染。这个时候左侧箭头朝向的光源深度其实也不用渲染，不过这只适用于相机视角为 90°的情况。一旦相机视角小于 90°，左箭头朝向的光源深度就有可能需要渲染，如图 12.12 所示。

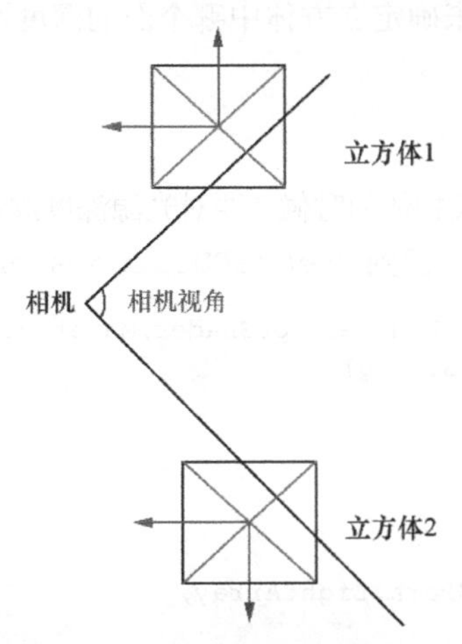

图 12.11 移动光源后的情况

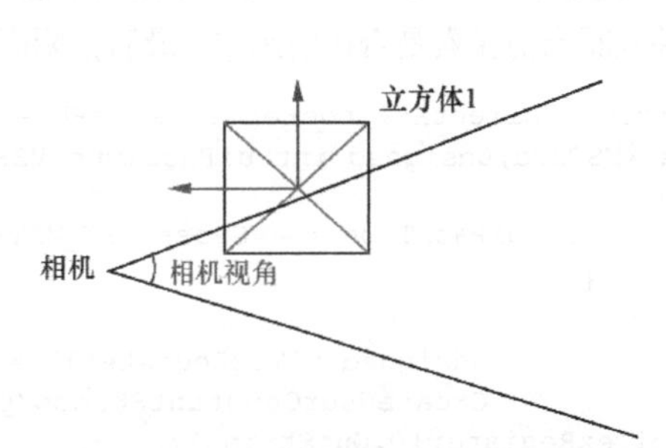

图 12.12 相机视角小于 90°的情况

渲染代码如下。

```
VSMatrix3X3 MatTemp[VSCubeTexture::F_MAX] =
{
     VSMatrix3X3::ms_CameraViewRight,
     VSMatrix3X3::ms_CameraViewLeft,
     VSMatrix3X3::ms_CameraViewUp,
     VSMatrix3X3::ms_CameraViewDown,
     VSMatrix3X3::ms_CameraViewFront,
     VSMatrix3X3::ms_CameraViewBack
};
VSMatrix3X3 ViewTran;
CurCuller.GetCamera()->GetViewMatrix().Get3X3(ViewTran);
VSMatrix3X3 New;
New.InverseOf(ViewTran);
for (unsigned int Index = 0 ; Index < VSCubeTexture::F_MAX ;Index++)
{
     MatTemp[Index] = MatTemp[Index] *New;
}
VSCameraPtr CubCameraPtr[VSCubeTexture::F_MAX];
VSVector3 WorldPos = GetWorldTranslate();
VSPlane3 CameraPlane[VSCamera::CP_MAX];
CurCuller.GetCamera()->GetPlane(CameraPlane);
unsigned int CullFlag = 0;
for (unsigned int i = 0 ; i < VSCamera::CP_MAX ; i++)
{
```

```
        int iSide = WorldPos.RelationWith(CameraPlane[i]);
        if (iSide == VSBACK)
        {
            CullFlag = CullFlag | (1 << i);
        }
    }
    VSShadowCuller ShawdowCuller[VSCubeTexture::F_MAX];
    for (unsigned int Index = 0 ; Index < VSCubeTexture::F_MAX ;Index++)
    {
        if (((1 << Index) & CullFlag) == false)
        {
            continue;
        }
        CubCameraPtr[Index] = VS_NEW VSCamera();
        CubCameraPtr[Index]->SetLocalRotate(MatTemp[Index]);
        …
    }
```

在相机空间中，通过判断点和当前相机平面的关系来确定立方体中哪个面的深度不需要渲染，最后要把虚拟相机朝向变回世界空间。

4. 材质中加入阴影处理

有了光源深度，就可以在材质中加入阴影处理。在渲染物体的时候，要对光源深度纹理进行采样，并判断当前像素是否在阴影中。最后把阴影和光照合并，回到 CreatePUserConstant 函数。

```
void VSDirectX9Renderer::CreatePUserConstant(VSPShader *pPShader,MaterialShader
Para &MSPara,unsigned int uiPassType,VSString &OutString)
{
    if (uiPassType == VSPass::PT_MATERIAL)
    {
        …
        unsigned uiTexRegisterID = 0;
        CreateUserConstantShadow(pPShader,MSPara.LightArray,
uiTexRegisterID,OutString);
        …
    }
    …
}
```

CreateUserConstantShadow 函数创建阴影纹理的采样器，代码如下。

```
void VSDirectX9Renderer::CreateUserConstantShadow(VSPShader *pPShader,
VSArray<VSLight*> & LightArray,unsigned int &ID,VSString & OutString)
{
    unsigned int uiShadowNum = 0;
    for (unsigned int i = 0 ; i < LightArray.GetNum() ; i++)
    {
        VSLocalLight *pLocalLight = DynamicCast<VSLocalLight>(LightArray[i]);
        if (pLocalLight && pLocalLight->GetCastShadow())
        {
            if (pLocalLight->GetLightType() == VSLight::LT_POINT)
            {
                //声明
                OutString +=VSRenderer::
                    ms_pRenderer->Sampler(VSTexture::TT_CUBE) + _T(" ");
                OutString += VSShaderStringFactory::ms_PSConstantShadowSampler
                    + IntToString(uiShadowNum) +
                    VSRenderer::ms_pRenderer->SetRegister(
                    VSRenderer::RT_S,ID) +_T(";\n");
                //解析
                VSUserSampler *pSampler = VS_NEW VSUserSampler(
                    VSShaderStringFactory::ms_PSConstantShadowSampler +
```

```
                IntToString(uiShadowNum),VSTexture::TT_CUBE,ID,1);
            pPShader->m_pUserSampler.AddElement(pSampler);
            uiShadowNum++;
            ID++;
        }
        else if (pLocalLight->GetLightType() == VSLight::LT_DIRECTION)
        {
            //声明
            OutString += VSRenderer::ms_pRenderer->Sampler(
                VSTexture::TT_2D) + _T(" ");
            OutString +=
                VSShaderStringFactory::ms_PSConstantShadowSampler +
                IntToString(uiShadowNum) +
                VSRenderer::ms_pRenderer->SetRegister(VSRenderer::RT_S,
                ID) +_T(";\n");
            //解析
            VSUserSampler *pSampler = VS_NEW VSUserSampler(
                VSShaderStringFactory::ms_PSConstantShadowSampler +
                IntToString(uiShadowNum),VSTexture::TT_2D,ID,1);
            pPShader->m_pUserSampler.AddElement(pSampler);
            uiShadowNum++;
            ID++;
        }
        else if (pLocalLight->GetLightType() == VSLight::LT_SPOT)
        {
            //声明
            OutString +=VSRenderer::
                ms_pRenderer->Sampler(VSTexture::TT_2D) + _T(" ");
            OutString +=
                VSShaderStringFactory::ms_PSConstantShadowSampler +
                IntToString(uiShadowNum) +
                VSRenderer::ms_pRenderer->SetRegister(VSRenderer::RT_S,
                ID) +_T(";\n");
            //解析
            VSUserSampler *pSampler = VS_NEW VSUserSampler(
                VSShaderStringFactory::ms_PSConstantShadowSampler +
                IntToString(uiShadowNum),VSTexture::TT_2D,ID,1);
            pPShader->m_pUserSampler.AddElement(pSampler);
            uiShadowNum++;
            ID++;
        }
    }
  }
}
```

这里只列出了 3 种光源的传统阴影映射算法。LightArray 是已经排好序的光源列表。我们根据当前光源是否有投射阴影、光源类型、阴影算法等来创建不同的采样器。方向光和聚光灯都使用 2D 采样器，点光源使用立方体采样器。

我们通过 GetLightShadow 函数得到阴影算法的代码，并将代码保存到 ShadowStringArray 中，代码如下。

```
VSArray<VSString> ShadowStringArray[VSLight::LT_MAX];
GetLightShadow(m_MSPara,ShadowStringArray);
```

合并方向光的光照代码对应的字符串与阴影的代码对应的字符串。

```
DirectionalLightFun(DiffuseColor,SpecularColor,SpecularPow,WorldNormal,
        WorldCameraDir,DirLightTemp[0].LightDiffuse,
        DirLightTemp[0].LightSpecular,DirLight[0].LightWorldDirection.xyz)
         *DirLightShadow(DirLight[0],WorldPos,ConstantShadowSampler0);
```

DirLightShadow 函数调用了在 Shader.txt 中计算阴影的函数，3 种光源中计算阴影函数的着色器代码如下。

```
float DirLightShadow(DirLightType DirLight,float3 WorldPos,sampler2D ShadowSampler)
{
     float Shadow = 1.0f;
     float4 NewPos = mul(float4(WorldPos,1),DirLight.ShadowMatrix[0]);
     float3 ProjPos =  (NewPos.xyz - float3(0.0f,0.0f,DirLight.LightParam.x)) /
         NewPos.w;
     float depth = clamp(ProjPos.z,0.0f,1.0f);
     #if CSMPCF > 0
         Shadow = PCFShadow(ShadowSampler,DirLight.LightWorldDirection.w,ProjPos.xy,
            depth);
     #else
         Shadow = FourShadow(ShadowSampler,DirLight.LightWorldDirection.w,ProjPos.xy,
            depth);
     #endif
        return Shadow;
}

float SpotLightShadow(SpotLightType SpotLight,float3 WorldPos,
sampler2D ShadowSampler)
{
    float Shadow = 1.0f;
    float4 NewPos = mul(float4(WorldPos,1),SpotLight.ShadowMatrix);
    float3 ProjPos =  (NewPos.xyz - float3(0.0f,0.0f,SpotLight.LightParam.w)) /
        NewPos.w;
    float depth = clamp(ProjPos.z,0.0f,1.0f);
    #if CSMPCF > 0
        Shadow = PCFShadow(ShadowSampler,SpotLight.LightWorldDirection.w,ProjPos.xy,
            depth);
    #else
        Shadow = FourShadow(ShadowSampler,SpotLight.LightWorldDirection.w,ProjPos.xy,
            depth);
    #endif
        return Shadow;
    }
    float PointLightCubShadow(PointLightType PointLight, float3 WorldPos,
samplerCUBE  CubeShadowSampler)
{
    float3 Dir = WorldPos - PointLight.LightWorldPos.xyz;
    float  fDistance = length(Dir);
    Dir = Dir / fDistance;
    float3 SideVector = normalize(cross(Dir, float3(0, 0, 1)));
    float3 UpVector = cross(SideVector, Dir);
    float ShadowmapResolution = PointLight.ShadowParam.x;
    float3 Sample00Coordinate = Dir + SideVector * -.5f / ShadowmapResolution +
        UpVector * -.5f / ShadowmapResolution;
    float3 Sample01Coordinate = Dir + SideVector * -.5f / ShadowmapResolution +
        UpVector * +.5f / ShadowmapResolution;
    float3 Sample10Coordinate = Dir + SideVector * +.5f / ShadowmapResolution +
        UpVector * -.5f / ShadowmapResolution;
    float3 Sample11Coordinate = Dir + SideVector * +.5f / ShadowmapResolution +
        UpVector * +.5f / ShadowmapResolution;
    fDistance = saturate(fDistance / PointLight.LightWorldPos.w -
        PointLight.ShadowParam.y);
    float4 CubeDistance;
    CubeDistance.x = texCUBE(CubeShadowSampler,Sample00Coordinate).r;
    CubeDistance.y = texCUBE(CubeShadowSampler,Sample01Coordinate).r;
    CubeDistance.z = texCUBE(CubeShadowSampler,Sample10Coordinate).r;
    CubeDistance.w = texCUBE(CubeShadowSampler,Sample11Coordinate).r;
    float4 Result = (float4(fDistance,fDistance,fDistance,fDistance) > CubeDistance)
        ? 0.0f : 1.0f;
```

```
    float Shadow = dot(Result, .25f);
    return Shadow;
}
```

为了使阴影边缘更加平滑，聚光灯和方向光加入了 4 像素采样和 9 像素采样，而点光源直接使用了 4 像素采样。其中 LightParam.w 为 z 轴方向上的偏移量。在方向光和聚光灯算法中使用 LightParam.w，可以防止出现阴影条纹的现象。再回到 SetMaterialPShaderConstant 函数，代码如下。

```
void VSDirectX9Renderer::SetMaterialPShaderConstant(MaterialShaderPara &MSPara,
    unsigned int uiPassType,VSPShader *pPShader)
{
    unsigned int ID = 0;
    if (uiPassType == VSPass::PT_MATERIAL)
    {
        …
        if (MSPara.LightArray.GetNum() > 0)
        {
            SetUserConstantLight(MSPara,pPShader,ID);
        }
        unsigned int uiTexSamplerID = 0;
        SetUserConstantShadowSampler(MSPara,pPShader,uiTexSamplerID);
        …
    }
}
```

SetUserConstantLight 函数填充光源结构数据，SetUserConstantShadowSampler 函数设置光源深度的采样纹理。

优化的点光源影子算法在采样的时候需要把点转换到相机空间，具体代码读者可以查看 PointLightCubShadow 函数。

12.3 CSM

网上有许多 CSM 的变种算法，CSM 算法本身十分简单。前文介绍了方向光的传统阴影映射，如果投射阴影的物体范围过大，没有足够大的存储空间存放光源深度，那么将导致采样数值不能进行准确比较，阴影就“破像”了。如果一个渲染目标不能存储光源深度，用多个渲染目标去存储就是 CSM 的最基本思路。

把相机体划分成多块，为每块分配一个渲染目标，这样就能存储足够的光源深度。人眼对近处景象的分辨能力很强，而对远处景象的分辨能力较弱，因此分块最好前面小、后面大，逐渐递增。

如图 12.13 所示，相机体被划分成 3 块，离视点越远，块越大。

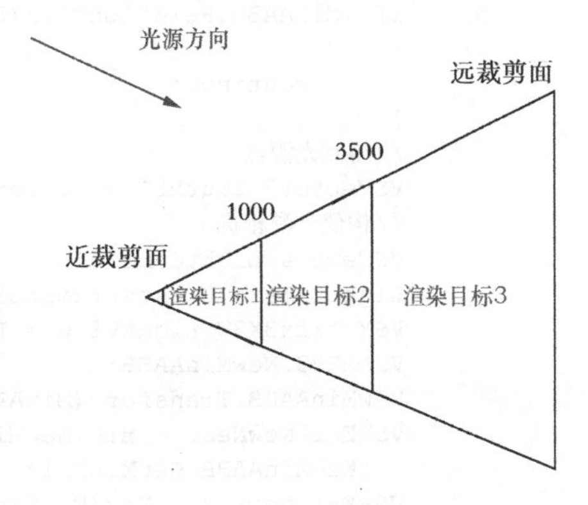

图 12.13　相机体的分块

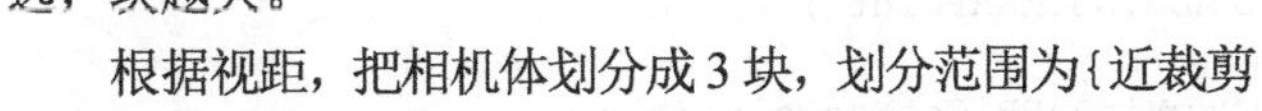

根据视距，把相机体划分成3块，划分范围为{近裁剪面距离，1000.0f ，3500.0f，远裁剪面距离}。实际上，这里没有严格的块数分配，也没有严格的范围设定，完全根据游戏引擎和游戏的实际情况而定。在本游戏引擎中，这种划分效果相对好一些。

对于相机体的每一块，都要执行一次普通方向光的阴影映射算法，每次都会先计算投射阴影的物体包围盒和接受阴影的物体包围盒之间的最小包围盒（可以有效地利用渲染目标），然后把光源深度存储在 m_pShadowTexture 中，代码如下。

```
VSCamera *pCamera = CurCuller.GetCamera();
VSREAL fNear = pCamera->GetZNear();
VSREAL fFar = pCamera->GetZFar();
VSREAL Range[CSM_LEVLE + 1] = {fNear , 1000.0f , 3500.0f , fFar};
for (unsigned int i = 0; i < CSM_LEVLE; i++)
{
    //通过相机裁剪可见物体，每次都设置远近裁剪面
    VSDirShadowMapCuller Culler;
    Culler.m_pLocalLight = this;
    if (m_pScene.GetNum() > 0)
    {
        pCamera->SetPerspectiveFov(pCamera->GetFov(),
                pCamera->GetAspect(), Range[i], Range[i + 1]);
        Culler.PushCameraPlane(*pCamera);
        for (unsigned int i = 0; i < m_pScene.GetNum(); i++)
        {
            VSScene *pScene = m_pScene[i];
            if (!pScene)
            {
                continue;
            }
            pScene->ComputeVisibleSet(Culler, false, dAppTime);
        }
        Culler.Sort();
    }
    //得到投影物体的包围盒
    VSArray<VSAABB3> CasterAABBArray;
    GetCullerAABBArray(Culler, CasterAABBArray);
    if (CasterAABBArray.GetNum() == 0)
    {
        continue;
    }
    VSAABB3 CasterAABB = GetMaxAABB(CasterAABBArray);
    VSAABB3 ReceiverAABB = Culler.GetCamera()->GetFrustumAABB();
    VSAABB3 MinAABB = ReceiverAABB.GetMin(CasterAABB);
    VSVector3 Center = MinAABB.GetCenter();
    VSRay3 Ray(Center, Dir * (-1.0f));
    unsigned int Q;
    VSREAL tN, tF;
    if (MinAABB.RelationWith(Ray, Q, tN, tF) != VSINTERSECT)
    {
     continue;
    }
    //得到光源点
    VSVector3 LigthPT = Center - Dir * tN * 10.0f;
    //构建光源相机
    VSCamera LightCamera;
    LightCamera.CreateFromLookAt(LigthPT, Center);
    VSMatrix3X3W LightView = LightCamera.GetViewMatrix();
    VSAABB3 NewMinAABB;
    NewMinAABB.Transform(MinAABB, LightView);
    VSREAL NewNear = Min(NewMinAABB.GetMinPoint().z,
      NewMinAABB.GetMinPoint().z);
    VSREAL NewFar = Max(NewMinAABB.GetMaxPoint().z,
      NewMinAABB.GetMaxPoint().z);
    LightCamera.SetOrthogonal(NewMinAABB.GetMaxPoint().x -
            NewMinAABB.GetMinPoint().x,NewMinAABB.GetMaxPoint().y -
            NewMinAABB.GetMinPoint().y,NewNear, NewFar);
    //得到变换矩阵
    m_LightShadowMatrix = LightCamera.GetViewMatrix() *
      LightCamera.GetProjMatrix();
    m_CSMLightShadowMatrix[i] = m_LightShadowMatrix;
    //得到渲染目标
```

```
        m_pCSMRTArray[i] = VSResourceManager::Get2DRenderTarget(m_uiRTWidth,
                m_uiRTWidth, VSRenderer::SFT_R16F, 0);
        VSDepthStencil * pDepthStencil = VSResourceManager::GetDepthStencil(
                m_uiRTWidth, m_uiRTWidth, VSRenderer::SFT_D24S8, 0);
        m_pShadowMapSceneRender->SetParam(VSRenderer::CF_USE_MAX,
                VSColorRGBA(1.0f, 1.0f, 1.0f, 1.0f), 1.0f, 0);
        m_pShadowMapSceneRender->ClearRTAndDepth();
        m_pShadowMapSceneRender->SetDepthStencil(pDepthStencil,
          VSCuller::RG_NORMAL);
        m_pShadowMapSceneRender->AddRenderTarget(m_pCSMRTArray[i]);
        //渲染
        m_pShadowMapSceneRender->Draw(Culler, dAppTime);
        m_pShadowTexture[i]->m_pTex = m_pCSMRTArray[i]->GetCreateBy();
        VSResourceManager::DisableDepthStencil(pDepthStencil);
}
//恢复相机远近裁剪面
pCamera->SetPerspectiveFov(pCamera->GetFov(), pCamera->GetAspect(), fNear, fFar);
```

在渲染物体光照的时候，我们会根据当前像素点到相机的距离来判断其在哪一个块，然后才能确定用哪一个纹理进行采样。比较深度的过程和普通阴影映射算法中的过程一样，代码如下。

```
float DirLightCSMShadow(DirLightType DirLight,float3 WorldPos,float3 ViewPos,
float FarZ ,sampler2D ShadowSampler[3])
{
    //3 段距离
    float CompareDistance[3];
    CompareDistance[0] = 1000.0f;
    CompareDistance[1] = 3500.0f;
    CompareDistance[2] = FarZ;
    float Shadow = 1.0f;
    for(int i = 0 ; i < 3 ; i++)
    {
        //判断当前像素点在哪个块上
        if(ViewPos.z < CompareDistance[i])
        {
            //阴影映射采样
            float4 NewPos = mul(float4(WorldPos,1),DirLight.ShadowMatrix[i]);
            float3 ProjPos =  (NewPos.xyz -
                float3(0.0f,0.0f,DirLight.LightParam.x)) / NewPos.w;
            float depth = clamp(ProjPos.z,0.0f,1.0f);
            #if CSMPCF > 0
            Shadow = PCFShadow(ShadowSampler[i],
                        DirLight.LightWorldDirection.w,ProjPos.xy,depth);
            #else
            Shadow = FourShadow(ShadowSampler[i],
                        DirLight.LightWorldDirection.w,ProjPos.xy,depth);
            #endif
            break;
        }
    }
    return Shadow;
}
```

12.4 阴影体

阴影体算法十分“古老”，将阴影体算法用得较好的游戏是《雷神之锤》。早期在没有着色器的游戏中做出实时阴影比较困难，而阴影体正好填补了这个空白，并且发展速度相当快。

阴影体算法可以分成 GPU 生成阴影体的算法和 CPU 生成阴影体的算法，在没有着色器的时代用的都是 CPU 生成阴影体的算法。这里作者不打算详细介绍 CPU 生成阴影体和用阴影体渲染阴影的算法，读者可以在网络搜索“地形制作全攻略”这篇文章，里面有详细介绍。

为了生成阴影体，必须先找到轮廓边（轮廓边的定义是与一条边相邻的两个平面，其中一个平面的法线和光源方向相同，另一个平面的法线和光源方向相反）。然后把轮廓边上的点按照光源方向延长，再把延长的点连接起来构成平面，形成的体就为阴影体。这样可以保证阴影体是闭合的，生成阴影时用模板操作就不会出现错误的影子。如果物体表面想要接收到阴影边延长的长度，就要穿过物体的表面。最后，点延长后连接起来的平面不能被相机远裁剪面裁剪掉或者与相机远裁剪面相交，否则这个阴影体就不是闭合的了。

在 CPU 生成阴影体的算法中，可以根据原始模型动态创建三角形，用它构建阴影体十分容易，不过速度很慢；而在 GPU 生成阴影体的算法中，DirectX 9 是无法动态创建三角形的，只有 DirectX 10 以上的版本才可以。在 DirectX 9 中，顶点着色器只能通过移动顶点来生成阴影体，我们必须对生成阴影体的模型进行预处理，才能保证模型中所有边都可以分裂成面，如图 12.14 所示。

点 *A* 分裂出 *A′*，点 *B* 分裂出 B′。这样边 *AB* 分裂出 *A′B′*，再构成四边形 *ABB′A′*，形成了两个三角形。其中 *A* 和 *A′*重合，*B* 和 *B′*重合。*A* 与 *B* 的法线为三角形 1 的法线，*A′*与 *B′*的法线为三角形 2 的法线。

通过这种预处理，保证在 DirectX 9 中任意模型都可以生成阴影体。

图 12.15 所示是一个立方体分裂的结果，灰色三角形是分裂出来的，只不过这些三角形的顶点都是重合的，为了方便理解，作者把它们分开了。

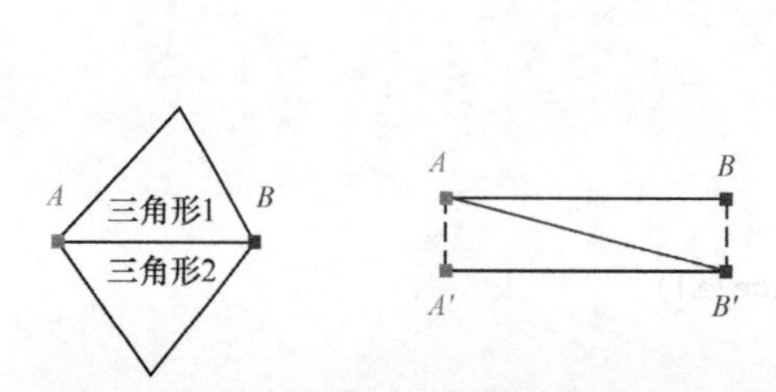

图 12.14 对生成阴影体的模型进行预处理

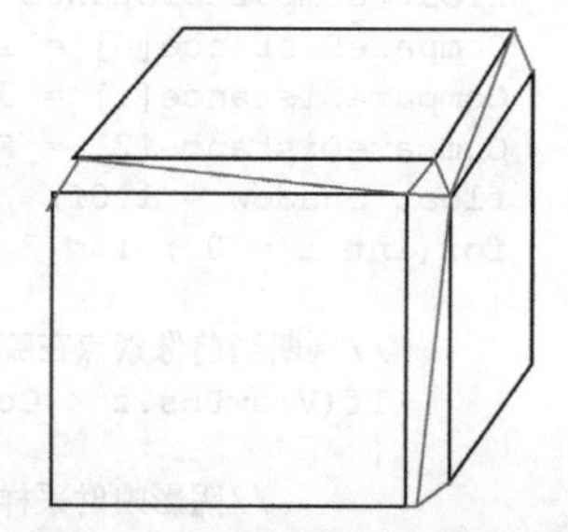

图 12.15 立方体分裂的结果

现在回到 FBXConverter 类，如果要在 DirectX 9 中给模型使用阴影体算法产生阴影，那么我们要预先生成分裂后的网格。其中命令行参数-v 表示要生成分裂后的网格，网格会随着模型一起导出，用来生成阴影体。

这个过程会生成一个 VSShadowVolumeGeometry 类型的网格，它和物体网格一起挂在 VSGeometryNode 下。

GetShadowVolumeData 函数是生成分裂后的网格的函数，它会判断原始渲染网格是否闭合。如果不闭合，会返回 false，表示这种情况下无法使用阴影体算法（如果原始渲染网格不闭合，那么生成的分裂后的网格也是不闭合的，在 DirectX 9 中是无法生成闭合的阴影体的），代码如下。

```
if (m_bHasShadowVolume)
{
    VSVertexBufferPtr pSVertexBuffer = NULL;
    pSVertexBuffer = VS_NEW VSVertexBuffer(true);
    VSIndexBufferPtr pSIndexBuffer = VS_NEW VSIndexBuffer();
    if (GetShadowVolumeData(pSVertexBuffer,pSIndexBuffer,HasSkin) == false)
    {
        return false;
    }
    VSTriangleSetPtr pSVSMesh = NULL ;
    pSVSMesh = VS_NEW VSTriangleSet();
    pSVSMesh->SetVertexBuffer(pSVertexBuffer);
```

```
        pSVSMesh->SetIndexBuffer(pSIndexBuffer);
        VSShadowVolumeGeometryPtr pSVG = VS_NEW VSShadowVolumeGeometry();
        pSVG->SetMeshData(pSVSMesh);
        pSVG->m_GeometryName = Name.GetBuffer();
        pSVG->SetAffectBoneArray(m_MeshBoneNode);
        m_pGeoNode->AddChild(pSVG);
    }
```

VSGeometry::ComputeNodeVisibleSet 函数会根据当前 VSCuller 的类型进入 CullGeometry 函数，VSVolumeShadowMapCuller 类收集可以产生阴影体的网格。如果支持几何着色器（DirectX 10 以上），那么任何网格都可以产生阴影体；否则，只有 VSShadowVolumeGeometry 类型才可以产生阴影体，代码如下。

```
void VSGeometry::ComputeNodeVisibleSet(VSCuller & Culler,bool bNoCull,double dAppTime)
{
    if (Culler.CullGeometry(this))
    {
        return;
    }
    ...
}
bool VSCuller::CullGeometry(VSGeometry *pGeometry)
{
    VSShadowVolumeGeometry *pSVG =
        DynamicCast<VSShadowVolumeGeometry>(pGeometry);
    if (pSVG)
    {
        return true;
    }
    return false;
}
bool VSVolumeShadowMapCuller::CullGeometry(VSGeometry *pGeometry)
{
    VSShadowVolumeGeometry *pSVG =
        DynamicCast<VSShadowVolumeGeometry>(pGeometry);
    if (VSRenderer::ms_pRenderer->IsSupportGS())
    {
        if (!pSVG)
        {
            return true;
        }
        return false;
    }
    else
    {
        if (pSVG)
        {
            return false;
        }
        return true;
    }
}
```

目前，上述代码只实现了方向光和点光源的阴影体算法。只有实现了间接光渲染并且有了深度缓存，才可以渲染阴影体，代码如下。

```
void VSMaterialSceneRender::DrawGroup(VSCuller & Culler, unsigned int uiRenderGroup,
VSArray<VSRenderContext *> & Group, double dAppTime)
{
    //渲染间接光
    if (&Group == &m_NormalAndDepth)
    {
```

```
            DrawVolumeShadow(Culler, uiRenderGroup, dAppTime);
        }
        //渲染动态光
    }
    void VSMaterialSceneRender::DrawVolumeShadow(VSCuller & Culler,
    unsigned int uiRenderGroup, double dAppTime)
    {
        if (uiRenderGroup == VSCuller::RG_NORMAL)
        {
            if (Culler.GetCamera()->GetViewPortNum())
            {
                return;
            }
            for (unsigned int i = 0; i < Culler.GetLightNum(); i++)
            {
                VSLocalLight *pLocalLight =
                            DynamicCast<VSLocalLight>(Culler.GetLight(i));
                if (pLocalLight)
                {
                    pLocalLight->DrawVolumeShadow(Culler, dAppTime);
                }
            }
        }
    }
```

用阴影体算法渲染阴影，存放在纹理里的数据是屏幕空间的明暗信息，而不是阴影映射算法中光源投影空间的深度信息。阴影体算法最后会渲染一个全屏矩阵，所以当前相机必须没有任何视口。

在渲染阴影体的过程中，通过 VSVolumeShadowMapCuller 类来得到整个场景中能产生阴影体的网格，代码如下。

```
    Void Light::DrawVolumeShadow(VSCuller & CurCuller, double dAppTime)
    {
        if (m_uiShadowType != ST_VOLUME)
        {
            return;
        }
        //得到整个场景中受光源影响的阴影体网格
        VSVolumeShadowMapCuller SMCuller;
        SMCuller.m_pLocalLight = this;
        if (m_pScene.GetNum() > 0)
        {
            SMCuller.PushCameraPlane(*CurCuller.GetCamera());
            for (unsigned int i = 0; i < m_pScene.GetNum(); i++)
            {
                VSScene *pScene = m_pScene[i];
                if (!pScene)
                {
                    continue;
                }
                pScene->ComputeVisibleSet(SMCuller, false, dAppTime);
            }
            SMCuller.Sort();
        }
        //渲染阴影体网格，得到模板信息
        m_pVolumeShadowSceneRender->Draw(SMCuller, dAppTime);
        m_pVolumeShadowRenderTarget =
              VSResourceManager::Get2DRenderTarget(
                 VSRenderer::ms_pRenderer->GetCurRTWidth(),
                 VSRenderer::ms_pRenderer->GetCurRTHeight(),
                 VSRenderer::SFT_A8R8G8B8, 0);
        m_pPEVolumeSMSceneRender->ClearRTAndDepth();
        m_pPEVolumeSMSceneRender->AddRenderTarget(
```

```
        m_pVolumeShadowRenderTarget);
    //根据模板信息得到阴影的明暗纹理
    m_pPEVolumeSMSceneRender->Draw(CurCuller, dAppTime);
    m_pShadowTexture[0]->m_pTex =
            m_pVolumeShadowRenderTarget->GetCreateBy();
}
```

CullConditionNode 和 ForceNoCull 两个函数判断网格是否符合规则，代码如下。

```
bool VSVolumeShadowMapCuller::CullConditionNode(const VSMeshNode *pMeshNode)
{
    //必须投影和接收阴影
    if (pMeshNode->m_bCastShadow == true ||
            pMeshNode->m_bReceiveShadow == true)
    {
        return false;
    }
    return true;
}
bool VSVolumeShadowMapCuller::ForceNoCull(const VSSpatial *pSpatial)
{

    if (m_pLocalLight->GetLightType() == VSLight::LT_POINT)
    {
        //网格必须在光源范围内
        VSPointLight *pPointLight = (VSPointLight *)m_pLocalLight;
        VSAABB3 AABB(pPointLight->GetWorldTranslate(),
            pPointLight->m_Range, pPointLight->m_Range,
            pPointLight->m_Range);
        if (AABB.RelationWith(pSpatial->GetWorldAABB()) == VSINTERSECT)
        {
            return true;
        }
    }
    else if (m_pLocalLight->GetLightType() == VSLight::LT_DIRECTION)
    {
        //网格投影要可见
        VSAABB3  aabb = pSpatial->GetWorldAABB();
        VSVector3 Center = aabb.GetCenter();
        VSVector3 Temp = aabb.GetMaxPoint() - Center;
        VSSphere3 TempSphere(Center, Temp.GetLength());
        VSVector3 SweptDir, Up, Right;
        m_pLocalLight->GetWorldDir(SweptDir, Up, Right);
        if (TestSweptSphere(TempSphere, SweptDir))
            return true;
    }
    return false;
}
```

产生阴影体的网格会通过 VSVolumeShadowSceneRender::OnDraw 函数提交给 GPU，代码如下。

```
bool VSVolumeShadowSceneRender::OnDraw(VSCuller & Culler,
unsigned int uiRenderGroup, double dAppTime)
{
    for (unsigned int t = 0; t < VSCuller::VST_MAX; t++)
    {
        for (unsigned int j = 0; j < Culler.GetVisibleNum(t, uiRenderGroup); j++)
        {
            VSRenderContext& VisibleContext = Culler.GetVisibleSpatial(
                        j, t, uiRenderGroup);
            if (!VisibleContext.m_pGeometry
                    || !VisibleContext.m_pMaterialInstance)
            {
```

```
                continue;
            }
            VSMaterial *pMaterial =
                        VisibleContext.m_pMaterialInstance->GetMaterial();
            if (!pMaterial)
            {
                continue;
            }
            VSGeometry *pGeometry = VisibleContext.m_pGeometry;
            VSMaterialInstance *pMaterialInstance =
               VisibleContext.m_pMaterialInstance;
            VSVolumeShadowPass *pShadowPass =
                    pMaterialInstance->GetMaterial()->GetVolumeShadowPass();
            pShadowPass->m_pLocalLight = m_pLocalLight;
            pShadowPass->SetPassId(VisibleContext.m_uiPassId);
            pShadowPass->SetSpatial(pGeometry);
            pShadowPass->SetMaterialInstance(pMaterialInstance);
            pShadowPass->SetCamera(Culler.GetCamera());
            pShadowPass->Draw(VSRenderer::ms_pRenderer);
        }
    }
    return true;
}
```

VSVolumeShadowPass 在 DirectX 9 中只需要生成顶点着色器，在 DirectX 10 中则需要生成顶点着色器和几何着色器。它不需要在渲染目标上渲染任何东西，只是为了得到模板信息。下面是渲染状态的设置。

```
VSDepthStencilDesc DepthStencilDesc;
DepthStencilDesc.m_bDepthWritable = false;      //关闭写入深度
//只要当前深度小于深度缓存中深度，就可通过深度测试
DepthStencilDesc.m_uiDepthCompareMethod = VSDepthStencilDesc::CM_LESS;
DepthStencilDesc.m_bStencilEnable = true;       //打开模板测试
DepthStencilDesc.m_bTwoSideStencilMode = true; //打开双面模板测试
//如果顺时针三角形没有通过，则模板值减 1
DepthStencilDesc.m_uiSPassZFailOP = VSDepthStencilDesc::OT_DECREMENT;
//如果逆时针三角形没有通过，则模板值加 1
DepthStencilDesc.m_uiCCW_SPassZFailOP = VSDepthStencilDesc::OT_INCREMENT;
VSDepthStencilState *pDepthStencilState =
VSResourceManager::CreateDepthStencilState(DepthStencilDesc);
m_RenderState.SetDepthStencilState(pDepthStencilState);
//因为开启了双面模板测试，所以背面裁剪要关闭
VSRasterizerDesc RasterizerDesc;
RasterizerDesc.m_uiCullType = VSRasterizerDesc::CT_NONE;
VSRasterizerState *pRasterizerState=
VSResourceManager::CreateRasterizerState(RasterizerDesc);
m_RenderState.SetRasterizerState(pRasterizerState);
//渲染目标不写入任何信息
VSBlendDesc BlendDesc;
BlendDesc.ucWriteMask[0] = VSBlendDesc::WM_NONE;
VSBlendState *pBlendState = VSResourceManager::CreateBlendState(BlendDesc);
m_RenderState.SetBlendState(pBlendState);
```

因为模板值是 8 位正数，所以为了避免 0 减去 1 后变成 255，设置了模板值为 15 而非 0，代码如下。如果阴影体背面重叠次数过多，那么数值 15 最后还是容易被减到 0。实际上，D3D 有其他标志位，可以让 0 减去 1 不变成 255。游戏引擎里已经引入该机制，但没有使用，读者可以自行尝试修改。

```
m_pVolumeShadowSceneRender->SetParam(VSRenderer::CF_STENCIL,
   VSColorRGBA(1.0f, 1.0f, 1.0f, 1.0f), 1.0f, 15);
```

在生成着色器时，在 DirectX 9 中，只有知道顶点在世界空间中的位置和法线，才可以沿着逆光源方向延长。只有把方向光传入光源方向，把点光源传入光源位置，才能构建光照方向，具体代码如下。

```
void VSDirectX9Renderer::CreateVUserConstant(VSVShader * pVShader,MaterialShader
    Para &MSPara,unsigned int uiPassType,VSString & OutString)
{
    unsigned int uiRegisterID = 0;
    …
    else if (uiPassType == VSPass::PT_POINT_VOLUME_SHADOW)
    {
         CreateUserConstantWorldMatrix(pVShader,uiRegisterID,OutString);
         CreateUserConstantViewProjectMatrix(pVShader,uiRegisterID,OutString);
         CreateUserConstantLightWorldPos(pVShader,uiRegisterID,OutString);
         CreateUserConstantSkin(MSPara.pGeometry,pVShader,
             uiRegisterID,OutString);
    }
    else if (uiPassType == VSPass::PT_DIRECT_VOLUME_SHADOW)
    {
         CreateUserConstantWorldMatrix(pVShader,uiRegisterID,OutString);
         CreateUserConstantViewProjectMatrix(pVShader,uiRegisterID,OutString);
         CreateUserConstantLightDirection(pVShader,uiRegisterID,OutString);

         CreateUserConstantSkin(MSPara.pGeometry,pVShader,
             uiRegisterID,OutString);
    }
}
void VSDirectX9Renderer::CreateVFunction(MaterialShaderPara &MSPara,
unsigned int uiPassType,VSString & OutString)
{
    …
    else if (uiPassType == VSPass::PT_POINT_VOLUME_SHADOW ||
                uiPassType == VSPass::PT_DIRECT_VOLUME_SHADOW)
    {
         CreateVFunctionVolumeShadowPositionAndNormal(MSPara,FunctionBody,
             uiPassType);
    }
    …
}
```

生成顶点着色器只用了 CreateVFunctionVolumeShadowPositionAndNormal 函数。其关键代码如下。

```
//如果光源是点光源，则根据顶点位置和光源位置构建光照方向
if ( uiPass == VSPass::PT_POINT_VOLUME_SHADOW)
{
      FunctionBody += _T("float3 Dir = ") + VSShaderStringFactory::ms_LightWorldPos +
          _T(" - Position;\n");
      FunctionBody += _T("Dir = normalize(Dir);\n");
} //如果光源是方向光，采取以下处理方式
else if( uiPass == VSPass::PT_DIRECT_VOLUME_SHADOW)
{
     FunctionBody += _T("float3 Dir = -") +
         VSShaderStringFactory::ms_LightWorldDirection + _T(";\n");
}
FunctionBody +=
       _T("Position = dot(Dir,WorldNormal) > 0.0f ?
Position: Position - Dir * 5000.0f;\n");
FunctionBody += _T("Out.Position = mul(float4(Position,1), ") +
     VSShaderStringFactory::ms_ViewProjectMatrix + _T(");\n");
FunctionBody += _T("Out.Position.z += 0.0005f; \n");
```

最后生成的代码如下。

```
Position = dot(Dir,WorldNormal) > 0.0f ? Position: Position - Dir * 5000.0f;
Out.Position = mul(float4(Position,1), ViewProjectMatrix);
Out.Position.z += 0.0005f;
```

阴影体的渲染如图 12.16 所示。把逆向光源的顶点都延长 5000cm，最后输出 z 值并加上 0.0005，避免深度比较的时候出现条纹现象。

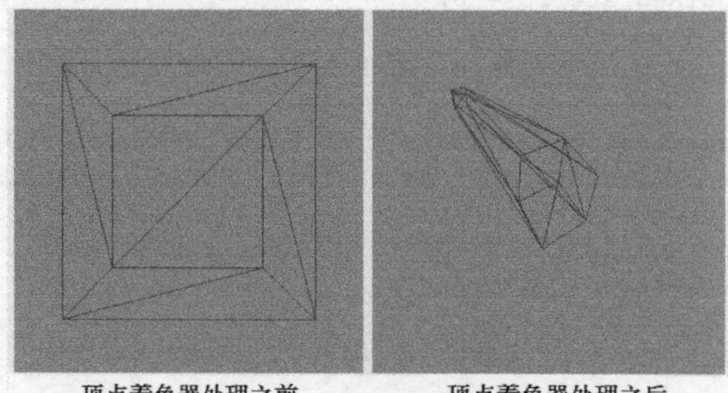

图 12.16 阴影体的渲染

对于 DirectX 10 以上版本，顶点着色器只生成世界空间的位置，并将其传递给几何着色器，代码如下。

```
void VSDirectX11Renderer::CreateVFunction(MaterialShaderPara &MSPara,unsigned int
    uiPassType,VSString & OutString)
{
    VSString FunctionBody;
    ...
    else if (uiPassType == VSPass::PT_POINT_VOLUME_SHADOW
        || uiPassType == VSPass::PT_DIRECT_VOLUME_SHADOW)
    {
        CreateVFunctionWorldPosition(MSPara, FunctionBody, uiPassType);
    }
    ...
}
```

几何着色器可以产生新的三角形，所以它可以让任何模型产生阴影体。它给每个三角形产生一个阴影体，几何着色器的代码在 ShadowVolume.txt 里，具体代码如下。

```
[maxvertexcount(18)]//每个三角形产生的阴影体最多有 18 个顶点
void GSMain( triangle GS_INPUT In[3], inout TriangleStream<GS_OUTPUT>
ShadowTriangleStream )
{
    //计算三角形的法线
    float3 N = cross( In[1].WorldPos - In[0].WorldPos,
        In[2].WorldPos - In[0].WorldPos );
    #ifdef VolumeVertexFormat    //如果光源是方向光
        float3 lightDir = -LightInfo;
    #else//如果光源是点光源
        float3 lightDir = LightInfo - In[0].WorldPos;
    #endif
    //如果面朝向光源，那么每条边都为邻接边
    if( dot(N, lightDir) > 0.0f )
    {
        //延长每条边，生成三角形
        DetectAndProcessSilhouette( In[0], In[1], ShadowTriangleStream );
        DetectAndProcessSilhouette( In[1], In[2], ShadowTriangleStream );
        DetectAndProcessSilhouette( In[2], In[0], ShadowTriangleStream );

        //对三角形顶点进行延长，找到底面三角形的 3 个顶点
        GS_OUTPUT Out[6];
        [unroll]
        for(int v = 0; v < 3; v++)
        {
        #ifdef VolumeVertexFormat
```

```
            float3 extrude = LightInfo;
        #else
            float3 extrude = normalize(In[v].WorldPos - LightInfo);
        #endif
            float3 WorldPos = In[v].WorldPos;
            Out[2 * v].Position = mul( float4(WorldPos,1), ViewProjectMatrix );
            Out[2 * v].Position.z -= ZBias;
            WorldPos = In[v].WorldPos + ExtrudeLength * extrude;
            Out[2 * v + 1].Position = mul( float4(WorldPos,1), ViewProjectMatrix );
            Out[2 * v + 1].Position.z -= ZBias;
        }
        //加入顶面三角形
        ShadowTriangleStream.Append( Out[0] );
        ShadowTriangleStream.Append( Out[2] );
        ShadowTriangleStream.Append( Out[4] );
        ShadowTriangleStream.RestartStrip();
        //加入底面三角形
        ShadowTriangleStream.Append( Out[5] );
        ShadowTriangleStream.Append( Out[3] );
        ShadowTriangleStream.Append( Out[1] );
        ShadowTriangleStream.RestartStrip();
    }
}
```

创建像素着色器十分简单，代码如下。

```
void VSDirectX9Renderer::CreatePFunction(MaterialShaderPara &MSPara,
unsigned int uiPassType, VSString & OutString)
{
    …
    else if (uiPassType == VSPass::PT_PREZ ||
         uiPassType == VSPass::PT_POINT_VOLUME_SHADOW ||
         uiPassType == VSPass::PT_DIRECT_VOLUME_SHADOW)
    {
         OutString = _T("PS_OUTPUT ") + ms_PShaderProgramMain +
              _T("(PS_INPUT ps_Input)\n{\n PS_OUTPUT Out = (PS_OUTPUT) 0;\n
         Out.Color0 = float4(0.0f,0.0f,0.0f,1.0f);\nreturn Out;\n};");
    }
}
```

VSPEVolumeShadowMapSceneRender 类继承自 VSPostEffectSceneRender 类，用于渲染全屏幕矩形。模板缓存值大于或等于 16 的区域都为影子区域，并标记成 0，否则标记成 1。VSPEVolumeShadowMapSceneRender 类只需要清空颜色信息，代码如下。

```
m_pPEVolumeSMSceneRender->SetParam(VSRenderer::CF_COLOR,
        VSColorRGBA(1.0f,1.0f,1.0f,1.0f),1.0f,0);
class VSGRAPHIC_API VSPEVolumeShadowMapSceneRender :
        public VSPostEffectSceneRender
VSPEVolumeShadowMapSceneRender::VSPEVolumeShadowMapSceneRender()
{
   m_pCustomMaterial = VSCustomMaterial::GetPostVolumeShadowMap();
};
```

使用的着色器来自预先写好的文件。

```
Vertex Shader _T("PostEffectVShader.txt")
Pixel Shader_T("VolumeShadowMapPShader.txt")
float4 PSMain(float2 texCoord: TEXCOORD0) : COLOR
{
        return float4(0.0f,0.0f,0.0f,1.0f);
}
```

下面是渲染状态。

```
VSDepthStencilDesc DepthStencilDesc;
DepthStencilDesc.m_bDepthEnable = false;
DepthStencilDesc.m_bStencilEnable = true;
DepthStencilDesc.m_uiStencilCompareMethod = VSDepthStencilDesc::CM_LESSEQUAL;
DepthStencilDesc.m_uiReference = 0x10;
```

如图 12.17 所示，阴影明暗纹理是屏幕空间的。如果光源使用了阴影体，那么必须把点的位置转换到屏幕空间，再根据屏幕空间位置转换成纹理坐标，并取出采样点，代码如下。

```
float PointLightVolumeShadow(PointLightType PointLight, float3 WorldPos,
sampler2D  VolumeShadowSampler)
{
    float3 ProjectV = TransProjPos(WorldPos, PointLight.ShadowMatrix);
    return tex2D(VolumeShadowSampler, ProjectV.xy).r;
}
float DirectionLightVolumeShadow(DirLightType DirLight, float3 WorldPos,
sampler2D  VolumeShadowSampler)
{
    float3 ProjectV = TransProjPos(WorldPos, DirLight.ShadowMatrix[0]);
    return tex2D(VolumeShadowSampler, ProjectV.xy).r;
}
```

图 12.17 阴影体渲染阴影

其中 PointLight.ShadowMatrix 矩阵和 DirLight.ShadowMatrix[0]矩阵用于把点的位置转换成屏幕空间中的纹理坐标。以下代码生成把点的位置转换为屏幕空间中的纹理坐标的矩阵。

```
void VSDirectX9Renderer::SetUserConstantLight(MaterialShaderPara &MSPara,VSShader *
    pShader,unsigned int& ID)
{
    …
    if (pLight->GetShadowType() == ST_VOLUME)
    {
          unsigned int uiRTWidth = m_uiCurRTWidth;
          unsigned int uiRTHeight = m_uiCurRTHeight;
          VSREAL fOffsetX = 0.5f + (0.5f / (VSREAL)(uiRTWidth));
          VSREAL fOffsetY = 0.5f + (0.5f / (VSREAL)(uiRTHeight));
          VSMatrix3X3W texScaleBiasMat(0.5f,      0.0f,      0.0f, 0.0f,
                                      0.0f,     -0.5f,      0.0f, 0.0f,
                                      0.0f,      0.0f,      1.0f, 0.0f,
                                      fOffsetX, fOffsetY, 0.0f, 1.0f );
          VSMatrix3X3W Mat = MSPara.pCamera->GetViewMatrix() *
                  MSPara.pCamera->GetProjMatrix() * texScaleBiasMat;
    }
}
```

12.5 投射体阴影

投射体阴影是 Unreal Engine 独有的，Unreal Engine 用这种算法实现了调制阴影和 CSM。算法的基本过程如下。

（1）构建投射体。

（2）找到投射体内的投影网格。

（3）渲染投影网格的光源深度到渲染目标。

（4）渲染投射体，面向相机的三角形区域计数加 1，背向相机的三角形区域计数减 1。

（5）再次渲染投射体，将通过模板测试的像素点从屏幕空间转换到光源的特殊空间，并将得到的光源深度和渲染目标存放的光源深度进行比较。如果前者小于或等于后者，表示不在阴影里；如果前者大于后者，则表示在阴影里。

（6）把阴影和光照整合，得到最终效果。

为这 3 种光源构建投射体的方式基本相同。前文已经介绍过 3 种光源的普通阴影算法，它们都需要构建虚拟相机体，而虚拟相机就是要构建的投射体，这个投射体足够表示阴影的投射范围。相对于阴影体算法，投射体只是粗略的阴影体，它不能通过模板测试表示出正确的阴影，所以对于通过模板测试的像素点，还要通过传统的阴影映射算法进一步判断它是否在阴影里。

对于普通阴影映射算法，光源的特殊空间就是光源的投影空间，只要知道这个像素点在当前相机下的深度（深度在相机空间或者投影空间都是可以的），就能知道它在世界空间中的位置，那么所有问题都将迎刃而解。

延迟渲染中为了得到世界空间中的位置，要把当前相机下的深度都写入渲染目标。至于根据深度得到物体的世界空间位置的推导过程，这里就不列出了，不了解的读者可以自己演算或者去网上查找相关资料。

在本书的游戏引擎中，加入了 VSNormalDepthSceneRender 类来得到深度和法线。对很多后期效果或者延迟渲染来说，深度和法线是不可缺少的。

对于 Unreal Engine 3，在前向渲染过程中，渲染目标的 A 分量存放深度，R、G、B 分量存放颜色（早期的硬件不支持读取深度模板缓存），这种做法不需要多余的渲染就可以得到深度。Unreal Engine 3 中的动态阴影、景深、屏幕空间环境遮挡等效果都用到了深度，不过只用深度制作的屏幕空间环境遮挡效果并不太好，但考虑到渲染的性价比，整个渲染过程还是可以接受的。

VSForwordHighEffectSceneRenderMethod 类创建 VSNormalDepthSceneRender 类的实例，代码如下。

```
class VSGRAPHIC_API VSForwordHighEffectSceneRenderMethod
: public VSSceneRenderMethod
{
     virtual void Draw(VSCuller & Culler,double dAppTime);
     virtual void GetRT(unsigned int uiWidth,unsigned int uiHeight);
     virtual void DisableRT();
     virtual void SetUseState(VSRenderState & RenderState,
unsigned int uiRenderStateInheritFlag);
     virtual void ClearUseState();
     VSMaterialSceneRenderPtr m_pMaterialSceneRenderder;
     VSNormalDepthSceneRenderPtr m_pNormalDepthSceneRender;
     VSGammaCorrectSceneRenderPtr m_pGammaCorrectSceneRender;
     VSPESSRSceneRenderPtr m_pSSRSceneRender;
     VSRenderTargetPtr m_pMaterialRT;
     VSRenderTargetPtr m_pNormalDepthRT;
     VSRenderTargetPtr m_pSSRRT;
};
```

m_pNormalDepthRT 存放深度和法线，可以供后期效果使用；m_pNormalDepthSceneRender 为 VSNormalDepthSceneRender 类的实例。

m_pSSRSceneRender 表示屏幕空间反射，此时还没有完整实现。材质中的 ReflectMip 和 ReflectPow 参数分别表示采样反射纹理的 Mip 等级和反射强度。这两个参数也被作者写到了 m_pNormalDepthRT 中。

在 GetRT 函数中创建了 RGBA16 的渲染目标，代码如下。

```
m_pNormalDepthRT = VSResourceManager::Get2DRenderTarget
    (uiWidth,uiHeight,VSRenderer::SFT_A16B16G16R16F,0);
m_pMaterialSceneRenderder->SetNormalDepthTexture(
     (VS2DTexture *)m_pNormalDepthRT->GetCreateBy());
```

ReflectMip 和 ReflectPow 被作者编码到渲染目标的 A 部分，法线被作者编码到 RG 部分，深度被写入 B 部分。法线和深度都是相机空间的，所以法线存放 x、y 两个分量就可以，而 z 分量的方向在相机空间中必定和相机方向相反，渲染代码如下。

```
void VSForwordHighEffectSceneRenderMethod::Draw(VSCuller & Culler, double dAppTime)
{
     m_pNormalDepthSceneRender->Draw(Culler,dAppTime);
     m_pMaterialSceneRenderder->Draw(Culler,dAppTime);
     m_pGammaCorrectSceneRender->SetSourceTarget
            (m_pMaterialRT->GetCreateBy());
     m_pGammaCorrectSceneRender->Draw(Culler,dAppTime);
     VSSceneRenderMethod::Draw(Culler,dAppTime);
}
```

这里加入了渲染深度和法线的部分，代码如下。

```
class VSGRAPHIC_API VSNormalDepthSceneRender : public VSSceneRender
{
     virtual bool OnDraw(VSCuller & Culler,unsigned int uiRenderGroup,double dAppTime);
 };
```

VSNormalDepthSceneRender::OnDraw 函数会调用 VSNormalDepthPass::Draw 函数。

关于生成着色器并给着色器设置参数，以及最后的渲染，作者不打算详细介绍了，前文已经介绍了很多类似的流程，它们本质上都是一样的。图 12.18 所示为得到的法线和深度的纹理。下面为着色器的核心代码。

```
float2 DecodeNormal3(float3 Normal)
{
      Normal = normalize(Normal);
      return Normal.xy;
}
float EncodeReflect(float a , float b )
{
      float a1 = a * 99.0f;
      float b1 = b * 99.0f;
      return a1 + b1 * 100.0f;
}
float EncodeReflect(float a , float b )
{
      float a1 = a * 99.0f;
      float b1 = b * 99.0f;
      return a1 + b1 * 100.0f;
}
OutputColor.rg = DecodeNormal3(ViewNormal);
OutputColor.b = saturate(ViewPos.b/FarZ);
OutputColor.a = EncodeReflect(ReflectMip,ReflectPow);
```

OutputColor.b 存放 0～1 的相机空间深度。OutputColor.rg 存放法线（如图 12.19

所示），作者把 ReflectMip 和 ReflectPow 编码到 OutputColor.a 里，ReflectMip 为 0～1 的值，它表示纹理的 Mip 等级，ReflectPow 表示反射强度，其最小值为 0.01。

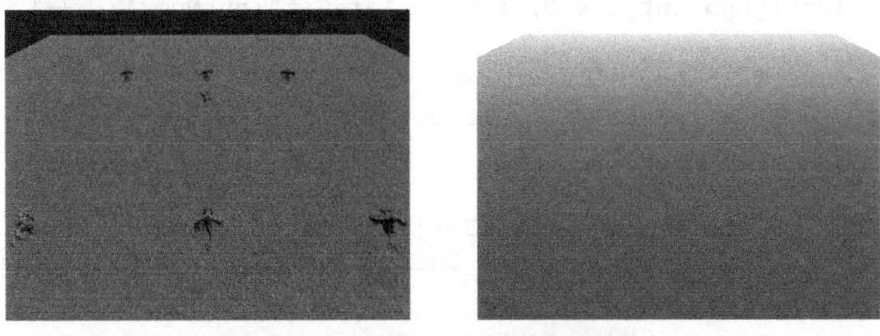

图 12.18 法线和深度的纹理

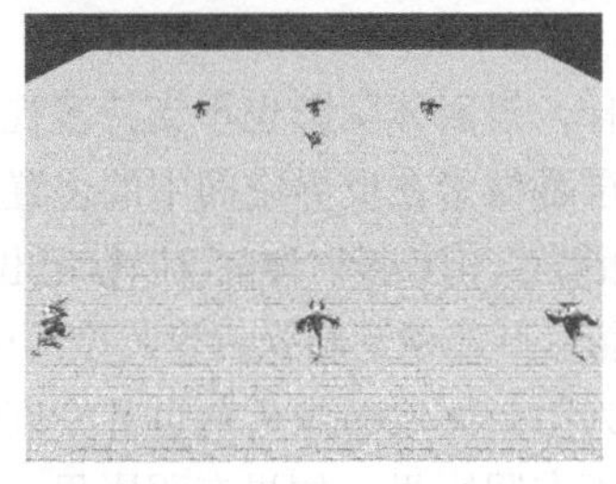

图 12.19 法线的 x、y 分量

注意：ReflectMip 和 ReflectPow 这种编码方式相当常见。对于精度要求不是很高的参数，可以尝试将其压缩到一个分量里。

这样我们就可以利用深度还原屏幕空间中任意像素的世界空间位置。

光照和阴影的合成有两种方法：和阴影体一样，一种方法是把阴影的黑白颜色都渲染在一个目标上，处理光照的时候去采样这个渲染目标对应的纹理；另一种方法是在第 2 次渲染投射体时，因为模板缓存已经标记出阴影，所以直接把阴影颜色乘以颜色缓存颜色即可。第 1 种方法已经讲过了，作者尝试第 2 种方法，这样可以让读者灵活掌握每种方法。第 2 种方法对前向渲染很有优势，它让阴影和光照复杂度分离，减少了一个渲染目标，处理动态光照时也不用采样渲染目标对应的纹理。不完美的地方在于它违背了光照基本规则，只能通过调节参数近似地表达效果。现在回到 VSMaterialSceneRender::OnDraw 函数，代码如下。

```
bool VSMaterialSceneRender::OnDraw(VSCuller & Culler,unsigned int uiRenderGroup,
    double dAppTime)
{
    GetGroup(Culler, uiRenderGroup);
    DrawGroup(Culler, uiRenderGroup, m_NormalAndDepth, dAppTime);
    DrawProjectShadow(Culler, uiRenderGroup, dAppTime);
    DrawGroup(Culler, uiRenderGroup, m_NoNormalOrDepth, dAppTime);
    DrawGroup(Culler, uiRenderGroup, m_Combine, dAppTime);
    DrawGroup(Culler, uiRenderGroup, m_AlphaBlend, dAppTime);
    return true;
}
```

处理投射体阴影需要深度模板缓存信息，所以把投射体阴影的处理（DrawProjectShadow 函数）放到不透明物体光照处理之后，代码如下。

```
void VSMaterialSceneRender::DrawProjectShadow(VSCuller & Culler,
unsigned int uiRenderGroup, double dAppTime)
{
    if (uiRenderGroup == VSCuller::RG_NORMAL && m_pNormalDepthTexture)
    {
        if (Culler.GetCamera()->GetViewPortNum())
```

```
        {
            return;
        }
        for (unsigned int i = 0; i < Culler.GetLightNum(); i++)
        {
            VSLocalLight *pLocalLight =
               DynamicCast<VSLocalLight>(Culler.GetLight(i));
            if (pLocalLight)
            {
                pLocalLight->DrawPorjectShadow(
                                  Culler, dAppTime, m_pNormalDepthTexture);
            }
        }
    }
}
```

和阴影体一样，投射体阴影也不支持多视口渲染。此时需要 m_pNormalDepthTexture 纹理，以便得到屏幕像素在世界空间中的位置。

有了深度模板缓存，渲染投射体就可以标记出可能的阴影区域。有了 m_pNormalDepthTexture，就可以把标记阴影区域的像素转换为世界空间中的位置，然后以光源视角渲染光源深度到渲染目标中，再把标记为阴影区域的像素从世界空间转换到光源投影空间，找到渲染目标对应的光源深度值，比较是否在阴影里。如果在阴影里，就把阴影颜色和当前颜色缓存颜色相乘。现在回到光源基类，代码如下。

```
class VSGRAPHIC_API VSLocalLight : public VSLight
{
    VSColorRGBA m_ProjectShadowColor;
    VSREAL m_ProjectShadowFallOff;
}
```

m_ProjectShadowColor 表示阴影的颜色，m_ProjectShadowFallOff 表示阴影的强度衰减。如果阴影的颜色为黑色，那么阴影区域都是黑色，间接光不再起任何作用，所以必须通过这两个参数才能模拟出很好的效果。

因为将光照和阴影的处理进行了分离，不需要任何材质信息，所以不再需要渲染通道，用文件的着色器就可以处理。

1. 聚光灯

先说聚光灯，它比较简单。相机体在世界空间和相机空间中都是一个棱台形状，通过透视投影变换后，它变成了长方体。把长方体从投影空间逆变换到相机空间，就可以得到相机体，也就是投射体，如图 12.20 所示。

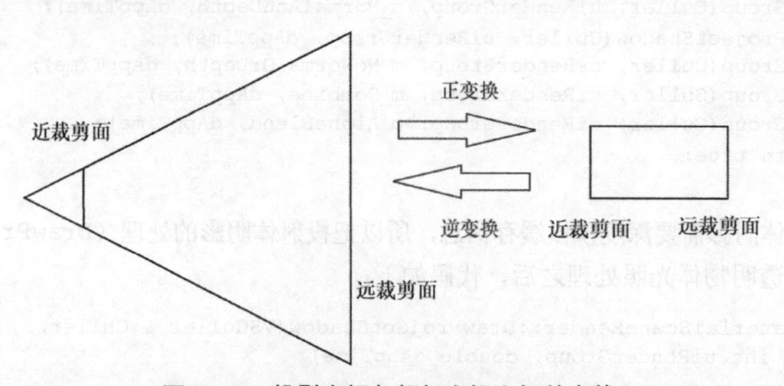

图 12.20 投影空间与相机空间之间的变换

一旦得到投射体，运用和阴影体一样的算法，就可以在模板上得到粗略的阴影区域。接着用上文说过的方法处理就可以了，代码如下。

```
void VSSpotLight::DrawPorjectShadow(VSCuller & CurCuller,double dAppTime,
VS2DTexture * pNormalDepthTexture)
{
    //构建相机
    VSVector3 WorldPos = GetWorldTranslate();
    VSVector3 Dir,Up,Right;
    GetWorldDir(Dir,Up,Right);
    VSShadowCuller TempCuller;
    VSMatrix3X3 Rot = GetWorldRotate();
    VSCamera TempCamera;
    TempCamera.CreateFromLookDir(GetWorldTranslate(), Dir);
    TempCamera.SetPerspectiveFov(m_Phi, 1.0f, 1.0f, m_Range);
    TempCuller.PushCameraPlane(TempCamera);
    TempCuller.m_pLocalLight = this;
    //裁剪可见物体
    for (unsigned int i = 0 ; i < m_pScene.GetNum() ;i++)
    {
         VSScene *pScene = m_pScene[i];
         if (!pScene)
         {
                   continue;
         }
         pScene->ComputeVisibleSet(TempCuller,false,dAppTime);
    }
    TempCuller.Sort();
    //世界空间到光源投影空间的变换矩阵
    m_LightShadowMatrix = TempCamera.GetViewMatrix() * TempCamera.GetProjMatrix();
    m_pShadowRenderTarget = VSResourceManager::Get2DRenderTarget(
            m_uiRTWidth,m_uiRTWidth,VSRenderer::SFT_R32F,0);
    VSDepthStencil *pDepthStencil = VSResourceManager::GetDepthStencil(
             m_uiRTWidth,m_uiRTWidth,VSRenderer::SFT_D24S8,0);
    m_pShadowMapSceneRender->ClearRTAndDepth();
    m_pShadowMapSceneRender->SetDepthStencil(pDepthStencil,
                VSCuller::RG_NORMAL);
    m_pShadowMapSceneRender->AddRenderTarget(
            m_pShadowRenderTarget);
    //渲染深度
    m_pShadowMapSceneRender->Draw(TempCuller,dAppTime);
    m_pShadowTexture[0]->m_pTex = m_pShadowRenderTarget->GetCreateBy();
    VSResourceManager::DisableDepthStencil(pDepthStencil);
    //渲染阴影
    m_pProjectShadowSceneRender->m_pNormalDepthTexture =
       pNormalDepthTexture;
    m_pProjectShadowSceneRender->m_fLightRange = m_Range;
    m_pProjectShadowSceneRender->m_LightWorldDirection = Dir;
    m_pProjectShadowSceneRender->m_Falloff = m_Falloff;
    m_pProjectShadowSceneRender->m_Theta = m_Theta;
    m_pProjectShadowSceneRender->m_Phi = m_Phi;
    m_pProjectShadowSceneRender->Draw(CurCuller, dAppTime);
    //释放视点相关纹理
    DisableDependenceShadowMap(TempCuller, dAppTime);
}
```

3 种光源的投射体阴影渲染都用 VSProjectShadowSceneRender 类。下面重点对 VSProjectShadowSceneRender 类进行讲解，以下是 VSProjectShadowSceneRender 类的构造函数。

```
VSProjectShadowSceneRender::VSProjectShadowSceneRender()
{
   m_pTexAllState = VS_NEW VSTexAllState();
   m_pTexAllState->SetSamplerState((VSSamplerState*)
```

```
            VSSamplerState::GetDoubleLine());
    m_pNormalDepthTexture = NULL;
    static VSUsedName LightTypeString = _T("LIGHT_TYPE");
    m_DirectionLightShaderKey.SetTheKey(LightTypeString, 0);
    m_PointLightShaderKey.SetTheKey(LightTypeString, 1);
    m_SpotLightShaderKey.SetTheKey(LightTypeString, 2);
}
```

构造函数里创建了一个 VSTexAllState 类用于设置采样方式。其中，Tex 参数会被设置成 m_NormalDepthTexture。

LightTypeString 是着色器里要用的宏信息，其对应的 3 个值分别表示方向光、点光源、聚光灯。

渲染分成两步。

第 1 步要得到阴影区域，这个过程和阴影体渲染时是一样的，代码如下。

```
//得到第 1 步要用的自定义材质
VSCustomMaterial *pCustomMaterial = VSCustomMaterial::GetProjectShadowPre();
//没有要用到的宏
pVShader = pCustomMaterial->GetCurVShader(m_NULLShaderKey);
pPShader = pCustomMaterial->GetCurPShader(m_NULLShaderKey);

static VSUsedName ProjectShadowMatrixString = _T("ProjectShadowMatrix");
static VSUsedName WorldViewProjectMatrixString = _T("WorldViewProjectMatrix");
//设置顶点着色器参数
VSMatrix3X3W ProjectShadowMatrix = m_pLocalLight->m_LightShadowMatrix.GetInverse();
pVShader->SetParam(ProjectShadowMatrixString, &ProjectShadowMatrix);

VSMatrix3X3W WorldViewProjectMatrix = pCamera->GetViewMatrix() *
pCamera->GetProjMatrix();
pVShader->SetParam(WorldViewProjectMatrixString,&WorldViewProjectMatrix);
//渲染
if(!VSRenderer::ms_pRenderer->DrawMesh(VSGeometry::GetDefaultCub(),
      &pCustomMaterial->GetRenderState(),pVShader,pPShader))
{
    return false;
}
```

这里用到的材质已经预先定义好了 ms_pProjectShadowPre，相关代码如下。

```
//关联用到的着色器
bool VSCustomMaterial::LoadDefault()
{
    if (!ms_pProjectShadowPre)
    {
        return 0;
    }
    ms_pProjectShadowPre->PreLoad(_T("ProjectShadowPre"),
      _T("ProjectShadowPreVS.txt"),_T("VSMain"),_T("DefaultPS.txt"),_T("PSMain"));
}
//设置渲染状态
bool VSCustomMaterial::InitialDefaultState()
{
    ms_pProjectShadowPre = VS_NEW VSCustomMaterial();
    {
        VSDepthStencilDesc DepthStencilDesc;
        DepthStencilDesc.m_bDepthWritable = false;
        DepthStencilDesc.m_uiDepthCompareMethod =
            VSDepthStencilDesc::CM_LESS;
        DepthStencilDesc.m_bStencilEnable = true;
        DepthStencilDesc.m_bTwoSideStencilMode = true;
        DepthStencilDesc.m_uiSPassZFailOP =
```

```
            VSDepthStencilDesc::OT_DECREMENT;
        DepthStencilDesc.m_uiCCW_SPassZFailOP =
            VSDepthStencilDesc::OT_INCREMENT;
        VSDepthStencilState *pDepthStencilState =
           VSResourceManager::CreateDepthStencilState(DepthStencilDesc);
        ms_pProjectShadowPre->m_RenderState.SetDepthStencilState(
            pDepthStencilState);
        VSRasterizerDesc RasterizerDesc;
        RasterizerDesc.m_uiCullType = VSRasterizerDesc::CT_NONE;
        VSRasterizerState *pRasterizerState=
           VSResourceManager::CreateRasterizerState(RasterizerDesc);
        ms_pProjectShadowPre->m_RenderState.SetRasterizerState(
            pRasterizerState);
        VSBlendDesc BlendDesc;
        BlendDesc.ucWriteMask[0] = VSBlendDesc::WM_NONE;
        VSBlendState *pBlendState =
           VSResourceManager::CreateBlendState(BlendDesc);
        ms_pProjectShadowPre->m_RenderState.SetBlendState(pBlendState);
    }
}
```

渲染状态的设置和阴影体是一样的。

这样就得到把物体从光源投影空间变换到世界空间的矩阵（ProjectShadowMatrix），长方体就会变成相机体，也就是投射体（如图12.21所示），然后再变换到当前相机空间，代码如下。

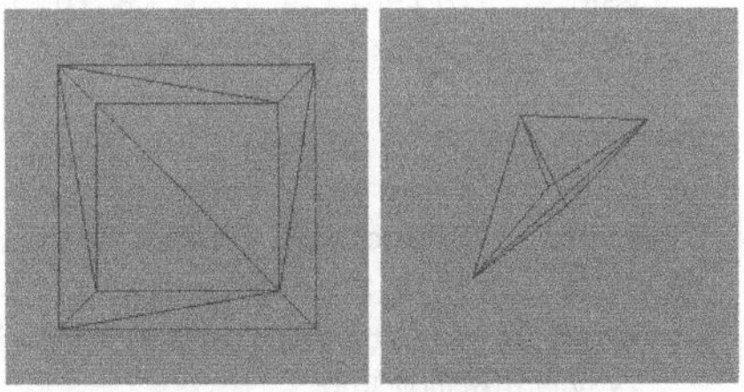

顶点着色器处理之前 顶点着色器处理之后

图12.21 从长方体到相机体

```
#include"Shader.txt"
row_major float4x4 ProjectShadowMatrix;
row_major float4x4 WorldViewProjectMatrix;
struct VS_INPUT
{
     float3 Position0 : POSITION0;
};
struct VS_OUTPUT
{
     float4 Position : POSITION;
};
VS_OUTPUT VSMain(VS_INPUT Input)
{
   VS_OUTPUT Out = (VS_OUTPUT)0;
   float3 Position;
   Position = Input.Position0;
   float4 WorldPosTemp = mul(float4(Position, 1), ProjectShadowMatrix);
   float3 WorldPos = WorldPosTemp.xyz / WorldPosTemp.w;
   Out.Position = mul(float4(WorldPos, 1), WorldViewProjectMatrix);
   return Out;
};
```

对于第2步，具体代码如下。

```
//得到顶点着色器
VSCustomMaterial *pCustomMaterial = VSCustomMaterial::GetProjectShadow();
pVShader = pCustomMaterial->GetCurVShader(m_NULLShaderKey);
//得到像素着色器代码
if (m_pLocalLight->GetLightType() == VSLight::LT_POINT)
{
     pPShader = pCustomMaterial->GetCurPShader(m_PointLightShaderKey);
}
else if (m_pLocalLight->GetLightType() == VSLight::LT_SPOT)
{
     pPShader = pCustomMaterial->GetCurPShader(m_SpotLightShaderKey);
```

```
}
else
{
    pPShader = pCustomMaterial->GetCurPShader(m_DirectionLightShaderKey);
}
//设置深度和法线
m_pTexAllState->m_pTex = m_pNormalDepthTexture;
//VS
static VSUsedName ProjectShadowMatrixString = _T("ProjectShadowMatrix");
static VSUsedName WorldViewProjectMatrixString = _T("WorldViewProjectMatrix");
VSMatrix3X3W ProjectShadowMatrix = m_pLocalLight->m_LightShadowMatrix.GetInverse();
pVShader->SetParam(ProjectShadowMatrixString, &ProjectShadowMatrix);
VSMatrix3X3W WorldViewProjectMatrix = pCamera->GetViewMatrix()
* pCamera->GetProjMatrix();
pVShader->SetParam(WorldViewProjectMatrixString,&WorldViewProjectMatrix);

//ps
//设置采样光源的深度的变换矩阵
unsigned int uiRTWidth = m_pLocalLight->GetShadowResolution();
VSREAL fOffsetX = 0.5f + (0.5f / (VSREAL)(uiRTWidth));
VSREAL fOffsetY = 0.5f + (0.5f / (VSREAL)(uiRTWidth));
VSMatrix3X3W texScaleBiasMat( 0.5f,      0.0f,     0.0f,       0.0f,
                               0.0f,     -0.5f,     0.0f,       0.0f,
                               0.0f,      0.0f,     1.0f,       0.0f,
                               fOffsetX, fOffsetY, 0.0f,       1.0f );
static VSUsedName ShadowMatrixString = _T("ShadowMatrix");
VSMatrix3X3W ShadowMatrix = m_pLocalLight->m_LightShadowMatrix *texScaleBiasMat;
pPShader->SetParam(ShadowMatrixString, &ShadowMatrix);
//设置相机的逆矩阵
static VSUsedName InvViewString = _T("InvView");
VSMatrix3X3W InvView = pCamera->GetViewMatrix().GetInverse();
pPShader->SetParam(InvViewString, &InvView);
//设置投影矩阵的_00和_11分量
static VSUsedName ProjectString = _T("Project");
VSVector2 Project = VSVector2(pCamera->GetProjMatrix()._00,
pCamera->GetProjMatrix()._11);
pPShader->SetParam(ProjectString, &Project);
//设置到远裁剪面的距离
static VSUsedName FarZString = _T("FarZ");
VSREAL FarZ = pCamera->GetZFar();
pPShader->SetParam(FarZString, &FarZ);
//设置深度偏差
static VSUsedName ZBiasString = _T("ZBias");
VSREAL ZBias = m_pLocalLight->m_ZBias;
pPShader->SetParam(ZBiasString, &ZBias);
//设置法线和深度纹理的长与宽的倒数
static VSUsedName NormalDepthInvRtWidthString = _T("NormalDepthInvRtWidth");
VSVector2 NormalDepthInvRtWidth = VSVector2(
1.0f / m_pTexAllState->m_pTex->GetWidth(0) * 1.0f,
1.0f / m_pTexAllState->m_pTex->GetHeight(0) * 1.0f);
pPShader->SetParam(NormalDepthInvRtWidthString, &NormalDepthInvRtWidth);
//设置阴影深度纹理的长与宽的倒数
static VSUsedName ShadowRtWidthString = _T("ShadowRtWidth");
VSREAL ShadowRtWidth = m_pLocalLight->GetShadowResolution() * 1.0f;
pPShader->SetParam(ShadowRtWidthString, &ShadowRtWidth);
//设置阴影纹理
static VSUsedName ShadowSamplerString = _T("ShadowSampler");
pPShader->SetParam(ShadowSamplerString,m_pLocalLight->GetShadowTexture());
//设置法线和深度纹理
static VSUsedName NormalDepthSamplerString = _T("NormalDepthSampler");
pPShader->SetParam(NormalDepthSamplerString,m_pTexAllState);
//设置阴影颜色
```

```
static VSUsedName ProjectShadowColorString = _T("ProjectShadowColor");
pPShader->SetParam(ProjectShadowColorString,&m_pLocalLight->m_ProjectShadowColor);
//设置衰减
static VSUsedName ProjectShadowFallOffString = _T("ProjectShadowFallOff");
pPShader->SetParam(ProjectShadowFallOffString,
&m_pLocalLight->m_ProjectShadowFallOff);
//设置点光源和聚光灯参数
if (m_pLocalLight->GetLightType() == VSLight::LT_POINT ||
m_pLocalLight->GetLightType() == VSLight::LT_SPOT)
{
    //光源位置
    static VSUsedName LightPosString = _T("LightWorldPos");
    VSVector3 LightPos = m_pLocalLight->GetWorldTranslate();
    pPShader->SetParam(LightPosString, &LightPos);
    //光源范围
    static VSUsedName LightRangeString = _T("LightRange");
    pPShader->SetParam(LightRangeString, &m_fLightRange);
    //聚光灯参数
    if (m_pLocalLight->GetLightType() == VSLight::LT_SPOT)
    {
        static VSUsedName LightWorldDirectionString = _T("LightWorldDirection");
        pPShader->SetParam(LightWorldDirectionString, &m_LightWorldDirection);
        static VSUsedName FalloffString = _T("Falloff");
        pPShader->SetParam(FalloffString, &m_Falloff);
        static VSUsedName ThetaString = _T("Theta");
        pPShader->SetParam(ThetaString, &m_Theta);
        static VSUsedName PhiString = _T("Phi");
        pPShader->SetParam(PhiString, &m_Phi);
    }
}
//渲染阴影体
if(!VSRenderer::ms_pRenderer->DrawMesh(VSGeometry::GetDefaultCub(),
      &pCustomMaterial->GetRenderState(),pVShader,pPShader))
{
    return false;
}
```

第 2 步用到的材质也是预先定义好的，渲染状态和阴影体第 2 次渲染相比增加了透明度混合，下面是混合状态。

```
VSBlendDesc BlendDesc;
BlendDesc.ucSrcBlend[0] = VSBlendDesc::BP_DESTCOLOR;
BlendDesc.ucDestBlend[0] = VSBlendDesc::BP_ZERO;
BlendDesc.bBlendEnable[0] = true;
VSBlendState *pBlendState = VSResourceManager::CreateBlendState(BlendDesc);
ms_pProjectShadow->m_RenderState.SetBlendState(pBlendState);
```

第 2 步用的顶点着色器和第 1 步用的相比，多输出了投影空间的位置，投影空间的位置用来在屏幕上采样光源深度纹理。在像素着色器里用着色器键区分 3 种光源，每种光源要设置的参数也不太相同。有些参数对阴影做了衰减，通过调节这些参数，阴影明暗程度会不同。下面是详细的着色器代码。

```
#include"Shader.txt"
row_major float4x4 ShadowMatrix;
row_major float4x4 InvView;
float2 Project;
float FarZ;
float ZBias;
float2 NormalDepthInvRtWidth;
float ShadowRtWidth;
float4 ProjectShadowColor;
```

```
float ProjectShadowFallOff;
//用 LIGHT_TYPE 宏来区分各种光源
#if LIGHT_TYPE > 0
float3 LightWorldPos;
float LightRange;
#endif
#if LIGHT_TYPE == 2
float3 LightWorldDirection;
float Falloff;
float Theta;
float Phi;
#endif
//阴影深度纹理
sampler2D  ShadowSampler;
//屏幕空间中的深度法线纹理
sampler2D  NormalDepthSampler;
struct PS_INPUT
{
    float4 ProjectPos : TEXCOORD0;
};
struct PS_OUTPUT
{
    float4 Color0 : COLOR0;
};
PS_OUTPUT PSMain(PS_INPUT ps_Input)
{
   PS_OUTPUT Out = (PS_OUTPUT)0;
   //得到当前渲染点对应的屏幕空间坐标
   float2 Tex = ps_Input.ProjectPos.xy / ps_Input.ProjectPos.w;
   float2 ProjetXY = Tex;
   Tex = 0.5 * (1 + Tex * float2(1, -1) + NormalDepthInvRtWidth.xy);
   //采样对应深度
   float ViewZ = tex2D(NormalDepthSampler, Tex).z;
   //根据相机空间中的深度得到相机空间中的位置
   float Z = ViewZ *FarZ;
   float4 ViewPos = float4(Z * ProjetXY / Project, Z, 1.0f);
   //转换为世界空间中的位置
   float4 WorldPos = mul(ViewPos, InvView);
   float Shadow = 1.0f;
   //转换到光源投影空间
   float4 NewPos = mul(WorldPos, ShadowMatrix);
   float3 ProjPos = (NewPos.xyz - float3(0.0f, 0.0f, ZBias)) / NewPos.w;
   //得到光源投影空间中的深度
   float depth = clamp(ProjPos.z, 0.0f, 1.0f);
   //得到阴影明暗信息
   #if CSMPCF > 0
        Shadow = PCFShadow(ShadowSampler, ShadowRtWidth, ProjPos.xy, depth);
   #else
       Shadow = FourShadow(ShadowSampler, ShadowRtWidth, ProjPos.xy, depth);
   #endif
       //阴影衰减
       float Alpha = ProjectShadowFallOff;
   #if LIGHT_TYPE == 1     //点光源再加上距离衰减
        float3 fDistance = length(LightWorldPos - WorldPos);
        Alpha *= saturate(1.0f - fDistance / LightRange);
   #elif LIGHT_TYPE == 2  //聚光灯加上距离和角度衰减
        float3 WorldLightDir = WorldPos - LightWorldPos;
        float  fDistance = length(WorldLightDir);
        WorldLightDir = WorldLightDir / fDistance;
        float fLightAttenuationDiv = saturate(1.0f - fDistance / LightRange);
        float fSpotLightCos = dot(WorldLightDir, LightWorldDirection);
        float fLightIf = saturate((fSpotLightCos - cos(Phi * 0.5f))
   / (cos(Theta * 0.5f) - cos(Phi  * 0.5f)));
```

```
        float fLightEffect = pow(fLightIf, Falloff);
        Alpha *= fLightAttenuationDiv  * fLightEffect;
    #endif
        Alpha = saturate(Alpha);
        //首先通过阴影来混合阴影颜色，这样可以保证阴影里面是阴影的颜色，阴影外面是白色
        //其次用Alpha进行衰减混合，最后将得到的结果和颜色缓存颜色相乘
        Out.Color0 = (ProjectShadowColor * (1.0f - Shadow) + Shadow) * Alpha
            + (1.0f - Alpha);
        Out.Color0.a = 1.0f;
        return Out;
}
```

2. 点光源

基于聚光灯的实现，实现方向光和点光源就很容易了。根据点光源构建 6 个投射体，然后对 6 个朝向做和聚光灯一样的渲染，代码如下。同样，可以根据相机视角进行优化，优化的方法同前文讲过的点光源普通阴影映射一样。这里只介绍没优化的，关于优化的方法，请读者自己查看代码。

```
void VSPointLight::DrawPorjectShadow(VSCuller & CurCuller,double dAppTime,
VS2DTexture *pNormalDepthTexture)
{
    if (m_bEnable && m_bIsCastShadow)
    {
        if (m_uiShadowType == ST_PROJECT)
        {
            m_pProjectShadowSceneRender->m_pNormalDepthTexture =
                pNormalDepthTexture;
            m_pProjectShadowSceneRender->m_fLightRange = m_Range;
            if (CurCuller.GetCamera()->GetFov() <= AngleToRadian(90.0f))
            {
                DrawFovProjectShadow(CurCuller,dAppTime);
            }
            else
            {
                DrawNormalProjectShadow(CurCuller,dAppTime);
            }
        }
    }
}
void VSPointLight::DrawNormalProjectShadow(VSCuller & CurCuller,double dAppTime)
{
    //对每个面都构建相机体
    for (unsigned int Index = 0 ; Index < VSCubeTexture::F_MAX ;Index++)
    {
        VSCamera TempCamera;
        TempCamera.CreateFromEuler(WorldPos, 0.0f, 0.0f, 0.0f);
        TempCamera.SetLocalRotate(MatTemp[Index]);
        TempCamera.SetPerspectiveFov(VSPI2, 1.0f, 1.0f, m_Range);
        if (!CurCuller.IsVisible(TempCamera.GetFrustumAABB()))
        {
            continue;
        }
        VSShadowCuller TempCuller;
        TempCuller.PushCameraPlane(TempCamera);
        TempCuller.m_pLocalLight = this;
        //后面的渲染流程同聚光灯投射体阴影渲染一样
        …
    }
}
```

3. 方向光

实际上，投射体阴影算法的最大受益者是方向光，因为方向光是全场景照射的。假设只有

两个物体，这两个物体之间的距离非常远，并且在相机可见范围内，如果根据这两个物体构建光源虚拟相机，两个物体的间距太大，会导致物体的光源深度在渲染目标中占比很小，这样采样出来的阴影几乎是失败的（见图 12.22）。好在方向光是平行的，我们可以为每个物体单独构建投射体，这样每个物体都能独享渲染目标，不用很大的渲染目标就可以实现很好的阴影效果，如图 12.23 所示。

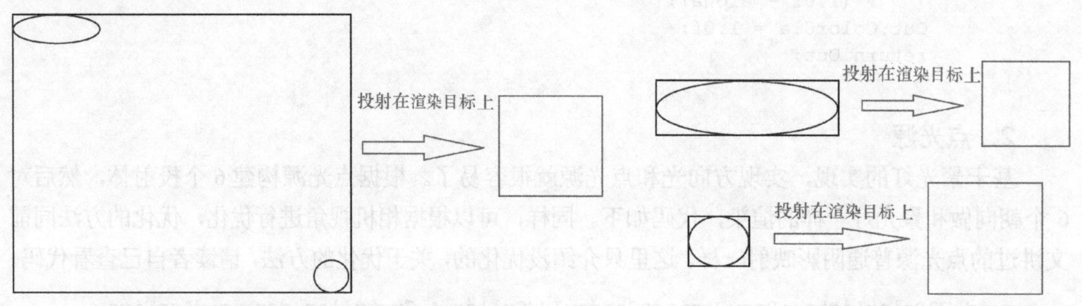

图 12.22 在传统方向光下失败的投影映射

图 12.23 在方向光下投射体的阴影

首先，裁剪出可见投影几何体，代码如下。

```
VSDirShadowMapCuller    SMCuller;
SMCuller.m_pLocalLight = this;
SMCuller.PushCameraPlane(*CurCuller.GetCamera());
for (unsigned int i = 0; i < m_pScene.GetNum(); i++)
{
     VSScene *pScene = m_pScene[i];
     if (!pScene)
     {
           continue;
     }
     pScene->ComputeVisibleSet(SMCuller, false, dAppTime);
}
SMCuller.Sort();
```

把属于同一个 VSMeshNode 类的几何体放入 VSDirShadowMapCuller 类的实例 SMCuller 里，代码如下。

```
VSArray<VSDirShadowMapCuller> Temp;
VSMeshNode *pCurMeshNode = NULL;
for (unsigned int t = 0; t <= VSCuller::VST_MAX; t++)
{
     for (unsigned int j = 0; j < SMCuller.GetVisibleNum(t); j++)
     {
          VSRenderContext& RenderContext = SMCuller.GetVisibleSpatial(j, t);
          if (pCurMeshNode != RenderContext.m_pMeshNode)
          {
               Temp.AddElement(VSDirShadowMapCuller());
               Temp[Temp.GetNum() - 1].PushCameraPlane(
                         *SMCuller.GetCamera());
               pCurMeshNode = RenderContext.m_pMeshNode;
          }
          Temp[Temp.GetNum() - 1].InsertObject(RenderContext, t);
     }
}
```

为每一个 VSDirShadowMapCuller 类构建投射体，进行投射体阴影渲染，代码如下。

```
for (unsigned int i = 0; i < Temp.GetNum(); i++)
{
```

```
        //构建相机投影矩阵，渲染光源深度
        ...
        //渲染投射体的阴影
        m_pProjectShadowSceneRender->Draw(Temp[i], dAppTime);
    }
```

在方向光下，投影体阴影的渲染如图 12.24 所示。

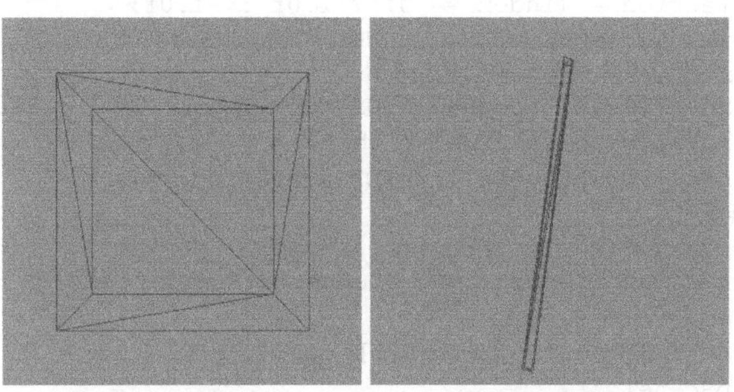

图 12.24 在方向光下投射体阴影的渲染

12.6 双剖面阴影映射

最后一个阴影算法是专门留给点光源的。传统的点光源阴影算法需要渲染 6 个朝向，效率很低。双剖面阴影映射渲染两个朝向即可。它和天空盒的处理方法很像，天空盒有立方体映射方法和球面（sphere）映射方法。立方体映射方法中网格使用立方体（用 6 张 2D 纹理或一张立方体纹理）；而球面映射方法中网格使用球体，它用一种纹理表示半个球面，用两种纹理就可以表示整个球面。

读者可以到网上搜索天空盒或者天空球相关的知识，这里就不再多说了。双剖面阴影映射算法的相关论文也可以在网上搜到，它实际上还是很简单的。下面仅说明半个球面的双剖面阴影映射，另半个球面与之类似。

我们使用的立方体映射公式如下。

$$f(x/\mathrm{sqrt}(x^2+y^2+z^2), y/\mathrm{sqrt}(x^2+y^2+z^2), z/\mathrm{sqrt}(x^2+y^2+z^2)) = \mathrm{sqrt}(x^2+y^2+z^2)$$

先把 x、y、z 归一化，然后以长度作为深度。归一化后，坐标就变成了球面坐标，如图 12.25 所示。

现在要把球面坐标变成 2D 平面坐标，最简单的方法就是垂直映射，如图 12.26 所示。

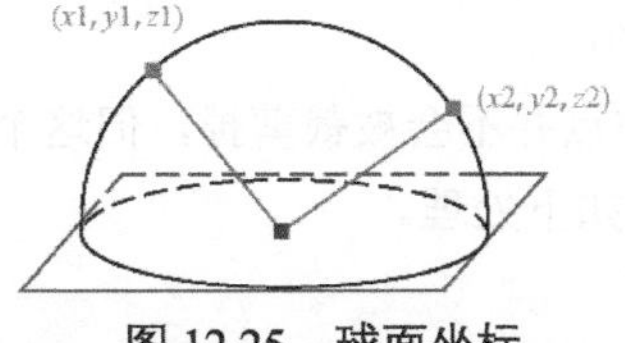

图 12.25 球面坐标

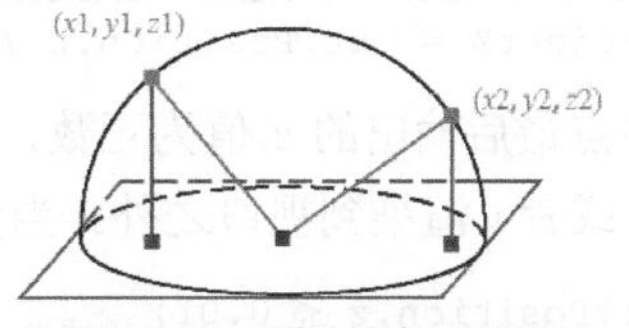

图 12.26 映射到 2D 平面

用这种映射方式将半球映射到 2D 纹理上时会出现问题。仔细观察可以发现，半球上的点越靠近半球边缘部分，映射到平面上的占比越低，这就导致没有空间来存储足够多的映射信息。这和方向光传统阴影映射算法存在的弊端一样，边缘处阴影出现问题。

所以作者换了另一种映射方式，公式如下。

$$x' = x/(z+1),\quad y' = y/(z+1)$$

这种方式保证了像素映射到平面上的占比是相对均匀的。这种方式还有一个特点：当 z 小于 0 的时候，x 或 y 的绝对值必然大于 1。这就表示相机后面的物体超出了视口范围，因此不会渲染任何信息到渲染目标上。

在世界坐标系下，以点光源的位置为中心，分别沿 z 轴的正、负方向渲染可见物体。这实际上只把物体转换到对应的相机空间，投影矩阵是单位矩阵，代码如下。

```
for (unsigned int Index = 0; Index < 2; Index++)
{
    VSREAL ZDirection = (Index == 0) ? 1.0f : -1.0f;
    DPCamera[Index].CreateFromLookDir(WorldPos, VSVector3(0.0f, 0.0f, ZDirection));
    //这里构建正交投影矩阵只是为了创建相机体
    DPCamera[Index].SetOrthogonal(2.0f * m_Range,2.0f * m_Range,0,m_Range);
    DPCuller[Index].m_pLocalLight = this;
    DPCuller[Index].PushCameraPlane(DPCamera[Index]);
    //把投影矩阵清空
    DPCamera[Index].ClearProject();
    for (unsigned int i = 0; i < m_pScene.GetNum(); i++)
    {
        VSScene *pScene = m_pScene[i];
        if (!pScene)
        {
            continue;
        }
        pScene->ComputeVisibleSet(DPCuller[Index], false, dAppTime);
    }
    DPCuller[Index].Sort();
}
```

接下来，创建两个渲染目标，把前后两个朝向的物体光源深度都渲染在这两个渲染目标上。关于生成着色器的部分，读者可以自行查看代码，作者这里把主要部分拿出来讲解。下面是顶点着色器的代码。

```
//转换到相机空间
Out.Position = mul(float4(Position,1), WorldViewProjectMatrix);
//算出当前长度，也就是深度
float fLength = length(Out.Position.xyz);
//归一化
Out.Position.xyz /= fLength;
//映射x、y，如果z小于0，则x或y的绝对值中必然有一个大于1
Out.Position.x /= Out.Position.z + 1.01f;
Out.Position.y /= Out.Position.z + 1.01f;
//归一化深度
Out.Position.z = saturate(fLength / PointLightRange);
Out.Pos = Position;
//w分量为1，把这个值传递给像素着色器，并写入渲染目标
Out.ProjectZ = Out.Position.z / Out.Position.w;
```

如果顶点最后输出的 z 值为正数，那么相机背后的点并不会被裁剪掉，但这个映射方法的特性会让 x 或者 y 渲染到视口之外。当然，也可以进行如下处理。

```
if(Out.Position.z < 0.0f)
    Out.Position.z = -saturate(fLength / PointLightRange);
else
    Out.Position.z = fLength / PointLightRange;
```

通过当前像素相对于点光源的位置的 z 分量来判断用哪半个球面对应的纹理，代码如下。

```
float PointLightDualParaboloidShadow(PointLightType PointLight, float3 WorldPos ,
    sampler2D ShadowSampler[2])
{
    //算出深度距离
    float3 Dir = WorldPos - PointLight.LightWorldPos.xyz;
    float  fDistance = length(Dir);
    //归一化向量
```

```
    Dir = Dir / fDistance;
    //归一化深度，w 分量表示点光源范围，y 分量表示 z 偏差
    fDistance = saturate(fDistance / PointLight.LightWorldPos.w
        - PointLight.ShadowParam.y);
    //阴影映射分辨率
    float ShadowmapResolution = PointLight.ShadowParam.x;
    float4 ShadowDepth = float4(0.0f,0.0f,0.0f,0.0f);
    //沿 z 轴正方向
    if(Dir.z >= 0.0f)
    {
          //映射 x、y
          Dir.x /= Dir.z + 1.01f;
          Dir.y /= Dir.z + 1.01f;
          //转换到纹理坐标
          Dir.x = Dir.x * 0.5f + 0.5f + 0.5f / ShadowmapResolution;
          Dir.y = Dir.y * (-0.5f) + 0.5f + 0.5f / ShadowmapResolution;
          //采样相邻的 4 个点
          ShadowDepth.x = tex2D(ShadowSampler[0], Dir.xy +
              float2(1.0f / ShadowmapResolution ,0.0f )).r;
          ShadowDepth.y = tex2D(ShadowSampler[0], Dir.xy +
              float2(-1.0f / ShadowmapResolution ,0.0f )).r;
          ShadowDepth.z = tex2D(ShadowSampler[0], Dir.xy +
              float2(0.0f,1.0f / ShadowmapResolution )).r;
          ShadowDepth.w= tex2D(ShadowSampler[0], Dir.xy +
              float2(0.0f,-1.0f / ShadowmapResolution )).r;
    }
    else
    {//沿 z 轴负方向
          //先逆向
          Dir.z *= -1.0f;
          Dir.x *= -1.0f;
          //映射 x、y
          Dir.x /= Dir.z + 1.01f;
          Dir.y /= Dir.z + 1.01f;
          //转换到纹理坐标
          Dir.x = Dir.x * 0.5f + 0.5f + 0.5f / ShadowmapResolution;
          Dir.y = Dir.y * (-0.5f) + 0.5f + 0.5f / ShadowmapResolution;
          //采样相邻的 4 个点
          ShadowDepth.x = tex2D(ShadowSampler[1], Dir.xy +
              float2(1.0f / ShadowmapResolution ,0.0f )).r;
          ShadowDepth.y = tex2D(ShadowSampler[1], Dir.xy +
              float2(-1.0f / ShadowmapResolution ,0.0f )).r;
          ShadowDepth.z = tex2D(ShadowSampler[1], Dir.xy +
              float2(0.0f,1.0f / ShadowmapResolution )).r;
          ShadowDepth.w= tex2D(ShadowSampler[1], Dir.xy +
              float2(0.0f,-1.0f / ShadowmapResolution )).r;
    }
    //比较深度
    float4  Result  = (float4(fDistance,fDistance,fDistance,fDistance)
        > ShadowDepth) ? 0.0f : 1.0f;
    //平均化采样结果
    float Shadow = dot(Result, .25f);
    return Shadow;
}
```

图 12.27 所示为两个球面的纹理。

图 12.27　渲染双面结果

「示例」

示例 12.1

演示方向光的阴影映射，如图 12.28 所示。

示例 12.2

演示方向光的多层阴影映射，如图 12.29 所示。

图 12.28 示例 12.1 的演示效果

图 12.29 示例 12.2 的演示效果

示例 12.3

演示点光源的阴影映射，如图 12.30 所示。

示例 12.4

演示点光源的双剖面阴影映射，如图 12.31 所示。

图 12.30 示例 12.3 的演示效果

图 12.31 示例 12.4 的演示效果

示例 12.5

演示聚光灯的阴影映射，如图 12.32 所示。

示例 12.6

创建 11 个新的游戏引擎格式模型。

示例 12.7

随机创建一个大场景，演示方向光的多层阴影映射，如图 12.33 所示。

示例 12.8

演示方向光的投射体阴影，如图 12.34 所示。

示例 12.9

演示点光源的投射体阴影，如图 12.35 所示。

示例 12.10

演示聚光灯的投射体阴影，如图 12.36 所示。

图 12.32　示例 12.5 的演示效果

图 12.33　示例 12.7 的演示效果

图 12.34　示例 12.8 的演示效果

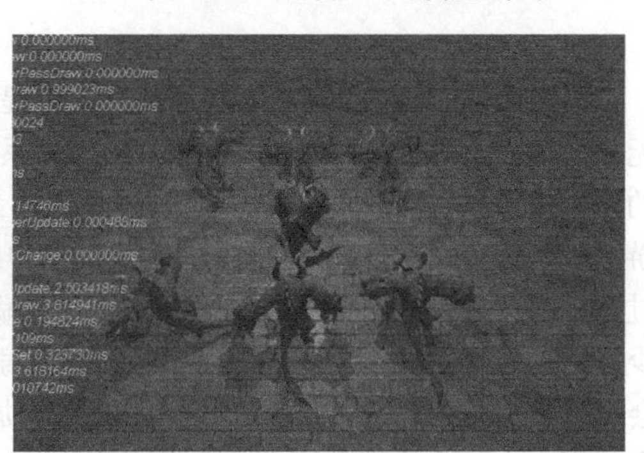

图 12.35　示例 12.9 的演示效果

示例 12.11

演示方向光的阴影体，如图 12.37 所示。这里只用 3ds Max 做了几个简单的封闭模型。

图 12.36　示例 12.10 的演示效果

图 12.37　示例 12.11 的演示效果

示例 12.12

演示点光源的阴影体，如图 12.38 所示。

图 12.38　示例 12.12 的演示效果

第13章

多线程

多线程是一把双刃剑，若用得好，效率提升十分明显；若用得不好，将会导致程序崩溃而无处可查。游戏引擎中的多线程和其他应用系统的多线程不太一样。由于线程唤起和等待带来的开销在游戏引擎中容易被放大，因此10ms对于传统的应用系统来说可能不算什么，但对于游戏引擎来说是一个很大的问题。游戏引擎中的多线程重在设计。游戏引擎中的其他部分可通过逐步迭代来完善，但多线程部分很少这样做，一旦多线程部分达到了满意效果，就几乎很少再重构它。游戏引擎中的多线程代码很脆弱，不了解内部机制的人只要稍微触碰，代码就会出现很严重的问题，所以在设计上要求更加严谨。测试过程也很烦琐，因为没有人会保证自己写出来的多线程代码是百分之百正确的。虽然设计要求严谨，但未必要求写出的代码是百分之百正确的，玩家无法感知到的那些问题也是可以接受的。

写游戏引擎多线程架构的人要对将要处理的问题了如指掌，这就要求他有足够的经验，对底层的了解也十分透彻。由于多线程处于游戏引擎底层，因此一般人很难有机会去设计它，而它一旦被写好，就基本上无人问津、无人敢动。作者尽量挑“干货”来说，把内容压缩。如果把每一个细节都讲清楚，那么恐怕不是用一章能够解决的，或许要一本书才能解决。

无论你是游戏领域中的“老手”，还是“新手”，即使你没有写过游戏引擎中的多线程代码，作者都希望你能尝试一下。当然，对于本书用到的多线程架构，作者没有办法保证它百分之百正确，但作者能保证它至少99%正确，因为它通过了针对几万人的压力测试，所以它还是值得学习的。希望正在看本书的读者能解决剩下的1%的错误。

多线程中最重要的一点就是在保证效率的同时，减少错误的发生。首先，崩溃是不能容忍的；其次是玩家可以感知到的错误。实际上，多线程要处理的问题就是**解耦和同步**。

解耦指解决两个以上线程同时修改一个变量的问题。

同步指在游戏中，线程不能无时无刻“毫无忌惮”地运行，不同线程之间需要协作，这样才能保证线程之间能有条不紊地“奔跑”下去。

如果读者能掌握解决这两个问题的方法，那么多线程编程真的没什么困难。本书会总结一系列规律，让读者了解多线程的本质。这一章实际上是在介绍如何处理“解耦和同步”这两个问题。

为了理解多线程，读者要了解操作系统中关于线程调度的知识。本书会简单介绍这些知识，但不会太详细，因为这是最基础的知识，即使不会写代码，也能设计出出色的多线程架构。

13.1 操作系统中的PV操作

PV操作是设计多线程系统的基础，无论哪个操作系统都会提供几种PV操作，让用户可以调度自己的线程。PV操作也是大学“操作系统”课程中的重要知识之一。它本质上很简单，但至于怎么用、用在什么地方有很大的学问。

原语操作指不可中断的程序段，可以由操作系统来实现，也可以由硬件来实现。

原语操作的重点就是不可中断的程序段。这对于有汇编开发经验的人来说其实很熟悉，但对于用惯了高级语言的人来说异常陌生。我们现在用的面向过程或者面向对象的语言，都不属于“不可中断的程序段”。即使用高级语言只写一行代码，最后它也会由编译器变成很多条汇编指令。所以用高级语言写出来的代码中的每一行都是可以中断的，而大部分指令级别的汇编代码是不可以中断的。

CPU 接收一条汇编指令，无论当前程序被操作系统挂起与否，都必须执行完这条指令。执行指令的过程中，不可中断，不可回退，不可受到任何干预。而用高级语言写出来的代码，会被分解成多条汇编指令，执行指令的过程中是可以中断的。很有可能这条高级语句还没有执行完，程序就被操作系统挂起。

P 操作和 V 操作都是原语操作。

信号量（semaphore）是一种被保护的变量，并且只能初始化和被 PV 操作控制。

P 原语操作涉及的动作如下。

（1）信号量减 1。

（2）若信号量减 1 后仍大于或等于 0，则进程继续执行。

（3）若信号量减 1 后小于 0，则该进程被阻塞后进入相对应的队列中，然后转向进程调度。

V 原语操作涉及的动作如下。

（1）信号量加 1。

（2）若信号量加 1 后大于 0，则进程继续执行。

（3）若信号量加 1 后小于或等于 0，则从该信号的等待队列中唤醒一个等待进程，然后再返回原进程继续执行或转向进程调度。

简单来说，信号量为一种资源、一种许可。只有当它不为 0 的时候，我们才有资格获得这种资源、获得许可；否则，只能等待。P 操作申请这个资源、申请这个许可，申请一次，资源或许可就少一个；V 操作释放这个资源、释放这个许可，释放一次，资源或许可就增加一个。其中 PV 操作是原语操作，在执行过程中不可以中断。

这些概念还是很好理解的。为了回顾一下 PV 操作，下面给出一个关于图书馆借书的问题。

一个图书馆每次只能同时容纳 200 个看书的人。

这个问题很常见，如停车场车位数、游乐场进场人数、饭店容纳的进餐人数等都和这个问题类似。图书馆可以同时容纳 200 个看书的人，可以理解为有 200 个资源可以同时给看书的人使用，图书馆中进来一个人，资源就少一个，从图书馆出去一个人，资源就释放一个。所以定义信号量 $K=200$，若把看书的人理解为操作系统中的线程，那么“看书人线程”的看书流程如下。

（1）通过 P 操作查看是否有资源可以让人进入。若有，则进入；若无，则等待。

（2）进来看书。

（3）走人。

（4）通过 V 操作释放资源。

下面再看另一个问题——生产者与消费者问题。

假设一个缓冲区的大小为 5。一个生产者每次生产一个产品，如果缓冲区没满，则将产品放入缓冲区；如果缓冲区已满，则等待缓冲区中有空位。消费者每次拿一个产品。如果有，就拿；如果没有，就等待。

这里定义 3 个信号量。

信号量 $S=1$ 表示访问缓冲区的互斥量。

信号量 $A=5$ 表示缓冲区中有多少个空位。

信号量 $B=0$ 表示缓冲区中有多少个产品。

生产者线程执行的操作如下。

（1）执行 $P(A)$。

（2）执行 $P(S)$。

（3）放入产品。

（4）$B=B+1$。

（5）执行 $V(S)$。

（6）执行 $V(A)$。

消费者线程执行的操作如下。

（1）执行 $P(B)$。

（2）执行 $P(S)$。

（3）取出产品。

（4）$A=A+1$。

（5）执行 $V(S)$。

（6）执行 $V(B)$。

可以看出，上面两个问题的关键在于如何定义信号量和如何使每个线程按照顺序执行PV操作。多线程架构的设计和它们没什么太大区别，信号量就是用来解耦的，PV操作就是用来同步线程的。

13.2 Windows系统中关于线程的API

本节主要介绍Windows操作系统下关于线程操作的API，其他操作系统也提供了同样的操作方式，都可以一一对号入座。Windows API对线程的操作与信号量的PV操作类似，基本上可以用PV操作来归纳。

1．关键区

关键区（CriticalSection）实际上就是值为1的信号量，一次只允许一个线程访问，也是一个互斥量。

初始化关键区的代码如下。

```
InitializeCriticalSection(&CriticalSection);
```

进入（P操作）关键区的代码如下。

```
EnterCriticalSection(&CriticalSection);
```

离开（V操作）关键区的代码如下。

```
LeaveCriticalSection(&CriticalSection);
```

VSCriticalSection类为关键区类，代码如下。

```
class VSSYSTEM_API VSCriticalSection
{
    CRITICAL_SECTION CriticalSection;
    //初始化
    FORCEINLINE VSCriticalSection(void)
    {
        InitializeCriticalSection(&CriticalSection);
        SetCriticalSectionSpinCount(&CriticalSection,4000);
    }
    FORCEINLINE ~VSCriticalSection(void)
    {
        DeleteCriticalSection(&CriticalSection);
    }
```

```
    //P 操作
    FORCEINLINE void Lock(void)
    {
       EnterCriticalSection(&CriticalSection);
    }
    //V 操作
    FORCEINLINE void Unlock(void)
    {
       LeaveCriticalSection(&CriticalSection);
    }
};
```

关键区的访问速度是最快的。

2. 信号量

创建与初始化信号量的代码如下。

```
HANDLE CreateSemaphore(
  LPSECURITY_ATTRIBUTESlpSemaphoreAttributes,
   LONGlInitialCount, // 初始值
  LONGlMaximumCount,  // 最大值
  LPCTSTRlpName
  );
```

等待（P 操作）信号量的代码如下。

```
WaitForSingleObject((HANDLE)Semaphore, INFINITE);
```

释放（V 操作）信号量的代码如下。

```
ReleaseSemaphore((HANDLE)Semaphore,uiReleaseCount,NULL);
```

销毁信号量的代码如下。

```
CloseHandle((HANDLE)Semaphore);
```

VSSemaphore 类为信号量类，代码如下。

```
class VSSYSTEM_API VSSemaphore : public VSSynchronize
{
    //初始化，uiCount 表示初始的资源个数，MaxCount 表示最大资源个数
    VSSemaphore (unsigned int uiCount,unsigned int MaxCount);
    //P 操作
    virtual void Enter ();
    //V 操作，可以释放多个资源
    virtual void Leave (unsigned int uiReleaseCount);
    void* Semaphore;
    unsigned int m_uiMaxCount;
};
```

3. 互斥量

创建互斥量的代码如下。

```
m_Mutex = CreateMutex(NULL, FALSE, NULL);
```

等待（P 操作）互斥量的代码如下。

```
WaitForSingleObject((HANDLE)m_Mutex, INFINITE);
```

释放（V 操作）互斥量的代码如下。

```
ReleaseMutex((HANDLE)m_Mutex);
```

销毁互斥量的代码如下。

```
CloseHandle((HANDLE)m_Mutex);
```

VSMutex类为互斥量类，代码如下。

```
class VSSYSTEM_API VSMutex : public VSSynchronize
{
    //初始化
    VSMutex ();
    //P操作
    virtual void Enter ();
    //V操作
    virtual void Leave ();
    void* m_Mutex;
};
```

4. 事件

事件也可以被视为信号量，它只有激活状态和非激活状态，相当于信号量是否是 1，也就是互斥量。事件的用法比较特殊，其状态分为手动非激活状态和自动非激活状态。例如，若多个线程在等待事件激活，手动非激活状态下，一旦激活，所有线程都会不再等待；而自动非激活状态下，一旦激活，线程通过后，将自动变成非激活状态。

创建事件的代码如下。

```
Event = CreateEvent(NULL,bIsManualReset,0,InName);
```

激活事件的代码如下。

```
SetEvent(Event);
```

不激活事件的代码如下。

```
ResetEvent(Event);
```

销毁事件的代码如下。

```
CloseHandle(Event);
```

等待事件的代码如下。

```
WaitForSingleObject(Event,INFINITE);
```

VSEvent类为事件类，代码如下。

```
class VSSYSTEM_API VSEvent : public VSSynchronize
{
    HANDLE Event;
    //无限等待
    virtual void Lock(void);
    //同下面的Pulse
    virtual void Unlock(void);
    //初始化，bIsManualReset表示是否需要手动激活，InName表示名字
    virtual bool Create(bool bIsManualReset = FALSE,const TCHAR* InName = NULL);
    //进入激活状态
    virtual void Trigger(void);
    //进入非激活状态
    virtual void Reset(void);
    //这个函数在自动非激活状态和手动非激活状态下的工作方式不一样。自动非激活状态下，进入激活状态
    //只允许一个线程通过，并马上进入非激活状态；而手动非激活状态下，所有线程都可以通过
    virtual void Pulse(void);
    //等待
    virtual bool Wait(DWORD WaitTime = (DWORD)-1);
    //是否处于被激活状态
    virtual bool IsTrigger();
};
```

Windows 操作系统中的信号量、互斥量、事件都是 HANDLE 类型，它们由 Windows 操作系

统自己管理。它们都可以用 CloseHandle 函数销毁，都可以用 WaitForSingleObject 函数来实现线程同步。

所有基于句柄的信号量都会继承自 VSSynchronize 类，WaitAll 函数可用于查看多个信号量资源，代码如下。

```
class VSSYSTEM_API VSSynchronize
{
      enum // WaitAll 的返回值
      {
          WF_OBJECT0 = 0,           //无信号量等待
          WF_TIMEOUT = 256,         //超时
          WF_FAILED = 0xFFFFFFFF    //错误
      };
      static unsigned int WaitAll(VSSynchronize * * pSynchronize, //信号量数组
              unsigned int uiNum,   //信号量个数
               bool bWaitAll,       //true 表示如果等待的所有信号量都有资源可用，就继续执行
                              //false 表示若只要有一个信号量资源可用，就继续执行
              DWORD dwMilliseconds = (DWORD)-1); //等待时长，-1 表示无限等待
      static void VSSafeOutPutDebugString(const TCHAR *pcString, ...);
};
```

VSSafeOutPutDebugString 类是输出日志函数，可以用关键区来保证它是线程安全的函数，代码如下。

```
void VSSynchronize::VSSafeOutPutDebugString(const TCHAR *pcString, ...)
{
    g_SafeCS.Lock();
    char *pArgs;
    pArgs = (char*) &pcString + sizeof(pcString);
    _vstprintf_s(VSSystem::ms_sLogBuffer, LOG_BUFFER_SIZE,pcString, pArgs) ;
    OutputDebugString(VSSystem::ms_sLogBuffer);
    g_SafeCS.Unlock();
}
```

在 VSEvent 类的 IsTrigger 函数中用 Wait 函数来判断事件是否激活。如果只等待 0ms，那么 Wait 函数马上返回；如果事件处于激活状态，那么返回值就是 WF_OBJECT0。IsTrigger 函数返回的就是 true。相关代码如下。

```
bool VSEvent::IsTrigger()
{
    return Wait(0);
}
bool VSEvent::Wait(DWORD WaitTime)
{
    return WaitForSingleObject(Event,WaitTime) == WAIT_OBJECT_0;
}
```

_InterlockedIncrement 函数和_InterlockedDecrement 函数中用 DWORD 整数当作信号量。智能指针的计数操作就是通过上面两个函数完成的，这样可以保证多线程的安全性，代码如下。

```
class VSGRAPHIC_API VSReference
{
      void IncreRef()
      {
           VSLockedIncrement((long *)&m_iReference);
      }
      void DecreRef()
      {
           VSLockedDecrement((long *)&m_iReference);
```

```
        if(!m_iReference)
            VS_DELETE this;
    }
    int m_iReference;
};
```

其他线程函数如下。

```
ResumeThread((HANDLE)m_hThread) //唤起线程
SuspendThread((HANDLE)m_hThread)//挂起线程
::Sleep(dwMillseconds)          //睡眠 dwMillsecondss
```

注意：如果一个线程调用 ResumeThread 函数两次，那么需要调用 SuspendThread 函数两次，这个线程才会挂起，相当于线程里维护了一个可以大于 1 的信号量。

VSThread 类是线程基类，代码如下。

```
class VSSYSTEM_API VSThread
{
    enum Priority                  //线程优先级
    {
        Low,
        Normal,
        High,
    };
    enum ThreadState               //线程状态
    {
        TS_START,
        TS_SUSPEND,
        TS_STOP,
    };
    //开始执行线程，创建的线程默认是暂停的
    void Start();
    //暂停线程
    void Suspend();
    //是否在运行
    bool IsRunning() const;
    //睡眠
    void Sleep(DWORD dwMillseconds);
    //线程是否停止被触发
    bool IsStopTrigger();
    //停止线程
    void Stop();
    //线程执行函数
    virtual void Run() = 0;
    static DWORD THREAD_CALLBACK ThreadProc(void* t);
    //线程句柄
    void *m_hThread;
    //线程优先级
    Priority m_priority;
    //线程栈空间大小
    unsigned int m_stackSize;
    //线程状态
    ThreadState m_ThreadState;
    //控制线程停止的事件
    VSEvent m_StopEvent;
};
```

一旦进入构造函数，就会创建 Windows 操作系统线程，代码如下。

```
VSThread::VSThread()
    : m_hThread(NULL)
    , m_priority(Normal)
    , m_stackSize(0)
```

```
{
    assert(!IsRunning());
    m_hThread = ::CreateThread(0, m_stackSize, ThreadProc, this, CREATE_SUSPENDED, NULL);
    assert(m_hThread);
    m_ThreadState = TS_SUSPEND;
    SetPriority(m_priority);
    m_StopEvent.Create(true);
    m_StopEvent.Reset();
}
```

通过窗口回调函数来执行实际操作，其中把 this 作为参数传递，代码如下。

```
DWORD THREAD_CALLBACK VSThread::ThreadProc(void* t)
{
    VSThread *pThread = (VSThread*)(t);
    SetThreadName(pThread->GetThreadName());
    pThread->Run();
    return 0;
}
```

m_StopEvent 用来判断这个线程是否已经被销毁。初始，该线程处于手动非激活模式，然后调用 Reset 函数设置成非激活状态。一旦调用 Stop 函数，m_StopEvent.Trigger 函数会被激活，然后销毁线程。Stop 函数的代码如下。

```
void VSThread::Stop()
{
    if (m_ThreadState == TS_START)
    {
        assert(this->IsRunning());
        assert(NULL != m_hThread);
        m_StopEvent.Trigger();
        m_ThreadState = TS_STOP;
        WaitForSingleObject(m_hThread, INFINITE);
        CloseHandle(m_hThread);
        m_hThread = NULL;
    }
}
```

我们通过调用 IsStopTrigger 函数来查看当前线程是否已经被销毁。实际上，这里不用事件也可以查看当前线程是否已销毁，甚至不用信号量都可以，后文将详细讲解。

```
bool VSThread::IsStopTrigger()
{
    return m_StopEvent.IsTrigger();
}
```

13.3 异步加载

运行中的游戏从硬盘读取数据是很慢的，如果等待数据读取完毕，游戏就会产生大量的卡顿。异步加载是游戏中最常用的技术之一，它可以让游戏流式加载，减少加载造成的卡顿。异步加载可以理解为生产者和消费者模型，主线程提供加载命令（command），并将加载需求放到一个队列里；I/O 线程从这个队列里取出加载命令并加载数据到内存缓冲区中，这样主线程就可以根据内存缓冲区中的数据创建游戏用到的资源。

我们把加载任务简单地称为命令。实际算法中会用到两个命令列表，一个是主线程自己维护的 MainList，另一个是 I/O 线程维护的 IOList。当有新的命令时，相同的命令分别进入 MainList 和 IOList，异步加载队列，如图 13.1 所示。

I/O 线程顺序处理每一个命令，并把磁盘数据加载到命令的内存缓冲区中，同时从 IOList 中删除这个命令。

主线程不断地轮询所有命令，查看哪个命令被加载完成。

主线程一旦发现某个命令加载完，就根据命令中的内存缓冲区创建游戏中的资源。同时从 MainList 中删除这个命令，并析构这个命令。如果这个时候没有任何命令，主线程就把 I/O 线程挂起。

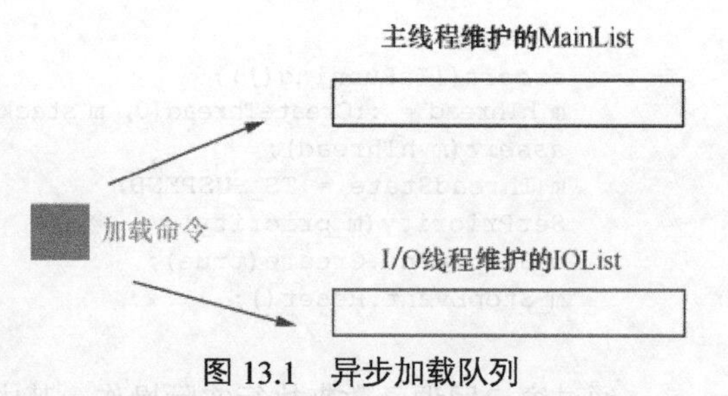

图 13.1 异步加载队列

异步加载模型，如图 13.2 所示。异步加载的原理很简单。接下来要做的就是根据不同的命令，把数据当成游戏资源。

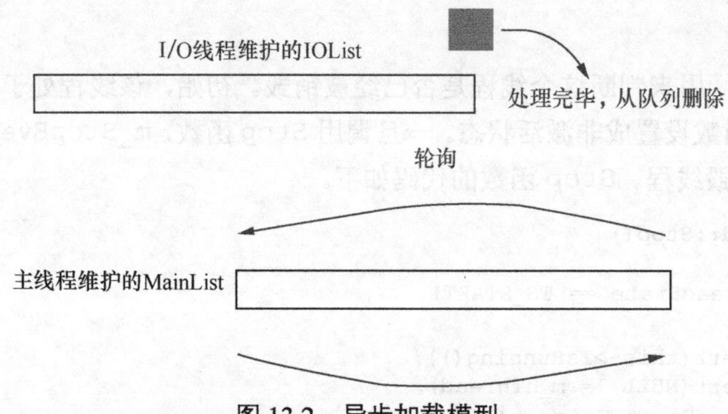

图 13.2 异步加载模型

VSResourceJob 类就是上面说的命令类，代码如下。

```
class VSGRAPHIC_API VSResourceJob : public VSMemObject
{
    enum Loadstate
    {
        LS_PENDING,                 //没有加载
        LS_LOADED,                  //加载完毕
        LS_FAIL,                    //加载失败
    };
    enum  JOBTYPE
    {
        JT_TEXTURE,
        JT_MATERIAL,
        JT_ANIM,
        JT_STATIC_MESH,
        JT_SKELECTON_MESH,
        JT_ANIMTREE,
        JT_MORPHTREE,
        JT_ACTOR,
        JT_MAP,
    };
    enum JOBSTATE
    {
        JS_NONE,
        JS_DELETE,
    };
    unsigned int m_uiLoadState;          //加载状态
    unsigned int m_uiJobType;            //命令类型
    unsigned int m_uiJobState;           //命令状态
    virtual bool Process() = 0;
```

```
    virtual bool Load() = 0;
};
```

其中 Load 函数用于为 I/O 线程加载磁盘，用于 I/O 线程加载完毕后，Process 函数在主线程中解析并创建资源。不同类型的命令只需要继承 VSResourceJob 即可。m_uiJobType 表示命令类型，m_uiLoadState 表示当前在 I/O 线程状态，m_uiJobState 表示任务状态。

实际上，VSResourceJob 类的作用不只是加载文件，它也可以处理其他命令。只要是和线程无关的命令都可以放到 I/O 线程的 Load 函数中处理，把和线程相关的命令放到主线程的 Process 函数中处理。

本节只讨论异步加载，VSFileRJob 类继承自 VSResourceJob 类，表示从文件中加载，代码如下。

```
class VSGRAPHIC_API VSFileRJob :public VSResourceJob
{
    virtual bool Process() = 0;
    virtual bool Load();
    VSFileName  m_FileName;     //文件路径
    unsigned char *m_pBuffer;   //内存缓冲区
    unsigned int m_uiSize;      //内存缓冲区大小
};
```

其中 m_pBuffer 为上面提到的内存缓冲区。VSFileRJob::Load 函数从文件中把资源加载到 m_pBuffer 中，代码如下。

```
bool VSFileRJob::Load()
{
    VSFile File;
    if(!File.Open(m_FileName.GetBuffer(),VSFile::OM_RB))
    {
          m_uiLoadState = VSResourceJob::LS_FAIL;
          return 0;
    }
    m_uiSize = File.GetFileSize();
    m_pBuffer = VS_NEW unsigned char[m_uiSize];
    if(!m_pBuffer)
    {
         m_uiLoadState = VSResourceJob::LS_FAIL;
         return 0;
    }
    if(!File.Read(m_pBuffer,m_uiSize,1))
    {
          m_uiLoadState = VSResourceJob::LS_FAIL;
          return 0;
    }
    m_uiLoadState = VSResourceJob::LS_LOADED;
    return true;
}
```

析构函数会释放申请的内存，代码如下。

```
VSFileRJob::~VSFileRJob()
{
    VSMAC_DELETEA(m_pBuffer);
}
```

VSResourceLoaderThread 类就是上面提到的 I/O 线程，代码如下。

```
class VSGRAPHIC_API VSResourceLoaderThread : public VSThread
{
     void AddJob(VSResourceJob* m_pJob);
```

```
	void Stop();
	VSSafeQueue<VSResourceJob*> m_pResourceQueue;
	virtual void Run();
};
```

m_pResourceQueue 就是 IOList，这是一个线程安全的队列，队列满足“先进先出”的要求。所谓的安全就是为队列中的所有函数都加上信号量，也就是我们熟知的“锁”，这样可以避免主线程加入命令、IOList 取出命令时造成多线程错误。下面是 VSSafeQueue 类的完整代码。

```
template <class T>
class VSSafeQueue : public VSMemObject
{
	VSSafeQueue(bool bUnique = false);
	void Enqueue(const T & Element);
	void Dequeue(T & Element);
	void GetTop(T & Element);
	void Clear();
	void Erase(const T & Element);
	bool IsEmpty();
	VSQueue<T> m_Queue;
	VSCriticalSection m_CriticalSec;
};
template <class T>
void VSSafeQueue<T>::Clear()
{
	m_CriticalSec.Lock();
	m_Queue.Clear();
	m_CriticalSec.Unlock();
}
template <class T>
void VSSafeQueue<T>::Enqueue(const T & Element)
{
	m_CriticalSec.Lock();
	m_Queue.Enqueue(Element);
	m_CriticalSec.Unlock();
}
template <class T>
void VSSafeQueue<T>::GetTop(T & Element)
{
	m_CriticalSec.Lock();
	m_Queue.GetTop(Element);
	m_CriticalSec.Unlock();
}
template <class T>
void VSSafeQueue<T>::Dequeue(T & Element)
{
	m_CriticalSec.Lock();
	m_Queue.Dequeue(Element);
	m_CriticalSec.Unlock();
}
template <class T>
void VSSafeQueue<T>::Erase(const T & Element)
{
	m_CriticalSec.Lock();
	m_Queue.Erase(Element);
	m_CriticalSec.Unlock();
}
template <class T>
bool VSSafeQueue<T>::IsEmpty()
{
	bool bEmpty = false;
	m_CriticalSec.Lock();
```

```
        if (m_Queue.GetNum() == 0)
        {
            bEmpty = true;
        }
        m_CriticalSec.Unlock();
        return bEmpty;
    }
```

VSSafeQueue 类只是简单地封装了 VSQueue 类，将关键区作为互斥量的运行速度还是比较快的。

VSResourceLoaderThread::Run 函数是 I/O 线程的运行函数，逻辑也很简单，代码如下。

```
void VSResourceLoaderThread::Run()
{
    while(!IsStopTrigger())                    //是否结束线程
    {
        while(!m_pResourceQueue.IsEmpty())   //线程队列是否为空
        {
            VSResourceJob *pJob = NULL;
            m_pResourceQueue.Dequeue(pJob); //弹出命令
            if(!pJob->Load())                 //进行加载
            {
                VSMAC_ASSERT(0);
            }
        }
    }
}
```

VSASYNLoadManager 类是异步加载管理器类，它管理异步 I/O 线程，从主线程接收命令，并把命令传递给 I/O 线程的 IOList，代码如下。

```
class VSGRAPHIC_API VSASYNLoadManager
{
    void Update(double AppTime);
    static VSASYNLoadManager *ms_pASYNLoadManager;
    void DeleteLoadResource(VSFileName & FileName);
    VSResourceLoaderThread m_ResourceLoadThread;
    VSArray<VSResourceJob *> m_ResourceJobArray;
    void AddJob(VSResourceJob *m_pJob);
};
```

VSASYNLoadManager 类有一个全局实例 ms_pASYNLoadManager，它是在 VSApplication 类中初始化的。m_ResourceJobArray 就是上面说到的 MainList，m_ResourceLoadThread 为 I/O 线程。

在构造函数中创建全局实例。在析构函数中删除所有命令，并删除 I/O 线程。析构函数里把 I/O 线程先开启（start）再停止（stop），因为停止中实现了保护机制，线程必须在运行中才可以停止，否则调用停止函数会不起作用。相关代码如下。

```
VSASYNLoadManager::VSASYNLoadManager()
{
   m_ResourceJobArray.Clear();
   VSMAC_ASSERT(!ms_pASYNLoadManager);
   ms_pASYNLoadManager = this;
}
VSASYNLoadManager::~VSASYNLoadManager()
{
   m_ResourceLoadThread.Start();
   m_ResourceLoadThread.Stop();
   for (unsigned int i = 0 ; i < m_ResourceJobArray.GetNum() ;i++)
   {
```

```
            VSMAC_DELETE(m_ResourceJobArray[i]);
        }
        m_ResourceJobArray.Clear();
    }
```

AddJob 函数用于添加命令，它首先把命令添加到 MainList 中，然后启动 I/O 线程，最后把命令添加到 IOList 中，代码如下。

```
void VSASYNLoadManager::AddJob(VSResourceJob *pResourceProxyJob)
{
    m_ResourceJobArray.AddElement(pResourceProxyJob);
    if (m_ResourceJobArray.GetNum() == 1)
    {
        m_ResourceLoadThread.Start();
    }
    m_ResourceLoadThread.AddJob(pResourceProxyJob);
}
```

Update 函数可以在主线程中运行，也可以在 VSApplication 类中运行。它轮询判断 MainList 里所有命令的当前处理状态。如果某个命令的处理状态为 LS_LOADED，则表示资源已经加载完成，可以解析并创建资源；如果处理状态为 JS_DELETE，则直接删除。代码如下。

```
void VSASYNLoadManager::Update(double AppTime)
{
    ADD_TIME_PROFILE(VSASYNLoadManagerUpdate)
    unsigned int i = 0 ;
    VSREAL t1 = (VSREAL)VSTimer::ms_pTimer->GetGamePlayTime();
    while(i < m_ResourceJobArray.GetNum())
    {
        if (m_ResourceJobArray[i]->m_uiLoadState ==
            VSResourceJob::LS_PENDING)
        {
            i++;
            continue;
        }
        else if (m_ResourceJobArray[i]->m_uiLoadState ==
                VSResourceJob::LS_LOADED)
        {
            if (m_ResourceJobArray[i]->m_uiJobState ==
                VSResourceJob::JS_DELETE)
            {
            }
            else
            {
                VSMAC_ASSERT(VSRenderer::ms_pRenderer);
                if (!m_ResourceJobArray[i]->Process())
                {
                    VSMAC_ASSERT(0);
                }
            }

            VSMAC_DELETE(m_ResourceJobArray[i]);
            m_ResourceJobArray.Erase(i);
        }
        else if (m_ResourceJobArray[i]->m_uiJobState ==
            VSResourceJob::JS_DELETE)
        {
            VSMAC_DELETE(m_ResourceJobArray[i]);
            m_ResourceJobArray.Erase(i);
        }
        else
        {
```

```
                VSMAC_DELETE(m_ResourceJobArray[i]);
                m_ResourceJobArray.Erase(i);
                VSMAC_ASSERT(0);
            }
            VSREAL t2 = (VSREAL)VSTimer::ms_pTimer->GetGamePlayTime() - t1;
            if (t2 > 10.0f)
            {
                 break;
            }
        }
        if (m_ResourceJobArray.GetNum() == 0)
        {
            m_ResourceLoadThread.Suspend();
        }
}
```

有时候，大量的资源加载完毕后，可能需要解析。为了避免卡顿，就要分帧解析。默认情况下，如果解析资源超过 10ms，则跳出解析过程，在下一帧再进行解析。如果没有资源需要处理，则暂停 I/O 线程，避免浪费多余的 CPU 时间。

DeleteLoadResource 函数删除正在加载的资源，资源会被标记为 JS_DELETE。目前只删除了地图类资源（VSMap，参见卷 1），该函数对于删除游戏地图资源来说还是很重要的。代码如下。

```
void VSASYNLoadManager::DeleteLoadResource(VSFileName & FileName)
{
    for (unsigned int i = 0; i < m_ResourceJobArray.GetNum(); i++)
    {
         if (m_ResourceJobArray[i]->m_uiJobType == VSResourceJob::JT_MAP)
         {
              if (((VSSceneMapRJob *)m_ResourceJobArray[i])->m_FileName ==
                   FileName)
              {
                   ((VSSceneMapRJob *)m_ResourceJobArray[i])->m_uiJobState =
VSResourceJob::JS_DELETE;
                   return;
              }
         }
    }
}
```

有很多方法可以删除正在加载的资源。作者目前使用这种方法：为保证线程的安全，一定要在 I/O 线程加载完毕后才能删除资源，如果直接在 DeleteLoadResource 函数中删除 IOList 和 MainList 资源，会出现问题。这个留给读者练习，请读者仔细想想哪里会出现问题。如果不用作者目前使用的方法，那么还有哪些方法可以高效地删除正在加载的资源？

不同的资源加载方式继承自 VSFileRJob 类即可。这里值得说的是纹理加载，其他加载与贴图加载大同小异。资源的加载请求需要使用 VSResourceManager 类。下面 3 个函数都是加载纹理的。

```
static VSTexAllStateR *LoadASYN2DTexture(const TCHAR *pFileName,bool IsAsyn,
VSSamplerStatePtr pSamplerState = NULL,bool bSRGB = false);
static VSTexAllStateR *LoadASYN2DTextureCompress(const TCHAR *pFileName,
bool IsAsyn,VSSamplerStatePtr pSamplerState = NULL,
unsigned int uiCompressType = 0,bool bIsNormal = false,bool bSRGB = false);
static VSTexAllStateR *LoadASYNTexture(const TCHAR *pFileName,bool IsAsyn);
```

第 1 个函数用于加载 BMP 和 TGA 格式，无压缩；第 2 个函数用于加载 BMP 和 TGA 格式，有压缩；第 3 个函数用于加载游戏引擎格式。这些函数都通过类似下面的代码来判断是否需要送给异步加载管理器。

```
if (IsAsyn && ms_EnableAsynLoad && pTexAllState->IsEndableASYNLoad())
{
```

```
        VSASYNLoadManager::ms_pASYNLoadManager->AddTextureLoad(
                pTexAllState,FileName);
    }
    else
    {
        VSTexAllState *pTex = NewLoadTexture(FileName.GetBuffer());
        if (pTex)
        {
            pTexAllState->SetNewResource(pTex);
            pTexAllState->Loaded();
        }
    }
```

VSTextureRJob 类是纹理加载类，加载需要的所有信息都应填写进去，代码如下。

```
class VSGRAPHIC_API VSTextureRJob : public VSFileRJob
{
    VSTextureRJob(VSTexAllStateRPtr& pProxy);
    VSTexAllStateRPtr m_pProxy;
    bool m_bEngineType;
    bool m_bCompress;
    unsigned int m_uiCompressType;
    bool m_bIsNormal;
    bool m_bSRGB;
    VSSamplerStatePtr    m_pSamplerState;
    virtual bool Process();
    VSTexAllState *LoadTexture();
    VSTexAllState *Load2DTexture();
    VSTexAllState *Load2DTextureCompress();
};
```

VSTextureRJob 类可以处理所有纹理类型。主线程加载纹理请求，它会创建一个VSTextureRJob类，并填写好参数，代码如下。

```
void VSASYNLoadManager::AddTextureLoad(VSTexAllStateRPtr& pTexture,
VSFileName & FileName, bool bEngineType,VSSamplerStatePtr pSamplerState,
    bool bCompress, unsigned int uiCompressType, bool bIsNormal,bool bSRGB)
{
    VSTextureRJob *pResourceProxyJob = VS_NEW VSTextureRJob(pTexture);
    pResourceProxyJob->m_bIsNormal = bIsNormal;
    pResourceProxyJob->m_bEngineType = bEngineType;
    pResourceProxyJob->m_pSamplerState = pSamplerState;
    pResourceProxyJob->m_bCompress = bCompress;
    pResourceProxyJob->m_uiCompressType = uiCompressType;
    pResourceProxyJob->m_FileName = FileName;
    pResourceProxyJob->m_bSRGB = bSRGB;
    AddJob(pResourceProxyJob);
}
```

下面是异步加载纹理数据的过程。

```
bool VSTextureRJob::Process()
{
    VSTexAllState *pTex = NULL;
    if (m_bEngineType) //从内存缓冲区中加载游戏引擎格式的纹理
    {
        pTex = LoadTexture();
    }
    else
    {//从内存缓冲区中加载非游戏引擎格式的纹理
        if (m_bCompress)
        {
            pTex = Load2DTextureCompress();
        }
```

```
        else
        {
            pTex = Load2DTexture();
        }
    }

    if(pTex)
    {   //创建设备 API 纹理
        VSRenderer::ms_pRenderer->LoadTexture(pTex->m_pTex);
        //设置真正的纹理
        m_pProxy->SetNewResource(pTex);
        //表示加载完毕
        m_pProxy->Loaded();
        return true;
    }
    return false;
}
```

为了加载非游戏引擎格式的 Load2DtextureCompress 函数和 Load2DTexture 函数，内部要处理压缩和 Mip，速度还是十分慢的。在 10ms 的限制下，未必能加载成功，所以这种方法不建议在游戏中使用，一般在编辑器模式下转换成游戏引擎格式后再使用。在编辑器模式下，也不必用异步加载，用异步方式加载外部纹理格式没有太大的实际意义。这两个函数不再介绍，它们和非异步加载方式中的差不多。

首先从内存缓冲区解析出纹理资源，然后调用 VSRenderer::ms_pRenderer->LoadTexture 创建显存资源。前文已经介绍过，资源用的是代理形式，在加载完之前用的是默认创建的资源，加载完成后用 m_pProxy->SetNewResource(pTex) 设置真正的资源，并标记已经加载完成，代码如下。

```
VSTexAllState *VSTextureRJob::LoadTexture()
{
    if (!m_pBuffer)
    {
        return NULL;
    }
    VSStream LoadStream;
    LoadStream.NewLoadFromBuffer(m_pBuffer,m_uiSize);
    VSTexAllState *pTexAllState = (VSTexAllState *)
            LoadStream.GetObjectByRtti(VSTexAllState::ms_Type);
    if (!pTexAllState)
    {
        return NULL;
    }
    if(!pTexAllState->m_pTex)
    {
        VSMAC_DELETE(pTexAllState);
        return NULL;
    }
    return pTexAllState;
}
```

除了纹理这类共用资源外，还有模型这类需要创建实例的资源和地图资源。

模型资源异步加载完成后，通过 LoadedEvent 函数重新创建模型实例，并赋予实例相应的参数，代码如下。

```
void VSStaticMeshComponent::LoadedEvent(VSResourceProxyBase * pResourceProxy, int Data)
{
    if (m_pStaticMeshResource)
    {
        if (m_pNode)
```

```
            {
                m_pNode->SetParent(NULL);
            }
            m_pNode = (VSModelMeshNode *)
            VSObject::CloneCreateObject(m_pStaticMeshResource->GetResource());
            m_pNode->SetParent(this);
            if (m_pStaticMeshResource->IsLoaded())
            {
                ResetUseID();
            }
            SetPostLoadNodeParam();
            m_bIsStatic = !m_pNode->IsDynamic();
        }
    }
```

地图资源更特别，它的资源和实例是同一个，它通过下面的代码来加载和释放对应的地图。

```
bool VSWorld::LoadMap(const TCHAR * MapPath, bool IsAsyn)
{
    if (!MapPath)
    {
        return false;
    }
    VSResourceProxyBase *pResouce =
      VSResourceManager::LoadASYNMap(MapPath, IsAsyn);
    if (!pResouce)
    {
        return false;
    }
    else
    {
        pResouce->AddLoadEventObject(this);
    }
    return true;
}
bool VSWorld::UnLoadMap(const TCHAR * MapPath)
{
    if (!MapPath)
    {
        return false;
    }
    VSResourceManager::DeleteMapResource(MapPath);
    return true;
}
void VSWorld::LoadedEvent(VSResourceProxyBase *pResourceProxy, int Data)
{
    if (pResourceProxy->GetResourceType() == VSResource::RT_ACTOR)
    {
        VSActor *pActor = (VSActor *)VSObject::CloneCreateObject(
                    ((VSActorR *)pResourceProxy)->GetResource());
        m_SceneArray[Data]->AddActor(pActor);
    }
    else if (pResourceProxy->GetResourceType() == VSResource::RT_MAP)
    {
        VSSceneMap *pSceneMap =
            ((VSResourceProxy<VSSceneMap> *)pResourceProxy)->GetResource();
        AddSceneMap(pSceneMap);
    }
}
```

地图类没有默认资源，所以只有加载完毕才会添加到世界（VSWorld，参见卷1）中（加载实体的功能已经实现）。只有地图资源不存在自动垃圾回收，所以它不会自动释放，希望使用者主动释放掉不再使用的地图。主动释放地图的代码如下。

```
void VSResourceManager::DeleteMapResource(const TCHAR *pFileName)
{
    ……
    VSSceneMapRPtr pMapR = (VSSceneMapR *)VSResourceManager::
            GetASYNMapSet().CheckIsHaveTheResource(ResourceName);
    //如果加载完毕，释放地图
    if (pMapR->IsLoaded())
    {
        if (VSWorld::ms_pWorld)
        {
            VSWorld::ms_pWorld->DestroyScene(
                        pMapR->GetResource()->m_Name);
        }
    }
    else
    {
        //如果正在加载，则从资源加载列表中删除
        VSASYNLoadManager::ms_pASYNLoadManager->DeleteLoadResource(
                FileName);
    }
    VSResourceManager::GetASYNMapSet().DeleteResource(ResourceName);
    ms_MapCri.Unlock();
}
```

13.4 多线程更新

实际上，这里的多线程泛指所有用CPU来运行的部分。到目前为止，还没有发现哪个多线程更新的架构能够让用户按照非多线程逻辑来开发。即便数据驱动的开发模式解决了多线程耦合问题，用户也需要使用大量数据独立逻辑构建自己的代码，这个难度实际上不亚于把耗时很高的代码多线程化（把代码多线程化包含两个含义，一是把某块代码分发到另一个线程并使它和主线程并行；二是把某块代码拆解成多块，在多个线程中运行）。一个难点在于多线程更新架构的设计，另一个难点在于游戏逻辑或者游戏引擎有时过于复杂，有时候降低耦合度十分困难，尤其是游戏逻辑对于不同游戏没有规律可循。本节虽然没有完全解决多线程的耦合同步问题，但会教读者怎么把一段十分耗时的代码多线程化。不过和游戏逻辑不同，游戏引擎还是有很多规律可循的，多线程化也是有很多方法的，可以让用户完全不用关心底层。

要在游戏中高效并合理地运用多个线程，就要尽量避免使用同步信号量（锁）。同步信号量虽然可以避免出现多个线程同时读写造成的问题，但速度会相当慢。如前文讲的异步加载中IOList使用了关键区，关键区只有主线程和I/O线程可以访问，大部分没有I/O请求的情况下，两个线程都不会访问它，所以这个时候没有什么问题；如果I/O请求十分频繁，线程切换和调度完全是不可预测的，那么很可能出现问题。一个好的方法就是在主线程和I/O线程同时运行时，不要让它们访问同一个带锁的列表，而是各自访问一个。不过这又带来新问题，什么时候主线程才能把提交的命令交给I/O线程呢？我们完全可以在某一时刻让I/O处理完IOList中的命令后停下来，把当前主线程新请求的命令交给I/O线程。

我们先来回顾一下。目前，一旦I/O线程里有加载的命令，I/O线程就不会停下来，直到IOList里的所有命令都执行完毕为止。主线程为了避免卡顿，就必须分帧解析资源。无论I/O线程资源的加载多快，实际上，资源真正可以用上还要取决于主线程是否来得及解析资源。既然这样，I/O线程里即使有命令，也没有必要时时刻刻运行。

首先用双列表来解决线程访问同一个对象时造成的耦合问题，等I/O线程中所有命令处理完

毕后，让I/O线程停下来，并把新加载的命令交给它。如何判断I/O线程的命令处理完毕，又涉及主线程和I/O线程访问同一个信息的问题。实际上，只要不出现两个或者以上线程同时写操作一个信息，就没有问题（唯一线程完成写操作，其他线程完成读操作也满足这种情况）。可以在I/O线程里再加一个表示剩余I/O命令数量的变量，主线程只负责访问这个变量，I/O线程处理完一个命令就让这个变量减1，主线程在每帧都判断一次这个变量。即使每两帧或者每秒判断一次，也可以。如果变量为0，则表示I/O线程中没有命令，I/O线程已经停下来。这个时候先让这个变量等于最新列表数值，然后把列表交给I/O线程，让I/O线程重新运行起来。这个过程几乎不会耗费主线程任何时间，它很好地解决了主线程和I/O线程因为同步锁而造成的问题。

这种方法留给读者作为练习。游戏引擎没用这种方法，是因为效率还是可以接受的，只是理论上有可能造成时间消耗。

13.4.1 游戏中代码多线程化的常规方法

值得庆幸的是，游戏中大部分复杂的情况下，代码多线程化后可以分解成下文所述的模式：一个线程写，其他多个线程读（如果读写的信息是数组，也可以多个线程可以写）。这种模式是最容易分解到多线程中去的，更简单的模式是某些信息完全是独立的，可以单独在其他线程中执行。其他更复杂的情况就要具体问题具体分析了。

读到这里，你要记住下面两点。

（1）大部分情况下，某些信息是独立的，无任何耦合的代码都可以发送到单独线程。

（2）大部分情况下，某些信息可以分解成一个线程写、其他线程读的形式。

记住这两点后，你就需要知道程序中CPU消耗的热点到底在哪里，然后通过上面的方法来解决。

接下来，本节介绍游戏引擎中多线程处理的VSNode类的更新，我们从架构上把它分解成无耦合的代码。首先，看游戏中更新的主要步骤（请记住这5个步骤，后文会一直用到）。

（1）更新游戏中的物体。

（2）裁剪，这个阶段包括相机对物体的裁剪。

（3）对可见物体的渲染分类。

（4）对可见并且依赖相机的物体进行更新。

（5）渲染。

这里的每一个流程都是相互依赖的，上一个流程的输出是下一个流程的输入。如果读者对Unreal Engine特别熟悉，就会发现Unreal Engine把步骤（1）放到了主线程，把步骤（2）至（5）放到了另一个线程。因为这里包含了渲染部分，而本节重点介绍和渲染没有直接关系的部分。

这5个步骤中，每个步骤都可能会造成游戏瓶颈。当游戏中物体大量增加时，会对每个步骤都造成冲击。如果游戏里有多个相机，那么会对步骤（2）至（5）造成大量冲击；如果游戏用到很高级的渲染效果，那么对步骤（5）会造成相当大的冲击。所以这里的每一个步骤都有造成瓶颈的可能性，本质上每个步骤都可以放到多线程中去优化。不过大部分游戏引擎要用多线程解决问题的时候都是做“加法”，很少有设计之初就考虑周全。哪一部分最后能放到多线程去做，都是根据当前游戏引擎状况而定的，哪种稳定性好、哪种容易实现就用哪种。根据作者的经验，即使游戏引擎没有为多线程设计考虑，实际上也是可以多线程化的。

理想的游戏引擎多线程更新是不允许有错误的，不过这一点很难保证，我们要保证的就是在“错误”的代码中游戏能够看起来“正常运行”。只要游戏引擎的用户或者玩家无法察觉这种错误，这些实际上都是可以容忍的。

如果游戏引擎已经成型，并且在设计的时候没有过多地考虑多线程，那么要把游戏引擎多线程化，就要遵循以下几点。

（1）根据分配粒度、游戏引擎架构，要使用不同的线程间同步方法。

（2）命令分配到哪个线程中取决于它们之间的依赖。

（3）理想的状态下没有依赖，应该修改代码，去除依赖。

（4）如果存在依赖，尝试用多个缓存。

（5）游戏引擎多线程更新是有次序的，所以要到一个规定点去同步线程。

分配粒度指到底想把游戏引擎的哪部分代码多线程化。每个游戏引擎的具体架构千差万别，不可能有固定统一的方法。如 Unreal Engine 中将步骤（2）至（5）放到另一个线程，你也可以只把步骤（5）放到另一个线程，具体分配方法还要看代码情况。

分配到另一个线程的部分和主线程之间没有依赖，不存在耦合，这是理想状态。在多线程化的时候很可能每种分配粒度都充满了耦合，为了修改代码，降低耦合，可以尝试用双缓冲区机制。要真正消除耦合是很烦琐的，甚至会让游戏引擎架构大幅度修改。这要求实现多线程化的人必须了解整个游戏引擎的每一个细节，所以要在尽量减少游戏引擎架构改动的情况下，尽可能地多线程化，一些表面上难以察觉的但实际上已经发生的错误耦合也是允许的。

最后要同步线程，如把步骤（2）放到多线程中（游戏里可能有多个毫不相干的相机，这些相机的裁剪过程可以多线程化），如果步骤（3）至（5）无法和步骤（2）一起多线程化，就不得不在步骤（3）之前使步骤（2）执行完毕。所有执行步骤（2）的线程都要在这里同步一次，才能保证后面的结果正确运行。

13.4.2 一种渲染用的多线程更新架构

前面的方法其实很笼统，具体的项目需要具体分析。一旦掌握了多线程化的精髓，把代码多线程化就是很有规律的。是否能够掌握多线程化的精髓与个人能力和工作经验有很大关系。下面作者介绍一种游戏引擎设计之初就考虑到的多线程架构。这里抛开游戏逻辑直接谈游戏引擎部分，游戏引擎经过多年的发展还是有一些规律可以遵循的。

（1）游戏中存在相互依赖的物体其实不多。

（2）游戏中的依赖关系是可变的。

（3）解决问题的关键是找出相互依赖的物体的集合，这个集合要放到同一个线程中。

例如，有些粒子是绑定到骨骼上的，粒子要跟随骨骼的更新才能更新，如果再无其他更新依赖，就可以把它们放到一个线程中；有些粒子不绑定到骨骼上，因此它们在不在一个线程中都无所谓。

这里只谈渲染上的依赖，因为本游戏引擎涉及的大部分更新是和渲染相关的。不过这种方法也适合其他部分。

游戏世界中每一个实体的更新都保持独立性，这种独立性是需要制约的。要保证独立性并不是太难，但需要做一些额外的工作。

举个例子，游乐场里有旋转木马和一个人。默认情况下，人不在旋转木马上，并且旋转木马在转，因此人的更新和木马的更新是毫无依赖关系的，二者可以分别在不同线程中更新。如果人坐上了旋转木马，人就要跟随着旋转木马转动。这个时候就不能让二者分别在不同线程中更新，而要让二者在同一个线程中更新，把二者看作一个整体。

在游戏引擎中，每个实体都只是逻辑数据，它的实际渲染数据作为一个组件封装在实体里。因为我们考虑的是游戏引擎的多线程，不考虑逻辑层面，所以当人和旋转木马独立的时候，人和旋转木马的组件都挂接在游戏引擎的场景里，而人和旋转木马的实体都在逻辑层面的世界里。

如果要很好地解决这个问题，我们就要让直接挂接在游戏引擎场景里的组件都是独立的。

如果哪个组件与另一个组件关联，则这个组件必须分离出来，再重新挂接到另一个场景里。刚才的例子中，人要跟随旋转木马运动，因此人对应的组件就必须从游戏引擎的场景里分离下来，然后重新挂接旋转木马对应的组件，这样游戏引擎的场景中只剩下一个旋转木马对应的组件。当旋转木马对应的组件更新时，人对应的组件作为子节点更新，这就可以保证游戏引擎的场景里的组件都是独立的，并且逻辑层面没有变。

有一种方法是在更新前把所有相互依赖性归类。相对游戏引擎而言，这种方法的改动是比较小的，只需要添加代码就可以。

还有一种方法是把骨骼动画、粒子独立出来。但这种方法需要考虑的因素可能会有很多，粒子和骨头都有可能一个挂接在另一个上，那么谁先更新呢？这种方法要分几种情况进行架构设计，十分麻烦。

游戏引擎 VSScene（参见卷 1）中组件分成动态组件和静态组件，动态组件包括所有带变形和动画以及绑定了 VSController 类的组件，静态组件会随着场景的保存而形成四叉树结构。就渲染而言，四叉树和每个动态组件都是相互独立的，没有任何关系，它们都可以放到单独的线程中去更新。一旦一个动态组件 A 挂接到另一个动态组件 B 上，A 和 B 就不再独立，把它们以父子层级形式整个放到一个线程中，而 A 的父组件 B 相对于其他动态组件还是独立的。

13.4.3 基于 Unreal Engine Command 实现多线程命令分发

一旦决定把哪一部分代码分发到另一个线程中，就需要一套分发机制。分发以命令为单位，从 Command 类继承，Execute 函数是这个命令要执行的函数。

```
class Command
{
    public:
        Command(){}
        virtual ~Command(){}
        virtual unsigned int Execute() = 0;
};
```

例如，现在有 5 个变量 a、b、c、d、e，分别将它们加上 1、2、3、4、5，并分发到另一个线程中以封装成命令，命令类代码如下。

```
Class Add1: public Command
{
Public:
      Add1(int & value):i(value){};
      int& i;
      virtual unsigned int Execute()
      {
          i= i+ 1;
      }
}
```

为 5 个变量写 5 个类，分别加上 1、2、3、4、5，封装变量 a 的命令为 Add1 add1(a)。这些命令可以写成以下形式。

```
Class AddValue: public Command
{
Public:
    AddValue(int & value,int addvalue):i(value),addvalue(addvalue){};
    int& i;
    int addvalue;
    virtual unsigned int Execute()
    {
        i= i+ addvalue;
    }
}
```

封装变量 a 的命令为 AddValue addvalue1(a,1)。

封装变量 b 的命令为 AddValue addvalue2(b,2)。

封装变量 c 的命令为 AddValue addvalue3(c,3)。

封装变量 d 的命令为 AddValue addvalue4(d,4)。

封装变量 e 的命令为 AddValue addvalue5(e,5)。

可以看到在最糟糕的情况下每定义一个命令都要定义一个类，AddValue 类需要人工添加很多代码，代码修改起来比较麻烦。一旦命令多了，维护就很麻烦。当然，也可以用类似函数指针的方法来实现。

C++11 中出现了 Lambda 表达式，这种表达式可以封装任意代码，十分方便。不过作者准备介绍在不使用 C++11 的时候，任意代码的封装是如何进行的。下面我们一步一步了解 Unreal Engine 中的命令封装（实际上用法和 Lambda 表达式差不多）。观察上面写出来的各种命令，每个命令的大部分代码是一样的，不一样的有类的名字、参数个数，参数名字，以及参数类型、Execute 函数体。Unreal Engine 中的命令并没什么特别的地方，只是用宏封装了起来。定义宏的时候，不一样的部分都作为参数，一样的部分都封装到宏里，这样一个宏就完成了。唯一需要处理的地方就是参数个数，Unreal Engine 中一共定义了 4 个这样的宏，分别支持无参数、一个参数、两个参数、三个参数，代码如下。

无参数的宏代码如下。

```
#define DECLARE_COMMAND(TypeName,Code) \
class TypeName : public Command \
{ \
public: \
    TypeName() \
    {}\
    ~TypeName()\
    { \
    } \
    virtual unsigned int Execute() \
    { \
         Code; \
         return sizeof(*this); \
    } \
};
```

一个参数的宏代码如下。

```
#define DECLARE_COMMAND_ONEPARAMETER(TypeName,ParamType1,ParamName1,Code) \
class TypeName : public VSRenderCommand \
{ \
public: \
    typedef ParamType1 _ParamType1; \
    TypeName() \
    {}\
    TypeName(const _ParamType1& In##ParamName1): \
         ParamName1(In##ParamName1) \
    {} \
    ~TypeName()\
    { \
    } \
    virtual unsigned int Execute() \
    { \
         Code; \
         return sizeof(*this); \
    } \
private: \
    ParamType1 ParamName1; \
};
```

两个参数的宏代码如下。

```
#define DECLARE_COMMAND_TWOPARAMETER(TypeName,ParamType1,ParamName1,ParamType2,\
ParamName2,Code) \
class TypeName : public VSRenderCommand \
{ \
public: \
    typedef ParamType1 _ParamType1; \
    typedef ParamType2 _ParamType2; \
    TypeName() \
    {}\
    ~TypeName()\
    { \
    } \
    TypeName(const _ParamType1& In##ParamName1,\
const _ParamType2& In##ParamName2): \
         ParamName1(In##ParamName1), \
         ParamName2(In##ParamName2) \
    {} \
    virtual unsigned int Execute() \
    { \
         Code; \
         return sizeof(*this); \
    } \
private: \
    ParamType1 ParamName1; \
    ParamType2 ParamName2; \
};
```

三个参数的省略。前面的使变量增加的例子就可以写成如下形式。

```
DECLARE_COMMAND_TWOPARAMETER(AddValue,Int&,i,int,addvalue,
{i = i + addvalue})
```

改成用一个参数的宏来封装，代码如下。

```
Struct AddValueStruct
{
    Int & i;
    Int addvalue;
};
DECLARE_COMMAND_ONEPARAMETER
(AddValue, AddValueStruct, addValuestruct,
{addValuestruct.i = addValuestruct.i + addValuestruct.addvalue})
```

有了 Command 类的定义，创建实例的代码如下。

```
AddValue Temp(a,1);
```

或者如下。

```
AddValue* pTemp= new AddValue(a,1);
```

有了这种方法，就不用预先把所有的命令都定义好。要使用的时候，用宏声明类、定义类的实例，然后将其加入命令队列，伪代码如下。

```
#define ENQUEUE_COMMAND(TypeName,Params) \
    TypeName* pTemp= new TypeName Params;
    添加到命令队列中
```

下面是创建实例的宏，和上面类的定义是对应的。

```
ENQUEUE _COMMAND(TypeName,)
ENQUEUE _COMMAND(TypeName,(Value1))
ENQUEUE _COMMAND(TypeName,(Value1,Value2))
```

这段代码分别对应无参数、一个参数和两个参数的情况。当然，也可以像下面这样声明。

无参数的宏代码如下。

```
#define ENQUEUE_COMMAND_ONEPARAMETER(TypeName)\
    TypeName *pTemp= new TypeName;
```

一个参数的宏代码如下。

```
#define ENQUEUE_COMMAND_ONEPARAMETER(TypeName,value)\
    TypeName *pTemp= new TypeName (value);
```

两个参数的宏代码如下。

```
#define ENQUEUE_COMMAND_TWOPARAMETER(TypeName,value1,value2)\
    TypeName *pTemp= new TypeName (value1,value2);
```

现在我们把类的声明和定义进行整合，变成一个宏。

无参数的宏代码如下。

```
#define ENQUEUE_UPDATE_COMMAND(TypeName,Code) \
    DECLARE_COMMAND(TypeName,Code) \
    ENQUEUE_COMMAND(TypeName,)
```

一个参数的宏代码如下。

```
#define ENQUEUE_UPDATE_COMMAND_ONEPARAMETER(
    TypeName,ParamType1,ParamName1,Value1,Code) \
    DECLARE_COMMAND_ONEPARAMETER(TypeName,ParamType1,
    ParamName1,Code) \
    ENQUEUE_COMMAND(TypeName,(Value1))
```

两个参数的宏代码如下。

```
#define ENQUEUE_UPDATE_COMMAND_TWOPARAMETER(
    TypeName,ParamType1,ParamName1,Value1,ParamType2,
    ParamName2,Value2,Code) \
    DECLARE_COMMAND_TWOPARAMETER(TypeName,
    ParamType1,ParamName1,ParamType2,ParamName2,Code) \
    ENQUEUE_COMMAND(TypeName,(Value1,Value2))
```

为了灵活运用多线程，许多游戏引擎会标记当前是否开启了多线程。如果开启了多线程，就把当前命令发送到命令队列；如果没开启多线程，就直接原地执行命令。我们把这套逻辑也封装进去，这样可以避免写代码的人再去判断是否使用多线程，伪代码如下。

```
#define ENQUEUE_COMMAND(TypeName,Params) \
 if(是否开启多线程)\
 { \
      TypeName *pTemp= new TypeName Params;\
      添加到命令队列中\
 }\
 else\
 {
    TypeName *pTemp= new TypeName Params;\
     pTemp->Excute();\
 }
```

多线程情况下运行代码和非多线程情况下运行代码的结果未必都相同（大部分时候相同，但毕竟代码运行的线程不同，有时候根据需要可以加入不同信息），代码如下。

```
#define ENQUEUE_COMMAND(TypeName,Params) \
 if(是否开启多线程)\
 { \
            TypeName *pTemp= new TypeName Params;\
            添加到命令队列中\
   }\
```

```
    else\
    {
  #define ENQUEUE_COMMAND_END }
```

这里用两个宏来完成工作。在写完第 1 个宏后需要在非多线程模式下处理代码，然后用第 2 个宏结尾。

例如，分别把 a=a+2 和 c=c+b 封装到不同线程中（先抛开耦合和同步的问题），a、b、c 是 Fun 的成员变量。代码如下。

```
void Fun::fun()
{
    a = a + 2;
    c = c + b;
}
void Fun::fun()
{
 ENQUEUE_UPDATE_COMMAND_TWOPARAMETER(AddA,
   int &,I ,a,int,addvalue,2,
 {
   a = a + addvalue; //多线程执行部分
 })
   a  = a + 2;        //非多线程执行部分
 ENQUEUE_COMMAND_END

 ENQUEUE_UPDATE_COMMAND_TWOPARAMETER(AddC,
   int &,c,c,int,b,b,
 {
   c= c + b;          //多线程执行部分
 })
   c  = c + b;        //非多线程执行部分
 ENQUEUE_COMMAND_END
}
```

这里区分了多线程和非多线程情况，不过它们的代码实际上是一样的，用统一的方式进行封装也可以。本游戏引擎没有实现统一的方式，留给读者自己实现（代码相同的情况下就没有必要写两次代码，这样还要多加一个宏来表示结束）。

13.4.4 多线程更新框架

现在我们有了 Command 类，还需要创建一个架构（如图 13.3 所示）以接收并执行命令。在填充这些命令的时候，这些命令还没有执行，我们让用户来控制什么时候执行、什么时候结束。

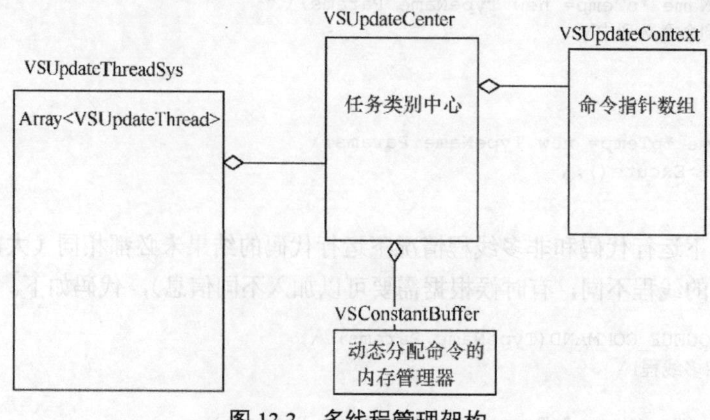

图 13.3 多线程管理架构

VSConstantBuffer 类为动态分配命令的内存管理器。所有命令要占用的空间都在这里申请，额外的临时空间也可以在这里申请。我们可以把存在耦合的信息用这里的空间复制一份。VSConstantBuffer 的代码如下。

```
class VSGRAPHIC_API VSConstantBuffer : public VSMemObject
{
    enum
    {
        Constant_BUFFER_SIZE = 6 * 1024 * 1024     //默认分配 6MB 的空间
    };
    unsigned char *Assign(unsigned int uiSize);   //申请空间
    //按寄存器来申请空间
    unsigned char *Assign(unsigned int VTType,unsigned int uiRegisterNum);
    void Clear();                                 //清空
    friend class VSRenderThreadBuffer;
    protected:
        VSCriticalSection m_Lock;
        VSArray<unsigned char> m_Buffer;
        unsigned int m_uiCurBufferP;
};
```

VSConstantBuffer::Assign 函数为分配空间的函数，它用了关键区（大部分情况下是不用加锁的，在多线程渲染中也用此函数来分配命令，因为很难避免多个更新线程同时提交渲染操作的命令，所以加了一把锁。目前游戏引擎中只在多个线程更新变形动画数据时涉及这种情况）。

```
unsigned char *VSConstantBuffer::Assign(unsigned int uiSize)
{
 unsigned char *pTemp = NULL;
 m_Lock.Lock();
 m_uiCurBufferP += uiSize;
 if (m_uiCurBufferP > Constant_BUFFER_SIZE)
 {
      m_Lock.Unlock();
      VSMAC_ASSERT(0);
      return NULL;
 }
 pTemp = &m_Buffer[m_uiCurBufferP - uiSize];
 m_Lock.Unlock();
 return pTemp;
}
```

VSUpdateContext 存放命令数组，代码如下。

```
class VSUpdateContext
{
    unsigned int Execute();
    void Clear();
    void AddCommand(VSRenderCommand *pCommand);
    VSArray<VSRenderCommand *> m_CommandArray;
};
```

VSUpdateCenter 类管理 VSConstantBuffer 类和 n 个 VSUpdateContext 类，n 小于或者等于线程个数，代码如下。

```
class VSUpdateCenter
{
    //bIsMainRun 表示是否允许主线程参与计算，uiThreadNum 表示线程个数
    VSUpdateCenter(bool bIsMainRun,unsigned int uiThreadNum);
    //得到分配到第 i 个线程的 VSUpdateContext
    VSUpdateContext *GetUpdateContext(unsigned int i);
    //执行
    unsigned int Execute();
    void Clear();
```

```
    //分配命令
    template<class T>
    VSRenderCommand *AssignCommand(int iIndex = -1);
    VSUpdateContext *m_pContextArray;
    VSConstantBuffer m_ConstantBuffer;
    unsigned char *Assign(unsigned int uiSize);
    bool m_bIsMainRun;
    //如果bIsMainRun为true，则分配的线程个数为uiThreadNum+1；否则，为uiThreadNum
    unsigned int m_uiContextNum;
    //在自动分配相应线程的情况下，取得线程ID
    virtual unsigned int GetIndex();
    int m_uiIndex;
};
```

可以通过线程 ID 手动指定命令在对应的线程上执行，但不要大于线程个数。如果开启了主线程，它也参与计算，那么最后一个线程是主线程。也可以让游戏引擎帮助自动分配线程，目前游戏引擎的自动分配就是按顺序分配的，代码如下。

```
unsigned int VSUpdateCenter::GetIndex()
{
    m_uiIndex++;
    m_uiIndex = m_uiIndex % m_uiContextNum;
    return m_uiIndex;
}
template<class T>
VSRenderCommand *VSUpdateCenter::AssignCommand(int iIndex)
{
    //分配命令
    VSRenderCommand *pRenderCommand =
            (VSRenderCommand *)Assign(sizeof(T));
    //自动分配线程
    if (iIndex == -1)
    {
          m_pContextArray[GetIndex()].AddCommand(pRenderCommand);
    }
    else
    {
         //手动分配线程
         m_pContextArray[iIndex].AddCommand(pRenderCommand);
    }
    return pRenderCommand;
}
```

VSUpdateThreadSys 类管理多个 VSUpdateCenter 数组和所有线程。可以把要执行的命令分类添加到对应的 VSUpdateCenter 数组中，一旦所有命令都添加完毕，就可以指定 VSUpdateThreadSys 类执行任意一个 VSUpdateCenter。例如，现在有 UpdateCenter1 和 UpdateCenter2，UpdateCenter1 中有 A、B 两个命令，UpdateCenter2 中有 C、D 两个命令，其中 C 依赖 A，D 依赖 B。在主线程执行过程中，可以把 A、B 分配到 UpdateCenter1 中，把 C、D 分配到 UpdateCenter2 中，然后告诉 UpdateThreadSys 由多个线程执行 UpdateCenter1，由多个线程执行 UpdateCenter2。

所有的 VSUpdateCenter 类共用所有被分配的线程，然后按照用户指定的顺序分别获得这些线程的使用权。

VSUpdateThread 类是更新线程的类，用于执行分配给它的 VSUpdateContext 类，代码如下。

```
class VSUpdateThread : public VSThread
{
     VSUpdateContext *m_pUpdateContex;
     virtual void Run();
```

```
        void SetUpdateContext(VSUpdateContext *pUpdateContex);
        //所有命令是否执行完毕
        bool IsReady()const;
        unsigned int m_uiThreadId;
        VSString m_ThreadName;
};
```

m_uiThreadId 表示线程 ID。这里用了两种线程同步方法，这两种方法用 CONTEXT_UPDATE 和 EVENT_UPDATE 两个宏分别标出。后文将详细介绍线程同步。

VSUpdateThread 和 VSResourceLoaderThread 没什么太大区别。如果没有要求线程停止或退出，就一直执行。代码如下。

```
void VSUpdateThread::Run()
{
    while(!IsStopTrigger())
    {
        if (m_pUpdateContex)
        {
             m_pUpdateContex->Execute();
             m_pUpdateContex = NULL;
        }
    }
}
bool VSUpdateThread::IsReady()const
{
    return !m_pUpdateContex;
}
```

VSUpdateThread 是否挂起是通过 VSUpdateThreadSys 类控制的。VSUpdateThreadSys 类为管理命令分配和线程执行的类，代码如下。

```
class VSGRAPHIC_API VSUpdateThreadSys : public VSMemObject
{
    enum //UpdateCenterType
    {
       UPDATE_NODE,
       UPDATE_MAX
    };
    VSUpdateThreadSys(unsigned int uiThreadNum);
    //设置当前要执行的 VSUpdateCenter，目前只有一个
    FORCEINLINE void SetUpdateType(unsigned int uiUpdateType)
    {
       m_uiCurUpdateType = uiUpdateType;
    }
    //开始执行
    void Begin();
    //结束执行
    void ExChange();
    //分配命令
    template<class T>
    VSRenderCommand *AssignCommand(int iIndex = -1);
    //全局静态实例
    static VSUpdateThreadSys *ms_pUpdateThreadSys;
    //得到主线程 ID
    FORCEINLINE int GetMainThreadID()
    {
       if (m_UpdateCenter[m_uiCurUpdateType]->IsMainRun())
       {
            return m_uiThreadNum;
       }
       else
       {
            return 0;
```

```
        }
    }
    //得到线程个数
    unsigned int m_uiThreadNum;
    //管理的线程
    VSArray<VSUpdateThread>m_UpdateThread;
    unsigned int m_uiCurUpdateType;
    VSUpdateCenter *m_UpdateCenter[UPDATE_MAX];
};
```

下面是分配命令的代码和相应封装的宏。

```
template<class T>
VSRenderCommand *VSUpdateThreadSys::AssignCommand(int iIndex)
{
   VSRenderCommand *pRenderCommand = (VSRenderCommand *)
            m_UpdateCenter[m_uiCurUpdateType]->AssignCommand<T>(iIndex);
   return pRenderCommand;
};
```

自动分配命令到线程的代码如下。

```
#define ENQUEUE_UPDATE_COMMAND(TypeName,Params) \
if(VSResourceManager::ms_bUpdateThread) \
{ \
    TypeName *pCommand = (TypeName *)
       VSUpdateThreadSys::ms_pUpdateThreadSys->AssignCommand<TypeName>(); \
    VS_NEW(pCommand)TypeName Params; \
} \
else \
{
```

手动分配命令到线程的代码如下。

```
#define ENQUEUE_UPDATE_COMMAND_THREADID(TypeName,Params,ThreadID) \
if(VSResourceManager::ms_bUpdateThread) \
{ \
    TypeName *pCommand = (TypeName *)VSUpdateThreadSys::
            ms_pUpdateThreadSys->AssignCommand<TypeName>(ThreadID); \
    VS_NEW(pCommand)TypeName Params; \
} \
else \
{
```

定义宏结束符的代码如下。

```
#define ENQUEUE_UNIQUE_RENDER_COMMAND_END }
```

接下来，把所有宏整合起来。

无参数自动分配线程的代码如下。

```
#define ENQUEUE_UNIQUE_UPDATE_COMMAND(TypeName,Code) \
DECLARE_UNIQUE_RENDER_COMMAND(TypeName,Code) \
ENQUEUE_UPDATE_COMMAND(TypeName,)
```

无参数手动分配线程的代码如下。

```
#define
ENQUEUE_UNIQUE_UPDATE_COMMAND_THREADID(TypeName,ThreadID,Code) \
DECLARE_UNIQUE_RENDER_COMMAND(TypeName,Code) \
ENQUEUE_UPDATE_COMMAND_THREADID(TypeName,ThreadID)
```

一个参数自动分配线程的代码如下。

```
#define
ENQUEUE_UNIQUE_UPDATE_COMMAND_ONEPARAMETER(TypeName,ParamType1,\
```

```
ParamName1, Value1,Code) \
DECLARE_UNIQUE_RENDER_COMMAND_ONEPARAMETER(TypeName,ParamType1,ParamName1,Code) \
ENQUEUE_UPDATE_COMMAND(TypeName,(Value1))
```

一个参数手动分配线程的代码如下。

```
#define ENQUEUE_UNIQUE_UPDATE_COMMAND_ONEPARAMETER_THREADID(\
        TypeName,ParamType1,ParamName1,Value1,ThreadID,Code) \
DECLARE_UNIQUE_RENDER_COMMAND_ONEPARAMETER(TypeName,ParamType1,ParamName1,Code) \
ENQUEUE_UPDATE_COMMAND_THREADID(TypeName,(Value1),ThreadID)
```

两个和 3 个参数的代码就不列出了。

构造函数里创建了线程，并且告诉 VSUpdateCenter 类主线程是否也要参与命令执行。被分发到主线程的命令在主线程中执行，代码如下。

```
VSUpdateThreadSys::VSUpdateThreadSys(unsigned int uiThreadNum)
{
   ms_pUpdateThreadSys = this;
   //设置线程个数
   m_uiThreadNum = uiThreadNum;
   m_UpdateThread.SetBufferNum(m_uiThreadNum);
   //创建 VSUpdateCenter，主线程也参与命令分配和执行
   m_uiCurUpdateType = UPDATE_NODE;
   m_UpdateCenter[UPDATE_NODE] = VS_NEW VSUpdateCenter(true,m_uiThreadNum);
   //默认开启线程
   for (unsigned int i = 0 ; i < m_uiThreadNum ; i++)
   {
        m_UpdateThread[i].Start();
   }
}
```

一旦把所有命令都加入相应线程的 VSUpdateContext 类中，就需要手动告诉 VSUpdateThreadSys 类什么时候执行、什么时候结束。VSUpdateThreadSys 的两个操作函数都在主线程中执行，代码如下。主线程默认分配的是 ID 等于 m_uiContextNum 的 VSUpdateContext。

```
void VSUpdateThreadSys::Begin()
{
    //把命令队列加入对应线程
    for (unsigned int i = 0 ; i < m_uiThreadNum; i++)
    {
         m_UpdateThread[i].SetUpdateContext
                    (m_UpdateCenter[m_uiCurUpdateType]->GetUpdateContext(i));
    }
    //启动线程
    for (unsigned int i = 0 ; i < m_uiThreadNum ; i++)
    {
         m_UpdateThread[i].Start();
    }
    //分配到主线程的命令开始执行
    m_UpdateCenter[m_uiCurUpdateType]->Execute();
}
unsigned int VSUpdateCenter::Execute()
{
    if (m_bIsMainRun)
    {
         m_pContextArray[m_uiContextNum - 1].Execute();
    }
    return 1;
}
void VSUpdateThreadSys::ExChange()
{
    //等待所有线程执行完毕
```

```
    for (unsigned int i = 0 ; i < m_uiThreadNum ; i++)
    {
        while(1)
        {
            if (m_UpdateThread[i].IsReady())
            {
                break;
            }
        }
    }
    //挂起线程
    for (unsigned int i = 0 ; i < m_uiThreadNum ; i++)
    {
        m_UpdateThread[i].Suspend();
    }
    //清空所有命令缓冲区
    m_UpdateCenter[m_uiCurUpdateType]->Clear();
}
```

仍以上一个例子来讲解（5个变量a、b、c、d、e分别加上1、2、3、4、5），这里加入了控制命令执行的代码。

```
Void Fun::fun()
{
    ENQUEUE_UPDATE_COMMAND_TWOPARAMETER(AddA,
    int &,I ,a,int,addvalue,2,
    {
        a = a + addvalue;//多线程执行部分
})
        a  = a + 2;       //非多线程执行部分
    ENQUEUE_COMMAND_END

    ENQUEUE_UPDATE_COMMAND_TWOPARAMETER(AddC,
    int &,c,c,int,b,b,
    {
        c= c + b;         //多线程执行部分
    })
        c  = c + b;       //非多线程执行部分
    ENQUEUE_COMMAND_END

    VSUpdateThreadSys::ms_pUpdateThreadSys->Begin();
    VSUpdateThreadSys::ms_pUpdateThreadSys->ExChange();
}
```

Begin函数开始执行两个命令，默认情况下主线程负责一个命令，另一个线程负责另一个命令。ExChange函数用于同步这两个线程。主线程是否等待另一个线程，取决于谁先执行完毕。如果另一个线程先执行完毕，那么主线程在执行过程中就会通过m_UpdateThread[i].IsReady函数判断另一个线程是否已经执行完毕。如果已经执行完毕，主线程就会继续执行下去；否则，主线程会卡在这里等待另一个线程执行完毕。

这个架构中应用两个信号量防止线程耦合或不同步，但实际上一个信号量也没有使用就可以正常地工作。首先，多个线程访问VSConstantBuffer类的内存空间的时候，只需要读操作，所以它们同时访问不会有任何错误。其次，因为内存空间是按顺序分配的，能够保证它们的写操作都在自己分配的内存空间之内，所以也不会有任何错误。最后，在同步过程中，一旦线程执行完毕，就会把m_pUpdateContext变成NULL，通过判断m_pUpdateContext是否为NULL就可以判断出这个线程是否结束，所以也不会有任何错误。

当然，也可以用信号量同步。游戏引擎中定义了EVENT_UPDATE和CONTEXT_UPDATE两个宏。如果关闭CONTEXT_UPDATE宏，打开EVENT_UPDATE宏，就表示用事件实现解耦和同步，代码如下。

```
class VSUpdateThread : public VSThread
{
    #ifdef CONTEXT_UPDATE
        bool IsReady()const;
    #endif
    #ifdef EVENT_UPDATE
        VSEvent m_Event;
    #endif
};
```

m_Event 表示是否可以激活等待它的线程，代码如下。

```
class VSGRAPHIC_API VSUpdateThreadSys : public VSMemObject
{
    #ifdef EVENT_UPDATE
        VSArray<VSSynchronize*>m_WaitEvent;
    #endif
};
```

WaitEvent 数组的数量和线程个数对应，在构造函数初始化中关联到每个线程的 m_Event，代码如下。

```
VSUpdateThreadSys::VSUpdateThreadSys(unsigned int uiThreadNum)
{
    ...
    #ifdef EVENT_UPDATE
        m_WaitEvent.SetBufferNum(m_uiThreadNum);
        for (unsigned int i = 0 ; i < m_uiThreadNum ; i++)
        {
            m_WaitEvent[i] = &m_UpdateThread[i].m_Event;
        }
    #endif
}
```

一旦线程执行完所有命令，就会通过事件激活等待它的线程，代码如下。

```
void VSUpdateThread::Run()
{
    while(!IsStopTrigger())
    {
        if (m_pUpdateContex)
        {

            m_pUpdateContex->Execute();
            m_pUpdateContex = NULL;
            #ifdef EVENT_UPDATE
                m_Event.Trigger();
            #endif
        }
    }
}
```

这个时候只需要等待所有线程执行完毕即可，不需要再用 IsReady 函数来判断，代码如下。

```
void VSUpdateThreadSys::ExChange()
{
    #ifdef EVENT_UPDATE
        VSSynchronize::WaitAll(m_WaitEvent.GetBuffer(),m_uiThreadNum,true);
    #endif
    #ifdef CONTEXT_UPDATE
     for (unsigned int i = 0 ; i < m_uiThreadNum ; i++)
     {
```

```
            while(1)
            {
                if (m_UpdateThread[i].IsReady())
                {
                    break;
                }
            }
        }
    #endif
    …
}
```

13.4.5 封装组件到多线程中

下面是加入多线程更新后的 VSScene::Update 代码。游戏状态下场景都是构建过的，编辑器状态下所有组件都不需要分发到任何线程中，都在主线程中更新。

```
void VSScene::Update(double dAppTime)
{
    //场景四叉树是否构建
    if (m_bIsBuild == true)
    {
        //这里把更新的参数都封装到了一个结构体中，只需要一个参数的宏即可
        struct UpdatcNode
        {
            VSNode *pSpatial;
            double dAppTime;
        };
        //处理四叉树静态物体
        if (m_pStaticRoot)
        {
            UpdateNode StaticUpdateNode;
            StaticUpdateNode.pSpatial = m_pStaticRoot;
            StaticUpdateNode.dAppTime = dAppTime;
            ENQUEUE_UNIQUE_UPDATE_COMMAND_ONEPARAMETER(
                      VSUpdateStaticNode, UpdateNode,
                      StaticUpdateNode, StaticUpdateNode,
            {
               StaticUpdateNode.pSpatial->UpdateAll(
                               StaticUpdateNode.dAppTime);
            })
               StaticUpdateNode.pSpatial->UpdateAll(
                           StaticUpdateNode.dAppTime);
            ENQUEUE_UNIQUE_RENDER_COMMAND_END
        }
        //处理动态物体
        for (unsigned int i = 0; i < m_pDynamic.GetNum(); i++)
        {
            UpdateNode DynamicUpdateNode;
            DynamicUpdateNode.pSpatial = m_pDynamic[i];
            DynamicUpdateNode.dAppTime = dAppTime;
            ENQUEUE_UNIQUE_UPDATE_COMMAND_ONEPARAMETER(
                      VSUpdateDynamicNode, UpdateNode,
                    DynamicUpdateNode, DynamicUpdateNode,
            {
              DynamicUpdateNode.pSpatial->UpdateAll(
                             DynamicUpdateNode.dAppTime);
            })
            DynamicUpdateNode.pSpatial->UpdateAll(
                        DynamicUpdateNode.dAppTime);
            ENQUEUE_UNIQUE_RENDER_COMMAND_END
```

```
            }
        }
        else
        {
            for (unsigned int i = 0; i < m_ObjectNodes.GetNum(); i++)
            {
                m_ObjectNodes[i]->UpdateAll(dAppTime);
            }
        }
    }
```

如果基于多线程，那么 VSScene 类的 Update 函数不会真正地运行组件更新命令而只是添加命令。由 VSUpdateThreadSys 类运行所有线程，直到都运行完毕。最后把所需要的信息收集起来，代码如下。

```
    void VSSceneManager::Update(double dAppTime)
    {
        //更新，多线程情况下添加命令
        for (unsigned int i = 0 ;i < m_pScene.GetNum() ; i++)
        {
            m_pScene[i]->Update(dAppTime);
        }
        //执行多线程中的命令并同步线程
        if (VSResourceManager::ms_bUpdateThread)
        {
            VSUpdateThreadSys::ms_pUpdateThreadSys->Begin();
            VSUpdateThreadSys::ms_pUpdateThreadSys->ExChange();
        }
        //线程同步后收集信息
        for (unsigned int i = 0 ;i < m_pScene.GetNum() ; i++)
        {
            m_pScene[i]->CollectUpdateInfo();
        }
    }
```

有了这样的架构，我们还可以处理很多问题。例如，在步骤（2）、（3）中，我们可以把每个相机的裁剪和排序过程都分发到另一个线程中。各种阴影的 VSCuller 类的裁剪过程都可以这样处理，这个留给读者作为练习。

13.5 多线程渲染

多线程渲染比较复杂，它要和渲染 API“打交道”。作者上网查过很多资料，也看过别人写的多线程的示例，不得不说，有些方法确实可以解决多线程渲染问题，但集成复杂度太高，针对每一种情况都有一种处理方法。有些方法只给理论却没有任何细节，更无任何示例，能不能实现其实都很让人怀疑。

多线程渲染可以提高多核利用率，缺点是画面要延后一帧，但由于画面是连续的，30 帧/秒以上的帧率很难察觉。对于需要精准操作的游戏，帧率越高，带来的操作损失就越小。

早期的游戏引擎代码中，只有 Unreal Engine 3 和 Cry Engine 实现了多线程渲染，不过它们的实现方式不太一样。Unreal Engine 3 用 13.4.3 节中的方法封装渲染命令，这样不用事先把所有的命令都写好；Cry Engine 把要发送的命令事先写好，实现方式和在网络上发送数据是一样的，前面是命令的类型，后面是命令的数据。

在线程同步上，Unreal Engine 3 似乎并没有使用双缓冲机制。一个队列的情况下，主线程添加命令，渲染线程获取命令，一般不需要同步两个线程。如果要同步两个线程，就必须给队列加锁（Unreal Engine 4 实现了一套多线程架构，任何情况下可以无锁方式分发任何命令到任何线程）。

Unreal Engine 3 和 Cry Engine 中实现方式的另一个最大区别是 Cry Engine 是低级别的多线程整合，而 Unreal Engine 3 是高级别的多线程整合。低级别指 API 指令级别，高级别指包含了 API 指令和部分无耦合的引擎代码。当然，这两个概念是作者定义的，用了两个简单的词语来区分。这两个级别有利也有弊：低级别能很好地集成，仅 API 指令在渲染线程中执行；高级别能够最大限度地把代码封装到渲染线程中并执行，如果不在设计架构游戏引擎的时候就考虑，集成复杂度相当高。

作者认为 Unreal Engine 中的方法不利于集成多线程渲染，它需要把所有渲染数据解耦，导致使用者更改引擎难度加大，但无疑这种效率是最高的。目前，Unreal Engine 4 在原来渲染多线程的基础上，又添加了低级别的多线程（Unreal Engine 4 中称为 RHIThread），进一步提高多核效率，缺点是画面延迟两帧。用 Cry Engine 中的方法较好，只不过 Cry Engine 中的方法太过于传统，难以维护，例如，删除一条协议命令后，要改动的地方可能有很多。

至于 Unreal Engine 3 为什么用一个队列而非双队列，作者没有仔细去看 Unreal Engine 3 中添加命令的代码是否用了线程锁，双队列无疑会增加内存的开销，但速度肯定要比使用线程锁的单队列快。

13.5.1 多线程渲染框架

无论是使用 Unreal Engine 命令模式还是协议命令模式，都不是实现多线程渲染的关键，关键是如何使渲染线程和主线程协调高效地工作。本引擎采用双缓冲区来实现多线程渲染，前文已经用单缓冲区方式实现过异步加载，读者可以尝试用双缓冲区实现。不过要注意的是，单缓冲区要面临的问题很可能和双缓冲区是不一样的，我们需要全方面考虑各种情况，然后总结规律，一一处理。

为了用双缓冲区来实现多线程渲染，就要找到合适的时刻来同步渲染线程和主线程。主线程需要把命令缓冲区交给渲染线程，渲染线程处理的命令缓冲区和主线程提交的命令缓冲区是两个不同的缓冲区，或者是同一个缓冲区中的不同区域。总之，它们没有耦合，这样两个线程才可以并行处理。游戏运行是以帧为时间进行判断的，所以我们直接在帧末让渲染线程和主线程同步，在帧初让渲染线程重新运行。

作者打算继续使用 Unreal Engine 命令模式来实现多线程渲染，因为协议命令模式不太灵活。多线程渲染架构和多线程更新架构很相似，唯一的不同在于多线程渲染只会占用一个线程。

VSRenderThreadBuffer 类是多线程渲染中的缓冲区类，它维护命令列表 m_CommandList。每个缓冲区的内存分配直接在自己的 VSConstantBuffer 类里进行，代码如下。

```
class VSGRAPHIC_API VSRenderThreadBuffer : public VSMemObject
{
    unsigned char *Assign(unsigned int uiSize);
    unsigned char *Assign(unsigned int VTType,unsigned int uiRegisterNum);
    void Clear();
    template<class T>
    VSRenderCommand *AssignCommand();
    void Execute();
    VSConstantBuffer m_ConstantBuffer;
    VSArray<VSRenderCommand *> m_CommandList;
    VSCriticalSection m_Lock;
   };

template<class T>
VSRenderCommand *VSRenderThreadBuffer::AssignCommand()
```

```
{
    m_Lock.Lock();
    VSRenderCommand *pRenderCommand =
                (VSRenderCommand *)Assign(sizeof(T));
    m_CommandList.AddElement(pRenderCommand);
    m_Lock.Unlock();
    return pRenderCommand;
}
```

渲染线程类的代码如下。

```
class VSGRAPHIC_API VSRenderThread : public VSThread
{
     virtual void Run();
     void SetRender(VSRenderThreadBuffer *pRenderBuffer);
     bool IsReady();
     VSRenderThreadBuffer *m_pRenderBuffer;
void VSRenderThread::Run()
{
      while(!IsStopTrigger())
      {
          if (m_pRenderBuffer)
          {
               m_pRenderBuffer->Execute();
               m_pRenderBuffer = NULL;
          }
      }
}
```

可以发现 VSRenderThread 类和 13.4 节中的更新线程基本一样。

VSRenderThreadSys 类为管理命令分配和线程执行的类，代码如下。

```
class VSGRAPHIC_API VSRenderThreadSys : public VSMemObject
{
     //分配空间
     unsigned char *Assign(unsigned int uiSize);
     unsigned char *Assign(unsigned int VTType,unsigned int uiRegisterNum);
     //分配命令
     template<class T>
     VSRenderCommand *AssignCommand();
     //同步渲染线程
     void ExChange();
     //渲染线程开始执行
     void Begin();
     //清理渲染指令
     void Clear();
     //多线程渲染管理器
     static VSRenderThreadSys *ms_pRenderThreadSys;
     bool IsRunning()
     {
          return m_bIsRunning;
     }
protected:
     //双缓冲区——主线程 m_UpdateBuffer，渲染线程 m_RenderBuffer
     VSRenderThreadBuffer *m_RenderBuffer;
     VSRenderThreadBuffer *m_UpdateBuffer;
     //渲染线程
     VSRenderThread          m_RenderThread;
     //渲染线程是否在执行
     bool                    m_bIsRunning;
   };
template<class T>
VSRenderCommand *VSRenderThreadSys::AssignCommand()
{
```

```
    return m_UpdateBuffer->AssignCommand<T>();
}
```

宏的封装方式也基本和多线程更新一样，只不过它只有一个渲染线程，不存在指定线程ID，代码如下。

```
#define ENQUEUE_RENDER_COMMAND(TypeName,Params) \
    if(VSResourceManager::ms_bRenderThread&& \
       VSRenderThreadSys::ms_pRenderThreadSys->IsRunning()) \
    { \
        TypeName *pCommand = (TypeName *)
                VSRenderThreadSys::ms_pRenderThreadSys->AssignCommand<TypeName>(); \
        VS_NEW(pCommand)TypeName Params; \
    } \
    else \
    {
#define ENQUEUE_UNIQUE_RENDER_COMMAND_END }
```

下面是封装无参数的宏的代码，其他带参数的宏的代码不再给出。

```
#define ENQUEUE_UNIQUE_RENDER_COMMAND(TypeName,Code) \
    DECLARE_UNIQUE_RENDER_COMMAND(TypeName,Code) \
    ENQUEUE_RENDER_COMMAND(TypeName,)
```

开始和结束也与多线程更新大同小异，代码如下。

```
void VSRenderThreadSys::Begin()
{
    m_bIsRunning = true;
    m_RenderThread.SetRender(m_RenderBuffer);
    m_RenderThread.Start();
}
void VSRenderThreadSys::ExChange()
{
    //等待渲染线程
    while(1)
    {
        Sleep(0);
        if (m_RenderThread.IsReady())
        {
            break;
        }
    }
    //挂起渲染线程
    m_RenderThread.Suspend();
    //清空渲染线程用的缓冲区空间
    m_RenderBuffer->Clear();
    //交互两个缓冲区
    Swap(m_UpdateBuffer,m_RenderBuffer);
    m_bIsRunning = false;
}
```

一旦执行完m_RenderThread.IsReady函数的代码，就表示渲染线程已经处理完本次主线程提交的m_RenderBuffer中的所有命令，并挂起渲染线程。m_RenderBuffer->Clear函数用于清空缓冲区空间，接着交互两个缓冲区。这样当前帧中主线程得到的命令就提交给了m_RenderBuffer，并准备给下一帧的渲染线程使用。m_UpdateBuffer指向一个刚刚清空的缓冲区，并准备为下一帧添加命令。

13.5.2 真正要处理的问题

前文已经说明了多线程渲染架构，不过我们需要弄明白一些细节。

1. 不是线程安全的代码是否可以在多线程下执行

不知道读者有没有想过这个问题。许多人分辨不清这个问题，导致实现多线程的难度增加。所谓代码的线程安全和代码在两个线程中执行本质上没有什么关系，即使代码非线程安全，也可以在任何一个线程中执行，只要不出现两个或者以上的线程同时执行即可。这样就可以保证消除耦合，不会出现任何线程安全问题。也就是说，渲染 API 可以在任何一个线程中执行，只要不让它们一起执行即可。

2. 如何处理锁缓存

在 D3D 中，如果要把数据放入显存，则必须用 `Lock` 函数。如果渲染线程还在执行，那么不做任何处理就直接在主线程执行调用 `Lock` 函数是不行的。这里至少有 3 种方法来处理**锁缓存**问题。

- 如果渲染 API 为线程安全的，则创建双缓存，主线程锁定的缓存和渲染用的缓存在每帧切换。
- 由渲染线程执行对数据的操作和锁定操作。
- 同步线程的时候再处理锁定操作。

第 1 种方法要创建双 D3D 缓存资源，每帧要同步交换两个缓存。从经验来讲，这里占用更多的存储空间不会成为内存瓶颈，只要灵活运用，访问速度还是很快的。

对于第 2 种方法，访问速度最快，资源最节省，效率最高。为了消除数据的耦合，发送给渲染线程的必须是一份复制数据。

第 3 种方法要求在同步主线程和渲染线程的时候集中处理所有锁定操作，这样也会比单个线程执行速度要快。

很多人会提出另一种方法：锁定操作中挂起渲染线程，解锁（unlock）操作中唤起渲染线程。这种方法的“致命”问题是在执行锁定操作时，很可能渲染线程已经执行完缓存相关操作，下一帧再执行锁定操作的时候，渲染线程可能还没有执行缓存相关操作，导致数据被覆盖。

当然这只是写数据，如果读数据时需要立即获得显存数据，该怎么办呢？很遗憾地告诉大家，尽量不要做这种操作。如果要强制执行这种操作，可以先把渲染线程中的命令和主线程还没有提交的命令都执行完毕，然后挂起渲染线程。当然也可以把读数据的命令发送到渲染线程，通过异步方式得到希望的数据，但实际上得到的是上一帧数据。从经验来讲，游戏中除了使用硬件实现遮挡剔除效果外没有任何其他效果需要读取显存数据，但通过其他办法是可以实现的。编辑器中唯一经常用到的读取显存数据的操作就是通过像素去拾取物体，鼠标操作还不至于快到让用户能察觉到读取上一帧信息。如果一定要在游戏中实现读取操作，那么就要考虑它的准确性和游戏玩法是否相关。在 FPS 类游戏中，手速快的通过玩家快速移动鼠标使用狙击枪并射击。因为采用了多线程渲染，所以射击时鼠标位置对应的像素是上一帧的。因为帧率越低延迟越大，所以所以会导致射击不准。最后，建议发送命令到渲染线程中，不要挂起渲染线程。作者没有提供挂起处理的机制，需要读者自己来处理。

3. 如果主线程删除资源，而渲染线程还在用这个资源，该怎么办？

如果用智能指针去管理资源，那么智能指针首先要具备线程安全性。在 `VSCommand` 类析构的时候不要调用任何主线程的函数。尤其要注意，如果 `VSCommand` 类中包含引用计数为 1 的资源，那么在 `VSCommand` 类析构时会删除这个资源，同时很难保证不牵扯到主线程的函数。

值得庆幸的是，目前的架构可以处理这种问题。它没有提供任何接口让用户去释放资源，都通过除渲染线程之外的垃圾回收来释放资源，这可以保证渲染线程里不会出现释放资源的情况。

不过读者可以封装销毁 D3D 资源的命令到渲染线程中，这样垃圾回收操作和线程渲染操作就可以并行执行。目前游戏引擎中和渲染 API 无关的资源，在垃圾回收过程中都可以和渲染线程一起并行执行。

4. 设备丢失问题

一旦检测到窗口切换或设备丢失（这个检测都是在主线程中完成的），就把主线程和渲染线程的命令缓冲区全部清空，去处理窗口切换和设备丢失问题。

经过上面的分析，多线程架构变成了图13.4所示架构。

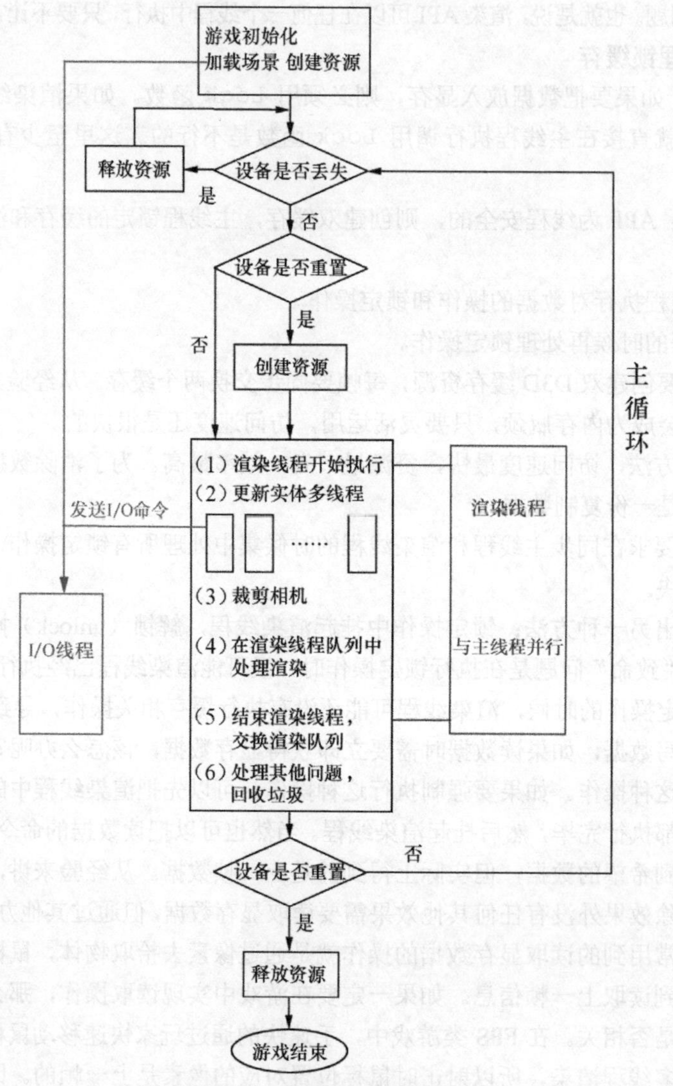

图13.4 变化后的多线程架构

可以看到，渲染线程并没有和主线程完全并行，而是在一段时间内并行。我们需要在渲染线程暂停时处理在渲染线程内处理不了的问题，这段时间可以在主线程内调用任何渲染API。

在游戏初始化时创建设备。创建设备是在主线程中完成的，加载场景和创建资源也是在主线程中完成的。在游戏主循环内要先判断设备是否丢失，然后再开启渲染线程，这个时候渲染线程和主线程并行执行。如果渲染API非线程安全，那么主线程不能再执行任何渲染API，这样就保证了两个线程不同时使用渲染API。暂停渲染线程的时候，主线程再继续处理垃圾回收操作。这个时候只有主线程在使用渲染API。下面是对应的代码逻辑。

```
if (VSRenderer::ms_pRenderer)
{
    //处理设备丢失
    if(VSRenderer::ms_pRenderer->CooperativeLevel())
```

```
{
        if (VSRenderThreadSys::ms_pRenderThreadSys &&
        VSResourceManager::ms_bRenderThread)
        {
            //开启渲染线程
            VSRenderThreadSys::ms_pRenderThreadSys->Begin();
        }
        if (VSEngineInput::ms_pInput)
        {
            //更新 DirectInput
            VSEngineInput::ms_pInput->Update();
        }
        …
        if (VSASYNLoadManager::ms_pASYNLoadManager)
        {
                //异步加载更新
                VSASYNLoadManager::ms_pASYNLoadManager->Update(fTime);
        }
        PreUpdate();
        if (VSSceneManager::ms_pSceneManager)
        {
                //场景管理器更新
                VSSceneManager::ms_pSceneManager->Update(fTime);
        }
        if (VSWorld::ms_pWorld)
        {
                //世界更新
                VSWorld::ms_pWorld->Update(fTime);
        }
        PostUpdate();
        //开始渲染
        VSRenderer::ms_pRenderer->BeginRendering();
        if (VSSceneManager::ms_pSceneManager)
        {
                //渲染
                VSSceneManager::ms_pSceneManager->Draw(fTime);
        }
        if (!OnDraw())
        {
                 return false;
        }
        //结束渲染
        VSRenderer::ms_pRenderer->EndRendering();
        if (VSRenderThreadSys::ms_pRenderThreadSys &&
            VSResourceManager::ms_bRenderThread)
        {
            //同步渲染线程
            VSRenderThreadSys::ms_pRenderThreadSys->ExChange();
        }
}//一旦设备丢失，则跳过所有主线程更新，并清空所有命令缓冲区
else
{
        if (VSRenderThreadSys::ms_pRenderThreadSys)
        {
                VSRenderThreadSys::ms_pRenderThreadSys->Clear();
        }
}
//处理延迟更新消息
```

```
    VSResourceManager::DelayUpdate(fTime);
    //同步处理资源内存释放
    VSResourceManager::ClearDynamicBufferGeometry();
    //处理垃圾回收
    VSResourceManager::GC();

}
```

如果设备没有丢失，渲染线程就开始启动。主线程这时就可以向渲染线程提交任何命令，包括创建和销毁命令。

有些处理很难和渲染线程同时执行，所以不得不调用 DelayUpdate 函数，代码如下。

```
static void DelayUpdate(VSREAL fTime)
{
    GetDelayUpdateObjectOneFrame()();
    GetDelayUpdateObjectOneFrame().Reset();
    GetDelayUpdateObject()(fTime);
}
```

该函数在同步主线程和渲染线程后执行，可以处理只更新一帧的事件和每帧都更新的事件，代码如下。

```
#ifdef DELEGATE_PREFERRED_SYNTAX
    typedef VSDelegateEvent<void(void)> DelayUpdatObjectOneFrame;
    typedef VSDelegateEvent<void(VSREAL)> DelayUpdatObject;
#else
    typedef VSDelegateEvent0<void> DelayUpdatObjectOneFrame;
    typedef VSDelegateEvent1<void,VSREAL> DelayUpdatObject;
#endif
//只更新一帧的事件
static DelayUpdatObjectOneFrame & GetDelayUpdateObjectOneFrame()
{
    static DelayUpdatObjectOneFrame s_DelayUpdateObjectOneFrame;
    return s_DelayUpdateObjectOneFrame;
}
//每帧都更新的事件
static DelayUpdatObject & GetDelayUpdateObject()
{
    static DelayUpdatObject s_DelayUpdateObject;
    return s_DelayUpdateObject;
}
```

在模型的异步加载中，模型和其他资源不一样，其他资源是共用资源，而模型需要通过加载的资源创建一个实例。在资源没有加载前，用的是默认资源的实例；加载之后，这个默认资源的实例就要释放。但这个时候渲染线程正在使用这个实例，所以我们不能立刻释放，必须缓存一下。帧末当渲染线程停止的时候，执行 VSMeshComponent::DelayUpdate 函数，释放这个实例。目前还没有讲渲染线程命令封装，所以这里或多或少会给读者造成困惑，读者只需要知道会有冲突即可。代码如下。

```
void VSStaticMeshComponent::LoadedEvent(VSResourceProxyBase *pResourceProxy, int Data)
{
    if (m_pStaticMeshResource)
    {
        if (m_pNode)
        {
            m_pNode->SetParent(NULL);
            //缓存节点
```

```
            m_pSaveNode = m_pNode;
            //帧末执行
            VSResourceManager::GetDelayUpdateObjectOneFrame().AddMethod
                <VSMeshComponent, &VSMeshComponent::DelayUpdate>(this);
        }
        m_pNode = (VSModelMeshNode *)
            VSObject::CloneCreateObject(m_pStaticMeshResource->GetResource());
        m_pNode->SetParent(this);
        if (m_pStaticMeshResource->IsLoaded())
        {
            ResetUseID();
        }
        SetPostLoadNodeParam();
        m_bIsStatic = !m_pNode->IsDynamic();
    }
}
//帧末会执行代码，释放m_pSaveNode
void VSMeshComponent::DelayUpdate()
{
    m_pSaveNode = NULL;
}
void VSResourceManager::GC()
{
    //纹理的垃圾回收
    GetASYNTextureSet().GCResource();
    //动画的垃圾回收
    GetASYNAnimSet().GCResource();
    //材质的垃圾回收
    GetASYNMaterialSet().GCResource();
    …
    //VSObject 垃圾回收
    GCObject();
}
```

13.5.3 封装渲染命令

封装渲染命令可以有低级别方式和高级别方式，实际上，真正的低级别方式是不存在的，即使Cry Engine也没有做到，因为不可能把一条一条渲染API指令完全封装。为了方便兼容和减少多线程处理带来的问题，作者尽量用低级别方式，但仍然有少量由多个渲染API封装的高级别方式。

大部分的指令被作者封装成了低级别方式，和渲染API直接对应的参数一样。

```
bool SetVertexShader(IDirect3DVertexShader9** pShader);
bool SetPixelShader(IDirect3DPixelShader9** pShader);
bool SetTexture(DWORD Stage,IDirect3DBaseTexture9** pTexture);
bool SetStreamSource(UINT StreamNumber,IDirect3DVertexBuffer9** pStreamData,
       UINT OffsetInBytes,UINT Stride);
bool SetVertexDeclaration(IDirect3DVertexDeclaration9** pDecl);
bool SetIndices(IDirect3DIndexBuffer9** pIndexData);
bool SetIndices(IDirect3DIndexBuffer9** pIndexData);
bool SetRenderTarget(DWORD RenderTargetIndex,IDirect3DSurface9** pRenderTarget);
bool SetDepthStencilSurface(IDirect3DSurface9** pNewZStencil);
bool StretchRect(IDirect3DSurface9** pSourceSurface,CONST RECT* pSourceRect,
        IDirect3DSurface9** pDestSurface,CONST RECT* pDestRect,
        D3DTEXTUREFILTERTYPE Filter);
```

但有些指令很少单独使用，它们是组合使用的，基本上是高级别方式。

```
bool SetRenderTarget(DWORD RenderTargetIndex,IDirect3DSurface9 **pRenderTarget,
    IDirect3DSurface9 **ppRenderTarget);
bool EndRenderTarget(DWORD RenderTargetIndex,IDirect3DSurface9 **pRenderTarget);
bool SetDepthStencilSurface(IDirect3DSurface9 **pNewZStencil,
    IDirect3DSurface9 **ppZStencilSurface);
bool EndDepthStencilSurface(IDirect3DSurface9 **pNewZStencil);
```

这里的Set函数和End函数都是成对使用的，游戏引擎中调用SetRenderTarget函数保存上一个渲染目标，调用 EndRenderTarget 函数恢复上一个渲染目标。下面的代码封装了SetRenderTarget函数和EndRenderTarget函数两个渲染API函数。

```
bool VSDirectX9Renderer::SetRenderTarget(DWORD RenderTargetIndex,
    IDirect3DSurface9 **pRenderTarget,IDirect3DSurface9 **ppRenderTarget)
{
    //把参数构建成一个结构体
    struct VSDx9RenderTargetPara
    {
        DWORD RenderTargetIndex;
        IDirect3DSurface9 **pRenderTarget;
        IDirect3DSurface9 **ppRenderTarget;
    };
    HRESULT hResult = NULL;
    VSDx9RenderTargetPara RenderTargetPara ;
    RenderTargetPara.pRenderTarget = pRenderTarget;
    RenderTargetPara.ppRenderTarget = ppRenderTarget;
    RenderTargetPara.RenderTargetIndex = RenderTargetIndex;
    //多线程渲染
    ENQUEUE_UNIQUE_RENDER_COMMAND_TWOPARAMETER(
            VSDx9SetRenderTargetCommand,VSDx9RenderTargetPara,RenderTargetPara,
              RenderTargetPara,LPDIRECT3DDEVICE9,m_pDevice,m_pDevice,
    {
        HRESULT hResult = NULL;
        VSMAC_RELEASE((*RenderTargetPara.ppRenderTarget));
        //保存上一个渲染目标
        hResult = m_pDevice->GetRenderTarget(
              RenderTargetPara.RenderTargetIndex,RenderTargetPara.ppRenderTarget);
        IDirect3DSurface9 *pRenderTarget = NULL;
        if(RenderTargetPara.pRenderTarget)
        {
            pRenderTarget = *RenderTargetPara.pRenderTarget;
        }
        //设置渲染目标
        hResult = m_pDevice->SetRenderTarget(
                    RenderTargetPara.RenderTargetIndex,pRenderTarget);
    })//单线程渲染
    VSMAC_RELEASE((*ppRenderTarget));
    hResult = m_pDevice->GetRenderTarget(RenderTargetPara.RenderTargetIndex,
            RenderTargetPara.ppRenderTarget);
    IDirect3DSurface9 *pRenderTarget = NULL;
    if(RenderTargetPara.pRenderTarget)
    {
        pRenderTarget = *RenderTargetPara.pRenderTarget;
    }
    hResult = m_pDevice->SetRenderTarget(
            RenderTargetPara.RenderTargetIndex,pRenderTarget);

    ENQUEUE_UNIQUE_RENDER_COMMAND_END
```

```
    return !FAILED(hResult);
}
bool VSDirectX9Renderer::EndRenderTarget(DWORD RenderTargetIndex,
IDirect3DSurface9 **pRenderTarget)
{
    struct VSDx9RenderTargetPara
    {
         DWORD RenderTargetIndex;
         IDirect3DSurface9 **pRenderTarget;
    };
    HRESULT hResult = NULL;
    VSDx9RenderTargetPara RenderTargetPara ;
    RenderTargetPara.pRenderTarget = pRenderTarget;
    RenderTargetPara.RenderTargetIndex = RenderTargetIndex;
    ENQUEUE_UNIQUE_RENDER_COMMAND_TWOPARAMETER(VSDx9EndRenderTargetCommand,
         VSDx9RenderTargetPara,RenderTargetPara,RenderTargetPara,
LPDIRECT3DDEVICE9,m_pDevice,m_pDevice,
    {
       HRESULT hResult = NULL;
       hResult = m_pDevice->SetRenderTarget(RenderTargetPara.RenderTargetIndex,
           *RenderTargetPara.pRenderTarget);
       VSMAC_ASSERT(!FAILED(hResult));
       VSMAC_RELEASE((*RenderTargetPara.pRenderTarget));
    })
    hResult = m_pDevice->SetRenderTarget(RenderTargetPara.RenderTargetIndex,
       *RenderTargetPara.pRenderTarget);
    VSMAC_RELEASE((*RenderTargetPara.pRenderTarget));
    ENQUEUE_UNIQUE_RENDER_COMMAND_END
    VSMAC_ASSERT(!FAILED(hResult));
    return !FAILED(hResult);
}
```

有些高级别方式关联了游戏引擎层的内容。

以下两个函数关联了游戏引擎层的 VSVertexBuffer 类和 VSGeometry 类。

```
void CreateVertexBuffer(UINT Length,DWORD Usage,D3DPOOL Pool,
       IDirect3DVertexBuffer9 **ppVertexBuffer,DWORD Flags,VSVertexBuffer *pVBuffer,
          unsigned int uiOneVextexSize);
bool DrawMesh(VSGeometry *pGeometry);
```

因为包含 VSVertexBuffer 类和 VSGeometry 类的模型资源是以垃圾回收方式释放的，所以渲染线程调用这两个函数时不会出现 VSVertexBuffer 类和 VSGeometry 类指针无效的情况（目前游戏引擎中的垃圾回收在渲染线程挂起后才运行）。有些非共用模型资源的实例（例如，带变形动画的模型实例会有自己的顶点实例，还有前文介绍过的模型的默认资源）会单独复制一份模型，对于这种情况就要将模型资源的实例发送到 DelayUpdate 队列并释放（如果把变形动画放到 GPU 上实现，只共享模型资源的顶点即可）。

SetVertexShaderConstant 函数需要把寄存器内容一次性给渲染器。为了避免主线程和渲染线程中的数据耦合，需要在 VSRenderThreadBuffer 类中申请一定的空间，这和申请命令是一样的，申请的空间是按照寄存器大小分配的。代码如下。

```
bool VSDirectX9Renderer::SetVertexShaderConstant(unsigned int uiStartRegister,
    void *pData, unsigned int RegisterNum,unsigned int uiType)
{
    struct VSDx9VertexShaderConstantPara
    {
         unsigned int uiStartRegister;
```

```
        void *pData;
        unsigned int RegisterNum;
        unsigned int uiType;
    };
    HRESULT hResult = NULL;
    VSDx9VertexShaderConstantPara VertexShaderConstantPara;
    VertexShaderConstantPara.uiStartRegister = uiStartRegister;
    VertexShaderConstantPara.RegisterNum = RegisterNum;
    VertexShaderConstantPara.uiType = uiType;
    if (VSResourceManager::ms_bRenderThread)
    {
        //申请空间，处理数据耦合
        VertexShaderConstantPara.pData =
            VSRenderThreadSys::ms_pRenderThreadSys->Assign(uiType,RegisterNum);
        VSMemcpy(VertexShaderConstantPara.pData,pData,
                RegisterNum *sizeof(VSREAL) * 4);
    }
    else
    {
        VertexShaderConstantPara.pData = pData;
    }

    ENQUEUE_UNIQUE_RENDER_COMMAND_TWOPARAMETER(
        VSDx9SetVertexShaderConstantCommand,VSDx9VertexShaderConstantPara,
        VertexShaderConstantPara,VertexShaderConstantPara,LPDIRECT3DDEVICE9,
        m_pDevice,m_pDevice,
    {
        …
    })
        …
    ENQUEUE_UNIQUE_RENDER_COMMAND_END
        VSMAC_ASSERT(!FAILED(hResult));
    return !FAILED(hResult);
}
```

UpdateOther 函数用高级别方式把数据和锁定操作都封装到渲染线程中，代码如下。

```
void VSQuadTerrainGeometry::UpdateOther(double dAppTime)
```

UpdateOther 函数根据相机距离计算出 uiTesselationLevel，再计算当前地形需要的网格。当然，也可以等主线程计算好后，把数据传给渲染线程。这可能浪费大量的空间，实际上，把计算网格因子解耦出来并传递给渲染线程计算就好。

下面的结构体表示要复制的数据，它保证指针内容不会被释放。

```
struct VSQuadTerrainUpdateGeometryPara
{
    unsigned int uiTesselationLevel;     //当前相机计算的层级
    VSQuadTerrainGeometry *pTG;          //当前地形节点
    unsigned int m_uiCurLevel;           //当前层级
    unsigned int m_NeighborLevel[VSCLodTerrainGeometry::NT_MAX];  //相邻的层级
    VSQuadTerrainGeometry *pNeightbor[VSCLodTerrainGeometry::NT_MAX];
};
```

下面是把数据和锁定操作封装到多线程中的代码。

```
VSQuadTerrainUpdateGeometryPara QuadTerrainUpdateGeometryPara;
VSCLodTerrainNode *pTerrainNode = (VSCLodTerrainNode *)m_pParent;
QuadTerrainUpdateGeometryPara.uiTesselationLevel =
                pTerrainNode->GetTesselationLevel();
QuadTerrainUpdateGeometryPara.pTG = this;
```

```
QuadTerrainUpdateGeometryPara.m_uiCurLevel = m_uiCurLevel;
for (unsigned int i = 0 ; i < VSCLodTerrainGeometry::NT_MAX ;i++)
{
       QuadTerrainUpdateGeometryPara.pNeightbor[i] =
            ((VSQuadTerrainGeometry *)m_pNeighbor[i]);
       if (QuadTerrainUpdateGeometryPara.pNeightbor[i])
       {
            QuadTerrainUpdateGeometryPara.m_NeighborLevel[i] =
            ((VSQuadTerrainGeometry *)m_pNeighbor[i])->m_uiCurLevel;
       }
 }
ENQUEUE_UNIQUE_RENDER_COMMAND_ONEPARAMETER(
VSQuadTerrainUpdateGeometryCommand,VSQuadTerrainUpdateGeometryPara,
QuadTerrainUpdateGeometryPara,QuadTerrainUpdateGeometryPara,
{
VSUSHORT_INDEX *pIndexData = (VSUSHORT_INDEX *)

QuadTerrainUpdateGeometryPara.pTG->GetMeshData()->
GetIndexBuffer()->Lock();
      …
QuadTerrainUpdateGeometryPara.pTG->GetMeshData()->
GetIndexBuffer()->UnLock();
QuadTerrainUpdateGeometryPara.pTG->SetActiveNum(uiCurRenderTriNum);
})
VSUSHORT_INDEX *pIndexData = (VSUSHORT_INDEX *)
QuadTerrainUpdateGeometryPara.pTG->GetMeshData()->GetIndexBuffer()->Lock();
 …
QuadTerrainUpdateGeometryPara.pTG->GetMeshData()->GetIndexBuffer()->UnLock();
QuadTerrainUpdateGeometryPara.pTG->SetActiveNum(uiCurRenderTriNum);
ENQUEUE_UNIQUE_RENDER_COMMAND_END
```

变形动画的处理与以上代码类似，它把所有的变形动画数据计算出来后，形成命令，交给渲染线程，它需要复制计算出来的所有顶点。当然，也可以把整个变形动画的更新流程封装到渲染线程中，但这可能涉及很多耦合信息，要全找出来也不是那么容易的，代码如下。

```
bool VSMorphMainFunction::Update(double dAppTime)
{
     …
     bool bRenderThread = VSResourceManager::ms_bRenderThread
&& VSRenderThreadSys::ms_pRenderThreadSys->IsRunning();
     if (bRenderThread)
     {
          RenderThreadUpdate(pMorphFunction);
     }
     else
     {
          MainThreadUpdate(pMorphFunction);
     }
     return true;
}
```

如果要把整个变形动画流程封装成渲染线程，那么建议读者直接封装变形动画树的 Update 函数，代码如下。变形动画树不同于动画树，它不需要 CPU 回读数据，所以将变形动画树完全封装到渲染线程中或者在 GPU 上实现混合都是可以的。

```
bool VSMorphTree::Update(double dAppTime)
{
     struct VSMorphTreeUpdataPara
     {
        …
     }
     ENQUEUE_UNIQUE_RENDER_COMMAND_ONEPARAMETER
```

```
    {
      MorphTree Update
    })
    MorphTree Update
    ENQUEUE_UNIQUE_RENDER_COMMAND_END
}
```

13.5.4 小结

前文提到了多线程的基本功能，只有资源双缓存切换还没有讲。现在有两个资源A和B，主线程锁定操作A，渲染线程使用资源B，帧末交换资源A和资源B。本质上，资源A和资源B不存在同时使用的问题，但事与愿违，D3D API里可能维护了与线程安全相关的代码并将其封装到了锁定操作中，这将导致锁定操作A时会出现崩溃。不过DirectX 9可以创建指定线程安全的标志位，代码如下。

```
if (VSResourceManager::ms_bRenderThread)
{
    device_type[type].dwBehavior |= D3DCREATE_MULTITHREADED;
}
```

如果游戏引擎使用了多线程渲染，那么创建DirectX 9设备时就要使用多线程标记。这样就可以安全地使用资源双缓存切换，完全不用封装没有数据耦合的代码到渲染线程中。虽然这样多少会影响效率，但只要不大量地使用就没什么问题。DirectX 11即使指定了多线程标记也会出问题。

在地形CLOD算法中，ROAM算法使用了资源双缓存切换。该算法把索引数据缓存（IndexBuffer）的第2个参数设置为true，表示多线程下开启双缓存，代码如下。

```
//测试双缓存多线程渲染
if (GetTerrainGeometryType() == TGT_ROAM)
{
    pIndexBuffer->SetStatic(false,true);
}
else
{
    pIndexBuffer->SetStatic(false);
}
```

帧末同步渲染线程，两个缓存需要切换，代码如下。

```
void VSBind::ExChange()
{
    if (!m_bIsStatic && m_uiSwapChainNum == 2)
    {
        m_uiCurID = (m_uiCurID + 1) % m_uiSwapChainNum;
    }
}
void VSRenderThreadSys::ExChange()
{
...
    for (unsigned int i = 0 ; i < VSBind::ms_DynamicTwoBindArray.GetNum() ;i++)
    {
        VSBind::ms_DynamicTwoBindArray[i]->ExChange();
    }
    m_bIsRunning = false;
}
```

主线程通过 GetIdentifier 函数得到当前编辑的资源 A。更新完毕后，设置渲染资源，并将渲染资源发送到渲染线程。在下一帧中，主线程通过 GetIdentifier 函数得到资源 B，渲染线程使用的是上一帧的资源 A，代码如下。

```
VSResourceIdentifier *VSBind::GetIdentifier ()
{
    if (!m_InfoArray.GetNum())
    {
        return NULL;
    }
    VSResourceIdentifier *pID = NULL;
    pID = m_InfoArray[m_uiCurID].ID;
    return pID;
}
```

下面是处理 ROAM 算法中锁定操作的相关代码。

```
VSUSHORT_INDEX *pIndexData =
     (VSUSHORT_INDEX *)m_pMeshData->GetIndexBuffer()->Lock();
unsigned int uiCurRenderTriNum = 0;
RecursiveBuildRenderTriange(&m_TriTreeNode[0],uiTri1A,uiTri1B,uiTri1C,pIndexData,
        uiCurRenderTriNum);
RecursiveBuildRenderTriange(&m_TriTreeNode[1],uiTri2A,uiTri2B,uiTri2C,pIndexData,
        uiCurRenderTriNum);
m_pMeshData->GetIndexBuffer()->UnLock();
```

最后要说的是，对于标记 m_uiMemType 为 MT_VRAM 的资源，在创建完显存数据后，需要删除内存数据。在非多线程渲染下，内存数据在调用 LoadResource 函数后就会被删除；在多线程渲染下，下一帧渲染线程会用到这些数据，所以当前帧中只提交了删除内存数据的命令，下一帧中等渲染线程执行完毕后再删除内存数据。代码如下。

```
bool VSBind::LoadResource(VSRenderer *pRender)
{
    if(!pRender)
        return 0;
    //若只有内存，不需要创建资源
    if (m_uiMemType == MT_RAM)
    {
        return 1;
    }
    //加载完毕，返回
    if(m_uiSwapChainNum == m_InfoArray.GetNum())
        return 1;
    else
    {
        //加载
        m_pUser = pRender;
        for (unsigned int i = 0 ; i < m_uiSwapChainNum ; i++)
        {
            VSResourceIdentifier *pID = NULL;
            if(!OnLoadResource(pID))
                return 0;
            if(!pID)
                return 0;
            Bind(pID);
        }
        //如果没有开启多线程渲染，则直接销毁内存资源
        if (!VSResourceManager::ms_bRenderThread)
```

```
            {
                ClearInfo();
            }
            return 1;
        }
    }
```

渲染线程同步后，执行 ClearDynamicBufferGeometry 函数，并执行 ASYNClearInfo 函数，代码如下。

```
void VSResourceManager::ClearDynamicBufferGeometry()
{
    …
    if (VSResourceManager::ms_bRenderThread)
    {
        for (unsigned int i = 0 ; i < VSBind::ms_BindArray.GetNum() ; i++)
        {
            VSBind *pBind  = VSBind::ms_BindArray[i];
            pBind->ASYNClearInfo();
        }
    }
    …
}
void VSBind::ASYNClearInfo()
{
    //如果只有显存模式
    if (m_uiMemType == MT_VRAM)
    {
        //主线程已经发送资源创建命令到渲染线程
        if(m_uiSwapChainNum == m_InfoArray.GetNum())
        {
            //渲染线程还没用使用内存数据创建资源，直接返回
            if (m_uiClearState == MCS_NONE)
            {
                //重新标记
                m_uiClearState = MCS_READY;
                return ;
            }
            //如果状态是MCS_READY，那么渲染线程使用内存数据创建资源，且内存数据可以被删除
            else if (m_uiClearState == MCS_READY)
            {
                m_uiClearState = MCS_DONE;
                ClearInfo();
                return ;
            }
        }
    }
}
```

当然，也可以把删除内存数据的过程放到渲染线程中，待 API 资源创建完毕后立刻删除内存数据。

13.6 纹理流式加载*

为了节约篇幅，本节并没有实现纹理流式加载。如果读者完全掌握了前文所讲的一切，那么实现纹理流式加载将没有任何问题。

实现纹理流式加载的目的在于，在不影响效率的情况下，在不损失纹理品质的情况下，节省内存或显存。作者曾经做过一个实验，如果使用纹理流式加载，那么内存只有 500MB；如果不使用纹理流式加载，那么内存有 1GB。

通过纹理流式加载是怎么节省这么多内存，同时还没有任何视觉损失的呢？离相机很远的物体呈现在屏幕上可能就几个像素。物体的纹理有很多层级。这时如果用最高层级，那么高频信息采样到低频就会有问题，所以硬件会自动计算相应的层级，选择合适的那一个。问题的突破口就在这里，远处的物体不需要高层级信息，可以选择不加载，但游戏引擎需要知道哪些物体应该加载。

13.6.1 线程架构

Unreal Engine 在纹理流式加载中用到了主线程、渲染线程、I/O 线程这 3 个线程，并且 Unreal Engine 给纹理设置了准备流式（Ready Stream）加载、结束流式（End Stream）加载、正在流式（Streaming）加载 3 个状态。

主线程要确定的内容如下。

（1）计算最大的 Mip 层级，比较当前的纹理 Mip 层级，若相等，则不用计算。

（2）判断当前纹理状态。

① 如果不处于准备流式加载状态，则不会进行纹理流式加载。

② 如果处于准备流式加载状态，则向渲染线程中加入一个开始流式加载的命令。该命令包含最大 Mip 层级。

③ 如果处于结束流式加载状态，则向渲染线程中加入一个结束流式加载的命令。

对于渲染线程，如果接收到开始流式加载命令，执行以下操作。

① 根据最大 Mip 层级创建纹理资源，改变纹理状态为正在流式加载。

② 锁定纹理资源，得到显存地址。

③ 发送加载和复制命令（Load and Copy Command，该命令包含纹理资源路径和显存地址）给 I/O 线程。

对于渲染线程，如果接收到结束流式加载命令，执行以下操作。

① 解锁纹理资源。

② 用新的纹理替换旧的纹理。

③ 修改纹理状态为准备流式加载。

对于 I/O 线程，如果接收到加载和复制命令，执行以下操作。

（1）读取纹理文件。

（2）复制对应数据到显存地址。

（3）修改纹理状态为结束流式加载。

纹理流式加载架构如图 13.5 所示，主线程对纹理状态的权限只限于读操作，写操作分别给了渲染线程和 I/O 线程，而渲染线程和 I/O 线程对纹理状态的写操作是由主线程严格控制的，并按顺序一步一步执行（准备流式加载→正在流式加载→结束流式加载→准备流式加载并循环）。目前本游戏引擎 I/O 线程的命令列表是有锁的，所以无论是主线程还是渲染线程都可以给 I/O 线程发送命令，而渲染线程命令列表采用双缓冲区机制，而且无锁，所以只能由主线程给渲染线程发送命令。如果读者想实现双缓冲区无锁的异步加载，由渲染线程给 I/O 线程发送命令，那么还是要考虑会出现的问题。虽然目前的纹理流式加载架构不是效率最高的，但无疑是比较有利于实现纹理流式加载的。

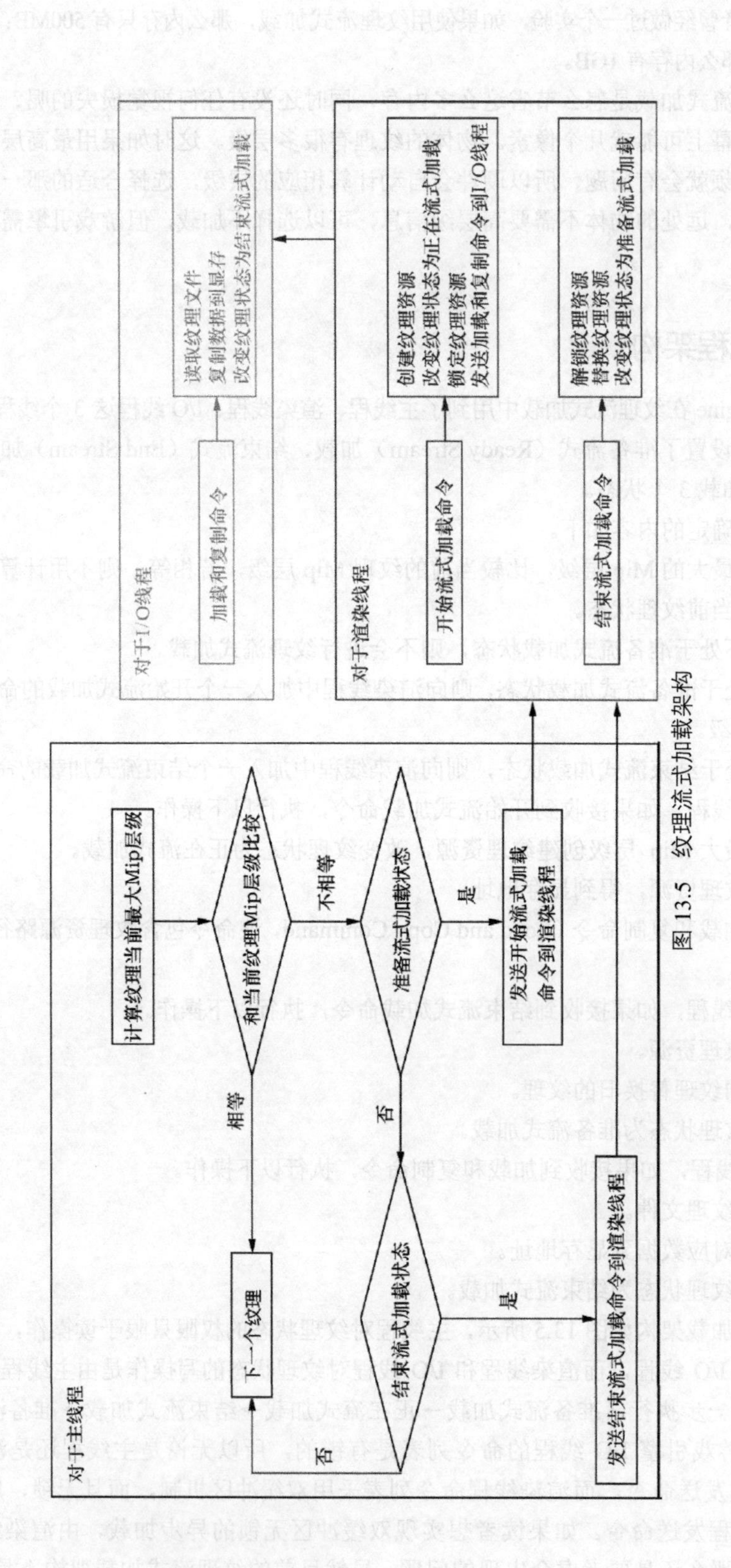

图13.5 纹理流式加载架构

13.6.2 最大 Mip 层级计算

现在所有的问题都归到了 Mip 层级计算。为加快计算速度，我们将最大 Mip 层级计算分成预计算和实时计算两个阶段。预计算只在导出场景时进行，实时计算是每帧都要计算的。

下面简要分析怎么找到一个纹理当前需要的最大 Mip 层级。首先，要知道最大 Mip 层级受到哪些因素影响。

- 纹理和模型相关联，不同的三角形、不同的纹理坐标都会对纹理产生影响。
- 模型缩放值也有影响。
- 在不同的相机下，模型距离相机的远近也会对纹理产生有影响。

对于静态物体，三角形、纹理坐标和模型缩放值的影响是预计算的，模型距离相机的远近的影响是实时计算的。

对于动态物体，三角形、纹理坐标的影响是预计算的，模型缩放值和模型距离相机的远近的影响是实时计算的。

以上是计算当前纹理的最大 Mip 层级需要的 3 个条件，只有三角形、纹理坐标的影响计算是最耗费时间的，因为它要遍历模型的三角形和纹理坐标。

Unreal Engine 实现预计算的大体流程如下。

（1）遍历地图用到的静态模型（只处理 LOD 0 等级）。

（2）遍历静态模型的所有三角形，计算 TexelRatios，伪代码如下。

```
L1 = length (V0 - V1);
L2= length(V0 - V2);
T1 = length(UV0 - UV1);
T2 = length(UV0- UV2);
const FLOAT TexelRatio= Max( L1/ T1, L2/ T2 );
TexelRatios.Add ( TexelRatio );
```

其中 V 为顶点位置，纹理为纹理坐标。

（3）将 TexelRatios 升序排列，得到 TexelRatio，伪代码如下。

```
Index = TexelRatios.Num * 0.75;
TexelRatio = TexelRatios[Index] * MeshScale;
```

（4）遍历静态模型用到的所有纹理。

用一个结构体记录所有纹理和 TexelRatios 的关系并将其保存在静态模型类里，把场景中的静态模型和它用到的纹理关联起来。

为什么 Index = TexelRatios.Num * 0.75？因为这样可以排除那些三角形很大并且纹理坐标很小的三角形（投影到屏幕上很模糊）、三角形很小并且纹理坐标很大的三角形［投影的纹素很小］，以及背面的三角形（TexelRatio 为负值）。

关于纹素，读者可参见百度百科，其中有比较详细的解释。它可简单理解为纹理元素映射到屏幕点的过程。

接下来，介绍 Unreal Engine 实时计算部分。

对于所有纹理，遍历和这个纹理有关的所有静态模型，计算相机到静态模型的距离 D，$D = D -$ 模型包围体半径。然后计算出最大 Mip 层级，伪代码如下。

```
ScreenSizeInTexels = StaticMesh.Ratio * D *  ScreenSize;
Mip = Max ( Mip,1+CeilLogTwo( Trunc(ScreenSizeInTexels)) );
```

其中，Trunc 表示取整，CeilLogTwo 函数的值为 N，N 满足不等式(1<<N) ≥ Arg 且最小。

如果有多部相机，那么要遍历所有相机并取出最大的 Mip 层级。

Cry Engine 实现最大 Mip 层级计算的大体流程和 Unreal Engine 类似，下面只说它们的不同。

（1）Cry Engine 把纹理的长宽也作为参考条件。

（2）在 Cry Engine 的地形编辑中，可以缩放纹理坐标，把纹理坐标缩放也作为参考条件（纹理坐标可以在着色器中再次编辑）。

（3）Cry Engine 把相机的屏幕尺寸也作为参考条件，伪代码如下。

```
float currentMipFactor = m_fMinMipFactor * 纹理宽 * 纹理高* GetMipDistFactor();
floa GetMipDistFactor()
{
        return TANGENT30_2 * TANGENT30_2 / (相机屏幕高* 相机屏幕高);
}
```

其中，TANGENT30_2 为常数，m_fMinMipFactor 可以设置。

（4）对于实时计算部分，Cry Engine 的遍历方式是先遍历所有物体，然后遍历物体对应的纹理；而 Unreal Engine 是先遍历所有纹理，然后遍历拥有这个纹理的物体。

（5）Cry Engine 计算最大 Mip 层级伪代码如下。

```
int nMip =fastround_positive(0.5f *logf(max(currentMipFactor, 1.0f))/ LN2) + 可调节参数;
```

其中，fastround_positive 函数的作用是四舍五入，0.5f *logf(max(currentMipFactor, 1.0f))/LN2 实际上是 0.5 乘以以 2 为底 currentMipFactor 的对数。

总结一下，因为没有办法实时计算光栅化三角形像素面积，也就无法计算所占像素和纹素个数比，所以三角形大小、纹理坐标大小、纹理宽高、模型缩放、纹理坐标的缩放，以及相机的距离、渲染目标的宽高等因子成为计算最大 Mip 层级的关键。当然，还可以加入自定义因子，Unreal Engine 对普通纹理和光照纹理都使用不同的自定义因子，Cry Engine 里也有自定义因子。

13.7 着色器缓存编译*

目前游戏引擎中的着色器缓存编译是递增编译的，也就是说，渲染遇到需要编译的着色器才会编译，这些着色器会合并到之前的着色器缓存而形成新的着色器缓存，当退出游戏后，新的着色器缓存会保存到磁盘中。如果大量的着色器突然需要编译，就会造成游戏卡顿。一般游戏的做法是预编译着色器缓存，并遍历所有材质和每个材质的所有宏的组合，这样就能把所需要的着色器全部编译出来。

对于文件着色器的自研游戏引擎，一般很容易编译着色器缓存。因为这样的游戏引擎中材质不会太多，宏是可以计算的，所以实现一个编译着色器缓存的工具十分容易。但对于 Unreal Engine 这种材质树形式的通用游戏引擎，则要复杂一些，因为它的每个材质树资源就是一个材质，并且内部渲染流程中用到的宏全都要编译一次。

如果再灵活一点，在材质树中加入自定义宏来代替动态条件分支就更好了，不过这种方法会增加编译着色器缓存的难度。

实现一个完整的着色器缓存编译工具，对本游戏引擎来说需要以下 4 方面。

13.7.1 材质树编译

材质树渲染流程都是固定的，所有的宏也都是明确的，它们都是通过下面两个函数得到的。

```
class VSGRAPHIC_API VSShaderKey : public VSObject
{
```

```
    static void SetMaterialVShaderKey(VSShaderKey * pKey,
                MaterialShaderPara & MSPara,unsigned int uiPassType);
    static void SetMaterialPShaderKey(VSShaderKey * pKey,
                MaterialShaderPara & MSPara,unsigned int uiPassType);
}
```

这两个函数分别对应顶点着色器和像素着色器，其中顶点着色器没有像素着色器那么“开放”，所以宏比较少。在编译材质树时，首先要知道有多少个渲染通道需要编译，每个渲染通道里有多少个宏，以及每个宏的取值范围。有些宏的取值范围需要通过解析材质动态确定。伪代码如下。

```
For All VSMaterialTree
 For All VSRendPass
     For All VSShaderMainFunction Belong To VSRenderPass
         For All VSRenderPass Vertex Shader Marco
            For  Marco Num
                Get Vertex Shader Marco Compile Vertex Shader
         For All VSRenderPass Pixel Shader Marco
            For Marco Num
                Get Pixel Shader Marco Compile Pixel Shader
```

在遍历 VSRenderPass 和 VSShaderMainFunction 时，需要做些额外的区分工作。如 MUT_LIGHT 和 MUT_POSTEFFECT 这两个宏是给光源投射函数和后期效果用的，它们只需要得到 VSLightFunPass 和 VSPostEffectPass。VSIndirectRenderPass、VSMaterialPass、VSNormalDepthPass 等渲染通道接收多个 VSShaderMainFunction，VSShadowPass 只接收一个非透明度混合的 VSShaderMainFunction，就和 VSGeometry::ComputeNodeVisibleSet 的代码类似，只处理一个有效的 VSShaderMainFunction，代码如下。

```
void VSGeometry::ComputeNodeVisibleSet(VSCuller & Culler,bool bNoCull,double dAppTime)
{
    for (unsigned int i = 0 ; i < pMaterial->GetShaderMainFunctionNum() ;i++)
    {
        VSRenderContext VisibleContext;
        VisibleContext.m_pGeometry = this;
        VisibleContext.m_pMaterialInstance = pMaterialInstance;
        VisibleContext.m_uiPassId = i;
        VisibleContext.m_pMaterial = pMaterial;
        VisibleContext.m_pMeshNode = pMeshNode;
        const VSBlendDesc & BlendDest =
              pMaterial->GetRenderState(i).GetBlendState()->GetBlendDesc();
        if (Culler.GetCullerType() == VSCuller::CUT_SHADOW)
        {
            if (BlendDest.IsBlendUsed())
            {
                return;
            }
            else
            {
                //只处理有效的 VSShaderMainFunction
                Culler.InsertObject(VisibleContext,
                       VSCuller::VST_BASE, uiRenderGroup);
                return;
            }
        }
        else
        {
            …
        }
    }
}
```

所以在进行上面的伪代码遍历之前，应预先做好分析工作，把所有相关的信息都收集到，包括需要的宏的取值范围。有些宏的取值范围比较简单，是 0、1、2 逐渐递增的，如 ms_cPointLightShadowNum，它表示点光源阴影的个数；有些则比较烦琐，如 ms_cLightFunKey 和 ms_cMaterialLightKey，可以创建类似于产生着色器键的函数来得到宏的值；对于顶点格式宏 ms_cMaterialVertexFormat，就要列举出可能有的顶点格式，然后转换成宏的值。

13.7.2 自定义文件格式

自定义格式文件包括后期效果和投射体阴影等。在自定义文件格式时，需要游戏引擎收集文件和宏，以及宏的取值范围，然后再编译，伪代码如下。

```
For All File Shader
    For All Marco In Shader
        For Marco Num
            Get Shader
```

13.7.3 检测着色器改变

一旦出于某些原因修改了着色器文件或者材质树，着色器代码就必定被改变。它们的改变来自两部分：一部分是着色器代码里包含的头文件，另一部分是源代码。对于头文件，用文件里的内容得到循环冗余校验码的值，然后将其保存在单独的一个文件中，每次打开编辑器时都重新校验。对于材质树，在修改资源文件的时候编译并保存即可；而对于着色器文件，可以计算着色器字节码的循环冗余校验码的值，并将其保存在 VSShader 类中，每次打开编辑器时都重新校验。

13.7.4 多进程编译着色器

一旦材质树的资源变多，编译这些着色器就需要很长时间，此时多核处理就变成必需的。Direct X 对多线程编译并未提供良好的支持，而 Unreal Engine 3 使用了多进程编译着色器，也就是创建多个应用程序来编译，Unreal Engine 4 也是这样做的。

主进程把要编译的材质树都解析好，把需要的宏和着色器源代码都写到文件夹 M 下的文件 A 里，启动编译着色器应用程序，通过命令行参数发送文件 A 的名字给着色器编译进程。着色器编译进程读取文件 A，创建 D3D 设备，编译着色器，并把编译好的着色器字节码写到文件夹 M 下的文件 B 里。程序事先做好规定：主线程在定义文件 A 的同时，是知道编译好的着色器代码的文件名字的(也就是上面说的 B)，它不停地轮询文件夹 M，以判断其中是否存在文件 B，如果存在就表明文件 A 里的对应代码已经编译好，加载并解析文件 B 即可，然后把文件 A 和 B 都删除，如图 13.6 所示。

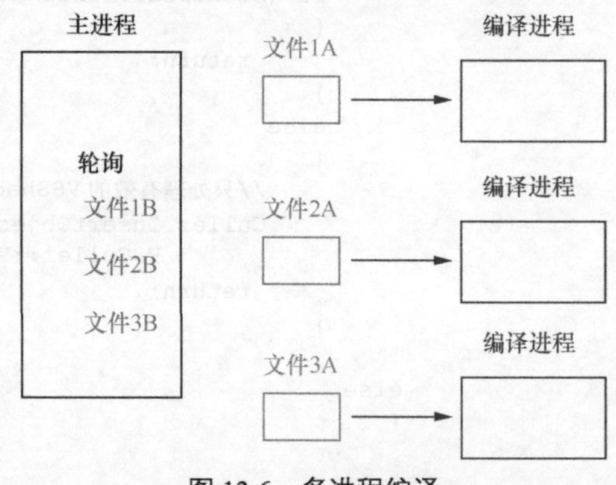

图 13.6 多进程编译

可以根据当前时间定义文件名，以“年+月+日+秒+毫秒+1”作为文件 A 的名称，以“年+月+日+秒+毫秒+2”作为文件 B 的名称。

在实际运行时，主进程与多个编译进程每隔一段时间就轮询多个文件 B。在没有得到编译好的着色器前，主进程都会用默认的着色器资源。

当然，这里也存在很多问题。例如，主进程很长时间都等不到 B，这可能是因为进程没放起来或者进程被终止。一旦主进程结束，没有编译好的着色器就不用保存到着色器缓存中。

13.8 编辑器资源热更新

编辑器资源热更新是编辑器的重要功能之一。一旦从外部添加、删除或修改资源，则每次都要重启编辑器才能在编辑器中看到，这是美术师不会接受的。资源热更新的本质在于监控资源文件的改变，游戏引擎不但要支持外部资源格式引起的改变，还要支持自身资源格式引起的改变。如 TGA、BMP、FBX 等都是外部资源格式，导入的时候会覆盖某一个文件，这不用额外的操作游戏引擎就可以知道；如果用户从某一个地方复制了一个游戏引擎资源格式，并且在文件夹下覆盖了另一个同名的游戏引擎资源格式，那么游戏引擎需要知道这个改变。

FileOperation 为文件操作类，代码如下。

```
struct FileOperation //监控文件类型改变
{
    enum Type
    {
          Added,          //加入新文件
          Removed,        //删除文件
          Modified        //修改了某个文件
    };
};
```

对文件的操作包括创建、删除、修改这 3 种。一旦监控到了某一个文件夹里有文件变化，文件监控系统就必须给出相应的回调，回调参数分别表示文件改变后的类型和文件路径。代码如下。

```
struct FileChangedArgs
{
    FileOperation::Type    Operation;                 //文件改变后的类型
    VSString         FilePath;                        //文件路径
    bool operator==(const FileChangedArgs& rhs) const;
};
FORCEINLINE bool FileChangedArgs::operator==(const FileChangedArgs& rhs) const
{
    return (this->Operation == rhs.Operation) &&
        (this->FilePath == rhs.FilePath);
}
```

下面是监控管理器类。

```
class VSGRAPHIC_API VSMonitor
{
protected:
    friend class VSFileMonitor;
    virtual void OnFileChanged(const FileChangedArgs& args) = 0;
};
class VSGRAPHIC_API VSResourceMonitor : public VSMonitor
{
public:
     ///开始监控
     bool Open();
     ///更新
     void Update(double dAppTime);
     ///结束监控
     void Close();
     ///设置监控目录
     void SetMonitorDirectory(const VSString& path);
     static VSResourceMonitor *ms_pResourceMonitor;
protected:
     void OnFileChanged(const FileChangedArgs& args);
private:
     VSFileMonitor *m_fileMonitor;                      //监控线程
```

```
    VSSafeQueue<FileChangedArgs> m_changedFiles; //所有改变文件列表
};
```

下面是监控文件改变用的线程类，代码如下。

```
class VSGRAPHIC_API VSFileMonitor : public VSThread
{
    VSFileMonitor(VSMonitor *pOwner);
    //设置监控目录
    void SetDirectory(const VSString& s);
    //取得监控目录
    const VSString & GetDirectory() const;
    //设置是否使用相对路径
    void SetUseRelativePath(bool b);
    //是否使用相对路径
    bool IsUseRelativePath() const;
    virtual void Run();
    virtual const TCHAR* GetThreadName();
    void NotifyHandler();
    static const size_t BufferSize = 4096;
    VSString m_directory;
    bool m_isUseRelativePath;
    unsigned char *m_pReadBuffer; //存放文件改变信息
    VSMonitor *m_pOwner;          //监控管理器
};
```

和其他多线程管理器一样，监控管理器管理监控线程。它通过 Open 函数创建监控线程，设置监控路径并执行，代码如下。

```
Bool VSResourceMonitor::Open()
{
    m_fileMonitor = VS_NEW VSFileMonitor(this);
    m_fileMonitor->SetDirectory(VSResourceManager::ms_ResourcePath);
    m_fileMonitor->Start();
    return true;
}
```

结束的时候关闭线程，代码如下。

```
Void VSResourceMonitor::Close()
{
    m_fileMonitor->Stop();
    VSMAC_DELETE(m_fileMonitor);
}
```

下面是监控过程，监控线程用到了 Windows 操作系统的大量异步函数，代码如下。

```
void VSFileMonitor::Run()
{
    HRESULT hr = S_OK;
    OVERLAPPED overlapped = { 0 };
    DWORD dwErr = 0;
    const DWORD dwShareMode =
            FILE_SHARE_READ | FILE_SHARE_WRITE | FILE_SHARE_DELETE;
    const DWORD dwFlags = FILE_FLAG_BACKUP_SEMANTICS | FILE_FLAG_OVERLAPPED;
    const DWORD dwNotifyFilter =
            FILE_NOTIFY_CHANGE_FILE_NAME |    FILE_NOTIFY_CHANGE_LAST_WRITE;
    m_pReadBuffer = VS_NEW unsigned char[BufferSize];
    //打开路径句柄
    HANDLE hDir = ::CreateFile(m_directory.GetBuffer(), GENERIC_READ,
      dwShareMode, NULL, OPEN_EXISTING, dwFlags, NULL);
    //打开失败
    if (INVALID_HANDLE_VALUE == hDir)
    {
```

```
        dwErr = ::GetLastError();
        hr = HRESULT_FROM_WIN32(dwErr);
    }
    //创建一个 I/O 事件
    VSEvent ioEvent;
    ioEvent.Create(true);
    overlapped.hEvent = (HANDLE)ioEvent.GetHandle();
    VSSynchronize * events[2];
    events[0] = &ioEvent;//I/O 事件
    events[1] = &m_StopEvent;//线程结束事件

    while (S_OK == hr)
    {
        DWORD dwBytesReturned = 0;
        //把 m_pReadBuffer 数据转换成 Windows 操作系统能识别的类型
        FILE_NOTIFY_INFORMATION* pInfo =
            (FILE_NOTIFY_INFORMATION*)m_pReadBuffer;
        VSMemset(m_pReadBuffer, 0,BufferSize);
        //得到当前路径下文件的改变信息
        //函数会立即返回，但未必得到改变信息
        if (0 == ::ReadDirectoryChangesW(hDir, pInfo, BufferSize, TRUE,
              dwNotifyFilter, &dwBytesReturned, &overlapped, NULL))
        {
              dwErr = ::GetLastError();
              hr = HRESULT_FROM_WIN32(dwErr);
        }
        //等待 I/O 事件和线程结束事件
        if (S_OK == hr)
        {
            //无论是哪个事件被激活，监控线程都会继续执行；否则，将等待
            //如果线程结束事件，则表示监控线程被主线程关闭，不能等待，继续执行
            //如果是 I/O 事件，则表示收集到了文件改变信息，继续执行
            VSSynchronize::WaitAll(events,2,false);
            //如果线程关闭
            if (IsStopTrigger())
            {
                hr = S_FALSE;
            }
        }
        //得到文件改变信息，把它写入 m_pReadBuffer 中
        if (S_OK == hr)
        {
            DWORD dwBytesTransferred = 0;
            if (0 == ::GetOverlappedResult(hDir, &overlapped,
                  &dwBytesTransferred, TRUE))
            {
                dwErr = ::GetLastError();
                hr = HRESULT_FROM_WIN32(dwErr);
            }
        }
        //处理文件改变信息
        if (S_OK == hr)
        {
            this->NotifyHandler();
        }
    }// while
    //退出线程
    if (NULL != m_pReadBuffer)
    {
        VSMAC_DELETEA(m_pReadBuffer);
    }
    CloseHandle(hDir);
}
```

ReadDirectoryChangesW 和 GetOverlappedResult 两个 API 函数成对使用才会得到文件改变信息。ReadDirectoryChangesW 函数是一个直接返回的异步函数，通过 ioEvent 函数才能得知它是否处理完毕，通过 GetOverlappedResult 函数得到最终信息。

文件改变信息包括文件路径和改变后的类型，m_pReadBuffer 里得到的可能不是一个文件改变的信息。代码如下。

```
void VSFileMonitor::NotifyHandler()
{
    //把m_pReadBuffer数据类型转换成Windows操作系统中的数据类型
    FILE_NOTIFY_INFORMATION* pInfo = (FILE_NOTIFY_INFORMATION*)m_pReadBuffer;
    bool hasNext = false;
    do
    {
        char szPath[MAX_PATH] = {0};
        //得到文件名字
        VSWcsToMbs(szPath,MAX_PATH,pInfo->FileName,
                pInfo->FileNameLength / sizeof(WCHAR));
        VSString path = szPath;
        if (!m_isUseRelativePath)
        {
            path = m_directory + path;
        }
        FileChangedArgs args;
        args.FilePath = path;
        //判断文件改变后的类型
        switch (pInfo->Action)
        {
        case FILE_ACTION_ADDED:
        case FILE_ACTION_RENAMED_NEW_NAME:
            args.Operation = FileOperation::Added;
            break;
        case FILE_ACTION_MODIFIED:
            args.Operation = FileOperation::Modified;
            break;
        case FILE_ACTION_REMOVED:
        case FILE_ACTION_RENAMED_OLD_NAME:
            args.Operation = FileOperation::Removed;
            break;
        }
        //发送给文件监控管理器
        m_pOwner->OnFileChanged(args);
        //处理下一个文件改变信息
        hasNext = (pInfo->NextEntryOffset > 0);
        pInfo = (PFILE_NOTIFY_INFORMATION)((unsigned char*)pInfo +
                pInfo->NextEntryOffset);
    }
    while (hasNext);
}
```

文件改变信息通过 OnFileChanged 函数加入 m_changedFiles 队列中。这个队列是线程安全队列，线程管理器每帧都需要访问它。OnFileChanged 函数的代码如下。

```
void VSResourceMonitor::OnFileChanged(const FileChangedArgs& args)
{
    m_changedFiles.Enqueue(args);
}
```

每帧查找哪些文件信息被改变，并将其加入临时队列，代码如下。

```
void  VSResourceMonitor::Update(double tick)
{
```

```
    //至少 1s 更新一次
    static double LastTime = tick;
    if (tick - LastTime < 1000)
    {
          return;
    }
    LastTime = tick;
    //队列已空
    if (m_changedFiles.IsEmpty())
    {
         return;
    }
    //把队列内容加入临时队列
    VSArray<FileChangedArgs> files;
    while (m_changedFiles.IsEmpty())
    {
         FileChangedArgs file;
         m_changedFiles.Dequeue(file);
         files.AddElement(file);
    }
    //处理临时队列信息
    …
}
```

到这里我们得到了文件改变信息。不同资源类型对文件改变的处理方式可能不一样，所以要根据文件类型进行不同处理。这里定义了一个虚基类，只需要不同类型文件继承这个虚基类即可，代码如下。

```
class VSGRAPHIC_API VSResourceChangedHandler
{
    //检测文件类型是否可以处理
    virtual bool CheckFileType(const VSString & path)
    {
         return path.GetSubStringIndex(
                          VSResource::GetFileSuffix(GetResourceType()), 1) != -1;
    }
    //处理文件更新事件
    virtual void OnFileChanged(const FileChangedArgs& args) = 0;
    virtual unsigned int GetResourceType() const = 0;
};
```

下面是处理动画类型文件的代码。

```
class VSGRAPHIC_API VSAnimChangedHandler : public VSResourceChangedHandler
{
public:
    virtual unsigned int GetResourceType() const
    {
         return VSResource::RT_ACTION;
    }
    //处理文件更新事件
    virtual void OnFileChanged(const FileChangedArgs& args)
    {
    }
};
```

我们可以在 OnFileChanged 函数里加上我们希望的处理方式，代码如下。

```
class VSGRAPHIC_API VSResourceMonitor : public VSMonitor
{
public:
    ///注册文件类型处理接口
    void RegisterHandler(VSResourceChangedHandler* handler);
```

```
    ///删除对应处理接口
    void UnregisterHandler(VSResourceChangedHandler *handler);
private:
     VSArray<VSResourceChangedHandler*> m_handlers;
};
```

要创建对应的实例并通过 RegisterHandler 函数注册，代码如下。

```
void VSResourceMonitor::RegisterHandler(VSResourceChangedHandler *handler)
{
    m_handlers.AddElement(handler);
}
void VSResourceMonitor::UnregisterHandler(VSResourceChangedHandler *handler)
{
    unsigned int index = m_handlers.FindElement(handler);
    m_handlers.Erase(index);
}
```

要处理临时队列消息，代码如下。

```
void VSResourceMonitor::Update(double tick)
{
    …
    //遍历临时列表，处理对应资源
    for (unsigned int i = 0 ; i < files.GetNum(); i++)
    {
         const FileChangedArgs& file = files[i];
         for (unsigned int j = 0; j < m_handlers.GetNum(); ++j)
         {
              if (m_handlers[j]->CheckFileType(file.FilePath))
                   m_handlers[j]->OnFileChanged(file);
         }
    }
}
```

「练习」

1. 用双缓冲机制实现异步加载。

2. 设法把多个影子 VSCuller 类流程封装到多线程中。

3. 对比游戏引擎中的 VSASYNLoadManager::AddJob 函数，解释下面的代码为什么会出现问题。

```
void VSASYNLoadManager::AddJob(VSResourceJob* pResourceProxyJob)
{
     m_ResourceJobArray.AddElement(pResourceProxyJob);
     //放在这里会出现问题
     m_ResourceLoadThread.AddJob(pResourceProxyJob);
     if (m_ResourceJobArray.GetNum() == 1)
     {
          m_ResourceLoadThread.Start();
     }
}
```

4. 游戏引擎中的实体类似于 Unreal Engine 中的蓝图。读者可以自定义实体，添加自己的组件并保存成资源，请读者把实体资源流程实现完毕。

5. 让垃圾回收和渲染线程并行（要把释放 API 层的资源封装到渲染线程中）。

6. 实现纹理流式加载。

7. 目前有些资源（如动画、动画树、后期效果）类型的异步加载还没测试，读者可以尝试完善整个流程。

8. 写一个多进程编译着色器系统。

「示例」

示例 13.1

创建一个异步加载测试场景，保存成“Map”类型文件。

示例 13.2

演示异步加载，读者可以按 P 键进行加载。

示例 13.3

演示多线程渲染，读者可以在 VS 示例 `WindowsApplication::PreInitial` 函数里关闭多线程渲染（`VSResourceManager::ms_bRenderThread = flase`），查看帧率变化。在 Release 模式下提升比较明显。

示例 13.4

演示多线程更新，读者可以在 VS 示例 `WindowsApplication::PreInitial` 函数里关闭多线程更新（`VSResourceManager::ms_bUpdateThread= flase`），查看帧率变化。在 Release 模式下提升比较明显。

示例 13.5

演示多线程更新和多线程渲染。

示例 13.6

开启多线程渲染测试，发送计算 QUAD（参见卷 1）地形网格索引的代码到渲染线程中。

示例 13.7

开启多线程渲染测试，对于 ROAD 地形，用双索引数据缓存计算地形网格索引。

第14章

动态缓冲区与性能分析器

本章是讲解本游戏引擎的最后一章，目前为止还有两个内容没有介绍。

14.1 动态缓冲区

动态缓冲区用来渲染在CPU中动态更新的顶点。很多效果每帧渲染的顶点个数是根据需求动态变化的，所以必须有效地管理这种顶点。

VSDynamicBufferGeometry类是动态缓冲区的基类，该类的实例是一个被渲染的对象，所以它继承自VSGeometry类，它包括网格数据，代码如下。

```
class VSGRAPHIC_API VSDynamicBufferGeometry : public VSGeometry
{
     virtual void ClearInfo() = 0 ;
     virtual bool HaveData() = 0;
     virtual unsigned int UpdateGeometry() = 0;
     virtual void Draw(VSCamera *pCamera);
};
```

渲染数据包括顶点数据和三角形索引数据，根据它们的不同可以把动态缓冲区分成4类。

- 动态顶点无索引缓冲区：可用于渲染调试信息中的线段。
- 动态顶点动态索引缓冲区：可用于渲染粒子数据。
- 静态顶点动态索引缓冲区：可用于渲染地形的CLOD。
- 动态顶点静态索引缓冲区：可用于制作模型的变形动画。

其中，地形的CLOD和模型的变形动画分别可以用动态顶点无索引缓冲区和动态顶点静态索引缓冲区来实现。在地形的CLOD实现中，索引值在变化，但实际索引数据的缓存长度并没有改变，所以这种情况是动态顶点无索引缓冲区的子集。而对于模型的变形动画，顶点数据的缓存长度没有改变，只是顶点数据在改变，所以这种情况是动态顶点静态索引缓冲区的子集。不过游戏引擎中并没有用动态顶点无索引缓冲区和动态顶点静态索引缓冲区来实现这两种效果。

为了有效地渲染，先用临时内存空间来存放数据，再分批次地传入有限的显存空间来渲染。VSUseBuffer是一个很简单的内存管理器，初始时可以指定大小，代码如下。

```
class VSGRAPHIC_API VSUseBuffer : public VSReference,public VSMemObject
{
    //申请DataSize大小空间，返回空间地址
    void *NewGet(unsigned int uiDataSize);
    //申请DataSize大小空间，并把pData里的数据添加进去
    bool Add(const void *pData,unsigned int uiDataSize);
    //每次分配的记录
    class VSBufferElementInfo
    {
    public:
```

```
        //分配出去的空间首地址
        unsigned int m_uiStart;
        //分配出去的空间末地址
        unsigned int m_uiEnd;
        //计算所分配的空间大小
        unsigned int GetSize()const
        {
            if (m_uiEnd > m_uiStart)
            {
                return m_uiEnd - m_uiStart;
            }
            else
            {
                return 0;
            }
        }
    };
    //得到第 i 次分配的大小
    unsigned int GetSizeByElementIndex(unsigned int i);
    //记录第 i0 次到第 i1 次分配的大小
    unsigned int GetSizeByElementIndex(unsigned int i0,unsigned int i1);
    //当前空间大小
    unsigned int m_uiBufferSize;
    //是否可以动态申请
    bool m_bIsStatic;
    //空间首地址
    unsigned char *m_pBuffer;
    //当前使用的空间大小
    unsigned int m_uiCurSize;
    //每次分配空间的记录信息
    VSArray<VSBufferElementInfo> m_BufferElemetnArray;
    //每次申请的限制
    unsigned int m_uiOneAddLimitSize;
};
```

m_bIsStatic 表示空间是否可以动态增长并记录每次分配信息，每一条分配信息都包括分配空间的首地址和末地址。

Add 函数和 NewGet 函数只有一句代码不同，NewGet 函数只分配空间，Add 函数除分配空间外，还把数据复制到分配的空间，代码如下。

```
void *VSUseBuffer::NewGet(unsigned int uiDataSize)
{
    //申请数量为 0 或者超出最大值
    if (!uiDataSize || uiDataSize > m_uiOneAddLimitSize)
    {
        return NULL;
    }
    unsigned int uiAddSize = 0;
    unsigned int uiCount = 0;
    //超出现有最大空间
    bool IsNeedReAlloc = false;
    while(uiDataSize > m_uiBufferSize - m_uiCurSize + uiAddSize)
    {
        //允许动态分配
        if (!m_bIsStatic)
        {
            //分配足够大的空间
            uiCount++;
            uiAddSize += m_uiBufferSize *uiCount;
            IsNeedReAlloc = true;
        }
        else
```

```
        {
            return NULL;
        }
    }
    //重新分配
    if (IsNeedReAlloc)
    {
        unsigned char *pBuffer = NULL;
        pBuffer = VS_NEW unsigned char[m_uiBufferSize + uiAddSize];
        if(!pBuffer)
            return false;
        //复制原来的数据到新的空间
        VSMemcpy(pBuffer,m_pBuffer,m_uiCurSize);
        VSMAC_DELETEA(m_pBuffer);
        m_pBuffer = pBuffer;
        m_uiBufferSize += uiAddSize;
    }
    //把申请到的空间清空
    VSMemset(m_pBuffer + m_uiCurSize , 0 , uiDataSize);
    //添加分配记录
    VSBufferElementInfo Element;
    Element.m_uiStart = m_uiCurSize;
    m_uiCurSize += uiDataSize;
    Element.m_uiEnd = m_uiCurSize;
    m_BufferElemetnArray.AddElement(Element);
    return (void *)(m_pBuffer + Element.m_uiStart);
}
bool VSUseBuffer::Add(const void *pData,unsigned int uiDataSize)
{
    …
    VSMemcpy(m_pBuffer + m_uiCurSize ,pData , uiDataSize);
    …
    return true;
}
```

有了内存缓冲区，下面就逐一介绍这 4 种类型的动态缓冲区。

VSDVGeometry 类表示动态顶点无索引缓冲区，代码如下。

```
class VSGRAPHIC_API VSDVGeometry : public VSDynamicBufferGeometry
{
    //创建，指明顶点格式、渲染网格类别、显存中最大的顶点个数
    void Create(VSArray<VSVertexFormat::VERTEXFORMAT_TYPE> &ForamtArray,
        unsigned int uiMeshDataType,unsigned int uiVertexNum);
    virtual ~VSDVGeometry();
    //得到内存缓冲空间，并复制数据
    bool Add(const void *pVeretexData,unsigned int uiVertexSize);
    //得到内存缓冲空间
    void *NewGetV(unsigned int uiVertexSize);
    //更新和视点无关的网格信息
    virtual unsigned int UpdateGeometry();
    //清空内存缓冲区信息，交互内存缓冲区
    virtual void ClearInfo();
    virtual bool HaveData()
    {
        if (!m_pVertexUseBuffer->GetElementNum())
        {
            return false;
        }
        return true;
    }
    //得到显存中最大的渲染顶点个数
    unsigned int GetMaxRenderVertexNum()const;
```

```
protected:
    //主线程使用的内存缓冲区
    VSUseBufferPtr m_pVertexUseBuffer;
    //每次更新渲染时，保存渲染记录的索引信息
    unsigned int m_uiCurVUseBufferElementIndex;
    //渲染线程使用的内存缓冲区
    VSUseBufferPtr m_pVertexUseBufferRender;
};
```

Create 函数创建了所需要的数据，代码如下。

```
void VSDVGeometry::Create(VSArray<VSVertexFormat::VERTEXFORMAT_TYPE> &ForamtArray,
                unsigned int uiMeshDataType,
                unsigned int uiVertexNum)
{
    //指定网格类型
    VSMeshData *pMeshData = NULL;
    if (uiMeshDataType == VSMeshData::MDT_POINT)
    {
        pMeshData = VS_NEW VSPointSet();
    }
    else if ( uiMeshDataType == VSMeshData::MDT_LINE)
    {
        pMeshData = VS_NEW VSLineSet();
    }
    else if ( uiMeshDataType == VSMeshData::MDT_TRIANGLE)
    {
        pMeshData = VS_NEW VSTriangleSet();
    }
    //创建 VertexBuffer
    VSVertexBuffer *pVertexBuffer = NULL;
    pVertexBuffer = VS_NEW VSVertexBuffer(ForamtArray,uiVertexNum);
    VSMAC_ASSERT(pVertexBuffer);
    //设置为动态顶点数据缓存
    pVertexBuffer->SetStatic(false);
    //只有显存数据
    pVertexBuffer->SetMemType(VSBind::MT_VRAM);
    pVertexBuffer->SetLockFlag(VSBind::LF_DISCARD);
    pMeshData->SetVertexBuffer(pVertexBuffer);
    SetMeshData(pMeshData);
    m_pVertexUseBuffer = NULL;
    m_uiCurVUseBufferElementIndex = 0;
    //创建主线程内存缓冲区
    m_pVertexUseBuffer = VS_NEW VSUseBuffer(false);
    //设置每次最多申请不超过显存最大空间的空间
    m_pVertexUseBuffer->SetOneAddLimitSize(
            pVertexBuffer->GetOneVertexSize() *pVertexBuffer->GetVertexNum());
    //创建渲染线程内存缓冲区
    if (VSResourceManager::ms_bRenderThread)
    {
        m_pVertexUseBufferRender = VS_NEW VSUseBuffer(false);
        //设置每次最多申请不超过显存最大空间的空间
        m_pVertexUseBufferRender->SetOneAddLimitSize(
                pVertexBuffer->GetOneVertexSize() *pVertexBuffer->GetVertexNum());
    }
    else
    {
        m_pVertexUseBufferRender = m_pVertexUseBuffer;
    }
}
```

唯一要说明的就是和多线程渲染相关的部分。这里用到了两个缓冲区，和渲染线程命令队列一样，需要在帧末交换缓冲区。渲染线程用的是 m_pVertexUseBufferRender，主线程

用的是 m_pVertexUseBuffer，如果没有多线程渲染，它们实际上是同一个。

注意，这里只有一个用于渲染的数据缓存，并没有用双缓存机制。

Add 函数和 NewGetV 函数调用了主线程动态缓冲区对应的函数，代码如下。

```
bool VSDVGeometry::Add(const void *pVeretexData,unsigned int uiVertexSize)
{
    if(m_pVertexUseBuffer->Add(pVeretexData,uiVertexSize) == false)
        return false;
    return 1;
}
void *VSDVGeometry::NewGetV(unsigned int uiVertexSize)
{
    return m_pVertexUseBuffer->NewGet(uiVertexSize);
}
```

GetMaxRenderVertexNum 函数得到显存空间中可以容纳的顶点个数。

```
unsigned int VSDVGeometry::GetMaxRenderVertexNum()const
{
    return m_pMeshData->GetVertexBuffer()->GetVertexNum();
}
```

内存缓冲区可以无限大，但规定每次提交的数据都不能超过显存空间的大小，在一帧内可以多次提交数据。我们要用有限的显存空间分次渲染，每次渲染尽可能地填满显存空间之后再进行下一次渲染，直到内存缓冲区数据都渲染完毕。

对于渲染器渲染网格函数，代码如下。

```
bool VSDirectX9Renderer::DrawMesh(VSGeometry *pGeometry,
VSRenderState *pRenderState,VSVShader *pVShader, VSPShader * pPShader)
{
    if (!VSRenderer::DrawMesh(pGeometry, pRenderState, pVShader, pPShader))
        return 0;
    VSDynamicBufferGeometry *pDBGeometry =
       DynamicCast<VSDynamicBufferGeometry>(pGeometry);
    if (pDBGeometry)
    {
        //渲染动态缓冲区网格
        DrawDynamicBufferMesh(pDBGeometry);
    }
    else
    {
        if (pGeometry->GetMeshData()->GetVertexBuffer()->GetSwapChainNum() == 1
            &&pGeometry->GetMeshData()->GetIndexBuffer()->GetSwapChainNum() == 1)
        {
            //渲染单数据缓存网格
            DrawMesh(pGeometry);
        }
        else
        {
            //渲染多线程双数据缓存网格
            DrawMesh1(pGeometry);
        }
    }
    return 1;
}
```

这里分别区分了动态缓冲区网格、单数据缓存网格、多线程双数据缓存网格 3 种情况。在 DrawDynamicBufferMesh 函数里有如下代码。

```
while(true)
{
```

```
        unsigned int uiReturn = pDBGeometry->UpdateGeometry();
        if (uiReturn == VSGeometry::UGRI_FAIL)
        {
              break;
        }
        if (!pDBGeometry->GetMeshData()->GetIndexBuffer())
        {
              hResult = m_pDevice->DrawPrimitive((D3DPRIMITIVETYPE)
            ms_dwPrimitiveType[pDBGeometry->GetMeshData()->GetMeshDataType()],
                          0,pDBGeometry->GetActiveNum());
        }
        else
        {
              hResult = m_pDevice->DrawIndexedPrimitive((D3DPRIMITIVETYPE)
            ms_dwPrimitiveType[pDBGeometry->GetMeshData()->GetMeshDataType()],
                0,0,pDBGeometry->GetMeshData()->GetVertexBuffer()->GetVertexNum(),
                0,pDBGeometry->GetActiveNum());
        }
        if (uiReturn == VSGeometry::UGRI_END)
        {
              break;
        }
    }
```

while 循环中会不停地调用 UpdateGeometry 函数，直到 uiReturn == VSGeometry::UGRI_END 为止。这段代码对大于显存空间的内存缓冲区分多次渲染，直到渲染完毕。

```
    unsigned int VSDVGeometry::UpdateGeometry()
    {
        VSVertexBuffer *pVertexBuffer = m_pMeshData->GetVertexBuffer();
        //若没有数据，则直接返回
        if (!pVertexBuffer || !m_pVertexUseBufferRender->GetElementNum())
        {
              return UGRI_FAIL;
        }
        unsigned int uiActiveNum = 0;
        unsigned int uiVElementEndIndex = m_uiCurVUseBufferElementIndex;
        unsigned int uiVSize = 0;
        //遍历内存缓冲区所有记录信息
        for (unsigned int i = m_uiCurVUseBufferElementIndex ;
                  i < m_pVertexUseBufferRender->GetElementNum() ; i++)
        {
            const VSUseBuffer::VSBufferElementInfo *pVElement =
                      m_pVertexUseBufferRender->GetElementInfo(i);
            if (pVElement)
            {
                //超出了显存空间的内存缓冲区大小
                if (uiVSize + pVElement->GetSize() > pVertexBuffer->GetByteSize())
                {
                    break;
                }
                else
                {
                    //若没有超过，继续遍历
                    uiVElementEndIndex = i;
                    uiVSize += pVElement->GetSize();
                }
            }
            else
            {
                return UGRI_FAIL;
            }
        }
```

```
        unsigned char *pVertexData = (unsigned char *)pVertexBuffer->Lock();
        //复制容纳的最大数据
        VSMemcpy(pVertexData,m_pVertexUseBufferRender->GetBuffer() +
            m_pVertexUseBufferRender->GetElementInfo(
            m_uiCurVUseBufferElementIndex)->m_uiStart,uiVSize);
        pVertexBuffer->UnLock();
        if (!uiActiveNum)
        {   //计算渲染的顶点个数
            uiActiveNum = m_pMeshData->GetGirdNum(
                uiVSize / pVertexBuffer->GetOneVertexSize());
        }
        SetActiveNum(uiActiveNum);
        //更新下一次需要渲染的记录
        m_uiCurVUseBufferElementIndex = uiVElementEndIndex + 1;
        //如果要下一次记录索引大于内存缓冲区的所有记录个数，则表示渲染完毕
        if (m_uiCurVUseBufferElementIndex >=
                m_pVertexUseBufferRender->GetElementNum())
        {
            m_uiCurVUseBufferElementIndex = 0;
            return UGRI_END;
        }
        else
        {   //否则，继续渲染
            return UGRI_CONTINUME;
        }
        return UGRI_END;
    }
```

m_uiCurVUseBufferElementIndex 记录当前内存缓冲区的索引，m_uiCurVUseBufferElementIndex 之后记录的信息都没有被渲染，它之前记录的信息都被渲染完毕。更新的时候会一直遍历到正好可以填满显存，然后渲染这些数据，直到渲染完毕。

渲染线程和主线程同步后会调用 ClearInfo 函数，交互两个动态缓冲区，并清空主线程要用到的动态缓冲区。

```
void VSDVGeometry::ClearInfo()
{
    if (VSResourceManager::ms_bRenderThread)
    {
        Swap(m_pVertexUseBuffer,m_pVertexUseBufferRender);
    }
    m_pVertexUseBuffer->Clear();
    m_uiCurVUseBufferElementIndex = 0;
}
```

后面的3种类型分别对应如下类。

```
class VSGRAPHIC_API VSDVDIGeometry : public VSDynamicBufferGeometry,
class VSGRAPHIC_API VSSVDIGeometry : public VSDynamicBufferGeometry,
class VSGRAPHIC_API VSDVSIGeometry : public VSDynamicBufferGeometry,
```

它们的具体实现原理和第1类类似，读者可以自己去查看代码，这里不详细介绍。有了动态缓冲区，我们还要有一套灵活的管理机制。

GetDVGeometryArray 函数用来管理动态顶点无索引缓冲区，它通过顶点格式和网格类型创建 DynamicBufferIndex，代码如下。

```
struct DynamicBufferIndex
{
    VSVertexFormat *pVertexFormat;
    unsigned int uiMeshDataType;
    bool operator ==(const DynamicBufferIndex & DBI)
```

```
        {
            return pVertexFormat == DBI.pVertexFormat &&
                   uiMeshDataType == DBI.uiMeshDataType;
        }
};
class VSGRAPHIC_API VSResourceManager
{
    static VSResourceSet<DynamicBufferIndex, VSDVGeometryPtr>
        &GetDVGeometryArray()
    {
        static VSResourceSet<DynamicBufferIndex, VSDVGeometryPtr>
            s_DVGeometryArray;
        return s_DVGeometryArray;
    }
    static VSDVGeometry *GetDVGeometry(VSVertexFormat *pVertexFormat,
unsigned int MeshDataType, unsigned int VertexNum);
    }
```

GetDVGeometry 函数可以得到需要的 VSDynamicBufferGeometry。这里将删除的 VSDynamicBufferGeometry 先加入一个列表中而不是立刻删除，因为渲染线程很可能还在使用它，所以必须等主线程和渲染线程同步后再删除。

```
VSDVGeometry *VSResourceManager::GetDVGeometry(VSVertexFormat *pVertexFormat,
unsigned int MeshDataType, unsigned int VertexNum)
{
    VSDVGeometryPtr  pBuffer = NULL;
    //得到键值
    DynamicBufferIndex DBI;
    DBI.pVertexFormat = pVertexFormat;
    DBI.uiMeshDataType = MeshDataType;
    //判断资源是否存在
    pBuffer = GetDVGeometryArray().CheckIsHaveTheResource(DBI);
    if (pBuffer == NULL) //若不存在，则创建一个VSDynamicBufferGeometry
    {
        pBuffer = NULL;
        pBuffer = VS_NEW VSDVGeometry();
        pBuffer->Create(pVertexFormat->m_FormatArray, MeshDataType, VertexNum);
        GetDVGeometryArray().AddResource(DBI, pBuffer);
    }
    else
    {   //若存在，但最大显存顶点个数小于申请的顶点个数
        if (pBuffer->GetMaxRenderVertexNum() < VertexNum)
        {
            //加入删除列表
            ms_SaveDelete.AddElement(pBuffer.GetObject());
            //重新创建
            pBuffer = VS_NEW VSDVGeometry();
            pBuffer->Create(pVertexFormat->m_FormatArray,
                            MeshDataType, VertexNum);
            //改变管理器中对应键的值
            MapElement<DynamicBufferIndex, VSDVGeometryPtr> *PTemp =
                (MapElement<DynamicBufferIndex, VSDVGeometryPtr> *)
                    (GetDVGeometryArray().GetResource(
                    GetDVGeometryArray().GetResourceIndexByKey(DBI)));
            PTemp->Value = pBuffer;
        }
    }
    return pBuffer;
}
```

ClearDynamicBufferGeometry 函数调用 VSDynamicBufferGeometry 的 ClearInfo 函数，交换双动态缓冲区，删除待删除的 VSDynamicBufferGeometry，代码如下。

```
void VSResourceManager::ClearDynamicBufferGeometry()
{
    for (unsigned int i = 0; i < GetDVGeometryArray().GetResourceNum(); i++)
    {
        GetDVGeometryArray().GetResource(i)->Value->ClearInfo();
    }
    if (VSResourceManager::ms_bRenderThread)
    {
        for (unsigned int i = 0 ; i < VSBind::ms_BindArray.GetNum() ; i++)
        {
            VSBind *pBind  = VSBind::ms_BindArray[i];
            pBind->ASYNClearInfo();
        }
    }
    ms_SaveDelete.Clear();
}
```

游戏中渲染骨骼模型的骨架和渲染模型包围盒都使用动态缓冲区，代码如下。

```
class VSGRAPHIC_API VSDebugDraw : public VSReference,public VSMemObject
{
    //渲染线段
    void AddDebugLine(const VSVector3 & P1,const VSVector3 & P2,
            const DWORD &Color,bool bDepth);
    //以线性模式渲染三角形
    void AddDebugTriangle(const VSVector3 & P1,const VSVector3 & P2,
            const VSVector3 &P3,const DWORD &Color,bool bDepth);
    //以线性模式渲染AABB
    void AddDebugLineAABB(const VSAABB3 & AABB,const DWORD &Color,
            bool bDepth);
    //以线性模式渲染球体
    void AddDebugLineSphere(const VSSphere3 & Sphere,const DWORD &Color,
        bool bDepth);
    //以线性模式渲染OBB
    void AddDebugLineOBB(const VSOBB3 & OBB,const DWORD &Color,bool bDepth);
    bool m_bEnable;
    //顶点结构
    struct DebugVertexType
    {
        VSVector3 Pos;
        DWORD Color;
    };
    //存放有深度的线段数组
    VSArray<DebugVertexType> DepthDebugLineArray;
    //存放无深度的线段数组
    VSArray<DebugVertexType> NoDepthDebugLineArray;
    //存放有深度的材质
    VSMaterialRPtr m_pOnlyVertexColor;
    //存放无深度的材质
    VSMaterialRPtr m_pOnlyVertexColorDisableDepth;
    //渲染线段的顶点格式
    VSVertexFormatPtr m_pDrawVertexFormat;
    void DrawDebugInfo(VSCamera *pCamera);
};
```

VSDebugDraw 函数负责渲染调试信息，这里只加入了与渲染线段相关的调试信息，渲染三角形的调试信息可以自行添加，代码如下。

```
VSDebugDraw::VSDebugDraw()
{
   //创建渲染线段的顶点格式
   VSArray<VSVertexFormat::VERTEXFORMAT_TYPE> FormatArray;
   VSVertexFormat::VERTEXFORMAT_TYPE Pos;
```

```
    Pos.DataType = VSDataBuffer::DT_FLOAT32_3;
    Pos.OffSet = 0;
    Pos.Semantics = VSVertexFormat::VF_POSITION;
    Pos.SemanticsIndex = 0;
    ForamtArray.AddElement(Pos);
    VSVertexFormat::VERTEXFORMAT_TYPE Color;
    Color.DataType = VSDataBuffer::DT_COLOR;
    Color.OffSet = 12;
    Color.Semantics = VSVertexFormat::VF_COLOR;
    Color.SemanticsIndex = 0;
    ForamtArray.AddElement(Color);
    m_pDrawVertexFormat = VSResourceManager::LoadVertexFormat(NULL, &ForamtArray);
    //渲染线段的材质
    m_pOnlyVertexColor = VSMaterialR::Create(
            (VSMaterial *)VSMaterial::GetDefaultOnlyVertexColor());
    m_pOnlyVertexColorDisableDepth = VSMaterialR::Create(
            (VSMaterial *)VSMaterial::GetDefaultOnlyVertexColorDisableDepth());
    m_bEnable = true;
}
void VSDebugDraw::AddDebugLine(const VSVector3 & P1,const VSVector3 & P2,
        const DWORD &Color,bool bDepth)
{
    if (!m_bEnable)
    {
        return ;
    }
    DebugVertexType V[2];
    V[0].Pos = P1;
    V[0].Color = Color;
    V[1].Pos = P2;
    V[1].Color = Color;
    //根据深度加入对应队列
    if (bDepth)
    {
        DepthDebugLineArray.AddElement(V[0]);
        DepthDebugLineArray.AddElement(V[1]);
    }
    else
    {
        NoDepthDebugLineArray.AddElement(V[0]);
        NoDepthDebugLineArray.AddElement(V[1]);
    }
}
void VSDebugDraw::AddDebugLineAABB(const VSAABB3 & AABB,const DWORD &Color,
bool bDepth)
{
    if (!m_bEnable)
    {
        return ;
    }
    VSVector3 Point[8];
    AABB.GetPoint(Point);
    AddDebugLine(Point[0],Point[1],Color,bDepth);
    …
    AddDebugLine(Point[3],Point[7],Color,bDepth);
}
```

其他相关函数这里就不再列出。

下面是渲染调试信息的代码。

```
void VSDebugDraw::DrawDebugInfo(VSCamera *pCamera)
{
    if (!m_bEnable)
```

```
    {
        return ;
    }
    //得到动态顶点无索引缓冲区
    VSDVGeometry *pBuffer = VSResourceManager::GetDVGeometry(
        m_pDrawVertexFormat, VSMeshData::MDT_LINE,
        DepthDebugLineArray.GetNum() + NoDepthDebugLineArray.GetNum());

    if (pBuffer)
    {
        //添加数据并渲染
        pBuffer->Add(DepthDebugLineArray.GetBuffer(),
                sizeof(DebugVertexType)*DepthDebugLineArray.GetNum());
        pBuffer->ClearAllMaterialInstance();
        pBuffer->AddMaterialInstance(m_pOnlyVertexColor);
        pBuffer->Draw(pCamera);
        //添加数据并渲染
        pBuffer->Add(NoDepthDebugLineArray.GetBuffer(),
                sizeof(DebugVertexType)*NoDepthDebugLineArray.GetNum());
        pBuffer->ClearAllMaterialInstance();
        pBuffer->AddMaterialInstance(m_pOnlyVertexColorDisableDepth);
        pBuffer->Draw(pCamera);
    }
    DepthDebugLineArray.Clear();
    NoDepthDebugLineArray.Clear();
}
```

其实不必创建 DepthDebugLineArray 和 NoDepthDebugLineArray，而是直接通过 AddDebugLine 函数把数据添加到已经获得的 VSDVGeometry 中。

VSDebugDrawSceneRender 类封装了 VSDebugDraw，通过相机可以访问相关的 VSViewFamily 类，再得到 VSViewFamily 类的 VSDebugDrawSceneRender 类，并可以添加调试信息，代码如下。

```
class VSGRAPHIC_API VSDebugDrawSceneRender : public VSSceneRender
{
    FORCEINLINE VSDebugDraw *GetDebugDraw(
            unsigned int uiRenderGroup)
    {
        if (uiRenderGroup >= VSCuller::RG_MAX)
        {
            return false;
        }
        return m_pDebugDraw[uiRenderGroup];
    }
    virtual bool OnDraw(VSCuller & Culler,unsigned int uiRenderGroup,
                double dAppTime);
    VSDebugDrawPtr m_pDebugDraw[VSCuller::RG_MAX];
};
bool VSDebugDrawSceneRender::OnDraw(VSCuller & Culler,
        unsigned int uiRenderGroup,double dAppTime)
    {
        if (m_pDebugDraw[uiRenderGroup])
        {
            m_pDebugDraw[uiRenderGroup]->DrawDebugInfo(
                        Culler.GetCamera());
        }
        return true;
    }
```

为了渲染模型的包围盒，首先要保证这个模型是主相机（非渲染阴影的相机）可见的，然后遍历与相机关联的所有 VSViewFamily 类，这样可以保证和这个相机关联的 VSViewFamily 类都可以渲染出调试信息，代码如下。

```
void VSMeshNode::UpDateView(VSCuller & Culler,double dAppTime)
{
    VSNode::UpDateView(Culler,dAppTime);
    VSCamera *pCamera = Culler.GetCamera();
    if (!pCamera)
    {
          return ;
    }
    if (Culler.GetCullerType() == VSCuller::CUT_MAIN)
    {
         if (m_bIsDrawBoundVolume)
         {
              for (unsigned int i = 0 ; i < pCamera->GetViewFamilyNum() ;i++)
              {
                   VSViewFamily *pViewFamily = pCamera->GetViewFamily(i);
                   if (pViewFamily)
                   {
                        VSSceneRenderMethod *pRM =
                                          pViewFamily->m_pSceneRenderMethod;
                        VSDebugDraw *pDebugDraw =
                                    pRM->GetDebugDraw(m_uiRenderGroup);
                        if (pDebugDraw)
                        {
                             pDebugDraw->AddDebugLineAABB(m_WorldBV,
                               VSColorRGBA(1.0f,0.0f,0.0f,1.0f).GetDWARGB(),false);
                        }
                   }
              }
         }
    }
}
```

下面是渲染骨架的代码，同样必须保证模型是主相机可见的。

```
void VSSkelecton::UpDateView(VSCuller & Culler,double dAppTime)
{
    VSNode::UpDateView(Culler,dAppTime);
    if (Culler.GetCullerType() == VSCuller::CUT_MAIN)
    {
         Draw(Culler.GetCamera());
    }
}
void VSSkelecton::Draw(VSCamera *pCamera)
{
    if (!pCamera || !m_bIsDrawSkelecton)
    {
         return;
    }
    VSSkelectonMeshNode *pMesh = (VSSkelectonMeshNode *)m_pParent;
    VSVector3 Dist = pCamera->GetWorldTranslate() - pMesh->GetWorldTranslate();
    ms_fBoneAxisLength = Dist.GetLength() * 0.05f;
    //得到所有的 VSDebugDraw
    static VSArray<VSDebugDraw *> s_DebugDrawArray;
    s_DebugDrawArray.Clear();
    for (unsigned int i = 0 ; i < pCamera->GetViewFamilyNum() ;i++)
```

```
    {
        VSViewFamily *pViewFamily = pCamera->GetViewFamily(i);
        if (pViewFamily)
        {
            VSSceneRenderMethod *pRM =
                        pViewFamily->m_pSceneRenderMethod;
            VSDebugDraw *pDebugDraw =
                        pRM->GetDebugDraw(pMesh->GetRenderGroup());
            if (pDebugDraw && pDebugDraw->m_bEnable)
            {
                s_DebugDrawArray.AddElement(pDebugDraw);
            }
        }
    }
    //渲染骨架
    for (unsigned int i = 0 ; i < m_pBoneArray.GetNum() ; i++)
    {
        VSBoneNode *pParent =
            DynamicCast<VSBoneNode>(m_pBoneArray[i]->GetParent());
        if(pParent)
        {
            VSVector3 P1 = m_pBoneArray[i]->GetWorldTranslate();
            VSVector3 P2 = m_pBoneArray[i]->GetParent()->GetWorldTranslate();
            for (unsigned int j = 0 ; j < s_DebugDrawArray.GetNum() ; j++)
            {
                s_DebugDrawArray[j]->AddDebugLine(P1,P2,
VSColorRGBA(1.0f,1.0f,1.0f,1.0f).GetDWARGB(),false);
            }
        }
    }
    //渲染骨架轴向
    for (unsigned int i = 0 ; i < m_pBoneArray.GetNum() ; i++)
    {
        VSVector3 Axis[3];
        VSMatrix3X3 Rot = m_pBoneArray[i]->GetWorldRotate();
        Rot.GetUVN(Axis);
        Axis[0].Normalize();
        Axis[1].Normalize();
        Axis[2].Normalize();
        VSVector3 Pos = m_pBoneArray[i]->GetWorldTranslate();
        for (unsigned int j = 0 ; j < s_DebugDrawArray.GetNum() ; j++)
        {
            s_DebugDrawArray[j]->AddDebugLine(Pos,
                        Pos + Axis[0] *ms_fBoneAxisLength,
                        VSColorRGBA(1.0f,0.0f,0.0f,1.0f).GetDWARGB(),false);
        }
        for (unsigned int j = 0 ; j < s_DebugDrawArray.GetNum() ; j++)
        {
            s_DebugDrawArray[j]->AddDebugLine(Pos,
                        Pos + Axis[1] *ms_fBoneAxisLength,
                        VSColorRGBA(0.0f,1.0f,0.0f,1.0f).GetDWARGB(),false);
        }
        for (unsigned int j = 0 ; j < s_DebugDrawArray.GetNum() ; j++)
        {
            s_DebugDrawArray[j]->AddDebugLine(Pos,
                        Pos + Axis[2] *ms_fBoneAxisLength,
                        VSColorRGBA(0.0f,0.0f,1.0f,1.0f).GetDWARGB(),false);
        }
    }
}
```

图 14.1 所示为渲染出来的调试信息——骨架结构和模型的包围盒。

图 14.1 渲染出来的调试信息

14.2 性能分析器

性能分析是游戏引擎中的一个重要部分，它至少要包括游戏占用的存储空间大小分析和代码运行时间分析。通过内存分析器可以分析出游戏占用多少内存空间，通过渲染器接口可以分析出游戏占用多少显存空间，这部分内容留给读者作为练习。如果能得到一段代码的运行时间，就可以知道到底哪部分代码存在瓶颈。

虽然引擎层的性能分析器（profiler）可以找出一些问题，但分析过程本身会对效率产生影响，而且有些棘手的问题是很难查找到的。许多分析工具从硬件和驱动层面来统计分析结果，这样更加全面和通用。目前 PC 端比较好用的 CPU 分析工具主要是 VTURN，实际用 Visual Studio 自带的分析工具也可以。PC 端其他比较好用的 GPU 分析工具是 GPA 和 RenderDoc。

不管怎么说，引擎层还是需要提供一个快速分析性能的工具的。目前本游戏引擎实现了一套比较简单的分析工具，打开每个程序后就可以看见这些调试信息，如图 14.2 所示。

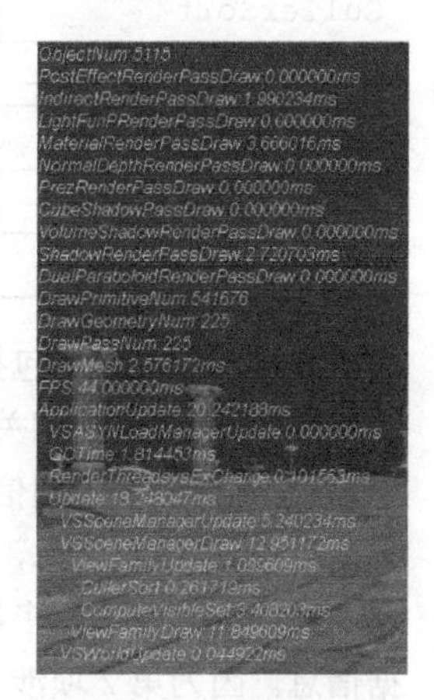

图 14.2 调试信息

表 14.1 为调试信息的含义。

表 14.1 调试信息的含义

名字	含义
PostEffectRenderPassDraw	自定义后期效果耗时
IndirectRenderPassDraw	全局光渲染耗时
LightFunPRenderPassDraw	光源投射函数渲染耗时
MaterialRenderPassDraw	材质渲染耗时
NormalDepthRenderPassDraw	深度和法线渲染耗时
PrezRenderPassDraw	深度渲染耗时
CubeShadowPassDraw	点光源立方体阴影渲染耗时
VolumeShadowRenderPassDraw	阴影体渲染耗时
ShadowRenderPassDraw	阴影渲染耗时

续表

名字	含义
DualParaboloidRenderPassDraw	点光源双剖面阴影渲染耗时
DrawPrimitiveNum	渲染的三角形个数
DrawGeometryNum	渲染的几何体个数
DrawPassNum	渲染批次
DrawMesh	网格函数渲染耗时
FPS	帧数
ApplicationUpdate	应用程序更新耗时
VSASYNLoadManagerUpdate	异步加载、解析、创建资源耗时
GCTime	垃圾回收耗时
RenderThreadSysExChange	主线程等渲染线程耗时
Update	主线程更新耗时
VSSceneManagerUpdate	场景管理器更新耗时
VSSceneManagerDraw	场景管理器渲染耗时
ViewFamilyUpdate	VSViewFamily 更新耗时
CullerSort	渲染物体排序耗时
ComputeVisibleSet	裁剪物体耗时
ViewFamilyDraw	VSViewFamilyDraw 耗时
VSWorldUpdate	世界更新耗时
ObjectNum	VSObject 个数

分析信息中基本包括以下 3 类信息。

- 每帧渲染中相关个数信息，例如 DrawPrimitiveNum。
- 每帧相关时间信息，例如每段代码耗时。
- 相关数据信息，例如 ObjectNum、FPS。

其中，前两项为多次累加的结果，并且每帧都需要把数据清空，而第 3 项为直接得到的数据信息。因为第 2 项涉及调用栈，所以显示的时候要能看出栈调用顺序。

栈关系可以用树的结构来模拟。假设所有信息都是树形结构，那么第 1 项和第 3 项本质上是树的根节点。表 14.1 中的 ApplicationUpdate 为根节点，VSASYNLoadManagerUpdate 为它的子节点。

每个节点信息都用 VSProfilerNode 来表示，它是一个树形结构的节点，代码如下。

```
class VSGRAPHIC_API VSProfilerNode
{
    VSProfilerNode(const TCHAR *Name, const TCHAR *ParentName = NULL);
    virtual void Clear() = 0;
    void AddChild(VSProfilerNode *pChild);                          //添加子节点
    void Draw(VSRenderer *pRenderer, unsigned int uiLayer); //渲染调试信息
    virtual void OnDraw(VSRenderer *pRenderer, unsigned int uiLayer) = 0;
    VSProfilerNode *m_pParentNode;                                  //父节点
    VSArray<VSProfilerNode*>m_pChildNode;                           //子节点
    VSString m_Name; //名字
    VSString m_ParentName; //父亲名字
};
```

VSProfiler 是一个管理器，管理所有的 VSProfilerNode，它负责渲染整个树形结构

的信息，代码如下。

```
class VSGRAPHIC_API VSProfiler
{
	//添加节点
	static void AddProfileNode(VSProfilerNode *pProfilerNode);
	//渲染调试信息
	static void Draw(VSRenderer *pRenderer);
	//uiLayer 深度下，当前节点应该输出的字符串
	static void GetProfilerNameString(const VSString & Name,
				unsigned int uiLayer,VSString & OutString);
	static void ClearAll();
	//渲染个数
	static unsigned int ms_uiCurCount;
	//记录所有节点
	static VSArray<VSProfilerNode *> & GetProfilerNode()
	{
		static VSArray<VSProfilerNode *> m_pProfilerNodes;
		return m_pProfilerNodes;
	}
	//初始化
	static bool InitialDefaultState();
	//记录所有根节点
	static VSArray<VSProfilerNode *> m_pRoot;
	static TCHAR * ms_LayerFlag[10];
};
```

一旦节点被创建，它就会被添加到 VSProfiler 类的 m_pProfilerNodes 里面，代码如下。这个添加过程是在 Main 函数之前，全局变量初始化时完成的。这个时候 VSProfilerNode 只知道父节点的名字，但不知道父节点。

```
VSProfilerNode::VSProfilerNode(const TCHAR *Name, const TCHAR * ParentName)
{
   m_Name = Name;
   if (ParentName)
   {
	   m_ParentName = ParentName;
   }
   VSProfiler::AddProfileNode(this);
   m_pParentNode = NULL;
}
```

Main 函数里会调用 VSProfiler 类的静态初始化函数 InitialDefaultState，它根据收集的所有节点信息，恢复节点的父子关系，代码如下。

```
bool VSProfiler::InitialDefaultState()
{
	for (unsigned int i = 0; i < GetProfilerNode().GetNum(); i++)
	{
		//若节点没有父节点，则它是根节点
		if (GetProfilerNode()[i]->m_ParentName == VSString::ms_StringNULL)
		{
			m_pRoot.AddElement(GetProfilerNode()[i]);
		}
		else
		{
			//按名字寻找父节点
			bool bFound = false;
			for (unsigned int j = 0; j < GetProfilerNode().GetNum(); j++)
			{
				if (GetProfilerNode()[i]->m_ParentName ==
						GetProfilerNode()[j]->m_Name)
```

```
                    {
                        //添加子节点
                        GetProfilerNode()[j]->AddChild(GetProfilerNode()[i]);
                        bFound = true;
                      break;
                    }
                }
                //没有找到子节点的也看作根节点
                if (bFound == false)
                {
                    m_pRoot.AddElement(GetProfilerNode()[i]);
                }

            }
        }
        return 1;
    }
    void VSProfilerNode::AddChild(VSProfilerNode *pChild)
    {
        VSMAC_ASSERT(pChild && !pChild->m_pParentNode);
        pChild->m_pParentNode = this;
        m_pChildNode.AddElement(pChild);
    }
```

通过 InitialDefaultState 函数和 AddChild 函数恢复了父子关系。

Draw 函数负责渲染调试信息，如果多线程渲染存在，则发送渲染调试信息到渲染线程。通过递归调用每个节点的 Draw 函数，就可以把父子层级结构顺序渲染出来，子类只需要实现 OnDraw 函数即可，代码如下。

```
void VSProfiler::Draw(VSRenderer *pRenderer)
{
#ifdef PROFILER
    for (unsigned int i = 0; i < m_pRoot.GetNum(); i++)
    {
        m_pRoot[i]->Draw( 0);
    }
    ClearAll();
#endif
}

void VSProfilerNode::Draw(VSRenderer *pRenderer, unsigned int uiLayer)
{
     OnDraw(pRenderer, uiLayer);
     VSProfiler::ms_uiCurCount++;//增加渲染个数
     //遍历渲染子节点
     for (unsigned int i = 0; i < m_pChildNode.GetNum();i++)
     {
          m_pChildNode[i]->Draw(uiLayer + 1);
     }
}
```

ClearAll 函数负责在渲染完毕后清空数据信息。有些信息需要每帧重置，代码如下。

```
void VSProfiler::ClearAll()
{
    for (unsigned int i = 0; i < GetProfilerNode().GetNum(); i++)
    {
        GetProfilerNode()[i]->Clear();
    }
    ms_uiCurCount = 0;
}
```

为了让树形结构的渲染存在错开的效果，每增加一层深度，开头就会增加两个空格，代码如下。

```
TCHAR *  VSProfiler::ms_LayerFlag[] = {
                              _T(""),
                              _T("  "),
                              _T("    "),
                              _T("      "),
                              _T("        "),
                              _T("          "),
                              _T("            "),
                              _T("              "),
                              _T("                "),
                              _T("                  ") };
```

在树的深度方面，最多支持 10 层。渲染到屏幕上的字符串是通过 GetProfilerNameString 函数得到的，这个函数把错开的字符和名字连接起来，代码如下。

```
void VSProfiler::GetProfilerNameString(const VSString & Name, unsigned int uiLayer,
       VSString & OutString)
{
    OutString = VSProfiler::ms_LayerFlag[uiLayer] + Name;
}
```

第 1 种情况下，统计每帧渲染中相关个数信息。

VSCountProfilerNode 类统计每帧渲染中相关个数信息，m_uiCounter 用来记录个数，每帧结束后通过 Clear 函数清空个数信息，代码如下。

```
class VSGRAPHIC_API VSCountProfilerNode : public VSProfilerNode
{
    class VSGRAPHIC_API VSProfilerNodeCounter
    {
        VSProfilerNodeCounter(VSCountProfilerNode *pProfilerNode, int uiCount);
    };
    VSCountProfilerNode(const TCHAR *Name, const TCHAR *ParentName = NULL);
    virtual void Clear()
    {
         m_uiCounter = 0;
    }
    virtual void OnDraw(VSRenderer *pRenderer, unsigned int uiLayer);
    int m_uiCounter;
};
```

OnDraw 函数得到错开的字符名字并渲染，代码如下。

```
void VSCountProfilerNode::OnDraw(VSRenderer * pRenderer, unsigned int uiLayer)
{
     VSString Out;
     VSProfiler::GetProfilerNameString(m_Name, uiLayer, Out);
     Out += _T(":%d");
     VSRenderer::ms_pRenderer->DrawText(0,
        VSProfiler::ms_uiCurCount * 20,
        VSDWCOLORABGR(255, 255, 255, 255),
        Out.GetBuffer(), m_uiCounter);
}
```

VSProfilerNodeCounter 类为内置类，它负责增加 m_uiCounter 计数。用宏封装这些操作之后，使用就变得十分方便，代码如下。

```
VSCountProfilerNode::VSProfilerNodeCounter::VSProfilerNodeCounter
     (VSCountProfilerNode *pProfilerNode, int uiCount)
{
   pProfilerNode->m_uiCounter += uiCount;
}
```

定义一个 VSCountProfilerNode 类，包括自己的名字和父节点名字。下面是全局定义。

```
#define DECLEAR_COUNT_PROFILENODE(Name,ParentName)
        VSCountProfilerNode CountProfilerNode_##Name(_T(#Name),_T(#ParentName));
```

通过下面的宏增加计数。

```
#define ADD_COUNT_PROFILE(Name,Count) VSCountProfilerNode::VSProfilerNodeCounter
        ProfilerNodeCounter_##Name(&CountProfilerNode_##Name,Count);
```

游戏引擎中就通过这种方式统计渲染模型个数等信息，声明的代码如下。

```
DECLEAR_COUNT_PROFILENODE(Dx9DrawPrimitiveNum, )
DECLEAR_COUNT_PROFILENODE(Dx9DrawGeometryNum, )
DECLEAR_COUNT_PROFILENODE(Dx9DrawPassNum, )
```

在渲染过程中累计个数的代码如下。

```
ADD_COUNT_PROFILE(Dx9DrawGeometryNum, 1)
ADD_COUNT_PROFILE(Dx9DrawPassNum, 1)
ADD_COUNT_PROFILE(Dx9DrawPrimitiveNum, pDBGeometry->GetActiveNum())
```

第 2 种情况下，统计每帧相关时间信息。

VSTimeProfilerNode 类为统计时间信息的类。VSTimeProfilerNode 类也需要每帧清空，并且需要通过代码作用域来累加。

```
class VSGRAPHIC_API VSTimeProfilerNode : public VSProfilerNode
{
    class VSGRAPHIC_API VSProfilerNodeTImer
    {
        VSProfilerNodeTImer(VSTimeProfilerNode *pProfilerNode);
        VSTimeProfilerNode *m_pOwner;
        VSREAL m_fBeginTime;
    };
    VSTimeProfilerNode(const TCHAR *Name, const TCHAR *ParentName = NULL);
    virtual void Clear()
    {
        m_fProfilerTime = 0.0f;
    }
    virtual void OnDraw(VSRenderer *pRenderer, unsigned int uiLayer);
    VSREAL m_fProfilerTime;
};
```

构造函数记录开始时间节点，析构函数累加消耗时间。通过下面的两个宏，分别定义变量和累加变量。

```
VSTimeProfilerNode::VSProfilerNodeTImer::VSProfilerNodeTImer(
VSTimeProfilerNode *pProfilerNode)
{
   m_fBeginTime = (VSTimer::ms_pTimer != NULL ?
         (VSREAL)VSTimer::ms_pTimer->GetGamePlayTime() : 0.0f);
   m_pOwner = pProfilerNode;
}
VSTimeProfilerNode::VSProfilerNodeTImer::~VSProfilerNodeTImer()
{
   m_pOwner->m_fProfilerTime += (VSTimer::ms_pTimer != NULL ?
         (VSREAL)VSTimer::ms_pTimer->GetGamePlayTime() : 0.0f) - m_fBeginTime;
}
```

通过下面的宏，可以为任意代码段加入时间统计。

```
#define DECLEAR_TIME_PROFILENODE(Name,ParentName)
        VSTimeProfilerNode TimeProfilerNode_##Name(_T(#Name),_T(#ParentName));
#define ADD_TIME_PROFILE(Name) VSTimeProfilerNode::VSProfilerNodeTImer
    ProfilerNodeTimer_##Name(&TimeProfilerNode_##Name);
```

下面是游戏引擎中更新时间统计的代码。

```
DECLEAR_TIME_PROFILENODE(VSSceneManagerUpdate,Update)
DECLEAR_TIME_PROFILENODE(VSSceneManagerDraw,Update)
DECLEAR_TIME_PROFILENODE(ViewFamilyUpdate,VSSceneManagerDraw);
DECLEAR_TIME_PROFILENODE(ViewFamilyDraw, VSSceneManagerDraw);

void VSSceneManager::Draw(double dAppTime)
{
    ADD_TIME_PROFILE(VSSceneManagerDraw)
    for (unsigned int i = 0 ; i < m_pViewFamily.GetNum() ;i++)
    {
        if (m_pViewFamily[i] && m_pViewFamily[i]->m_bEnable)
        {
            {
                ADD_TIME_PROFILE(ViewFamilyUpdate)
                m_pViewFamily[i]->Update(dAppTime);
            }

            {
                ADD_TIME_PROFILE(ViewFamilyDraw)
                m_pViewFamily[i]->Draw(dAppTime);
            }

        }

    }
    ...
}
```

因为需要调用构造函数和析构函数，所以必须为 ADD_TIME_PROFILE(ViewFamilyUpdate) 和 ADD_TIME_PROFILE(ViewFamilyDraw)加上作用域。

第 3 种情况下，统计相关数据信息。

对于帧率来说，直接得到 VSTime 类中的帧率即可。以下是实现具体过程的代码。

```
class VSGRAPHIC_API VSOnlyTimeProfilerNode : public VSProfilerNode
{
        class VSGRAPHIC_API VSProfilerNodeOnlyTImer
        {
            VSProfilerNodeOnlyTImer(VSOnlyTimeProfilerNode *pProfilerNode,
                float fProfilerTime);
        };
        VSOnlyTimeProfilerNode(const TCHAR *Name, const TCHAR *ParentName = NULL);
        virtual void Clear()
        {
             m_fProfilerTime = 0.0f;
        }
        virtual void OnDraw(VSRenderer *pRenderer, unsigned int uiLayer);
        VSREAL m_fProfilerTime;
    };
VSOnlyTimeProfilerNode::VSProfilerNodeOnlyTImer::VSProfilerNodeOnlyTImer(
      VSOnlyTimeProfilerNode *pProfilerNode, float fProfilerTime)
{
   pProfilerNode->m_fProfilerTime = fProfilerTime;
}
#define DECLEAR_ONLYTIME_PROFILENODE(Name,ParentName)
  VSOnlyTimeProfilerNode OnlyTimeProfilerNode_##Name(_T(#Name),_T(#ParentName));
#define ADD_ONLYTIME_PROFILE(Name,fProfilerTime)
            VSOnlyTimeProfilerNode::VSProfilerNodeOnlyTImer
            ProfilerNodeOnlyTimer_##Name(
            &OnlyTimeProfilerNode_##Name,fProfilerTime);
```

```
if (VSTimer::ms_pTimer)
{
        VSTimer::ms_pTimer->UpdateFPS();
        fTime = VSTimer::ms_pTimer->GetGamePlayTime();
        fFPS = VSTimer::ms_pTimer->GetFPS();
        ADD_ONLYTIME_PROFILE(FPS,fFPS)
}
```

对于物体个数的统计，不需要每帧清空信息，实现代码如下。

```
class VSGRAPHIC_API VSNoClearCountProfilerNode : public VSCountProfilerNode
{
    VSNoClearCountProfilerNode(const TCHAR *Name,
        const TCHAR *ParentName = NULL);
    virtual void Clear()
    {
    }
};
```

VSNoClearCountProfilerNode 类继承自 VSCountProfilerNode 类，表示可以累计。下面声明一个数量统计的宏。

```
#define DECLEAR_NOCLEAR_COUNT_PROFILENODE(Name,ParentName)
 VSNoClearCountProfilerNode CountProfilerNode_##Name(_T(#Name),_T(#ParentName));
```

下面的宏用于统计物体个数。

```
DECLEAR_NOCLEAR_COUNT_PROFILENODE(ObjectNum,)
```

要用宏统计物体个数，代码如下。

```
unsigned int VSFastObjectManager::AddObject(VSObject *p)
{
    VSMAC_ASSERT(m_FreeTable.GetNum() > 0);
    unsigned int ID = m_FreeTable[m_FreeTable.GetNum() - 1];
    m_ObjectArray[ID] = p;
    m_FreeTable.Erase(m_FreeTable.GetNum() - 1);
    ADD_COUNT_PROFILE(ObjectNum, 1)
    return ID;
}
void VSFastObjectManager::DeleteObject(VSObject *p)
{
    if (m_ObjectArray[p->m_uiObjectID] != NULL)
    {
        m_FreeTable.AddElement(p->m_uiObjectID);
        m_ObjectArray[p->m_uiObjectID] = NULL;
        ADD_COUNT_PROFILE(ObjectNum, -1)
        p->m_uiObjectID = MAX_OBJECT_FLAG;
    }

}
```

「练习」

1. 把其他3个类型的动态缓冲区补全，并在 VSDebugDraw 类中实现渲染非线框的三角形、非线框的 AABB、非线框的圆形和非线框的 OBB。

2. 在 Release 模式下加入统计申请内存数量的逻辑，再加入统计申请 API 资源占用显存数量的逻辑，并把它们用 VSProfiler 类显示出来。